Reiner Westermeier

Elektrophorese leicht gemacht

Reiner Westermeier

Elektrophorese leicht gemacht

Ein Praxisbuch für Anwender

2. Auflage

Verlag GmbH & Co. KGaA

Autor

Reiner Westermeier
Auenstr. 4a
85354 Freising
Deutschland

2. Auflage 2016

Bibliografische Information der Deutschen Nationalbibliothek
Die Deutsche Nationalbibliothek verzeichnet diese Publikation in der Deutschen Nationalbibliografie; detaillierte bibliografische Daten sind im Internet über http://dnb.d-nb.de abrufbar.

Umschlaggestaltung Grafik-Design Schulz, Fußgönheim
Satz le-tex publishing services GmbH, Leipzig
Druck und Bindung Markono Print Media Pte Ltd, Singapore

Print ISBN 978-3-527-33892-4
ePDF ISBN 978-3-527-69513-3
ePub ISBN 978-3-527-69514-0
Mobi ISBN 978-3-527-69515-7

Gedruckt auf säurefreiem Papier.

Inhaltsverzeichnis

Geleitwort

Die Anzahl der elektrophoretischen Trennmethoden hat seit Tiselius' grundlegenden Arbeiten, die mit einem Nobelpreis ausgezeichnet wurden, drastisch zugenommen. Der Weg von der Papier-, Celluloseacetat- und Stärkegelelektrophorese über die Molekularsieb-, Disk-, SDS- und Immunelektrophorese bis hin zur Isoelektrischen Fokussierung einschließlich der hochauflösenden zweidimensionalen Elektrophorese hat zusammen mit der Silber- und Goldfärbung, der Autoradiografie, Fluorografie und den Blottingverfahren zu immer höherer Auflösung, Nachweisempfindlichkeit und Spezifität in der Proteinanalytik geführt. Des Weiteren hat sich die Gelelektrophorese als einzigartiges Werkzeug für die DNA-Sequenzierung erwiesen, während die hochauflösende zweidimensionale Elektrophorese den faszinierenden Weg vom isolierten Protein über die Aminosäurensequenzanalyse zum Gen und nach dessen Klonierung zur Proteinsynthese geebnet hat.

Das Spektrum des Analysenmöglichkeiten ist somit immer vielfältiger geworden, sodass eine zusammenfassende Darstellung der elektrophoretischen Trennmethoden nicht nur für den Anfänger, sondern auch für den erfahrenen Praktiker wünschenswert erscheint. Mit dieser Zielsetzung ist dieses Buch geschrieben worden.

Der Autor gehört zum Kreis der *Bluefingers* und hat dies 1979 in Mailand hautnah erfahren müssen, als er nach getaner Laborarbeit in einem Zigarettenkiosk aufgrund der Coomassie-gefärbten Hände in den Verdacht des Geldfälschens geriet, und Prof. P.G. Righetti und ich ihn aus einer bedrohlichen Situation befreien mussten. Somit ist bei diesem Buch gemäß Maurers Definition (Proceedings of the first small conference of the bluefingers, Tübingen 1972) ein Experte am Werk gewesen, der den Weißfingern, die die Methoden nur vom Hörensagen kennen, erzählen kann, wie sie z. B. keine blauen Finger bekommen.

Wie dem auch sei, ich bin sicher, dass die zusammenfassende Darstellung der Methoden nicht nur die Weißfinger, sondern auch die Gemeinschaft der Bluefingers, Silverfingers, Goldfingers usw. erfreuen und mit vielen technischen Details bereichern wird.

Weihenstephan, im Februar 1990 *Priv.-Doz. Dr. Angelika Görg*

Vorwort

25 Jahre nach dem Erscheinen des „Elektrophorese-Praktikums“ und nach vier Auflagen der englischen Version „Electrophoresis in Practice“ gibt es wieder eine deutschsprachige Version mit dem neuen Namen „Elektrophorese leicht gemacht“. Der Titel deutet an, dass auch dieser Band keine tiefgründige theoretische Ableitungen und Erklärungen der Methoden und Phänomene enthält. Der erste Teil soll einen Überblick über die diversen Techniken nach neuestem Stand vermitteln und konzentriert sich auf Hinweise zur praktischen Durchführung von Elektrophoreseexperimenten. Im zweiten Teil findet man praktische Anleitungen zu 14 Methoden und Problemlösungen, die aufgrund der Erfahrungen im täglichen Geschäft eines „Produktspezialisten für Elektrophorese“ bei verschiedenen Technologieanbietern nochmals deutlich erweitert wurden.

Freising, im Juli 2016 *R. Westermeier*

Vorwort zur ersten Auflage

Dieses Buch ist für die Praktiker im Elektrophoreselabor verfasst worden. Auf physikochemische Ableitungen und Formeln elektrophoretischer Phänomene wurde deshalb verzichtet.

Die Art und Weise der Erklärungen und die Darstellungsform hat sich aus der jahrelangen Erfahrung bei Anwenderseminaren und -kursen, Abfassung von Bedienungsanleitungen und Lösungen von Anwendungsproblemen ergeben. Sie sollten für technische Assistenten ebenso verständlich sein wie für in der Forschung stehende Wissenschaftler.

In Teil I wird so knapp wie möglich – eine Übersicht über den Stand der Technik in der Elektrophorese – gegeben. Die Literaturzitate erheben keinen Anspruch auf Vollständigkeit.

Der Teil II enthält exakte Arbeitsanleitungen für 12 ausgewählte Elektrophoresemethoden, die mit einer apparativen Ausrüstung durchgeführt werden können. Die Reihenfolge der Methoden wurde in der Weise festgelegt, dass man danach einen Elektrophoresekurs für Anfänger und Fortgeschrittene zusammenstellen kann. Mit diesen Methoden ist der Hauptteil der für das biologische, biochemische, medizinische und lebensmittelchemische Labor notwendigen Techniken abgedeckt.

Sollten – trotz exakten Nacharbeitens der Methodenbeschreibungen – unerklärliche Effekte auftreten, kann man deren Gründe und die zu ihrer Vermeidung notwendigen Maßnahmen im Anhang unter der Rubrik „Problemlösungen" finden.

Für zusätzliche Hinweise und Problemlösungen aus der Leserschaft ist der Autor dankbar.

Freiburg, im März 1990 *R. Westermeier*

Abkürzungen

A	Ampere
A, C, G, T	Adenin, Cytosin, Guanin, Thymin
ACES	*N*-(2-Acetamido)-2-aminoethansulfonsäure
AEBSF	Aminoethylbenzylsulfonylfluorid
APS	Ammoniumpersulfat
AU	Absorptionseinheiten (units)
16-BAC	Benzyldimethyl-*n*-hexadecylammoniumchlorid
BAC	Bisacryloylcystamin
Bis	*N*, *N'*-Methylenbisacrylamid
BNE	Blau-Nativ-Elektrophorese
bp	Basenpaar
BSA	Rinderserumalbumin
C	Vernetzungsgrad (Crosslinking) (%)
CAPS	3-(Cyclohexylamino)propansulfonsäure
CCD	charge-coupled device
CHAPS	3-(3-Cholamidopropyl)dimethylammonio-1-propansulfat
CM	Carboxymethyl
CoFGE	Komparative (vergleichende) Fluoreszenzgelelektrophorese
const.	konstant
CTAB	Cetyl-trimethylammoniumbromid
Da	Dalton
DBM	Diazobenzyloxymethyl
DEA	Diethanolamin
DEAE	Diethylaminoethyl
DIGE	Differenzgelelektrophorese
Disk	diskontinuierlich
DMF	Dimethylformamid
DMSO	Dimethylsulfoxid
DNA	Desoxyribonukleinsäure
DPT	Diazophenylthioether
dsDNA	Doppelstrang-DNA
DTE	Dithioerythritol

DTT	Dithiothreitol
E	Feldstärke, angegeben in V/cm
EDTA	Ethylendinitrilotetraessigsäure
EEO	Elektroendosmose
EPO	Erythropoietin
ESI	Elektrospray-Ionisation
g/v	Gewicht pro Volumen (Massenkonzentration)
GC	gruppenspezifische Komponente
GLP	Gute Laborpraxis
GMP	Gute Herstellungs (Manufacturing)-Praxis
h	Stunden
HED	Hydroxyethyldisulfid
HEPES	*N*-(2-Hydroxyethyl)piperazin-*N′*-2-ethansulfonsäure
HMW	high molecular weight
HPCE	High Performance Capillary Electrophoresis
HPLC	High Performance Liquid Chromatography
I	Stromstärke, angegeben in A, mA
IEF	Isoelektrische Fokussierung
IgG	Immunglobulin G
IPG	Immobilisierte pH-Gradienten
ITP	Isotachophorese
kb	Kilobasen
kDa	Kilodalton
konz.	konzentriert
K_R	Retardationskoeffizient
LED	light-emitting diode
LIF	Laserinduzierte Fluoreszenz
LMW	low molecular weight
mA	Milliampere
MALDI	Matrix-assistierte Laserdesorptionsionisierung
MCE	Mikrochipelektrophorese
MEKC	Mizellare elektrokinetische Chromatografie
MES	Morpholinoethansulfonsäure
MG	Molekulargewicht
min	Minute
mol/L	Einheit der Molarität
MOPS	Morpholinopropansulfonsäure
m_r	relative elektrophoretische Mobilität
MS	Massenspektrometrie
Ms^n	Massenspektrometrie mit n Massenanalyse-Experimenten
MS/MS	Tandem-Massenspektrometrie
MW	Molekulargewicht
NAP	nucleic acid purifier
Nonidet	nicht ionisches Detergens
NEPHGE	Non-Equilibrium pH-Gradient Elektrophoresis

NHS	*N*-Hydroxy-Succinimid
O.D.	optische Dichte
P	Leistung (power) angegeben in W
PAG	Polyacrylamidgel
PAGE	Polyacrylamidgelelektrophorese
PAGIEF	Polyacrylamidgel-Isoelektrische-Fokussierung
PBS	phosphatgepufferte Salzlösung (phosphate buffered saline)
PC	Personal Computer
PCR	Polymerasekettenreaktion
PEG	Polyethylenglycol
PFG	Pulsed Field Gel(-Elektrophorese)
PGM	Phosphoglucomutase
pI	isoelektrischer Punkt
PI	Proteaseinhibitor
p*K*-Wert	Dissoziationskonstante
PMSF	Phenylmethylsulfonylfluorid
PPA	Piperidinopropionamid
PVC	Polyvinylchlorid
PVDF	Polyvinylidendifluorid
r	Molekülradius
RAPD	Random Amplified Polymorphic DNA
Rf-Wert	relative Laufstrecke
RFLP	Restriktions-Fragmente-Längen-Polymorphismus
R_m	relative elektrophoretische Mobilität
RNA	Ribonukleinsäure
RT	Raumteil (Volumenanteil)
RuBP	Ruthenium-II-tris-bathophenantrolindisulfonat
s	Sekunde
SDS	Natrium (sodium) dodecylsulfat
SNP	single nucleotid polymorphism
SSCP	Einzelstrang-Konformations-Polymorphismus (single strand conformation polymorphism)
ssDNA	single strand (Einzelstrang) DNA
T	Totalacrylamidkonzentration (%)
t	Zeit (time), angegeben in h, min, s
TBE	Tris-Borat-EDTA
TBP	Tributylphosphin
TBS	Tris-gepufferte Salzlösung (Tris-buffered saline)
TCA	Trichloressigsäure (acid)
TCEP	Tris(2-carboxyethyl)phosphine
TEMED	N, N, N', N'-Tetramethylethylendiamin
TF	Transferrin
ToF	Time of Flight (Flugzeit)
Tricin	*N*-Tris(hydroxymethyl)-methylglycin
Tris	Tris(hydroxymethyl)-aminomethan

U	Spannung, angegeben in V
UpM	Umdrehungen pro Minute
UV	ultraviolettes Licht
V	Volt
V	Volumen, angegeben in L
ν	Wanderungsgeschwindigkeit, angegeben in m/s
v/v	Volumen pro Volumen (Volumenanteil)
W	Watt
WiFi	Wireless Local Area Network (Kunstwort)
ZE	Zonenelektrophorese

Teil I
Grundlagen

Übersicht

Elektrophoretische Methoden sind neben chromatografischen Methoden die meist verwendeten Trenntechniken für die Analysen von Proteinen, Peptiden, Nukleinsäuren und Glykanen. Mit relativ geringem apparativen Aufwand erreicht man hohe Trennleistungen. Haupteinsatzgebiete sind die Molekularbiologie, biologische und biochemische Forschung, Proteomik, Pharmazeutik, forensische Medizin, klinische Routineanalytik, Veterinärmedizin und Lebensmittelüberwachung. Da die getrennten DNA-Fraktionen mithilfe der Polymerase-Kettenreaktion („PCR") und Proteine mit hochempfindlichen Massenspektrometriemethoden weiter analysiert werden können, verwischt sich die Einteilung in analytische und präparative Anwendungen. Aber grundsätzlich sind elektrophoretische im Gegensatz zu chromatischen Methoden zur industriellen Proteinaufreinigung nicht geeignet, weil bei der Trennung joulesche Wärme entsteht.

Als eines der ausführlichsten und am meisten praxisbezogenen Bücher über Elektrophoresemethoden sei die Monografie von Andrews (1986) empfohlen. Im vorliegenden Buch *Elektrophorese leicht gemacht* sollen die Grundlagen der Elektrophoresemethoden und ihre Anwendungen in wesentlich kürzerer Form zusammengestellt werden.

Das Prinzip

In einem elektrischen Gleichstromfeld wandern geladene Moleküle und Partikel jeweils in die Richtung der Elektrode mit entgegengesetztem Vorzeichen. Die Probensubstanzen befinden sich dabei in wässriger Lösung. Verschiedenartige Moleküle und Partikel eines Gemisches wandern aufgrund unterschiedlicher Ladungen und Massen mit unterschiedlicher Geschwindigkeit und werden dabei in einzelne Fraktionen aufgetrennt.

Die elektrophoretische Mobilität, welche die Wanderungsgeschwindigkeit direkt beeinflusst, ist eine signifikante und charakteristische Größe eines geladenen Moleküls oder Partikels und ist abhängig von den pK-Werten der geladenen Gruppen und der Molekül- bzw. der Partikelgröße. Sie wird beeinflusst von Art, Konzentration und pH-Wert des Puffers, Temperatur, elektrischer Feldstärke sowie der Beschaffenheit des Trägermaterials. Elektrophoretische Trennungen werden entweder in freier Lösung, in trägerfreien Pufferschichten, Kapillaren oder Mikrochips oder in stabilisierenden Medien durchgeführt, wie z. B. auf Dünnschichtplatten, Folien oder Gelen. Ausführliche theoretische Grundlagen findet man im Buch „Bioanalytik", herausgegeben von Lottspeich und Engels (2012).

Meistens findet man Angaben über die *relative* elektrophoretische Mobilität (m_r oder R_m) von Substanzen. Dabei bezieht man sich auf die Laufstrecke einer mitaufgetrennten Standardsubstanz, um unterschiedliche Feldstärken und Trennzeiten auszugleichen.

Es gibt drei grundsätzlich verschiedene elektrophoretische Trennmethoden:

a) Elektrophorese, korrekterweise Zonenelektrophorese genannt,
b) Isotachophorese,
c) Isoelektrische Fokussierung.

Blotting ist keine Trenn-, sondern eine Nachweismethode.

In Abb. 1 sind die drei Trennprinzipien dargestellt.

Zu a): Bei einfachen *Elektrophoresen* verwendet man homogene Puffersysteme, die über die gesamte Trenndistanz und -zeit den gleichen pH-Wert gewährleisten. Die in einem definierten Zeitabschnitt zurückgelegten Wanderungsstrecken sind damit ein Maß für die elektrophoretische Mobilität der verschiedenen Substanzen. Dies gilt auch für die Disk-Elektrophorese; das diskontinuierliche System existiert nur zu Beginn und verwandelt sich dann von selbst in ein homogenes.

Zu b): Bei der *Isotachophorese* (ITP), auf Deutsch Gleichgeschwindigkeitselektrophorese, wird die Trennung in einem diskontinuierlichen Puffersystem durchgeführt. Die ionisierten Probensubstanzen wandern zwischen einem „schnellen" Leitionelektrolyten (L) und einem „langsamen" Folgeionelektrolyten (T, von *terminierend*) mit gleichen Geschwindigkeiten. Dabei sortieren sich die verschiedenen Probenkomponenten nach ihrer elektrophoretischen Mobilität auseinander

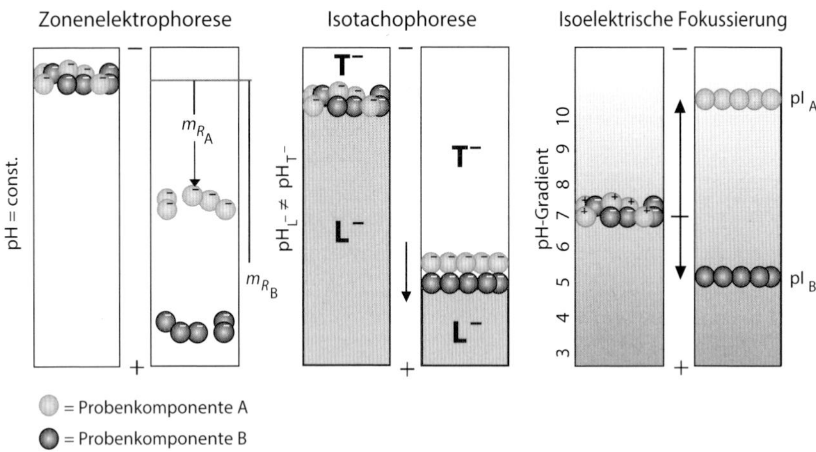

Abb. 1 Die drei elektrophoretischen Trennprinzipien. Nähere Erläuterungen im Text.

und bilden einen Stapel: Die Substanzen mit der höchsten Mobilität folgen direkt dem Leition, die mit der niedrigsten Mobilität wandern direkt vor dem Folgeion. Diese Methode wird hauptsächlich für quantitative Analysen eingesetzt.

Die ITP wird im Vergleich zu sonstigen elektrophoretischen und chromatografischen Trennungen als exotisch eingeschätzt, weil sich keine Zwischenräume zwischen den Zonen ergeben; die Banden sind keine „Peaks" (gaußsche Verteilung), sondern „Spikes" (konzentrationsabhängige Breiten).

Zu c): Die *Isoelektrische Fokussierung* (IEF) findet in einem pH-Gradienten statt und kann ausschließlich mit amphoteren Substanzen, wie Peptiden und Proteinen, durchgeführt werden. Die Moleküle wandern hierbei – je nach Ladung – in Richtung Anode bzw. Kathode, bis sie im Gradienten an dem pH-Wert ankommen, wo ihre Nettoladung null ist.

Dieser pH-Wert ist der *isoelektrische Punkt* kurz pI, der jeweiligen Substanz. Da sie dort nicht mehr geladen sind, hat das elektrische Feld keinen Einfluss mehr auf sie. Entfernen sie sich – aufgrund von Diffusion – von dieser Stelle, erhalten sie wieder eine Nettoladung und werden durch das elektrische Feld wieder auf ihren pI zurücktransportiert. Das ergibt einen Konzentrierungseffekt; daher der Name *Fokussierung*.

Bei der IEF ist es wichtig, die optimale Stelle im pH-Gradienten für den Probenauftrag zu ermitteln und zu verwenden, da manche Proteine bei bestimmten pH-Werten instabil sind oder zum Aggregieren neigen.

Anwendungsbereich

Man verwendet diese Methoden für die qualitative Charakterisierung einer Substanz oder eines Substanzgemisches, für Reinheitsprüfung, Gehaltsbestimmungen und mikropräparative Zwecke.

Der Anwendungsbereich erstreckt sich von ganzen Zellen und Partikel über Nukleinsäuren, Proteine, Peptide, Aminosäuren, organische Säuren und Basen, Drogen, Pestizide bis zu anorganischen Anionen und Kationen – kurz: über alles, was Ladungen tragen kann.

Die Probe

Ein wichtiges Kriterium zur Auswahl der geeigneten Elektrophoresemethode ist die Art der Probesubstanzen, die analysiert werden sollen. In den Probenlösungen dürfen keine festen Partikel oder Fetttröpfchen suspendiert sein, weil diese die Trennung stören, indem sie die Poren der Matrix verstopfen. Meist werden die Probenlösungen vor der Elektrophorese zentrifugiert. Problemlos sind im Allgemeinen Trennungen von Substanzen, die ausschließlich negativ oder positiv geladen sind.

Die *Probenaufgabe* erfolgt bei Gelen, die sich unter Puffer befinden, wie z. B. Vertikal- und Submarine-Systemen, mit Spritzen in vorgeformte *Geltaschen* oder in Glasröhrchen durch Unterschichten der mit Glycerin oder Saccharose beschwerten Probe unter den Puffer.

Beispiele solcher Anionen oder Kationen sind: Nukleinsäuren, Farbstoffe, Phenole, organische Säuren oder Basen. Amphotere Moleküle wie Aminosäuren, Peptide, Proteine und Enzyme haben je nach dem pH-Wert des Puffers positive oder negative Nettoladung, weil sie sowohl saure als auch basische Gruppen besitzen.

Makromoleküle, wie Proteine und Enzyme, sind teilweise gegenüber bestimmten pH-Werten oder Puffersubstanzen empfindlich, es können Konfigurationsänderungen, Denaturierungen, Komplexbildungen und zwischenmolekulare Wechselwirkungen auftreten. Dabei spielen auch die Substanzkonzentrationen in der Lösung eine Rolle. Besonders beim Eintritt der Probensubstanzen in eine Gelmatrix können leicht Überladungseffekte auftreten, wenn die Probenkonzentration beim Übergang von der Lösung in das stärker restriktive Gel einen kritischen Wert überschreitet. Bei der Natriumdodecylsulfat (SDS)-Elektrophorese muss die Probe vorher denaturiert, d. h., die Probenmoleküle müssen in die Form von Molekül-Detergens-Mizellen gebracht werden. Die Methode der selektiven Probenextraktion bzw. die Extraktion von schwer löslichen Substanzen bestimmt häufig die Art des verwendeten Elektrophoresepuffers.

Bei offenen Oberflächen wie bei Horizontalsystemen (z. B. in der Celluloseacetat-, Agarosegel- und automatisierten Elektrophorese) verwendet man *Probenapplikatoren* oder pipettiert mit Mikroliterpipetten in Schlitzmasken, Lochbänder oder vorgeformte Gelwannen. Bei Kapillar- und Mikrochiptechniken verwendet man ebenfalls Spritzen, die meisten Geräte haben jedoch eine automatische Probenaufgabe.

Der Puffer

Die elektrophoretische Trennung von Substanzgemischen erfolgt bei einem genau eingestellten pH-Wert und bei konstanter Ionenstärke des Puffers. Die Ionenstärke des Puffers wird möglichst niedrig gewählt, dann sind der Anteil der Probeionen am Gesamtstrom und damit ihre Wanderungsgeschwindigkeiten genügend hoch.

Die Pufferionen werden während der Elektrophorese ebenfalls – wie die Probeionen – durch das Gel transportiert: negativ geladene zur Anode und positiv geladene zur Kathode. Man will mit möglichst geringer Leistung auskommen, damit während der Elektrophorese nicht zu viel joulesche Wärme entsteht. Es ist aber eine Mindestpufferkapazität erforderlich, damit der pH-Wert der Probesubstanzen keinen Einfluss auf das System nehmen kann.

Für die Aufrechterhaltung konstanter pH- und Pufferbedingungen müssen die Volumina der Elektrodenpuffervorräte genügend groß sein. Sehr praktisch, wenn auch nur in horizontalen Trennsystemen möglich, ist die Verwendung von Gel-Pufferstreifen oder -dochten. Man verwendet bei anionischen Elektrophoresen sehr basische, bei kationischen Elektrophoresen sehr saure Puffersysteme.

Bei Vertikal- und Kapillarsystemen wird der pH-Wert so eingestellt, dass möglichst alle vorhandenen Probesubstanzmoleküle entweder negativ oder positiv geladen sind, sodass sie im elektrischen Feld in die gleiche Richtung wandern.

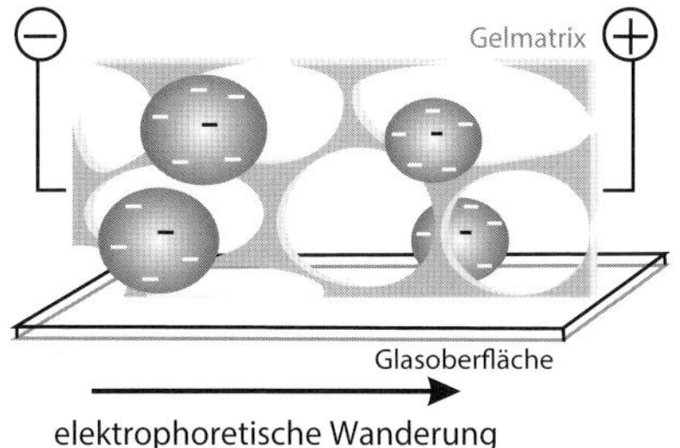

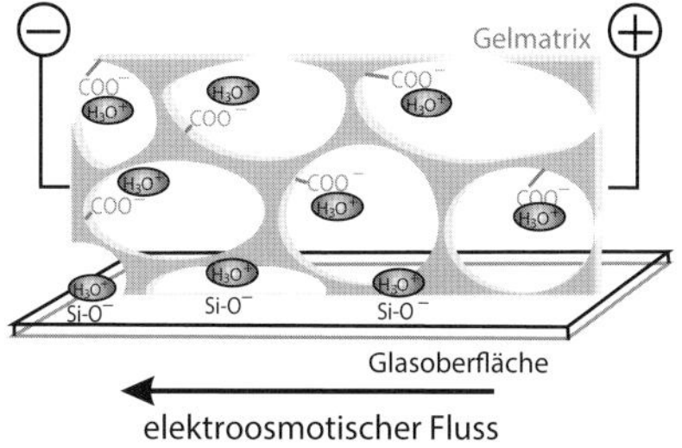

Abb. 2 Elektroendosmose: Negative Ladungen auf der stationären Phase (Gelmatrix und Oberflächen der Apparaturen) verursachen die Strömung von positiv geladenen Wasserionen in Richtung Kathode. Daraus resultiert ein Wassertransport entgegen der Richtung der elektrophoretischen Wanderung der Probeionen; das führt zu unscharfen Zonen.

Elektroendosmose (EEO)

Das statische Trägermaterial, das stabilisierende Medium (z. B. das Gel) und/oder Oberflächen der Trennapparatur, wie Glasplatten, -röhrchen oder -kapillaren können fixierte Ladungen tragen. Zum Beispiel: Carboxylgruppen, Sulfonylgruppen oder Siliziumoxid werden im basischen oder neutralen Puffer deprotoniert und damit negativ geladen. Die fixen negativen Ladungen werden von der Anode angezogen, können sich aber nicht bewegen. Dies verursacht den *Elektroendosmose*effekt: als Kompensation entsteht eine entgegengesetzte Strömung von H_3O^+-Ionen in Richtung Kathode. Es kommt zu einer Überlagerung der elektrophoretischen und der elektroosmotischen Bewegung. Der Wassertransport in Richtung Kathode verursacht z. B. das Austrocknen von Gelen an bestimmten Stellen und unscharfe Banden. Elektroendosmoseeffekte sind in den allermeisten Fällen unerwünscht. Es gibt jedoch einzelne Methoden, die diesen Effekt zur Erzielung bestimmter Ergebnisse ausnutzen, z. B. beim Beladen von Kapillaren („elektrokinetisch"), der MEKC oder der Gegenstromimmunelektrophorese (siehe unten).

Die Elektroendosmoseeigenschaft einer Matrix kann man quantifizieren, indem man darin eine Elektrophorese eines Gemisches von Dextran und Albumin durchführt. Durch die Division der Wanderungsdistanz des neutralen Dextrans (OD) durch die Summe beider Wanderungsdistanzen (OD + OA) erhält man den Wert für die EEO ($-m_r$):

$$-m_r = \frac{\mathrm{OD}}{\mathrm{OD} + \mathrm{OA}} .$$

Literatur

Andrews, A.T. (1986) *Electrophoresis, Theory Techniques and Biochemical and Clinical Applications*, Clarendon Press, Oxford.

Lottspeich, F. und Engels, J.W. (Hrsg.) (2012) *Bioanalytik*, 3. Aufl., Springer Spektrum, Berlin, Heidelberg.

1 Elektrophorese

1.1 Allgemeines

1.1.1 Elektrophoresen in freier Lösung

Wandernde-Grenzschichten-Elektrophorese: Für die elektrophoretische Trennung von Substanzen entwickelte Arne Tiselius die Methode der wandernden Grenzschichtenelektrophorese und erhielt dafür, neben seinen Arbeiten auf dem Gebiet der Adsorptionsanalyse, 1948 den Nobelpreis (Tiselius, 1937). In ein mit Puffer gefülltes, U-förmiges Glasrohr, in dessen Enden die Elektroden eingebaut sind, wird die Probe, z. B. ein Proteingemisch, eingebracht. Unter dem Einfluss des elektrischen Feldes wandern die Probenkomponenten je nach Ladungszahl und Ladungsrichtung unterschiedlich schnell in Richtung Anode oder Kathode. Mithilfe einer Schlierenoptik kann man an beiden Enden der Probenzone die dabei entstehenden, durch unterschiedliche Lichtbrechung voneinander abgesetzten Grenzschichten während der Bewegung beobachten (Abb. 1.1).

Die Auflösung ist relativ gering, weil die meisten Zonen, außer den jeweiligen Frontzonen, Mischzonen sind. Die Grenzschichtenelektrophorese in freier Lösung wird heute hauptsächlich in der Grundlagenforschung zur exakten Messung von elektrophoretischen Mobilitäten von Substanzen eingesetzt.

Kontinuierliche trägerfreie Elektrophorese: Bei dieser von Hannig (1982) entwickelten Methode fließt senkrecht zu einem elektrischen Feld ein kontinuierlicher Pufferfilm durch einen 0,5–0,2 mm schmalen Spalt zwischen zwei gekühlten Glas- oder Kunststoffplatten (*Free-Flow-System*). An der einen Seite wird an einer definierten Stelle die Probe zugeführt, am anderen Ende werden die Einzelfraktionen durch eine Reihe von Schläuchen aufgefangen. Die verschiedenen elektrophoretischen Mobilitäten senkrecht zur Fließrichtung führen zu verschieden starker, aber konstanter Ablenkung der Probenkomponenten, sodass sie an unterschiedlichen Stellen am Ende der Trennkammer auftreffen (siehe Abb. 1.2). Neueste Entwicklungen ermöglichen Feldstärken von über 800 V/cm und Trennungen in weniger als 1 min.

Elektrophorese leicht gemacht, 2. Auflage. Reiner Westermeier.

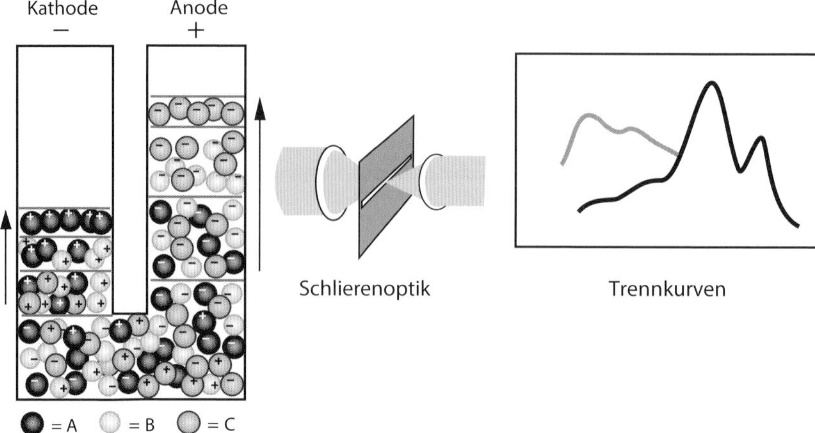

Abb. 1.1 Wandernde-Grenzschichten-Elektrophorese in einem U-Rohr nach Tiselius. Messung der elektrophoretischen Mobilität mit Schlierenoptik.

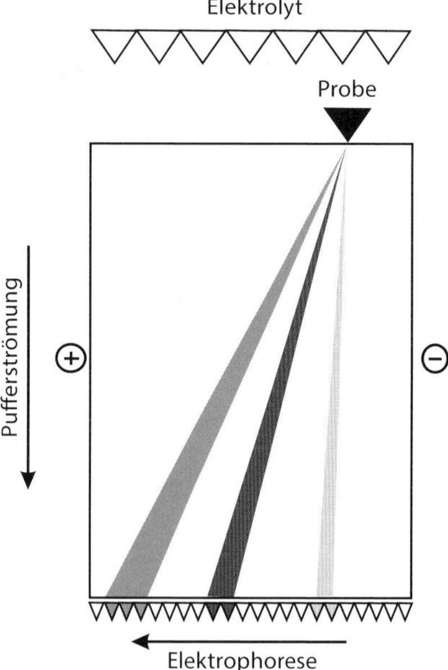

Abb. 1.2 Schematische Darstellung der kontinuierlichen trägerfreien Elektrophorese (*Free-Flow-System)*.

Neben Trennungen löslicher Substanzen wird diese Technik auch zur Identifizierung, Reinigung und Isolierung von Zellorganellen und -membranen und ganzer Zellen, wie Erythrozyten, Leukozyten, Gewebezellen, Malariaerregern und anderer Parasiten, eingesetzt. Die Methode ist sehr effektiv, da bereits geringe

Unterschiede der Oberflächenladungen von Partikeln und Zellen zur Trennung ausgenutzt werden können.

Kapillarelektrophorese: Für analytische und mikropräparative Elektrophoresen ist die Kapillarelektrophorese eine interessante Alternative (Hjertén, 1983): Analog zur HPLC wird sie häufig als HPCE (*High Performance Capillary Electrophoresis*) bezeichnet. Die Trennung erfolgt in einer 20–30 cm langen, meist offenen Quarzkapillare aus *Fused Silica* mit 50–100 µm Innendurchmesser; die beiden Enden tauchen in Pufferbehälter ein, in welche die Elektroden eingebaut sind. Die verwendeten Feldstärken liegen in der Größenordnung bis zu 1 kV/cm, die Stromstärke beträgt 10–20 µA; man benötigt deshalb einen Stromversorger, der Spannungen bis zu 30 kV liefern kann. Die joulesche Wärme kann aus diesen dünnen Kapillaren mit einem Gebläse sehr effektiv abgeführt werden. Typische Trennzeiten sind 10–20 min. Die Detektion der Fraktionen erfolgt durch UV-Messung direkt in der Kapillare bei 280, 260 oder in manchen Fällen sogar bei 185 nm. Bei einigen Substanzen erreicht man Nachweisempfindlichkeiten bis in den Attomolbereich. Zur Verhinderung von Adsorption der Probenkomponenten an der Kapillaroberfläche und zur Vermeidung von Elektroosmoseeffekten wird die Kapillareninnenseite meist mit linearem Polyacrylamid oder Methylcellulose belegt. Kapillarelektrophorese-Apparaturen können für alle drei Trennmethoden eingesetzt werden: Elektrophorese, Isotachophorese und Isoelektrische Fokussierung. Die verwendeten Puffer hängen vom Trennproblem ab: z. B. 20–30 mmol/L Natriumphosphatpuffer pH 2,6 für die Elektrophorese von Peptiden.

Mizellare elektrokinetische Chromatografie (MEKC) eingeführt von Terabe *et al.* (1984) ist eine elektrophoretische Methode, mit welcher man sowohl neutral als auch geladene Substanzen auftrennen kann. Hierbei werden Tenside über der kritischen Mizellenkonzentration eingesetzt. Die geladenen Mizellen wandern in die Gegenrichtung des vom Quarzglas verursachten elektroosmotischen Flusses. Die elektroosmotische Strömung ist schneller als die Wanderung der Mizellen, welche mit den Probensubstanzen hydrophobisch und elektrostatisch interagieren wie bei einer Chromatografie.

Ein Vorteil der Kapillarelektrophorese liegt in der Automatisierung. So gehört bei solchen Geräten eine automatische Probenaufgabe zum Standard (Abb. 1.3). Ein weiterer Vorteil ist die Möglichkeit der Kopplung mit anderen analytischen Instrumenten sowohl vor der Elektrophorese: HPLC/HPCE; als auch danach: HPCE/Massenspektrometer. Für präparative Trennungen verwendet man hinter dem UV-Detektor einen Fraktionensammler. Im Gegensatz zur *Reversed-Phase-Chromatographie* werden Proteine bei der HPCE nicht geschädigt, außerdem erhält man eine höhere Auflösung. Einzelne Fraktionen können deshalb auch innerhalb der Kapillare mit Antikörpern detektiert und identifiziert werden (siehe Kapitel 7, Blotting-Methoden).

Praktische Informationen zur Kapillarelektrophorese findet man in dem von Robert Weinberger (2000) herausgegebenen Buch.

Wegen der Automatisierungsmöglichkeit, der Parallelisierung für Hochdurchsatzanalysen und der Wiederverwendbarkeit der Kapillaren wurde die Kapillarelektrophorese die zentrale Methode zur DNA-Sequenzierung und damit

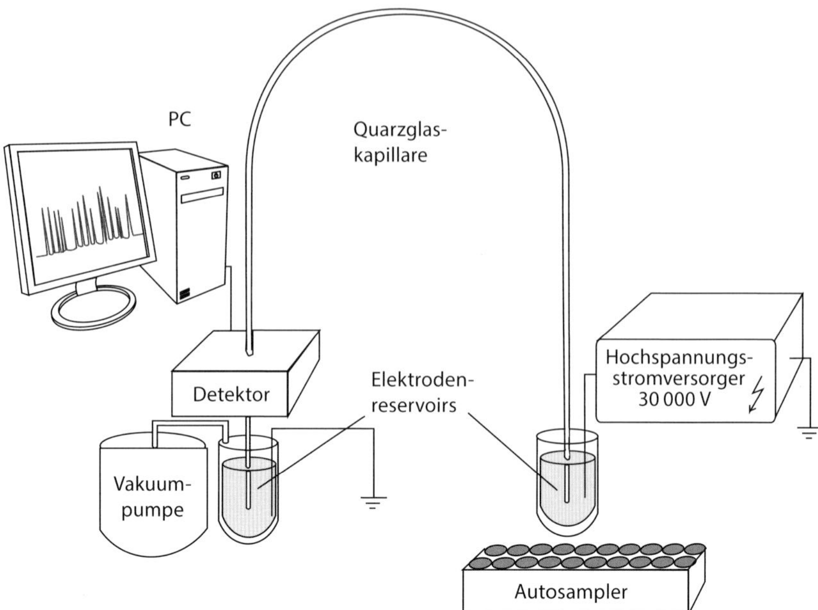

Abb. 1.3 Schematische Darstellung eines Kapillarelektrophoresesystems.

zur Entzifferung von Genomen. Seitdem *Next-Generation-Genome-Sequencing*-Methoden eingeführt worden sind, welche nicht mehr auf Elektrophorese basieren, werden die Multikapillarsysteme für andere Applikationen eingesetzt, vor allem für automatisierte Hochdurchsatzanalysen komplexer Zuckerstrukturen (Schwarzer *et al.*, 2008).

Allerdings ist die Investition für ein trägerfreies Elektrophoresesystem oder ein Kapillarelektrophoresegerät deutlich höher als für eine Gelelektrophoreseausrüstung.

Mikrochipelektrophorese (MCE) ist im Prinzip eine miniaturisierte Kapillarelektrophorese in einer planaren Anordnung. Sie ermöglicht einen höheren Grad der Automatisierung und noch schneller Analysen. Probenaufgabe und -trennung erfolgt in schmalen Kanälen, welche durch fotolithografische Prozeduren in die Oberfläche von Glas-, Silikon- oder Polymerplättchen eingeätzt wurden. Meist sind die Kanäle in der Form eines Kreuzes angeordnet in der Größenordnung von 1–10 cm mit ca. 50 μm Durchmesser (siehe Abb. 1.4). Alle Reservoirs enthalten Elektroden für Probeninjektion und die Trennung. Das Probenvolumen für die MCE im Vergleich zur CE beträgt ein Zehntel: ca. 0,1–0,5 nL, und wird meistens elektrokinetisch appliziert. Bei Spannungen von 1–4 kV sind die Trennungen etwa viermal schneller als in der CE: 50–200 s. Die Visualisierung der Zonen erfolgt entweder durch laserinduzierte Fluoreszenz (LIF), wie in der Publikation von Schulze *et al.* (2010) beschrieben, oder mit elektrochemischer Detektion. Letztere Methode eignet sich am besten zur Detektion von niedermolekularen Analyten.

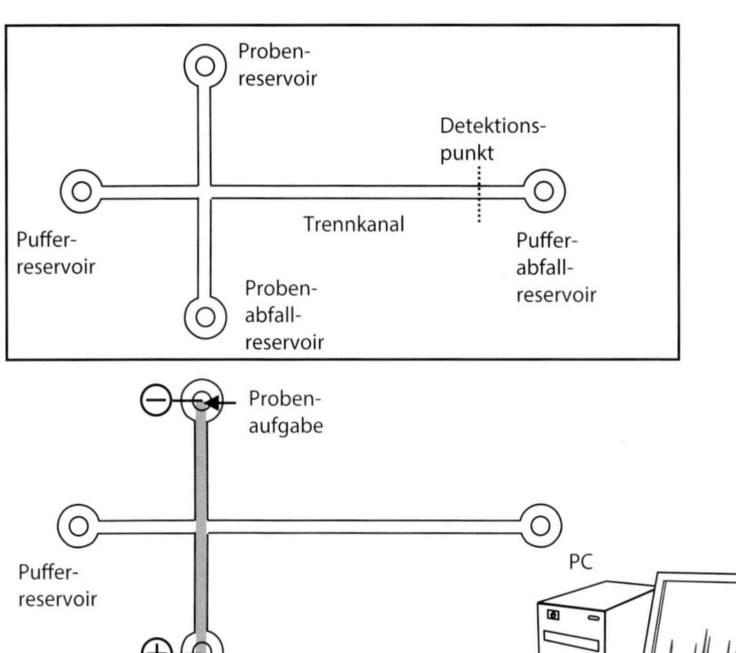

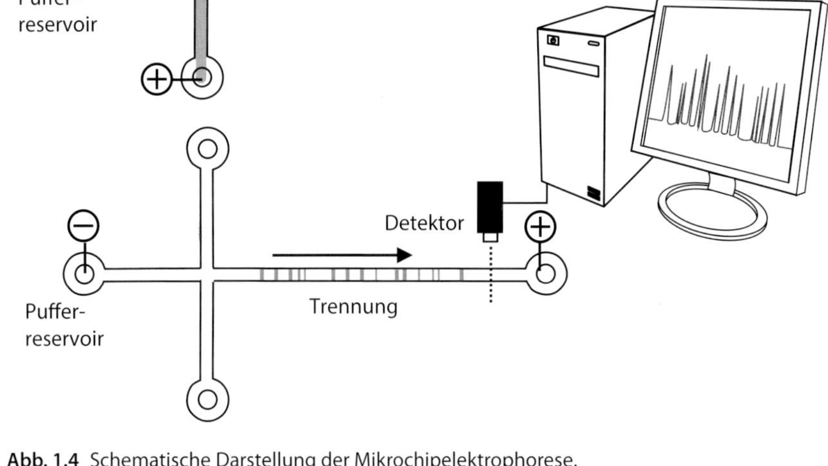

Abb. 1.4 Schematische Darstellung der Mikrochipelektrophorese.

1.1.2
Elektrophoresen in stabilisierenden Medien

Stabilisierende Medien können aus Papier oder Folien bestehen, meist werden aber Gele verwendet. Um den Verlauf der Trennung beobachten zu können und den Endpunkt der Trennung zu erkennen, lässt man Farbstoffe mit hohen elektrophoretischen Mobilitäten mit der Probe mitlaufen: Bei Proteintrennung in Richtung Anode verwendet man meist Bromphenolblau oder Orange G, in Richtung Kathode Bromkresolgrün oder Methylenblau, für Nukleinsäuretrennungen Xylencyanol.

Die Arbeitsanleitungen im zweiten Teil beschränken sich auf Elektrophoresen im stabilisierenden Medium, weil diese Techniken mit dem geringsten Geräteaufwand durchgeführt werden können.

Der Nachweis der getrennten Zonen erfolgt entweder unmittelbar im Trennmedium durch Anfärben, Ansprühen mit spezifischen Reagenzien, durch Enzym-Substrat-Kopplungsreaktionen, Immunpräzipitation, Autoradiografie, Fluorografie oder mittelbar durch *Immunprinting* oder mit *Blotting*-Methoden.

Papier- und Dünnschichtelektrophorese: Diese Techniken sind zum großen Teil aufgrund der besseren Trenneigenschaften und der höheren Beladungskapazität von Agarose- und Polyacrylamidgelen durch Methoden der Gelelektrophorese abgelöst worden. Lediglich zur Analyse von hochmolekularen Polysacchariden und Lipopolysacchariden, welche die Gelporen verstopfen können, werden elektrophoretische Trennungen auf horizontalen Kieselgeldünnschichtplatten durchgeführt, die seitlich mit Puffertanks verbunden sind (Scherz, 1990).

Celluloseacetatfolien sind großporig, sodass sie keine Siebwirkung auf Proteine ausüben. Elektrophoretische Trennungen in diesem Material sind deshalb rein ladungsabhängig. Die Matrix wirkt kaum der Diffusion entgegen, die getrennten Zonen sind relativ breit, die Auflösung und die Nachweisempfindlichkeit sind relativ niedrig. Auf der anderen Seite ist ihre Handhabung sehr einfach, Trennung und Anfärben funktionieren schnell (Kohn, 1957). Dafür werden einfach konstruierte Horizontalkammern verwendet: Die Celluloseacetatstreifen werden in die Kammern eingehängt, sodass die beiden Enden in die Pufferlösung eintauchen; eine Kühlung während der Trennung ist überflüssig. Diese Technik ist weitverbreitet in der klinischen Routine und verwandten Anwendungsgebieten für die Untersuchung von Serum und zur Analyse von Isoenzymen in physiologischen Flüssigkeiten. Informationen zur Elektrophorese in der klinischen Diagnostik sind im Lexikon der Medizinischen Laboratoriumsdiagnostik zu finden (Gressner und Arndt, 2013).

1.1.3 Gelelektrophorese

1.1.3.1 Geltypen

Die Gelmatrix soll möglichst kontrolliert einstellbare und gleichmäßige Porengrößen haben, chemisch inert sein und keine Elektroosmose besitzen.

Stärkegele, von Smithies (1955) eingeführt, werden aus hydrolysierter Kartoffelstärke hergestellt, die man durch Aufkochen löst und in 5–10 mm dicker Schicht ausgießt. Die Porengröße wird durch den Stärkegehalt der Lösung eingestellt. Stärke ist ein Naturprodukt, dessen Eigenschaften stark variieren können. Wegen der mangelnden Reproduzierbarkeit und der unpraktischen Handhabung diese Gele werden sie immer mehr von Polyacrylamidgelen abgelöst.

Dextrangele sind fast ausschließlich für präparative Anwendungen ohne Siebeffekte verwendet worden, wie für die Isoelektrische Fokussierung (Radola, 1975).

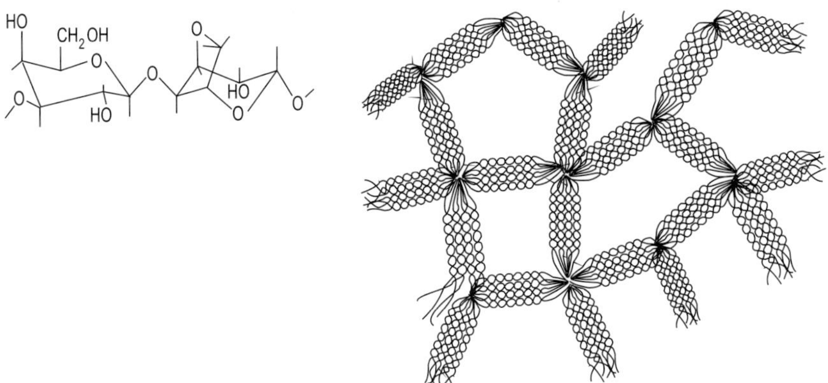

Abb. 1.5 Chemische Formel der Agarose und Ausbildung der Gelstruktur beim Gelieren.

Agarosegele werden insbesondere dann verwendet, wenn man große Poren für Analysen von Molekülen über 10 nm Durchmesser benötigt. Agarose ist ein Polysaccharid und wird aus roten Meeresalgen hergestellt. Durch Entfernen des Agaropektins erhält man unterschiedliche Elektroosmose- und Reinheitsstufen. Die Charakterisierung erfolgt durch die Schmelztemperatur (35–95 °C) und den Grad der Elektroosmose (m_r Wert), welcher der Anzahl polarer Restgruppen abhängt. Die Porengröße ist abhängig von der Agarosekonzentration: Man orientiert sich dabei an der Einwaage der Agarose und dem Wasservolumen. Da die beim Aufkochen unvermeidlichen Wasserdampfverluste von Ansatz zu Ansatz variieren können, kann dieser Wert in der Praxis nicht als absolut exakt betrachtet werden. In der Regel verwendet man Gele mit 150 nm Porengröße bei 1 % (g/v) bis 500 nm bei 0,16 %. Agarose wird durch Aufkochen in Wasser gelöst und geliert beim Abkühlen. Dabei bilden sich aus dem Polysaccharid-Sol Doppelhelices aus, die sich in Gruppen seitlich zu relativ dicken Fäden zusammenlagern (Abb. 1.5). Diese Struktur verleiht Agarosegelen hohe Stabilität bei großen Porendurchmessern.

Die Gele werden in der Regel durch Ausgießen der Agaroselösung auf eine horizontale Glasplatte oder Trägerfolie hergestellt. Die Geldicke ergibt sich dabei aus dem Volumen der Lösung und der Fläche, auf die sie verteilt wird.

Für DNA-Elektrophoresen gießt man 1–10 mm dicke Gele auf UV-durchlässige Kunststoffplatten, weil die DNA-Fraktionen mit Fluoreszenzfarbstoffen detektiert werden. Die Gele befinden sich während der Elektrophorese unter einer Pufferschicht, damit sie nicht wegen der Elektroendosmose austrocknen (siehe Abb. 1.11 und 1.18).

Für Proteinelektrophoresen werden 1–2 mm dünne Agarosegelschichten auf horizontale Glasplatten oder Trägerfilme aufgebracht. Sehr exakte Geldicken erreicht man durch Gießen der Lösung in vorgewärmte Küvetten, wie z. B. bei der vertikalen SDS-Agarose-Gelelektrophorese zur Analyse von Multimeren des von Willebrand-Faktors (Ott *et al.*, 2010).

Polyacrylamidgele, erstmals 1959 von Raymond und Weintraub (1959) für die Elektrophorese eingesetzt, sind chemisch und mechanisch besonders stabil

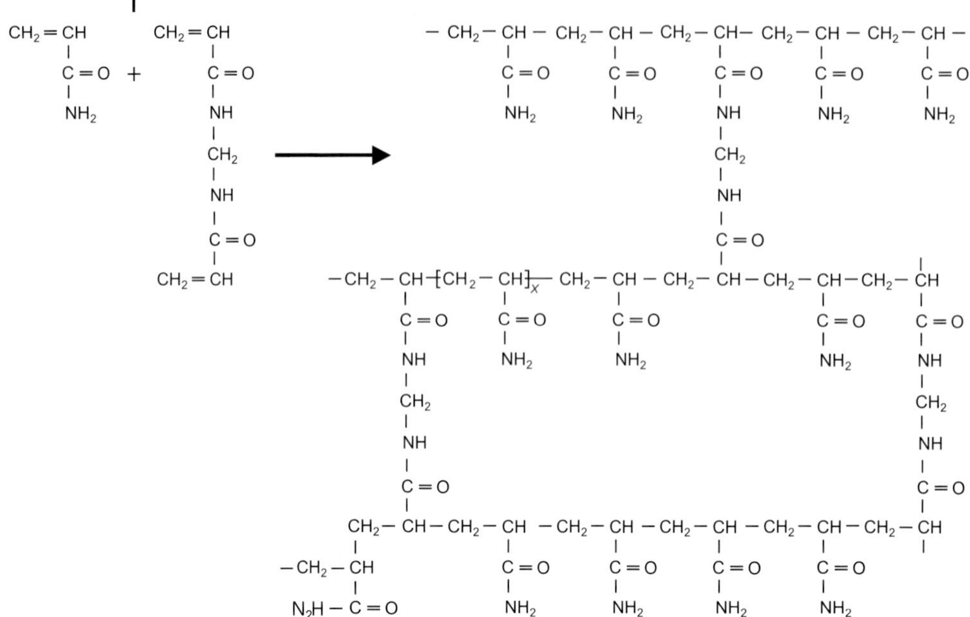

Abb. 1.6 Die Polymerisation von Acrylamid und Methylenbisacrylamid.

und vollkommen transparent. Durch chemische Kopolymerisation von Acrylamidmonomeren mit einem Vernetzer – meist N,N'-Methylenbisacrylamid (Abb. 1.6) – erhält man ein klares, durchsichtiges Gel mit sehr geringer Elektroendosmose. Die Reaktion wird mit Ammoniumpersulfat als Katalysator gestartet, TEMED liefert die tertiären Aminogruppen, welche die Freisetzung von Radikalen auslösen.

Die Porengröße lässt sich durch die Totalacrylamidkonzentration T und den Vernetzungsgrad C (von engl. *cross-linking*) exakt und reproduzierbar einstellen, wobei am häufigsten die Definition nach Hjertén (1962) verwendet wird:

$$T = \frac{a+b}{V} \times 100\,(\%)\,; \qquad C = \frac{b}{a+b} \times 100\,(\%)\,.$$

Dabei ist a – Masse Acrylamid in g, b – Masse Methylenbisacrylamid in g, V – Volumen in mL.

Bei konstantem C und steigendem T wird die Porengröße kleiner. Bei konstantem T und steigendem C folgt die Porengröße einer parabolischen Funktion: Bei hohen *und* niedrigen C-Werten erhält man große Poren, das Minimum bei 10 % T Gelen liegt bei $C = 4\,\%$. Gele mit $C \gg 5\,\%$ sind spröde und relativ hydrophob. Sie werden nur in Sonderfällen verwendet, wie z. B. zur Trennung von Megaproteinkomplexen (Strecker *et al.*, 2010). Für Trennungen von Proteinen und Peptiden sollte man keine T-Werte über 16 % verwenden, weil die Moleküle während der Wanderung chemisch modifiziert werden. Die Peptidgele von Schägger und von Jagow (1987) bestehen aus 16 % T und 6 % C.

Neben Methylenbisacrylamid (Bis) gibt es noch eine Reihe von alternativen Vernetzern, die von Righetti (1983) aufgelistet und verglichen wurden. Erwähnt sei an dieser Stelle das N, N'-Bisacryloylcystamin, das eine Disulfidbrücke enthält, die mit Thiolreagenzien aufgespalten werden kann. Auf diese Weise ist es möglich, nach der Elektrophorese die Gelmatrix zu verflüssigen und großporig zu machen. Die alternativen Vernetzer werden relativ selten verwendet, weil die Trennqualität der Gele meist schlechter ist als mit Bis.

Wichtig
Die Monomere sind toxisch: Vorsichtig damit umgehen!

Die Polymerisation erfolgt unter Luftabschluss, da Sauerstoff ein Radikalfänger ist. Die Polymerisationskinetik ist u. a. temperaturabhängig: Zur Vermeidung von unvollständiger Polymerisation soll diese nicht bei Temperaturen unter 20 °C erfolgen. Es ist wichtig zu wissen, dass die Gele gleich nach der Verfestigung noch nicht fertig polymerisiert sind. Für den vollständigen Einbau der Vernetzer sollte man das Gel noch einige Stunden bei Raumtemperatur stehen lassen und nicht sofort in den Kühlraum oder Kühlschrank legen. Die Gele sollten frühestens einen Tag nach der Polymerisation verwendet werden.

Die Gele werden zur Minimierung der Sauerstoffaufnahme in vertikalen Gießständen polymerisiert: Rundgele in Glasröhrchen, Flachgele in Küvetten, die durch zwei Glasplatten und Dichtungen gebildet werden. Die Oberfläche der Monomerlösung wird mit wassergesättigtem Butanol oder mit 70 Vol-% Isopropanol in Wasser überschichtet. Alternativ hierzu kann man die Monomerlösung mit ca. 7 % Glycerin beschweren und dann mit Wasser überschichten. Neben der vertikalen gibt es auch horizontale Gießtechniken (Radola, 1980). Die erhöhte Sauerstoffaufnahme muss durch Erhöhung der Katalysatorenmenge kompensiert werden. Dabei handelt man sich allerdings Störungen bei der Trennung ein.

Die Geleigenschaften werden durch zahlreiche Parameter beeinflusst:

- Die beste Polymerisationseffektivität erhält man bei einem pH-Wert von 7.
- Gele mit sauren Puffern müssen mit alternativen Katalysatoren polymerisiert werden, z. B. mit einer Kombination aus Ascorbinsäure, $FeSO_4$ und H_2O_2 (Jordan und Raymond, 1969).
- Die Qualität der Monomere und aller anderen Reagenzien spielt eine wichtige Rolle. Wenn Teile von Acrylamid zu Acrylsäure zerfallen sind, enthält das Gel fixierte Carboxylgruppen, die dann Elektroendosmoseerscheinungen verursachen.
- Einige Pufferkomponenten können die Polymerisation inhibieren; z. B. dürfen die Puffer keine Thiole enthalten.

Wichtig
Monomere in Pulverform sind besonders gesundheitsschädigend. Deshalb wird empfohlen, lieber fertige Stammlösungen zu verwenden, als Acrylamid und Bis selbst einzuwiegen.

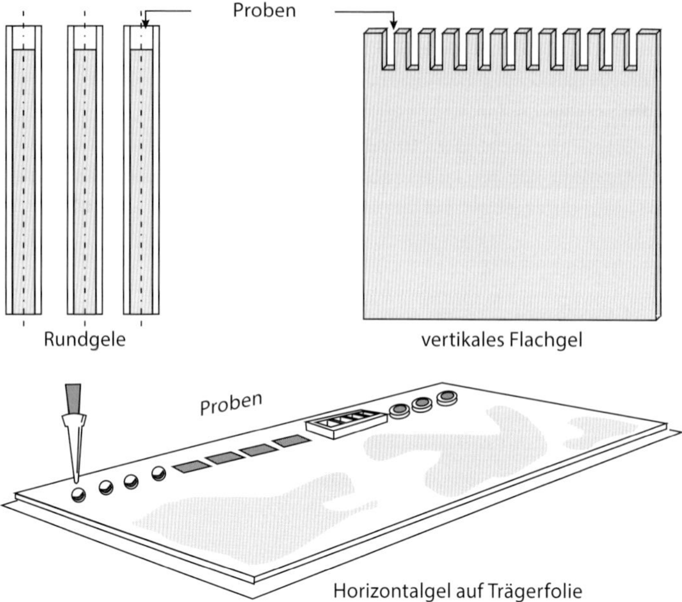

Abb. 1.7 Gelgeometrien für elektrophoretische Trennungen.

Der Zusatz von Gelverstärkern wie Rhinohide und Duracryl zu Monomerlösungen verbessern die mechanischen Eigenschaften der Gele und erleichtern die Handhabung von großen Flachgelen ohne Trägerfolie. Unglücklicherweise sind aber von Einflüssen auf das Trennverhalten und Färbeeigenschaften berichtet worden.

Polyacrylamidgele werden in der Form vertikaler Gelstäbe oder -platten verwendet oder als horizontale Gelschichten, wobei Letztere der einfachen Handhabung wegen meist auf stabile Trägerfolien aufpolymerisiert sind (Abb. 1.7).

Die Verwendung von Rundgelen ist selten geworden, weil sie schwierig zu handhaben und die Resultate schwer zu vergleichen sind. Bei Vertikalsystemen werden die Gele zur Elektrophorese zusammen mit den Glasröhrchen bzw. den Glasküvetten in die Pufferkammern eingesetzt; die Gele haben unmittelbaren Kontakt zu den Elektrodenpuffern. Wenn, z. B. für das Picken von Proteinspots, Gele mit stabiler Größe benötigt werden, kann man das Gel kovalent an eine Glasplatte binden, indem man diese vorher mit Bind-Silan beschichtet. Gele für Horizontalsysteme werden auf eine Trägerfolie aufpolymerisiert und zur Trennung aus der Gießküvette entnommen.

Für die Aufgabe der Proben werden an der Oberseite von Vertikalgelen Probentaschen einpolymerisiert (siehe auch Abb. 1.7). Dies erreicht man durch Einstecken eines scharfkantigen Kamms zwischen die Glasplatten. Bei Horizontalgelen benötigt man in vielen Fällen keine Geltaschen; die Proben werden mit Filterpapierstückchen oder Lochbändern aus Silikongummi direkt auf die Oberfläche appliziert. Bei homogenen Puffersystemen sind auch im Horizontalsystem schmale Probenwannen in der Geloberfläche wichtig für gute Resultate.

1.1.3.2 **Instrumentelles zur Gelelektrophorese**

Die apparative Ausrüstung für die Kapillar- und Mikrochipelektrophorese sowie die automatisierte DNA-Sequenzierung ist bereits im Zusammenhang mit den Methoden beschrieben worden.

Die Ausrüstung für Elektrophoresen besteht prinzipiell aus drei Geräten:

a) Stromversorger,
b) Kühl- oder Heizthermostat,
c) Trennkammer mit zugehörigem Gelgießsystem.

Zu a): Für Elektrophoresen benötigt man Gleichstromversorger, die, bei exakt einstellbaren Strom-, Spannungs- und Leistungswerten, hohe Spannungen liefern.

Zu b): Viele selbst hergestellte Trennsysteme werden ohne Kühlung bzw. Heizung eingesetzt. Es hat sich jedoch gezeigt, dass mit gekühlten oder thermostatisierten Apparaturen bessere und reproduzierbarere Trennergebnisse erzielt werden.

Zu c): Das Herzstück der Elektrophoreseausrüstung ist die Trennkammer. Hier gibt es wegen der Vielzahl unterschiedlicher Methoden und Modifikationen eine Reihe von Typen.

1.1.3.3 **Elektrische Bedingungen**

Für die Festlegung der Trennbedingungen bei Elektrophoresen sollte man sich noch einige physikalische Zusammenhänge vor Augen führen. Dies ist auch wichtig für das Arbeiten nach exakten Vorschriften:

Die treibende Kraft bei der Elektrophorese ist das Produkt aus der Eigenladung $Q^{\pm}$ (Nettoladung) einer Substanz und der elektrischen Feldstärke E, die in V/cm gemessen wird. Das bedeutet für die Wanderungsgeschwindigkeit v einer Substanz in cm/s:

Die Nettoladung $Q^{\pm}$ kann als Summe der positiven und negativen Elementarladungen betrachtet werden, gemessen in Amperesekunden.

$$v = \frac{\Theta^{\pm} \times E}{R}$$

Für eine elektrophoretische Wanderung benötigt man also eine bestimmte Feldstärke.

Die Reibungskonstante R ist abhängig vom Molekülradius r (Stokes-Radius) in cm und der Viskosität η des Trennmediums, welche in $\mathrm{N\,s/cm^2}$ gemessen wird.

Zur Erreichung der Feldstärke muss die Spannung U anliegen: sie wird in Volt (V) gemessen, die Trenndistanz entsprechend in cm:

$$\text{Spannung} = \text{Feldstärke} \times \text{Trenndistanz}$$
$$U = E \times d$$

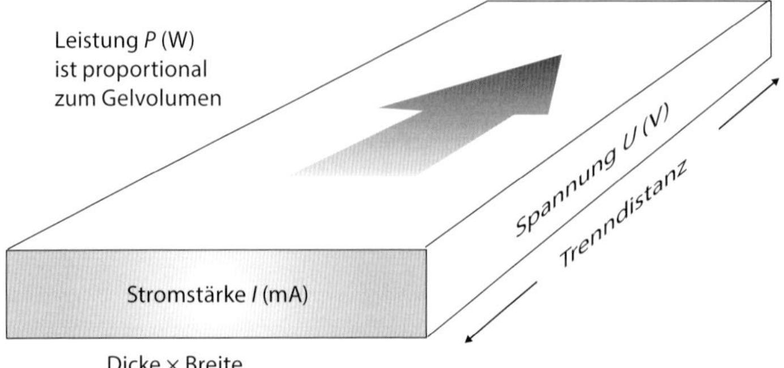

Abb. 1.8 Schematische Darstellung der Zusammenhänge zwischen den Dimensionen des Trennmediums und Strom-, Spannungs- und Leistungsbedingungen bei Elektrophoresen.

Legt man an ein leitendes Medium (Puffer) ein elektrisches Feld an, so fließt ein Strom I; er wird in Ampere (A) gemessen, doch gibt man ihn in der Elektrophorese meist in mA an. Die Höhe des Stromflusses ist abhängig von der Ionenstärke des Puffers. Bei Elektrophoresen hat man relativ hohen Stromfluss, bei der Isoelektrischen Fokussierung ist er gering, weil pH-Gradienten relativ niedrige Leitfähigkeit haben.

Das Produkt aus Spannung und Strom ist die Leistung P, die in Watt (W) angegeben wird.

$$\text{Leistung} = \text{Spannung} \times \text{Strom}$$
$$P = U \times I$$

Das Produkt aus (elektrischer) Leistung und Zeit ist Energie. In der Elektrophorese wird die elektrische Energie im Wesentlichen in joulesche Wärme umgewandelt. Deshalb werden Elektrophoresen meist gekühlt. Da die Kühleffektivität, die Wärmeabfuhr, nicht unendlich gesteigert werden kann, darf eine gewisse Leistung nicht überschritten werden. Bei Nichtbeachtung dieser Fakten kann ein Gel ohne Weiteres durchbrennen.

In Gelplatten kann der „Smiling-Effekt" auftreten, wenn mehr joulesche Wärme erzeugt wird als abgeführt werden kann: dann ist die Temperatur innerhalb des Gels höher als an den beiden Rändern. Dadurch sind die elektrophoretischen Mobilitäten im Inneren höher als am Rand und die Front und die getrennten Zonen sind an den beiden Seiten nach oben gebogen. Wenn ein relativ dickes Flachgel an einer Oberfläche stärker gekühlt wird als an der anderen, entsteht der „Jalousieneffekt": Die Zonen wandern an einer Oberfläche schneller als an der anderen.

Abbildung 1.8 zeigt die Zusammenhänge zwischen Spannung, Strom und Leistung mit den Dimensionen des Elektrophoresemediums. Je länger die Trenndistanz, umso höher muss die Spannung sein, um eine gewisse Feldstärke zu erreichen. Die Stromstärke ist, bei gegebener Ionenstärke, proportional zum Querschnitt: Je dicker also das Gel ist, desto mehr Strom fließt. Die Leistung ist proportional zum Volumen.

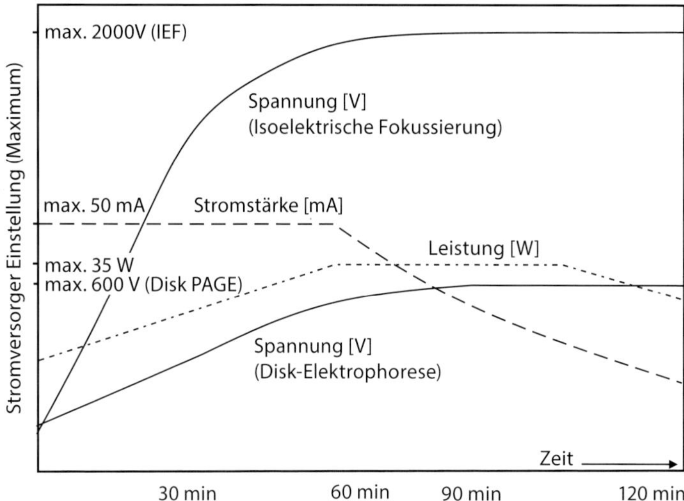

Abb. 1.9 Verlauf der elektrischen Parameter während einer Disk-Elektrophorese und einer Isoelektrischen Fokussierung.

Richtwerte für gekühlte 0,5 mm dünne Horizontalgele:

Zonenelektrophoresen: ca. 2 W/mL Gelvolumen
IEF: ca. 1 W/mL Gelvolumen

Dies hat auch zur Konsequenz, dass man Leistung und Stromstärke reduzieren muss, wenn man nur Teile eines ganzen Gels laufen lässt, z. B.:

Halbes Gel: *halbe* Stromstärke – *halbe* Leistung – *gleiche* Spannung ... bei gleicher Trenndistanz

Wenn zwei Vertikalgele statt einem laufen gelassen werden, werden die Stromstärke – und auch die Leistung – verdoppelt:

Zwei Gele: *doppelte* Stromstärke – *doppelte* Leistung – *gleiche* Spannung ... bei gleicher Trenndistanz

Die eingestellten Werte am Stromversorger sind immer die Maximalwerte. Die wirklichen Werte ändern sich während des Laufes, weil sich die Leitfähigkeit ändert. Oft wird vergessen, dass ein höher konzentriertes Gel einen höheren Widerstand hat als ein Gel mit niedrigem T-Wert.

Die Leitfähigkeit des Systems ändert sich sehr stark bei der Disk-Elektrophorese und der Isoelektrischen Fokussierung (siehe Abb. 1.9). Zur Optimierung der Trennbedingungen und Vermeidung von Überhitzung des Gels sollte man unbedingt einen Stromversorger mit Leistungsbegrenzung einsetzen (bei manchen Stromversorgern kann man nur die Strom- und Spannungswerte begrenzen).

1.1.4 Stromversorger

Es gibt verschiedene Ausführungs- und Spezifikationsstufen:

- Einfache Stromversorger können nur über die Spannung geregelt werden; meist bis maximal 200 V.
- Typische Elektrophoresestromversorger kann man mit konstanter Stromstärke oder konstanter Spannung betreiben; meist bis 500 oder 1000 V, 200 oder 400 mA.
- Hochspannungsstromversorger, die auch für die Isoelektrische Fokussierung geeignet sind, liefern hohe Spannungen bis zu 3000 V und sind zusätzlich leistungsstabilisiert; d. h., man kann eine Maximalleistung einstellen.
- Programmierbare Stromversorger haben zusätzlich einen Mikroprozessor, über den man verschiedene Trennbedingungen mit unterschiedlichen Stufen abrufen kann. Sie enthalten meistens auch einen Volt-Stunden-Integrator.

1.1.5 Trennkammern

1.1.5.1 Vertikalapparaturen

Die Elektrophorese erfolgt dabei meist in vertikalen Gelplatten, die in Glasküvetten eingegossen sind. Die Proben werden auf die Geloberfläche in die Geltaschen mit einer Spritze oder Mikropipette aufgegeben. Die Stromzufuhr erfolgt über Platinelektroden, die in die Puffertanks eintauchen.

Einige Ausführungsbeispiele von Vertikalsystemen mit und ohne Kühlmöglichkeiten sind in Abb. 1.10 gezeigt. Zur Abführung der jouleschen Wärme wird in Beispiel b der „obere Puffer", in Beispiel c der untere Puffer über Wärmetauscher gekühlt. Wegen der unterschiedlichen Arten der Verbindungen des Gels mit dem oberen Puffertank werden unterschiedliche Formen von Glasplatten eingesetzt. Einfache Kassetten für selbst gegossene Gele sind früher erst mit Agarose an der unteren Öffnung abgedichtet worden, bevor sie mit der Acrylamidmonomerlösung befüllt wurden. Neuere Gießstände verwenden weiche Gummiplatten für die Abdichtung (f). Fertiggele werden meist in Plastikkassetten geliefert (e).

1.1.5.2 Horizontalapparaturen

DNA-Analysen in Agarosegelen

Zur analytischen und präparativen Auftrennung von DNA-Bruchstücken und RNA-Restriktionsfragmenten werden meistens *Submarine*-Kammern verwendet. Bei diesen Horizontalkammern (siehe Abb. 1.11) liegt das Agarosetrenngel unter einer dünnen Pufferschicht zwischen den seitlich angeordneten Puffertanks. Solche einfachen Horizontalkammern gibt es in verschiedenen Größen.

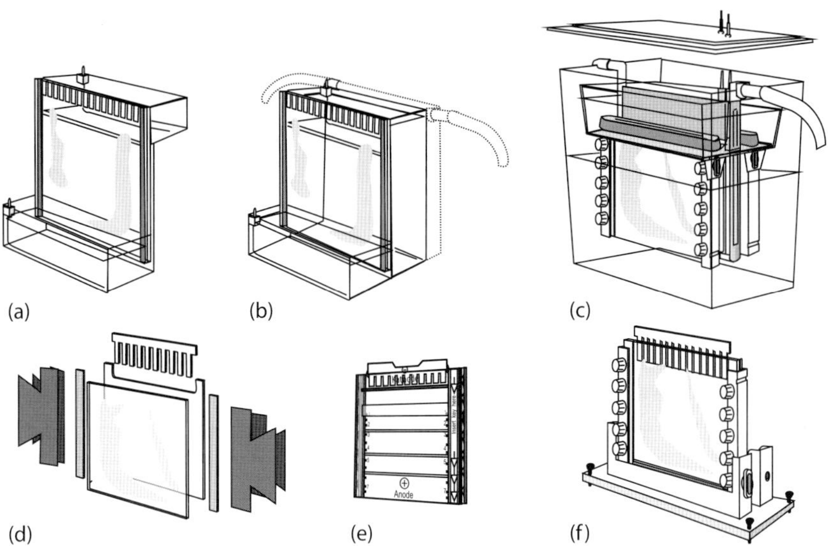

Abb. 1.10 Unterschiedliche Konstruktionen von Vertikalkammersystemen. (a) Einfache ungekühlte Vorrichtung mit oberem und unterem Pufferreservoir. (b) Konstruktion mit großem „oberen" Puffertank, der auch als Wärmeausgleich dient; optional mit Wasser kühlbar über Schläuche. (c) System mit großem unteren Puffertank der ebenfalls als Wärmeausgleich dient; optional mit Wasser kühlbar über Schläuche. (d) Kassettenaufbau für die Systeme A und B mit einer Glasplatte mit eingekerbter Aussparung. (e) Plastikkassette mit Fertiggel. (f) Gießstand mit Kassette für das System C mit zwei Glasplatten mit glatten Oberkanten.

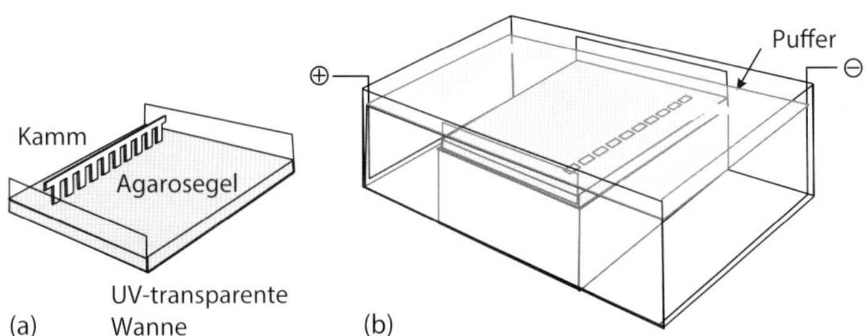

Abb. 1.11 Submarine-Kammer für Nukleinsäuretrennungen. (a) Gießwanne; (b) Agarosekammer während der Elektrophorese.

Zur Elektrophorese im *gepulsten elektrischen Feld* wird an den Stromversorger ein Steuergerät angeschlossen, das alternierend – mit einprogrammierten Zeittakten – die Elektroden in Nord-Süd- und Ost-West-Richtung ansteuert. In die Elektroden sind Dioden eingebaut, damit die nicht eingeschalteten Elektroden das Feld nicht beeinflussen können. Da solche Trennungen sehr lange dauern können – bis zu mehreren Tagen –, muss der Puffer gekühlt und umgewälzt werden (Abb. 1.12). Um inhomogene elektrische Felder zu erzeugen, werden die Punktelektroden auf rechtwinklig angeordnete Elektrodenschienen aufgesetzt.

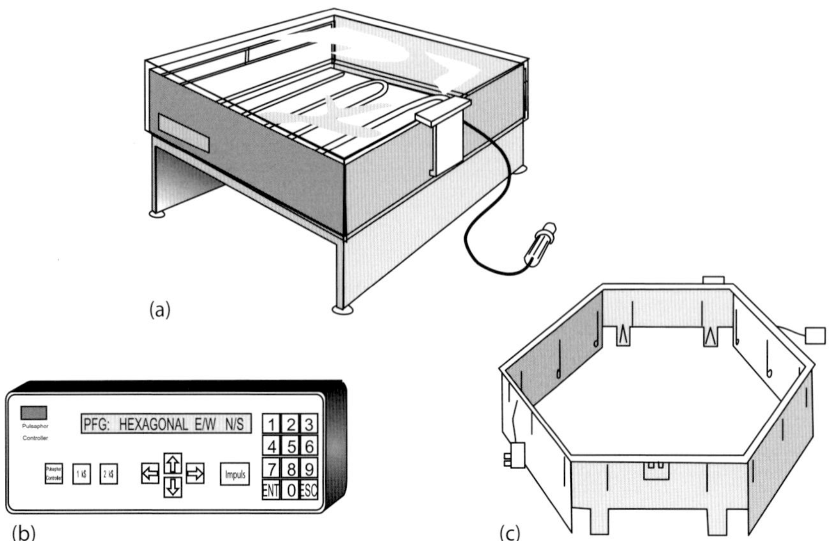

Abb. 1.12 System für die DNA-Gelelektrophorese im gepulsten Feld (PFG). (a) PFG-Submarine-Trennkammer mit Kühlschlange und Pufferzirkulationspumpe (nicht gezeigt). (b) Programmierbares Pulssteuergerät. (c) Hexagonalelektrode zum Geradeauslauf der Trennspuren.

Protein- und DNA-Fragment-Analysen in horizontalen Polyacrylamidgelen

Sehr vielseitig sind *Horizontalkammern* mit Kühlthermostatisierplatte, teilweise mit seitlich angeordneten Puffertanks (siehe Abb. 1.13). Sie sind ausgerüstet für die analytische und präparative Isoelektrische Fokussierung, für sämtliche Variationen der Immun- und Affinitätselektrophoresen und aller Elektrophoresen in restriktiven und nicht restriktiven Gelen und für die hochauflösende 2-D-Elektrophorese.

Hier können hohe Spannungen angelegt werden, weil es keine Probleme mit der Isolierung der Puffertanks gibt; viele Techniken benötigen im Horizontalsystem überhaupt keine Puffertanks mehr. Die meisten methodischen Anleitungen in Teil II beziehen sich auf diesen Typ Elektrophoresesystem, weil beinahe alle Methoden damit durchgeführt werden können. Die Multiphor-Kammer (siehe Abb. 1.13a) ist seit über 40 Jahren auf dem Markt ohne größere Modifikationen. Die Blue-Horizon-Kammer (siehe Abb. 1.13b) ist die neueste Entwicklung. Sie besitzt keine Puffertanks mehr, weil die Verwendung von Elektrodendochten mit konzentrierten Elektrodenpuffern viel praktischer ist. Die Trenneinheit ist in Schubladenform in ein Gehäuse eingebaut. Dies hat mehrere Vorteile: Sie spart Platz auf dem Labortisch, weil der Elektrodendeckel in einer Parkvorrichtung verstaut werden und der Stromversorger oben auf das Gerät gestellt werden kann, und mehrere Geräte aufeinander gestapelt werden können. Auch die neuen Elektroden stellen eine Verbesserung dar: Weil sie aus platinierten Titanstangen bestehen, sind sie viel robuster als die früher verwendeten Platindrähte. Außerdem wird das Gel im Gehäuse während des Laufes nicht dem Tageslicht ausgesetzt. Dies ist von Vorteil,

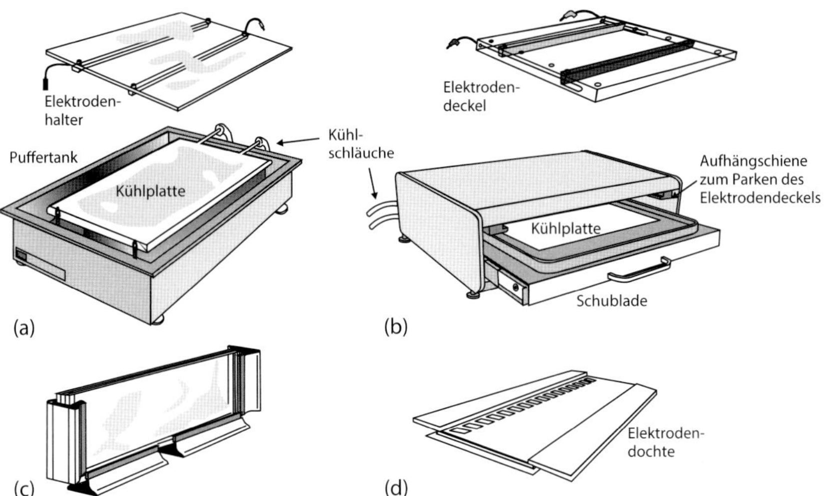

Abb. 1.13 Verschiedene Horizontalelektrophoresekammern: (a) Trennkammer mit Kühlplatte und seitlichen Puffertanks. (b) Trennkammer in Gehäuse mit Schubladenkühlplatte ohne Puffertanks. (c) Gelgießkassette für dünne homogene und Gradientengele. (d) Anordnung eines Horizontalgels auf Trägerfolie mit in konzentrierten Puffern getränkten Elektrodendochten.

wenn man Proteine auftrennt, die mit lichtempfindlichen Fluoreszenzfarbstoffen vormarkiert wurden. Abbildung 4.9c im Kapitel 4 zeigt eine Modifikation dieses Systems mit vier Kühlplatten für Mehrfachläufe. Bei beiden Kammern können die Elektrodenabstände für unterschiedliche Gelgrößen verändert werden.

Um gleichmäßige und effiziente Kühlung zu gewährleisten, wird zwischen Trägerglasplatte oder Trägerfolie und Kühlplatte eine dünne Schicht Kühlkontaktflüssigkeit aufgebracht. Diese Flüssigkeit darf keinen Strom leiten, muss isoosmotisch mit den Pufferkonzentraten und frei von Oberflächenspannung bzw. kompatibel mit der Massenspektrometrie sein. Früher wurde Kerosin verwendet. Als Ersatz verwendet man heute wässrige Lösungen, die Glycerin, Sorbit und das zwitterionische Detergens CHAPS enthalten. Sie ist leichter erhältlich und handhabbar und riecht nicht.

Wegen ihrer ausgezeichneten Sicherheitseigenschaften sind Horizontalkammern besonders gut für die Isoelektrische Fokussierung geeignet.

Im automatisierten Minielektrophoresesystem PhastSystem® war alles integriert: Horizontale Peltier-Kühl-/Thermostatisierplatte, programmierbarer Stromversorger und Färbemaschine. Das System ist mittlerweile vom Hersteller aus dem Programm genommen worden, die Verbrauchsmaterialien wie Fertiggele, Pufferstreifen und Färbereagenzien sind noch verfügbar (siehe hierzu auch Tab. 1.1).

Die verschiedenen Gelelektrophoresemethoden kann man in solche mit *restriktiven* und mit *nicht restriktiven* Medien einteilen. Restriktive Gelsysteme wirken der Diffusion entgegen: Die Zonen werden dadurch schärfer getrennt und hö-

Tab. 1.1 Vergleich von horizontalen Flachbett- und vertikalen Gelsystemen.

Flachbettsysteme	Vertikale Systeme
Limitierte Geldicke, weil Kühlung nur von einer Seite erfolgen kann.	Höhere Proteinbeladungskapazität, weil dickere (bis zu 3 mm), von zwei Seiten gekühlte Gele verwendet werden können.
In Flachbettsystemen werden meist trägerfoliengestützte Gele verwendet. Die Trägerfolie kann aber für Blotting abgeschnitten werden.	Die Handhabung der dickeren Gele für Blotting ist einfacher.
Sehr vielseitig für unterschiedliche Methoden, ideal für die Isoelektrische Fokussierung.	Limitiert technische Möglichkeiten, nicht optimal für die Isoelektrische Fokussierung.
Direkte Kühlung ermöglicht eine exakte Temperaturkontrolle.	Keine oder nur indirekte Kühlung über den Puffer und die Glas-, Keramik- oder Plastikplatten.
Dünne Gelschichten können verwendet werden, die Probenaufgabe ist sehr einfach; dünne Gele haben höhere Nachweisempfindlichkeit und sind einfacher und schneller anzufärben.	Je dünner das Gel, umso komplizierter ist die Probenaufgabe und die Handhabung der Gele.
Meist werden trägerfoliengestützte Gele verwendet, die sehr leicht zu handhaben sind.	Gele ohne Trägerfolie sind nicht einfach zu handhaben. Aber man kann Gele auf mit Bind-Silan behandelte Glasplatten gießen.
Sehr vielseitig für unterschiedliche Gelgrößen: Gele können auseinander geschnitten werden, wenn nur wenige Proben aufzutrennen sind.	Es gibt Tanks für multiple Gele.
In Pufferkonzentrat getränkte Elektrodendochte werden statt großer Puffervolumina verwendet.	Bei manchen Systemen werden große Puffervolumina benötigt (bis zu 25 L).
Geräte sind einfach zu bedienen und zu reinigen, keine Glasplatten notwendig, deshalb ideal für Routineanwendungen.	Viele Einzelteile zum Zusammensetzen und reinigen.
Hohe elektrische Sicherheit, Puffertanks können nicht miteinander in Kontakt kommen	Nur niedrige Spannungsmaximalwerte sind zulässig.
Fertiggele auf Trägerfolie sind umweltfreundlich.	Fertiggele in Einmalplastikkassetten verursachen viel Abfall.

her aufgelöst als bei nicht restriktiven Gelen, dadurch erhöht sich auch die Nachweisempfindlichkeit. Außerdem hat in restriktiven Gelen die Molekülgröße einen starken Einfluss auf das Trennergebnis.

1.2 Elektrophoresen in nicht restriktiven Gelen

Bei diesen Techniken wird der Reibungswiderstand der Gelmatrix vernachlässigbar gering gehalten, sodass die elektrophoretische Mobilität nur von den Nettoladungen der Probenmoleküle abhängig ist. Bei hochmolekularen Proben wie Proteinen und Enzymen verwendet man horizontale Agarosegele, bei niedermolekularen wie Peptiden oder Polyphenolen horizontale Polyacrylamidgele.

1.2.1 Agarosegelelektrophorese

1.2.1.1 Zonenelektrophorese

Agarosegele mit Konzentrationen von 0,7–1 % werden sehr häufig in klinischen Routinelabors zur Analyse von Serumproteinen eingesetzt. Die Trennzeiten sind äußerst gering: ca. 30 min. Agarosegele werden auch für die Analytik von Isoenzymen mit diagnostischer Relevanz, wie z. B. Lactatdehydrogenase (Abb. 1.14) und Creatinkinase, eingesetzt.

Agarosegele sind wegen ihrer großen Poren besonders geeignet zum spezifischen Proteinnachweis durch *Immunfixation*: Im Anschluss an die Elektrophorese lässt man spezifische Antikörper in das Gel diffundieren. Die Immunkomplexe, welche mit den jeweiligen Antigenen gebildet werden, bilden unlösliche Präzipi-

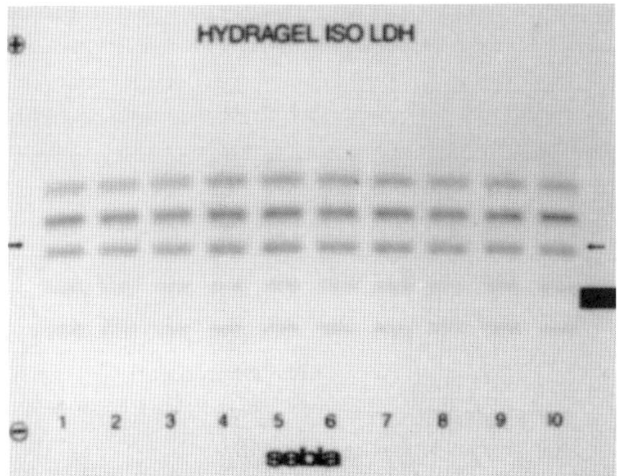

Abb. 1.14 Agarosegelelektrophorese von Lactatdehydrogenase-Isoenzymen. Spezifische Anfärbung mit Zymogrammtechnik.

tate, die nicht präzipitierten Proteine werden ausgewaschen. Bei der Anfärbung werden somit nur die spezifischen Fraktionen erfasst.

Ähnlich funktioniert das *Immunprinting*: Nach einer elektrophoretischen Trennung wird ein antikörperhaltiges Agarosegel oder eine mit Antikörpern getränkte Celluloseacetatfolie auf das Gel gelegt. Hier diffundieren die Antigene zu den Antikörpern. Die Identifizierung der Zonen erfolgt im antikörperhaltigen Medium. Immunprinting wird meistens bei engporigen Trenngelen angewendet. Immunblotting wird im Kapitel 7 erklärt.

1.2.1.2 **Immunelektrophorese**

Das Prinzip bei Immunelektrophoresen ist die Ausbildung von Präzipitationslinien am Äquivalenzpunkt zwischen Antigen und entsprechendem Antikörper. Wichtig bei diesen Methoden ist, dass das Mengenverhältnis zwischen Antigen und Antikörper richtig eingestellt ist (*Antikörpertiter*): Bei einem Antikörperüberschuss bindet sich – statistisch gesehen – maximal ein Antigen an einen Antikörper, bei einem Antigenüberschuss maximal ein Antikörper an ein Antigen. Bei einem bestimmten Antigen-Antikörper-Verhältnis (*Äquivalenzpunkt*) jedoch bilden sich riesige Makromoleküle

Antigen–Antikörper–Antigen–Antikörper– …,

die in der Gelmatrix immobilisiert werden: *Immunpräzipitate*. Diese sind als weiße Linien im Gel sichtbar und können mit Proteinfarbstoffen angefärbt werden. Der Nachweis ist spezifisch, und die Empfindlichkeit ist sehr hoch, da sich scharfe Zonen ausbilden. Immunelektrophoresen lassen sich wiederum in drei methodische Prinzipien unterteilen (Abb. 1.15):

a) *Gegenstromelektrophorese* nach Bussard und Huer (1959): In einem Agarosegel mit hoher Elektroendosmose ist der Puffer auf einen pH-Wert von 8,6 eingestellt, damit die Antikörper keine Ladung tragen. Man lässt Probe und Antikörper, die in entsprechende Löcher einpipettiert wurden, gegeneinander laufen: Die geladenen Antigene wandern elektrophoretisch, die Antikörper werden durch den elektroosmotischen Fluss transportiert (Abb. 1.15a).
b) *Zonenelektrophorese/Immundiffusion* nach Grabar und Williams (1953): Erst wird eine Zonenelektrophorese der Proben in einem Agarosegel durchgeführt, nachfolgend eine Diffusion der Antigenfraktionen gegen die Antikörper, welche in seitlich neben den Trennspuren eingestanzte Rinnen einpipettiert werden (Abb. 1.15b).
c) *Rocket*-Technik nach Laurell (1966) und verwandte Methoden: Antigene wandern elektrophoretisch in ein Agarosegel, welches Antikörper in einer bestimmten Konzentration enthält. Wie bei a) sind die Antikörper durch geeignete Wahl des Puffers ungeladen. Bei der elektrophoretischen Wanderung der Probe werden von den Antikörpern im Gel so lange jeweils ein Antigen pro Antikörper gebunden, bis das Konzentrationsverhältnis dem Äquivalenzpunkt für den Immunkomplex entspricht. Dabei bilden sich raketenförmige

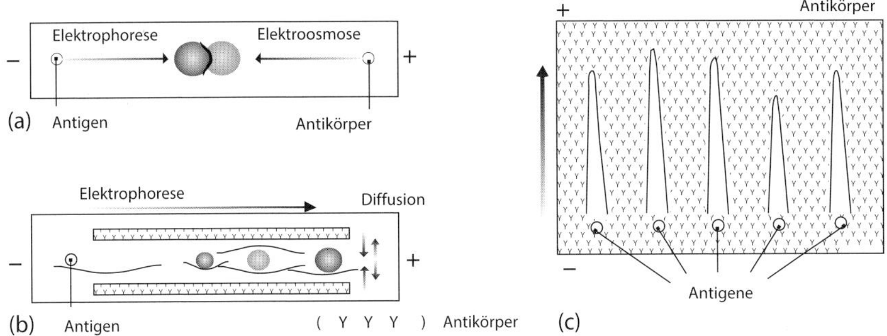

Abb. 1.15 Die drei Prinzipien der Immunelektrophorese: (a) Gegenstromelektrophorese; (b) Zonenelektrophorese/Immundiffusion; (c) Rocket-Technik; für nähere Erläuterungen siehe Text.

Präzipitationslinien aus, die eingeschlossenen Flächen sind proportional zu den Konzentrationen der Antigene in den Proben (Abb. 1.15c). Hierzu gibt es eine Reihe von Modifikationen, auch zweidimensionale (siehe z. B. Abschn. 1.3.4.7, Kreuzimmunelektrophorese).

1.2.1.3 **Affinitätselektrophorese**

Hier handelt es sich um mit der Immunelektrophorese verwandte Methoden, die auf Wechselwirkungen zwischen verschiedenen Makromolekülen z. B. für Lektin-Glykoprotein-, Enzym-Substrat- und Enzym-Inhibitor-Wechselwirkungen beruhen (Bøg-Hansen und Hau, 1981). Dabei werden alle aus der Immunelektrophorese bekannten Techniken angewandt. Zum Beispiel werden mit der Linienaffinitätselektrophorese spezifisch bindende Lektine aus weltweit gesammelten Pflanzensamen untersucht. Damit können Kohlenhydratveränderungen an Glykoproteinen während verschiedener biologischer Prozesse identifiziert werden. In Abb. 1.16 ist eine klinische Anwendung der Affinitätselektrophorese zur Unterscheidung der alkalischen Phosphatase aus Leber und Knochen gezeigt.

1.2.2 Polyacrylamidgelelektrophorese von niedermolekularen Substanzen

Da sich niedermolekulare Fraktionen in einer großporigen Matrix chemisch nicht fixieren lassen, werden hierzu auf Folie polymerisierte ultradünne Polyacrylamidgele im Horizontalsystem verwendet, die sofort nach der Elektrophorese bei 100 °C getrocknet und anschließend mit spezifischen Reagenzien besprüht werden. Mit dieser Methode kann man z. B. Farbstoffe mit Molekülgrößen um 500 Da auftrennen (siehe Methode 1 in Teil II).

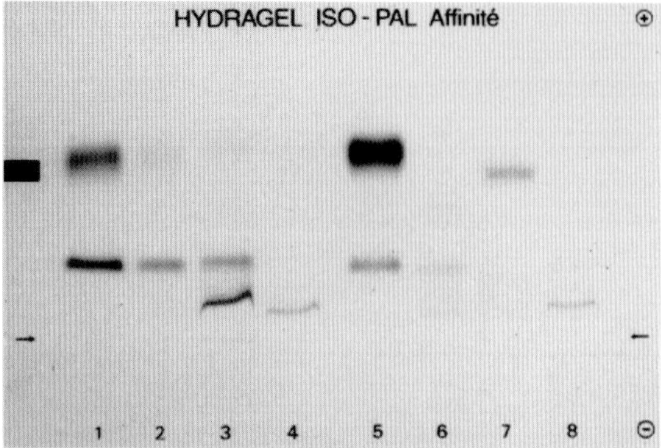

Abb. 1.16 Affinitätselektrophorese von Isoenzymen der alkalischen Phosphatase aus Leber und Knochen. Das Weizenkeimagglutinin bindet spezifisch die Knochenfraktion, die als charakteristische Bande nahe der Auftragsstelle erkennbar ist. Zymogramm-Detektion für alkalische Phosphatase.

Hinweis
Nach den internationalen Empfehlungen der SI wird seit 1970 die Bezeichnung Dalton für $1{,}6601 \times 10^{-27}$ kg nicht mehr empfohlen. Sie ist aber in der Biochemie eine gängige Größe.

1.3 Elektrophorese in restriktiven Gelen

1.3.1 Der Ferguson-Plot

Obwohl bei der Elektrophorese im restriktiven Gel die elektrophoretischen Mobilitäten sowohl von der Anzahl der Nettoladungen als auch vom Molekularradius abhängen, kann die Methode auch zur physikochemischen Charakterisierung von Proteinen benutzt werden. Das Grundprinzip stammt von Ferguson (1964): Man trennt die Proben unter identischen Puffer-, Zeit- und Temperaturbedingungen, jedoch bei unterschiedlichen Gelkonzentrationen (g/100 mL bei Agarose, T (%) bei Polyacrylamid) auf. Dann ergeben sich in den verschiedenen Gelen unterschiedliche Laufstrecken: m_r bedeutet relative Mobilität. Trägt man den Logarithmus von m_r über der Gelkonzentration auf, so ergibt sich eine Gerade.

Die Steigung der Geraden (Abb. 1.17) ist ein Maß für die Molekülgröße und ist definiert als der *Retardationskoeffizient*, der K_R-Wert.

Bei globulären Proteinen gibt es eine lineare Beziehung zwischen K_R und dem Molekülradius r (Stokes-Radius): damit kann man die Molekülgröße aus der Steigung der Geraden berechnen. Wenn die freie Mobilität und der Molekülradius bekannt sind, kann man auch die Nettoladung berechnen (Hedrick und Smith,

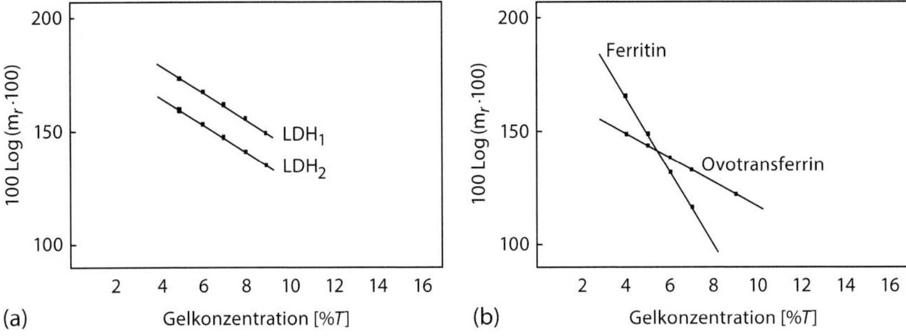

Abb. 1.17 Ferguson Plots: Auftragung der elektrophoretischen Wanderungsstrecken von Proteinen über Gel-Konzentrationen. (a) Lactatdehydrogenase-Isoenzyme; (b) verschiedenartige Proteine. Nähere Erläuterung im Text.

1968). Bei Proteingemischen lassen sich aufgrund der Lage der Proteingeraden folgende Aussagen machen:

- Parallele Geraden weisen auf identische Größe, aber Ladungsheterogenität hin, z. B. auf Isoenzyme (Abb. 1.17a).
- Wenn zwei Geraden unterschiedliche Steigungen haben, sich aber nicht schneiden, ist das Protein der oberen Gerade das kleinere und hat eine höhere Nettoladung als das andere.
- Kreuzen sich die Geraden im Bereich über $T = 2\,\%$, ist das größere der beiden Proteine stärker geladen und schneidet die y-Achse weiter oben (Abb. 1.17b).
- Schneiden sich mehrere Geraden in einem Punkt, der sich im Bereich $T < 2\,\%$ befindet, handelt es sich offensichtlich um verschiedene Polymere eines Proteins (gleiche Nettoladung, unterschiedliche Molekülgrößen).

1.3.2 Agarosegelelektrophorese

1.3.2.1 Proteine

Da hochkonzentrierte Agarosegele über 1 % (> 1 g/100 mL Agarose in Wasser) trüb sind und die Elektroendosmose hoch ist, werden Agarosegele nur bei der Trennung von sehr hochmolekularen Proteinen oder Proteinaggregaten verwendet. Weil Agarosegele keine Katalysatoren enthalten, welche das Puffersystem beeinflussen, sind sie auch zur Entwicklung einer Reihe von mehrfach diskontinuierlichen Puffersystemen eingesetzt worden (Jovin *et al.*, 1970).

1.3.2.2 Nukleinsäuren

Agarosegelelektrophorese ist die Standardmethode für die Trennung, Identifizierung, RFLP-Analyse und Reinigung von DNA- und RNA-Fragmenten (Green und Sambrook, 2012; Rickwood und Hames, 1982). Für diese Nukleinsäuretrennungen werden horizontale Submarine-Gele verwendet: Das Agarosegel liegt dabei

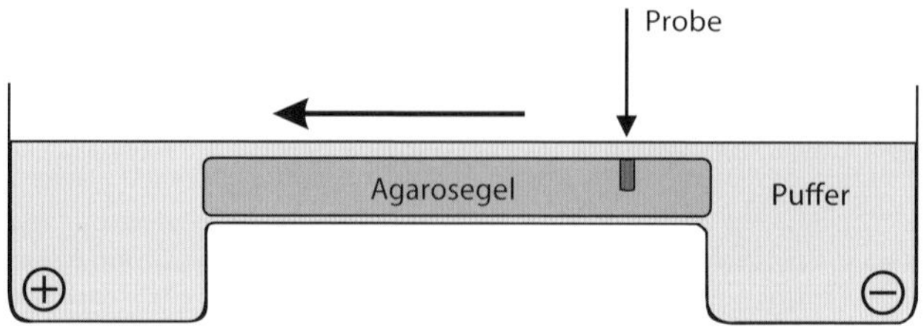

Abb. 1.18 „Submarine"-Technik für Nukleinsäuretrennungen.

direkt im Puffer (Abb. 1.11 und 1.18). Die Gele werden mit Ethidiumbromid, SYBR Green oder DNA Stain gefärbt. Die Banden werden unter UV-Licht visualisiert.

Wenn ein Gel mit besonders hohen Siebeigenschaften benötigt wird, kann man die Agarose teilweise durch Polysaccharide substituieren (Perlman *et al.*, 1987).

Pulsed-Field-Gelelektrophorese (PFG)

Für die Chromosomentrennung setzt man die *Gelelektrophorese im gepulsten Feld* (PFG) nach Schwartz und Cantor (1984) ein; dies ist eine modifizierte Submarine-Technik. Hochmolekulare DNA-Moleküle über 20 kb (Kilobasen) richten sich bei konventioneller Elektrophorese der Länge nach aus und wandern mit gleichen Mobilitäten, sodass keine Auftrennung stattfindet.

Bei der PFG müssen die Moleküle wegen der geografischen Änderung des elektrischen Feldes ihre Orientierung ändern, ihre Helixstruktur wird dabei zuerst gestreckt, bei Änderung des Feldes gestaucht. Die *viskoelastische Relaxationszeit* ist abhängig vom Molekulargewicht. Außerdem brauchen größere Moleküle zur *Umorientierung* eine längere Zeit als kleinere. Dies bedeutet, dass nach der erneuten Streckung und abgeschlossener Umorientierung für größere Moleküle – in der gegebenen Pulsdauer – weniger Zeit für die eigentliche elektrophoretische Wanderung übrigbleibt. Auf diese Weise ist die resultierende elektrophoretische Mobilität abhängig von der Pulsationszeit bzw. von der jeweiligen Dauer des elektrischen Feldes: man erhält eine Auftrennung nach Molekülgröße bis in die Größenordnung von 10 Mb. Auch für kürzere DNA-Fragmente ist das Auflösungsvermögen bei PFG besser als bei konventionellen Submarine-Elektrophoresen.

Für die Analyse von Chromosomen erfolgt die Probenvorbereitung inklusive Zellaufschluss in Agaroseblöckchen, die dann in vorgeformte Geltaschen eingesetzt werden. Diese großen Moleküle würden beim Pipettieren durch die Scherkräfte brechen. Für die Trennung verwendet man 1,0–1,5 %ige Agarosegele.

Die elektrischen Felder sollen, von der Probe aus gesehen, einen Mindestwinkel von 110° zueinander haben. Dies erreicht man z. B. durch inhomogene Felder mit Punktelektroden auf rechteckigen Schienen oder in hexagonaler Anordnung (siehe Abb. 1.19a,b). Die Pulsdauer reicht bei diesen Techniken von 1 s bis 90 min, abhängig von den Längen der zu trennenden DNA-Moleküle. Bei längeren Pulszeiten werden größere Moleküle besser aufgelöst, bei kürzeren Pulszeiten die kleineren. Die Trennungen können bis zu mehreren Tagen dauern.

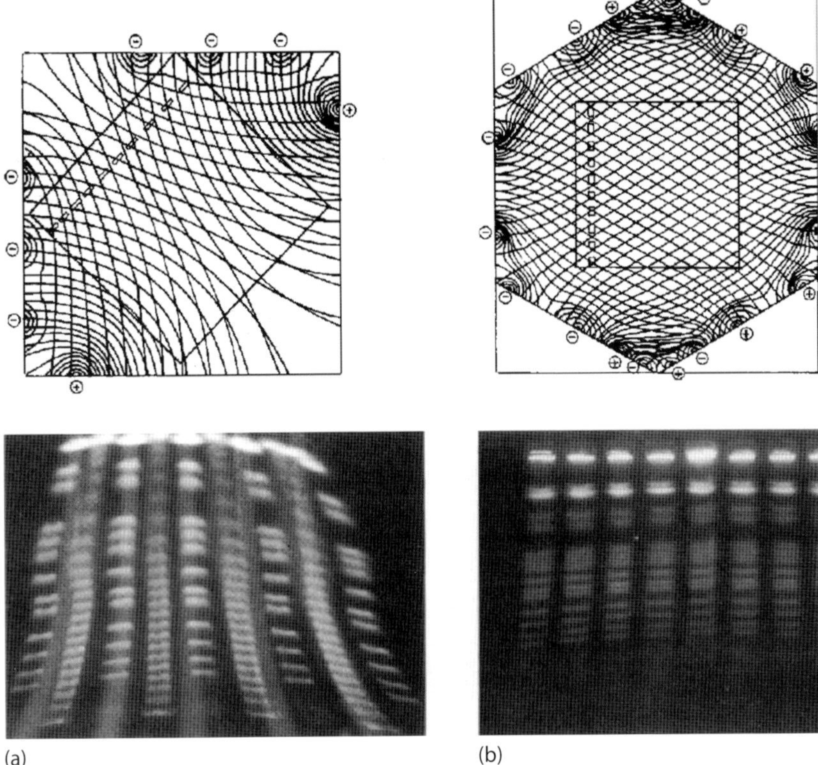

(a) (b)

Abb. 1.19 Feldlinien und Trennergebnis bei zwei verschiedenen Elektrodenanordnungen der PFG: (a) Zweifach inhomogene Felder bei rechtwinklig und (b) homogene Felder bei hexagonal angeordneten Punktelektroden.

Abbildung 1.19a,b zeigt die Feldlinien bei rechtwinkliger Elektrodenschienenanordnung mit inhomogenen Feldern und bei hexagonaler Anordnung mit homogenen Feldern sowie die entsprechenden Beispiele von Trennergebnissen.

Zusätzlich gibt es noch weitere Feldgeometrien:

Die *Field-Inversion* (FI)-Elektrophorese Elektrophorese: Das elektrische Feld wird in einer Richtung in bestimmten Pulsfrequenzen hin und her geschaltet.

Die *Transverse-Alternating-Field*-Elektrophorese (TAFE): Das Gel befindet sich aufrecht stehend in der Mitte eines Aquarium ähnlichen Puffertanks, das Feld wird zwischen zwei links und rechts oberhalb und unterhalb des Gels befindlichen, diagonal gegenüberstehenden Elektrodenpaaren hin und her geschaltet.

1.3.3 Polyacrylamidgelelektrophorese von Nukleinsäuren

1.3.3.1 DNA-Sequenzierung

Bei den DNA-Sequenzierungsmethoden nach Sanger und Coulson (1975) oder Maxam und Gilbert (1977) ist der letzte Schritt jeweils eine Vertikalelektropho-

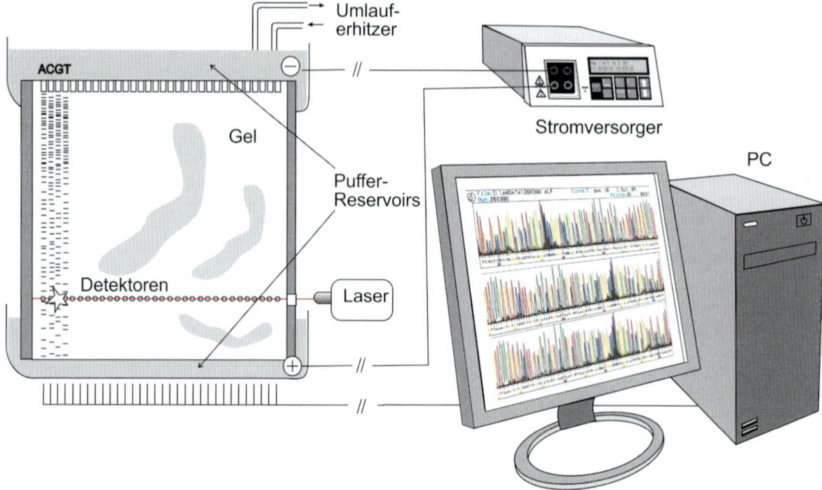

Abb. 1.20 Apparative Anordnung der automatisierten DNA-Sequenzierung. Auf dem Computerbildschirm: typisches Trennergebnis nach Aufbereitung der Rohdaten im Computer.

rese im Polyacrylamidgel unter denaturierenden Bedingungen. Die vier Reaktionen – sie enthalten die jeweils mit einer bestimmten Base endenden, verschieden langen Stücke eines zu sequenzierenden DNA-Stückes – werden nebeneinander aufgetrennt. Die Ablesung der Reihenfolge der Banden in diesen vier Spuren vom unteren zum oberen Ende des Gels ergibt die Basensequenz, die genetische Information.

Zur vollständigen Denaturierung der Moleküle wird zumeist bei hoher Temperatur über 50 °C und in Gegenwart von Harnstoff gearbeitet. Die ungleiche Wärmeverteilung bei der Elektrophorese resultiert im Smiling-Effekt, das sind zu den Rändern hin verzogene Bandenmuster. Es hat sich deshalb bewährt, das Gel unabhängig vom elektrischen Feld mit Thermostatisierplatten, die an einen externen Thermostaten angeschlossen sind, zu erwärmen.

Bei der *automatischen* Sequenzierung verwendet man fluoreszenzmarkierte Proben. Ein fixierter Laserstrahl durchdringt ständig das Trenngel in ganzer Breite im unteren Fünftel der Trennstrecke. Auf dieser Höhe befindet sich hinter der Glasplatte an jeder Trennspur eine Fotozelle. Wenn eine Bande während ihrer Wanderung an dieser Stelle ankommt, werden die fluoreszierenden DNA-Fragmente durch das Laserlicht angeregt und emittieren Lichtsignale. Da jeder Trennspur eine eigene Fotozelle zugeordnet ist, werden die wandernden Banden jeder Trennspur nach ihrer Reihenfolge – und damit die Sequenzen – im Computer registriert (Abb. 1.20). Die hohe Nachweisempfindlichkeit der Fluoreszenzmarkierung ermöglicht auch die Sequenzierung von Cosmiden, Lambda-DNA und Produkten aus der Polymerase-Kettenreaktion (PCR). Außerdem können Restriktionsanalysen durchgeführt werden.

Solche *Online*-Gelelektrophoresesysteme werden heutzutage hauptsächlich zur DNA-Typisierung verwendet, weil sie bereits vor längerer Zeit durch Hochdurchsatz-Multikapillarelektrophorese-Instrumente ersetzt worden sind. Mittlerweile ist auch diese Technik, durch mehrere neue – nicht elektrophoretische – Methoden des *Next Generation DNA Sequencing* abgelöst worden. Diese Technologien verwenden parallelisierte Sequenzierprozesse, welche Tausende oder Millionen Sequenzen auf einmal analysieren.

1.3.3.2 **DNA-Fragment-Analysen von PCR-Produkten**

PAGE und Silberfärbung

Für PCR-Produkte, deren Größenbereich zwischen 50 und 1500 bp (Basenpaare) liegt, kommt die Agarosegelelektrophorese an die Grenzen des Auflösungsvermögens und der Empfindlichkeit der Ethidiumbromidfärbung. Mit Polyacrylamidgelen erhält man deutlich schärfere Banden und höhere Auflösung, mit der Silberfärbung eine Empfindlichkeit bis zu 15 pg (Pikogramm) pro Bande (Bassam *et al.*, 1991). Aber Vorsicht! Während in der Agarosegelelektrophorese die Mobilitäten der DNA-Fragmente ausschließlich proportional zu ihren Größen sind, werden die Bandenpositionen in nativen Polyacrylamidgelen teilweise auch noch von der Basensequenz beeinflusst: A- und T-reiche Fragmente wandern langsamer als C- und G-reiche. Ein Beispiel: Der „Spike" – die verstärkte Bande – eines 100 bp DNA-Marker-Gemisches erscheint in Agarosegelen an der Position von 800 bp, in nativen Polyacrylamidgelen an der Position von 1200 bp. Nur unter vollständig denaturierenden Bedingungen sind die Laufgeschwindigkeiten der DNA-Moleküle auch im Polyacrylamidgel proportional zu den Größen, sonst würde die DNA-Sequenzierung in Polyacrylamidgelen nicht funktionieren.

Silbergefärbte DNA-Banden können direkt – ohne Aufreinigung – reamplifiziert werden, nachdem sie aus dem Gel herausgekratzt wurden. Circa 20 % der DNA-Moleküle einer Bande bleiben von der Silberfärbung unzerstört. Wie bereits erwähnt, wird DNA-Typisierungen mittlerweile hauptsächlich in Kapillaren durchgeführt, die Reamplifizierung von DNA-Fragmenten funktioniert aber nur nach der Gelelektrophorese.

DNA-Fragment Analysen von PCR-Produkten werden für unterschiedliche Zwecke eingesetzt, z. B. für die:

- molekularbiologische Forschung,
- Identifizierung von Bakterien-, Pilzen-, Pflanzen- und Tierspezies, z. B. mit RAPD (Random Amplified Polymorphic DNA); siehe unten und Abb. 1.21,
- Detektion von Mutationen, z. B. mit SSCP (Single Strand Conformation Polymorphism)-Analysen (siehe unten),
- genetische Untersuchungen wie Vaterschaftsbestimmungen und Identifizierung von Tätern in der forensischen Medizin durch die Analyse von Mini- und Mikrosatelliten.

RAPD-Methode

Ein kurzer (10-mer) Oligonukleotid-Primer mit zufälliger DNA-Sequenz wird zur Amplifizierung von Fragmenten aus der genomischen DNA eines Organismus

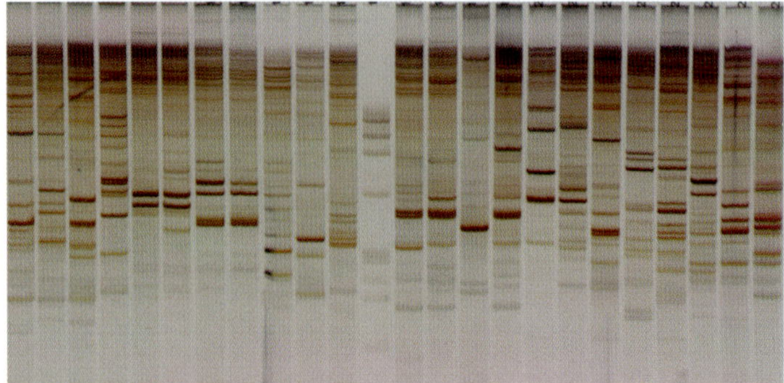

Abb. 1.21 RAPD-Elektrophorese von Pilzsorten in einem horizontalen Polyacrylamidgel. Silberfärbung. Mit freundlicher Genehmigung von Birgit Jäger und Dr. Hans-Volker Tichy, TÜV Südwest GmbH – Abteilung für biologische Sicherheit, Freiburg im Breisgau.

verwendet (Welsh und McClelland, 1990; Williams *et al.*, 1990). Dabei vervielfältigen sich DNA-Sequenzbereiche, die von der Primer-Sequenz eingeschlossen werden. Es entstehen je nach Organismus mehrere Sätze von DNA-Fragmenten unterschiedlicher Größe, die in der Elektrophorese individuelle Muster erzeugen (Abb. 1.21).

SSCP-Methode

Abweichungen in der DNA-Sequenz, die so gering wie der Austausch einer einzigen Base sein können, verändern die Sekundärstrukturen von DNA-Einzelsträngen (ssDNA) so, dass sich unter bestimmten Trennbedingungen unterschiedliche elektrophoretische Mobilitäten im Polyacrylamidgel ergeben. Diese Laufverschiebungen können im Gel detektiert werden. Weitere Erläuterungen sind zu finden bei der Methode 14 im Teil II.

1.3.4
Polyacrylamidgelelektrophorese von Proteinen

1.3.4.1 Disk-Elektrophorese

Die diskontinuierliche Elektrophorese nach Ornstein (1964) und Davis (1964) löst bei der Auftrennung von Proteinen in engporigen Gelen zwei Probleme auf einmal: Sie verhindert das Aggregieren und Präzipitieren von Proteinen beim Eintritt in die Gelmatrix und bewirkt eine hohe Bandenschärfe. Die Diskontinuität bezieht sich auf vier Parameter (siehe hierzu auch Kapitel 2, Isotachophorese):

- Gelstruktur,
- pH-Wert der Puffer,
- Ionenstärke der Puffer,
- Art der Ionen im Gel- und im Elektrodenpuffer.

Abbildung 1.22 zeigt die drei wichtigen Schritte bei der Disk-Elektrophorese. Die Gelmatrix ist in zwei Bereiche eingeteilt: das Trenngel und das Sammelgel.

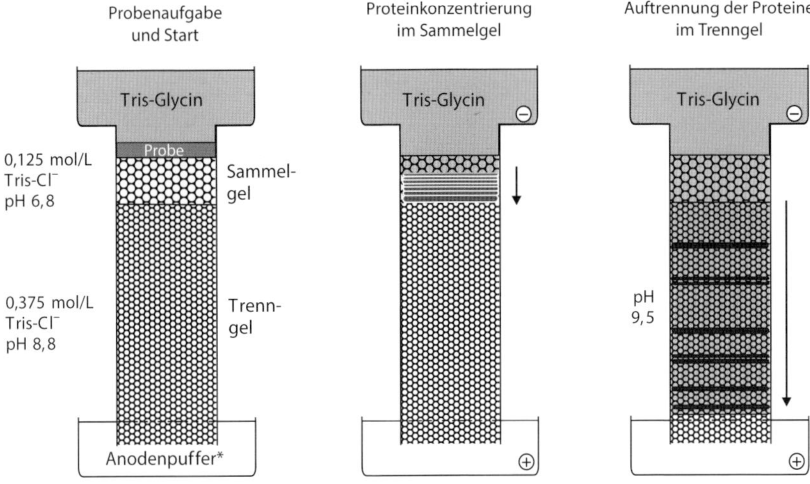

Abb. 1.22 Schematische Darstellung des Funktionsprinzips der Disk-Elektrophorese nach Ornstein (1964). Dieses Puffersystem wird auch für die klassische diskontinuierliche SDS-Elektrophorese verwendet.

Das engporige Trenngel (z. B. mit 12 % *T*) enthält 0,375 mol/L Tris-HCl-Puffer pH 8,8, das großporige Sammelgel (mit 4 % *T*) 0,125 mol/L Tris-HCl-Puffer pH 6,8. Neben dem gemeinsamen Kation Tris enthält der Elektrodenpuffer ausschließlich Glycin, die beiden Gelpuffer ausschließlich Cl^- als Anionen. Glycin hat einen pH von 6,7; deshalb hat es bei pH 6,8 im Sammelgel fast keine Nettoladung. Damit hat das Glycin eine sehr niedrige Mobilität. Glycin ist seht hydrophil und bindet nicht an Proteine.

Wenn das elektrische Feld angelegt wird, trennen sich die Proteine nach dem Prinzip der *Isotachophorese* auf und bilden einen Stapel in der Reihenfolge der Mobilitäten (Stacking-Effekt). Dabei konzentrieren sich die einzelnen Zonen. Wegen der großporigen Gelmatrix sind die Mobilitäten nur von den Ladungen abhängig, nicht von den Molekülgrößen. Dabei ergibt sich ein zweiter wertvoller Effekt: Wegen der relativ niedrigen Wanderungsgeschwindigkeit wandern die Proteine langsam in die großporige Gelmatrix ein ohne sich schlagartig aufzukonzentrieren.

Der Proteinstapel bewegt sich – relativ langsam mit konstanter Geschwindigkeit – in Richtung Anode, bis er an die Grenzschicht des engporigen Trenngels gelangt. Die Proteine erfahren plötzlich einen hohen Reibungswiderstand, sodass ein Stau entsteht, der zur weiteren Zonenschärfung führt. Das niedermolekulare Glycin wird davon nicht betroffen und überholt die Proteine, wird bei dem pH-Wert von 8,8 stark geladen, die neue Cl^-/Glycin$^-$-Front wandert ein Stück vor den Proteinen.

Jetzt geschehen mehrere Dinge gleichzeitig:

- Die Proteine befinden sich in einem homogenen Puffermilieu und beginnen sich nach dem zonenelektrophoretischen Prinzip aufzutrennen. Die Pufferdiskontinuität gibt es jetzt nur noch an der Front.
- Ihre Mobilität ist nun sowohl von den Ladungen als auch der Molekülgröße abhängig. Dabei arrangiert sich die Folge der Proteinionen neu.
- Wegen des p*K*-Wertes der Aminogruppe des Glycins steigt der pH-Wert auf pH 9,5, dadurch erhalten die Proteine höhere Nettoladungen und die Trennung wird schneller.

Mit der Disk-Elektrophorese werden sehr hohe Auflösung und Bandenschärfe erzielt. Allerdings werden beim oben beschriebenen Beispiel Proteine mit pI > 6,8 in Richtung Kathode transportiert und gehen verloren. Zur Trennung dieser Proteine muss ein anderes Puffersystem, z. B. mit saurem pH-Wert, verwendet werden. Eine Auswahl ist im Buch von Maurer (1968) und bei Jovin *et al.* (1970) zu finden. Man kann auch alle Proteine mit SDS beladen damit sie alle negativ geladen sind (siehe unten: SDS-Elektrophorese).

Sammel- und Trenngel werden erst unmittelbar vor der Elektrophorese aufeinander gegossen, weil bei längerem Stehenlassen des Gesamtgels die Ionen ineinander diffundieren.

1.3.4.2 **Gradientengelelektrophorese**

Durch kontinuierliche Veränderung der Acrylamidkonzentration in der Polymerisationslösung erhält man Porengradientengele, welche zur Ermittlung der Moleküldurchmesser von Proteinen im Nativzustand eingesetzt werden (Rothe und Purkhanbaba, 1982).

Wenn im engporigen Bereich die Acrylamidkonzentration und der Vernetzungsgrad hoch genug gewählt sind, gelangen die Proteinmoleküle mit der Zeit an einen Punkt, wo sie aufgrund ihrer Größe im stets engmaschiger werdenden Gelnetzwerk stecken bleiben. Weil die Wanderungsgeschwindigkeiten der einzelnen Proteinmoleküle auch von deren Ladungen abhängen, muss die Elektrophorese so lange dauern, bis auch das Molekül mit der niedrigsten Nettoladung an seinem Endpunkt angekommen ist. Die Bestimmung der Molekulargewichte auf diese Art ist problematisch, weil die Tertiärstrukturen verschiedener Proteine unterschiedlich sind: Strukturproteine können nicht mit globulären Proteinen verglichen werden.

Es gibt eine Reihe von Methoden, Gele mit linearen oder exponentiellen Porengradienten herzustellen. Alle haben ein gemeinsames Prinzip: Es werden zwei Polymerisationslösungen mit unterschiedlichen Acrylamidkonzentrationen hergestellt. Während des Gelgießens wird der hochkonzentrierten Lösung kontinuierlich niederkonzentrierte Lösung zugemischt, sodass die Konzentration in der Gießküvette von unten nach oben abnimmt (Abb. 1.23). Beim Gießen einzelner Gradienten lässt man die Lösung von oben in die Küvette laufen. Wenn man mehrere Gele gleichzeitig herstellen will, drückt man die Lösung von unten in den

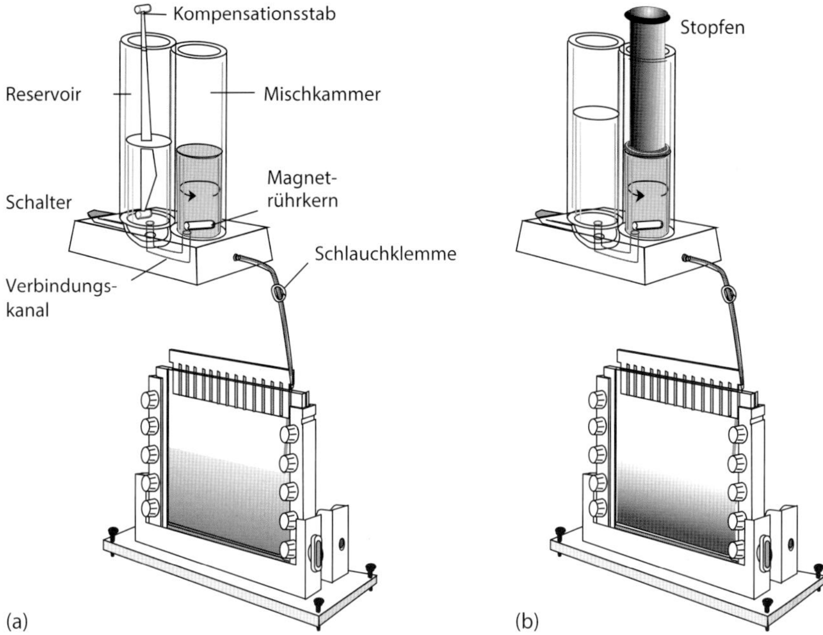

Abb. 1.23 Gießen von Gradientengelen mit einem Gradientenmischer. Der Magnetkern wird von einem Magnetrührmotor angetrieben (nicht gezeigt). (a) Linearer Gradient; (b) exponentieller Gradient.

Mehrfachgießstand. Dann werden die Lösungen in Mischkammer und Reservoir vertauscht (siehe Methode 8 im Teil II).

Damit sich die Schichten in der Küvette nicht untereinander mischen, wird die hochkonzentrierte Lösung zusätzlich mit Glycerin oder Saccharose beschwert. Man gießt im Prinzip einen Dichtegradienten. Die Vermischung der nachfließenden leichten Lösung mit der schweren Lösung erfolgt in der Mischkammer mittels des Magnetkernes.

Lässt man die Mischkammer nach oben offen (Abb. 1.23a), gilt das Prinzip der kommunizierenden Röhren: Damit beide Flüssigkeitsniveaus immer gleich hoch sind, fließt halb so viel leichte Lösung nach wie Lösung aus der Mischkammer ausfließt. Dabei ergibt sich ein linearer Gradient. Ein *Kompensationsstab* im Reservoir gleicht das Volumen des Magnetkernes und den Dichteunterschied zwischen den beiden Lösungen aus.

Exponentielle Gradienten entstehen, wenn man die Mischkammer mit einem Stempel verschließt (Abb. 1.23b). Das Volumen in der Mischkammer bleibt konstant, es fließt so viel leichte Lösung nach wie Lösung aus der Mischkammer ausfließt.

Um Störungen im Gel durch thermische Konvektion zu verhindern, sollte die leichte Monomerlösung ca. 20 % mehr Ammoniumpersulfat enthalten als die schwere Lösung: Dann startet die Polymerisation von oben her. Eine alternative

Gießmethode – das Gießen eines einzelnen Gradientengels von unten – ist in Methode 9 für die Blau-Nativ-Elektrophorese gezeigt.

1.3.4.3 SDS-Elektrophorese

Die von Shapiro *et al.* (1967) eingeführte SDS-Elektrophorese – SDS ist die englische Abkürzung von Natriumdodecylsulfat – trennt ausschließlich nach unterschiedlichen Molekülgrößen auf. Durch die Beladung mit dem anionischen Detergens SDS werden die Eigenladungen von Proteinen so effektiv überdeckt, dass anionische Mizellen mit konstanter Nettoladung pro Masseneinheit entstehen: mit ca. 1,4 g SDS pro Gramm Protein. Zudem werden die unterschiedlichen Molekülformen ausgeglichen, indem die Tertiär- und Sekundärstrukturen durch Aufspalten der Wasserstoffbrücken und durch Streckung der Moleküle aufgelöst werden.

Schwefelbrücken – zwischen Cysteinen – werden nur durch Zugabe eines reduzierenden Thiolreagenz, z. B. β-Mercaptoethanol oder DTT, aufgespalten. Häufig schützt man die SH-Gruppen noch durch eine darauffolgende Alkylierung mit Iodacetamid, Iodessigsäure oder Vinylpyridin (Lane, 1978).

Bei der Elektrophorese im restriktiven Polyacrylamidgel, das 0,1 % SDS enthält, ergibt sich eine lineare Beziehung zwischen dem Logarithmus der jeweiligen Molekulargewichte und den relativen Wanderungsstrecken dieser SDS-Polypeptid-Mizellen. Diese lineare Beziehung gilt nur in einem gewissen Bereich, der vom Größenverhältnis Molekülmasse zum Porendurchmesser bestimmt ist. Abbildung 1.24 zeigt ein SDS-Polyacrylamidgel, das nach der Trennung mit Coomassie Blau R-250 angefärbt worden ist.

Porengradientengele haben einen weiteren Trennbereich und einen weiteren linearen Trennbereich als Gele mit konstanten Porendurchmessern. Außerdem erzielt man damit sehr scharfe Banden, weil das Gradientengel der Diffusion entgegenwirkt. Ein paar Beispiele von Ergebnissen in SDS-Porengradientengelen sieht man in Abb. 6.4. Mithilfe von Markerproteinen lassen sich über eine Eichkurve

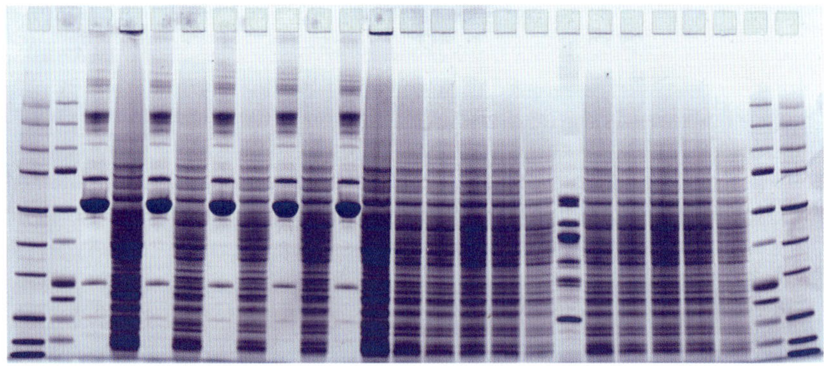

Abb. 1.24 Proteintrennung in einem horizontalen SDS-Polyacrylamidgel $T = 12{,}5\,\%$ (Kathode oben). Färbung mit Coomassie Brilliant Blau R-250. Proben: Humanserum, Leguminosen Samenextrakte, verschiedene Markerproteingemische.

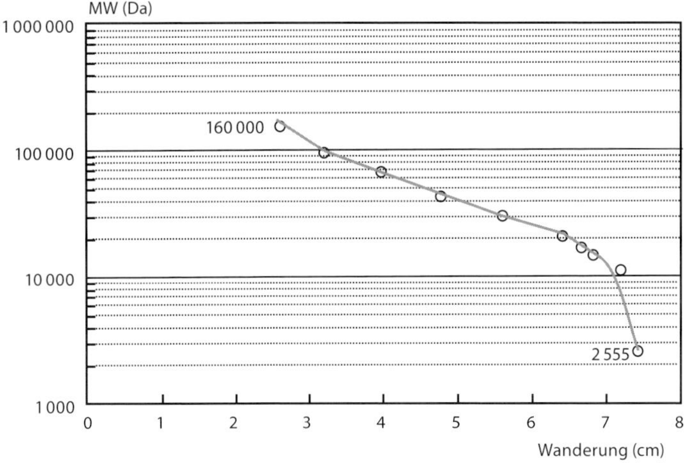

Abb. 1.25 Molekulargewichtskurve in der halblogarithmischen Darstellung: Die Molekulargewichte von Eichproteinen sind über ihren Wanderungsstrecken aufgetragen.

die Molekulargewichte der Proteine ermitteln (Abb. 1.25). Markerproteingemische gibt es für unterschiedliche Molekulargewichtsbereiche. Vorgefärbte Größenmarker mit unterschiedlichen Farben sind sehr hilfreich zur Beobachtung der Trennung und der Abschätzung der Molekülgrößen während des Laufes. Auch fluoreszenzmarkierte Markerproteingemische sind erhältlich.

Bei Auftrennungen von physiologischen Flüssigkeiten, z. B. bei der Urinproteinanalyse, verzichtet man auf die Reduzierung, um zu verhindern, dass sich Immunglobuline in Untereinheiten zerlegen. Man nimmt dabei die unvollständige Auffaltung bestimmter Proteine in Kauf und erhält damit keine exakte Molekulargewichtsbestimmung.

Das Wanderungsverhalten von Albumin ist ein gutes Beispiel: Wenn es nicht reduziert ist, täuscht es ein Molekulargewicht von 54 kDa anstelle von 68 kDa vor, da die Polypeptidkette nicht vollständig gestreckt ist.

Mehrere Arbeitsgruppen, Ibel *et al.* (1990), Samso *et al.* (1995) und Westerhuis *et al.* (2000) haben die Strukturen der SDS-Proteinkomplexe als „Halskettenformen" beschrieben. Das heißt, dass nicht alle Teile der Polypeptidketten mit SDS-Molekülen abgedeckt sind, und dass die Molekülgrößen, die man aus der Interpolation mit Markerproteinen ermittelt hat, nicht immer mit den Molekulargewichten, die mit der Massenspektrometrie bestimmt worden sind, korrelieren. In Abschn. 5.3 (Probenvorbereitung für die SDS-Elektrophorese) ist versucht worden, solche Strukturen in Zeichnungen darzustellen.

Die SDS-Elektrophorese hat eine Reihe praktischer Vorteile:

- Mit SDS gehen und bleiben beinahe alle Proteine in Lösung, auch sehr hydrophobe und denaturierte Proteine.
- Weil SDS-Proteinkomplexe stark geladen sind, haben sie eine hohe elektrophoretische Mobilität. Dadurch ergeben sich schnelle Trennungen.

- Alle Fraktionen laufen, wegen einheitlicher negativer Ladung der SDS-Protein-Mizellen, in *eine* Richtung, zur Anode.
- Durch die SDS-Behandlung werden die Polypeptidfäden entfaltet und gestreckt, die Trennung wird in stark restriktiven Gelen durchgeführt; dies schränkt die Diffusion ein.
- Dadurch erhält man hohes Auflösungsvermögen und scharfe Zonen.
- Die Fixierung der Banden ist einfach, es sind keine starken Säuren notwendig.
- Die Trennung erfolgt nach *einem* einzigen physikochemischen Parameter, der Molekülgröße. Damit hat man eine einfache Methode zur Abschätzung von Molekulargewichten.
- Ladungsmikroheterogenitäten von Isoenzymen werden ausgeschaltet. Man erhält *eine* Bande für *ein* Enzym.
- Mit SDS-Elektrophorese getrennte Proteine binden mehr Farbstoff, dadurch ergibt sich eine etwa zehnmal so hohe Nachweisempfindlichkeit wie bei Nativelektrophoresen.
- Nach elektrophoretischem Transfer auf eine immobilisierende Membran kann das SDS wieder von den Proteinen entfernt werden, ohne die Proteine selbst dabei zu eluieren (siehe Kapitel 7, Blotting).

SDS-Elektrophoresen können im kontinuierlichen Phosphatpuffersystem nach Weber und Osborn (1969) oder in diskontinuierlichen Systemen durchgeführt werden.

Lämmli (1970) hat die Disk-Elektrophorese-Methode nach Ornstein und Davis direkt für SDS-beladene Proteine übernommen, obwohl man den pH-Wert- und Ionenstärkensprung dabei nicht benötigt:

- Weil die Protein-SDS-Mizellen hohe negative Nettoladungen tragen, ist die Mobilität des sehr hydrophilen – und damit nicht mit SDS beladenen Glycins – in einem großporigen Sammelgel zu Beginn der Elektrophorese selbst bei pH 8,8 niedriger als die der Proteine. Wichtig ist allerdings die Diskontinuität der Anionen und die unterschiedliche Gelporosität.
- Während des Stacking entsteht kein Feldstärkegradient, weil es keine Ladungsunterschiede innerhalb der Probe gibt: daher benötigt man hier keine niedrigere Ionenstärke.

Aus dieser Tatsache folgt auch, dass man ein SDS-Disk-Elektrophoresegel in einem Arbeitsgang herstellen kann:

Man gibt zum Trenngel etwas Glycerin zu und überschichtet es direkt mit der Sammelgellösung, die kein Glycerin enthält. Man sollte aber die Sammelgelmonomerlösung mit einem Puffer pH 6,8 herstellen, weil das niederkonzentrierte Gel bei pH 8,8 nicht gut polymerisiert. Man kann sich damit das Überschichten des Trenngels mit Butanol o. Ä. sparen und vor allem das mühsame Entfernen der Flüssigkeit vor dem Gießen des Sammelgels.

Da es bei solchen Gelen keine Probleme mit der Diffusion von Sammel- und Trenngelpuffer geben kann, sind sie länger lagerfähig als klassische Disk-Gele. Allerdings ist die Lagerfähigkeit durch den hohen pH-Wert des Puffers im Gel

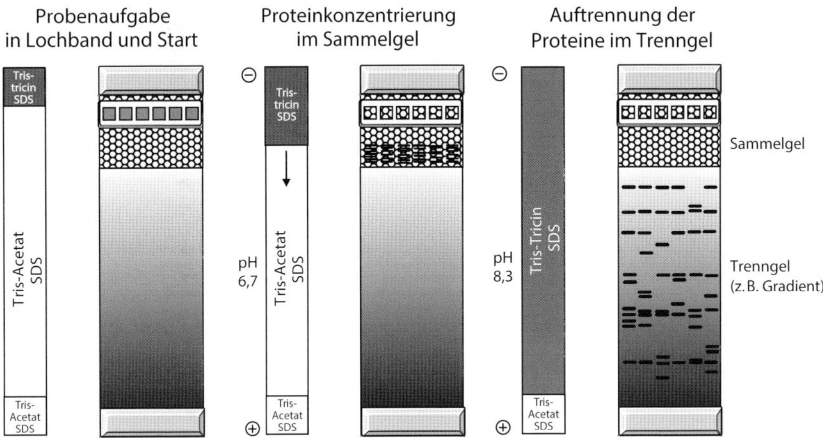

Abb. 1.26 Prinzip eines diskontinuierlichen Puffersystems im Fertiggel: Horizontales Gel mit Tris-Tricin-Pufferstreifen.

limitiert, weil nach ca. zehn Tagen die Polyacrylamidmatrix zu hydrolysieren beginnt. Für Fertiggele mit hoher Lagerstabilität muss man alternative Puffer mit pH-Werten unter 7 verwenden.

Lagerfähige Gele

Durch empirische Versuche hat sich ein Tris-Acetat-Puffer mit pH 6,7 im Gel als optimal für Lagerstabilität und Trennung erwiesen. Dann benötigt man Tricin anstelle von Glycin als Folgeion. Abbildung 1.26 zeigt die Funktionsweise dieses Puffersystems mit Elektrodenpufferstreifen in einem SDS-Fertiggel. Da Tricin erheblich teurer als Glycin ist, verwendet man es nur im Kathodenpuffer; der Anodenpuffer enthält Tris-Acetat.

Alternative Ansätze verwenden entweder einen BisTris-Gelpuffer pH 7,0 oder eine Kombination von 76 mmol/L Tris-HCl und 100 mmol/L von drei Aminosäuren: Serin, Glycin und Asparaginsäure (Ahn *et al.*, 2001). Seit kurzem gibt es lagerstabile Minigele für native und SDS-Elektrophoresen mit einem Tris-Glycin-Cl^--Puffer mit einem pH Wert unter 7. Ein paar Ergebnisse sieht man in Abb. 6.4.

SDS-Elektrophorese für niedermolekulare Peptide

Beim konventionellen Tris-Glycin-Cl^--System ist die Auflösung von Peptiden < 10 kDa ungenügend. Das Problem ist durch die Entwicklung eines speziellen Gel- und Puffersystems von Schägger und von Jagow (1987) gelöst worden. Dabei wird die Molarität des Gelpuffers (pH 7,4) auf 1 mol/L erhöht und anstelle von Glycin das Tricin als Folgeion eingesetzt. Das Trenngel enthält 16 %T und 6 % C. Mit dieser Methode erhält man eine lineare Auflösung von 1–100 kDa.

Wiltfang *et al.* (1991) haben ein alternatives multiphasisches Puffersystem für die Trennung von Proteinen im Bereich zwischen 1 und 100 kDa entwickelt, bei welchem Bicin als Folgeion, Sulfat als Leition, und BisTris und Tris während der Stacking- bzw. der Trennungsphase als Gegenionen verwendet werden. Diese Methode bietet ein hohes Auflösungsvermögen für spezielle Moleküle, die ansonsten schlecht zu trennen sind, z. B. der β-Amyloid-Peptide.

Problematische Proteintypen

Hochmolekulare Proteine und Proteinmultimere: Wenn die SDS-Protein-Mizellen zu groß für die Poren von Polyacrylamidgelen sind, kann die SDS-Elektrophorese auch in Agarosegelen durchgeführt werden, wie z. B. beim von Willebrand-Faktor (Ott *et al.*, 2010).

Glykoproteine: Glykoproteine wandern bei der SDS-Elektrophorese relativ zu langsam, weil der Zuckeranteil kein SDS bindet. Bei Verwendung eines Tris-Borat-EDTA-Puffers werden auch die neutralen Zuckeranteile negativ geladen, sodass die Wanderungsgeschwindigkeit entsprechend erhöht wird (Poduslo, 1981).

PEGylierte Proteine: Spezielle Formen von synthetischem Erythropoietin (EPO) enthalten Polyethylenglycol (PEG) und können deshalb mit SDS-PAGE nicht mit der gleichen Empfindlichkeit detektiert werden wie Erythropoietin ohne PEG, weil SDS sowohl an die Proteine als auch an die PEG-Reste bindet. Dies verursacht Probleme bei der Dopingkontrolle, wo synthetisches Erythropoietin vom körpereigenen Hormon in Humanurinproben differenziert werden muss. Der generell verwendete Anti-EPO-Antikörper kann nicht mit den komplett mit SDS beladenen PEGylierten Molekülen interagieren. Reichel *et al.* (2009) haben SDS durch Sarcosyl ersetzt, das nur an den Proteinanteil und nicht an den PEG-Anteil bindet, und haben damit einen Weg gefunden, auch diese modifizierten Proteine zu detektieren.

Mobilitätsverschiebungs-SDS-PAGE

Die Detektion von phosphorylierten mittels Protein-Mobilitätsverschiebung in einer Phosphataffinität SDS-PAGE wurde von Kinoshita *et al.* (2006) entwickelt. Hierzu werden Manganchlorid/Zinkchlorid-Teilchen (*Phos-tag*) in die Polyacrylamidmatrix des Trenngels einpolymerisiert. Phosphorylierte Proteine interagieren mit diesen Phos-tags während sie durch das Gel wandern. Dadurch wird die Wanderungsgeschwindigkeit der phosphorylierten Proteine verringert, sodass man eine Trennung der phosphorylierten von der nicht phosphorylierten Form erhält. Die getrennten Proteine können mit Western Blotting oder MALDI-TOF-Massenspektrometrie weiter charakterisiert werden.

Zymographie SDS-PAGE

Für die Zymographie-Detektion wird ein Substrat (z. B. Gelatine, Casein, Albumin, Hämoglobin etc.) in die Polyacrylamidgelmatrix für die SDS-PAGE mit einpolymerisiert (Lantz und Ciborowski, 1994). Diese Methode wird in Kapitel 6 (Detektion) weiter erklärt.

1.3.4.4 Elektrophorese mit kationischem Detergens

Stark saure Proteine binden kein SDS. Auch bei der Analyse von stark basischen Nukleoproteinen, die sich in SDS-Gelen sehr ungewöhnlich verhalten, wird als Alternative die Elektrophorese mit dem kationischen Detergens Cetyltrimethylammoniumbromid, kurz CTAB, im sauren Puffersystem bei pH 3–5 empfohlen (Eley *et al.*, 1979). Auch dies ergibt eine Trennung nach Molekulargrößen, aber in Richtung Kathode. Das Trennmuster unterscheidet sich von dem mit SDS-Elektrophorese, weil die Detergens-Protein-Mizellen unterschiedlich strukturiert sind. Das kationische Detergens schädigt die Aktivität von Proteinen weit weniger als SDS, sodass man die CTAB-Elektrophorese als eine Form der Nativelektrophorese einsetzen kann (Atin *et al.*, 1985). Buxbaum (2003) hat berichtet, dass Membranglykoproteine erheblich besser mit einer sauren CTAB-PAGE als mit SDS-PAGE getrennt werden. Alternativ hierzu kann Benzyldimethyl-*n*-hexadecylammoniumchlorid (16-BAC) als kationisches Detergens eingesetzt werden (MacFarlane, 1983). Kramer (2006) hat ein diskontinuierliches Puffersystem mit verbessertem Protein-Stacking für 16-BAC-Elektrophoresen entwickelt.

Wichtig
Für saure Gele benötigt man für die Polymerisation die alternativen Katalysatoren nach Jordan und Raymond (1969).

1.3.4.5 Blau-Nativ-Elektrophorese

Membranproteine und Proteinkomplexe: Wenn man Membranproteine mit nicht ionischen Detergenzien solubilisiert, würden sich zusammen mit SDS störende Mischmizellen bilden. Schägger und von Jagow (1991) haben deshalb die *Blau-Nativ-Elektrophorese* (BNE) von Membranproteinkomplexen entwickelt: Nach der Solubilisierung der Komplexe mit einem milden Detergens wie Dodecyl-*β*-D-maltosid oder Digitonin wird vor der Elektrophorese der anionische Farbstoff Coomassie Brilliant Blau G-250 zur Probe zugegeben. Er bindet an die Komplexe ohne die Protein-Protein-Wechselwirkungen zu beeinflussen. Die anschließende native Polyacrylamidgelelektrophorese wird unter physiologischen Bedingungen durchgeführt: pH 7,5 und 4 °C. Auch der Kathodenpuffer enthält den Coomassie-Blau-Farbstoff. Auf diese Weise werden Membranproteine und Proteinkomplexe in enzymatisch aktiver Form isoliert.

Während des Laufes konkurriert der Farbstoff mit dem nicht ionischen Detergens, bindet an die Membranproteine und Komplexe und verleiht ihnen negative Ladungen analog zu SDS. Alle Protein-Farbstoff-Komplexe wandern zur Anode, auch die ursprünglich basischen Proteinkomplexe. Sie bleiben in dem detergensfreien Puffer in Lösung und – da die negativ geladenen Proteinmizelloberflächen sich gegenseitig abstoßen – Aggregierungen zwischen Proteinen werden minimiert. Blau-Nativ-PAGE-Gele enthalten normalerweise einen Porengradienten von 5–16 % *T*: Das ermöglicht die Einwanderung von großen Superkomplexen,

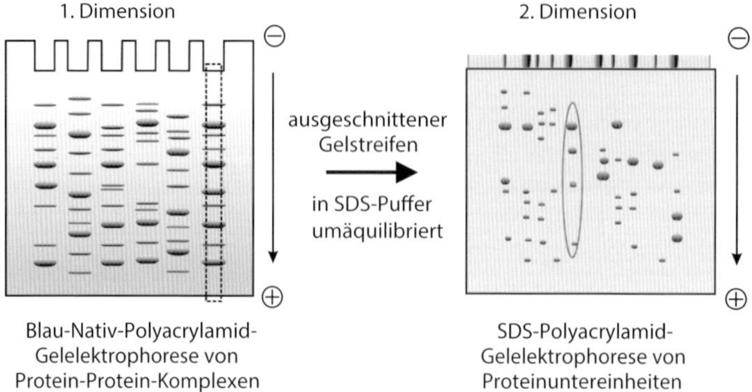

Abb. 1.27 Prinzip der zweidimensionalen Elektrophorese mit Blau-Nativ-PAGE in der ersten und SDS-PAGE in der zweiten Dimension.

verhindert, dass kleine Komplexe und Einzelproteine aus dem Gel wandern, und erzeugt einen Bandenschärfungseffekt. Die blau gefärbten nativen Proteine sind gut sichtbar und können von ausgeschnittenen Gelstückchen elektroeluiert werden. In den meisten Fällen wird aber die Blau-Nativ-PAGE mit einer zweiten Dimension kombiniert, entweder mit einer zweiten Blau-Nativ-PAGE nach einer Äquilibrierung mit einem weniger milden Detergens, oder mit einer SDS-PAGE für die Darstellung der zugehörigen Untereinheiten (siehe Abb. 1.27). Nach der zweiten Dimension erfolgt die Visualisierung der Proteine mit Coomassie Brilliant Blau, Silberfärbung, Fluoreszenzfärbung oder Zymogrammtechniken (Letzteres nur nach einer zweiten Nativ-Blau-PAGE). Es ist auch möglich, die Proteinkomplexe vor der ersten Dimension mit CyDye-Fluorophoren zu markieren. Sollte das Coomassie Blau Probleme bei Zymogrammtechniken oder der Fluoreszenzdetektion verursachen, kann man auch die *clear native* (CN) PAGE ohne den Farbstoff versuchen (Wittig und Schägger, 2005), allerdings mit niedrigerem Auflösungsvermögen.

Detailliertere Informationen und wertvolle Hinweise zu Problemlösungen findet man in dem umfangreichen Übersichtsartikel von Wittig *et al.* (2006). Im gleichen Jahr ist ein weiterer Übersichtsartikel von Krause erschienen, in welchem viele Anwendungen dieser Technik zusammengestellt wurden.

Vor kurzem sind ein paar Modifikationen der Methode publiziert worden: Strecker *et al.* (2010) haben den Trennbereich erweitert, um Megaproteinkomplexe größer als 10 MDa mit ins Gel zu bekommen; hierfür werden Polyacrylamidgele mit einem hohen Vernetzungsgrad verwendet. Weitere Einsichten in die innere Architektur von Proteinkomplexen erhält man durch die Behandlung von biologischen Proben mit niedrigen SDS-Konzentrationen vor der Nativelektrophorese. Die teilweise zerfallenen Proteinkomplexe können unter sehr exakten und reproduzierbaren Bedingungen mit der zweidimensionalen Blau-Nativ-PAGE/SDS-PAGE untersucht werden (Klodmann *et al.*, 2011).

1.3.4.6 Rehydratisierte Polyacrylamidgele

Horizontale (Flachbett-)Elektrophorese: Das Horizontalsystem hat, bei Verwendung ultradünner Gelschichten, die auf Trägerfolie aufpolymerisiert werden, eine Reihe von Vorteilen gegenüber Vertikalsystemen (Görg *et al.*, 1980): einfachere Handhabung, einfacher Einsatz von Fertiggelen und fertigen Pufferstreifen statt großer Puffervolumina, gute Kühleffektivität und Temperaturkontrolle, einfache Automatisierbarkeit.

Bei Verwendung von Gelschichten mit weniger als 1 mm Dicke erhält man bessere Auflösung als mit dickeren Gelen. Die Vorteile dünnerer Gele sind:

- schnellere Trennung,
- schärfere Banden,
- schnellere Färbung,
- bessere Effektivität der Färbung,
- höhere Empfindlichkeit.

Außerdem kann man trägerfoliengestützte dünne Gele, die im Horizontalsystem verwendet werden, waschen, trocknen und rehydratisieren (siehe auch Kapitel 3, Isoelektrische Fokussierung).

Nativelektrophorese in amphoteren Puffern: Aus trägerfoliengestützten Polyacrylamidgelen kann man die Polymerisationskatalysatoren mit entionisiertem Wasser auswaschen. Durch Äquilibrierung in amphoteren Puffern, wie z. B. HEPES, MES oder MOPS, ergibt sich ein weites Spektrum für den Einsatz von Elektrophoresen unter nativen Bedingungen. Diese Methode ist gut geeignet für saure Elektrophoresen der basischen hydrophoben Gerstenhordeine (Hsam *et al.*, 1993) und basischen Fisch-Sarcoplasma-Proteinen (Rehbein, 1995). Die ionischen Katalysatoren APS und TEMED würden solche Puffersysteme destabilisieren (siehe Methode 4 in Teil II).

Interessanterweise erhält man bei der SDS-Elektrophorese mit dem klassischen Tris-HCl/Tris-Glycin-Puffersystem in gewaschenen Gelen schlechte Ergebnisse. Aber das Tris-Acetat/Tris-Tricin-Puffersystem funktioniert darin gut. Hierfür wird das getrocknete Gel mit Tris-Acetat-Puffer pH 8,0 in einer horizontalen Wanne rehydratisiert. Das Verhalten eines SDS-Puffersystems wird offensichtlich stark von der Anwesenheit der Katalysatoren und Acrylamidmonomeren im Gel beeinflusst.

1.3.4.7 Zweidimensionale Elektrophoresen

Mit der Kombination zweier verschiedener Elektrophoresemethoden werden unterschiedliche Ziele verfolgt:

- Elektrophoretisch fraktionierte Proteine werden mit einer anschließenden Affinitäts- oder Immunelektrophorese nach Laurell (1966) identifiziert, näher charakterisiert oder quantifiziert, z. B. durch Kreuzimmunelektrophorese nach Clarke und Freeman (1968). Dabei entstehen Präzipitatbogen, die den Zonen der ersten Dimension zugeordnet werden können.

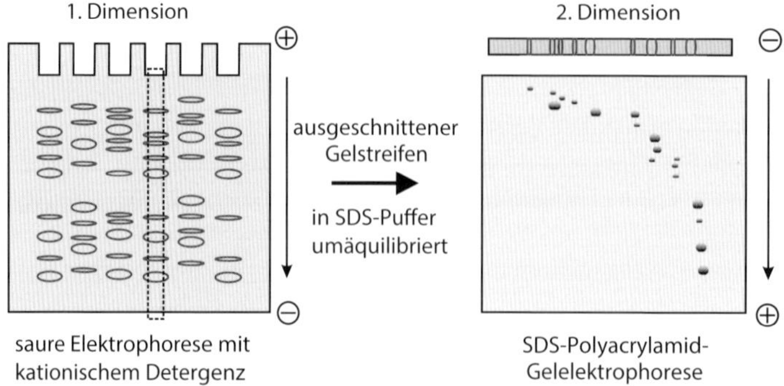

Abb. 1.28 Prinzip der zweidimensionalen Elektrophorese mit der sauren PAGE mit kationischem Detergens 16-BAC in der ersten und SDS-PAGE in der zweiten Dimension.

- Ein komplexes Proteingemisch wird erst mit einer Zonenelektrophorese aufgetrennt und dann mit IEF weiter separiert oder umgekehrt (Altland *et al.*, 1981).
- Hydrophobe Proteine, wie z. B. membrangebundene Proteine, werden erst in einem sauren Gel bei pH 2,1 in Gegenwart eines kationischen Detergens wie 16-BAC aufgetrennt und dann mit einer SDS-Elektrophorese (MacFarlane, 1989; Hartinger *et al.*, 1996). Da sich die Trennmuster bei 16-BAC und in SDS deutlich unterscheiden, ergibt sich eine annehmbare, wenn auch nicht perfekte Auflösung. Das Konzept ist in Abb. 1.28 gezeigt.
- Membranproteinkomplexe werden erst mit der Blau-Nativ-Elektrophorese aufgetrennt (siehe oben) und dann mit der SDS-PAGE zur Darstellung und Identifizierung der Komplexpartner.
- Hochkomplexe Proteingemische, wie z. B. Zelllysate oder Gewebeextrakte, sollen möglichst in sämtliche Einzelproteine fraktioniert werden, um ein Gesamtbild der Proteinzusammensetzung zu erhalten und einzelne Proteine auffinden zu können. Die höchste Auflösung erzielt man mit einer Kombination von zwei komplett orthogonalen Techniken: Auftrennung nach isoelektrischen Punkten und nach den Molekülgrößen.

Bei diesen Techniken führt man die erste Dimension in individuellen Rundgelen oder Gelstreifen durch und überträgt diese auf das Gel der zweiten Dimension. Man kann ein Flachgel nach der Trennung in Streifen schneiden und auf das zweite Gel transferieren. Die Kombination von Isoelektrischer Fokussierung und SDS-Elektrophorese wurde erstmals von Stegemann (1970) verwendet.

Hochauflösende 2-D-Elektrophorese: Erst der wichtige Beitrag von O'Farrell (1975) zur 2-D-Elektrophorese ermöglichte eine sehr hohe Auflösung von komplexen Proteingemischen: die Anwendung komplett denaturierender Bedingungen bei der Probenvorbereitung und in der ersten Dimension, der IEF. Die Probe wird mit einem sogenannten Lysepuffer (besser als Solubilisierungsmix bezeichnet), der aus einer gesättigten Harnstofflösung (9 mol/L) mit 2 % β-Mercaptoethanol zur Reduzierung und einem nicht ionischen Detergens (No-

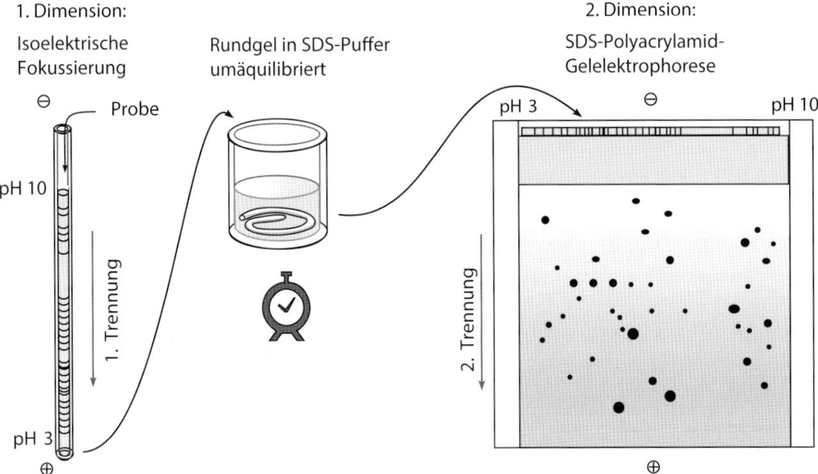

Abb. 1.29 Prinzip der Methode der hochauflösenden 2-D-Elektrophorese nach O'Farrell (1975).

nidet NP-40) zur Unterstützung der Löslichkeit besteht, in Lösung gebracht. Die erste Dimension, die Isoelektrische Fokussierung erfolgt in Gegenwart von 9 M Harnstoff und dem nicht ionischen Detergens, die zweite Dimension mit einer SDS-Elektrophorese. Dadurch werden Proteinkomplexe und -aggregate aufgeschlossen, wodurch sich die Auflösung stark erhöht. In der Originalarbeit von O'Farrell wurden Extraktproteine aus *Escherichia coli* mit ^{14}C oder ^{35}S markiert, und im Gel mit Autoradiografie detektiert. Diese Detektionsmethode besitzt einen sehr breiten dynamischen Bereich von bis zu fünf Größenordnungen. 1100 unterschiedliche Polypeptide konnten auf diese Weise detektiert werden. In Abb. 1.29 ist der traditionelle Arbeitsablauf für die hochauflösende 2-D-Elektrophorese gezeigt.

Seit die Proteinflecken mit neuen Methoden der Massenspektrometrie weiter analysiert werden können, hat diese Methode eine Renaissance erlebt: Die getrennten Proteine können nun identifiziert und weiter charakterisiert werden. Dieses Konzept nennt man *„Proteome Analysis"* oder *„Proteomics"* (Wasinger *et al.*, 1995) und ist detailliert im Buch „Proteomics in Practice" (Westermeier *et al.*, 2008) beschrieben. Das Kapitel 4 im vorliegenden Buch ist ganz der 2-D-Elektrophorese gewidmet.

1.3.4.8 **GeLC-MS**

Die Kombination von SDS-PAGE mit Umkehrphasenflüssigchromatografie (Reversed Phase Liquid Chromatography, RPC) von tryptischen Peptiden und Elektrospray-Ionisation (ESI) Massenspektrometrie ist zu einer weitverbreiteten Strategie zur Identifizierung und Charakterisierung von „Proteomen" geworden. Erst wird der gesamte Gewebeextrakt oder das gesamte Zelllysat mit SDS-PAGE aufgetrennt, um die Komplexität der Probe zu reduzieren. Die Gele werden nicht gefärbt: Die Trennspuren werden direkt mit einem Gelschneider in bis zu 48 Gelstückchen zerteilt. Die darin befindlichen Proteine werden innerhalb der Gelstückchen mit Endoproteasen – meist Trypsin – verdaut, wie von Hellman *et al.* (1995) vorgeschlagen. Die Peptide lassen sich gut eluieren und werden in einer Umkehrphasenflüssigchromatografiesäule weiter aufgetrennt, die „Online" mit einem ESI-Massenspektrometer gekoppelt ist. In den meisten Fällen werden die Peptide im Massenspektrometer weiter fragmentiert für MS/MS-Analysen zur Strukturaufklärung.

Literatur

Ahn, T., Yim, S.-K., Choi, H.-I. und Yun, C.-H. (2001) Polyacrylamide gel electrophoresis without a stacking gel: Use of amino acids as electrolytes. *Anal. Biochem.*, **291**, 300–303.

Altland, K., Rauh, S. und Hackler, R. (1981) Demonstration of human prealbumin by double one-dimensional slab gel electrophoresis. *Electrophoresis*, **2**, 148–155.

Anderson, B.L., Berry, R.W. und Telser A. (1983) A sodium dodecyl sulfate-polyacrylamide gel electrophoresis system that separates peptides and proteins in the molecular weight range of 2500 to 90 000. *Anal. Biochem.*, **132**, 365–275.

Atin, D.T., Shapira, R. und Kinkade, J.M. (1985) The determination of molecular weights of biologically active proteins by cetyltrimethylammonium bromide-polyacrylamide gel electrophoresis. *Anal. Biochem.*, **145**, 170–176.

Bassam, B.J., Caetano-Annollés, G. und Gresshoff, P.M. (1991) Fast and sensitive silver staining of DNA in polyacrylamide gels. *Anal. Biochem.*, **196**, 80–83.

Bøg-Hansen, T.C. und Hau, J. (1981) Glycoproteins and glycopeptides. *J. Chromatogr. Libr. B*, **18**, 219–252.

Bussard, A. und Huer, J. (1959) Description d'une technique combinant simultanément l'électrophorèse et la précipitation immunologique dans un gel: l'èlectrosynérèse. *Biochim. Biophys. Acta*, **34**, 258–260.

Buxbaum E. (2003) Cationic electrophoresis and electrotransfer of membrane glycoproteins. *Anal. Biochem*, **314**, 70–76.

Clarke, H.G.M. und Freeman, T. (1968) Quantitative immunoelectrophoresis of human serum proteins. *Clin. Sci.*, **35**, 403–413.

Cohen, A.S. und Karger, B.L. (1987) High-performance sodium dodecyl sulfate polyacrylamide gel capillary electrophoresis of peptides and proteins. *J. Chromatogr.*, **397**, 409–417.

Davis, B.J. (1964) Disc electrophoresis, 2. Method and application to human serum proteins. *Ann. NY Acad. Sci.*, **121**, 404–427.

Eley, M.H., Burns, P.C., Kannapell, C.C. und Campbell, P.S. (1979) Cetyltrimethylammonium bromide polyacrylamide gel electrophoresis: Estimation of protein subunit molecular weights using cationic detergents. *Anal. Biochem.*, **92**, 411–419.

Ferguson, K.A. (1964) Starch-gel electrophoresis – Application to the classification of pituitary proteins and polypeptides. *Metabolism*, **13**, 985–995.

Görg, A., Postel, W., Westermeier, R., Gianazza, E. und Righetti, P.G. (1980) Gel gradient electrophoresis, isoelectric focusing, and two-dimensional techniques in horizontal ultrathin polyacrylamide layers. *J. Biochem. Biophys. Methods*, **3**, 273–284.

Grabar, P. und Williams, C.A. (1953) Méthode permettant l'etude conjuguée des propriétés électrophorétiques d'un mélange de protéines. *Biochim. Biophys. Acta*, **10**, 193–194.

Green, M.R. und Sambrook J. (2012) *Molecular Cloning: A Laboratory Manual*, 4. Aufl., Three-volume set Cold Spring Harbor Laboratory Press.

Gressner, A.M. und Arndt, T. (Hrsg.) (2013) *Lexikon der Medizinischen Laboratoriumsdiagnostik*, 2. Aufl., Springer, Berlin, Heidelberg.

Hannig, K. (1982) New aspects in preparative and analytical continuous free-flow cell electrophoresis. *Electrophoresis*, **3**, 235–243.

Hartinger, J., Stenius, K., Högemann, D. und Jahn R. (1996) 16-BAC/SDS PAGE: A two dimensional gel electrophoresis system suitable for the separation of integral membrane proteins. *Anal. Biochem.*, **240**, 126–133.

Hashimoto, F., Horigome, T., Kanbayashi, M., Yoshida, K. und Sugano, H. (1983) An improved method for separation of low-molecular weight polypeptides by electrophoresis in sodium dodecyl sulfate-polyacrylamide gel. *Anal. Biochem.*, **129**, 192–199.

Hedrick, J.L. und Smith, A.J. (1968) Size and charge isomer separation and estimation of molecular weights of proteins by disc gel electrophoresis. *Arch. Biochem. Biophys.*, **126**, 155–163.

Hellman, U., Wernstedt, C., Góñez, J. und Heldin, C.-H. (1995) Development of an improved „in-gel" digestion procedure for the micro-preparation of internal protein fragments for amino acid sequencing and single print analysis. *Anal. Biochem.*, **224**, 451–455.

Hjertén, S. (1962) „Molecular sieving" chromatography on polyacrylamide gels, prepared according to a simplified method. *Arch. Biochem. Biophys. Suppl.*, **1**, 147–151.

Hjertén, S. (1983) High-performance electrophoresis: The electrophoretic counterpart of high-performance liquid chromatography. *J. Chromatogr.*, **270**, 1–6.

Hsam, S.L.K, Schickle, H.P., Westermeier, R. und Zeller, F.J. (1993) Identification of cultivars of crop species by polyacrylamide electrophoresis. *Brauwissenschaft*, **3**, 86–94.

Ibel, K., May, R.P., Kirschner, K., Szadkowski, H., Mascher, E. und Lundahl, P. (1990) Protein-decorated micelle structure of sodium-dodecyl-sulfate protein complexes as determined by neutron scattering. *Eur. J. Biochem.*, 190, 311–318.

Jordan, E.M. und Raymond, S. (1969) Gel electrophoresis: A new catalyst for acid systems. *Anal. Biochem.*, **207**, 205–211.

Jovin, T.M., Dante, M.L. und Chrambach, A. (1970) Multiphasic buffer systems output. *Natl. Tech. Inf. Serv.*, 196 085–196 091, Springfield VA.

Kerenyi, L. und Gallyas, F. (1972) A highly sensitive method for demonstrating proteins in electrophoretic, immunoelectrophoretic and immunodiffusion preparations. *Clin. Chim. Acta*, **38**, 465–467.

Kinoshita E., Kinoshita-Kikuta, E., Takiyama, K. und Koike, T. (2006) Phosphate-binding tag, a new tool to visualize phosphorylated proteins. *Mol. Cell Proteom.*, **5**, 749–757.

Kleine, B., Löffler, G., Kaufmann, H., Scheipers, P., Schickle, H.P., Westermeier, R. und Bessler, W.G. (1992) Reduced chemical and radioactive liquid waste during electrophoresis using polymerized electrode gels. *Electrophoresis*, **13**, 73–75.

Klodmann, J., Lewejohann, D. und Braun, H.-P. (2011) Low-SDS blue native PAGE. *Proteomics*, **11**, 1834–1839.

Kohn, J. (1957) A cellulose acetate supporting medium for zone electrophoresis. *Clin. Chem. Acta*, **2**, 297.

Kramer, M.L. (2006) A new multiphasic buffer system for benzyldimethyl-*n*-hexadecylammonium chloride polyacrylamide gel electrophoresis of proteins providing efficient stacking. *Electrophoresis*, **27**, 347–356.

Krause, F. (2006) Detection and analysis of protein–protein interactions in organellar and prokaryotic proteomes by native gel electrophoresis: (Membrane) protein complexes and supercomplexes. *Electrophoresis*, **27**, 2759–2781.

Lämmli, U.K. (1970) Cleavage of structural proteins during the assembly of the head of bacteriophage T4. *Nature*, **227**, 680–685.

Lane, L.C. (1978) A simple method for stabilizing protein-sulfhydryl groups during SDS-gel electrophoresis. *Anal. Biochem.*, 86, 655–664.

Lantz, M.S. und Ciborowski, P. (1994) Zymographic techniques for detection and characterization of microbial proteases. *Methods Enzymol.*, **235**, 563–594.

Laurell, C.B. (1966) Quantitative estimation of proteins by electrophoresis in agarose gel containing antibodies. *Anal. Biochem.*, **15**, 45–52.

MacFarlane, D.E. (1983) Use of benzyldimethyl-*n*-hexadecylammonium chloride („16-BAC"), a cationic detergent, in an acidic polyacrylamide gel electrophoresis system to detect base labile protein methylation in intact cells. *Anal. Biochem.*, **132**, 231–235.

MacFarlane, D.E. (1989) Two dimensional benzyldimethyl-*n*-hexadecylammonium chloride – sodium dodecyl sulfate preparative polyacrylamide gel electrophoresis: A high capacity high resolution technique for the purification of proteins from complex mixtures. *Anal. Biochem.*, **176**, 457–463.

Maurer, R.H. (1968) *Disk-Elektrophorese. Theorie und Praxis der diskontinuierlichen Polyacrylamidgel-Elektrophorese*, de Gruyter, Berlin.

Maxam, A.M. und Gilbert, W. (1977) A new method for sequencing DNA. *Proc. Natl. Acad. Sci USA*, **74**, 560–564.

O'Farrell, P.H. (1975) High-resolution two-dimensional electrophoresis of proteins. *J. Biol. Chem.*, **250**, 4007–4021.

Ornstein, L. (1964) Disc electrophoresis. I. Background and theory. *Ann. NY Acad. Sci.*, **121**, 321–349.

Ott, H.W., Griesmacher, A., Schnapka-Koepf, M., Golderer, G., Sieberer, A., Spannagl, M., Scheibe, B., Perkhofer, S., Will, K. und Budde, U. (2010) Analysis of von Willebrand factor multimers by simultaneous high- and low-resolution vertical SDS-agarose gel electrophoresis and Cy5-labeled antibody high-sensitivity fluorescence detection. *Am. J. Clin. Pathol.*, **133**, 322–330.

Patton, W.F., Chung-Welch, N., Lopez, M.F., Cambria, R.P., Utterback, B.L. und Skea, W.M. (1991) Tris-tricine and Tris-borate buffer systems provide better estimates of human mesothelial cell intermediate filament protein molecular weights than the standard Tris-glycine system. *Anal. Biochem.*, **197**, 25–33.

Perlman, D., Chikarmane, H. und Halvorson, H.O. (1987) Improved resolution of DNA fragments in polysaccharide-supplemented agarose gels. *Anal. Biochem.*, **163**, 247–254.

Poduslo, J.F. (1981) Glycoprotein molecular-weight estimation using sodium dodecyl sulfate-pore gradient electrophoresis: Comparison of Tris-glycine and Tris-borate-EDTA buffer systems. *Anal. Biochem.*, **114**, 131–139.

Radola, B.J. (1975) Isoelectric focusing in layers of granulated gels II. Preparative isoelectric focusing. *Biochim. Biophys. Acta*, **386**, 181–185.

Radola, B.J. (1980) Ultra-thin-layer isoelectric focusing in 50–100 µm polyacrylamide gels on silanized glass plates or polyester films. *Electrophoresis*, **1**, 43–56.

Raymond, S. und Weintraub, L. (1959) Acrylamide gel as a supporting medium for zone electrophoresis. *Science*, **130**, 711–711.

Rehbein, H. (1995) Differentiation of scombroid fish species (tunas, bonitos and mackerels) by isoelectric focusing, titration curve analysis and native polyacrylamide gel electrophoresis of sarcoplasmic proteins. *Electrophoresis*, **16**, 820–822.

Reichel, C., Abzieher, F. und Geisendorfer, T. (2009) SARCOSYL-PAGE: A new method for the detection of MIRCERA and EPO-doping in blood. Published online in Wiley Interscience, 16.12.2009 (www.drugtestinganalysis.com), doi:10.1002/dta.97

Rickwood, D. und Hames, B.D. (1982) *Gel Electrophoresis of Nucleic Acids*, IRL Press Ltd.

Righetti, P.G. (1983) *Isoelectric Focusing: Theory, Methodology and Applications*, Elsevier Biomedical Press, Amsterdam.

Rothe, G.M. (1994) *Electrophoresis of Enzymes*, Springer, Berlin.

Rothe, G.M. und Purkhanbaba, M. (1982) Determination of molecular weights and Stokes' radii of non-denatured proteins by polyacrylamide gradient gel electrophoresis. 1. An equation relating total polymer concentration, the molecular weight of proteins in the range of 10^4–10^6, and duration of electrophoresis. *Electrophoresis*, **3**, 33–42.

Samso, M., Daban, J.R., Hansen, S. und Jones, G.R. (1995) Evidence for sodium dodecyl sulfate/protein complexes adopting a necklace structure. *Eur. J. Biochem.*, **232**, 818–824.

Sanger, F. und Coulson, A.R. (1975) A rapid method for determining sequences in DNA by the primed synthesis with DNA polymerase. *J. Mol. Biol.*, **94**, 441–448.

Schägger, H. und von Jagow, G. (1987) Tricine-sodium dodecyl sulfate-polyacrylamide gel electrophoresis for the separation of proteins in the range from 1 to 100 kDa. *Anal. Biochem.*, **166**, 368–379.

Schägger, H. und von Jagow, G. (1991) Blue native electrophoresis for isolation of membrane protein complexes in enzymatically active form. *Anal. Biochem.*, **199**, 223–231.

Scherz, H. (1990) Thin-layer electrophoretic separation of monosaccharides, oligosaccharides and related compounds on reverse phase silica gel. *Electrophoresis*, **11**, 18–22.

Schulze, P., Link, M., Schulze, M., Thuermann, S., Wolfbeis, O.S. und Belder, D. (2010) A new weakly basic amino-reactive fluorescent label for use in isoelectric focusing and chip electrophoresis. *Electrophoresis*, **31**, 2749–2753.

Schwarzer, J., Rapp, E. und Reichl, U. (2008) *N*-glycan analysis by CGE-LIF: Profiling influenza A virus hemagglutinin *N*-glycosylation during vaccine production. *Electrophoresis*, **29**, 4203–4214.

Schwartz, D.C. und Cantor, C.R. (1984) Separation of yeast chromosome-sized DNA by pulsed field gradient gel electrophoresis. *Cell*, **37**, 67–75.

Shapiro, A.L., Viñuela, E. und Maizel, J.V. (1967) Molecular weight estimation of polypeptide chains by electrophoresis in SDS-polyacrylamide gels. *Biochem. Biophys. Res. Commun.*, **28**, 815–822.

Smithies, O. (1955) Zone electrophoresis in starch gels: group variations in the serum proteins of normal human adults. *Biochem. J.*, **61**, 629–641.

Stegemann H. (1970) Proteinfraktionierungen in Polyacrylamid und die Anwendung auf die genetische Analyse bei Pflanzen. *Angew. Chem.*, **82**, 640.

Strecker, V., Wumaier, Z., Wittig, I. und Schägger H. (2010) Large pore gels to separate mega protein complexes larger than 10 MDa by blue native electrophoresis: Isolation of putative respiratory strings or patches. *Proteomics*, **10**, 3379–3387.

Terabe, S., Otsuka, K., Ichikawa, K., Tsuchiya, A. und Ando, T. (1984) Electrokinetic separations with micellar solutions and open-tubular capillaries. *Anal. Chem.*, **64**, 111–113

Tiselius, A. (1937) A new apparatus for electrophoretic analysis of colloidal mixtures. *Trans. Faraday Soc.*, **33**, 524–531.

Wasinger, V.C., Cordwell, S.J., Cerpa-Poljak, A., Yan, J.X., Gooley, A.A., Wilkins, M.R., Duncan, M.W., Harris, R., Williams, K.L. und Humphery-Smith, I. (1995) Progress with gene-product mapping of the mollicutes: *Mycoplasma genitalium*. *Electrophoresis*, **16**, 1090–1094.

Weber, K. und Osborn, M. (1969) The reliability of molecular weight determinations by dodecyl sulfate-polyacrylamide gel electrophoresis. *J. Biol. Chem.*, **244**, 4406–4412.

Weinberger, R. (Hrsg.) (2000) *Practical Capillary Electrophoresis*, 2. überarbeitete Aufl., Academic Press, San Diego.

Welsh, J. und McClelland, M. (1990) Fingerprinting genomes using PCR with arbitrary primers. *Nucl. Acids Res.*, **18**, 7213–7218.

Westerhuis, W.H., Sturgis, J.N. und Niederman, R.A. (2000) Reevaluation of the electrophoretic migration behavior of soluble globular proteins in the native and detergent-denatured states in polyacrylamide gels. *Anal. Biochem.*, **284**, 43–52.

Westermeier, R., Naven, T. und Hoepker, H.R. (2008) *Proteomics in Practice. A Guide to successful Experimental Design*, 2. Aufl., Wiley-VCH, Weinheim.

Williams, J.G.K, Kubelik, A.R., Livak, K.J., Rafalski, J.A. und Tingey, S.V. (1990) DNA polymorphisms amplified by arbitrary primers are useful as genetic markers. *Nucl. Acids Res.*, **18**, 6531–6535.

Wiltfang, J., Arold, N. und Neuhoff, V. (1991) A new multiphasic buffer system for sodium dodecyl sulfate-polyacrylamide gel electrophoresis of proteins and peptides with molecular masses 100 000–1000, and their detection with picomolar sensitivity. *Electrophoresis*, **12**, 352–366.

Wittig, I. und Schägger, H. (2005) Advantages and limitations of clear native polyacrylamide gel electrophoresis. *Proteomics*, **5**, 4338–4346.

Wittig, I., Braun, H.-P. und Schägger, H. (2006) Blue native PAGE. *Nat. Protoc.*, **1**, 419–428.

2
Isotachophorese

Wie bereits eingangs erwähnt, bedeutet das aus dem Griechischen kommende Wort Isotachophorese „Wanderung mit gleicher Geschwindigkeit“. Will man die Effekte und Eigenschaften dieser Technik verstehen, sollte man sich die *vier Fakten der Isotachophorese* vor Augen führen, die alle gleich wichtig sind und zur gleichen Zeit stattfinden. „Nichtphysiker“ haben sich zuweilen beklagt, dass sie die Theorie der Isotachophorese nicht so einfach begreifen wie andere biophysikalische Methoden, weil eben mehrere Effekte zur gleichen Zeit passieren:

- Wanderung aller Ionen (auch der Probenkomponenten) mit der gleichen Geschwindigkeit,
- Auftrennung der Probenkomponenten in der Form einer Kette *ion train*,
- Zonenschärfungseffekt,
- Konzentrationsregulierungseffekt.

In Abb. 2.1 sind alle diese Effekte dargestellt.

Der Stacking-Effekt bei den Methoden der Disk-Elektrophorese folgt den Regeln der Isotachophorese.

Die wichtigste Vorbedingung für eine isotachophoretische Trennung ist ein diskontinuierliches Puffersystem mit einem Leit- und einem Folgeelektrolyten. Sollen beispielsweise die Anionen einer Probe bestimmt werden, muss der Leitelektrolyt Anionen mit höherer Mobilität, der Folgeelektrolyt Anionen mit niedrigerer Mobilität als die sämtlicher interessierender Probeionen enthalten. Bei einer solchen anionischen Analyse befindet sich der Leitelektrolyt auf der Seite der Anode, der Folgeelektrolyt auf der Seite der Kathode. Die Probe wird dazwischen aufgegeben. Das gesamte System enthält dazu ein gemeinsames kationisches Gegenion. Es können entweder Anionen oder Kationen auf einmal getrennt werden, nicht jedoch beide auf einmal.

Ein praktisches Beispiel: Chlorid ist der Leitelektrolyt, Glycin der Folgeelektrolyt, Tris ist das Gegenion.

Isotachophorese wird bei *konstanter Stromstärke* durchgeführt, um konstante Feldstärken innerhalb der Zonen zu erhalten. Dadurch bleibt die Wanderungsgeschwindigkeit während der gesamten Trennung gleich.

Elektrophorese leicht gemacht, 2. Auflage. Reiner Westermeier.

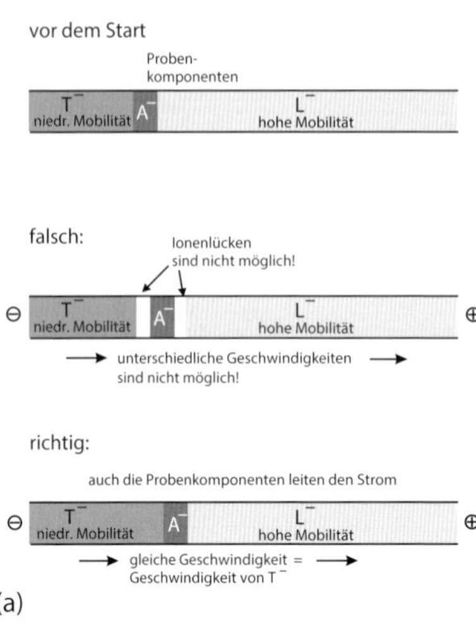

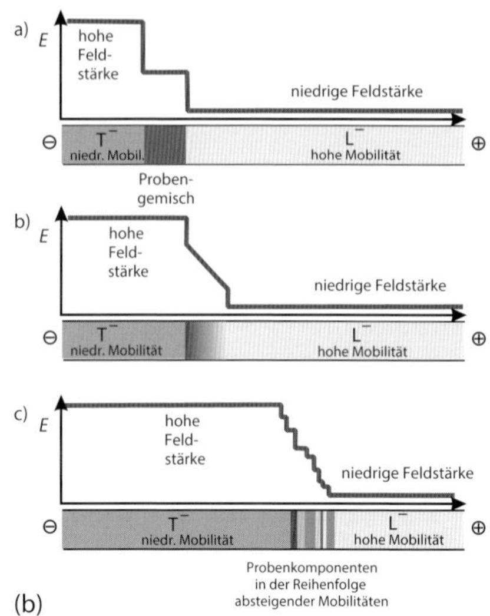

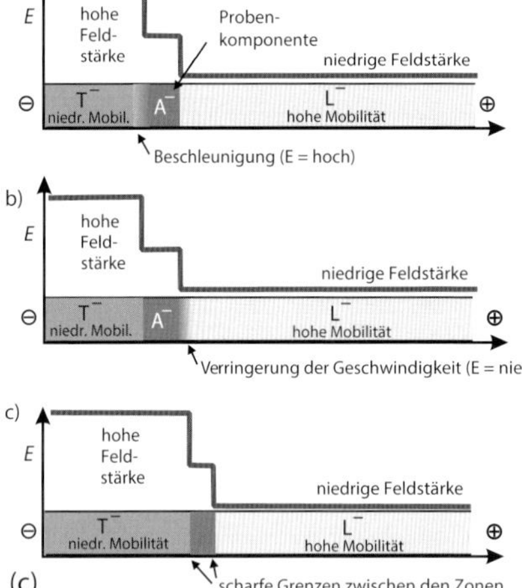

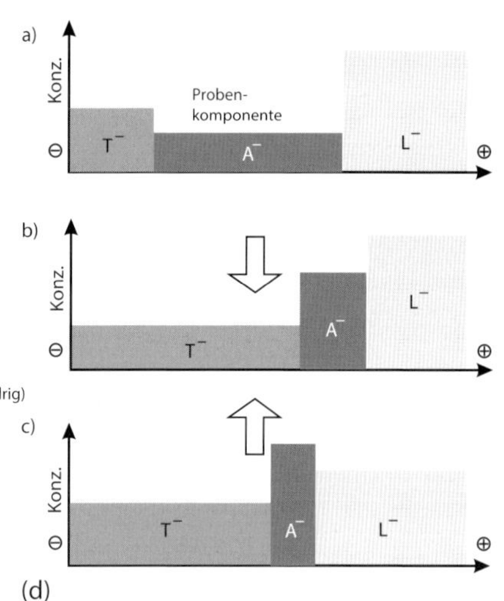

Abb. 2.1 Die vier Fakten der Isotachophorese. (a) In einem diskontinuierlichen Puffersystem werden die Ionen gezwungen mit der gleichen Geschwindigkeit zu wandern. (b) Die Substanzionen werden voneinander getrennt, aber jede Zone wandert unmittelbar hinter der anderen her. (c) Weil die Ionen in den unterschiedlichen Feldstärkenzonen je nachdem verlangsamt oder beschleunigt werden, bilden sich scharfe Grenzen zwischen den Zonen. (d) Der Konzentrationsregulierungseffekt ist die Basis für die Quantifizierung in der Isotachophorese, weitere Erläuterungen im Text.

2.1
Wanderung mit gleicher Geschwindigkeit

Legt man ein elektrisches Feld an, bildet sich zwischen den Elektroden ein Potenzialgradient aus. Im Bereich der Ionen mit niedriger Mobilität ist die Feldstärke höher als im Bereich der mobileren Ionen, um sie mit gleicher Geschwindigkeit bewegen zu können. Die Wanderung aller Ionen muss mit gleicher Geschwindigkeit erfolgen, weil weder Ionen davonlaufen noch welche zurückbleiben dürfen: sonst entstünden Ionenlücken, und es könnte kein Strom mehr transportiert werden (Abb. 2.1a).

2.2
Trennung der Substanzen in der Form einer Kette *ion train*

Während dieser Wanderung bilden sich aus dem Probeionengemisch reine, direkt aufeinanderfolgende Zonen der einzelnen Substanzionen heraus. Im Gleichgewichtszustand folgt das Ion mit der höchsten Mobilität dem Leition, das mit der niedrigsten Mobilität wandert, vor dem Folgeion, die anderen wandern dazwischen in der Reihenfolge abnehmender Mobilität:

$$m_{\mathrm{L}^-} > m_{\mathrm{A}^-} > m_{\mathrm{B}^-} > m_{\mathrm{T}^-}$$

m – Mobilität, L^- – Leition, T^- – Folgeion („terminating ion"), A^- und B^- Probeionen.

Dabei bilden die Probeionen einen Stapel. Die Zone mit der höchsten Mobilität hat die niedrigste Feldstärke, die mit der niedrigsten Mobilität die höchste Feldstärke; das Produkt aus Feldstärke und Mobilität jeder Zone ist konstant (Abb. 2.1b).

2.3
Zonenschärfungseffekt

Es bilden sich automatisch scharfe Grenzen zwischen den Zonen: Ionen, die in eine Zone mit höherer Mobilität diffundieren, werden aufgrund der dort herrschenden niedrigeren Feldstärke verlangsamt, bis sie wieder in der ihnen eigenen Zone wandern. Bleibt ein Ion zurück, wird es durch die höhere Feldstärke aus der Folgezone nach vorne beschleunigt. Das System wirkt der Diffusion entgegen, und man erhält eine klare Trennung der Einzelsubstanzen (Abb. 2.1c). Allerdings folgen die Fraktionen, im Unterschied zu allen anderen Trenntechniken, direkt aufeinander.

2.4 Konzentrationsregulierungseffekt

Die Grundlage der quantitativen Analyse mit der isotachophoretischen Trennung ist die Theorie der „beharrlichen Funktion“ von Kohlrausch (1897). Sie definiert die Bedingungen an der Grenze zwischen zwei verschiedenen Ionen L^- und A^- mit einem gemeinsamen Gegenion R^+ während der Wanderung dieser Grenze im elektrischen Feld. Das Verhältnis zwischen den Konzentrationen C_{L^-} und C_{A^-} der Ionen L^-, A^- und R^+ ergibt sich wie folgt:

$$\frac{C_{L^-}}{C_{A^-}} = \frac{m_{L^-}}{m_{L^-} + m_{R^+}} \times \frac{m_{A^-} + m_{R^+}}{m_{A^-}}$$

m ist die Mobilität, angegeben in $cm^2/(V\,s)$, die für jedes Ion unter definierten Bedingungen konstant ist.

Bei vorgegebener Konzentration des Leitelektrolyten L^- ist die Konzentration des Probeions A^- festgelegt, da alle übrigen Parameter Konstanten sind. Dies setzt sich nach hinten fort: Da nun die Konzentration des Probeions A^- vorgegeben ist, ergibt sich daraus die Konzentration des Probeions B^- in der nächstfolgenden Zone usw. Daraus ergibt sich auch der *Konzentrierungseffekt*: Je höher die Leitionenkonzentration, umso konzentrierter die folgenden Zonen.

Quantitative Analyse

Vereinfacht könnte die Kohlrausch-Formel so geschrieben werden:

$$C_{A^-} = C_{L^-} \times \text{const.}$$

Im Gleichgewichtszustand ist die Konzentration des Probeions C_{A^-} proportional zur Leitionenkonzentration C_{L^-}. Und es ergibt sich, dass die Ionenkonzentration in jeder Zone konstant ist. Die Ionenmenge in jeder Zone ist proportional zur Zonenlänge. Charakteristisch für die Isotachophorese ist: Die Quantifizierung der einzelnen, aufgetrennten Probenkomponenten erfolgt über die Messung der Zonenlänge, unabhängig davon, in welcher Konzentration die Probe aufgegeben worden ist. In Abb. 2.1d ist gezeigt, wie sich während des isotachophoretischen Laufes aus den Situationen a und c automatisch die Situation b einstellt.

Die Banden sind keine *Peaks* (gaußsche Verteilung) wie bei sonstigen Elektrophoresen und Chromatografien, sondern Spikes (konzentrationsabhängige Breiten). Deshalb können herkömmliche Auswertungsprogramme nicht verwendet werden.

Zur Gehaltsbestimmung einer Substanz müssen mindestens zwei Läufe gemacht werden: Erst erfolgt eine Trennung der unmodifizierten Probe, beim zweiten Lauf gibt man die zu bestimmende Substanz in bekannter Menge in Reinform zu. Aus der Verlängerung der Zone kann man die ursprüngliche Substanzmenge berechnen.

Isotachophorese wird hauptsächlich in trägerfreien Systemen und in Kapillaren durchgeführt. Dabei verwendet man Spannungen bis zu 30 kV und Stromstärken

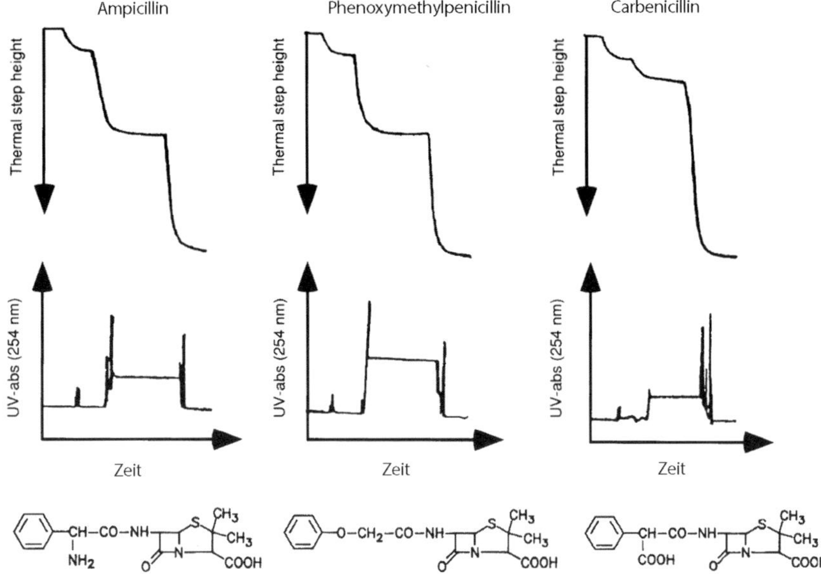

Abb. 2.2 Isotachophorese von Penicillinen. Nachweis der Zonen simultan mit Wärmeleitfähigkeits- und UV-Detektor. Aus dem Applikationslabor von Pharmacia LKB Bromma, heute GE Lifesciences.

im μA-Bereich. Während man zur Zonendetektion mit UV nach Trennungen in Teflonkapillaren Messzellen verwendet (Everaerts *et al.*, 1976; Hjalmarsson und Baldesten, 1981), kann man in Quarzkapillaren direkt messen (Jorgenson und Lukacs, 1981; Hjertén, 1983). Zur sicheren Differenzierung zwischen den direkt aufeinanderfolgenden Zonen werden zusätzlich Strom- und Wärmeleitfähigkeitsdetektoren eingesetzt.

In Abb. 2.2 sind Ergebnisse der Isotachophorese von Penicillinen gezeigt: je 10 μg Ampicillin, Phenoxymethylpenicillin und Carbenicillin.

Literatur

Everaerts, F.M., Becker, J.M. und Verheggen, T.P.E.M. (1976) *Isotachophoresis, Theory, Instrumentation and Applications*, J. Chromatogr. Libr., Bd. 6, Elsevier, Amsterdam.

Hjalmarsson, S.-G. und Baldesten, A. (1981) A critical review of capillary isotachophoresis, in *CRC Critical Reviews in Analytical Chemistry*, Bd. 261, CRC Press, Boca Raton, S. 261–352.

Hjertén S. (1983) High-performance electrophoresis: The electrophoretic counterpart of high-performance liquid chromatography. *J. Chromatogr.*, **270**, 1–6.

Jorgenson, J.W. und Lukacs, K.D. (1981) Zone electrophoresis in open-tubular glass capillaries. *Anal. Chem.*, **53**, 1298–1302.

Kohlrausch, F. (1897) Ueber Concentrations-Verschiebungen durch Electrolyse im Inneren von Lösungen und Lösungsgemischen. *Ann. Phys.*, **62**, 209–239.

3
Isoelektrische Fokussierung

3.1
Prinzip

Die Anwendung der Isoelektrischen Fokussierung ist auf die Trennung solcher Moleküle beschränkt, die nach außen positiv und negativ geladen sein können, *amphoterer* Natur sind: Proteine, Enzyme, Peptide. Die Nettoladung eines Proteins ist die Summe aller negativen und positiven Ladungen an den Aminosäurenseitengruppen, wobei auch die dreidimensionale Konfiguration des Proteins eine Rolle spielt (Abb. 3.1). Die zu trennenden Substanzen müssen einen isoelektrischen Punkt (pI) besitzen, an dem sie eine Nettoladung von null besitzen.

Bei niedrigem pH-Wert sind die Carboxylseitengruppen von Aminosäuren neutral:

$$\text{R-COO}^- + \text{H}^+ \rightarrow \text{R-COOH}$$

bei hohem pH-Wert negativ geladen:

$$\text{R-COOH} + \text{OH}^- \rightarrow \text{R-COO}^- + \text{H}_2\text{O}$$

Die Amino-, Imidazol- und Guanidinseitengruppen von Aminosäuren sind bei niedrigem pH-Wert positiv geladen:

$$\text{R-NH}_2 + \text{H}^+ \rightarrow \text{R-NH}_3^+$$

bei niedrigem pH-Wert sind sie neutral:

$$\text{R-NH}_3^+ + \text{OH}^- \rightarrow \text{R-NH}_2 + \text{H}_2\text{O}$$

Bei zusammengesetzten Proteinen, wie Glyko- oder Nukleoproteinen, wird die Nettoladung noch von den Zucker- bzw. Nukleinsäureresten beeinflusst. Auch Phosphorylierung hat Einfluss auf den Ladungszustand. Manche Mikroheterogenitäten in IEF-Mustern lassen sich auf diese Molekülmodifikationen zurückführen.

Für ein amphoteres Molekül gibt es einen pH-Wert, an welchem die Anzahl von positiven und negativen Ladungen im Molekül gleich ist: dann ist die Nettoladung

Elektrophorese leicht gemacht, 2. Auflage. Reiner Westermeier.

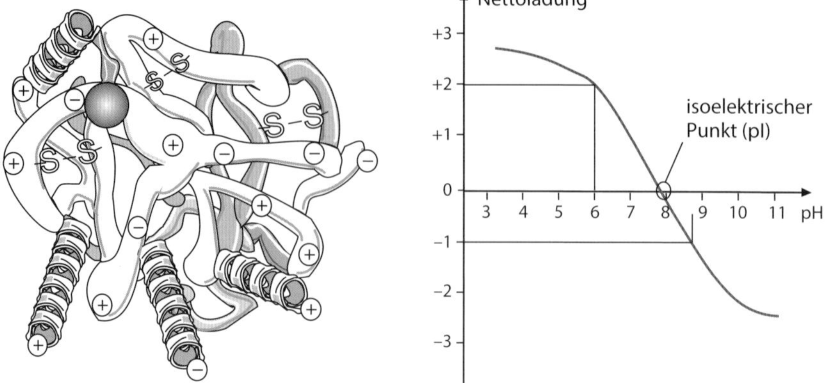

Abb. 3.1 Proteinmolekül und die Abhängigkeit seiner Nettoladung vom pH-Wert. Ein Protein mit dieser Nettoladungskurve hat bei pH 5 zwei positive, bei pH 9 eine negative Nettoladung.

null, das ist der isoelektrische Punkt (pI). Trägt man die jeweiligen Nettoladungen eines Proteins über einer pH-Skala auf (Abb. 3.1), so ergibt sich eine kontinuierliche Kurve, welche die Abszisse am isoelektrischen Punkt pI schneidet. Das Protein mit dem niedrigsten bisher gefundenen isoelektrischen Punkt ist das saure Glykoprotein im Schimpansen: pI = 1,8, das mit dem höchsten das Lysozym der Humanplazenta: pI = 11,7. Die Ladungskurve ist ein Charakteristikum für ein Protein. Mit der Titrationskurvenanalysentechnik, die weiter unten beschrieben wird, kann man sie auf einfache Weise in einem Gel darstellen.

Gibt man ein Proteingemisch an einer Stelle eines pH-Gradienten auf, so haben die verschiedenen Proteine bei diesem pH-Wert unterschiedliche Nettoladungen. Im elektrischen Feld wandern die Proteine an ihren jeweiligen isoelektrischen Punkt (siehe Abb. 1). Die Isoelektrische Fokussierung ist im Gegensatz zur Zonenelektrophorese eine Endpunktmethode. Durch den Fokussierungseffekt erhält man scharfe Proteinzonen und hohe Auflösung. Wichtig ist es in vielen Fällen, die optimale Stelle im Gradienten zu finden, bei der die Probe problemlos in das Gel einwandert und nicht aggregiert und an der kein Protein instabil ist.

Mit großem Erfolg wird die Isoelektrische Fokussierung u. a. zur Proteinisolierung auch im präparativen Maßstab, zur Identifizierung genetischer Varianten und zur Untersuchung von chemischen, physikalischen und biologischen Einflüssen auf Proteine, Enzyme und Hormone eingesetzt. Ursprünglich wurde die Methode in Dichtegradientensäulen in flüssiger Phase durchgeführt. Sie ist eine der bevorzugten Methoden in matrixfreien Systemen, wie der trägerfreien, der Kapillar- und der Mikrochipelektrophorese, weil sie der Diffusion entgegen wirkt. Im Folgenden werden aber nur Methoden der Gel-IEF beschrieben. Als weiterführende Literatur wird das Buch von Righetti (1983) empfohlen.

Die Definition des Auflösungsvermögens der Isoelektrischen Fokussierung stammt von Svensson (1961):

$$\Delta \mathrm{pI} = \sqrt{\frac{D[\mathrm{d(pH)}/\,\mathrm{d}x]}{E[-\,\mathrm{d}u/\,\mathrm{d(pH)}]}}$$

Δ – pI Auflösungsvermögen, D – Diffusionskoeffizient des Proteins, E – Feldstärke (V/cm), $\mathrm{d(pH)}/\,\mathrm{d}x$ – pH-Gradient, $\mathrm{d}u/\,\mathrm{d(pH)}$ Mobilitätssteigung des Proteins am pI. Δ pI ist das Minimum der pH-Differenz, die nötig ist, um zwei benachbarte Banden aufzulösen (siehe hierzu auch: Titrationskurvenanalyse).

Die Formel zeigt, wie man die Auflösung erhöhen kann:

- Bei einem hohen Diffusionskoeffizienten wählt man ein engporiges Gelmedium, sodass die Diffusion eingeschränkt wird.
- Man kann einen sehr flachen pH-Gradienten verwenden.

Aber sie veranschaulicht auch die Grenzen der Isoelektrischen Fokussierung:

- Die Feldstärke kann zwar durch hohe Spannungen gesteigert, aber nicht uneingeschränkt erhöht werden.
- Die Steigung der Mobilität eines Proteins am pI ist nicht beeinflussbar.

3.2 Gele für die IEF

Analytische Fokussierungen werden in Polyacrylamid- oder in Agarosegelen durchgeführt. Man verwendet für die IEF großporige Gele, weil Siebeffekte nicht erwünscht sind.

3.2.1 Polyacrylamidgele

Isoelektrische Fokussierung mit Trägerampholyten kann man in einem Vertikalgel oder in einem horizontalen Flachbettgel durchführen. Vertikal-IEF hat den Vorteil, dass man dazu nur eine relativ einfache, kostengünstige Ausrüstung, wie in Abb. 1.10 gezeigt, benötigt. Es gibt mehrere Gründe, warum ein horizontales System dem vertikalen überlegen ist:

- Die optimale Probenaufgabestelle ist frei wählbar, auch innerhalb des pH-Gradienten.
- Die Kühlung ist viel effektiver.
- Die Temperatur kann exakt gesteuert werden.
- Höhere Spannungen können angelegt werden.
- Die großporigen Gele können auf Trägerfolien aufpolymerisiert werden und sind damit besser zu handhaben.

- Fertige Trockengele auf Folie können mit Harnstoff/Trägerampholyten kurz vor Gebrauch rehydratisiert werden.
- Sehr dünne Gelschichten können verwendet werden mit einer Reihe von Vorteilen (Görg *et al.*, 1978).

Die Herstellung von IEF-Gelen ist nicht kompliziert, aber bei der IEF ist es besonders wichtig, Reagenzien mit höchster Reinheit zu verwenden. Wegen der hohen Feldstärken, die an IEF-Gele angelegt werden, ist die Methode besonders empfindlich gegenüber Elektroendosmoseeffekten.

Hydrophobe Proteine bleiben häufig nur in Lösung, wenn sie in Gegenwart von bis zu neunmolarer Harnstofflösung fokussiert werden. Dabei ergibt sich jedoch, bedingt durch die Pufferwirkung von Harnstoff, im sauren Bereich des Gradienten eine Erhöhung der pH-Werte. Bei manchen Proteinen erfolgen Konfigurationsänderungen und die Auflösung der Quartärstruktur. Die Löslichkeit besonders hydrophober Proteine, wie z. B. Membranproteine, kann durch die zusätzliche Verwendung von nicht ionischen Detergenzien (z. B. Nonidet NP-40, Triton X-100) oder zwitterionischen Detergenzien (wie CHAPS, Zwittergent) erhöht werden.

Das Konzept Polyacrylamidgele zu waschen, trocknen und wieder anzuquellen stammt von Robinson (1972); die Methodik wurde danach von Allen *et al.* (1986) nochmal deutlich verbessert. Es gibt eine Reihe von Gründen, warum die Verwendung von gewaschenen, getrockneten und rehydratisierten Polyacrylamidgelen vorteilhaft für die IEF ist:

- Einige Trägerampholytenspezies inhibieren teilweise die Polymerisation des Gels, vor allem aber auch die Bindung an die Folie, vor allem stark basische Ampholyte.
- Ampholytehaltige Gele sind leicht klebrig und deshalb schlecht aus der Gießkassette zu entnehmen, ebenfalls wegen gehemmter Polymerisation.
- Durch das Waschen werden APS, TEMED und nicht reagierte Acrylamid- und Bis-Monomere aus dem Gel entfernt. Dies ergibt eine wesentlich störungsfreiere Fokussierung: deutlich sichtbar an geraden Banden auch im sauren pH-Bereich.
- Man benötigt die mit Säure bzw. Lauge getränkten Elektrodenstreifen nicht: dadurch erstreckt sich die Trennung bis zur Platinelektrode!
- Gele kann man leicht in größeren Mengen mit frischer Acrylamidmonomerlösung herstellen und im trockenen Zustand aufbewahren.
- Chemische Zusätze, die die Trennung mancher Proteine erst ermöglichen und die Polymerisation hemmen würden, sind ohne Probleme ins Gel zu bringen, wie z. B. Reduktionsmittel und Detergenzien.
- Probenaufgabewannen können in das Gel mit eingegossen werden, ohne Störung des pH-Gradienten.
- Leere, getrocknete, vielseitig verwendbare Gele kann man fertig kaufen. Dann braucht man nicht mit Acrylamidmonomeren zu hantieren und kann viel Zeit und Arbeit sparen.

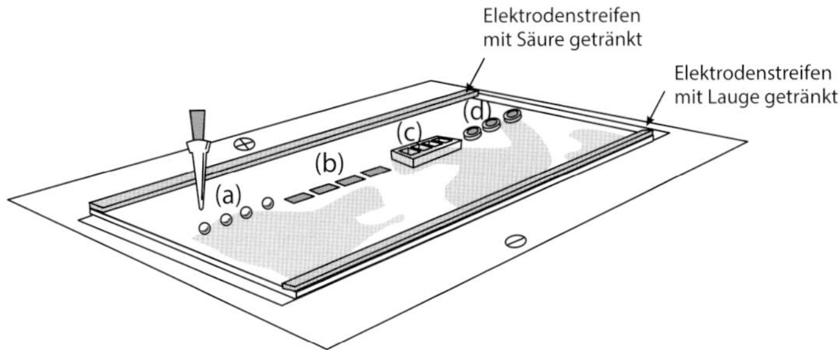

Abb. 3.2 Verschiedene Möglichkeiten der Probenaufgabe auf ein Horizontalgel. In diesem Beispiel sind Elektrodendochte gezeigt: (a) Tröpfchen, (b) Applikatorplättchen, (c) Applikatorstreifen, (d) Raschig-Ringe.

Probenaufgabe

*Vertikal*gele enthalten Probentaschen. Die Proben müssen 20 % Glycerin enthalten, damit sie sich nicht mit der oberen Elektrodenlösung vermischen. Meist werden die Proben an der kathodischen Seite aufgegeben. Wenn anodische Probenaufgabe nötig ist, wird die basische Elektrodenlösung in das untere Pufferreservoir eingefüllt, die saure in das obere Reservoir und die Kabel müssen am Stromversorger umgepolt werden.

Bei *Horizontalgelen* hat man mehrere Möglichkeiten der Probenaufgabe zur Auswahl (siehe Abb. 3.2), um die Probe auf die Geloberfläche zu applizieren:

- Tröpfchen (maximal 5 µL),
- Baumwoll-Zellulose-Plättchen (bis zu 20 µL),
- Silikongummi-Applikatorstreifen (das Volumen ist abhängig von der Slotform),
- Raschig-Ringe, die vorher in 100 % Glycerin eingetaucht wurden,
- einpolymerisierte Probenwannen an der Geloberfläche (nur in gewaschenen und rehydratisierten Gelen).

Man kann eine Vorfokussierung ohne Probe zur Etablierung des pH-Gradienten durchführen, um dann die Proben an einem definierten pH-Wert zu applizieren, oder die Probe gleich zu Beginn auftragen. Die Wahl der bevorzugten Methode hängt von der Beschaffenheit der Probe ab.

3.2.2 Agarosegele

Die Isoelektrische Fokussierung in Agarosegelen ist erst seit etwa 1975 möglich, seit es gelungen ist, die Eigenladungen der Agarose durch Abtrennung der Agaropektinreste aus dem Agarrohmaterial zu überdecken oder zu entfernen. Allerdings ist bei der Agarose-IEF mit stärkeren Elektroendosmoseeffekten zu rechnen als bei der Polyacrylamid-Gel-IEF.

Es sind immer noch Reste von Carboxyl- und Sulfonylgruppen vorhanden, die Ladungen tragen.

Vorteile:

- Trennungen in Agarosegelen, meist mit 0,8–1,0 % Agarose, sind schneller.
- Auch Makromoleküle über 500 kDa können aufgetrennt werden, weil die Agaroseporen größer sind als die von Polyacrylamidgelen. Häufig werden Agarosegele auch deshalb für die IEF eingesetzt, weil ihre Ausgangsstoffe – im Gegensatz zu denen der Polyacrylamidgele – ungiftig sind und keine störenden Katalysatoren enthalten.

Nachteile:

- Obwohl die erste Silberfärbung für Agarosegele entwickelt worden ist (Kerenyi und Gallyas, 1972), funktioniert die Silberfärbung bei Agarosegelen nicht so gut wie bei Polyacrylamidgelen.
- Im basischen Bereich wirkt sich die Elektroendosmose besonders stark aus.

Es ist schwierig, stabile Agarosegele mit hohen Harnstoffkonzentrationen herzustellen, weil der Harnstoff den Aufbau der Helixstruktur der Polysaccharidketten unterbricht. Man kann aber rehydratisierbare Agarosegele herstellen, wie von Hoffman *et al.* (1989) beschrieben.

Die Probenaufgabe sollte bei Agarosegelen ausschließlich mit Applikatorstreifen erfolgen. Papier oder Zellulosematerial verstärkt die Elektroendosmoseeffekte.

3.3 Temperatur

Weil die pK-Werte der Immobiline (siehe unten), der Trägerampholyten und der zu trennenden Substanzen temperaturabhängig sind, muss die IEF bei einer konstanten und definierten Temperatur durchgeführt werden, meistens 10 °C. Zur Analyse von Untereinheitenkonfigurationen bestimmter Proteine, Ligandenbindungen oder Enzym-Substrat-Komplexen werden auch Kryo-IEF-Methoden bei Temperaturen unter 0 °C eingesetzt (Righetti, 1977; Perella *et al.*, 1978).

3.4 Kontrolle des pH-Gradienten

Die Messung der pH-Gradienten mit Elektroden ist problematisch, da bei der – meist niedrigen – Trenntemperatur gemessen werden muss, wo sie sehr langsam reagieren. Außerdem beeinflussen Additive die Messung. Eindiffundierendes CO_2 aus der Luft bildet im Gel mit Wasser Kohlensäureionen und senkt die pH-Werte in basischen Bereichen ab. Um die möglichen Fehler, die man bei der pH-Gradientenmessung in Gelen machen kann, auszuschalten, sei die Verwendung von Markerproteinen mit bekannten isoelektrischen Punkten empfohlen. Mithilfe einer pH-Eichkurve kann man die isoelektrischen Punkte der Proben bestimmen. Markerproteingemische gibt es für verschiedene pH-Bereiche. Diese Proteine sind so ausgewählt, dass sie unabhängig von der Auftragsstelle problemlos fokussieren. In manchen Fällen kann es hilfreich sein, Gemische von amphoteren Farbstoffen mit aufzutrennen, um eine Kontrolle des pH-Gradienten während der Trennung zu haben (Šlais und Friedl, 1994).

3.5 Arten von pH-Gradienten

Grundvoraussetzung zur Erzielung hochauflösender und reproduzierbarer Trennergebnisse ist ein stabiler und kontinuierlicher pH-Gradient mit gleichmäßiger und konstanter Leitfähigkeit und Pufferkapazität.

Es gibt zwei verschiedene Konzepte, die diese Anforderungen erfüllen: pH-Gradienten, die im elektrischen Feld durch amphotere Puffer, die Trägerampholyten, gebildet werden oder immobilisierte pH-Gradienten, bei welchen die puffernden Gruppen Bestandteil des Gelmediums sind.

3.5.1 Freie Trägerampholyten

Die theoretische Grundlage zur Erzeugung der *natürlichen* pH-Gradienten stammt von Svensson (1961), die praktische Realisierung von Vesterberg (1969): die Synthese eines heterogenen Gemisches von Isomeren aliphatischer Oligoamino-Oligocarbonsäuren. Diese Puffer sind ein Spektrum niedermolekularer Ampholyte mit eng benachbarten isoelektrischen Punkten.

Die chemische Allgemeinformel lautet:

$$\begin{array}{ccccc} -CH_2- & N & -(CH_2)_x- & N & -CH_2- \\ & | & & | & \\ & (CH_2)_x & & (CH_2)_x & \\ & | & & | & \\ & NR_2 & & COOH & \end{array}$$

wobei $R = H$ oder $-(CH_2)_x-COOH$, $x = 2$ oder 3.

Diese Trägerampholyten haben folgende Eigenschaften:

- hohe Pufferkapazität und Löslichkeit am isoelektrischen Punkt,
- gute und gleichmäßige Leitfähigkeit am isoelektrischen Punkt,
- Freiheit von biologischen Effekten,
- niedriges Molekulargewicht.

Natürlich vorkommende Ampholyte, wie Aminosäuren und Peptide, haben an ihrem isoelektrischen Punkt nicht die höchste Pufferkapazität. Sie eignen sich deshalb nicht.

Den pH-Gradienten erzeugt man mit dem elektrischen Feld: Nimmt man als Beispiel ein Fokussierungsgel mit der in der Praxis üblichen Konzentration von

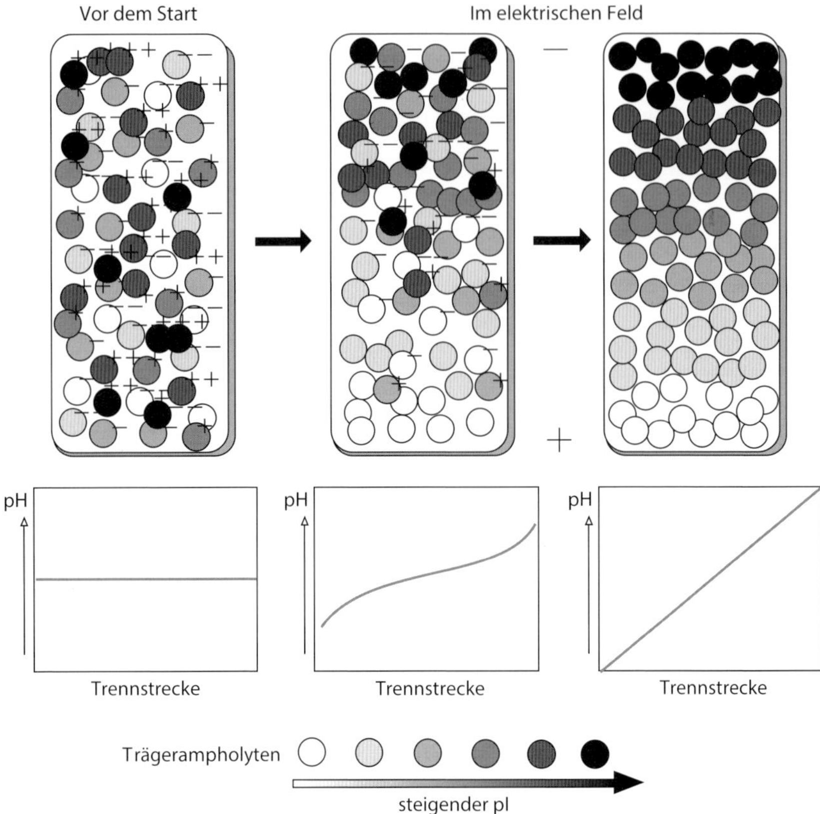

Abb. 3.3 Schematische Darstellung der Entwicklung eines Trägerampholyten pH-Gradienten im elektrischen Feld.

2–2,5 % (g/v) Trägerampholyten (z. B. für Gradienten von pH 3–10), so hat das Gel einen einheitlichen Durchschnitts-pH-Wert. Fast alle Trägerampholyten sind geladen: die mit höherem isoelektrischen Punkt positiv, die mit niedrigerem isoelektrischen Punkt negativ (Abb. 3.3). Durch Kontrolle der Synthese und geeignete Mischung versucht man die Zusammensetzung so zu steuern, dass in Gelen möglichst lineare und reproduzierbare Gradienten entstehen.

Wenn man ein elektrisches Feld anlegt, wandern die negativ geladenen Trägerampholyten zur Anode, die positiv geladenen zur Kathode, wobei die Geschwindigkeiten von der Höhe der jeweiligen Nettoladung abhängen. Dabei wird die anodische Seite des Gels saurer, die kathodische basischer. Die Trägerampholytenmoleküle mit dem niedrigsten isoelektrischen Punkt wandern bis an das anodische, die mit dem höchsten an das kathodische Ende des Gels. Die anderen Trägerampholyten arrangieren sich dazwischen in der Reihenfolge ihrer isoelektrischen Punkte und geben den entsprechenden pH-Wert an ihre Umgebung ab. Auf diese Weise erhält man einen stabilen, monoton ansteigenden pH-Gradient von 3–10 (Abb. 3.3). Dabei verlieren die Trägerampholyten an Nettoladung: Die Leitfähigkeit im Gel nimmt ab.

Weil Trägerampholyten niedermolekular sind, haben sie im Gel eine hohe Diffusionsrate. Daraus resultiert, dass sie andauernd und schnell von ihren isoelektrischen Punkten wegdiffundieren und elektrophoretisch wieder an ihren isoelektrischen Punkt zurückwandern: Deshalb entsteht, auch bei einer begrenzten Anzahl an Isomeren, ein *glatter* pH-Gradient. Dies ist besonders wichtig, wenn man zur Erzielung sehr hoher Auflösung flache pH-Gradienten, z. B. pH 4,0–5,0, verwendet. Die Proteine sind erheblich größer als die Trägerampholyten – ihre Diffusionskonstante ist erheblich kleiner –, sie fokussieren in scharfen Zonen.

Elektrodenlösungen

Um die Gradienten möglichst stabil zu halten, legt man zwischen Gel und Elektroden Filterkartonstreifen, die in Elektrodenlösungen getränkt sind: eine Säure an der Anode und eine Base an der Kathode. Wenn beispielsweise ein saurer Trägerampholyt an die Anode gelangte, würde seine basische Gruppe im Milieu der Säure positiv geladen und von der Kathode wieder zurückgeholt werden. Die native IEF in Abb. 3.4 konnte ohne Elektrodenlösungen durchgeführt werden, weil ein gewaschenes, getrocknetes und rehydratisiertes Gel verwendet wurde. Diese Elektrodenlösungen sind besonders wichtig bei langdauernden Trennungen in Harnstoffgelen und flachen Gradienten sowie in Agarosegelen. Bei kurzen Trenndistanzen in gewaschenen Polyacrylamidgelen sind sie nicht notwendig.

Elektrodenlösungen für die Agarosegel IEF und für bestimmte Polyacrylamidgele sind in Methode 5 und 6 im Teil II aufgelistet.

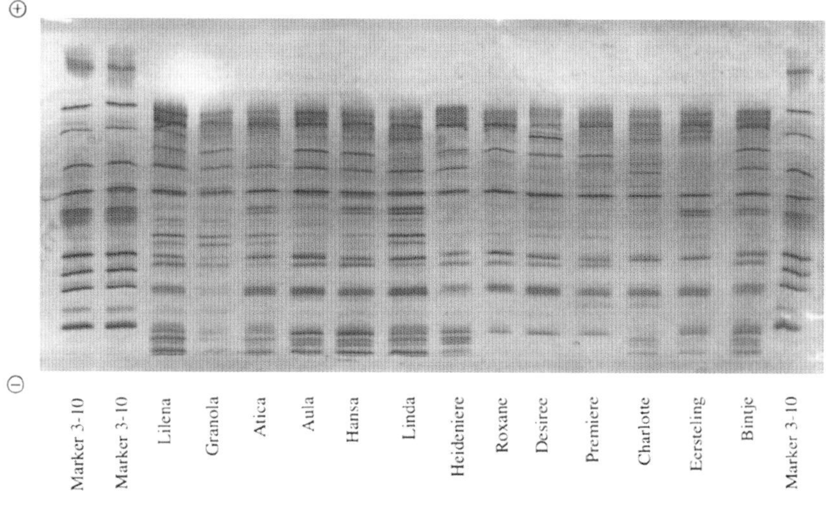

Abb. 3.4 Isoelektrische Fokussierung in einem gewaschenen, getrockneten und rehydratisierten Polyacrylamidgel. Proben: Presssäfte von Kartoffeln unterschiedlicher Sorten. Coomassie-Brilliant-Blau-Färbung (Anode oben).

Denaturierende IEF: Harnstoff-IEF

Bei manchen Proteingemischen ist es notwendig, Protein-Protein-Interaktionen zu vermeiden und/oder die Löslichkeit zu erhöhen, indem man zur Probe und zum Gel hochmolaren Harnstoff zugibt, z. B. zur Auftrennung von Erythropoietin aus Humanurinen (Reichel, 2012). Das verursacht eine Denaturierung der Proteine. Die Trenngeschwindigkeit wird deutlich langsamer als bei der nativen IEF, weil die Viskosität in der Gegenwart von Harnstoff viel höher ist und weil die Proteine teilweise aufgefaltet sind. Man darf nur Harnstoff mit hoher Qualität verwenden: Wenn er teilweise zu Isocyanat zerfallen ist, werden die Proteine teilweise carbamyliert, was zur Entwicklung von Artefakten in Form von zusätzlichen Banden führt. Zusätzlich erhöht sich die Leitfähigkeit im Gel. Es wird deshalb empfohlen, die Harnstofflösungen frisch anzusetzen und gegebenenfalls das Isocyanat mit einem Mischbettionenaustauscher aus der Harnstofflösung zu entfernen. Häufig wird auch noch ein nicht ionisches oder zwitterionisches Detergens dazugegeben, um die Löslichkeit weiter zu erhöhen.

Wegen der nur kurzzeitigen Stabilität des Harnstoffs in Lösung kann es Harnstoffgele nicht als Fertiggele geben, aber als getrocknete Gele zum Rehydratisieren (siehe oben).

> **Wichtig**
> Native Markerproteine können in Harnstoffgelen nicht verwendet werden, weil sie ihre Konformationen und ihre isoelektrischen Punkte ändern (Ui, 1971).

Separator-IEF

Seit Einführung der IEF versucht man, die pH-Gradienten zu modifizieren. Reicht das Auflösungsvermögen nicht aus, besteht in manchen Fällen die Möglichkeit, *Separatoren* zuzumischen (Brown *et al.*, 1977): Aminosäuren oder amphotere Puffersubstanzen, die den pH-Gradienten in der Nähe ihres isoelektrischen Punkts abflachen. Man kann die Stelle im Gradienten durch entsprechende Temperatureinstellung und die Separatorkonzentration so verschieben, dass man eine vollständige Trennung sonst sehr eng benachbarter Proteinbanden erreicht. Ein Beispiel ist die Trennung des glykosylierten HbA von der eng benachbarten Hämoglobinhauptbande im pH-Gradienten 6–8 mit dem Zusatz von 0,33 mol/L β-Alanin bei 15 °C (Jeppson *et al.*, 1978).

Plateauphänomen

Bei langen Fokussierungszeiten, die bei engen Gradienten und der Anwesenheit hochviskoser Additive, wie Harnstoff und nicht ionischer Detergenzien, notwendig sind, kann es mit der Trägerampholyten-IEF Probleme geben: Der Gradient beginnt in beide Richtungen, vor allem in die kathodische, zu triften. Dabei entsteht in der Mitte ein Plateau mit Leitfähigkeitslücken, ein Teil der Proteine wandert aus dem Gel (Righetti und Drysdale, 1973) und wird nicht erfasst. An den

Leitfähigkeitslücken kann ein Gel durchbrennen. Aufgrund der begrenzten Anzahl unterschiedlicher Homologe von Trägerampholyten kann man die Gradienten nicht beliebig abflachen und das Auflösungsvermögen nicht beliebig steigern.

3.5.2 Immobilisierte pH-Gradienten

Aus Gründen der oben genannten Limitierungen wurde eine alternative Technik entwickelt: die immobilisierten pH-Gradienten, kurz *IPG* (Bjellqvist *et al.*, 1982). Dieser Gradient wird aus Acrylamidderivaten mit puffernden Gruppen, den *Immobilinen*, durch Kopolymerisation mit den Acrylamidmonomeren in ein Polyacrylamidgel eingebaut.

Die allgemeine Strukturformel lautet:

```
CH2=CH–C–N–R
        ‖  |
        O  H
```

Dabei enthält R entweder eine Carboxyl- oder eine tertiäre Aminogruppe.

Ein *Immobiline* ist eine schwache Säure oder eine schwache Base, die durch den pK-Wert definiert ist.

Im Buch von Righetti (1990) über immobilisierte pH-Gradienten sind die chemischen Formeln der gebräuchlichen sauren und basischen „Acrylamidpuffer" aufgelistet:

Fünf Säuren mit Carboxylgruppen mit den pK-Werten 1,2/3,1/3,6/4,4 und 4,6.

Fünf Basen mit tertiären Aminogruppen mit den pK-Werten 6,2/7,0/8,5/9,3 und 10,3.

Eine Base mit einer quaternären Aminogruppe mit einem pK-Wert > 12.

Um einen bestimmten pH-Wert puffern zu können, braucht man mindestens zwei verschiedene Immobiline, eine Säure und eine Base. Abbildung 3.5 zeigt schematisch ein Polyacrylamidgel mit einpolymerisierten Immobilinen, wobei aufgrund des Mischungsverhältnisses verschiedener Immobiline ein bestimmter pH-Wert eingestellt ist.

Ein pH-Gradient wird durch kontinuierliches Verändern des Immobilinemischungsverhältnisses erzielt. Das Prinzip ist dabei eine Säure-Base-Titration, der jeweilige pH-Wert auf der Kurve ist durch die *Henderson-Hasselbalch*-Gleichung definiert:

$$\mathrm{pH} = \mathrm{p}K_\mathrm{B} + \log \frac{C_\mathrm{B} - C_\mathrm{A}}{C_\mathrm{A}}$$

wenn das puffernde Immobiline eine Base ist.

C_A und C_B sind die molaren Konzentrationen der sauren bzw. basischen Immobiline.

Ist das puffernde Immobiline eine Säure, so lautet die Gleichung:

$$\mathrm{pH} = \mathrm{p}K_\mathrm{A} + \log \frac{C_\mathrm{B}}{C_\mathrm{A} - C_\mathrm{B}}$$

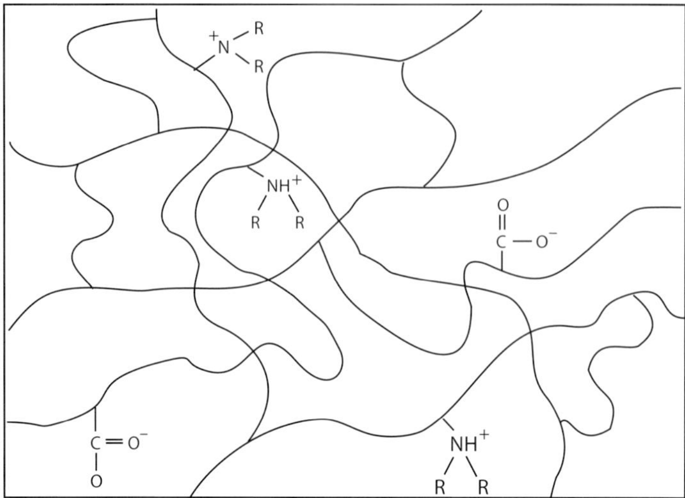

Abb. 3.5 Schema eines Polyacrylamidnetzwerks mit kopolymerisierten Immobilinen.

Hier erhält man einen absolut kontinuierlichen Gradienten.

Herstellung immobilisierter pH-Gradienten

In der Praxis werden immobilisierte pH-Gradienten durch lineares Mischen von zwei verschiedenen Polymerisationslösungen mit einem Gradientenmischer hergestellt wie Porengradienten (siehe Abb. 1.23). Im Prinzip gießt man einen Dichtegradienten. Beide Lösungen enthalten Acrylamidmonomere und Katalysatoren zur Polymerisation einer Gelmatrix. Es hat sich gezeigt, dass 0,5 mm dicke, auf Trägerfolie polymerisierte Immobilinegele gut zu handhaben sind.

Die Immobiline werden als Stammlösungen mit der Konzentration 0,2 mol/L eingesetzt. Die mit Glycerin beschwerte Lösung ist auf das saure Ende des gewünschten pH-Gradienten, die andere Lösung auf das basische Ende eingestellt. Bei der Polymerisation werden die puffernden Carboxyl- und Aminogruppen kovalent an die Gelmatrix gebunden. Die Rezepturen für die zwei Startlösungen für enge pH-Intervalle können für zwei Immobiline mithilfe der Henderson-Hasselbalch-Gleichung berechnet werden. Je breiter das gewünschte pH-Intervall ist, umso mehr verschiedene Immobilinehomologe werden benötigt. Die Rezepturen für breitere pH-Gradienten sind mit einem Computersimulationsprogramm berechnet worden. Altland (1990) und Giaffreda *et al.* (1993) haben unabhängig voneinander Programme für PCs publiziert, welche die Berechnungen der Rezepturen für jeden gewünschten pH-Gradienten ermöglichen.

Weil die puffernden Gruppen fest an die Matrix gebunden sind, haben die Gele eine sehr geringe Leitfähigkeit: sie ist ca. 100-mal niedriger als die Leitfähigkeit eines Trägerampholytengels (Righetti und Hjertèn, 1981). Deshalb müssen die (ionischen) Katalysatoren aus den Gelen ausgewaschen werden, weil sie bei der IEF stören. Es hat sich als praktisch erwiesen, die Gele nach dem Waschen zu trock-

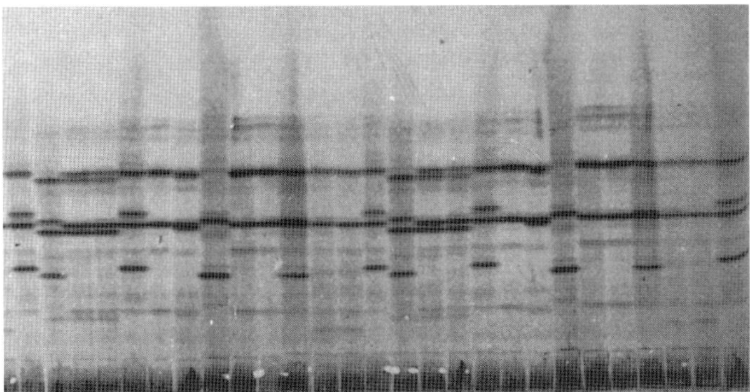

Abb. 3.6 IEF im immobilisierten pH-Gradient 4,0–5,0. Isoformen von α_1-Antitrypsin (Proteaseinhibitoren) in Humanseren. Mit freundlicher Genehmigung von Herrn Prof. Dr. Pollack und Frau Pack, Institut für Rechtsmedizin der Universität Freiburg im Breisgau (Anode oben).

nen und in der gewünschten Additivlösung wieder anquellen zu lassen. Das geht umso schneller, je dünner das Gel ist. Aus dem gleichen Grund darf die Salzkonzentration in der Probe nicht höher sein als 50 mmol/L. Die Effekte, welche durch hohe Salzkonzentrationen verursacht werden, sind in Kapitel 4 gezeigt.

Um sehr basische Proteine wie Lysozym, Histone und ribosomale Proteine in einem immobilisierten pH-Gradient 9–12 aufzutrennen, sind mehrere methodische Modifikationen notwendig (Görg *et al.*, 1997). Immobilisierte pH-Gradienten können ausschließlich mit Polyacrylamidgelen hergestellt werden, damit ist die Porengröße nach oben limitiert.

Fertige Rezepturen zur Herstellung enger und weiter immobilisierter pH-Gradienten findet man in diesem Buch: in der Arbeitsanleitung zu immobilisierten pH-Gradienten (Teil II, Methode 10). Die notwendigen Mengen der 0,2 molaren Immobilinestammlösungen für die sauren und basischen Starterlösungen sind in µL für das Standardgelvolumen angegeben. Durch einfache grafische Interpolation kann man sich aus den vorgegebenen Rezepturen die Immobilinemengen für maßgeschneiderte IPGs selbst zusammenstellen. Der weiteste pH-Gradient, den man mit den derzeit kommerziell verfügbaren Immobilinen herstellen kann, umfasst sechs pH-Einheiten: pH 4,0–10,0.

Anwendungen von immobilisierten pH-Gradienten

Immobilisierte pH-Gradienten kann man dem Trennproblem exakt anpassen. Durch die Herstellung sehr flacher Gradienten, bis zu 0,01 pH-Einheiten pro cm, erreicht man extrem hohe Auflösung. Abbildung 3.6 zeigt eine IEF von α_1-Antitrypsinisoformen im IPG pH 4,0–5,0.

Hochauflösende Zweidimensional-Elektrophorese

Weil der Gradient fest an die Gelmatrix gebunden ist, bleibt er über die gesamte, bei flachen Gradienten und bei der IEF mit zähen Additiven wie Harnstoff und nicht ionischen Detergenzien notwendige, lange Trennzeit unverändert. Außerdem gibt es keine verzogenen Iso-pH-Linien: Der Gradient wird durch die Proteine und Salze in den Proben nicht beeinflusst. Diese Eigenschaften sind besonders wichtig für die erste Dimension in der hochauflösenden Zweidimensional-Elektrophorese: Hierzu werden die Gele im getrockneten Zustand in schmale Streifen geschnitten (*IPG-Streifen*) und dann mit einer denaturierenden Lösung rehydratisiert, sodass man jede Probe im individuellen Gel auftrennen kann (siehe Kapitel 4 und Methode 12). IPG-Streifen sind in unterschiedliche Längen und mit unterschiedlichen pH-Gradienten kommerziell erhältlich, der weiteste pH-Gradient erstreckt sich von 3–12.

Isoelektrische Fokussierung von Peptiden

Die IEF von tryptischem Peptidverdau in IPG-Streifen als erste Dimension in der *Shotgun*-Proteomik ist eine sehr interessante Alternative zu der konventionellen Chromatografie mit starken Kationenaustauschern. Essader *et al.* (2005) konnten damit 13 % mehr Proteine identifizieren als mit einer optimierten Off-Line-Kationenaustauschchromatografie, wenn sie enge immobilisierte pH-Gradienten mit pH 3,5–4,5 verwendeten. Mit dieser Technik wurden mehr als 11 500 Peptide und 3 700 Proteine mit hoher statistischer Genauigkeit identifiziert (Cargile *et al.*, 2004).

3.6
Präparative Isoelektrische Fokussierung

Trägerampholyten-IEF im Dextrangel

Präparative Trägerampholyten-IEF wird in granulierten Gelen kaum mehr durchgeführt, weil die hierfür notwendigen hochgereinigten Dextrangele wie Sephadex 200 Superfine nicht mehr erhältlich sind.

Trägerampholyten-IEF in freier Lösung

Die allererste Technik der Isoelektrischen Fokussierung war eine präparative Methode und wurde in einer mit einem Dichtegradienten befüllten Glassäule durchgeführt, aus der nach der Trennung die getrennten Fraktionen in einen Fraktionensammler eluiert wurden. Der technische und methodische Aufwand war aber so groß, dass diese Technik bald nicht mehr verwendet wurde. Ein einfaches matrixfreies System für die präparative Isoelektrische Fokussierung wurde von Bier und Long (1992) entwickelt: hier findet die IEF in flüssiger Phase in einem rotierenden Rohr statt, welches mit Polyestersieben in kleine Kammern aufgeteilt ist. Leider haben Proteine, die an ihrem isoelektrischen Punkt präzipitieren, häufig die Siebe verstopft.

Die trägerfreie IEF in einem *Free-Flow-System* ist hingegen eine sehr effiziente Methode, wobei Trägerampholyten oder kostengünstigere Multikomponentenpuffer, die sich aus amphoteren und nicht amphoteren Substanzen zusammensetzen, zum Einsatz kommen. Die Trennung ist sehr schnell und die Proteinausbeute ist sehr hoch, auch bei hydrophoben Proteinen (Islinger und Weber, 2008).

IEF zwischen isoelektrischen Membranen

Bei dieser Methode nach Wenger *et al.* (1987) werden die Proteine in freier Lösung in Kammern fraktioniert, die durch isoelektrische Membranen abgeteilt werden. Diese Membranen erzeugt man, indem man jeweils eine Glasfasermembran in eine Acrylamid-Immobiline-Polymerisationslösung mit einem definiertem pH-Wert einlegt und die Lösung polymerisiert. Im elektrischen Feld wandern die Komponenten des applizierten Proteingemischs durch die Membranen in die benachbarten Kammern, bis sie in eine Kammer gelangen, die von Membranen mit einem höherem und einem niedrigerem pI-Wert als dem des jeweiligen Proteins eingeschlossen sind. Von dort können die Proteinfraktionen entnommen werden. Leider funktioniert das nicht bei allen Proben: hydrophobe Proteine und am isoelektrischen Punkt präzipitierende Proteine verstopfen schnell die Membranen.

„Off-Gel" Isoelektrische Fokussierung

Diese von Michel *et al.* (2003) entwickelte Methode wird sowohl für die Trennung von Proteinen als auch Peptiden angewandt. Hier erhält man ebenfalls die Proteinfraktionen in flüssiger Phase. Hierzu werden trockene IPG-Streifen – solche wie für die 2-D-Elektrophorese verwendet werden – in die Rillen einer horizontalen Wanne eingebracht. Auf die Oberfläche der trockenen IPG-Streifen wird ein Fraktionierrahmen mit 24 Kammern aufgesetzt. In jede Kammer werden 20 µL Rehydratisierungslösung pipettiert. Die rehydratisierten IPG-Streifen dichten die einzelnen Kammern nach unten ab. Jetzt wird jede Einzelkammer 150 µL mit verdünnter Probe gefüllt. Die Rahmen werden mit einem Dichtungsdeckel verschlossen, die Wanne wird in den „Off-Gel-Fraktionierer" eingesetzt und an die Enden der IPG-Streifen wird die Spannung angelegt. Die geladenen Proteine oder Peptide wandern nun durch die Gelschicht bis sie zu den Kammern gelangen, die ihrem jeweiligen isoelektrischen Punkt entsprechen (siehe Abb. 3.7). Die Protein- und Peptidfraktionen befinden sich in wässriger Lösung und können auf einfache Weise aus den Kammern mit einer Pipette entnommen werden. Mit der Off-Gel-IEF können große Proteinmengen (bis zu 1 mg) getrennt werden.

3.7 Titrationskurvenanalyse

Mithilfe von Trägerampholyt-IEF-Gelen kann man auch die Nettoladungskurven von Proteinen ermitteln (Rosengren *et al.*, 1977). Diese Methode ist sehr nützlich für eine Reihe von Untersuchungen: man erhält umfassende Informationen über die Eigenschaften eines Proteins oder Enzyms, z. B. die Mobilitätssteigung in der Nähe des isoelektrischen Punkts, über Konformationsänderungen oder Li-

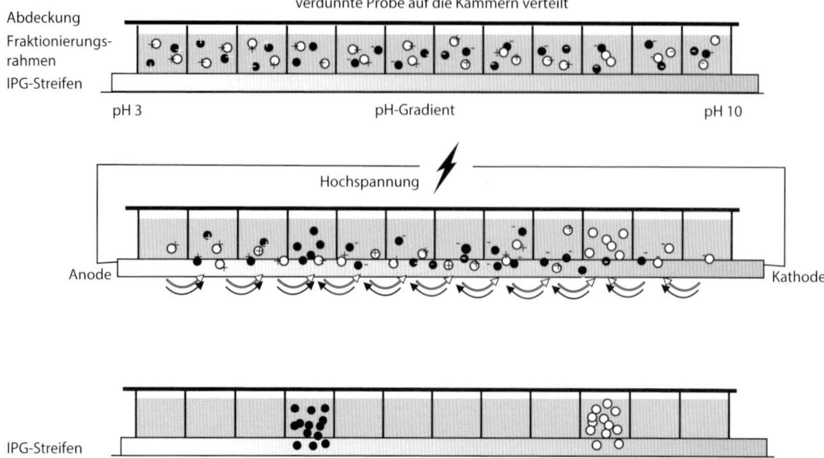

Abb. 3.7 Prinzip der „Off-Gel" Isoelektrischen Fokussierung: Die Probenkomponenten an der Oberfläche eines IPG-Streifens nach ihren isoelektrischen Punkten aufgetrennt und in kleinen Kammern eines darauf sitzenden Fraktionierrahmens angereichert. Von dort können die Fraktionen in flüssiger Form entnommen werden.

gandenbindungen in Abhängigkeit vom pH-Wert, man kann das pH-Optimum zur Elution bei der Ionenaustauschchromatografie von Proteinen bestimmen und das pH-Optimum für präparative Elektrophoresen.

In einem quadratischen Flachgel wird erst eine IEF ohne Proben durchgeführt, bis sich der pH-Gradient aufgebaut hat. Dann wird das Gel auf der Kühlplatte um 90° gedreht. Die Probe wird in eine schmale, vorher in die Gelmitte einpolymerisierte Gelrinne einpipettiert (siehe Abb. 3.8). Legt man senkrecht zum pH-Gradienten ein elektrisches Feld an, bleiben die Trägerampholyten an Ort und Stelle

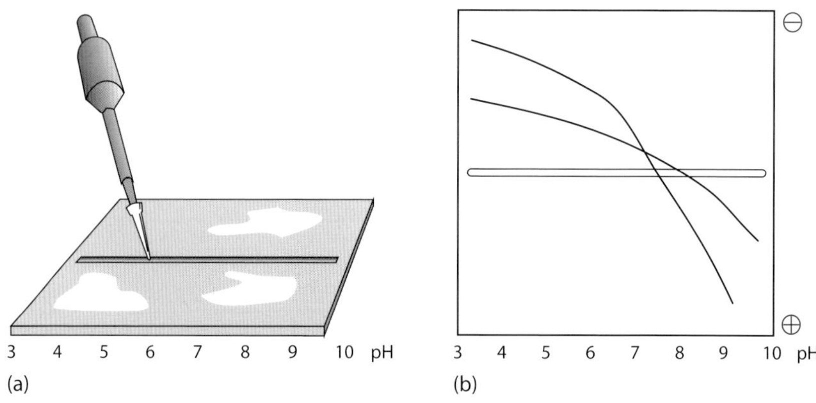

Abb. 3.8 Titrationskurven. (a) Probenauftragung in Gelrinne bei bereits etabliertem pH-Gradient; (b) Titrationskurven.

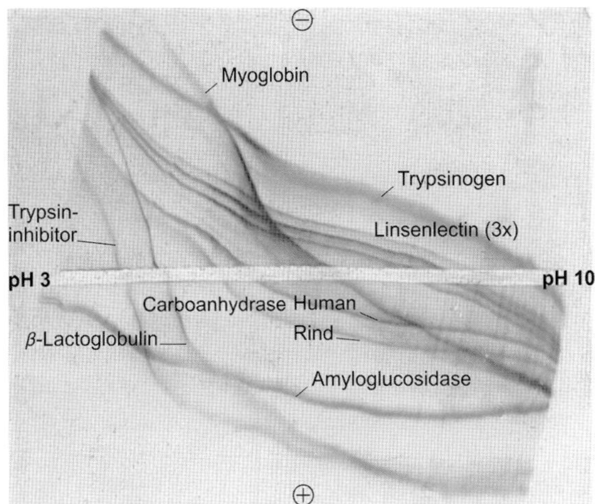

Abb. 3.9 Titrationskurven eines pI-Markerproteingemisches pH 3–10. Kathode oben.

unbeweglich, da sie an ihrem isoelektrischen Punkt eine Nettoladung von null haben. Die Probenproteine wandern in Abhängigkeit vom jeweiligen pH-Wert mit unterschiedlichen Mobilitäten und bilden Kurven aus, welche deckungsgleich mit den durch eine klassische Säuren- und Laugentitration ermittelten Kurven sind: Titrationskurven (Abb. 3.9). Der isoelektrische Punkt eines Proteins befindet sich an der Stelle, wo seine Titrationskurve die Gelrinne schneidet.

Bei der Darstellung von Titrationskurven gibt es für die Vergleichbarkeit von Ergebnissen einen Standard: Das Gel wird so orientiert, dass die pH-Werte von links nach rechts ansteigen und die Kathode oben ist (Abb. 3.8 und 3.9). Man führt praktisch eine Reihe von Nativelektrophoresen mit unterschiedlichen pH-Bedingungen durch.

Wie man sieht, benötigt man bei Nativelektrophoresen in amphoteren Puffern keine Pufferreservoirs. Dies ist die Grundlage für eine Elektrophoresemethode, die im Teil II, Methode 4, beschrieben wird.

Literatur

Allen, R.C., Budowle, B., Lack, P.M. und Graves, G. (1986) Rehydrated polyacrylamide gels: A comparison with conventionally cast gels. in *Electrophoresis '86*, (Hrsg. M. Dunn), VCH, Weinheim, S. 462–473.

Altland, K. (1990) A program for IBM-compatible personal computers to create and test recipes for immobilized pH gradients. *Electrophoresis*, **11**, 140–147.

Altland, K., Banzhoff, A., Hackler, R. und Rossmann, U. (1984) Improved rehydration procedure for polyacrylamide gels in presence of urea: Demonstration of inherited human prealbumin variants by isoelectric focusing in an immobilized pH gradient. *Electrophoresis*, **5**, 379–381.

Bier, M. und Long, T. (1992) Recycling isoelectric focusing: use of simple buffers. *J. Chromatogr.*, **604**, 73–83.

Bjellqvist, B., Ek, K., Righetti, P.G., Gianazza, E., Görg, A., Westermeier, R. und Postel, W. (1982) Isoelectric focusing in immobilized pH gradients: Principle, methodology and some applications. *J. Biochem. Biophys. Methods*, **6**, 317–339.

Brown, R.K., Caspers, M.L., Lull, J.M., Vinogradov, S.N., Felgenhauer, K. und Nekic, M. (1977) Carrier ampholyte distribution in isoelectric focusing. *J. Chromatogr.*, **131**, 223–232.

Cargile, B.J., Talley, D.L. und Stephenson Jr., J.L. (2004) Immobilized pH gradients as a first dimension in shotgun proteomics and analysis of the accuracy of pI predictability of peptides. *Electrophoresis*, **25**, 936–945.

Essader, A.S., Cargile, B.J., Bundy, J.L. und Stephenson, J.L. (2005) A comparison of immobilized pH gradient isoelectric focusing and strong-cation-exchange chromatography as a first dimension in shotgun proteomics. *Proteomics*, **5**, 24–34.

Giaffreda, E., Tonani, C. und Righetti, P.G. (1993) A pH gradient simulator for electrophoretic techniques in a windows environment. *J. Chromatogr.*, **630**, 313–327.

Görg, A., Postel, W., und Westermeier R. (1978) Ultrathin-layer isoelectric focusing in polyacrylamide gels on cellophane. *Anal. Biochem.*, **89**, 60–70.

Görg, A., Obermaier, C., Boguth, G., Csordas, A., Diaz, J.-J. und Madjar, J.-J. (1997) Very alkaline immobilized pH gradients for two-dimensional electrophoresis of ribosomal and nuclear proteins. *Electrophoresis*, **18**, 328–337.

Hoffman, W.L., Jump, A.A., Kelly, P.J. und Elanogovan, N. (1989) Rehydratable agarose gels: Application to isoelectric focusing in 9 molar urea. *Electrophoresis*, **10**, 741–747.

Islinger, M. und Weber, G. (2008) Free flow isoelectric focusing: A method for the separation of both hydrophilic and hydrophobic proteins of rat liver peroxisomes. *Methods Mol. Biol.*, **423**, 199–215.

Jeppson, J.O., Franzen, B. und Nilsson, V.O. (1978) Determination of the glycosylated hemoglobin fraction HbA1c in diabetes mellitus by thin-layer electrofocusing. *Sci. Tools*, **25**, 69–73.

Kerenyi, L. und Gallyas F. (1972) A highly sensitive method for demonstrating proteins in electrophoretic, immunoelectrophoretic and immunodiffusion preparations. *Clin. Chim. Acta.*, **38**, 465–467.

Michel, P.E., Reymond, F., Arnaud, I.L., Josserand, J., Girault, H.H. und Rossier, J.S. (2003) Protein fractionation in a multicompartment device using Off-Gel isoelectric focusing. *Electrophoresis*, **24**, 3–11.

Perella, M., Heyda, A., Mosca, A., und Rossi-Bernardi, L. (1978) Isoelectric focusing and electrophoresis at subzero temperatures. *Anal. Biochem*, **88**, 212–224.

Radola, B.J. (1973) Isoelectric focussing in layers of granulated gels. I. Thin layer isoelectric focussing of proteins. *Biochim. Biophys. Acta*, **295**, 412–428.

Reichel C. (2012) Application of high-throughput IEF-PAGE for EPO-doping testing. *Drug Test. Anal.*, **4**, 728–732, Special Issue: Adv. Sports Drug Test.

Righetti, P.G. (1977) Distribution of carrier ampholytes in isoelectric focusing. *J. Chromatogr.*, **138**, 213–215.

Righetti, P.G. (1983) in *Isoelectric Focusing: Theory, Methodology and Applications*, (Hrsg. T.S. Work und R.H. Burdon), Elsevier Biomedical Press, Amsterdam.

Righetti, P.G. (1990) in *Immobilized pH Gradients: Theory and Methodology*, (Hrsg. R.H. Burdon und P.H. van Knippenberg) Elsevier, Amsterdam.

Righetti, P.G. und Drysdale, J.W. (1973) Isoelectric focusing of proteins and t-RNA in polyacrylamide gels. *Ann. NY Acad. Sci.*, **209**, 163–187.

Righetti, P.G. und Hjertèn, S. (1981) High-molecular-weight carrier ampholytes for isoelectric focusing of peptides. *J. Biochem. Biophys. Methods*, **5**, 259–272.

Robinson, H.K. (1972) Comparison of different techniques for isoelectric focusing on polyacrylamide gel slabs using bacterial asparaginases. *Anal. Biochem.*, **49**, 353–366.

Rosengren, A., Bjellqvist, B. und Gasparic, V. (1977) A simple method for choosing optimum pH conditions for electrophoresis, in *Electrofocusing and Isotachophoresis*, (Hrsg. B.J. Radola und D. Graesslin), de Gruyter, Berlin, S. 165–171.

Šlais, K. und Friedl, Z. (1994) Low-molecular weight pI markers for isoelectric focusing. *J. Chromatogr.*, **661**, 249–256.

Svensson, H. (1961) Isoelectric fractionation, analysis and characterization of ampholytes in natural pH gradients. The differential equation of solute concentrations as a steady state and its solution for simple cases. *Acta Chem. Scand.*, **15**, 325–341.

Ui, N. (1971) Isoelectric points and conformation of proteins. 1. Effect of urea on the behaviour of some proteins in isoelectric focusing. *Biochim. Biophys. Acta*, **229**, 567–581.

Vesterberg, O. (1969) Synthesis and isoelectric fractionation of carrier ampholytes. *Acta Chem. Scand.*, **23**, 2653–2666.

Wenger, P., de Zuanni, M., Javet, P. und Righetti, P.G. (1987) Amphoteric, isoelectric immobiline membranes for preparative isoelectric focusing. *J. Biochem. Biophys. Methods*, **14**, 29–43.

4
Hochauflösende Zweidimensional-Elektrophorese

Um die höchstmögliche Auflösung mit der Zweidimensional-Elektrophorese zu erhalten, muss man bei beiden Dimensionen denaturierende Bedingungen anwenden: bei IEF und SDS-PAGE, von O'Farrell (1975) eingeführt. In der traditionellen Technik wurden für die erste Dimension dünne, lange individuelle Rundgele mit großen Poren und trägerampholytengenerierte pH-Gradienten verwendet.

Für die hochauflösende 2-D-Elektrophorese wird die Probe mit Lysepuffer solubilisiert, der hochkonzentrierte ungeladene Chaotrope, wie Harnstoff und Thioharnstoff, ein Thiolreagenz wie β-Mercaptoethanol oder Dithiothreitol, ein zwitterionisches Detergens wie CHAPS oder ASB-14, und Trägerampholyten enthält. „Lysepuffer" ist eigentlich das falsche Wort, weil die Probe möglichst keine Pufferionen enthalten darf; besser ist „Solubilisierungsmix". Die Probenvorbereitungsmethoden sind in Kapitel 5 beschrieben.

4.1
IEF in IPG-Streifen

Wegen der langen Laufzeiten gibt es bei Trägerampholytengradienten eine starke Trift des basischen Teils des pH-Gradienten in Richtung Kathode (O'Farrell *et al.*, 1977). Dieses Problem und die schwierige Handhabung der fragilen Rundgele haben Bjellqvist *et al.* (1982) inspiriert, die immobilisierten pH-Gradienten (IPG) zu entwickeln. Die Grundlagen der IPG-Gele sind in Kapitel 3 beschrieben. Diese Gradienten können nicht triften, sie werden nicht von der Probe beeinflusst und haben keine Kanteneffekte.

Die IPG-Gele für die 2-D-Elektrophorese werden in der Form von 0,5 mm dünnen Gelschichten mit Trägerfolie polymerisiert, mit entionisiertem Wasser gewaschen, getrocknet und dann in 3 mm breite Streifen geschnitten. Das ist ein mehrstufiger Prozess, der eine gewisse Geschicklichkeit und Erfahrung voraussetzt. Deshalb werden in den meisten Labors kommerzielle Fertiggelstreifen verwendet. Diese Produkte werden von verschiedenen Firmen mit professionellen, computergesteuerten Gradientenanlagen unter GMP-Bedingungen produziert und liefern deshalb besser reproduzierbare Ergebnisse als im Labor selbst hergestellte Streifen. Die getrockneten Gelstreifen können bei −20 bis −80 °C viele Monate bis zu

Elektrophorese leicht gemacht, 2. Auflage. Reiner Westermeier.

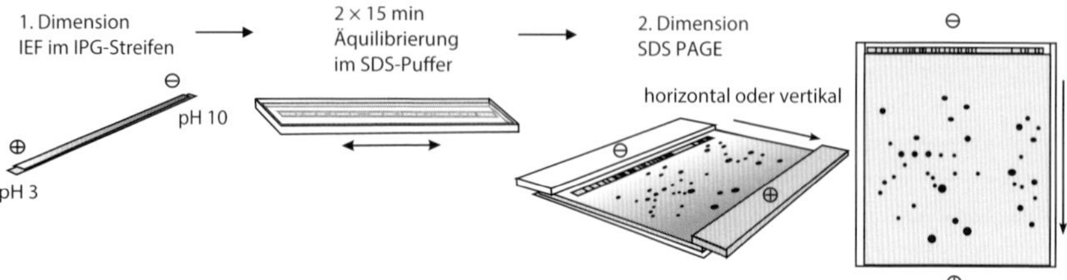

Abb. 4.1 Schematische Darstellung der 2-D-Elektrophorese mit IPG-Streifen. Die zweite Dimension kann in einem horizontalen Flachgel- oder vertikalen Tanksystem durchgeführt werden.

mehreren Jahren aufbewahrt werden. Vor Gebrauch werden sie mit einer Harnstofflösung, die außerdem alle notwendigen Additive enthält, rehydratisiert. Die IPG-Streifen sind viel einfacher zu handhaben als die Rundgele; auch deshalb ist die IEF in IPG-Streifen die Standardmethode für die 2-D-Elektrophorese geworden (siehe auch Abb. 4.1).

4.1.1
Streifengeometrie

Alle kommerziell erhältlichen IPG-Streifen sind 3 mm breit und im rekonstituierten Zustand 0,5 mm dick. Es gibt sie in unterschiedlichen Längen von 7 bis zu 24 cm. Hochkomplexe Proben trennt man am besten in 18 oder 24 cm langen Streifen; ein Beispiel ist in Abb. 4.2 gezeigt. Für Western Blotting reichen meist kleinere Formate, wie 7 oder 11 cm.

4.1.2
pH-Gradienten

Mit immobilisierten pH-Gradienten ist es kein Problem lineare Gradienten herzustellen. Häufig wird aber für breite Intervalle ein nicht linearer Gradient mit erweitertem sauren Bereich bevorzugt, weil für die höher konzentrierten sauren Proteine mehr Platz benötigt wird als für die basischen. Der weiteste pH-Gradient pH 3–12 wurde von Görg *et al.* (1999) entwickelt und ist mittlerweile kommerziell erhältlich. Wenn man die Auflösung und die Proteinbeladung weiter erhöhen will, sollte man die Probe auf zwei Intervalle aufteilen: ein Gel mit pH 4–7 und ein zweites mit pH 6–9. Hoving *et al.* (2000) haben die Auflösung mit sogenannten „Ultrazoom-Gelen“ mit 0,5 pH-Einheiten noch weiter gesteigert.

4.1.3
Einfluss von Salzen

Wenn ein IPG-Streifen mehr als 50 mmol/L Salz- oder Pufferionen aus der Probe oder von der Rehydratisierungslösung enthält, kann der folgende Effekt eintre-

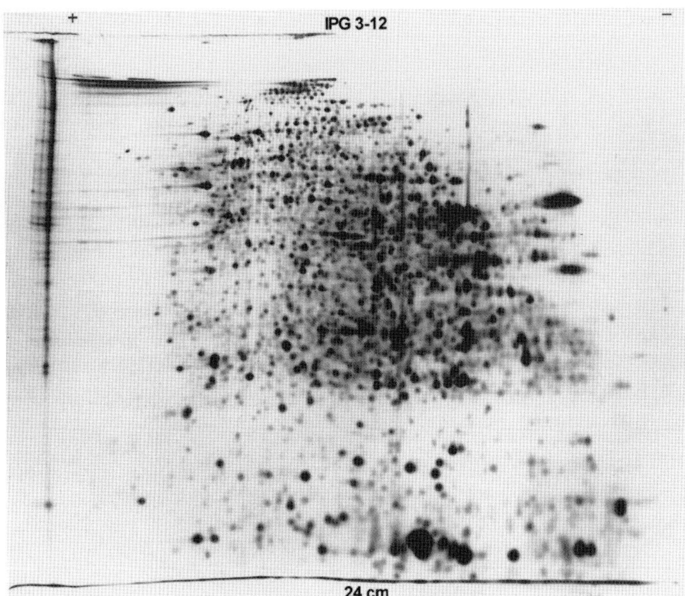

Abb. 4.2 Zweidimensional-Elektrophorese von Mäuseleberproteinen. Erste Dimension: IEF in einem 24 cm langen IPG-Streifen mit einem pH-Gradienten 3–12. Zweite Dimension: SDS-PAGE in einem 13 % *T* Gel. Silberfärbung. Mit freundlicher Genehmigung von Prof. A. Görg, Technische Universität München-Weihenstephan.

ten: Die Anionen und Kationen wandern zu den korrespondierenden Elektroden und bilden in deren Nähe Abschnitte mit hoher Leitfähigkeit. In diesen Zonen der hohen Leitfähigkeit geht die elektrische Feldstärke gegen null, während sie wegen der sehr niedrigen Leitfähigkeit von IPGs im mittleren – fast ionenfreien Abschnitt – sehr hoch ist. In die Bereiche der Salzionen können die Proteine nicht einwandern, weil keine Feldstärke vorhanden ist; sie trennen sich nur im mittleren Bereich auf. Abbildung 4.3 zeigt ein Beispiel eines Ergebnisses einer 2-D-PAGE mit einer zu salzreichen Probe.

4.1.4 Basische pH-Gradienten

Wie bereits in Kapitel 1 erwähnt, können Polyacrylamidgele bei hohen pH-Werten hydrolysieren. Während der Lagerung und Anlieferung von Gelen mit basischen oder weiten pH-Gradienten passiert nichts, weil die IPG-Streifen gefroren sind und der pH-Wert mit einer geringen Menge von sauren Substanzen abgepuffert ist. Aber bei der IEF wandern die puffernden Anionen aus dem Gel, sodass sehr basische pH-Bedingungen entstehen. Jetzt kann die alkalische Hydrolyse einsetzen und einige basische Gruppen vom Gel abspalten. Damit verringern sich die basischen pH-Werte am kathodische Ende: z. B. kann aus pH 11 mit der Zeit pH 9 werden. Dabei gehen dann die sehr basischen Proteine verloren, weil sie aus dem

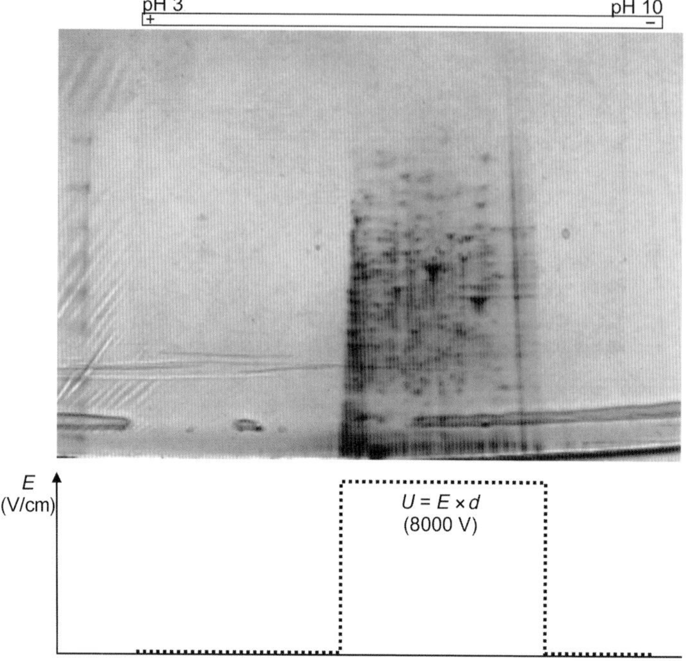

Abb. 4.3 Trennergebnis einer zu salzreichen Probe in der 2-D-PAGE (nach Waschen von Zellen mit PBS, phosphatgepufferter Salzlösung). Erste Dimension im IPG pH-Gradient 3–10, zweite Dimension SDS-PAGE, Coomassie-Blau-Färbung. Die hohe Menge von Salzionen verhindert das Einwandern der Proteine in die Bereiche, wo sich die Salzionen angereichert haben. E = elektrische Feldstärke, U = Spannung, d = Bereich der Proteinwanderung.

Gel wandern. Deshalb sollte man basische IPGs nur in so kurzer Zeit wie möglich fokussieren; enge basische IPG-Streifen sollten nicht länger als 18 cm sein, um die Trennzeit zu verkürzen.

4.1.5 Rehydratisieren von IPG-Streifen

Vor Gebrauch werden die IPG-Streifen auf ihre Originaldicke von 0,5 mm angequollen. Die Standardrehydratisierungslösung setzt sich wie folgt zusammen:

8 mol/L Harnstoff
0,5 % (g/v) CHAPS
0,2 % (g/v) DTT
0,5 % (v/v) Trägerampholyte
0,002 % Bromphenolblau

Häufig wird auch eine Kombination von 2 mol/L Thioharnstoff und 7 mol/L Harnstoff verwendet, vor allem wenn Proben damit extrahiert worden sind. DTT sollte hier nicht durch β-Mercaptoethanol ersetzt werden, weil letzteres zwischen pH 8 und 9 eine hohe Pufferwirkung hat (Righetti *et al.*, 1982); das würde in diesem Bereich zu horizontalen Streifen statt Flecken führen.

Die Eigenschaften der Trägerampholyten unterschiedlicher Hersteller variieren: Manche enthalten relative große Moleküle, die beim Anfärben von 2-D-Gelen im basischen/niedermolekularen Bereich einen dunklen Hintergrund verursachen. Das Problem kann man aus der Welt schaffen, indem man ein alternatives Produkt mit kleineren Molekülen verwendet, z. B. Servalyte™. Die Konzentration der Additive in der Rehydratisierungslösung sind generell etwas geringer als in der Probe; damit vermeidet man das Auskristallisieren von Harnstoff und die Ausbildung einer dicken Front in der zweiten Dimension, die sich aus Mischmizellen von CHAPS mit SDS zusammensetzt. Die Zugabe von Bromphenolblau ist hilfreich zur Entdeckung von Luftblasen oder einer ungleichen Verteilung der Rehydratisierungslösung im Streifen.

Die Proteinprobe kann auf verschiedene Weise appliziert werden: entweder mit *Rehydratisierungsbeladung* durch Zugabe der Probe zur Rehydratisierungslösung (in-gel rehydration nach Sanchez *et al.*, 1997) oder durch die punktuelle Beladung bereits gequollener Streifen mit einem Probenaufgabetrichter (Cuploading) an der Anoden- oder Kathodenseite. Für basische pH-Gradienten wird generell Cuploading empfohlen, hier sollten die Proben am anodischen Ende des Streifens appliziert werden.

In basischen pH-Gradienten oder in basischen Abschnitten von weiten Gradienten können sich die Proteinflecken zu horizontalen Streifen umbilden, wenn DTT-Moleküle negativ geladen werden und von den Proteinen in Richtung Anode abwandern. Dieses Phänomen kann man verhindern, indem man beim Anquellen der IPG-Streifen HED (Hydroxyethyldisulfid, *DeStreak*) statt einem Reduktionsmittel verwendet, und die Probe an der Anode aufgibt (Olsson *et al.*, 2002). Dann setzt sich die Rehydratisierungslösung z. B. so zusammen:

---

7 mol/L Harnstoff
2 mol/L Thioharnstoff
100 mmol/L HED
0,5 % (g/v) CHAPS
0,5 % (v/v) Trägerampholyte
0,002 % Bromphenolblau

Diese Methode funktioniert nicht mit Rehydratisierungsbeladung: Mischt man HED mit einem Reduktionsmittel, wird es zu β-Mercaptoethanol reduziert, mit den oben erwähnten Folgen.

Das Volumen der Rehydratisierungslösung ist genau festgelegt:

- Ein zu großes Volumen führt zur schnellen Aufnahme der Komponenten mit kleinen Molekülen, zähere Reagenzien mit größeren Molekülgrößen bleiben draußen.
- Überquellung eines Streifens verursacht einen Flüssigkeitsaustritt während des Laufes, welcher zu Verschmierung von Proteinzonen führt.
- Ein zu niedriges Volumen erzeugt kleinere Gelporen: hochmolekulare Proteine können nicht ins Gel einwandern; die Trennzeiten verlängern sich.

Die empirisch ermittelten, optimierten Volumen sind:

Streifenlänge (cm)	Volumen der Rehydratisierungslösung (μL)
7	125
11	200
18	340
24	450

Die Lösung wird jeweils in eine Rinne in der Form einer gleichmäßigen Linie pipettiert, die Streifen werden mit der getrockneten Gelseite nach unten darauf gelegt und sofort mit Paraffinöl überschichtet (Abb. 4.4). Das Anquellen erfolgt bei Raumtemperatur, um das Kristallisieren des Harnstoffs zu vermeiden.

Die Gelstreifen werden während des Rehydratisierens und der IEF mit Paraffinöl bedeckt, damit der Harnstoff nicht auskristallisiert und kein Sauerstoff in die Oberflächen der Streifen eindiffundiert. Von der Verwendung von Silikonöl wird

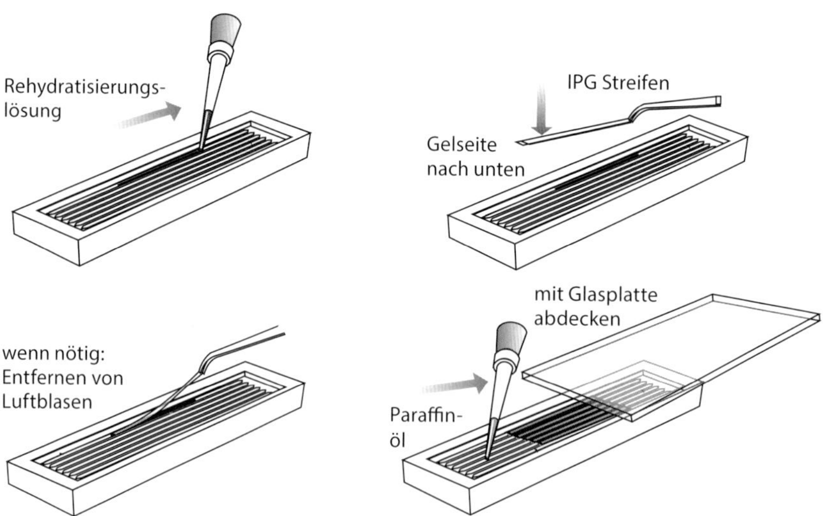

Abb. 4.4 Die Schritte beim Rehydratisieren eines IPG-Streifens.

abgeraten, weil es Sauerstoff enthalten kann und noch unangenehmer zu handhaben ist.

Rehydratisierzeit

Ohne Probe	> 6 h
Rehydratisierungsbeladung	> 12 h oder über Nacht

4.1.6
Probenaufgabe

Cuploading: Die Probe wird entweder am anodischen oder am kathodischen Ende des angequollenen Streifens in den Beladungstrichter einpipettiert (siehe Abb. 4.5a). Verschiedene Apparaturen lassen unterschiedliche Maximalvolumen zu, von 100 bis zu 250 µL. Hier wird die IEF immer mit der Geloberfläche nach

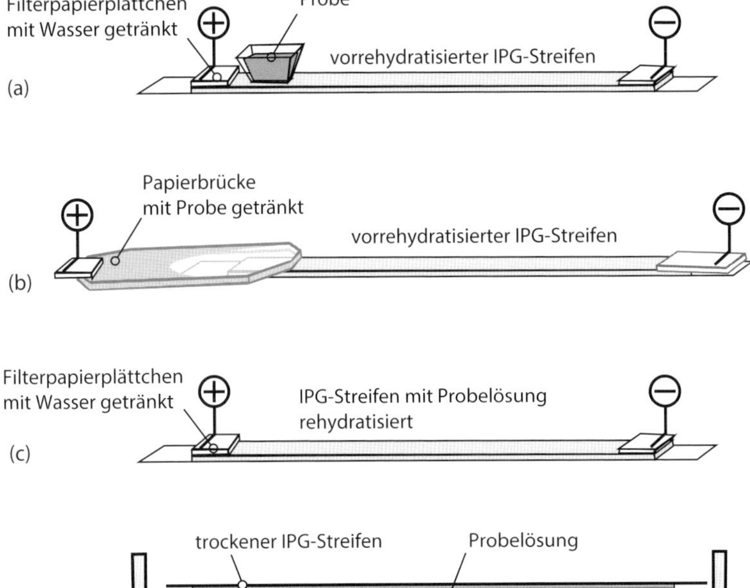

Abb. 4.5 Schematische Darstellung der verschiedenen Möglichkeiten der Probenaufgabe auf einen IPG-Streifen: (a) Cuploading für bis zu 250 µL Probelösung. (b) Papierbrückenbeladung für bis zu 500 µL Probelösung. Teilbilder (a, b) zeigen die Beladung an der anodischen Seite, in manchen Fällen ist die Beladung an der kathodischen Seite zu bevorzugen. (c) Anordnung nach Rehydratisierungsbeladung mit Geloberfläche nach oben. (d) Rehydratisierungsbeladung und Trennung im individuellen Streifenhalter.

oben durchgeführt; zwischen die Enden der Streifen und die Elektroden werden nasse Filterpapierplättchen eingelegt. Wenn keine Beladungstrichter verfügbar sind oder größere Probenvolumen appliziert werden sollen, kann bis zu 500 µL Probe mittels Papierbrücken (Sabounchi-Schütt *et al.*, 2000) aufgegeben werden (siehe Abb. 4.5b). Kane *et al.* (2006) haben berichtet, dass diese Vorgehensweise besonders vorteilhaft für basische pH-Intervalle ist.

Rehydratisierungsbeladung: Die Proteinprobe wird mit Rehydratisierungslösung vermischt und als definiertes Volumen (siehe oben) über die gesamte Länge des Gelstreifens verteilt. Weil die Proteinmoleküle größer als die Reagenzienmoleküle sind, dauert das Rehydratisieren deutlich länger. Abhängig von der Konstruktion der Apparatur wird die IEF mit der Geloberfläche nach oben (Abb. 4.5c) oder nach unten (Abb. 4.5d) durchgeführt. Abbildung 4.6 zeigt ein System, in welchem individuelle Streifenhalter (Abb. 4.5d) für eine Rehydratisierungsbeladung unter Spannung verwendet werden können, und bei dem man automatisch die IEF mit ansteigenden Spannungsstufen und -gradienten fortsetzen kann. In dieser Vorrichtung ist es jedoch nicht einfach die Elektrodenplättchen zu verwenden.

Die Art der Probenaufgabe hat deutliche Auswirkungen auf die 2-D-Elektrophoresemuster. Das ist leicht zu verstehen: zum Ersten sind die Mobilitäten der Proteine abhängig von der Art der Ladungsrichtung, und zweitens gibt es in hochkomplexen Proteingemischen immer das Risiko, dass Proteine unter bestimmten Bedingungen aggregieren. Bei der Rehydratisierungsbeladung existieren die Proteine in beiden ionischen Formen, negativ und positiv geladen: Dann nähern sich die Proteine ihrem isoelektrischen Punkt von beiden Seiten mit unterschiedlichen Mobilitäten. Bei der Beladung an einem Punkt im pH-Gradienten sind alle Proteine in der gleichen Richtung geladen und nähern sich ihrem isoelektrischen Punkt von der gleichen Seite.

Deshalb ist es sehr wichtig, die optimale Methode für einen Probentyp auszutesten. Es gibt ein paar Richtlinien:

Kurze Streifen (7 und 11 cm) Rehydratisierungsbeladung ist optimal, weil die Wanderungsdistanz sehr kurz ist und der Probenaufgabetrichter einen relativ großen Teil des Gradienten beansprucht.

Basische pH-Gradienten (pH 6–10, 6–11) Punktuelle Aufgabe am anodischen Ende, weil Rehydratisierungsbeladung und Applikation am kathodischen Ende zu Proteinverlusten führen.

Lange Streifen (17, 18, und 24 cm) Meist ist Cuploading am anodischen Ende die bessere Methode, weil alle Proteine positiv geladen sind und nicht aggregieren. In ca. 80 % aller Probentypen erhält man damit gute Ergebnisse. Aber: Die Applikation an der Kathode sollte ebenfalls getestet werden, besonders bei den pH-Gradienten 3–6, 4–7, oder 5–8.

In der Praxis gibt es stets Ausnahmen, wie überall in der Natur. Ein Beispiel: Humanantikörper verhalten sich besonders eigen: sie haben ihre isoelektrischen Punkte im Bereich pH 7 und 9. Sie müssen aber in der Nähe von pH 3 aufgegeben werden, um eine vernünftige Trennung zu erhalten; man kann sie also nicht in einem IPG-Streifen mit engem basischen pH-Intervall analysieren.

4.1.7 IEF-Bedingungen

Elektrodenplättchen

Die Verwendung von kleinen, mit destilliertem Wasser getränkten Plättchen aus Filterkarton zwischen den Enden der Streifen und den Elektroden hat mehrere Vorteile: Salz- und Pufferionen, Proteine und Trägerampholyte mit isoelektrischen Punkten außerhalb des Gradienten sammeln sich in diesen Plättchen. Die Leitfähigkeit des Papiermaterials in Gegenwart von Wasser ist ausreichend. IPG-Streifen mit sehr weiten Gradienten, wie pH 3–12, und hochkomplexe Proben, wie Extrakte aus Säugetiergewebe, erfordern spezielle Aufmerksamkeit während der Trennung: Die IEF muss während der ersten paar Stunden mehrmals unterbrochen werden, um die Elektrodenplättchen gegen neue auszutauschen.

Temperatur

Die IEF muss bei exakter, aktiver Temperaturkontrolle erfolgen, auch bei denaturierten Proteinen. Görg *et al.* (1991) haben gezeigt, dass unterschiedliche Temperaturbedingungen Verschiebungen von Spotpositionen entlang der pH-Achse zur Folge haben. Die optimale Lauftemperatur ist 20 °C, weil damit das Kristallisieren des Harnstoffs und zugleich die Überhitzung der Gele verhindert werden. Eine effiziente Kühlung ist sehr wichtig, weil es sonst an den Ionenfronten zu lokalen Überhitzungen kommt.

Elektrische Bedingungen

Wie bereits erwähnt, besitzen immobilisierte pH-Gradienten eine sehr niedrige Leitfähigkeit. Die Stromstärke wird deshalb auf 50–70 μA pro Streifen limitiert. Vorfokussierung ist nicht nötig und nicht empfohlen, weil die zu Beginn leicht erhöhte Leitfähigkeit, die von den Puffer- und Probeionen stammt, vorteilhaft für die Probeneinwanderung und die anfänglichen Laufbedingungen für die Proteine ist. Die elektrischen Bedingungen werden über die Spannungseinstellungen in einem programmierbaren Stromversorger gesteuert. Eine niedrige Spannung über ein paar Stunden zu Beginn verhindert das Aggregieren und Präzipitieren von Proteinen an der Aufgabestelle. Die Spannung wird langsam in Stufen und/oder in Gradienten erhöht. Für die Endphase der Fokussierung werden sehr hohe Feldstärken benötigt.

Zeit

Für die IEF von heterogenen Proteingemischen ist das Voltstundenintegral (Vh) ein wichtiger Kontrollwert, um die Vollständigkeit einer Fokussierung zu überprüfen. Das ist besonders wichtig, wenn sich Proben stark in der Protein- und Salzzusammensetzung unterscheiden. Das Voltstundenintegral quantifiziert die tatsächlich anliegende Spannung über den jeweiligen Zeitraum. Der Vh-Wert gleicht die Laufbedingungen für unterschiedliche Leitfähigkeiten in den Gelen aus.

Unterfokussierung: Zu wenig Voltstunden verursachen horizontale Striche statt runder Flecken.

Überfokussierung Bei zu langer Fokussierzeit erhält man folgende Effekte:

- Thiolreagenzien werden negativ geladen und lösen sich von den Cysteinen; dadurch werden die isoelektrischen Punkte der Proteine modifiziert und es entstehen horizontale Striche.
- Sensitive Proteine werden instabil, wenn sie sich zu lange an ihren isoelektrischen Punkten befinden, auch das führt zu horizontalen Streifen.
- Enge basische Gradienten sind – wie oben beschrieben – besonders empfindlich gegenüber Überfokussierung.

Deshalb wird davon abgeraten, nach der Fokussierung eine Haltephase (cruising step) bei 500 V über mehrere Stunden einzuprogrammieren, der die Banden bis zum geeigneten Zeitpunkt der zweiten Dimension fokussiert halten soll. Sollte die Laufzeit während der frühen Morgenstunden beendet sein, sollte man die IEF ruhen lassen. Dann diffundieren die Proteine von ihren isoelektrischen Punkten weg. Man sollte dann lieber kurz vor der Durchführung der zweiten Dimension zur Bandenschärfung für 15 min mit 10 kV nachfokussieren. Am besten ist es aber, den Stromversorger mit anfänglichen längeren Niedrigspannungsphasen so zu programmieren, dass der Lauf genau zu der Zeit fertig ist, an welchem der Start der zweiten Dimension vorgesehen ist.

4.1.8
Instrumentierung

IPG-Streifen kann man für die IEF direkt auf die Kühlplatte einer Flachbettkammer legen (siehe Abb. 1.13), mit feuchten Elektrodenplättchen (siehe oben) zwischen den Streifenenden und den Elektroden. Die Probe kann mit Rehydratisierungsbeladung appliziert werden oder mit Silikonrähmchen, die von einem Applikatorstreifen (Abb. 3.2) abgeschnitten wurden. Letzteres war die ursprüngliche Form des Cuploading. Zur Vermeidung des Auskristallisierens von Harnstoff sollten die Oberflächen mit Parafilm® abgedeckt werden, zwischen den Elektrodenplättchen oder zwischen dem Auftragsrähmchen und dem Elektrodenplättchen am anderen Ende (Abb. M11.5). Die Spannung darf aus Sicherheitsgründen nicht über 3,5 kV hinausgehen, da die Trennung mit einem externen Stromversorger über Kabel betrieben wird und die Kühlung über Wasserschläuche.

Der IPG-Streifen-Wannenzusatz

In vielen Labors ist die IPG-Streifen IEF mit einer speziellen Wanne (Abb. 4.6a) für das Multiphor-System (siehe Abb. 1.13a) heute noch die bevorzugte Methode für die erste Dimension. Hier befinden sich die Gelstreifen unter Paraffinöl. Für das Cuploading gibt es spezielle Plastiktrichterchen, die mit einer Halterung auf die Geloberfläche gepresst werden.

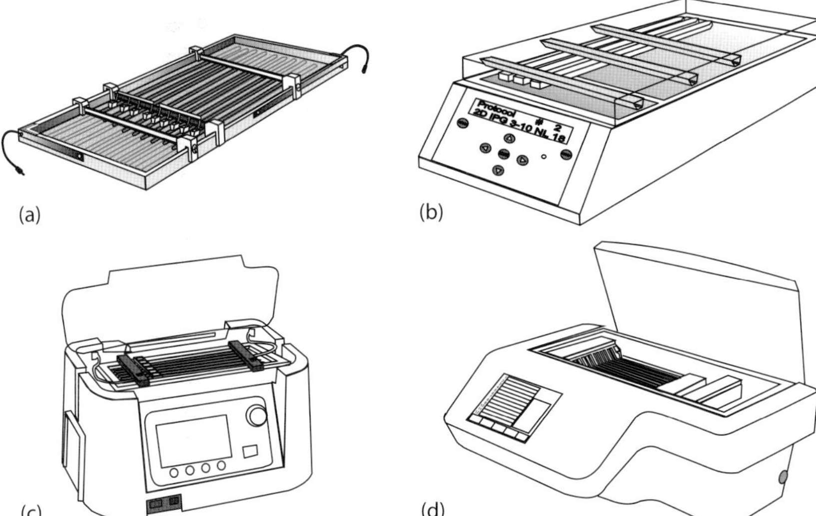

Abb. 4.6 Die Evolution von Instrumenten für die IEF in IPG-Streifen. (a) IPG-Wanne als Zusatzausrüstung für die Multiphor-Kammer. (b) IPGphor mit einzelnen Streifenhaltern für Rehydratisierungsbeladung (a, b erhältlich bei GE Healthcare). (c) IEF 100 (von Hoefer Inc.) für sechs IPG-Streifen mit individueller Aufzeichnung der Stromstärken. (d) PROTEAN i12 IEF System (von Bio-Rad) mit zwölf individuell stromversorgten Kanälen. (b–d) sind mit eingebauter Peltier-Kühlung und programmierbarem Stromversorger ausgerüstet.

Spezielle Instrumente für IPG-Streifen

Das erste Instrument speziell für IPG-Streifen, die „IPGphor" (Abb. 4.6b), wurde für Rehydratisierungsbeladung in individuellen Keramikstreifenhaltern mit anschließender automatischen IEF entwickelt. Hier werden die IPG-Streifen mit der Oberfläche nach unten verwendet. Die Apparatur besitzt einen eingebauten programmierbaren Stromversorger, der bis zu 10 kV generiert, und eine elektronische Kühlung über Peltier-Elemente. Deshalb kann man hier höhere Spannungen verwenden als bei modularen Systemen. Es gibt auch einen Wanneneinsatz für bis zu zwölf Gelstreifen, bei dem man Cuploading anwenden kann. Das Instrument in Abb. 4.6c, die IEF 100, hat die Kapazität für maximal sechs Streifen und kann den Verlauf der Stromstärke jedes einzelnen Streifens aufzeichnen.

Aber in allen oben beschriebenen Systemen befinden sich alle Streifen im selben elektrischen Feld und sollten deshalb möglichst gleiche Leitfähigkeiten haben. Wenn sich darunter ein Streifen mit deutlich höherer Salzbelastung als die anderen befindet, wird er den Hauptanteil der Stromstärke an sich ziehen und das Ergebnis stark beeinflussen, was je nach Streifen zu Unter- oder Überfokussierung führen kann. Um jedwedes Risiko eines schlechten Ergebnisses zu vermeiden, sind manche Labors dazu übergegangen, wichtige Proben einzeln in jeweils einem eigenen Instrument aufzutrennen. In einem neu entwickelten System, der PROTEAN i12 IEF Cell (Abb. 4.6d), wird jeder Streifen einzeln gesteuert; es enthält zwölf Kanäle. Mit diesem Instrument ist es möglich, IPG-Streifen mit unterschiedlichen salzbelasteten Proben und unterschiedlichen pH-Gradienten auf einmal laufen zu lassen. Es kann mit allen möglichen Gelkonfigurationen verwendet werden: Geloberfläche nach oben oder nach unten, mit oder ohne Probentrichter.

4.2 SDS-PAGE

4.2.1 Äquilibrieren der IPG-Streifen

Bevor der IPG-Streifen auf die zweite Dimension, die SDS-PAGE, übertragen wird, müssen die fokussierten Proteine in negative geladene Protein-SDS-Mizellen konvertiert werden. Hierfür werden die Streifen zweimal in SDS-Probenpuffer inkubiert: erst 15 min mit DTT und nochmals 15 min mit Iodacetamid. Diese Vorgehensweise ist von Görg *et al.* (1987) optimiert worden. Während dieser Prozedur geht nur ein kleiner Teil der Proteine durch Diffusion verloren, weil sich die puffernden Gruppen der IPG-Streifen wie schwache Ionenaustauscher verhalten und die Proteine festhalten. Zhou *et al.* (2005) haben quantitative Messungen der Proteinverluste während der gesamten 2-D-Elektrophorese durchgeführt.

Zusammensetzung des SDS-Probenpuffers:

6 mol/L Harnstoff
2 % (g/v) SDS
50 mmol/L Tris-Cl pH 8,8
0,02 % (g/v) Bromphenolblau
30 % (v/v) Glycerin
Äquilibrierlösung 1 enthält 1 % (g/v) DTT
Äquilibrierlösung 2 enthält 2,5 % (g/v) Iodacetamid

Der pH-Wert 8,8 hat Vorteile gegenüber dem früher verwendeten Probenpuffer pH 6,8: mit der Zugabe von Iodacetamid würde die Lösung stark sauer werden, und dies würde die Dissoziationseigenschaften des SDS-Probenpuffers stören (Garcia-Patron und Tandecarz, 1998). Durch die Zugabe von Bromphenolblau kann man die Laufbedingungen, die Form der Lauffront und die Laufzeit beobachten.

Bei der Inkubation der IPG-Streifen in einem basischen Puffer werden die Carboxylgruppen der immobilisierten Gradienten deprotoniert; dadurch bekommen die Streifen fixierte Negativladungen. Dies verursacht bei der Elektrophorese einen elektroendosmotischen Wasserfluss in Richtung Kathode, welcher der elektrophoretischen Wanderung der Proteine entgegenströmt. Harnstoff und Glycerin sind sehr hydrophil und vermindern diese elektroendosmotischen Effekte. Die Zugabe von DTT ist nötig, um die Proteine im reduzierten Status zu halten. Die

Alkylierung mit Iodacetamid hat mehrere Funktionen: wie von Görg *et al.* (1987) beschrieben, verhindert es die Entstehung von vertikalen Streifen (point streaking), erhöht die Trennschärfe der Flecken und wird zur Proteinidentifizierung mit der Massenspektrometrie benötigt, damit sichergestellt ist, dass sämtliche Cysteine alkyliert sind.

Ein paar praktische Gesichtspunkte:

- IPG-Streifen mit bereits getrennten Proteinen können zwischen erster und zweiter Dimension eingefroren werden; aber die Äquilibrierung sollte dann immer kurz vor der SDS-Elektrophorese erfolgen, nicht nach der IEF.
- Die Äquilibrierung sollte auf einem Orbitalschüttler durchgeführt werden.
- Wichtig ist das Volumen des Äquilibrierpuffers: für 7–11 cm Streifen reichen 3 mL pro Streifen und Schritt, für 18–24 cm braucht man 6 mL.

Hydrophobe Proteine sind nicht einfach zu transferieren. McDonough und Marban (2005) haben das Problem gelöst, indem sie den SDS-Gehalt des Äquilibrierpuffers auf 10 % erhöht haben. Auch in anderen Fällen, besonders wenn eine Probe ein paar hochabundante Proteine enthält, sollte man den SDS-Gehalt auf bis zu 6 % (g/v) erhöhen. Vom Erhitzen des Äquilibrierpuffers wird abgeraten.

4.2.2
Technische Konzepte für die zweite Dimension (SDS-PAGE)

Vertikale Systeme

Die klassische Geräteausrüstung für die zweite Dimension sind Puffertanks mit multiplen vertikalen Gelen in Glaskassetten. Zur Verwirklichung des „Human Protein Atlas" haben Anderson und Anderson (1982) unter anderem einen Gießapparat für multiple Gradientengele und einen Einzelpuffertank für den Parallellauf von zehn Gelen entwickelt (Anderson und Anderson, 1978). Das IEF-Rundgel oder der IPG-Streifen wird an der Geloberkante mit Agarose befestigt, die Gele werden so eingesetzt, dass – wie in Abb. 4.7a gezeigt – die Trennung in seitlicher Richtung, nicht von oben nach unten erfolgt. Diese Art von Apparatur ist noch immer kommerziell erhältlich für zwölf oder sechs Gele mit einer Standardgröße von 25 × 20 cm. Diese Konstruktion hat den Vorteil, dass es keine Pufferlecks geben kann, aber den Nachteil, dass man sehr große Puffervolumen benötigt (25 bzw. 12 L). Mittlerweile hat sich herausgestellt, dass man für eine hohe Auflösung keine Gradientengele benötigt. Das Gießen von homogenen Gelen ist erheblich einfacher und besser reproduzierbar.

Vertikaltrennungen kann man auch von oben nach unten mit zwei separaten Puffertanks durchführen, wie in Abb. 4.7b gezeigt. Die Vorteile: Diese Kammern sind auch für die eindimensionale PAGE verwendbar, und – weil unterschiedliche Anoden- und Kathodenpuffer eingesetzt werden können, hat man größere Auswahl bei Puffersystemen. Damit kann man auch schnellere Trennungen erzielen. Außerdem werden geringere Puffervolumen benötigt (10 L in einer Kammer für zwölf Gele und ca. 5 L für ein System mit sechs Gelen). Dieses Konzept wird für unterschiedliche Gelgrößen mit unterschiedlichen Konstruktionsmerkmalen an-

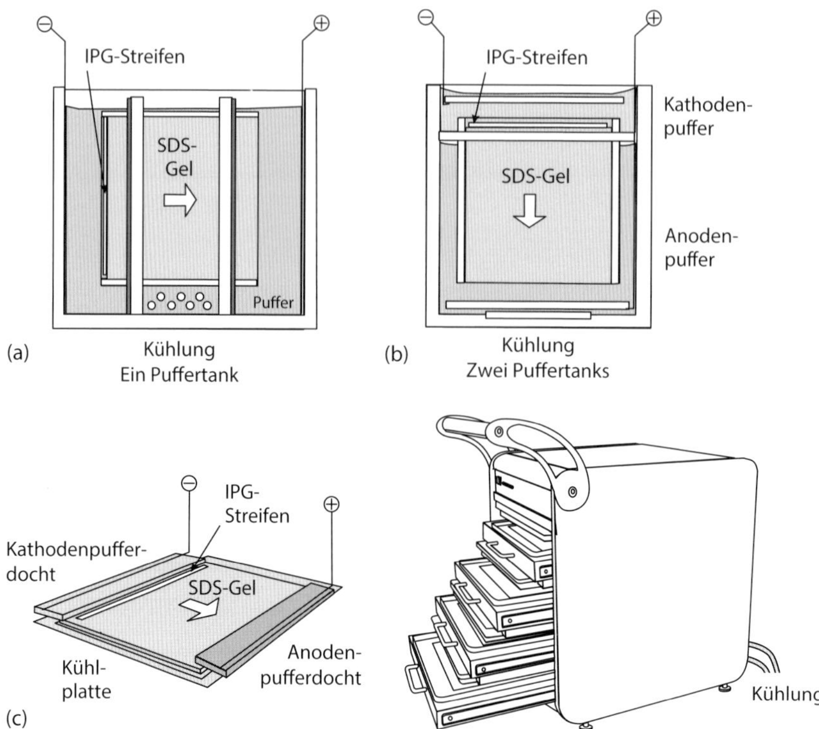

Abb. 4.7 Unterschiedliche Konzepte für die zweite Dimension. (a) Einzelpuffertank für Vertikalgele und der Trennung in seitlicher Richtung. (b) Vertikales Zweitanksystem für die Trennung von oben nach unten. (c) Horizontales System HPE™ Tower ohne Puffertanks mit Schubladenkühlplatten und Pufferdochten.

geboten. Der Nachteil: Hier können – je nach Design – immer mal Probleme mit der Abdichtung des oberen Puffertanks auftreten.

Horizontale Systeme

Die weitestverbreitete Kammer für die horizontale SDS-PAGE ist die Multiphor-Kammer mit einer an einen Umlaufkryostaten angeschlossenen Kühlplatte und zwei seitlich angeordneten Puffertanks (Abb. 1.13a). Hier verwendet man entweder je 1 L Puffer in dem jeweiligen Puffertank oder legt Filterdochte oder Polyacrylamidgelstreifen mit Pufferkonzentraten auf die Gelkanten. Die Elektroden tauchen entweder in die Puffertanks ein oder werden direkt auf die Pufferstreifen aufgelegt. Die neueren Konstruktionen haben gar keine Puffertanks mehr, die Kühlplatten sind als Schubladen gestaltet, mit Kühlschläuchen verbunden und befinden sich in einem undurchsichtigen Gehäuse. Es gibt sie für Mehrfachtrennungen in der Form eines Turms für bis zu vier Gele (siehe Abb. 4.6c) oder als Einzelkammer, wie in Abb. 1.13b dargestellt. Die Elektroden befinden sich an den Deckeln, die Abstände können für unterschiedliche Gelgrößen verändert werden. Wie schon in Kapitel 1 erwähnt, hat eine Trennung in einem Gehäuse den Vorteil, dass Proteine, die mit lichtempfindlichen Fluoreszenzfarbstoffen für die 2-D-DIGE-Methode markiert wurden (siehe Kapitel 6), nicht dem Licht ausgesetzt sind. Außerdem ist die Handhabung eines horizontalen Systems erheblich einfacher als die eines vertikalen (siehe Kapitel 1).

4.2.3 Geltypen

Homogene Gele mit 12,5 % *T* und 2,6 % *C* sind mehr oder weniger Standard für die 2-D-PAGE geworden, weil die meisten Proteine Größen zwischen 10 und 100 kDa haben und sich sehr gut in einem solchen Gel separieren lassen. Für spezielle Anwendungen aber, wenn z. B. eng benachbarte Proteine besser getrennt werden müssen, kann es nötig sein, alternative Gelzusammensetzungen zu testen. Langen *et al.* (1997) haben über ein Beispiel berichtet, wo eine Gruppe von Proteinen im Bereich von 50 kDa nur in einem Gel mit 7,5 % *T* ausreichend getrennt werden konnten.

Gradientengele haben weitere Trennbereiche. Wegen des zusätzlichen Zonenschärfungseffekts sind sie besonders geeignet für Trennungen von stark glykosylierten Proteinen, welche wegen der ungeladenen Zuckeranteile eine Tendenz zum Nachziehen haben. Allerdings haben die Gradientengele – neben der schwierigeren Herstellung – noch Nachteile beim Anfärben: sie quellen ungleichmäßig an und können im engporigen Bereich einen dunklen Hintergrund bekommen.

Gelgrößen

Bei der Proteomik sind die Proteinmischungen normalerweise ziemlich komplex. Deshalb benötigt man große Gelformate. Zusätzlich haben große Gele einen breiten dynamischen Bereich für hochabundante Proteine. Die Größe von 25 × 20 cm ist unter anderem zum Standard geworden, weil gängige Scanner und Kamerasysteme für das A4-Format verwendet werden können. Wenn geringer Auflösung ausreicht, werden häufig 16 × 16 cm Gele oder 8 × 8 cm Minigele eingesetzt.

Vertikalgele

Vertikale Gele für die 2-D-PAGE brauchen keine Sammelgelzone, weil die Proteine bereits mit der IEF aufgetrennt wurden und sich in einer Gelmatrix befinden. Aber die Diskontinuität des Puffersystems ist für scharfe Proteinflecken sehr wichtig. Die Standarddicke von SDS-Gelen ist 1 mm, manchmal kommen auch 1,5 mm dicke Gele zum Einsatz. Die Verwendung von dünneren Gelen ist nicht möglich, weil der IPG-Streifen inklusive Trägerfolie nach dem Äquilibrieren beinahe 1 mm dick ist. Wenn fluoreszenzgefärbte Proteinflecken für eine massenspektrometrische Analyse aus dem Gel ausgeschnitten werden sollen, darf sich das Gel nach dem Scannen und der Imageanalyse nicht in der Größe verändern, weil sonst der Spotpicker die Position des Proteinflecks nicht mehr ansteuern kann. Hierfür wird eine der beiden Glasplatten mit Bind-Silan vorbeschichtet (siehe Methode 8). Für fluoreszenzmarkierte Proteine oder mit Fluoreszenzfarbstoffen gefärbte Gele müssen nicht fluoreszierende Glasplatten verwendet werden.

Es gibt Fertiggele zu kaufen: im Miniformat in Plastikkassetten und große Gele in nicht fluoreszierenden Glaskassetten.

Horizontalgele

Horizontalgele sind dünner, 0,5–0,65 mm, auf einer Trägerfolie polymerisiert, und werden mit offener Oberfläche verwendet. Die IPG-Steifen werden einfach auf die Oberfläche oder in eine schmale Gelrinne eingelegt. Gyenes und Gyenes (1987) haben mit einer Reihe von Experimenten dokumentiert, dass für einen optimalen Proteintransfer eine Sammelgelzone notwendig ist. Trenn- und Sammelgel werden in einem Stück zusammenpolymerisiert. Die Kühlung für Horizontalgele erfolgt direkt von unten durch die Kühlplatte und ist damit sehr effektiv. Görg *et al.* (1995) haben für die gleiche Probe mit dünnen horizontalen Gelen erheblich bessere Trennergebnisse – mit höherer Auflösung und schärferen Spots – erhalten als mit vertikalen Gelen. Bei der Technik nach Görg *et al.* (1985) wird der IPG-Streifen auf die glatte Oberfläche der Sammelgelzone aufgelegt. Nach 40 min elektrophoretischem Transfer müssen die Streifen vom Gel abgenommen werden, weil an der Kontaktstelle starke elektroendosmotische Effekte wirken; das Gel würde an dieser Stelle austrocknen. Elektroendosmose ereignet sich natürlich auch in vertikalen Gelen, aber der obere Puffer verhindert das Austrocknen des Gels.

4.2.4
Gelherstellung

Es sollte immer berücksichtigt werden, dass der 2-D-PAGE eine massenspektrometrische Analyse von ausgewählten Proteinflecken folgen kann. Die Massenspektrometrie ist hochempfindlich für etwaige Kontaminationen, vor allem mit Keratin. Deshalb ist es sehr wichtig, Glasplatten und Geräte sorgfältig zu reinigen. Zudem sollten ausschließlich hochqualitative Reagenzien zur Anwendung kommen.

Wenn eine Beschichtung einer Glasplatte mit Bind-Silan vorgesehen ist, darf diese Behandlung nur kurz vor dem Zusammenbau der Kassetten und dem Gelgießen erfolgen, weil die Bind-Silan-Moleküle zur nicht behandelten Glasplatte hinüber diffundieren und dann das Gel auch an diese Platte binden können. Es ist generell eine gute Idee, die zweite Glasplatte mit Repel-Silan oder GelSlick® zu beschichten.

Miniformat- und mittelgroße Gele werden sowohl in Einzelgelgießständen polymerisiert (siehe Abb. 1.10d und f) als auch in multiplen Gießboxen, welche ähnlich konstruiert sind wie die für große Gele (siehe Abb. 4.6b). Es werden entweder gerade, glatte Kämme ohne Zähne verwendet, oder die Oberfläche wird einfach mit wassergesättigtem Butanol überschichtet.

Gele für multiple Vertikalsysteme

Für multiple Gele ist es einfacher, Glaskassetten mit fixierten Spacern und Scharnieren zu verwenden als einzelne Glasplatten (Abb. 4.8a); nur wenn eine Glasplatte mit Bind-Silan beschichtet werden soll, empfiehlt sich die Verwendung von Glasplatten ohne Scharniere. Zur Kennzeichnung der Gele kann man kleine Plastikplättchen mit einer Probenidentifikationsnummer mit einpolymerisieren. Weil sich die Monomerlösung durch Kapillarwirkung auch zwischen die Glasplatten der angrenzenden Kassetten verteilt, werden Plastikfolien zwischen die Kassetten eingelegt: dann lassen sich die Kassetten nach der Polymerisation gut voneinander lösen. Für reproduzierbare Polymerisationseffizienz sollte die Monomerlösung mit einer Vakuumpumpe entgast werden. Eine homogene Monomerlösung wird direkt in den oberen Füllkanal gegossen (siehe Abb. 4.8b). Zum Gießen von Gradientengelen wird der untere Füllanschluss mittels eines Schlauches mit dem Gradientenmischer verbunden. Man muss darauf achten, dass das Innere der Gießbox sich beim Polymerisieren nicht überhitzt. Deshalb sind hier die Mengen der Katalysatoren besonders kritisch. Zu große Hitze im Inneren einer Gießbox führt zu thermischer Konvektion und damit zu ungeraden Gelkanten und irregulären Gelschichten. Zudem dauert das Eingießen der Monomerlösung in einen Multicaster länger als bei Einzelgelgießständen. Die Polymerisation darf nicht schon während des Gießens einsetzen, und es sollte genügend Zeit zum Start der Polymerisation eingeplant werden, dass sich die Lösungspegel innerhalb der Kassetten

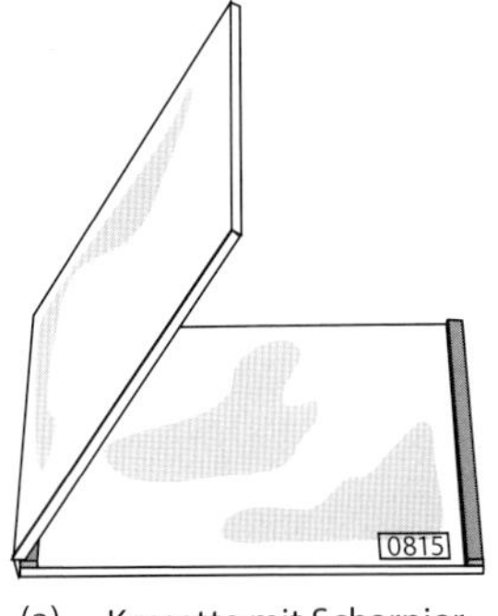

(a) Kassette mit Scharnier und festen Spacern

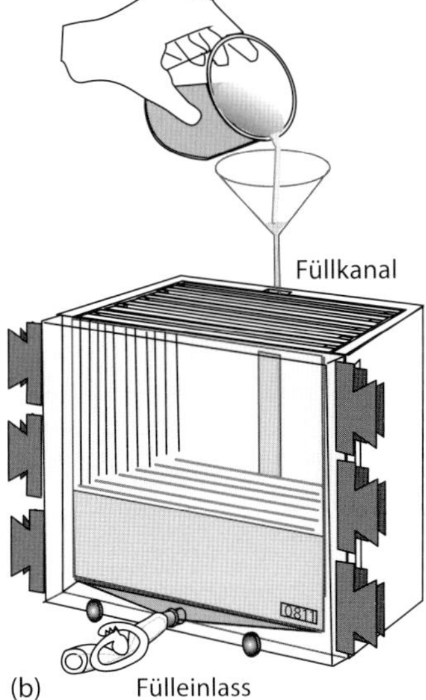

(b)

Abb. 4.8 (a) Glaskassette für multiple Großformatgelgießstände und Trennkammern. Die Spacer sind fest auf der Glasoberfläche angebracht, die Glasplatten sind mit einem Scharnier verbunden. (b) Gießen von multiplen homogenen SDS-Gelen; Eingießen der Monomerlösung direkt in den oberen Füllkanal. Der untere Anschluss wird für das Gießen multipler Gradientengele verwendet.

ausgleichen können. Um den Start der Polymerisation hinauszuzögern, sollte man die Monomerlösung nach dem Entgasen für 30 min in einen Kühlschrank stellen (ohne Ammoniumpersulfat).

Wenn die Monomerlösung komplett eingefüllt ist, müssen die Oberkanten in allen Kassetten so schnell wie möglich überschichtet werden, um zu verhindern, dass Sauerstoff in die Lösung eindiffundiert und die Polymerisation stört. Normalerweise geschieht dies mit ein paar Millilitern wassergesättigtem Butanol. Für das Anlegen der IPG-Streifen ist es wichtig, dass die Oberkanten absolut gerade und eben sind. In manchen Fällen fließt die alkoholische Überschichtungsflüssigkeit aufgrund hydrophober Affinität auf die Vinyl-Spacer zu; dabei wölbt sich die Oberflächenkante nach oben. Zur Abhilfe kann man stattdessen mit einem handbetriebenen Pflanzensprayer eine 0,1 %ige (g/v) SDS-Wasserlösung auf die Kassettenkanten sprühen. Diese Maßnahme erzeugt sehr kleine Tröpfchen, welche aufgrund ihrer geringen Oberflächenspannung sofort über die Glasoberflächen nach unten gleiten, und auf der Monomerlösung liegen bleiben ohne sich damit zu vermischen. Letztere Methode hat noch einen zweiten Vorteil: Die SDS-Lösung muss nicht entfernt werden, man kann sie über Nacht in den Kassetten lassen. Alkoholische Lösungen muss man nämlich nach einer Stunde entfernen, weil sie die Oberflächen der Plastikgießboxen angreifen.

Gele für Horizontalsysteme

Für dünne, trägerfoliengestützte Gele benutzt man besser Einzelgießküvetten – wie die in Abb. 1.13c gezeigt –, aber mit größeren Glasplatten. Diese sollten mindestens 4 mm dick sein, weil dünnere Platten sich wölben würden, und die Gele ungleichmäßig dick würden.

Die *laying-on-transfer*-Methode von Görg *et al.* (1985) hat den Nachteil, dass nur ein Teil der Proteine aus der ersten Dimension in das SDS-Gel überwandert. Deshalb müssen für den Vergleich mit der Vertikalmethode die doppelten Proteinmengen auf die Gelstreifen aufgegeben werden. Außerdem muss nach dem Entfernen des IPG-Streifens der kathodische Puffergelstreifen oder Elektrodendocht so verschoben werden, dass er auf der vorherigen Kontaktfläche liegt, die durch die starke Elektroendosmose in Mitleidenschaft gezogen wurde.

Wenn man in die Oberfläche der Sammelgelzone einen schmalen Graben zum Einlegen des IPG-Streifens einpolymerisiert, wird der Proteintransfer erheblich effektiver. Allerdings sind dann die Konsequenzen der elektroendosmotischen Effekte dramatisch: nach kurzer Zeit trocknet das SDS-Gel an dieser Stelle aus und brennt durch (Westermeier *et al.*, 1983). Dieses Phänomen kann stark verringert werden, wenn man in das Sammelgel eine bestimmte Menge von Immobilinen mit einpolymerisiert. Dann transportiert das SDS-Gel – ebenfalls durch Elektroendosmose – Wasser in die Gelrinne. Bei den Gelen für das HPE-System (high performance electrophoresis) werden saure Acrylamidderivate in das ganze SDS-Gel mit einpolymerisiert, so wie in der Publikation von Moche *et al.* (2013) gezeigt. Mit einer Rinne im Sammelgel und den fixierten sauren Gruppen im SDS-Gel erreicht man den vollständigen Transfer in das SDS-Gel ohne Austrocknen des Gels. Nun kann man alle Vorteile der dünnen Horizontalgele ausnutzen und bekommt eine sehr hohe Auflösung und sehr scharfe Spots, vor allem auch im niedermolekularen Bereich. Hier werden die IPG-Streifen nach den ersten 70 min entfernt, wenn alle Proteine den IPG-Streifen verlassen haben. Der kathodische Elektrodenstreifen muss aber nicht verschoben werden. Das Entfernen des IPG-Streifens hat gegenüber Vertikalgelen auch den Vorteil, dass die fixierten Ladungen des IPG-Streifens nicht mehr das elektrische Feld in der zweiten Dimension beeinflussen können. Das verbessert zusätzlich die Reproduzierbarkeit.

Wichtig ist auch noch, dass die HPE-Gele auf fluoreszenzfreie Trägerfolien aufpolymerisiert sind. Natürlich kosten im Labor gegossene Gele weniger als Fertiggele. Aber, weil kommerzielle Gele nach GMP-Industriestandards hergestellt und einer Qualitätskontrolle unterzogen werden, ist die Reproduzierbarkeit der Ergebnisse damit deutlich höher, und die ist bei der 2-D-PAGE von höchster Wichtigkeit. Ein typisches Ergebnis einer 2-D-PAGE mit dem HPE-System wird in Abb. M12.16 gezeigt.

4.2.5
Durchführung der SDS-Elektrophorese

Vertikalsysteme

Nach der Äquilibrierung wird der IPG-Streifen zwischen den Glasplatten auf die Geloberfläche geschoben – dafür eignen sich Hoteltürkarten besonders gut (siehe Abb. 4.9). SDS-Markerproteine können mit Baumwolle-Zellulose-Probenaufgabeplättchen oder einem abgeschnittenen Stück eines IPG-Streifens appliziert werden. Es wird empfohlen, den Gelstreifen mit heißer Agarose einzubetten, um eine Kontinuität zwischen den zwei Gelen zu erzeugen, Luftblasen zwischen den Gelen, das Aufschwimmen des Gelstreifens sowie Elektroendosmoseeffekte an den pH-Extremen der IPG-Streifen zu verhindern. Die optimale Lauftemperatur beträgt 25 °C.

Zusammensetzung der Agaroseeinbettungslösung

0,5 % (g/v) Agarose
SDS-Kathodenpuffer (1 × konz.)
0,01 % (g/v) Bromphenolblau

Bei Miniformatgelen verwendet man normalerweise keine Markerproteine und kann sich die Einbettung mit Agarose sparen.

Die Gele soll man in der ersten Stunde nur mit niedriger Feldstärke laufen lassen, um die Elektroendosmoseeffekte niedrig zu halten (siehe oben).

Horizontalsysteme

Die Elektrodendochte werden in Pufferkonzentrat getränkt. Bevor man das Gel auf die Kühlplatte legt, wird diese mit ein paar Millilitern Kühlkontaktflüssigkeit beschichtet. Der IPG-Streifen wird – mit der Geloberfläche nach unten – in

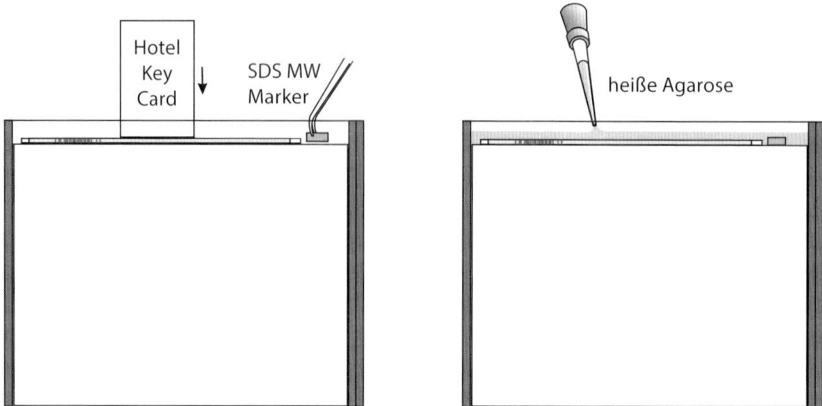

Abb. 4.9 Aufbringen des IPG-Streifens und der SDS-Größenmarker auf das SDS-Gel und Einbettung mit heißer Agarose.

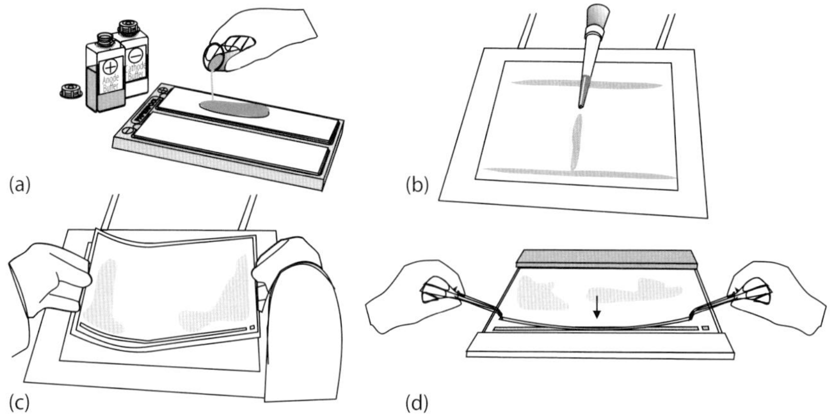

Abb. 4.10 Vorbereitung eines trägerfoliengestützten Horizontalgels für die zweite Dimension. (a) Tränken der Elektrodendochte mit Pufferkonzentraten. (b) Pipettieren der Kühlkontaktflüssigkeit auf die Kühlplatte. (c) Gleichmäßige Verteilung der Kühlkontaktflüssigkeit und Auflegen des Gels auf die Kühlplatte. (d) Einlegen des äquilibrierten IPG-Streifens in die Gelrinne.

die Gelrinne eingelegt (siehe Abb. 4.10). Agarose wird nicht benötigt. Die SDS-Markerproteine werden in kleine Probenwannen neben den Rinnen einpipettiert. Nachdem der Elektrodendeckel auf die Dochte aufgelegt und die Verbindungskabel eingesteckt wurden, startet man den Umlaufkryostaten und stellt ihn auf 15 °C ein. Für den Transfer der Proteine aus den Streifen in das SDS-Gel wendet man niedrige Spannungsbedingungen an. Nach 70 min wird der IPG-Streifen entfernt und die SDS-Elektrophorese wird bei höheren Strombedingungen fortgesetzt.

4.3 Proteomik

Der klassische Proteomik-Ansatz basiert auf der Auftrennung von Proteingemischen mit hochauflösender 2-D-Elektrophorese mit anschließender Identifizierung und Charakterisierung von Proteinflecken mit Massenspektrometrie. Hochkomplexe Proben, wie biologische Flüssigkeiten, Zelllysate oder Gewebeextrakte, werden nach hoch- oder heruntergeregelten Proteinen durchsucht. In einem Proteomikexperiment werden z. B. Zellen durch Gendeletion oder Überexpression, pharmazeutische Behandlung, Entzug von Nährstoffen oder durch physikalische oder chemische Reize stimuliert. Der große Vorteil der 2-D-Elektrophorese ist dabei, dass man damit die Komplexität der nachfolgenden Proteinanalysen deutlich reduzieren kann. Die interessierenden Proteine werden aus dem komplexen Fleckenmuster mithilfe von Bildanalyseprogrammen ausgewählt: Nur diejenigen Proteine, die Unterschiede zwischen den behandelten Proben erkennen lassen, werden ausgeschnitten, mit Proteasen zu Peptiden verdaut und weiter analysiert. Die neuesten Methoden für das *Proteomic Profiling* findet man in dem Buch mit diesem Namen, herausgegeben von Anton Posch (2015).

Literatur

Anderson, N.G. und Anderson, N.L. (1978) Analytical techniques for cell fractions XXII. Two-dimensional analysis of serum and tissue proteins: multiple gradient-slab electrophoresis. *Anal. Biochem.*, **85**, 341–354.

Anderson, N.G. und Anderson, N.L. (1982) The human protein index. *Clin. Chem.*, **28**, 739–748.

Bjellqvist, B., Ek, K., Righetti, P.G., Gianazza, E., Görg, A.,Westermeier, R. und Postel, W. (1982) Isoelectric focusing in immobilized pH gradients: Principle, methodology and some applications. *J. Biochem. Biophys. Methods*, **6**, 317–339.

Bjellqvist, B., Basse, B., Olsen, E. und Celis, J.E. (1994) Reference points for comparisons of two-dimensional maps of proteins from different human cell types defined in a pH scale where isoelectric points correlate with polypeptide compositions. *Electrophoresis*, **15**, 529–539.

Garcia-Patrone, M. und Tandecarz, J.S. (1998) An improvement in the dissociating properties of sodium dodecyl sulfate-containing sample buffers used in polyacrylamide gel electrophoresis. *Cell Mol. Biol.*, **44**, 557–561.

Görg, A. und Weiss, W. (2000) Two-dimensional electrophoresis with immobilized pH gradients, in *Proteome Research: Two-Dimensional Gel Electrophoresis and Identification Methods*, (Hrsg. T. Rabilloud), Springer, Berlin, Heidelberg, New York, S. 57–106.

Görg, A., Postel, W., Günther, S. und Weser, J. (1985) Improved horizontal two-dimensional electrophoresis with hybrid isoelectric focusing in immobilized pH gradients in the first dimension and laying-on transfer to the second dimension. *Electrophoresis*, **6**, 599–604.

Görg, A., Postel, W., Weser, J., Günther, S., Strahler, J.R., Hanash, S.M. und Somerlot, L. (1987) Elimination of point streaking on silver stained two-dimensional gels by addition of iodoacetamide to the equilibration buffer. *Electrophoresis*, **8**, 122–124.

Görg, A., Postel, W., Friedrich, C., Kuick, R., Strahler, J.R. und Hanash, S.M. (1991) Temperature-dependent spot positional variability in two-dimensional polypeptide patterns. *Electrophoresis*, **12**, 653–658.

Görg, A., Boguth, G., Obermaier, C., Posch, A. und Weiss, W. (1995) Two-dimensional polyacrylamide gel electrophoresis with immobilized pH gradients in the first dimension (IPG-Dalt): The state of the art and the controversy of vertical *versus* horizontal systems. *Electrophoresis*, **16**, 1079–1086.

Görg, A., Boguth, G., Obermaier, C. und Weiss, W. (1998) Two-dimensional electrophoresis of proteins in an immobilized pH 4–12 gradient. *Electrophoresis*, **19**, 1516–1519.

Görg, A., Obermaier, C., Boguth, G. und Weiss, W. (1999) Recent developments in two-dimensional gel electrophoresis with immobilized pH gradients: Wide pH gradients up to pH 12, longer separation distances and simplified procedures. *Electrophoresis*, **20**, 712–717.

Gyenes, T. und Gyenes, E. (1987) Effect of „stacking" on the resolving power of ultrathin-layer two-dimensional gel electrophoresis. *Anal. Biochem.*, **165**, 155–160.

Hoving, S., Voshol, H. und van Oostrum, J. (2000) Towards high performance two-dimensional gel electrophoresis using ultrazoom gels. *Electrophoresis*, **21**, 2617–2621.

Hoving, S., Gerrits, B., Voshol, H., Müller, D., Roberts, R.C. und van Oostrum, J. (2002) Preparative two-dimensional gel electrophoresis at alkaline pH using narrow range immobilized pH gradients. *Proteomics*, **2**, 127–134.

Kane, L.A., Yung, C.K., Agnetti, G., Neverova, I. und Van Eyk, J.E. (2006) Optimization of paper bridge loading for 2DE analysis of the mitochondrial subproteome in the basic pH region. *Proteomics*, **6**, 5683–5687.

Langen, H., Röder, D., Juranville, J.-F. und Fountoulakis, M. (1997) Effect of protein application mode and acrylamide concentration on the resolution of protein spots separated by two-dimensional gel electrophoresis. *Electrophoresis*, **18**, 2085–2090.

Langen, H. und Röder, D. (1999) Separation of human embryonic kidney cells on narrow range pH strips. *Life Sci. News*, **3**, 6–8.

McDonough, J. und Marbán E. (2005) Optimization of IPG strip equilibration for the basic membrane protein mABC1. *Proteomics*, **5**, 2892–2895.

Moche, M., Albrecht, D., Maaß, S., Hecker, M., Westermeier, R. und Büttner, K. (2013) The new horizon in 2D electrophoresis – New technology to increase resolution and sensitivity. *Electrophoresis*, **34**, 1510–1518.

O'Farrell, P.H. (1975) High-resolution two-dimensional electrophoresis of proteins. *J. Biol. Chem.*, **250**, 4007–4021.

O'Farrell, P.Z., Goodman, H.M. und O'Farrell, P.H. (1977) High resolution two-dimensional electrophoresis of basic as well as acidic proteins. *Cell*, **12**, 1133–1142.

Olsson, I., Larsson, K., Palmgren, R. und Bjellqvist, B. (2002) Organic disulfides as a means to generate streak-free two-dimensional maps with narrow range basic immobilized pH gradient strips as first dimension. *Proteomics*, **2**, 1630–1632.

Posch, A. (Hrsg.) (2015) *Proteomic profiling. Methods in Molecular Biology*, Bd. 1295, Humana Press, Springer.

Righetti, P.G. und Hjertèn, S. (1981) High-molecular-weight carrier ampholytes for isoelectric focusing of peptides. *J. Biochem. Biophys. Methods*, **5**, 259–272.

Righetti, P.G., Tudor, G. und Gianazza, E. (1982) Effect of 2-mercaptoethanol on pH gradients in isoelectric focusing. *J. Biochem. Biophys. Methods*, **6**, 219–227.

Sabounchi-Schütt, F., Aström, J., Olsson, I., Eklund, A., Grunewald, J. und Bjellqvist, B. (2000) An immobiline DryStrip application method enabling high-capacity two-dimensional gel electrophoresis. *Electrophoresis*, **21**, 3649–3656.

Sanchez, J.-C., Rouge, V., Pisteur, M., Ravier, F., Tonella, L., Moosmayer, M., Wilkins, M.R. und Hochstrasser, D.F. (1997) Improved and simplified in-gel sample application using reswelling of dry immobilized pH gradients. *Electrophoresis*, **18**, 324–327.

Wasinger, V.C., Cordwell, S.J., Cerpa-Poljak, A., Yan, J.X., Gooley, A.A., Wilkins, M.R., Duncan, M.W., Harris, R., Williams, K.L. und Humphery-Smith, I. (1995) Progress with gene-product mapping of the mollicutes: *Mycoplasma genitalium. Electrophoresis*, **16**, 1090–1094.

Westermeier, R., Postel, W., Weser, J. und Görg, A. (1983) High-resolution two-dimensional electrophoresis with isoelectric focusing in immobilized pH gradients. *J. Biochem. Biophys. Methods*, **8**, 321–330.

Zhou, S., Bailey, M.J., Dunn, M.J., Preedy, V.R. und Emery, P.W. (2005) A quantitative investigation into the losses of proteins at different stages of a two-dimensional gel electrophoresis procedure. *Proteomics*, **5**, 2739–2747.

5 Proteinprobenvorbereitung

Prinzipiell sollten die Proteinproben so wenig wie möglich modifiziert werden. Jedoch enthalten manche Proben störende Begleitstoffe, die entfernt werden müssen. Für manche Untersuchungen müssen die Proben vorfraktioniert werden, vor allem dann, wenn die Proteingemische sehr komplex sind. Die Wahl der geeigneten Probenvorbereitungsmethode ist abhängig vom Probentypus und der Aufgabenstellung. In vielen Fällen muss der Proteingehalt der Probe ermittelt werden.

5.1 Proteinquantifizierungsmethoden

Im Folgenden werden die meistverwendeten kolorimetrischen Methoden für die Proteinquantifizierung kurz beschrieben:

- Der Bradford-Test (Bradford, 1976) basiert auf der Verschiebung des Absorptionsmaximums von Coomassie Brilliant Blau G-250 von 470 auf 595 nm, nachdem es unter sauren Bedingungen an Proteine gebunden hat. Die kolorimetrische Reaktion hängt vom Gehalt an aromatischen und basischen Aminosäuren ab. Die Absorption wird bei 595 nm gemessen. Die Bestimmung ist sehr empfindlich und kann bis zu 1 µg Proteinprobe angewendet werden.
- Der Lowry-Test (Lowry *et al.*, 1951) basiert auf einer Kombination der Biuret- und der Folin-Ciocalteau-Reaktion. Im ersten Schritt, der Biuret-Reaktion, binden die Proteine unter alkalischen Bedingungen an Kupfer und erzeugen Cu^+-Ionen. Im zweiten Schritt katalysieren die Cu^+-Ionen die Oxidation von aromatischen Aminosäuren, wobei eine Mischung aus Phosphorwolframsäure und Phosphormolybdänsäure (das Folin-Ciocalteau-Reagenz) zu Molybdänblau reduziert wird. Die Reaktion hängt hauptsächlich vom Gehalt an Tyrosin und Tryptophan ab und weniger vom Gehalt an Cysteinen und anderen Aminosäuren. Die Konzentration des reduzierten Folins wird bei einer Absorption von 540, 660 oder 750 nm gemessen. Die Bestimmung ist sehr empfindlich und kann bis zu 10 µg Proteinprobe angewendet werden.
- Der Bicinchoninsäure (BCA)-Test (Smith *et al.*, 1985) ist aus dem Lowry-Test entwickelt worden und ist eine Kombination der Biuret-Reaktion mit der ko-

Elektrophorese leicht gemacht, 2. Auflage. Reiner Westermeier.

lorimetrischen Detektion von Cu^+-Ionen mit einem Reagenz, das Bicinchoninsäure enthält. Die Bestimmung basiert auf der Reduktion von Cu^{2+} zu Cu^+ durch Peptidbindungen und der vier Aminosäuren Cystein, Cystin, Tryptophan und Tyrosin. Das violettfarbene Reaktionsprodukt entsteht durch die Chelatkomplexbildung von zwei Molekülen: BCA mit einem Cu^+-Ion. Der wasserlösliche Komplex wird bei einer Absorption von 562 nm gemessen.

Bei allen diesen Methoden werden Kalibrierungskurven mit Rinderserum Albumin (bovine serum albumin, BSA) als Standard verwendet.

Wenn Proben Harnstoff, Detergenzien und Reduktionsmittel enthalten, wie für die hochauflösende 2-D-PAGE, sind diese Proteinquantifizierungsmethoden nicht zuverlässig.

Es gibt jedoch eine Methode, die von diesen Additiven weniger beeinflusst wird, aber nicht in Gegenwart von Trägerampholyten durchgeführt werden darf:

- Die Methode nach Popov *et al.* (1975) ist besonders geeignet für Proteinbestimmungen in Gewebe. Sie basiert auf der Präzipitation von Proteinen als unlöslicher Farbkomplex mit einer sauren, ethanolischen Amidoschwarz-10B-Lösung. Nach der Präzipitation werden die Proteinfarbkomplexe abzentrifugiert. Das Pellet wird mit NaOH gewaschen und wieder in Lösung gebracht. Die hierbei frei werdende Menge an Farbstoff wird bei 624 nm gemessen und ist proportional zur Proteinmenge.

Erfahrene Anwender von 2-D-Gelen verlassen sich jedoch auf keine dieser Methoden: Sie trennen erst einen Teil der Probe mit einer eindimensionalen SDS-PAGE im Minigel und detektieren die Proteine im Gel mit „sichtbarer Fluoreszenz" nach Ladner *et al.* (2004). Die Vormarkierung erfolgt mit einem Fluoreszenzfarbstoff oder durch eine anschließende Färbung mit Coomassie Brilliant Blau. Dadurch lassen sich die Proteingehalte in den Proben grob abschätzen.

5.2
Vorbereitung von nativen Proben

Die Proteinkonzentration sollte auf ca. 1–3 mg/mL eingestellt werden. Normalerweise wird destilliertes Wasser zur Verdünnung verwendet. Für die IEF ist es besonders wichtig, dass die Probe sehr geringe Mengen an Salz- oder Pufferionen enthält. Wenn die Salzkonzentration in einer Probe höher als 50 mmol/L ist, sollte man sie mit Nap-10 oder PD-10 Säulen mit 1 mL einer Sephadex G-25 Matrix entsalzen. 1 mL Probenlösung wird dabei auf 1,5 mL Eluat verdünnt.

Für die Blau-Nativ-PAGE werden hydrophobe Protein und Komplexe mit einem milden nicht ionischen Detergens wie Dodecylmaltosid oder Digitonin in Lösung gebracht. Digitonin ist das mildeste Detergens und ermöglicht sogar die Analyse von intakten Superkomplexen. Anschließend wird Coomassie Brilliant Blau G-250 zur Probe und zum kathodischen Laufpuffer gegeben. Dieser anionische Farbstoff bindet an alle hydrophoben Proteine und Proteinkomplexe durch hydrophobe Wechselwirkungen, auch im elektrischen Feld. Alle Protein-Farbstoff-Komplexe werden in einem Puffer mit pH 7,5 negativ geladen und bleiben im Puffer auch ohne Detergens in Lösung; dadurch verringert sich das Risiko, dass detergensempfindliche Membranproteine denaturiert werden. Weil alle Komplexe negativ geladen sind und sich gegenseitig abstoßen, wird das Aggregieren von Proteinen verhindert. Im elektrischen Feld wandern alle Komplexe im Gradientengel in Richtung Anode und werden nach der Größe aufgetrennt (siehe auch Kapitel 1 und Methode 8 im Teil II).

5.3 Proben für die SDS-Elektrophorese

Abbildung 5.1 zeigt den Nativzustand von Proteinen: die Tertiärstruktur eines Polypeptidknäuels – etwas vereinfacht – und ein Protein mit einer Quartärstruktur aus mehreren Untereinheiten (IgG) – stark vereinfacht. Diese räumliche Anordnung ist bedingt durch intra- und intermolekulare Wasserstoffbrücken, hydrophobe Wechselwirkungen und Disulfidbrücken, welche z. B. zwischen Cysteinen gebildet werden können. Für die SDS-Elektrophorese müssen die Proteine aus ihrem Nativzustand in anionische SDS-Protein-Mizellen überführt werden.

5.3.1 SDS-Behandlung

Durch den Zusatz von SDS im Überschuss zu Proteinlösungen werden:

- die individuellen Ladungsunterschiede der Proteine überdeckt,
- die Wasserstoffbrücken gespalten,
- die hydrophoben Wechselwirkungen aufgehoben,

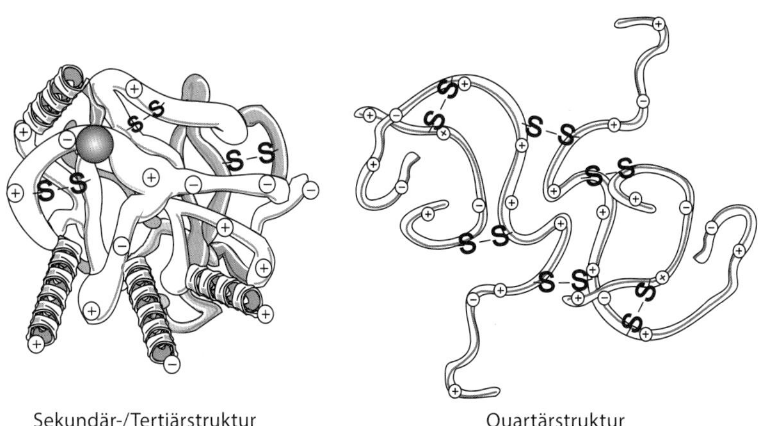

Abb. 5.1 Nativzustand von Proteinen.

- Aggregatbildungen von Proteinen verhindert,
- die Polypeptidfäden gestreckt (Aufhebung der Sekundärstruktur).

Dabei werden ca. 1,4 g SDS pro 1 g Protein gebunden. Alle Mizellen erhalten negative Ladungen proportional zur Masse. Die Strukturen von SDS-Proteinkomplexen sind von mehreren Arbeitsgruppen, Ibel *et al.* (1990); Samso *et al.* (1995); Westerhuis *et al.* (2000), intensiv untersucht worden mit dem Ergebnis, dass man diese eher mit einer „Halskettenform" als im früheren Modell, einer Ellipsoidenform, charakterisieren kann.

Dann sind die stokeschen Radien der Mizellen proportional zum Molekulargewicht (M_r), und bei der Elektrophorese erhält man eine Auftrennung in der Reihenfolge der Molekulargrößen.

Man verwendet 1–2 % (g/v) SDS in der Probenlösung, 0,1 % im Gel. Für manche Proteine, z. B. Casein, benötigt man 2 % SDS und mehr.

Die Art der Probenbehandlung ist sehr wichtig für das Trennergebnis und dessen Reproduzierbarkeit; die verschiedenen Möglichkeiten werden deshalb ausführlich beschrieben.

Stammpuffer (pH 6,8)

50 mmol/L Tris

0,4 % (g/v) SDS

mit 4 mol/L HCl auf pH 6,8 titrieren

Dies ist eigentlich der Stammpuffer für das Sammelgel – und auch für den Probenpuffer – in der original „Lämmli"-Vorschrift. Wir schlagen diesen Puffer vor, weil er mittlerweile ein Standard in der SDS-Elektrophorese geworden ist.

Für manche Proteinproben ist es besser einen basischeren Puffer, z. B. Tris-HCl pH 8,8, zu verwenden (Garcia-Patrone und Tandecarz, 1998).

5.3.1.1 Nicht reduzierende SDS-Behandlung

Manche Proben, z. B. physiologische Flüssigkeiten wie Seren, Urine, werden einfach mit einem 1 %igen SDS-Puffer ohne Reduktionsmittel inkubiert, weil man die Quartärstruktur der Immunglobuline nicht zerstören will. Bei dieser Probenvorbereitung werden die Disulfidbrücken nicht aufgespalten und deshalb werden die Polypeptidfäden nicht vollständig gestreckt (Abb. 5.2).

Eine korrekte Molekulargewichtselektrophorese ist hierbei nicht möglich: z. B. wird das Albumin (68 kDa) so schnell wandern wie ein Protein mit einem Molekulargewicht von 54 kDa.

Nicht reduzierender Probenpuffer

1 % (g/v) SDS

2,5 % (v/v) Stammpuffer pH 6,8

0,02 % (g/v) Bromphenolblau

20 % (v/v) Glycerin (nur für Vertikalgele!)

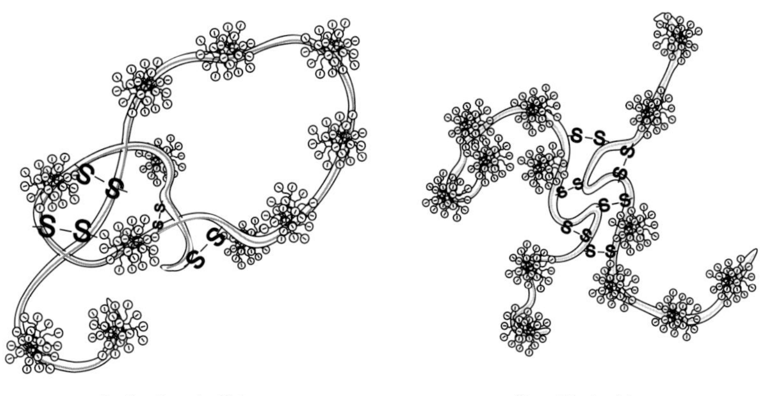

Abb. 5.2 SDS-behandelte Proteine ohne Reduzierung.

Die Probe wird 30 min bei Raumtemperatur inkubiert. Vorsicht: Erhitzen von nicht reduzierten Proben kann zur Bildung von Proteinfragmenten führen.

5.3.1.2 **Reduzierende SDS-Behandlung**

Erst durch Zugabe von Dithiothreitol (DTT) oder β-Mercaptoethanol erreicht man eine vollständige Streckung der Polypeptide und damit eine Auftrennung nach Molekulargewichten (Abb. 5.3). Durch Verwendung des weniger flüchtigen DTT anstelle von β-Mercaptoethanol ist die Geruchsbelästigung erheblich geringer; das weniger flüchtige DTT diffundiert nicht in die Spuren von nicht reduzierten Proteinen.

Reduzierender Probenpuffer

1 % (g/v) SDS
2,5 % (v/v) Stammpuffer pH 6,8
2 mmol/L EDTA[a)]
2 % (v/v) β-Mercaptoethanol oder
160 mmol/L DTT oder 5 % (v/v) DDT Stammlösung[b)]
0,02 % (g/v) Bromphenolblau
20 % (v/v) Glycerin (nur für Vertikalgele!)

a) EDTA inhibiert die Oxidation von DTT.
b) DDT Stammlösung (3,2 mol/L): 250 mg DTT in 0,5 mL Wasser auflösen.

β-Mercaptoethanol oder DTT können auch durch 50 mmol/L des geruchlosen Nicht-Thiol Tris (2-carboxyethyl)phosphin (TCEP) ersetzt werden (Burns *et al.*, 1991). Han und Han (1994) haben in ihrer Arbeit gezeigt, dass das TCEP sowohl in sauren als auch in basischen Lösungen stabil ist.

Die Probe wird für 5 min auf eine Temperatur zwischen 60 und 85 °C erhitzt. Vom Kochen wird abgeraten, weil es Proteinfragmentierung verursachen kann.

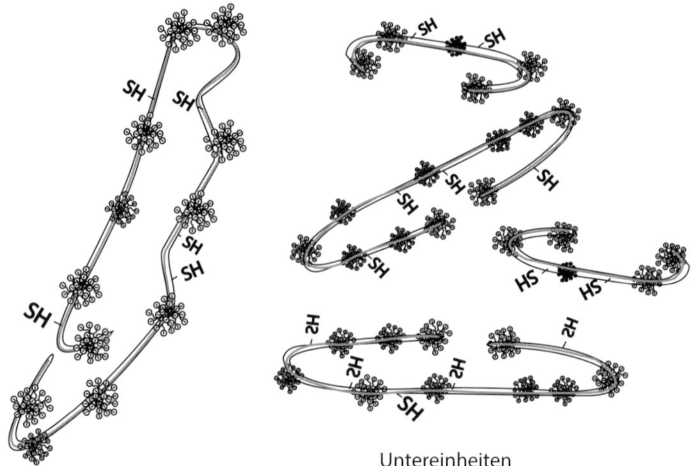

Abb. 5.3 SDS-behandelte und reduzierte Proteine.

Nach dem Abkühlen: 1 µL DTT-Lösung pro 100 µL Probenlösung zugeben. Während des Erhitzens kann das Reduktionsmittel oxidiert worden sein, auch in Anwesenheit von EDTA. Durch die nochmalige Zugabe von Reduktionsmittel werden die SH-Gruppen besser geschützt: Rückfaltungen und Aggregieren von Untereinheiten werden dadurch verhindert.

In der Praxis wird diese erneute Zugabe von Reduktionsmittel häufig vergessen: Das Resultat sind Doppelbanden – verursacht durch Rückfaltung–, zusätzliche Banden im hochmolekularen Bereich („Geisterbanden“) – verursacht durch die artifizielle Zusammenlagerung von Untereinheiten – und Präzipitat an der Probenauftragsstelle.

5.3.1.3 **Reduzierende SDS-Behandlung mit Alkylierung**

Noch besser und dauerhafter geschützt werden die SH-Gruppen durch anschließende Alkylierung mit Iodacetamid (Abb. 5.4). Dadurch erhält man scharfe Banden; bei Proteinen mit hohem Anteil an schwefelhaltigen Aminosäuren kann allerdings eine geringfügige Molekulargewichtserhöhung auftreten. Zudem verhindert man bei der Silberfärbung auftretende Artefaktlinien, weil Iodacetamid das überschüssige DTT abfängt.

Die Alkylierung mit Iodacetamid funktioniert am besten bei pH 8,0; deshalb wird ein anderer Probenpuffer mit höherer Ionenstärke (0,4 mol/L) verwendet. Bei niedrigen Probenvolumina stellt diese hohe Molarität kein Problem dar.

Iodacetamidlösung 20 % (g/v)

20 mg Iodacetamid + 100 µL H_2O_{dist}

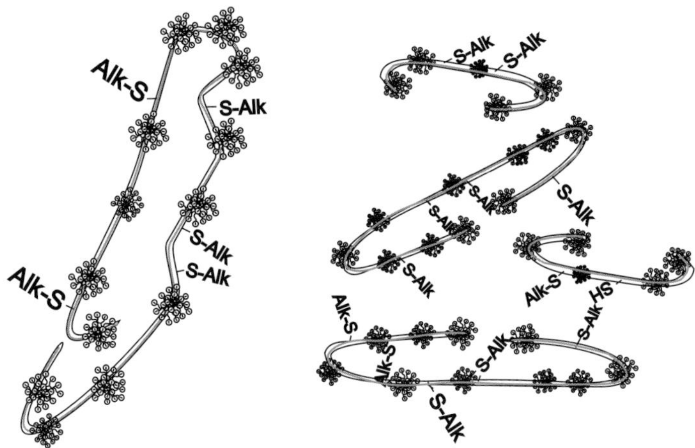

Abb. 5.4 SDS-behandelte reduzierte und alkylierte Proteine.

Probenpuffer für Alkylierung (pH 8,0)

0,4 mol/L Tris

1 % (g/v) SDS

2 mmol/L EDTA

→ 80 mL mit H_2O_{dest},

mit 4 mol/L HCl auf pH 8,0 titrieren,

160 mmol/L DTT oder 5 % (v/v) DDT Stammlösung

0,02 % (w/v) Bromphenolblau

20 % (v/v) Glycerin (nur für Vertikalgele!)

Nach dem Erhitzen der reduzierten Probe: 10 µL Iodacetamidlösung pro 100 µL Probenlösung zugeben und 30 min Inkubation bei Raumtemperatur oder bei 60 °C (Abb. 5.4).

Die zusätzliche Verdünnung der Probe durch Alkylierung kann bei der Probenvorbereitung berücksichtigt werden oder man appliziert 10 % mehr Probenvolumen.

5.3.2 Aufreinigung und Proteinanreicherung

Wenn Proben für die SDS-PAGE aufgrund der hohen Leitfähigkeit oder niedriger Proteinkonzentration schwierig zu analysieren sind – wie Eluate aus der Säulenchromatografie, ist es notwendig eine Aufreinigung oder Anreicherung durchzuführen.

5.3.2.1 Präzipitation

Eine klassische und sehr effektive Methode stammt von Wessel und Flügge (1984): Zur Probe in wässriger Lösung werden Methanol und Chloroform zugegeben. Nach Verwirbelung mit einem Vortexer und Zentrifugieren trennen sich die Phasen, und die Proteine präzipitieren an der Chloroform-Methanol-Wasser-Grenzschicht. Die störenden Detergenzien, Salze, Lipide, Phenole und Nukleinsäuren bleiben in der Lösung zurück. Dann wird das Pellet mit Methanol gewaschen und nochmals zentrifugiert. Die Proteine werden nun in SDS-Probenpuffer aufgelöst. Dadurch lässt sich die Proteinlösung höher konzentrieren als in der Originalprobe. Diese Methode hat eine der besten Proteinausbeuten aller Präzipitiermethoden. Sie funktioniert am besten in 1,5 mL Reagenzgefäßen.

Häufig werden auch kommerzielle Kits verwendet mit TCA, Deoxycholat und Aceton, basierend auf den Publikationen von Bensadoun und Weinstein (1976) und Arnold und Ulbrich-Hofmann (1999). Diese Kits können auch für größere Probenmengen eingesetzt werden.

Bei Präzipitationsmethoden benötigt man riskante Reagenzien wie TCA oder große Volumen von organischen Lösungsmitteln. Außerdem gibt es manchmal Schwierigkeiten mit der quantitativen Resolubilisierung von hochkomplexen Proteinmischungen.

5.3.2.2 Proteinanreicherung mit Affinitätskügelchen

Bonn *et al.* (2014) haben ein sehr effektives Verfahren für reproduzierbare und hohe Ausbeuten von stark verdünnten Proben durch Anreicherung mit modifizierten „StrataClean Beads“ (Agilent) entwickelt. Der grundlegende Schritt für reproduzierbare Ergebnisse ist die mehrere Stunden lange Vorbehandlung der StrataClean-Kügelchen durch saure Hydrolyse mit hochkonzentrierter Salzsäure. Die Methode ist sehr gut geeignet für die einfache Aufbewahrung und das Verschicken von getrockneten, adsorbierten Proteinproben bei normalen Umgebungstemperaturen. Allerdings ist es für den kompletten Transfer der Proteine von den Kügelchen in das SDS-Gel wichtig, die Protein mittels Elektroelution direkt in das Sammelgel zu übertragen und das DTT im SDS-Probenpuffer durch ein stärkeres Reduktionsmittel wie β-Mercaptoethanol zu ersetzten, um das Aggregieren von Proteinen zu verhindern.

5.4 Proben für die hochauflösende 2-D-PAGE

Das Ziel der hochauflösenden 2-D-PAGE ist die Trennung und Darstellung aller in der Probe enthaltenen Proteine möglichst ohne Verluste. Hierfür wird die Probe für eine denaturierende IEF in Gegenwart von Harnstoff und einem zwitterionischen Detergens der ersten Dimension. Typischerweise sind die Proben für die 2-D-PAGE hochkomplex. Die Probenbeschaffenheit hat den höchsten Einfluss auf das Trennergebnis, mehr als alle anderen Parameter der Trenntechnik. Ein

Zelllysat oder Gewebeextrakt enthält ja nicht nur Proteine und Peptide, sondern auch andere – störende – Substanzen: Salze, Lipide, Polysaccharide, Nukleinsäuren und Polyphenole (letztere in Pflanzen). Das Entfernen dieser Substanzen ist nicht trivial, weil das Risiko besteht, dass dabei auch interessierende Proteine entfernt werden. Im Prinzip gilt: Je mehr Schritte für die Probenvorbereitung unternommen werden, umso so mehr Proteine gehen verloren. Außerdem kommt es in solch heterogenen Proteingemischen häufig zu Protein-Protein-Wechselwirkungen, die Komplexe entstehen lassen, die zu groß sind, um in das Gel einzuwandern. Sie sollten aufgelöst werden, bevor die Probe auf die erste Dimension appliziert wird. Enzymaktivitäten, vor allem die der Proteasen und Phosphatasen, müssen sofort gestoppt oder ganz verhindert werden.

Man sollte immer daran denken, dass alle verwendeten Additive, Fremdsubstanzen und Maßnahmen mit einer späteren massenspektrometrischen Analyse kompatibel sein müssen. Vor allem sollte man darauf achten, dass nur Reagenzien mit höchster Reinheit verwendet werden. In dem Beispiel von Parness und Paul-Pletzer (2001) wurde der Ursprung des Keratins in Proteinflecken schließlich auf eine Kontamination im Reduktionsmittel zurückgeführt.

5.4.1 Waschen von Zellen

Zellenoberflächen werden üblicherweise mit phosphatgepufferter Salzlösung gewaschen. Das PBS muss nach dem letzten Waschschritt komplett entfernt werden, weil hohe Salzkonzentrationen im Zelllysat zur Ausbildung von horizontalen Streifen im Gel oder zu leeren Gelabschnitten führen können (siehe Abb. 4.3 in Kapitel 4). Sicherheitshalber sollte man einen zusätzlichen Waschschritt mit einer Tris-gepufferten Saccharoselösung (10 mmol/L Tris, 250 mmol/L Saccharose, pH 7) einführen. Wichtig ist, dass die Waschlösung genügend Osmotikum enthält und dass es nicht ionisch ist.

5.4.2 Zellaufschluss

Es gibt eine Reihe von Techniken für den Zellaufschluss, die Auswahl der optimalen Methode hängt hauptsächlich von der Härte der Zellwände ab:

- Einfrieren/Auftauen, osmotische Lyse oder Detergenslyse für weiche Zellwände,
- Ultraschall (auf Eis, mit kurzen Phasen um Erhitzung zu vermeiden),
- mit einer Druckdose („French pressure cell") wird eine Zellsuspension mit hohem Druck durch eine enge Öffnung gepresst, dabei werden die Zellen durch Scherkräfte aufgeschlossen,
- Mörser und Pistill setzt man ein, um feste Gewebe – meist nach Einfrieren mit flüssigem Stickstoff – zu vermahlen; bei Pflanzenmaterial erfolgt dies üblicher-

weise in Gegenwart von eiskaltem Aceton, um die Bildung von Komplexen zwischen Proteinen und Polyphenolen zu verhindern,
- „BeadBeater", Mixer oder andere mechanische Homogenisatoren.

Die Aufschlussmethode hat großen Einfluss auf 2-D-Muster, deshalb sollte die verwendete Technik im Protokoll aufgeführt werden.

5.4.3 Probennahme und -aufbewahrung

Die Proben müssen in einer kontrollierten Weise gesammelt und aufbewahrt werden. Dabei sind klinische Gewebeproben besonders kritisch, weil sie sich sehr schnell zersetzen (Sköld *et al.*, 2002). Die konventionelle Stabilisierungsmethode ist Schockgefrieren. Diese Maßnahme ist zwar im Prinzip sehr effektiv, aber während der Auftauzeit beginnen die Enzyme sofort das Proteingemisch zu modifizieren. Diese Tatsache hat die Entwicklung eines neuen Systems inspiriert, bei welchem eine Stabilisierung des Biopsiematerials durch schnelles konduktives Erhitzen im Vakuum erfolgt (Svensson *et al.*, 2009). Der wichtigste Vorteil dieses „Stabilizer" ist die Eliminierung von Enzymaktivitäten im Moment der Probennahme; dadurch erhält man einen permanenten Schutz vor dem biologischen Abbau der Probe – ohne Einsatz von Additiven – und eine Standardisierung der Probenbehandlung.

Die Lasermikrodissektion unter dem Mikroskop wird dann eingesetzt, wenn das Patientengewebematerial zur Untersuchung exakt definiert sein muss (Banks *et al.*, 1999).

Für eine 2-D-PAGE mit Silber oder Fluoreszenzfärbung benötigt man ca. 100 µg Protein in der Probe, das entspricht je nach Organismus ca. $10^7 - 10^8$ Zellen.

Zusammensetzung des „Solubilisierungsmix"

9 mol/L Harnstoff oder 2 mol/L Thioharnstoff/7 mol/L Harnstoff

4 % (g/v) CHAPS oder andere Sulfobetaine wie ASB 12, ASB 14, C7BzO

1 % (g/v) DTT oder DTE, oder 2 % (v/v) β-Mercaptoethanol

0,8 % (v/v) Trägerampholyten

0,002 % (g/v) Bromphenolblau

Die Additive haben folgende Aufgaben:

Harnstoff und Thioharnstoff

Die Chaotrope Harnstoff und Thioharnstoff wandeln die Proteine in jeweils einzelne Konformationen um, indem sie die Sekundär- und Tertiärstrukturen auflösen. Sie bringen hydrophobe Proteine in Lösung und minimieren Protein-Protein-Wechselwirkungen. Unter denaturierenden Bedingungen sind alle Ladungen in das Medium exponiert. Deshalb ist es hier möglich„ die theoretischen isoelektrischen Punkte der Polypeptide mit ihren pI-Positionen im 2-D-Gel zu vergleichen

(Bjellqvist *et al.*, 1993). Harnstoff ist in Lösung instabil: Isocyanatverunreinigungen und Erhitzung über 37 °C verursachen Carbamylierungen von Proteinen und damit die Entstehung von zusätzlichen artifiziellen Spots. Durch die Kombination von 7 mol/L Harnstoff plus 2 mol/L Thioharnstoff werden mehr hydrophobe Proteine solubilisiert (Rabilloud, 1998; Molloy, 2000).

Detergens

Detergenzien erhöhen die Löslichkeit von hydrophoben Proteinen. Zwitterionische Detergenzien, hauptsächlich Sulfobetaine wie CHAPS oder ASB12, ASB 14, C7BzO sind nicht ionischen Polyolgemischen wie Triton X-100 und Nonidet NP-40 vorzuziehen, weil letztere nicht mit der Massenspektrometrie kompatibel sind. Auch Cocktails von zwitterionischen Detergenzien sind erfolgreich für die Proteinextraktion von schwierigem Probenmaterial eingesetzt worden (Méchin *et al.*, 2003). Vuillard *et al.* (1995) haben vorgeschlagen, nicht detergierende Sulfobetaine zur Erhöhung der Löslichkeit zu verwenden.

Reduktionsmittel

Thiolreagenzien verhindern unterschiedliche Oxidationsstufen der Proteine. Manchmal muss statt DTT das stärkere Reduktionsmittel β-Mercaptoethanol für die Probenvorbereitung eingesetzt werden (aber nicht in der Rehydratisierungslösung! siehe Kapitel 4).

Während langer Trennzeiten in weiten pH-Intervallen und in basischen pH-Gradienten werden DTT-Moleküle deprotoniert und trennen sich von den Cysteinen basischer Proteine. Das verursacht Rückfaltungen, pI-Veränderungen und unspezifische Reaktionen mit Harnstoff mit horizontalen Streifen und anderen Artefakten. Wie bereits in Abschn. 4.1.5 erwähnt haben Olsson *et al.* (2002) vorgeschlagen, das DTT im Gelstreifen durch HED zu ersetzen und damit die Cysteinylgruppen zu stabilen, gemischten Disulfiden zu oxidieren. Das HED darf aber nicht in der Probe verwendet werden, nur im Gel. Die Probenzusammensetzung wird nicht geändert. Diese Methode funktioniert aber nur mit Aufgabe der Probe am anodischen Ende des Streifens. Wenn HED mit einem Reduktionsmittel gemischt würde, wie es bei einer Rehydratisierungsbeladung der Fall wäre, würde es zu β-Mercaptoethanol mit den oben erwähnten Folgen reduziert werden.

Trägerampholyte

Trägerampholyte erhöhen die Löslichkeit von Proteinen zusätzlich, indem sie ionische Puffer ersetzen. Sie stören die IEF nicht, weil sie am isoelektrischen Punkt keine Nettoladung haben.

Farbstoffe

Bromphenolblau hilft den Start der Trennung und die Laufbedingungen zu beobachten.

Behandlung der Proben mit SDS

SDS ist das beste Reagenz zur Solubilisierung von Proteinen. Da es jedoch die Ladungen überdeckt, ist es im Prinzip mit der IEF unvereinbar. SDS kann jedoch auch für 2-D-Proben verwendet werden (bis zu 2 % SDS), wenn es mit 9 mol/L Harnstoff plus 4 % (g/v) CHAPS herausverdünnt wird, bis die SDS-Konzentration unter 0,1 % ist und das Verhältnis von CHAPS zu SDS höher als 8 : 1 ist. Im elektrischen Feld trennt sich das SDS von den Proteinen und wandert zur Anode. SDS wird erfolgreich verwendet für:

- lipidreiche Proben,
- Proben mit zähen Zellwänden (Hefe, Pilze),
- Verhindern von Oligomeren in Serum, Plasma, Antikörperlösungen.

Kochen einer Probe mit 2 % SDS inhibiert auch die Proteasenaktivität.

5.4.4 Inaktivierung von Proteasen

Proteasen sind auch in Anwesenheit von Harnstoff und Detergenzien aktiv und können – nach einer gewissen Zeit – ihre Aktivität zurückgewinnen. Proteasen lassen sich von Inhibitoren inaktivieren. Eine der am meisten verwendeten Reagenzien ist *PMSF*: Es sollte aber vor der Zugabe von Thiolen verwendet werden, weil es von diesen deaktiviert wird. Außerdem ist es giftig. *Pefabloc* (AEBSF) ist weniger giftig, aber es kann die isoelektrischen Punkte einiger Proteine modifizieren (Dunn, 1993). Die Verwendung von Proteaseinhibitor-„Cocktails“ ist sehr hilfreich; diese sind speziell auf bestimmte Probentypen abgestimmt, wie z. B. für Bakterien, Säugetiere und Pflanzen. Aber nur die oben erwähnte Hitzestabilisierung oder sofortige Präzipitation der extrahierten Proteine inaktiviert Proteasen irreversibel.

5.4.5 Inaktivierung von Phosphatasen

Phosphataseinhibitoren verhindern die Modifikation des Phosphorylierungsstatus von Polypeptiden. Man verwendet Phosphotyrosin- (1–10 mmol/L Na_3VO_4) und Phosphoserin/-threonininhibitoren (1–10 mmol/L NaF).

5.4.6 Alkalische Bedingungen

Tris (weniger als 40 mmol/L) oder 25 mmol/L Spermin (Rabilloud *et al.*, 1994) in der Probe maximiert die Proteinextraktion, präzipitiert Nukleinsäuren und inhibiert Proteasenaktivität. Das Markieren von Proteinen mit Fluoreszenzfarbstoffen vor der Trennung, z. B. CyDyes™ für die Differenzgelelektrophorese (DIGE), funktioniert nur bei einem pH-Wert über 8; man kann ihn auf einfache Weise mit 100 mol/L NaOH Lösung einstellen.

5.4.7 Entfernung von störenden Substanzen

Feststoffe entfernt man mit Zentrifugieren.

Lipide gehen mit einem Überschuss von zwitterionischem Detergens (> 2 %) in Lösung oder werden durch Präzipitation entfernt.

Nukleinsäuren in der Probe verursachen horizontale Streifen im sauren Bereich und können bei der Probenapplikation am basischen Ende zusammen mit Proteinen präzipitieren.
Es gibt mehrere Möglichkeiten Nukleinsäuren zu entfernen:
- Nuklease- oder Benzonasebehandlung,
- Ultraschall (die Nukleinsäuren zerbrechen dabei in kleine Fragmente),
- Präzipitieren.

Salze in zu hohen Konzentrationen (> 50 mmol/L) verursachen leere seitliche Bereiche im Gel wie in Abb. 4.3 in Kapitel 4 gezeigt. Salz- und Pufferionen können mit den folgenden Methoden entfernt werden:
- Mikrodialyse,
- Elektrophoretisches Entsalzen bei sehr niedriger Spannung (Görg *et al.*, 1995),
- Präzipitieren.

5.4.7.1 Präzipitationsmethoden

Proteinpräzipitation hat mehrere Vorteile:

- Anreicherung von niederkonzentrierten Proteinproben,
- Entfernen von mehreren störenden Substanzen auf einmal,
- irreversible Inhibierung von Proteasen und Phosphatasen,
- Auflösung von Komplexen,
- kompatibel mit der Massenspektrometrie.

Die meisten Proteomik-Zentrallabore wenden Proteinpräzipitationsmethoden in der Routine an, um alle Proben, die aus verschiedenen Forschungsbereichen stammen, zu normalisieren und auf eine ähnliche Leitfähigkeit zu bringen. Es sind aber nicht alle Methoden mit anschließenden 2-D-PAGE und/oder der Massenspektrometrie vereinbar. Am besten funktionieren die beiden in Abschn. 5.3.2.1 beschriebenen Verfahren: Präzipitation mit Methanol und Chloroform nach Wessel und Flügge (1984) oder die kommerziellen Kits mit TCA, Deoxycholat und Aceton. Die Pellets werden in Solubilisierungsmix aufgelöst. Die komplette Resolubilisierung aller im Pellet enthaltenen Proteine kann aber Probleme bereiten. Hier sind ein paar wichtige Hinweise:

Die Pellets dürfen nicht komplett austrocknen, die Probe darf man nicht mit einem Vortexer verwirbeln, weil dabei das Detergens die Probe aufschäumen lässt. Häufig braucht die Resolubilisierung einfach genügend Zeit: Man lässt die Probe bei Raumtemperatur mehrere Stunden stehen. Anschließend darf man die Probe aber nicht mehr zentrifugieren. Sollte das Pellet nicht in Lösung gehen, kann die

Ultraschallbehandlung helfen. Aber man darf dabei die Probe nicht überhitzen. Große Pellets sind einfacher aufzulösen, wenn sie vorher zu kleineren Stücken vermahlen wurden. Außerdem ist das Einfrieren des Pellets mit Solubilisierungsmix bei −20 °C für 15 min eine sehr effektive Methode. Wenn keine dieser Methoden zum Erfolg führt, kann man das in 2 %iger SDS-Lösung erhitzen und nach dem Abkühlen mit 9 mol/L Harnstoff und 4 % CHAPS auf eine SDS-Konzentration unter 0,1 % verdünnen, das Verhältnis CHAPS zu SDS muss mindestens 8 : 1 betragen.

Von Proteinanreicherung mit Filtrationsmembranen wird abgeraten, wenn sie Polyethylenglycol (PEG) enthalten, weil die PEG-Moleküle bei der Massenspektrometrie stören.

5.4.8 Vorfraktionierung

Proben mit breiten dynamischen Bereichen der Proteinkonzentrationen sind nicht einfach zu analysieren.

5.4.8.1 Abreicherung von hochabundanten Proteinen

Serum und Plasma enthalten Proteine im Konzentrationsbereich von zwölf Größenordnungen. Wenn man Albumin, IgG und andere hochabundante Proteine mit Affinitätsmedien entfernt, steigt die Empfindlichkeit für die Detektion von anderen Proteinen erheblich (Chromy *et al.*, 2004). Bedauerlicherweise ist diese Methode kein besonders zuverlässiger Ansatz, weil wegen unspezifischen Bindungen des Säulenmaterials und Wechselwirkungen von Proteinen untereinander auch andere Proteine entfernt werden. Zudem können Abreicherungsmethoden keine Spurenproteine anreichern.

5.4.8.2 Die Equalizer-Technologie

In einem anderen Ansatz werden für alle Proteinspezies in einer biologischen Probe nicht kovalente Bindungspartner in Form von Millionen unterschiedlicher kombinatorischer Hexapeptidliganden zur Verfügung gestellt (Thulasiraman *et al.*, 2005). Dabei ist die Menge für jedes Hexapeptid limitiert. Überschüssige hochabundante Proteine finden keinen Bindungspartner und werden mit dem Säulendurchfluss entfernt. Im finalen Eluat sind dann die Konzentrationen der hochabundanten Proteine reduziert, währenddessen niederabundante Proteine angereichert werden. Diese *Equalizer* (Gleichmacher) genannte Technik wird in einem Schritt durchgeführt, und die eluierten Proteine können direkt auf ein Elektrophoresegel appliziert werden.

Diese Methode ist oft als „nicht quantitativ" kritisiert worden, weil der ursprüngliche dynamische Bereich der Mengen unterschiedlicher Proteinspezies im Ergebnis komprimiert wird. Hartwig *et al.* (2009) konnten jedoch zeigen, dass sich die Methode gut für differenzielle quantitative klinische Proteomik eignet. Hierbei sollte erwähnt werden, dass bei der klinischen Proteomik nur die quantitativen Veränderungen von sehr niederabundanten Proteinen interessieren, die hochabundanten Proteine werden nicht beachtet. Um einen komplexen Satz niederabundanter Proteine zu simulieren, wurden die Proteine eines Bakterienlysats mit einem Fluoreszenzfarbstoff markiert und davon unterschiedliche Spurenmengen in Humanserum eingeimpft. Diese künstlichen Proben wurden mit dieser „ProteoMiner™ Equalizer" Technik behandelt und direkt in 2-D-Gele getrennt. Nach Anfärbung der Gele mit einem zweiten, anderen Fluoreszenzfarbstoff wurden sie eingescannt und mit einem Auswerteprogramm auf quantitative Veränderungen untersucht. Dabei hat sich erwiesen, dass die ursprünglichen quantitativen Verhältnisse der Proteinkonzentrationen zwischen den verschiedenen Proben beibehalten wurden – natürlich solange die Kügelchen nicht mit einem Protein gesättigt waren. Keidel *et al.* (2010) haben von einem interessanten Phänomen berichtet: Sie verglichen ProteoMiner Beads (Kügelchen) mit chromatografischen *Sepabeads*, welche mit einer komplett anderen Oberflächenchemie hergestellt wurden, und beobachteten dabei das gleiche Verhalten bei der Trennung komplexer Proteingemische. Nach diesem Ergebnis würden sich sowohl Sepabeads als ProteoMiner Beads mit den Proteinen als auch mit einem generellen hydrophoben Bindungsmechanismus interagieren.

5.4.8.3 Trennung von Zellorganellen

Wenn komplette Zelllysate analysiert werden, geht die Information verloren, ob bestimmte Proteinspezies in verschiedenen subzellulären Orten vorkommen und in welchen sich gegebenenfalls Veränderungen ereignen. Eine Vorfraktionierung von Organellen (Mitochondrien, Zellkernen, Cytosol, Cytoskelett) kann deshalb ein wichtiger Teil des Experiments sein. Die gängigen Methoden sind dabei Dichtegradientenzentrifugation, trägerfreie Elektrophorese im *Free-Flow-System* oder die Verwendung eines Extraktionskits für subzelluläre Extraktion, welcher auf den unterschiedlichen Löslichkeiten von subzellulären Kompartimenten basiert (Abdolzade-Bavil *et al.*, 2004).

5.4.8.4 Vorfraktionierung nach isoelektrischen Punkten

Die trägerfreie Elektrophorese und Isoelektrische Fokussierung hat sich vielfach für die Fraktionierung von Proteingemischen in der Proteomik bewährt (Hoffmann *et al.*, 2001; Obermaier *et al.*, 2005). Die trägerfreie IEF ist eine sehr zuverlässige und reproduzierbare Technik, sie erfordert eine relativ anspruchsvolle Apparatur. Bei den einfacheren Systemen für die IEF in flüssiger Phase kann es leider passieren, dass hydrophobe Proteine an Membranen oder Netzen hängen bleiben.

5.4.9 Spezialfall: Pflanzenproteine

Die Proteinextraktion aus Pflanzengewebe ist relativ schwierig, weil Pflanzenmaterial niedrige Proteinmengen enthält, aber zugleich eine Menge störender Substanzen: Lipide, Polysaccharide, Nukleinsäuren und Polyphenole. Die Herstellung von Acetontrockenpulver nach Clements (1965) verhindert die Bildung von Protein-Polyphenol-Komplexen. Die Präzipitation mit TCA und Aceton nach Damerval *et al.* (1986) wird sehr häufig für eine direkte Extraktion aus Pflanzenmaterial eingesetzt.

Krishnan und Natarajan haben eine hilfreiche Methode zur Abreicherung von Rubisco (Ribulose-1,5-bisphosphate) entwickelt, welches ca. 60 % der löslichen Blattproteine ausmacht: durch eine Präzipitation mit 10 mmol/L Ca^{2+}-Ionen und 10 mmol/L Phytinsäure.

Literatur

Abdolzade-Bavil, A., Hayes Scott, Goretzki, L., Kröger, M., Anders, J. und Hendriks R. (2004) Convenient and versatile subcellular extraction procedure, that facilitates classical protein expression profiling and functional protein analysis. *Proteomics*, **5**, 1397–1405.

Arnold, U. und Ulbrich-Hofmann, R. (1999) Quantitative protein precipitation from guanidine hydrochloride-containing solutions by sodium deoxycholate/trichloroacetic acid. *Anal. Biochem.*, **271**, 197–199.

Banks, R., Dunn, M.J., Forbes, M.A., Stanly, A., Pappin, D.J., Naven, T., Gough, M., Harnden, P. und Selby, P.J. (1999) The potential use of laser capture microdissection to selectively obtain distinct populations of cells for proteomic analysis – Preliminary findings. *Electrophoresis*, **20**, 689–700.

Bensadoun, A. und Weinstein, D. (1976) Assays of proteins in the presence of interfering materials. *Anal. Biochem.*, **70**, 241–250.

Bjellqvist, B., Hughes, G.J., Pasquali, C., Paquet, N., Ravier, F., Sanchez, J.-C., Frutiger, S. und Hochstrasser, D. (1993) The focusing positions of polypeptides in immobilized pH gradients can be predicted from their amino acid sequences. *Electrophoresis*, **14**, 1023–1031.

Bonn, F., Bartel, J., Büttner, K., Hecker, M., Otto, A. und Becher, D. (2014) Picking vanished proteins from the void: How to collect and ship/share extremely dilute proteins in a reproducible and highly efficient manner. *Anal. Chem.*, **86**, 7421–7427.

Bradford, M.M. (1976) A rapid and sensitive method for the quantitation of microgram quantities of protein utilizing the principle of protein-dye binding. *Anal. Biochem.*, **72**, 248–254.

Burns, J.A., Butler, J.C., Moran, J. und Whitesides, G.M. (1991) Selective reduction of disulfides by tris(2-carboxyethyl)phosphine. *J. Org. Chem.*, **56**, 2648–2650.

Chromy, B.A., Gonzales, A.D., Perkins, J., Choi, M.W., Corzett, M.H., Chang, B.C., Corzett, C.H. und McCutchen-Maloney, S.L. (2004) Proteomic analysis of human serum by two-dimensional differential gel electrophoresis after depletion of high-abundant proteins. *J. Proteome Res.*, **3**, 1120–1127.

Clements, R.L. (1965) Acetone dry powder of lemons. *Anal. Biochem.*, **13**, 390–397

Damerval, C., DeVienne, D., Zivy, M. und Thiellement, H. (1986) Technical improvements in two-dimensional electrophoresis increase the level of genetic variation detected in wheat-seedling protein. *Electrophoresis*, **7**, 53–54.

Dunn, M.J. (1993) *Gel Electrophoresis of Proteins*, Bios Scientific Publishers Alden Press, Oxford.

Garcia-Patrone, M. und Tandecarz, J.S. (1998) An improvement in the dissociating properties of sodium dodecyl sulfate-containing sample buffers used in polyacrylamide gel electrophoresis. *Cell Mol. Biol.*, **44**, 557–561

Görg, A., Boguth, G., Obermaier, C., Posch, A. und Weiss, W. (1995) Two-dimensional polyacrylamide gel electrophoresis with immobilized pH gradients in the first dimension (IPG-Dalt): The state of the art and the controversy of vertical *versus* horizontal systems. *Electrophoresis*, **16**, 1079–1086.

Görg, A., Obermaier, C., Boguth, G., Csordas, A., Diaz, J.-J. und Madjar J.-J. (1997) Very alkaline immobilized pH gradients for two-dimensional electrophoresis of ribosomal and nuclear proteins. *Electrophoresis*, **18**, 328–337.

Görg, A., Boguth, G., Köpf, A., Reil, G., Parlar, H. und Weiss, W. (2002) Sample prefractionation with Sephadex isoelectric focusing prior to narrow pH range two-dimensional gels. *Proteomics*, **2**, 1652–1657.

Han, J.C. und Han, G.Y. (1994) A procedure for quantitative determination of tris(2-carboxyethyl)phosphine, an odorless reducing agent more stable and effective than dithiothreitol. *Anal. Biochem.*, **220**, 5–10.

Hartwig, S., Czibere, A., Kotzka, J., Paßlack, W., Haas, R., Eckel, J. und Lehr, S. (2009) Combinatorial hexapeptide ligand libraries (ProteoMiner™): An innovative fractionation tool for differential quantitative clinical proteomics. *Arch. Physiol. Biochem.*, **115**, 155–160.

Hoffmann, P., Ji, H., Moritz, R.L., Connolly, L.M., Frecklington, D.F., Layton, M.J., Eddes, J.S. und Simpson, R.J. (2001) Continuous free-flow electrophoresis separation of cytosolic proteins from the human colon carcinoma cell line LIM 1215: A non two-dimensional gel electrophoresis-based proteome analysis strategy. *Proteomics*, **1**, 807–818.

Ibel, K., May, R.P., Kirschner, K., Szadkowski, H., Mascher, E. und Lundahl, P. (1990) Protein-decorated micelle structure of sodium-dodecyl-sulfate protein complexes as determined by neutron scattering. *Eur. J. Biochem.*, **190**, 311–318.

Keidel, E.M., Ribitsch, D. und Lottspeich, F. (2010) Equalizer technology – Equal rights for disparate beads. *Proteomics*, **11**, 2089–2098.

Krishnan, H.B. und Natarajan, S.S. (2009) A rapid method for depletion of Rubisco from soybean (*Glycine max*) leaf for proteomic analysis of lower abundance proteins. *Phytochemistry*, **70**, 1958–1964.

Ladner, C.L., Yang, J., Turner, R.J. und Edwards, R.A. (2004) Visible fluorescent detection of proteins in polyacrylamide gels without staining. *Anal. Biochem.*, **326**, 13–20.

Lowry, O.H., Rosenbrough, N.J., Farr, A. und Randall, R.J. (1951) Protein measurement with the Folin phenol reagent. *J. Biol. Chem.*, **193**, 265–275.

Mastro, R. und Hall, M. (1999) Protein delipidation and precipitation by tri-*n*-butylphosphate, acetone, and methanol treatment for isoelectric focusing and two-dimensional gel electrophoresis. *Anal. Biochem.*, **273**, 313–315.

Méchin, V., Consoli, L., Le Guilloux, M. und Damerval, C. (2003) An efficient solubilization buffer for plant proteins focused in immobilized pH gradients. *Proteomics*, **3**, 1299–1302.

Molloy, M.P. (2000) Two-dimensional electrophoresis of membrane proteins using immobilized pH gradients. *Anal. Biochem.*, **280**, 1–10.

Obermaier, C., Jankowski, V., Schmutzler, C., Bauer, J., Wildgruber, R., Infanger, M., Kohrle, J., Krause, E., Weber, G. und Grimm, D. (2005) Free-flow isoelectric focusing of proteins remaining in cell fragments following sonication of thyroid carcinoma cells. *Electrophoresis*, **26**, 2109–2116.

Olsson, I., Larsson, K., Palmgren, R. und Bjellqvist, B. (2002) Organic disulfides as a means to generate streak-free twodimensional maps with narrow range basic immobilized pH gradient strips as first dimension. *Proteomics*, **2**, 1630–1632.

Parness, J. und Paul-Pletzer, K. (2001) Elimination of keratin contaminant from 2-mercaptoethanol. *Anal. Biochem.*, **289**, 98–99.

Popov, N., Schmitt, M., Schulzeck, S. und Matthies, H. (1975) Reliable micromethod for determination of the protein content in tissue homogenates. *Acta Biol. Med. Ger.*, **34**, 1441–1446.

Rabilloud, T. (1998) Use of thiourea to increase the solubility of membrane proteins in two-dimensional electrophoresis. *Electrophoresis*, **19**, 758–760.

Rabilloud, T., Gianazza, E., Cattò, N. und Righetti, P.G. (1990) Amidosulfobetaines, a family of detergents with improved solubilization properties: Application for isoelectric focusing under denaturing conditions. *Anal. Biochem.*, **185**, 94–102.

Rabilloud, T., Valette, C. und Lawrence, J.J. (1994) Sample application by in-gel rehydration improves the resolution of two-dimensional electrophoresis with immobilized pH gradients in the first dimension. *Electrophoresis*, **15**, 1552–1558.

Righetti, P.G., Tudor, G. und Gianazza, E. (1982) Effect of 2-mercaptoethanol on pH gradients in isoelectric focusing. *J. Biochem. Biophys. Methods*, **6**, 219–227.

Samso, M., Daban, J.R., Hansen, S. und Jones, G.R. (1995) Evidence for sodium dodecyl sulfate/protein complexe adopting a necklace structure. *Eur. J. Biochem.*, **232**, 818–824.

Smith, P.K., Krohn, R.I., Hermanson, G.T., Mallia, A.K., Gartner, F.H., Provenzano, M.D., Fujimoto, E.K., Goeke, N.M., Olson, B.J. und Klenk, D.C. (1985) Measurement of protein using bicinchoninic acid. *Anal. Biochem.*, **150**, 76–85.

Sköld, K., Svensson, M., Kaplan, A., Björkesten, L., Åström, J. und Andren, P.E. (2002) A neuroproteomic approach to targeting neuropeptides in the brain. *Proteomics*, **2**, 447–454.

Strahler, J.R., Hanash, S.M., Somerlot, L., Bjellqvist, B. und Görg, A. (1988) Effect of salt on the performance of immobilized pH gradient isoelectric focusing gels. *Electrophoresis*, **9**, 74–80.

Svensson, M., Borén, M., Sköld, K., Fälth, M., Sjögren, B., Andersson, M., Svenningsson, P. und Andrén, P.E. (2009) Heat stabilization of the tissue proteome: A new technology for improved proteomics. *J. Proteome Res.*, **8**, 974–981.

Thulasiraman, V., Lin, S., Gheorghiu, L., Lathrop, J., Lomas, L., Hammond, D. und Boschetti, E. (2005) Reduction of the concentration difference of proteins in biological liquids using a library of combinatorial ligands. *Electrophoresis*, **26**, 3561–3571.

Ui, N. (1971) Isoelectric points and confirmation of proteins. 1. Effect of urea on the behaviour of some proteins in isoelectric focusing. *Biochim. Biophys. Acta*, **229**, 567–581.

Vuillard, L., Marret, N. und Rabilloud, T. (1995) Enhancing protein solubilization with nondetergent sulfobetains. *Electrophoresis*, **16**, 295–297.

Werhahn, W. und Braun, H.-P. (2002) Biochemical dissection of the mitochondrial proteome from *Arabidopsis thaliana* by three-dimensional gel electrophoresis. *Electrophoresis*, **23**, 640–646.

Wessel, D. und Flügge, U.I. (1984) A method for the quantitative recovery of protein in dilute solution in the presence of detergents and lipids. *Anal. Biochem.*, **138**, 141–143.

Westerhuis, W.H., Sturgis, J.N. und Niederman, R.A. (2000) Reevaluation of the electrophoretic migration behavior of soluble globular proteins in the native and detergent-denatured states in polyacrylamide gels. *Anal. Biochem.*, **284**, 43–52.

6
Proteindetektion

Die allermeisten Proteine sind nicht gefärbt und enthalten nicht genügend Doppelbindungen für eine empfindliche UV-Detektion. Deshalb müssen sie entweder durch Markierung mit einem Farbstoff oder Fluoreszenzmolekül vor der Elektrophorese oder durch Anfärbung nach der Trennung sichtbar gemacht werden. Bei Kapillar- und Mikrochipelektrophoresen gibt es keine andere Wahl als UV-Detektion oder Vormarkieren. Bei der trägerfreien Elektrophorese und anderen präparativen Techniken werden die Proteine in den Fraktionen detektiert.

Generell sollte eine Detektionsmethode folgende Anforderungen erfüllen:

- hohe Empfindlichkeit,
- quantitativ,
- weite Linearität,
- breiter dynamischer Bereich,
- kompatibel mit Massenspektrometrie,
- schnell,
- ungiftig,
- umweltfreundlich,
- nicht zu teuer.

6.1
Fixierung

Nach der elektrophoretischen Trennung muss verhindert werden, dass die Proteine diffundieren und aus der Gelmatrix heraus eluieren.

6.1.1
IEF-Gele

Der Fixierschritt ist besonders kritisch bei der Isoelektrischen Fokussierung, weil die Proteine in der Matrix fixiert werden, während gleichzeitig die Trägerampholyten aus dem Gel ausgewaschen werden müssen, um die Anfärbung des Hintergrunds zu vermeiden. Die Standardmethode ist heutzutage eine Inkubation das Gels in 20 % (g/v) Trichloressigsäure (TCA).

Elektrophorese leicht gemacht, 2. Auflage. Reiner Westermeier.

Die Kolloidalfärbung für IEF-Gele kombiniert Fixierung und Färbung zu einem Schritt (Diezel *et al.*, 1972; Blakesley und Boezi, 1977); sie fixiert sogar Oligopeptide mit 10–15 Aminosäuren. Kleinere Peptide können nicht mit einer Säure fixiert werden. Gianazza *et al.* (1979, 1980) haben vorgeschlagen, ultradünne IEF-Gele auf Filterpapier zu trocknen und die Peptide mit spezifischen Aminosäurefärbungen oder Iodfärbung nachzuweisen.

In Agarosegelen und in dünnen IEF-Polyacrylamidgelen können Proteine spezifisch mit Immunfixation festgehalten werden: Hier wird das Gel 90 min bei 37 °C in einer Antikörperlösung inkubiert. Die nicht fixierten Proteine werden mit einer Waschlösung aus PEG 6000 (Polyethylenglycol) und PBS (phosphatgepufferte Salzlösung) aus dem Gel entfernt.

6.1.2
Agarosegele

Agarosegele müssen vor der Färbung auf einer Glasplatte oder einer Trägerfolie getrocknet werden. Getrocknete Agarosegele quellen in Flüssigkeiten nicht an.

6.1.3
SDS-Polyacrylamidgele

Für SDS-Polypeptidmizellen ist eine Fixierung mit 10 % Essigsäure/40 % Alkohol (Ethanol, Isopropanol oder Methanol) bei freien Gelplatten und mit 10 % Essigsäure/15 % Alkohol bei trägerfoliegebundenen Gelen ausreichend.

Für niedermolekulare Peptide verhindert man die Diffusion durch eine Vernetzung mit 0,2 % (g/v) Glutaraldehyd + 0,2 mol/L Natriumacetat in 30 % Ethanol.

6.2
Färbungen nach der Elektrophorese

6.2.1
Organische Farbstoffe

Früher wurde hauptsächlich *Amidoschwarz 10 B* benutzt, vor allem bekannt von der klinischen Serumelektrophorese in Celluloseacetatfolien und Agarosegelen. Für Polyacrylamid- und Agarosegele hat sich das empfindlichere *Coomassie Brilliant Blau* (Fazekas de St Groth *et al.*, 1963) durchgesetzt, ein anionischer Triphenylmethanfarbstoff, der in zwei Modifikationen angewandt wird: Coomassie R-250 mit einer rötlichen und Coomassie G-250 mit einer grünlichen Tönung. Die G-Version besitzt zwei zusätzliche Methylgruppen und ist dadurch hydrophober. Im sauren Milieu bindet der Farbstoff über elektrostatische und hydrophobe Wechselwirkungen an die Aminogruppen. Die Coomassie-Färbung ist einfach durchzuführen, gut quantifizierbar und ist nicht teuer. Bis zu 15 ng Protein können noch detektiert werden. Man sollte immer berücksichtigen, dass die Detektionsempfindlichkeit für jede Proteinspezies anders ist: sie hängt von der Struktur ab.

6.2.1.1 Monodisperse Coomassie-Brilliant-Blau-Färbung

Nach den Originalvorschriften wird der Coomassie-Farbstoff in einer monodispersen Lösung mit 45 % (v/v) Methanol und 10 % Essigsäure verwendet. Bei dieser Methode muss der Hintergrund mit 25 % (v/v) Methanol und 10 % Essigsäure entfärbt werden.

Manche Proteine, z. B. Collagenhydrolysate, entfärben in Gegenwart von Alkoholen schneller als der Hintergrund. In solchen Fällen ist es besser, eine Heißfärbung (50 °C) mit 0,01 % (g/v) Coomassie R-350 in 0,5 % (g/v) Phosphorsäure/3 % (v/v) Essigsäure – ohne Alkohol – zu verwenden. Mit dieser Variante fixiert man auch kleinere Peptide sehr effektiv und direkt.

6.2.1.2 Kolloidale Coomassie-Brilliant-Blau-Färbung

Die höchste Empfindlichkeit und die beste Reproduzierbarkeit erhält man mit der kolloidalen Coomassie-Färbemethode nach Neuhoff *et al.* (1988) mit ein paar kleinen Modifikationen: Nach der Fixierung und kurzem Waschen mit Wasser wird das Gel in die Färbelösung mit 0,01 % Coomassie G-250 in kolloidaler Form in 10 % (g/v) Ammoniumsulfat, 2 % (g/v) Phosphorsäure plus 20 % (v/v) Ethanol oder Methanol gelegt. Die Färbung dauert 3 h bis über Nacht. Das Entfärben geschieht mit mehreren Bädern in entionisiertem Wasser.

Im Review-Artikel über Proteinfärbung für Proteomik haben Miller *et al.* (2006) einige weitere Modifikationen der Neuhoff-Methode erwähnt; in der Praxis jedoch hat sich die oben beschriebene Methode als die empfindlichste bewährt.

6.2.1.3 Acid-Violet-17-Färbung für IEF-Gele

Acid Violet 17, erstmals für die IEF von Patestos *et al.* (1988) verwendet, ist der hierfür der empfindlichste Farbstoff, die Färbemethode die schnellste. Nach dem Fixieren in TCA und Waschen in 3 % (v/v) Phosphorsäure wird das Gel für 10 min mit 0,1 (g/v) Acid Violet 17 in 10 % (v/v) Phosphorsäure angefärbt. Entfärbt wird mit Wasser.

6.2.2 Silberfärbung

Der Hauptgrund für die Anwendung von Silberfärbung ist die hohe Nachweisempfindlichkeit bis herunter zu 100 pg pro Bande. Außerdem ist die Methode relativ preisgünstig, und – obwohl es ein vielstufiger Prozess ist – sind die Ergebnisse relativ schnell verfügbar. Idealerweise sind die Banden oder Spot dunkelbraun bis schwarz vor einem leicht beigen Hintergrund.

Im Folgenden sind drei Konzepte beschrieben.

6.2.2.1 **Kolloidale Silberfärbung**

Die erste Silberfärbungsrezeptur stammt von Kerenyi und Gallyas (1972): Die Methode wurde für die Detektion von oligoklonalen Immunglobulinbanden von humaner Rückenmarkflüssigkeit in Agarosegelen eingesetzt. Die kolloidale schnelle Silberfärbungsmethode von getrockneten Agarosegelen nach Willoughby und Lambert (1983) in Anwesenheit von Wolframatokieselsäure basiert auf dieser Technik. Diese Modifikation wird auch für getrocknete Polyacrylamidgele als einstufige Färbung angewendet, die Empfindlichkeit ist aber erheblich niedriger als bei den mehrstufigen Techniken, die im Folgenden beschrieben werden.

6.2.2.2 **Silbernitratfärbung**

Mittlerweile gibt es viele Modifikationen der ursprünglich von Switzer *et al.* (1979) eingeführten Silberfärbung von Polyacrylamidgelen. Die Rezepturen von Heukeshoven und Dernick (1985) und Blum *et al.* (1987) sind einfach und reproduzierbar durchzuführen und haben eine hohe Nachweisempfindlichkeit. Nach der Fixierung und der Entfernung des SDS-Puffers werden die Gele mehrfach mit entionisiertem Wasser gewaschen, die Proteine mit Glutaraldehyd im Gel vernetzt und zugleich mit Natriumthiosulfat empfindlich gemacht (Sensitizer). Nach ein paar weiteren Waschungen inkubiert man das Gel mit Silbernitrat und einer kleiner Menge Formaldehyd. Die Entwicklung erfolgt unter visueller Kontrolle mit Formaldehyd bei basischen pH-Bedingungen in Gegenwart von Natriumcarbonat. Wenn die Banden oder Spots sichtbar sind, wird die Reaktion mit einer 1 %igen (g/v) Glycinlösung gestoppt. Alternative Stopplösungen mit Essigsäure oder EDTA sind nicht empfehlenswert, weil sie ein Nachdunkeln des Hintergrunds und Verblassen der Banden bewirken. Ein Beispiel eines silbergefärbten 2-D-Gels findet man in Abb. 4.2. Wenn man die Färbung kompatibel für die Massenspektrometrie machen will, müssen der Sensitizer- und Silberschritt modifiziert werden: Das Glutaraldehyd muss weggelassen werden, und der Silberschritt wird ohne Formaldehyd durchgeführt (Shevchenko *et al.*, 1996; Yan *et al.*, 2000; Mørtz *et al.*, 2001).

6.2.2.3 **Ammoniakalische Silberfärbung**

Oakley *et al.* (1980) haben die erste Version der ammoniakalischen Silberfärbung entwickelt. Nach dem Fixieren, Sensitizer-Schritt und mehrfachen Waschen zwischendrin wird das Gel in einer alkalischen ammoniakhaltigen Silberlösung inkubiert. Die Entwicklung der Banden erfolgt mit Formaldehyd im sauren Milieu mit Zitronensäure. Das Stoppen sollte auch hier mit Glycinlösung durchgeführt werden. Die Methode hat ein paar Nachteile bzw. Einschränkungen: Man benötigt zehnmal so viel Silber wie für die Silbernitratfärbung, sie ist nicht kompatibel mit Tris-Tricin-Gelen, bei kleinen Verunreinigungen in einer der Lösungen kann ein Silberspiegel auf dem Gel entstehen. Auch diese Vorschrift kann für anschließende Untersuchungen mit der Massenspektrometrie modifiziert werden (Chevallet *et al.*, 2006). Die ammoniakalische Silberfärbung ist die empfindlichste Methode für IEF-Gele (Wurster, 1983).

Die Silberfärbung findet hauptsächlich an der Geloberfläche statt. Aus diesem Grund können die Proteine in Spots oder Banden mit der Massenspektrometrie weiter analysiert werden. Allerdings gibt es Schwierigkeiten mit der Reproduzierbarkeit, weil sie keine Endpunktmethode ist: Der Zeitpunkt des Abstoppens der Entwicklung wird von der ausführenden Person entschieden und kann deshalb variieren. Außerdem ist sie für quantitative Aussagen stark limitiert, da sie nur einen engen dynamischen Bereich abdeckt; man bekommt schnell gesättigte Banden und hochabundante Proteinzonen sind wegen Übersättigung im Inneren heller als am Rand. Manche Proteinzonen erscheinen sogar als negative Banden oder Spots gegen einen leichten Hintergrund.

Kritisch ist das Material aus dem die Färbewannen bestehen: Manche Plastikwannen enthalten Weichmacher, welche Silbernitrat zu metallischem Silber reduzieren. Im Zweifelsfall sollte man Glas- oder rostfreie Stahlwannen verwenden. In Methode 11 wird allerdings eine praktische, silberfärbungskompatible Mehrfachbox vorgestellt. Artifizielle Linien im Bereich zwischen 50 und 65 kDa – von Ochs (1983) als Keratinverunreinigung verdächtigt – verschwinden, wenn man die Proteinproben vor der Trennung alkyliert. Die Effektivität der Silberfärbung wird erhöht, wenn man das Gel mit Coomassie Blau vorfärbt, dann gibt es auch keine negativen Zonen mehr.

6.2.3 Negativfärbung

Negative Färbemethoden haben den Vorteil reversibel zu sein. Die Proteine werden dabei weder fixiert noch sonstwie modifiziert. Man kann damit die elektrophoretische Trennung bei Raumtemperatur „einfrieren" und später eine weitere Trennung, Elektrotransfer, Elution oder einen Im-Gel-Verdau durchführen. Die Nachweisempfindlichkeit liegt zwischen der von Coomassie- und Silberfärbung. Negative Färbungen kann man nicht quantifizieren.

6.2.3.1 Kupferfärbung

Bei der Methode nach Lee *et al.* (1987) werden die Gele direkt nach der Elektrophorese in 0,3 mol/L $CuCl_2$ Lösung inkubiert. Innerhalb von 5 min entsteht ein weißlicher Hintergrund, die Proteinzonen bleiben transparent. Der Hintergrund kann durch eine Chelatisierung des Kupfers mit EDTA wieder entfernt werden.

6.2.3.2 Imidazol-Zink-Färbung

Von Fernandez-Patron *et al.* (1992) stammt die reversible Zn^{2+}-Färbemethode: Zink, SDS und Imidazol bilden einen Salzkomplex, der im Polyacrylamidgel präzipitiert, aber in Gegenwart von Proteinen löslich bleibt. Damit bleiben die Proteinzonen als transparente Banden sichtbar gegen einen undurchsichtigen weißen Hintergrund. Auch diese Färbung kann mit EDTA-Lösung rückgängig gemacht werden.

6.2.4 Fluoreszenzfärbung

Fluoreszenz ist eine Lichtemission von bestimmten Molekülen, welche Licht absorbieren können, ihr Energieniveau kurz auf einen höheren Erregungszustand anheben und dann während des Abklingens Licht mit niedrigerer Energie – einer größeren Wellenlänge – aussenden. Diese Fluoreszenzfarbstoffe bestehen hauptsächlich aus polyaromatischen Hydrocarbonen oder heterozyklischen Verbindungen. Die Intensität des ausgesendeten Lichts wird mit einem Scanner oder einem CCD-Kamerasystem gemessen, wobei man Schmalbandfilter einsetzt, um das Signal von Streulicht und dem Anregungslicht zu separieren. In Abb. 6.1 ist ein Beispiel für das Anregungs- und Emissionsspektrum eines Fluorophors gezeigt, die Differenz zwischen den Scheitelpunkten der Spektren wird als Stokes-Verschiebung bezeichnet.

Die Fluoreszenzdetektion kombiniert die Vorteile eines sehr weiten linearen dynamischen Bereiches mit der hohen Nachweisempfindlichkeit und einer ausgezeichneten Reproduzierbarkeit, weil sie eine Endpunktmethode ist. Der Durchbruch für die Fluoreszenzdetektion für Proteine wurde vom Farbstoff SYPRO® Ruby erreicht, mit dem man bis 1 ng Protein nachweisen kann (Berggren *et al.*, 2000). Lamanda *et al.* (2004) haben eine neue Vorschrift für einen im Labor hergestellten, Farbstoff Ruthenium-II- tris-bathophenantrolindisulfonat (RuBP) publiziert, welcher die Empfindlichkeit um das Zehnfache steigert.

Daraufhin kamen mehrere neue Fluoreszenzfarbstoffe auf den Markt: unter ihnen Flamingo Red (Bio-Rad) und Krypton (Pierce). Mackintosh *et al.* (2003) haben ein in der Natur existierendes heterozyklisches Fluorophor *Epicocconon* im

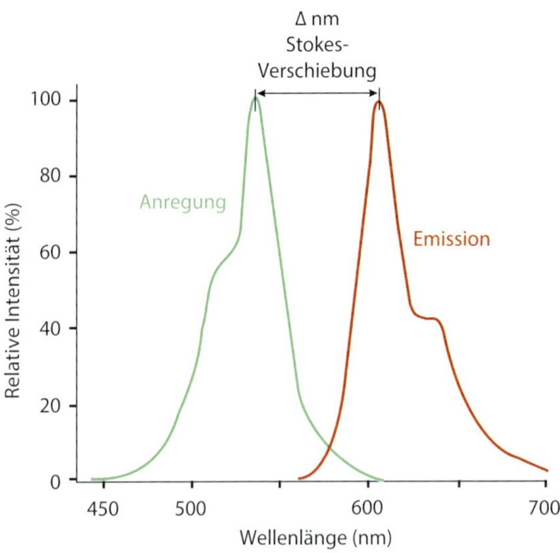

Abb. 6.1 Diagramm des Anregungs- und Emissionsspektrums eines Fluorophors.

Pilz *Epicoccum nigrus* entdeckt. Dieses Molekül entwickelt nur dann Fluoreszenzeigenschaften, wenn es an ein Protein bindet; deshalb gibt es dabei keine Sprenkel im Hintergrund. Weil die Wechselwirkung mit Lysinen reversibel ist, gibt es keine Probleme mit nachfolgenden massenspektrometrischen Analysen. Seit kurzem gibt es ein von Peixoto *et al.* (2014) ein synthetisiertes Analog des Epicocconon mit weiter verbesserten Eigenschaften, vertrieben unter dem Namen „ServaPurple".

Die Färbewannen dürfen vorher nicht für Coomassie Blau verwendet worden sein, weil dies Präzipitation des Farbstoffs auslösen kann. Manche Fluoreszenzfarbstoffe dürfen nicht mit einem Metall in Kontakt kommen; für manche muss die Färbung im Dunkeln durchgeführt werden. Fluoreszenzfarbstoffe sind nicht mehr teuer, man braucht aber einen Fluoreszenzscanner oder ein geeignetes Kamerasystem.

6.2.5 Spezifische Detektion

6.2.5.1 Proteine mit posttranslationalen Modifikationen

Glykoproteine

Die klassische Methode zur Detektion von Glykoproteinen basiert auf Periodsäure/schiffschem Reagenz (PAS) nach Zacharius *et al.* (1969) oder Kapitany und Zebrowski (1973). Die Carbohydrate werden erst mit Periodsäure oxidiert und dann mit dem schiffschen Reagenz angefärbt, nach ein paar Stunden im Kühlschrank sieht man rosarote Banden im Gel. Bei der alternativen Technik nach Wardi und Allen (1972) wird statt Schiffschem Reagenz der Farbstoff Alcian Blau verwendet. Das Signal kann entweder durch Silberfärbung (Min und Cowman, 1986) oder durch Fluoreszenz (Eckhardt *et al.*, 1976) verstärkt werden. Bedauerlicherweise gibt es bei all diesen Färbungen, einschließlich der kommerziellen Variante mit „Pro-Q-Emerald" (Hart *et al.*, 2003), manchmal falsch-positive Banden. Die sicherste Detektion von Glykoproteinen erreicht man über Western Blotting durch die Detektion mit Digoxigenin (DIG)-markierten Lektinen.

Phosphorproteine

Neben der Mobilitätsverschiebungselektrophorese (Phos-tag, siehe Abschn. 1.3.4.3) kann man phosphorylierte Proteine auch durch spezifische Fluoreszenzfärbung mit „Pro-Q-Diamond" (Steinberg *et al.*, 2003) oder Quercetin (Wang *et al.*, 2014) visualisieren.

6.2.5.2 Isoenzyme

Zymogrammtechnik

Nach nativer Agarose- oder Polyacrylamidgelelektrophorese oder IEF wird das Gel in einer Substratlösung bei optimalem pH-Wert inkubiert; die Reaktion wird dann mit einer Farbreaktion, meistens mit einem Diazofarbstoff wie Fast Blue B gekoppelt. Die Isoenzymbanden entwickeln sich sehr rasch. Die Nachweisempfindlichkeit dieser Methoden ist sehr hoch, weil eine geringe Menge Enzym viel Substrat umsetzt. Für die Detektion von Enzyminhibitoren werden die Gele in einer Pufferlösung mit Substrat und Enzym inkubiert. Die Inhibitoren erscheinen als Negativbanden gegen einen gefärbten Hintergrund.

Man kann das Substrat auch gleich in die Gelmatrix mit einpolymerisieren, wie z. B. Carboxymethylcellulose für die Detektion von Cellulasen nach Goren und Huberman (1976). Nach der Elektrophorese der rohen Extrakte wird das Gel in Natrium-Kalium-Phosphatpuffer eingelegt. Die Reaktion wird nach einer bestimmten Zeit durch Ansäuern mit 60 %iger Schwefelsäure gestoppt. Daraufhin inkubiert man die Gele in 2 %igem Kaliumiodat + 0,2 % I_2. Die Cellulasebanden bleiben ungefärbt.

Zymographie mit SDS-PAGE

Zymographie ist eine Isoenzymdetektionsmethode, die auf der SDS-PAGE basiert. Das Substrat (z. B. Gelatine, Casein, Albumin, Hämoglobin) wird mit der Monomerlösung vermischt (Lantz und Ciborowski, 1994). Die Proben werden mit SDS-Puffer inkubiert aber nicht reduziert oder erhitzt. Nach der Elektrophorese wird das SDS durch Äquilibrierung in einem großen Volumen einer verdünnten Lösung mit nicht ionischem Detergens ausgewaschen. Die Enzymbanden werden mit einer Substratreaktion bei 37 °C und einer anschließenden Färbung mit Coomassie Blau visualisiert: Die Enzymbanden bleiben ungefärbt. Mit der umgekehrten Zymographie kann man Proteaseinhibitoren detektieren, indem man beide, ein Proteinsubstrat und die zu untersuchende Protease mit ins Gel einpolymerisiert. Nach der Entfernung von SDS und der Inkubation erscheinen die Inhibitorbanden positiv gefärbt.

Eine umfangreiche Zusammenstellung von Zymogramm- und Zymographiemethoden findet man in dem Buch von Manchenko (2002).

6.2.6
Visualisierung ohne Färbung

Ladner *et al.* (2004) haben eine elegante Methode zur Proteindetektion in Polyacrylamidgelen ohne Färbung entwickelt. Wenn spezielle Trihaloverbindungen in das Gel mit einpolymerisiert werden, verbinden sich diese bei Aktivierung unter UV-Licht kovalent mit Tryptophan und senden ein Fluoreszenzsignal aus. Für Proteine mit einem Tryptophangehalt über 1,5 % ist die Nachweisempfindlichkeit vergleichbar mit der Coomassie-Blau-Färbung. Tryptophanarme und -freie Proteine werden nicht detektiert. Ein großer Vorteil ist die Schnelligkeit der Visualisierung, das Wegfallen der Fixierung, Färbung und Entfärbung und die Vermeidung von organischem Abfall.

6.3 Proteinmarkierung

6.3.1 Proteinmarkierung mit Fluorophoren

Die Vorteile der direkten Detektion gelten auch für die Proteinmarkierung vor der Elektrophorese. Meist wird ein Fluoreszenzmolekül kovalent an die ε-Aminogruppe des Lysins und des N-Terminus über einen N-Hydroxy-succinimide-Ester (NHS) gebunden. Es gibt eine Reihe von Publikationen zur Proteinmarkierung unter Nativbedingungen für Kapillar- und Mikrochipelektrophoresen (Craig *et al.*, 2005; Ramsy *et al.*, 2009; Schulze *et al.*, 2010). Die Proteinmarkierung für gelelektrophoretische Methoden funktioniert am besten bei denaturierten Proteinen, mit SDS oder hochkonzentriertem Harnstoff (mit oder ohne Thioharnstoff). Die

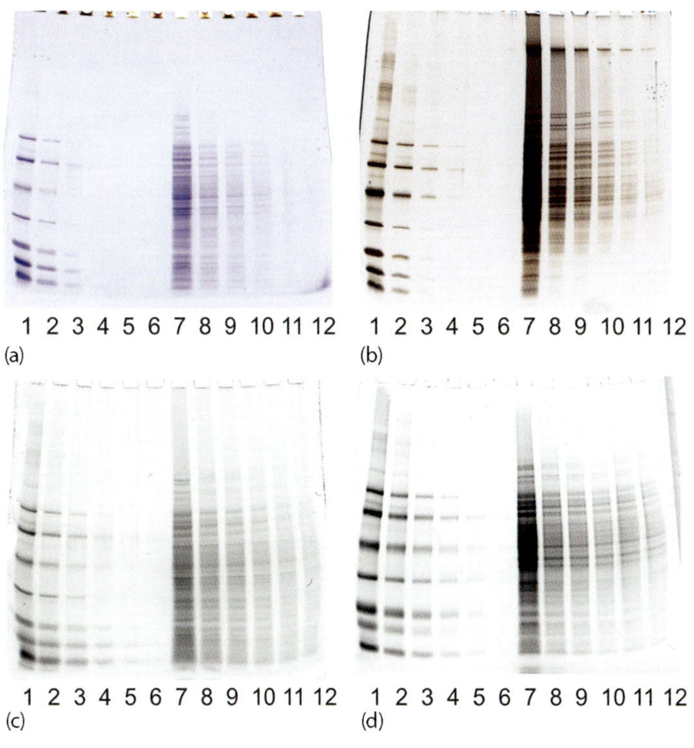

Abb. 6.2 SDS-Elektrophoresen in SERVAGel™ PRiME TG 4-20. Trennspuren 1–6: SERVA Proteintestmischung 6: 5 µg, 1 µg, 0,2 µg, 40 ng, 8 ng, 1,6 ng. Trennspuren 7–12: *E. coli*-Lysat mit einem Proteingehalt von 25 µg, 5 µg, 1 µg, 0,5 µg, 250 ng, 125 ng. Die Proteindetektion erfolgte mittels: (a) Färbung mit Coomassie Brillant Blau R-250; (b) Silberfärbung; (c) Färbung mit SERVA Purple; (d) Vormarkierung mit SERVA LightningRed, gescannt bei 532 nm Anregungswellenlänge mit 630 nm Bandpassfilter – Von Griebel *et al.* (2013b). Mit freundlicher Genehmigung von Springer Science+Business Media.

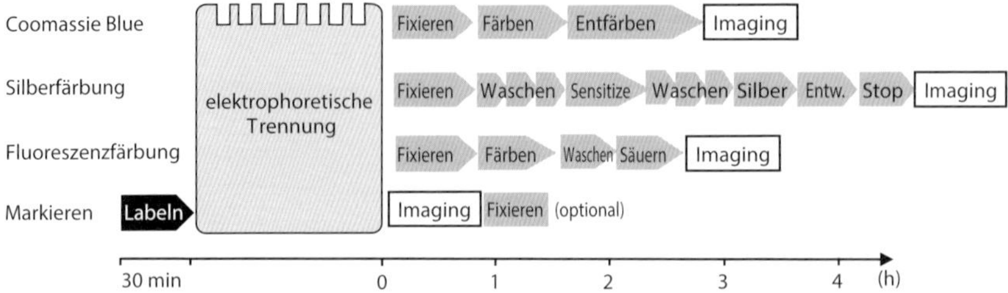

Abb. 6.3 Diagramm für den Arbeitsablauf bei Proteindetektionsmethoden. Modifiziert nach Griebel *et al.* (2013b). Mit freundlicher Genehmigung von Springer Science+Business Media.

ersten Proteinmarkierungen mit Fluoreszenzfarbstoffen wurden für 2-D-Elektrophoresen angewendet, entweder nach der IEF vor dem SDS-Schritt (Urwin und Jackson, 1991) oder vor der IEF (Urwin und Jackson, 1993) mit Monobromobiman. Inzwischen gibt es eine Reihe weiterer Farbstoffe, wie T-Rex (NH-Dyeagnostics, Halle, Germany), Py-1 (Meier *et al.*, 2008) und SERVA LightningRed (Griebel *et al.*, 2013a). Diese sind einfacher zu handhaben, weniger gesundheitsschädlich, empfindlicher und haben einen weiten dynamischen Bereich. Wie in Abb. 6.2 zu sehen ist, erreicht man mit Proteinmarkierung die gleiche Empfindlichkeit wie mit Silberfärbung, aber ohne Sättigung der abundanten Proteinbanden. Bei Verwendung von nicht fluoreszierenden Glasplatten kann man die Banden direkt in der Kassette detektieren; Trägerfilme für Horizontalgele dürfen ebenfalls keine Autofluoreszenz besitzen.

Zusätzlich zu den Vorteilen der Fluoreszenzdetektion vereinfacht Proteinmarkierung den Elektrophorese- und Detektionsarbeitsablauf erheblich (Abb. 6.3).

6.3.2
Radioaktive Markierung von lebenden Zellen

Die empfindlichste und am besten quantitative Methode ist das Markieren von Proteinen mit ^{35}S- oder ^{32}P-Isotopen während des Wachstums und anschließende Belichtung auf eine Speicherfolie, die mit einem Laser gescannt wird. Weniger als 1 pg Protein kann detektiert werden.

6.4
Differenzgelelektrophorese (DIGE)

Für die Differenzgelelektrophorese werden die Proteine mit modifizierten fluoreszierenden Cyaninfarbstoffen markiert (Ünlü *et al.*, 1997). Die Farbstoffe müssen folgende Anforderungen erfüllen:

- ladungs- und größenangepasst,
- hohe Nachweisempfindlichkeit,

- pH-Wert- und lichtstabil,
- unterschiedliche Spektren.

Nach dem Markieren mit unterschiedlichen Farbstoffen werden die Proben gemischt und auf dasselbe Gel aufgegeben. Die unterschiedlichen 2-D-Muster werden mit einem Fluoreszenzscanner oder einem -kamerasystem bei unterschiedlichen Anregungswellenlängen aufgezeichnet (siehe Abb. 6.4). Die Multiplexeigenschaft von DIGE ermöglicht es, einen internen Standard mitzuführen, der sich aus einem Gemisch von Aliquoten aus sämtlichen Proben des Experiments zusammensetzt. Timms und Cramer (2008) haben einen ausführlichen Übersichtsartikel über die DIGE-Methode publiziert, eine Sammlung von Arbeitsvorschriften findet man in dem Buch über DIGE (herausgegeben von Cramer und Westermeier, 2012).

Es gibt zwei Konzepte: Minimalmarkierung an den Lysinen und Sättigungsmarkierung an den Cysteinen.

6.4.1 Minimal-Lysinmarkierung

Die Farbstoffe binden an die ε-Aminogruppe des Lysins über einen NHS-Ester. Es sind drei Farbstoffe mit unterschiedlichen Anregungs- und Emissionswellenlängen verfügbar: Cy2, Cy3 und Cy5. Man verwendet die Farbstoffe im Unterschuss, damit nur etwa 3–5 % der Proteine markiert werden. Auf diese Weise verhindert man, dass die Proteine zu hydrophob werden und dass mehrfach markierte Proteine entstehen, die als vertikale Spotreihe erscheinen würden.

Die 2-D-Muster sind qualitativ gleich mit den Mustern von nicht markierten Proteinen. Es ist wichtig die Markierung unter exakt kontrollierten Bedingungen durchzuführen:

- Der pH-Wert muss auf pH 8,5 eingestellt werden.
- Die Probe darf keine Trägerampholyten und Reduktionsmittel enthalten; diese werden nach der Markierung zugegeben.
- Eine halbe Stunde auf Eiswasser reagieren lassen.
- Nach der Originalvorschrift soll man die Reaktion durch Zugabe von Lysin stoppen; das ist aber in der Praxis nicht nötig.

Die verschiedenen Proben, z. B. gesunde und kranke Gewebeextrakte, und der *gepoolte* Standard werden mit den verschiedenen Fluorophoren markiert und zusammen im selben Gel aufgetrennt (siehe Abb. 6.4a). Wie man in Abb. 6.4b – bei der Überlagerung der Muster mit Falschfarbendarstellung – erkennen kann, wandern die gleichen Proteine aus unterschiedlichen Proben zu denselben Positionen, auch wenn sie unterschiedlich markiert worden waren. Die isoelektrischen Punkte ändern sich nicht, weil die CyDye™ Farbstoffe eine puffernde Gruppe mit demselben pK –Wert haben wie die ε-Aminogruppe des Lysins. Die addierten Molekulargewichte liegen sehr nahe beieinander: 434–464 Da; somit sind die Unterschiede der Wanderungsgeschwindigkeit geringer als das Auflösungsvermögen

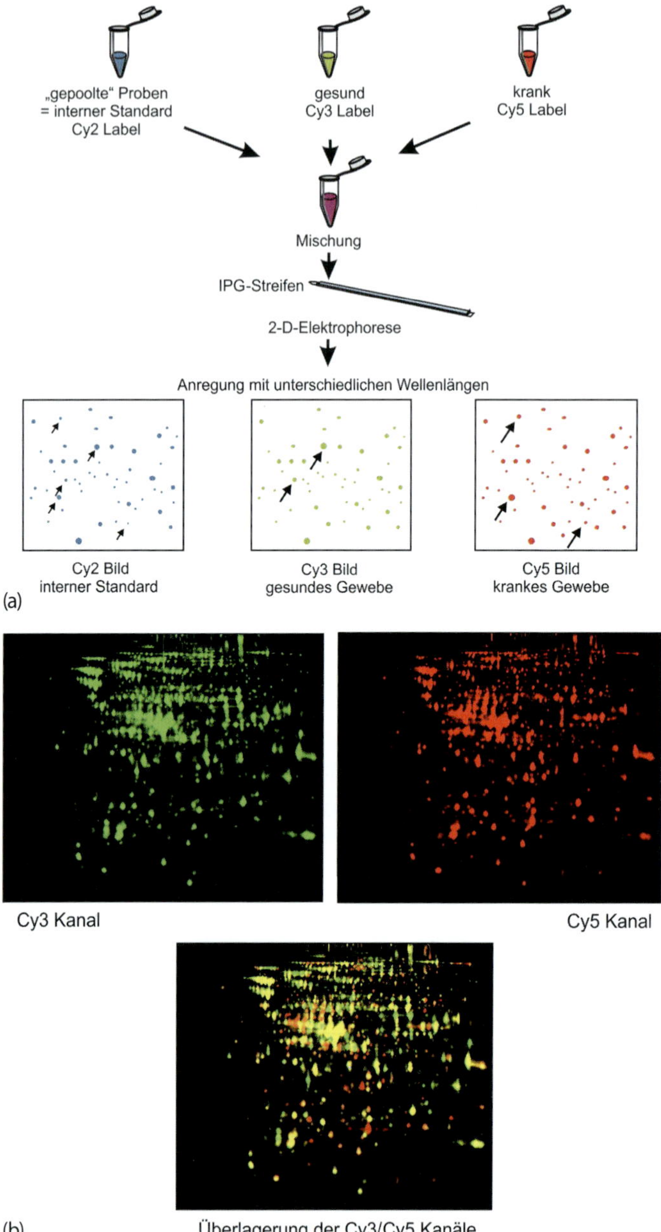

Abb. 6.4 Differenzgelelektrophorese (DIGE): (a) Schematische Darstellung der Markierung von zwei Proben und eines Probengemisches, des internen Standards, mit drei unterschiedlichen Fluoreszenzfarbstoffen und der Auftrennung im selben 2-D-Elektrophoresegel. (b) Falschfarbendarstellung von Cy3- und Cy5-Bildkanälen nach dem Scannen und der Bildüberlagerung. Gelbe Spots: keine Veränderung; rote Spots: Hochregulierung; grüne Spots: Herunterregulierung; „gesund" und „krank" kann man durch „Kontrolle" und „behandelt" oder „Wildtyp" und „Mutante" ersetzen.

der SDS-Elektrophorese. Veränderungen im Expressionslevel erkennt man an den roten oder grünen Spots; gelbe Spots zeigen Proteine ohne Änderungen an.

Typischerweise werden 50 µg Protein mit 400 pmol Farbstoff markiert. Übermarkierung muss vermieden werden (siehe oben). Wenn die Proteinquantifizierung zweifelhaft war, sollte man lieber die Proteinmenge pro Farbstoffmenge erhöhen. Für den differenziellen Vergleich, die relative Quantifizierung, spielt es keine Rolle, weil jeweils nur eine limitierte Menge an Farbstoff verfügbar ist.

Die Nachweisempfindlichkeit entspricht in etwa der von Silberfärbung. Die gescannten Muster werden mit einem Image-Analyse-Programm ausgewertet. Bei der massenspektrometrische Analyse belieben die Signale der markierten Proteine (nur ca. 3 %) unter der Nachweisgrenze.

6.4.2
Sättigung-Cysteinmarkierung

Bei der Sättigungsmarkierung werden die Farbstoffe über reaktive Maleimidgruppen an sämtliche Cysteine angehängt. Proteine ohne Cystein werden nicht detektiert. Nur Cy3 und Cy5 kann verwendet werden, weil sich das Signal von Cy2 teilweise selbst auslöscht (self-quenching) wenn sich die Moleküle zu nahe beieinander befinden. Die Markierung wird wie folgt durchgeführt:

- Reduktion für eine Stunde bei 37 °C/pH 8,0 mit einem starken Reduktionsmittel: Tris(2-carboxyethyl)phosphin (TCEP).
- Markieren für 30 min bei 37 °C/pH 8,0 mit den CyDye-Derivaten.

Weil hier alle Cysteine markiert werden, ist die Nachweisempfindlichkeit extrem hoch; man benötigt nur 2,5 µg und weniger für eine Probe (Sitek *et al.*, 2005; Berendt *et al.*, 2009). Die Cysteinmarkierung verändert die isoelektrischen Punkte nicht. Wegen der Mehrfachmarkierung unterscheiden sich aber die Wanderungsgeschwindigkeiten in der zweiten Dimension. Außerdem sind die Intensitäten der Signale nicht nur von den Proteinmengen, sondern auch vom Cysteingehalt eines Proteins abhängig. Die Muster sehen deshalb anders aus als die von nicht markierten Proteinen.

Anders als bei der Minimalmarkierung muss man die Farbstoffmenge für jeden Probentypus optimieren, weil man die Menge an Cysteinen im Proteingemisch nicht vorhersagen kann. Wenn nämlich die Farbstoffmenge zu hoch ist, kommt es zu unspezifischen Markierungen an Lysinen; dadurch ergibt sich eine Verschiebung von isoelektrischen Punkten zur sauren Seite. Ist sie zu niedrig, erhalten Proteine derselben Art unterschiedliche Mengen an Fluorophoren; das resultiert in vertikal verlängerten Spots oder vertikalen Streifen. Zur Optimierung führt man ein Experiment derselben Probe mit unterschiedlichen Fluorophorkonzentrationen durch. Wegen des relativ großen Arbeitsaufwands verwendet man die Cysteinmarkierung hauptsächlich dann, wenn man nur sehr wenig Probenmaterial zur Verfügung hat.

6.4.3 Der interne Standard

Differenzgelelektrophorese ist nicht nur eine Nachweismethode, sondern ein Gesamtkonzept für exakte quantitative Proteomik. Die besondere Stärke dieser Multiplextechnik ist die Verwendung eines internen Standards für jedes Protein: Der interne Standard setzt sich aus einem Pool von Aliquoten von jeder Probe eines Experiments zusammen und wird als eigener Kanal in jedem Gel mit aufgetrennt. Bei der Minimalmarkierung wird auf jedes Gel eine Mischung aus zwei Proben und dem Standard (markiert mit Cy2) appliziert, bei der Sättigungsmarkierung je eine Probe und der Standard (markiert mit Cy3). Bei der Auswertung werden die Spotvolumen der Proben mit dem Spotvolumen desselben Proteins im Standard verglichen. Dabei ergeben sich Spotvolumenquotienten, d. h. relative Werte. Weil die Muster des Standards in verschiedenen Gelen von der identischen Probenmischung stammen, ist der Abgleich der Spotkoordinaten deutlich erleichtert. Gel-zu-Gel-Variationen werden ausgeglichen. Durch die Korrektur der Spotpositionen ist es möglich, ein Mastergel zu erstellen. Alban *et al.* (2003) haben die Vorteile des internen Standards in einem konstruierten quantitativen Experiment nachgewiesen.

6.4.4 Planung eines Experiments

Für zuverlässige Ergebnisse ist es wichtig, dass etwaige bevorzugte Markierungen von bestimmten Proteinen durch bestimmte Fluorophore statistisch ausgeglichen werden. Deshalb muss man die Verteilung der jeweiligen Fluoreszenzfarben auf die Proben gut planen. Wenn man ein Experiment mit wenigen Proben durchführt, sollte jede Probe zweimal getrennt werden mit umgekehrten Markierungen. Bei größeren Experimenten benötigt man keine Wiederholungsläufe; aber man soll dann die Markierungen nach einer „geplanten" Zufallsanordnung verteilen und die Proben entsprechend mischen:

- Die zwei verfügbaren Farbstoffe müssen gleichmäßig zwischen Wildtypen und den Mutanten verteilt werden.
- Immer sollten Wildtyp und Mutante von unterschiedlichen Proben zusammen aufgetragen werden.

6.4.5 Die wichtigsten Vorteile von 2-D-DIGE

- Zeitersparnis, Wiederholungsläufe sind nicht nötig.
- Arbeits- und Kostenersparnis: weniger Gele.
- Keine Anfärbung der Gele notwendig.
- Vereinfachung der Auswertung: Die Bildanalyse ist automatisiert und ist einfach zu handhaben.

- Die Qualität der Ergebnisse ist verbessert: Gel-zu-Gel-Variationen werden aufgehoben.
- Es liefert quantitative Ergebnisse: Der interne Standard und der weite lineare dynamische Bereich der Fluoreszenzfarbstoffe ermöglichen die quantitative Bestimmung von geringen Veränderungen von Expressionsniveaus mit hoher statistischer Zuverlässigkeit.
- Sehr hohe Nachweisempfindlichkeit: Bei Cysteinmarkierung können Proben mit weniger als 2,5 µg Proteingehalt analysiert werden (Berendt *et al.*, 2009).

Die DIGE-Methode kann man auch für 2-D-Gele mit Trägerampholyten-IEF (Sitek *et al.*, 2006), Blau-Nativ-Elektrophoresen (Perales *et al.*, 2005), saure Elektrophoresen mit kationischem Detergens (Bisle *et al.*, 2006), und zum spezifischen Markieren von Zelloberflächenproteinen (Mayrhofer *et al.*, 2006) anwenden.

6.4.6
Vergleichende Fluoreszenzgelelektrophorese

Bei der vergleichenden (komparative) Fluoreszenzgelelektrophorese (CoFGE) nach Hanneken und König (2014) wird ein Fluorophor zur Markierung der Probenproteine für eine 2-D-PAGE und ein zweites zur Markierung von SDS-Markerproteinen verwendet. Parallel zum IPG-Streifen werden kleine Mengen der Markerproteine punktuell auf einer Linie auf das SDS-Gel appliziert. Die Marker werden zusammen mit den Probenproteinen, die aus dem IPG-Steifen auswandern, aufgetrennt. Dadurch entsteht im zweiten Fluoreszenzkanal ein Gitter mit ca. 100 Knotenpunkten, die als Orientierungshilfe für das Auswertungsprogramm dienen (siehe Abb. 6.5). Die Methode funktioniert am besten in horizontalen SDS-Gelen, weil man da die Marker auf einfache Weise in kleine Löcher entlang dem IPG-Streifen auftragen kann. Kommerzielle 2-D-Auswerteprogramme können diese Orientierungshilfen zur Korrektur der Spotkoordinaten verwen-

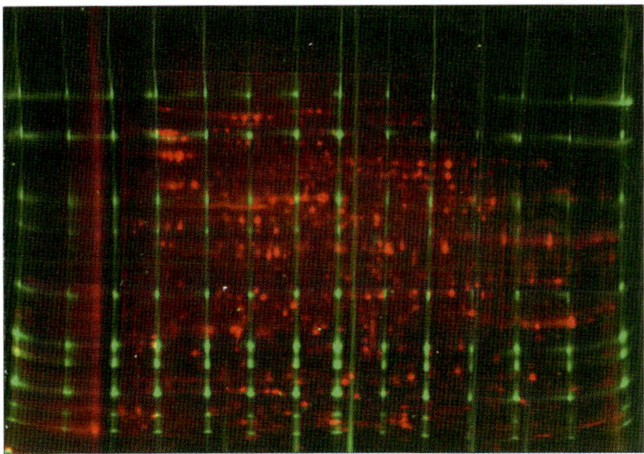

Abb. 6.5 Vergleichende Fluoreszenzgelelektrophorese in einem horizontalen Gel. (50 µg *E. coli* – rot, 0,72 µg Referenzgittermischung pro Slot – grün). Mit freundlicher Genehmigung von Hanneken und König (2014), IZKF Universität Münster.

den. Man kann auch eine pI-Kontrolle verwenden: Hierfür werden amphotere Azofarbstoffe (Šlais und Friedl, 1994) in die Probe gemischt und der IPG-Streifen nach dem Lauf eingescannt, bevor er auf die zweite Dimension aufgelegt wird. Diese Methode verbessert die Vergleichbarkeit von 2-D-Gelen in Projekten mit verschiedenen Labors erheblich.

6.5 Bildaufzeichnung, Bildanalyse, Spotpicken

6.5.1 Gehaltsbestimmungen

6.5.1.1 Voraussetzungen für quantitative Analysen

Elektrophoretische Gehaltsbestimmungen werden entweder in Kapillarsystemen direkt über der UV-Messung der Zonen, bei Verwendung von Trägermaterialien – wie Gelen und Folien – indirekt über Autoradiografie oder Anfärbung der Zonen und deren densitometrische Vermessung durchgeführt.

Messkurven aus *Kapillarelektrophoresen* gleichen Chromatogrammen, die Peaks können wie bei der Chromatografie oder HPLC integriert werden.

Bei *Immunelektrophoresen* ist der Abstand der Präzipitatlinie vom Probenaufgabepunkt ein Maß für den Substanzgehalt einer Probe, unabhängig davon, ob es sich um eine elektrophoretische oder elektroosmotische Wanderung oder um Diffusion handelt. Wichtig ist allerdings die Kenntnis der eingesetzten Antikörpermenge und des Antigen-Antikörper-Titers. Die am besten reproduzier- und ablesbaren Quantifizierungsergebnisse erhält man mit der Rocket-Technik nach Laurell (1966). Die von den Präzipitatlinien eingeschlossenen Flächen sind proportional zu den Antigenmengen in den Proben. In vielen Fällen ist die einfache Vermessung der Höhen der Präzipitatbögen ausreichend genau. Die Qualität des Ergebnisses ist abhängig von der Qualität der Antikörper: Verunreinigungen mit kreuzreagierenden Antikörpern müssen ausgeschlossen werden.

Der Erfolg einer Gehaltsbestimmung nach elektrophoretischen Trennungen in Gelen oder anderen Trägermaterialien ist von mehreren Dingen abhängig:

- Bei der Probenvorbereitung müssen der Verlust von zu bestimmenden Substanzen durch Adsorption an Membranen oder Säulenmaterial bei eventueller Entsalzung oder Aufkonzentrierung sowie die irreversible Präzipitation bei Extraktion oder Ausfällen vermieden werden. Auch müssen Komplex- und Chelatbildner aus der Probe entfernt oder Komplexbildungen inhibiert werden.
- Die Probenaufgabemethode muss so gewählt werden, dass alle Probensubstanzen vollständig in das Trennmedium einwandern. Dies ist besonders kritisch bei der Isoelektrischen Fokussierung heterogener Proteingemische: Unterschiedliche Proteine sind bei unterschiedlichen pH-Werten instabil oder neigen zum Aggregieren. In solchen Fällen muss man davon ausgehen, dass niemals alle Arten von Proteinen an einer Stelle in das Gel einwandern. Wichtig bei der Probenaufgabe ist auch die volumetrische Exaktheit der Spritze oder Mikropipette.

- Die Qualität der Trennung ist ausschlaggebend für die densitometrische Auswertbarkeit. Krumme und verzerrte Zonen, die z. B. durch zu hohe Salzkonzentrationen in den Proben entstehen, ergeben fragwürdige Densitogramme. Außerdem kann eine Zone nur quantifiziert werden, wenn sie ausreichend von den danebenliegenden Banden abgetrennt ist.
- Voraussetzung für eine verlässliche Quantifizierung ist eine effektive Anfärbung der Zonen unter Vermeidung der Bandenentfärbung während des Hintergrundauswaschens.

Trotzdem muss man aber immer von unterschiedlicher Färbeeffektivität ausgehen. Es sollte deshalb, vergleichbar mit der qualitativen Zuordnung der Elektrophoresebanden zu Molekulargewichten oder isoelektrischen Punkten, ein bekanntes und aus Reinsubstanzen bestehendes Proteingemisch in verschiedenen Konzentrationen (Verdünnungsreihe) mit aufgetrennt und angefärbt werden, z. B. Markerproteine. So kann eine verlässliche Beziehung zwischen Färbung und Proteinmenge hergestellt werden. Da jedes Protein eine spezifische, von anderen Proteinen *unterschiedliche Affinität* zu dem jeweiligen Farbstoff besitzt, muss auf jeden Fall beachtet werden, dass nur relative quantitative Werte bestimmbar sind. Gradientengele weisen nach der Färbeprozedur fast immer einen auf- oder absteigenden Hintergrund auf. Bei einer fotometrischen Vermessung der Elektrophoresebanden und nachfolgender Integration der Flächenwerte muss dies berücksichtigt werden.

6.5.1.2 Kritische Punkte bei der Quantifizierung

Verhältnis Absorption/Konzentration

Zuerst einmal muss man sich vor Augen führen, dass die Gesetze der konventionellen Fotometrie nicht auf die Densitometrie übertragbar sind. Während man bei der Fotometrie im UV-Bereich oder im Bereich sichtbaren Lichts verdünnte Lösungen (mmol-Konzentrationen) misst, ist das absorbierende Medium bei der Geldensitometrie ein hochkonzentriertes Präzipitat, meist eines Proteins, an welches ein Chromophor gebunden ist. Abbildung 6.6 zeigt die typische Färbekurve eines Proteins. Ähnliche Probleme treten bei der Densitometrie von Röntgenfilmen auf. Auf keinen Fall kann man bei der Densitometrie unmittelbar auf das lambert-beersche Gesetz zurückgreifen, weil dieses nur für stark verdünnte, „ideale" Lösungen der Substanzen gültig ist.

Externer Standard

Für Versuchsreihen sollte mit einem externen Standard gearbeitet werden. Verwendet man Markerproteingemische, so ist bekannt, welche Menge von welchem Protein in die Trennung eingebracht wurde.

Will man die Menge eines speziellen Proteins in Milligramm ausrechnen, so sollte man sich vergegenwärtigen, dass jedes Protein unterschiedliche Affinitäten zu einem Farbstoff, wie z. B. Coomassie, hat (Abb. 6.8). Das Diagramm basiert auf

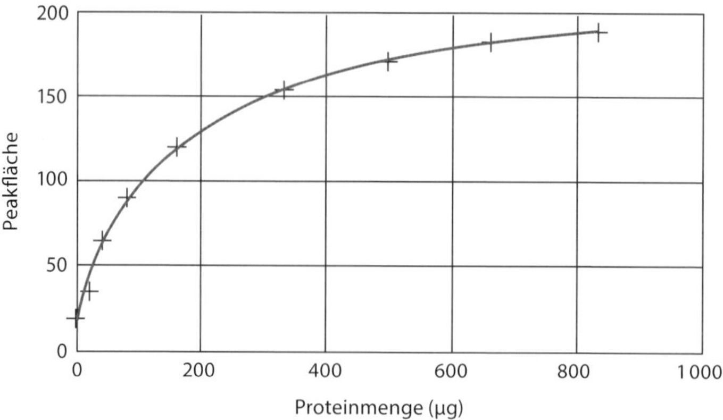

Abb. 6.6 Färbekurve von Carboanhydrase, getrennt mit SDS-PAGE bei Kolloidalfärbung mit Coomassie Brilliant Blau G-250: Peakfläche/Proteinmenge.

der Berechnung von Einwaage der Markerproteine im Gemisch pro gemessener und integrierter Peakfläche:

Laktalbumin	138 μg/Peakfläche
Trypsininhibitor	133 μg/Peakfläche
Ovalbumin	122 μg/Peakfläche
Carboanhydrase	108 μg/Peakfläche
Phosphorylase B	60 μg/Peakfläche
BSA	57 μg/Peakfläche

Deshalb verbietet sich die Eichung mit z. B. Albumin mit gleichzeitiger Umrechnung auf ein unbekanntes Protein. Dazu muss dieses zum Einwiegen als Reinsubstanz zur Verfügung stehen. Liegen die gemessenen Werte jedoch als albuminbezogene Werte vor, kann später rückgerechnet werden.

6.5.2
Bildaufzeichnungssysteme

Vor der Bildanalyse müssen die Elektropherogramme mit einer CCD-Kamera, einem Desktopscanner oder einem Densitometer digitalisiert werden. Eine sehr hilfreiche und umfassende Anleitung zur korrekten Bildaufzeichnung wurde von Bernhardt (2011) zusammengestellt und ist, wie im Literaturteil beschrieben, auch Online erhältlich.

Optische Dichte: Eine Voraussetzung für korrekte und lineare Werte ist eine genügend hohe Lichtintensität. Bei hochauflösenden Elektrophoresen kann die optische Dichte (O.D.) einer Zone über 3,0 betragen. Der Hintergrund von Blotmembranen beträgt manchmal bereits 2,5 O.D.

Die Maßeinheit O.D. für die optische Dichte wird vorwiegend im biologischen und biochemischen Bereich verwendet und ist folgendermaßen definiert: 1 O.D. ist die Menge eines Stoffes, die in 1 mL gelöst in einer Küvette mit 1 cm Schichtdicke eine Extinktion von 1 ergibt. Die Extinktion von Licht einer bestimmten Wellenlänge ist nach dem lambert-beerschen Gesetz proportional zur Konzentration einer gelösten Substanz in einer durchstrahlten Flüssigkeitsschicht. Die Stärke der Lichtabsorption einer Substanz wird als Extinktion gemessen. Die Quantifizierung von Trennergebnissen ist nur möglich, wenn man lineare Absorptionsmesswerte erhält. Hochleistungsdesktopscanner schaffen lineare Messungen bis zu 3,5 O.D.

6.5.2.1 **Densitometrie**

Densitometer sind bewegliche Fotometer, die Elektrophorese- oder Dünnschichtchromatografietrennspuren abtasten. Gemessen werden der R_f-Wert (die relative Laufstrecke) und die Extinktion (Lichtabsorption) der einzelnen Zonen. Das Ergebnis ist ein Kurvendiagramm (Densitogramm). Die Flächen unter den Kurven können zur Quantifizierung verwendet werden. Solche Densitometer werden in der Elektrophorese für die Auswertung von Celluloseacetatfolien und Agarosegelen in der klinischen Routine seit langem verwendet.

Modifizierte Desktopscanner: Hier handelt es sich meistens um Linienscanner. Man sollte Hochleistungsscanner mit mehr Funktionen als normale Büroscanner verwenden, diese Instrumente sollten sowohl in der Reflexion als auch in der Transmission scannen können (Abb. 6.7a). Außerdem muss die Gelauflage wasserdicht sein. Blotmembranen werden meistens in Reflexion gescannt. Die Bilder müssen im Graustufenmodus aufgezeichnet werden. Für quantitative Analysen müssen diese Scanner mit einem Graukeil kalibriert werden.

Storage-Phosphor-Screen (Speicherfolien)-Scanner: Wie bereits erwähnt, erzielen Autoradiografietechniken die höchste Empfindlichkeit. Die Detektion mit Phosphorspeicherfolien ist schneller als die Belichtung von Röntgenfilmen, und der lineare dynamische Bereich ist breiter. Nach der Belichtung eines trockenen Gels oder einer Blotmembran wird die Speicherfolie mit einem Helium-Neon-Laser bei 633 nm gescannt. Für die Wiederverwendung wird das Bild entfernt, indem man die Folie einem extra starken Licht aussetzt.

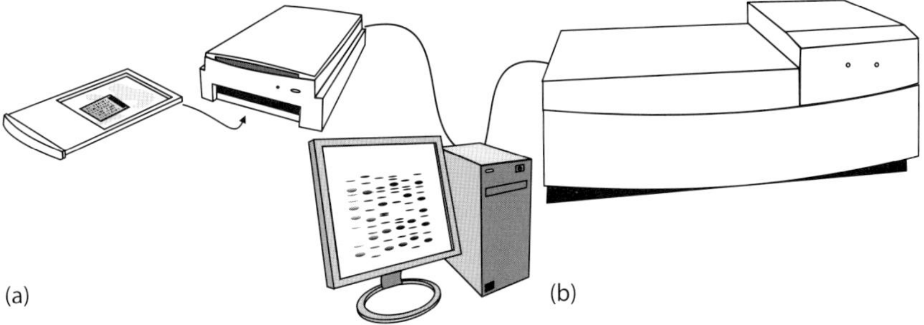

Abb. 6.7 Scanner für Elektrophoresegele. (a) Desktop-A4-Scanner für sichtbare Färbungen mit Transmissions- und Reflexionsmessung, Bio5000 (SERVA). (b) Mehrzweckfluoreszenzscanner Typhoon (GE Healthcare) mit konfokaler Optik.

Fluoreszenzscanner: Der monochromatische Laser oder die LED-Lichtquelle regt das Fluorophor punktförmig an, das emittierte Licht mit der längeren Wellenlänge wird über einen geeigneten Emissionsfilter zum Detektor geleitet, der zur Erhöhung der Empfindlichkeit mit einem Fotomultiplier ausgerüstet ist. Die leistungsfähigsten Multifluoreszenzscanner waren mit konfokaler Optik ausgerüstet (Abb. 6.7b), die von Scannern neuerer Bauart nicht mehr benötigt wird. Die Vorteile von Fluoreszenzscannern sind hohe Genauigkeit und hohe Empfindlichkeit, die Nachteile der hohe Preis und die langen Scanzeiten.

6.5.2.2 **CCD-Kamerasysteme**

Das Auflösungsvermögen und die Empfindlichkeit von CCD-Kamerasystemen haben sich in den letzten Jahren deutlich verbessert. Neue Modelle ermöglichen Aufnahmen mit Weißlicht, UV-Licht und Fluoreszenz bei verschiedenen Wellenlängen mit LED-Lichtquellen. Mit gekühlten CCD-Chips erhält man eine sehr hohe Empfindlichkeit. Eine Kamera hat den Vorteil, dass man die Signale über einen längeren Zeitraum akkumulieren und sie damit für die Chemilumineszenzdetektion einsetzen kann. Die neueste Entwicklung (siehe Abb. 6.8) besitzt ein neues Konzept für die Lichtanregung: Das Gel wird auf eine nasse gefrostete Glasplatte gelegt. Die LED-Lichtquellen sind um die Kanten der Vorlagenplatte positioniert. Das Licht verteilt sich gleichmäßig innerhalb der Glasplatte und regt die Fluorophore an. Daher gibt es keine Lichtreflektionen der LED-Lampen bei großen Gelen. Die Platte kann Gelgrößen bis zu 25,5 × 19,5 cm aufnehmen.

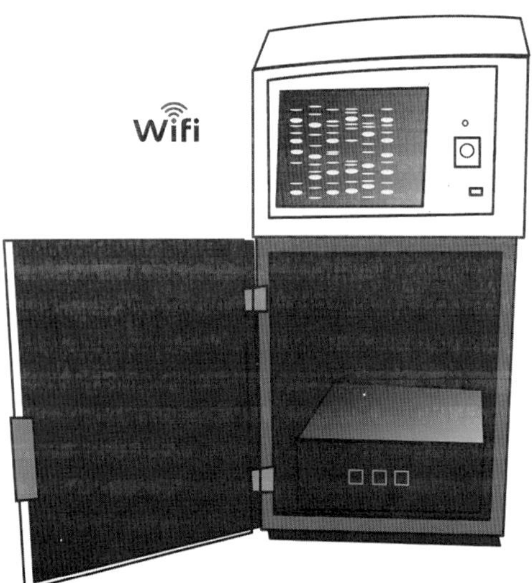

Abb. 6.8 CCD-Kamerasystem mit neuer Lichtdiffusionstechnologie für sichtbare Färbungen und UV-Belichtung, Chemilumineszenz und Fluoreszenz bei verschiedenen Wellenlängen, mit WiFi-Verbindung, SERVA Blue Imager.

6.5.3 Bildanalyse

In vielen Fällen reicht es aus, die Banden- und Fleckenmuster mit dem Auge zu vergleichen, die Trennungen für die Dokumentation zu fotografieren oder die Originalgele im getrockneten oder feuchten Zustand aufzubewahren. Es gibt jedoch eine Reihe von Aufgabenstellungen, welche das Ausmessen der aufgetrennten Zonen erfordern:

- Es ist schwierig bzw. unmöglich, mit dem Auge Intensitätsabstufungen in einzelnen Fraktionen zu erkennen. Beispiele: Bei genetischen Untersuchungen muss man zwischen homozygoten und heterozygoten Genotypen unterscheiden können. Mit dem Auge kann man vielfach nur Anwesenheit oder Fehlen einer Bande oder eines Spots erkennen. Homozygot bedeutet: intensive Bande; heterozygot bedeutet: Teilintensität. Das Auge kann nur Anwesenheit und Fehlen einer Bande unterscheiden. Bei Studien der Proteinstoffwechselkinetik muss man die Zu- und Abnahme bestimmter Fraktionen erkennen können.
- Einzelfraktionen oder Fraktionengruppen sollen quantifiziert werden. Dies ist nur durch Scannen des Trennergebnisses und durch die Integration der Kurvenflächen des Densitogramms möglich. Hierzu ist eine möglichst vollständige Ausmessung der Zonen notwendig, da sie – abhängig von der Trennmethode – unterschiedliche Formen und Zonenbreiten haben können.
- Die Auswertung von 2-D-Elektrophoresen mit mehreren Hundert Spots ist kompliziert und zeitraubend, dazu setzt man Computer ein. Die Muster müssen mithilfe von Densitometern oder Videokameras aufgenommen und in digitale Signale übersetzt werden.
- In manchen Anwendungsbereichen sind Densitogramme die übliche Darstellungsform von Elektrophoreseergebnissen, z. B. in der klinischen Chemie.
- Die Dokumentation von Gelen mit Scannern oder Kameras hat die Fotografie ersetzt.
- Mithilfe von Densitogrammen können Elektrophoresemuster auch bei der qualitativen Auswertung oft exakter miteinander verglichen werden als unmittelbar im Pherogramm.
- Bei der Fülle von Ergebnissen, die im modernen Labor anfallen, wird zunehmend die Datenverarbeitung eingesetzt. Für die Erfassung, Speicherung und die Verarbeitung von Elektrophoreseergebnissen mit Computern muss das Trennergebnis vorher mit einem Densitometer digitalisiert werden.
- Molekulargewichte oder isoelektrische Punkte der Probenfraktionen können mit einem Rechner zugeordnet werden.
- Bei vielen Anwendungen, besonders in der Routine, werden immer kürzere Trenndistanzen eingesetzt, hier wird die Auswertung mit dem freien Auge immer schwieriger. Mit hochauflösenden Densitometern können die eng nebeneinanderliegenden Banden aufgezeichnet und mithilfe des Computers vergrößert dargestellt werden.

- Fluoreszenzmarkierung und -färbung haben einen dynamischen Bereich von vier Größenordnungen. Die Quantifizierung kann nur mit einem Bildanalyseprogramm durchgeführt werden.

Entweder übernimmt das Auswerteprogramm direkt die Scannerformate oder das Bild wird als Grau-TIFF-Datei importiert. Farbbilder kann man nicht auswerten.

Es gibt Auswerteprogramme, die man kostenlos aus dem Internet herunterladen kann und relative teure Softwarepakete. Eine brauchbare Software sollte folgende Eigenschaften haben:

- einfach zu handhaben, so intuitiv wie möglich,
- mathematisch korrekte Algorithmen,
- schnell und automatisch für Hochdurchsatzanalysen,
- die Originaldaten dürfen nicht modifiziert werden,
- Datenaufbereitungsfunktionen, um Fehler zu korrigieren.

6.5.3.1 Eindimensionalgelauswertung

Eine automatisierte eindimensionale Gelauswertung folgt normalerweise dieser Sequenz:

1. Detektion der Trennspuren,
2. Korrektur von Verzerrungen (z. B. Smiling Front),
3. Trennspuren Korrektur (wenn notwendig),
4. Detektion der Banden,
5. Anpassung von Banden,
6. Berechnung von R_f, M_r, und pI,
7. Hintergrundsubtraktion,
8. Quantifizierung der Banden,
9. Erstellung von Reporttabellen.

Zusätzliche Funktionen:

- Anpassung der Trennspuren,
- Normalisierung der optischen Dichte für den Vergleich von Gelen,
- Datenbankmaßnahmen wie Clustering für die Erstellung von Dendrogrammen und Probenidentifizierung,
- Statistikhilfsmittel.

Abbildung 6.9 zeigt einen typischen Bildschirm bei einer Auswertung eines SDS-Gels. Die Molekulargewichte werden mithilfe der Markerproteine zugeordnet.

6.5.3.2 Zweidimensionalgelauswertung

Der Hauptunterschied zur 1-D-Auswertung: Ein Gel bezieht sich auf eine Probe.

Eine automatische 2-D-Auswertung folgt in etwa dieser Sequenz, unterschiedliche Programme unterscheiden sich in der Vorgehensweise:

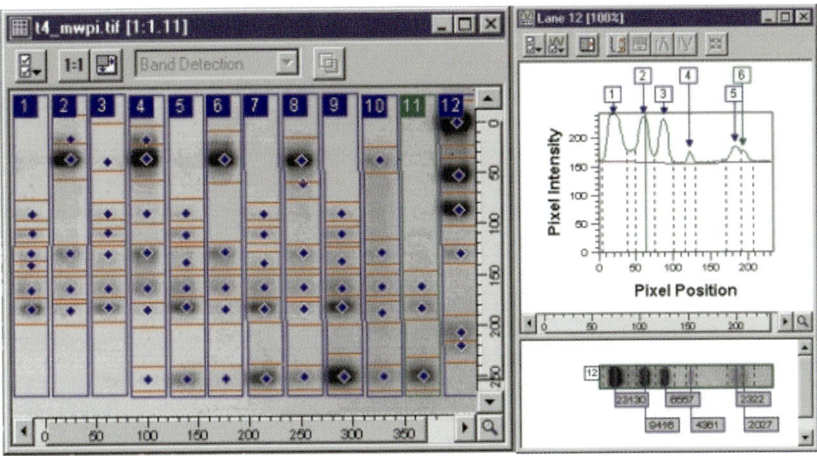

Abb. 6.9 Computerbildschirm mit den Trennspuren eines SDS-Gels und ein Densitogramm einer ausgewählten Trennspur mit annotierten Molekulargewichten.

1. Detektion und Filtern von Spots,
2. Hintergrundkorrektur,
3. Berechnung der Spotvolumen,
4. 2-D-Kalibrierung,
5. Durchschnittsbestimmung von mehreren Gelen einer Probe,
6. Angleichen von einzelnen Spotpositionen oder der gesamten Muster,
7. Normalisierung verschiedener Gele,
8. Vergleich der Muster
9. statistische Auswertung.

Abbildung 6.10 zeigt den Computerbildschirm von aufbereiteten 2-D-Mustern. Die Proben waren Extrakte von verschiedenen Bakterienkulturen, die in unterschiedlichen Medien herangezogen wurden. Die Volumentabellen und Histogramme der Spotintensitäten repräsentieren die quantitativen Mengen ausgewählter Bakterienproteine abhängig vom Medium. Die dreidimensionale Darstellung ist besonders hilfreich für die Auffindung niederexprimierter Proteine in der Nähe von abundanten Proteinen.

Statistik

Die Auswerteprogramme enthalten in den meisten Fällen auch Statistikwerkzeuge, damit man z. B. die Signifikanz einer Veränderung des Expressionsniveaus eines Proteins überprüfen kann. Die statistische Sicherheit steigt, wenn Wiederholungsläufe durchgeführt und ausgewertet wurden. Der Gebrauch des internen Standards in einem DIGE-Experiment erhöht die statistische Sicherheit erheblich, auch ohne Wiederholungsläufe.

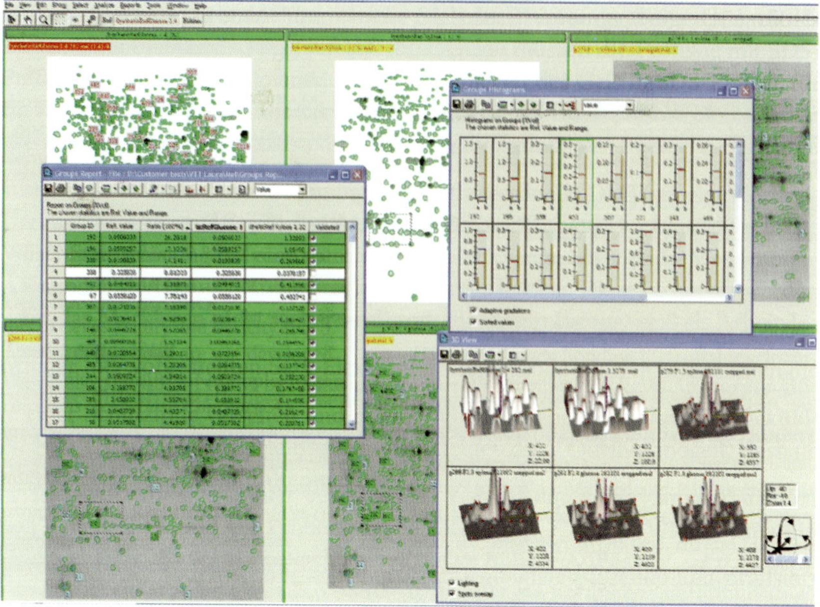

Abb. 6.10 Computerbildschirm einer 2-D-Auswertesoftware. Im Hintergrund: 2-D-Trennungen mit automatisch detektierten Spots. Im Vordergrund: Volumentabelle, Histogramme und dreidimensionale Darstellung von ausgewählten Spotgruppen.

Proteinliste für Spotpicker

Die Bildanalyseprogramme können regulierte Proteine für weitere Analysen auswählen und erzeugen automatisch Listen mit der Spotnummer und den x/y-Koordinaten im Gel. Automatische Spotpicker können aufgrund dieser Daten die Spots im Gel finden, um sie aus dem Gel zu schneiden. Für das automatische Ausstanzen von nicht sichtbaren fluoreszenzgefärbten oder -markierten Spots bringt man vor dem Scannen auf dem Gel Referenzmarker an, mit deren Hilfe das Gerät die Positionen der Proteine findet.

6.5.4 Identifizierung und Charakterisierung von Proteinen

Die Position im Gel, gekennzeichnet durch den isoelektrischen Punkt und das Molekulargewicht, ist nicht ausreichend, um ein Protein zu identifizieren. Tatsächlich ist die 2-D-Elektrophorese erst durch die Neuentwicklungen in der Massenspektrometrie wiederbelebt worden, weil man damit nun die Proteinspots schnell und einfach identifizieren kann. Noch vor Western Blotting (siehe Kapitel 7) ist die massenspektrometrische Analyse von tryptischen Peptiden die Standardtechnologie für die Proteinidentifizierung und Charakterisierung, mit MALDI (matrixassistierte Laserdesorption/Ionisation) und/oder ESI (Elektrospray-Ionisation). Hierfür werden die Proteine innerhalb der ausgestanzten Gelstückchen mit proteolytischen Enzymen zu Peptiden verdaut (Hellman *et al.*, 1995).

6.5.4.1 **Spotpicken**

Manuelles Spotpicken der Gelstückchen ist mühevoll: Erst werden die interessierenden Proteinflecken in einem Papierausdruck der 2-D-Trennung markiert, dann müssen diese im Gel wiedergefunden, ausgestanzt und in das korrekte Reaktionsgefäß oder Näpfchen einer Mikrotiterplatte übertragen werden. Richtig schwierig wird es beim Ausstanzen von Fluoreszenzspots: Entweder muss man das Gel mit Coomassie Blau nachfärben oder einen Papierausdruck des 2-D-Pherogramms unter das Gel legen.

Spotpickerroboter sind zuverlässiger: Sie können auch nicht sichtbare Flecken mithilfe von Referenzmarkern und den Spotkoordinaten von der Bildauswertung ausschneiden und in definierte Reaktionsgefäße transferieren. Das Ausstanzen aus ungebundenen Gelplatten erfolgt meist mithilfe von UV-Transilluminatoren und CCD-Kameras, die zwischendurch wieder nachkalibriert werden müssen. Der elegantere und exaktere Weg ist die Verwendung von glasplatten- oder foliengestützten Gelen, die ihre Größe zwischen Scannen und Picken nicht verändern. Ausstanzroboter haben die Nachteile, dass sie sehr teuer sind, viel Laborplatz benötigen und aufwendig zu starten und kalibrieren sind.

Halbautomatische Spotpicker, wie der ScreenPicker (Proteomics Consult) ermöglichen exaktes Picken ohne Nachfärben von Gelen. Das 2-D-Pherogramm

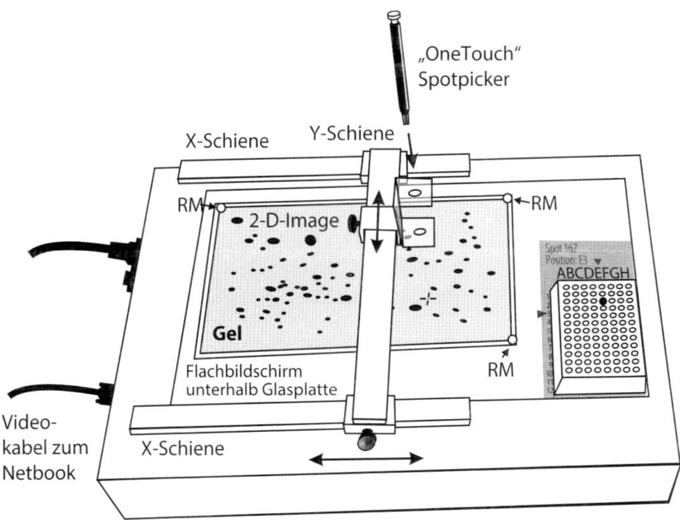

Abb. 6.11 ScreenPicker für halbautomatisches Spotpicken von fluoreszenz- und anders gefärbten Gelen. Das 2-D-Muster wird mit einem Flachbildschirm unter das Gel projiziert, das auf einer Glasplatte liegt. Die Gelpfropfen werden mit einem manuellen Picker ausgestanzt und in die zugehörigen Positionen in der Mikrotiterplatte transferiert. RM: Referenzmarker.

wird mit einem Flachbildschirm unter eine Glasplatte projiziert, auf welche das zugehörige Gel gelegt wird. Unter Verwendung von drei fluoreszierenden Referenzmarkern, die mit dem Gel eingescannt wurden, kann die Größe des Bildes dem Originalgel genau angepasst werden. Die Spots werden mit einem manuellen Picker ausgestanzt, der sich zur Vermeidung von Parallaxenfehlern in einer Halterung befindet (Abb. 6.11). Die zugehörige Software führt Spot für Spot durch die Pickliste, in welcher Spotnummer und die x/y-Koordinaten niedergelegt sind. Auf dem Bildschirm wird der zu pickende Spot wird mit einem Fadenkreuz angezeigt und zugleich in einer Projektion der Mikrotiterplatte die jeweilige Position zum Ablegen des Gelpfropfens. Spots können auch manuell ausgewählt werden: Sie erhalten von der Software eine Identifizierungsnummer, die zusammen mit den Koordinaten und der Position in der Mikrotiterplatte zur Exportdatei hinzugefügt wird.

Die Vorteile eines solchen Systems:

- kostensparend: keine teuren Roboter und kein Servicevertrag notwendig,
- fehlerfreies Ausstanzen mit Pickliste und Plattenpositionindikator,
- zeitsparend: innerhalb von Sekunden einsatzbereit und leicht zu handhaben,
- flexibel: Verwendung der Pickliste oder manuelle Auswahl,
- sicher: kein UV-Licht notwendig,
- platzsparend im Gegensatz zu Robotern.

Literatur

Alban, A., David, S., Bjorkesten, L., Andersson, C., Sloge, E., Lewis, S. und Currie, I. (2003) A novel experimental design for comparative two-dimensional gel analysis: Two-dimensional difference gel electrophoresis incorporating a pooled internal standard. *Proteomics*, **3**, 36–44.

Béguin, P. (1983) Detection of cellulase activity in polyacrylamide gels with congo red-stained agar-replicas. *Anal. Biochem.*, **131**, 333–336.

Berendt, F.J., Fröhlich, T., Bolbrinker, P., Boelhauve, M., Gungor, T., Habermann, F.A., Wolf, E. und Arnold, G.J. (2009) Highly sensitive saturation labeling reveals changes in abundance of cell cycle-associated proteins and redox enzyme variants during oocyte maturation in vitro. *Proteomics*, **9**, 550–564.

Berggren, K., Chernokalskaya, E., Steinberg, T.H., Kemper, C., Lopez, M.F., Diwu, Z., Haugland, R.P. und Patton, W.F. (2000) Background-free, high sensitivity staining of proteins in one- and two-dimensional sodium dodecyl sulfate-polyacrylamide gels using a luminescent ruthenium complex. *Electrophoresis*, **21**, 2509–2521.

Bernhardt, J. (2011) 2D Gel Scanning Guide DECODON GmbH, www.decodon.com/files/doc/ImagingGuide.pdf, (4.4.2016).

Berth, M., Moser, F.M., Kolbe, M. und Bernhardt, J. (2007) The state of the art in the analysis of two-dimensional gel electrophoresis images. *Appl. Microbiol. Biotechnol.*, **76**, 1223–1243.

Bisle, B., Schmidt, A., Scheibe, B., Klein, C., Tebbe, A., Kellermann, J., Siedler, F., Pfeiffer, F., Lottspeich, F. und Oesterhelt, D. (2006) Quantitative profiling of the membrane proteome in a halophilic archaeon. *Mol. Cell. Proteomics*, **5**, 1543–1558.

Blakesley, R.W. und Boezi, J.A. (1977) A new staining technique for proteins in polyacrylamide gels using Coomassie Brilliant Blue G 250. *Anal. Biochem.*, **82**, 580–582

Blum, H., Beier, H. und Gross, H.J. (1987) Improved silver staining of plant proteins, RNA and DNA in polyacrylamide gels. *Electrophoresis*, **8**, 93–99.

Chan, H.-L., Sinclair, J. und Timms, J.F. (2012) Proteomic analysis of redox-dependent changes using cysteine-labeling 2D DIGE, in *Difference Gel Electrophoresis (DIGE) Methods and Protocols*, (Hrsg. R. Cramer und R. Westermeier), Springer Protocols Bd. 854, Heidelberg, S. 113–128.

Chevallet, M., Diemer, H., Luche, S., van Dorsselaer, A., Rabilloud, T. und Leize-Wagner, E. (2006) Improved mass spectrometry compatibility is afforded by ammoniacal silver staining. *Proteomics*, **6**, 2350–2354.

Coghlan, D.R., Mackintosh, J.A. und Karuso, P. (2005) Mechanism of reversible staining of protein with epicocconone. *Org. Lett.*, **7**, 2401–2404.

Craig, D.B., Wetzl, B.K., Duerkop, A. und Wolfbeis, O.S. (2005) Determination of picomolar concentrations of proteins using novel amino reactive chameleon labels and capillary electrophoresis laser-induced fluorescence detection. *Electrophoresis*, **26**, 2208–2213.

Cramer, R. und Westermeier, R. (Hrsg.) (2012) *Difference Gel Electrophoresis (DIGE): Methods and Protocols*, Springer Protocols Bd. 854, Springer, Heidelberg.

Diezel, W., Kopperschläger, G. und Hofmann, E. (1972) An improved procedure for protein staining in polyacrylamide gels with a new type of Coomassie Brilliant Blue. *Anal. Biochem.*, **48**, 617–620.

Eckhardt, A.E., Hayes, C.E. und Goldstein, I.J. (1976) A sensitive fluorescent method for the detection of glycoproteins in polyacrylamide gels. *Anal. Biochem.*, **73**, 192–197.

Fazekas de St Groth, S., Webster, R.G., Datyner A. (1963) Two new staining procedures for quantitative estimation of proteins in electrophoresis strips. *Biochim. Biophys. Acta*, **71**, 377–391.

Fernandez-Patron, C., Rodriguez, P., Castellanos-Serra L. (1992) Reverse staining of sodium dodecyl sulfate polyacrylamide gels by imidazole-zinc salts: Sensitive detection of unmodified proteins. *BioTechniques*, **12**, 564–573.

GE Healthcare Handbook (2002) Fluorescence imaging: Principles and Methods GE Healthcare Life Sciences 63-0035-28.

Gianazza, E., Chillemi, F., Gelfi, C. und Righetti, P.G. (1979) Isoelectric focusing of oligopeptides: Detection by specific stains. *J. Biochem. Biophys. Methods*, 1, 237–251.

Gianazza, E., Chillemi, F. und Righetti, P.G. (1980) Iodine stain for detection of after isoelectric focusing. *J. Biochem. Biophys. Methods*, **3**, 135–141.

Goren, R. und Huberman, M. (1976) A simple and sensitive staining method for the detection of cellulase isozymes in polyacrylamide gels. *Anal. Biochem.*, **75**, 1–8.

Griebel, A., Obermaier, C., Westermeier, R., Büttner, K. und Moche, M. (2013a) Simplification and improvement of protein detection in two-dimensional electrophoresis gels with SERVA HPE™ lightning red. *Arch. Physiol. Biochem.*, **119**, 94–99.

Griebel, A., Obermaier, C., Westermeier, R., Moche, M. und Büttner, K. (2013b) Fluoreszenzmarkierung von Proteinen für 1D- und 2D-PAGE. *BIOspektrum*, **19**, 652–655.

Hanneken, M. und König S. (2014) Horizontal comparative fluorescence two-dimensional gel electrophoresis (hCoFGE) for improved spot coordinate detection. *Electrophoresis*, **35**, 1118–1121.

Hanneken, M., Šlais, K. und König, S. (2015) pI-Control in comparative fluorescence gel electrophoresis (CoFGE) using amphoteric azo dyes. *EuPA Open Proteomics*, **3**, 221–228, doi:10.1016/j.euprot.2015.03.003.

Hart, C., Schulenberg, B., Steinberg, T.H., Leung, W.Y. und Patton WF. (2003) Detection of glycoproteins in polyacrylamide gels and on electroblots using Pro-Q Emerald 488 dye, a fluorescent periodate Schiff-base stain. *Electrophoresis*, **24**, 588–598.

Hellman, U., Wernstedt, C., Góñez, J. und Heldin, C.-H. (1995) Development of an improved „in-gel" digestion procedure for the micro-preparation of internal protein fragments for amino acid sequencing and single print analysis. *Anal. Biochem.*, **224**, 451–455.

Heukeshoven, J. und Dernick, R. (1985) Simplified method for silver staining of proteins in polyacrylamide and the mechanism of silver staining. *Electrophoresis*, **6**, 103–112.

Johnston, R.F., Pickett, S.C. und Barker, D.L. (1990) Autoradiography using storage phosphor technology. *Electrophoresis*, **11**, 355–360.

Kapitany, R.A. und Zebrowski, E.J. (1973) A high resolution PAS stain for polyacrylamide gel electrophoresis. *Anal. Biochem.*, **56**, 361–369.

Kerenyi, L. und Gallyas, F. (1972) A highly sensitive method for demonstrating proteins in electrophoretic, immunoelectrophoretic and immunodiffusion preparations. *Clin. Chim. Acta*, **38**, 465–467.

Laane, B. und Panfilov, O. (2005) Protein staining influences the quality of mass spectra obtained by peptide mass fingerprinting after separation on 2-D gels. A comparison of staining with coomassie brilliant blue and sypro ruby. *J. Proteome Res.*, **4**, 175–179.

Ladner, C.L., Yang, J., Turner, R.J. und Edwards, R.A. (2004) Visible fluorescent detection of proteins in polyacrylamide gels without staining. *Anal. Biochem.*, **326**, 13–20.

Lamanda, A., Zahn, A., Röder, D. und Langen H. (2004) Improved ruthenium II tris (bathophenantroline disulfonate) staining and destaining protocol for a better signal-to-background ratio and improved baseline resolution. *Proteomics*, **4**, 509–608.

Lantz, M.S. und Ciborowski, P. (1994) Zymographic techniques for detection and characterization of microbial proteases. *Methods Enzymol.*, **235**, 563–594.

Laurell, C.B. (1966) Quantitative estimation of proteins by electrophoresis in agarose gel containing antibodies. *Anal. Biochem.*, **15**, 45–52.

Lee, C., Levin, A. und Branton, D. (1987) Copper staining: A five-minute protein stain for sodium dodecyl sulfate-polyacrylamide gels. *Anal. Biochem.*, **166**, 308–312.

Luche, S., Lelong, C., Diemer, H., Van Dorsselaer, A. und Rabilloud, T. (2007) Ultrafast coelectrophoretic fluorescent staining of proteins with carbocyanines. *Proteomics*, **7**, 3234–3244.

Mackintosh, J.A., Choi, H.-Y., Bae, S.-H., Veal, D.A., Bell, P.J., Ferrari, B.C., Van Dyk, D.D., Verrills, N.M., Paik, Y.-K. und Karuso, P. (2003) A fluorescent natural product for ultra sensitive detection of proteins in one-dimensional and two-dimensional gel electrophoresis. *Proteomics*, **3**, 2273–2288.

Manchenko, G.P. (2002) *Handbook of Detection of Enzymes on Electrophoretic Gels*, 2. Aufl., CRC Press Inc., Boca Raton.

Mayrhofer, C., Krieger, S., Allmaier, G. und Kerjaschki, D. (2006) DIGE compatible labelling of surface proteins on vital cells in vitro and in vivo. *Proteomics*, **6**, 579–585.

Meier, R.J., Steiner, M.-S., Duerkop, A. und Wolfbeis, O.S. (2008) SDS-PAGE of proteins using a chameleon-type of fluorescent prestain. *Anal. Chem.*, **80**, 6274–6279.

Miller, I., Crawford, J. und Gianazza, E. (2006) Protein stains for proteomic applications: Which, when, why? *Proteomics*, **6**, 5385–5408.

Min, H. und Cowman, M.K. (1986) Combined alcian blue and silver staining of glycosaminglycans in polyacrylamide gels: Application to electrophoretic analysis of molecular weight distribution. *Anal. Biochem.*, **155**, 275–285.

Mørtz, E., Krogh, T.N., Vorum, H. und Görg, A. (2001) Improved silver staining protocols for high sensitivity protein identification using matrix-assisted laser desorption/ionization-time of flight analysis. *Proteomics*, **1**, 1359–1363.

Neuhoff, V., Arold, N., Taube, D. und Ehrhardt, W. (1988) Improved staining of proteins in polyacrylamide gels including isoelectric focusing gels with clear background at nanogram sensitivity using Coomassie Brilliant Blue G-250 and R-250. *Electrophoresis*, **9**, 255–262.

Oakley, B.R., Kirsch, D.R. und Morris, N.R. (1980) A simplified ultrasensitive silver stain for detecting proteins in polyacrylamide gels. *Anal. Biochem.*, **105**, 361–363.

Ochs, D. (1983) Protein contaminants in sodium dodecyl sulfate-polyacrylamide gels. *Anal. Biochem.*, **135**, 470–474.

Patestos, N.P., Fauth, M. und Radola, B.J. (1988) Fast and sensitive protein staining with colloidal Acid Violet 17 following isoelectric focusing in carrier ampholyte generated and immobilized pH gradients. *Electrophoresis*, **9**, 488–496.

Peixoto, P.A., Boulange, A., Ball, M., Naudin, B., Alle, T., Cosette, P., Karuso, P. und Franck, X. (2014) Design and synthesis of epicocconone analogues with improved fluorescence properties. *J. Am. Chem. Soc.*, **136**, 15248–15256.

Perales, M., Eubel, H., Heinemeyer, J., Colaneri, A., Zabaleta, E. und Braun, H.-P. (2005) Disruption of a nuclear gene encoding a mitochondrial gamma carbonic anhydrase reduces complex I and supercomplex ICIII2 levels and alters mitochondrial physiology in Arabidopsis. *J. Mol. Biol.*, **350**, 263–277.

Rabilloud, T. (1992) A comparison between low background silver diammine and silver nitrate protein stains. *Electrophoresis*, **13**, 429–439.

Rabilloud, T., Vuillard, L., Gilly, C. und Lawrence, J.J. (1994) Silver staining of proteins in polyacrylamide gels: A general overview. *Cell Mol. Biol.*, **40**, 57–75.

Rabilloud, T., Strub, J.-M., Luche, S., van Dorsselaer, A. und Lunardi, J. (2001) A comparison between Sypro Ruby and ruthenium II tris (bathophenanthroline disulfonate) as fluorescent stains for protein detection in gels. *Proteomics*, **1**, 699–704.

Ramsy, L.M., Dickerson, J.A., Dada, O. und Dovichi, N.J. (2009) Femtomolar concentration detection limit and zeptomole mass detection limit for protein separation by capillary isoelectric focusing and laser-induced fluorescence detection. *Anal. Chem.*, **81**, 1741–1746.

Schulze, P., Link, M., Schulze, M., Thuermann, S., Wolfbeis, O.S. und Belder, D. (2010) A new weakly basic amino-reactive fluorescent label for use in isoelectric focusing and chip electrophoresis. *Electrophoresis*, **31**, 2749–2753.

Shevchenko, A., Wilm, M., Vorm, O. und Mann, M. (1996) Mass spectrometric sequencing of proteins from silver stained polyacrylamide gels. *Anal. Chem.*, **68**, 850–858.

Sitek, B., Lüttges, J., Marcus, K., Klöppel, G., Schmiegel, W., Meyer, H.E., Hahn, S.A. und Stühler, K. (2005) Application of fluorescence difference gel electrophoresis saturation labelling for the analysis of microdissected precursor lesions of pancreatic ductal adenocarcinoma. *Proteomics*, **5**, 2665–2679.

Sitek, B., Scheibe, B., Jung, K., Schramm, A. und Stühler, K. (2006) Difference gel electrophoresis (DIGE): The next generation of two-dimensional gel electrophoresis for clinical research, in: *Proteomics in Drug Research*, (Hrsg. M. Hamacher *et al.*), Wiley-VCH, Weinheim, S. 33–55.

Šlais, K. und Friedl, Z. (1994) Low-molecular weight pI markers for isoelectric focusing. *J. Chromatogr.*, **661**, 249–256.

Steinberg, T.H., Chernokalskaya, E., Berggren, K., Lopez, M.F., Diwu, Z., Haugland, R.P. und Patton, W.F. (2000) Ultrasensitive fluorescence protein detection in isoelectric focusing gels using a ruthenium metal chelate stain. *Electrophoresis*, **21**, 486–496.

Steinberg, T.H., Agnew, B.J., Gee, K.R., Leung, W.-Y., Goodman, T., Schulenberg, B., Hendrickson, J., Beechem, J.M., Haugland, R.P. und Patton, W.F. (2003) Global quantitative phosphoprotein analysis using multiplexed proteomics technology. *Proteomics*, **3**, 1128–1144.

Switzer, R.C., Merril, C.R. und Shifrin, S. (1979) A highly sensitive silver stain for detecting proteins and peptides in polyacrylamide gels. *Anal. Biochem.*, **98**, 231–237.

Timms, J.F. und Cramer, R. (2008) Difference gel electrophoresis. *Proteomics*, **8**, 4886–4897.

Tyagarajan, K., Pretzer, E. und Wiktorowicz, J.E. (2003) Thiol-reactive dyes for fluorescence labeling of proteomic samples. *Electrophoresis*, **24**, 2348–2358.

Ünlü, M., Morgan, M.E. und Minden, J.S. (1997) Difference gel electrophoresis: A single gel method for detecting changes in protein extracts. *Electrophoresis*, **18**, 2071–2077.

Urwin, V. und Jackson, P. (1991) Labeling after IEF prior to SDS PAGE. *Anal. Biochem.*, **195**, 30–37.

Urwin, V. und Jackson P. (1993) Two-dimensional polyacrylamide gel electrophoresis of proteins labeled with the fluorophore monobromobimane prior to first-dimensional isoelectric focusing: imaging of the fluorescent protein spot patterns using a cooled charge-coupled device. *Anal. Biochem.*, **209**, 57–62.

Wang, X., Ni, M., Niu, C., Zhu, X., Zhao, T., Zhu, Z., Xuan, Y. und Cong, W. (2014) Simple detection of phosphoproteins in

SDS-PAGE by quercetin. *EUPA Open Proteomics*, **4**, 156–164.

Wardi, A.H. und Allen, W.S. (1972) Alcian blue staining of glycoproteins. *Anal. Biochem.*, **48**, 621–623.

Westermeier, R. und Marouga, R. (2005) Protein detection methods in proteomics research. *Biosci. Rep.*, **25**, 19–32.

Westermeier, R. und Scheibe, B. (2008) Difference gel electrophoresis based on Lys/Cys tagging, in *Sample Preparation and Fractionation for 2-D PAGE/Proteomics. Methods in Molecular Biology*, Bd. 424, (Hrsg. A. Posch), Humana Press, New York, S. 73–85.

Willoughby, E.W. und Lambert, A. (1983) A sensitive silver stain for proteins in agarose gels. *Anal. Biochem.*, **130**, 353–358.

Wurster, U: (1983) Demonstration of oligoclonal IgG in the unconcentrated cerebrospinal fluid by silver stain. in *Electrophoresis '82*, (Hrsg. D. Stathakos), de Gruyter, Berlin, S. 249–259.

Yan, J.X., Wait, R., Berkelman, T., Harry, R.A., Westbrook, J.A., Wheeler, C.H. und Dunn, M.J. (2000) A modified silver staining protocol for visualization of proteins compatible with matrix-assisted laser desorption/ionization and electrospray ionization-mass spectrometry. *Electrophoresis*, **21**, 3666–3672.

Zacharius, R.M., Zell, T.E., Morrison, J.H. und Woodlock, J.J. (1969) Glycoprotein staining following electrophoresis on acrylamide gels. *Anal. Biochem.*, **30**, 148–152.

7
Blotting

Blotting ist der Transfer von Makromolekülen auf die Oberfläche einer immobilisierenden Membran. Diese Methode erweitert die Nachweismöglichkeiten für elektrophoretisch getrennte Fraktionen, weil die auf der Membranoberfläche adsorbierten Moleküle frei zugänglich sind für großmolekulare Liganden, z. B. für Antigene, Antikörper, Lektine und Nukleinsäuren. Vor dem spezifischen Nachweis müssen die unbesetzten Bindungsstellen noch mit Substanzen blockiert werden, die nicht an der nachfolgenden Nachweisreaktion teilnehmen (Abb. 7.1).

7.1
Transfermethoden

7.1.1
Diffusions-Blotting

Die Blotfolie wird hierzu wie bei einem Abklatsch auf die Geloberfläche gelegt. Die Übertragung der Moleküle erfolgt ausschließlich durch Diffusion. Weil die Moleküle in alle Richtungen gleichermaßen diffundieren, kann man das Gel

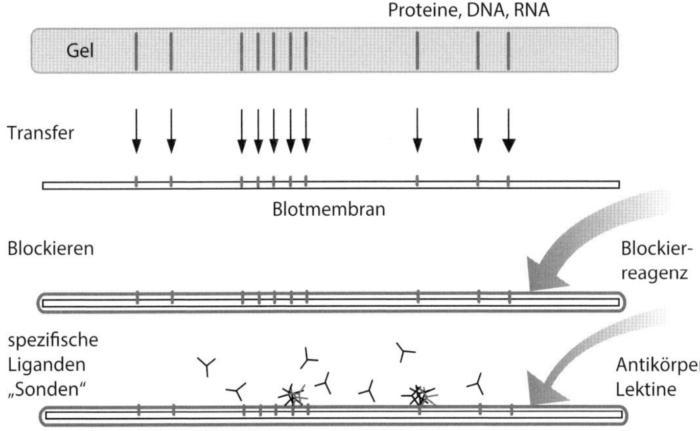

Abb. 7.1 Die wichtigsten Schritte beim Blotting aus Elektrophoresegelen.

Elektrophorese leicht gemacht, 2. Auflage. Reiner Westermeier.

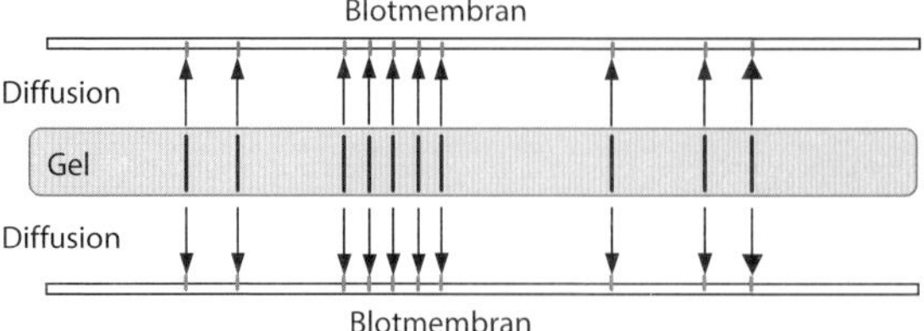

Abb. 7.2 Bidirektioneller Transfer von Proteinen aus großporigen Gelen mit Diffusions-Blotting.

auch zwischen zwei Blotfolien legen und erhält auf diese Weise zwei spiegelgleiche Transfers (Abb. 7.2). Durch Erhöhung der Temperatur wird die Diffusion beschleunigt, die Technik heißt dann *Thermo-Blotting*. Sie wird meist nach Elektrophoresen in weitporigen Gelen durchgeführt. Mit dieser Methode kann man jedoch keine quantitativen Transfers erzielen, vor allem nicht bei größeren Molekülen.

7.1.2 Kapillar-Blotting

Diese Technik ist Standard bei DNA-Trennungen für die anschließende Hybridisierung nach Southern (1975) (*Southern Blot*). Der unter dem Namen *Northern Blot* bekannt gewordene Transfer von RNA auf eine kovalent bindende Folie oder Nylonmembran bedient sich ebenfalls dieser Technik (Alwine *et al.*, 1977).

Auch bei Proteinen, die in großporigen Gelen getrennt wurden, kann man diese Art des Transfers anwenden (Olsson *et al.*, 1987). Puffer wird durch Kapillarkraft aus einer Vorratswanne durch das Gel und die Blotfolie in einen Stapel trockener

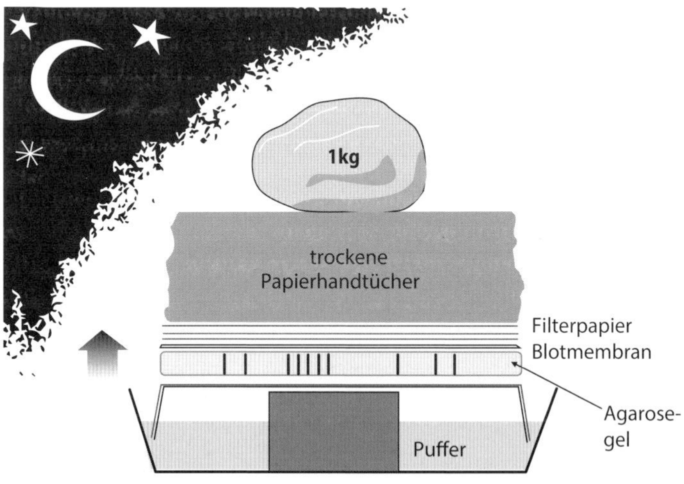

Abb. 7.3 Kapillar-Blotting, Transferdauer über Nacht.

Papierhandtücher gesogen. Dabei werden die Moleküle an die Blotfolie transportiert, an der sie adsorbiert werden. Der Transfer erfolgt über Nacht (Abb. 7.3).

7.1.3 Press-Blotting

Pressblots von foliengestützten Agarosegelen sind sehr einfach: Eine feuchte Blotmembran wird auf das Gel gelegt, darauf ein paar trockene Filterpapiere, eine Glasplatte und ein Gewicht 1 kg/100 cm^2 (Abb. 7.4). Der Transfer erfolgt in ein paar Sekunden. Man kann auch mehrere identische Blots von einem Gel gewinnen (Desvaux *et al.*, 1990).

Press-Blotting wird besonders für IEF-Gele empfohlen (Towbin *et al.*, 2001). Um die Löslichkeit von Proteinen aus Harnstoffgelen zu erhöhen, werden Gel und Blotmembran vor dem Transfer für 3 min in Blottingpuffer aus 4 mol/L Guanidin-HCl gelöst und in 50 mmol/L Tris-Cl$^-$ pH 7,5 inkubiert.

7.1.4 Vakuum-Blotting

Diese Technik wird hauptsächlich anstelle von Kapillar-Blotting eingesetzt (Olszewska und Jones, 1988). Wichtig ist, dass man ein kontrolliertes Niedrigvakuum, mit je nach Anwendung 20–40 cm Wassersäule, anlegt, um zu verhindern, dass die Gelmatrix kollabiert. Man verwendet hierzu eine regulierbare Pumpe, da eine Wasserstrahlpumpe zu hohes und ungleichmäßiges Vakuum erzeugt. Die Geloberfläche ist während der gesamten Prozedur für Reagenzien zugänglich. Der Aufbau einer Vakuum-Blottingkammer ist in Abb. 7.5 dargestellt.

Vakuum-Blotting hat einige Vorteile gegenüber Kapillar-Blotting; sie

- ist schneller: 30–45 min, anstatt über Nacht;
- ist quantitativ, es gibt keinen Rücktransfer;
- resultiert in höherer Bandenschärfe und Auflösung;
- ermöglicht schnellere Depurinierung, Denaturierung und Neutralisierung in der Kammer;

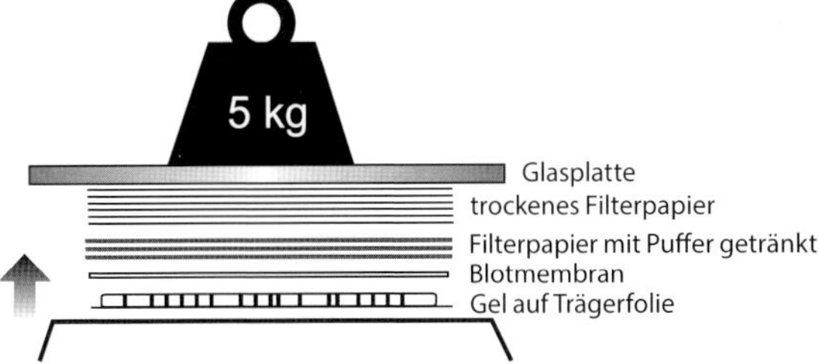

Abb. 7.4 Press-Blotting eines foliengestützten Gels.

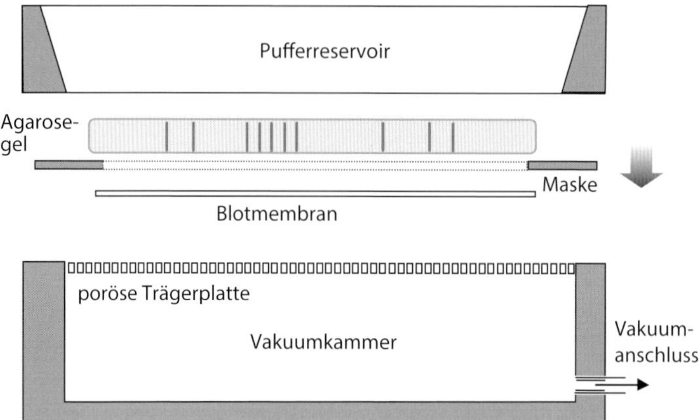

Abb. 7.5 Transfer von Nukleinsäuren mit Vakuum-Blotting in 30–40 min.

- reduziert die mechanische Belastung des Gels, weil es bei allen Schritten in der Kammer verbleibt;
- spart Kosten für Lösungen und Papier.

7.1.5
Elektrophoretisches Blotting

Elektrophoretische Transfers wurden vor allem nach SDS-Elektrophoresen eingeführt (Towbin *et al.*, 1979; Burnette, 1981). In Einzelfällen wird es auch für Nukleinsäuren angewandt. Entweder man appliziert unterschiedliche Proben auf ein Gel und analysiert sie zusammen auf einer Membran oder man trägt die Antigenlösung über die gesamte Gelbreite auf, schneidet die Membran in schmale Streifen und inkubiert diese in unterschiedlichen Antikörperlösungen, z. B. Patientenseren.

Elektrophoretisches Protein-Blotting mit anschließender Immundetektion wird häufig als *Western Blotting* bezeichnet, der methodischen Evolution von *Southern Blotting* und *Northern Blotting* folgend. Der Nachweis von spezifischen Protein-Protein-Wechselwirkungen mit Nichtantikörpern *Far-Western-Blotting* genannt (Burgess und Arthur, 2000).

7.1.5.1 Tank-Blotting

Ursprünglich verwendete man vertikale Puffertanks mit an zwei Seitenwänden mäanderförmig aufgespannten Platinelektrodendrähten. Hierzu werden Gel und Blotfolie zwischen Filterpapieren und Schwammtüchern in Gitterkassetten geklemmt und in den mit Puffer gefüllten Tank eingehängt. Die Transfers werden meist über Nacht durchgeführt. Dabei muss der Puffer gekühlt werden, damit sich das Blot-Sandwich nicht erwärmt.

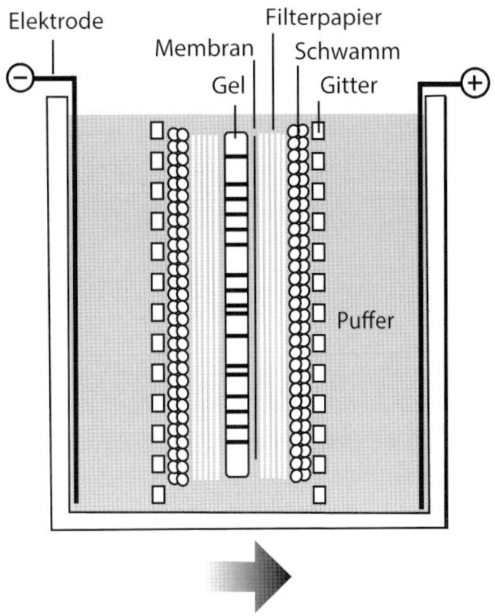

Abb. 7.6 Schematische Darstellung eines Tankblotters.

7.1.5.2 **Semidry-Blotting**

Semidry-Blotting zwischen zwei horizontal angeordneten Grafitplatten oder inerten Metallplatten als Elektroden ist eine interessante Alternative. Man benötigt nur ein geringes Volumen an Puffer, in dem ein paar Blatt Filterpapier getränkt werden. Diese Technik ist einfacher, billiger und schneller und man kann ein diskontinuierliches Puffersystem verwenden (Kyhse-Andersen, 1984; Tovey und Baldo, 1987). Dabei tritt der *Isotachophorese*effekt auf: Die Anionen wandern mit gleicher Geschwindigkeit, sodass man einen gleichmäßigeren Transfer bekommt. Ein Grafitplattensystem braucht nicht gekühlt zu werden. Als Stromwert wird 0,8–1 mA/cm^2 Blotfläche empfohlen. Bei höheren Werten erwärmt sich das Gel, und es können Proteine ausfallen.

Es wird empfohlen, eine Plastikmaske zwischen den interessierenden Gelbereich und die Blotmembran zu legen. Ein Gewicht auf der oberen Elektrode verhindert, dass sich ein Polster aus dem Elektrolysegas bildet, welches das elektrische Feld unterbrechen könnte. Einer der ersten Semidry-Blotter auf dem Markt war ein Einsatz für die Multiphor-Kammer, bestehend aus zwei Grafitplatten. Weiterentwickelte Systeme haben stattdessen platinierte Titanplatten. Abb. 7.7a zeigt einen eigenständigen Semidry-Blotter mit einem Bleigewicht auf der oberen Elektrodenplatte. Manche Firmen bieten komplette Semidry-Blotsysteme inklusive Puffer und vorgeschnittenen Membranen an. Die neueren Geräte funktionieren ohne Gewicht, die obere Elektrodenplatte wird mechanisch heruntergedrückt. Der iBlot® (Abb. 7.7c) und das Trans-Blot® Turbo™ Transfersystem (Abb. 7.7b) werden mit fertigen „Stapeln" für Blotting angeboten: Der untere Stapel enthält Anodenpuffer und Membran, der obere Stapel den Kathodenpuffer.

Die Transferzeit beträgt ca. 1 h und ist abhängig von Dicke und Konzentration des Gels. In Abb. 7.8 ist der Aufbau eines Semidry-Blots schematisch dargestellt.

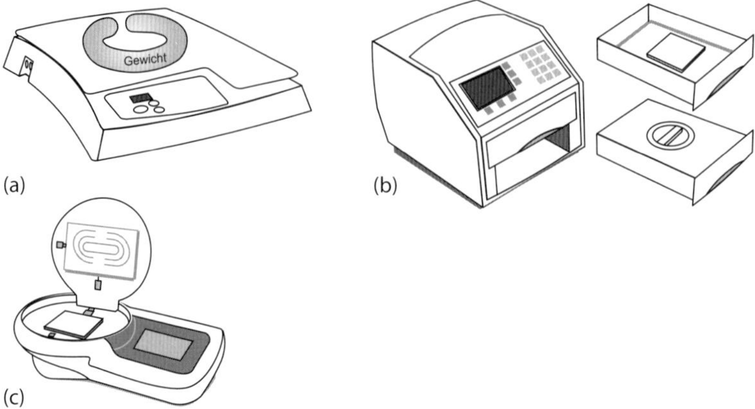

Abb. 7.7 Beispiele von Semidry-Blottern: (a) TE77XP (Hoefer) mit Gewicht; (b) Trans-Blot Turbo Transfer System (Bio-Rad) mit zwei Kassetten; (c) iBlot® (life technologies).

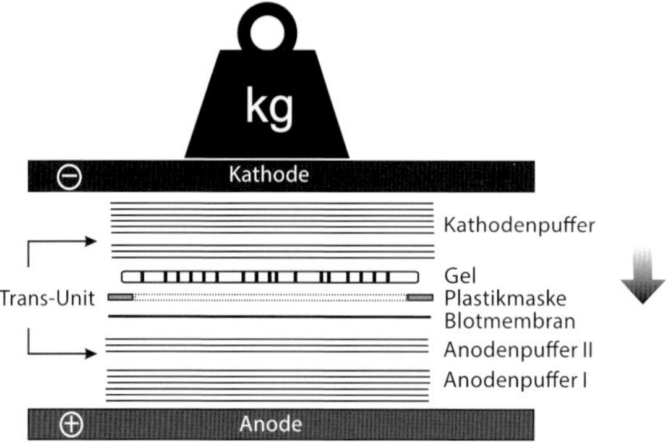

Abb. 7.8 Schematische Darstellung des Aufbaus eines horizontalen Grafitblotters für Semidry-Blotting; modifiziert nach Kyhse-Andersen (1984).

Auch beim Semidry-Blotting kann man mehrere Blots zugleich durchführen. Sie werden in Schichten aufeinandergelegt, sog. Trans Units. Dabei reduziert sich allerdings die Transfereffizienz.

Es ist auch möglich, elektrophoretische Transfers auf zwei Folien zugleich durchzuführen: *Double-Replica-Blotting* (Johansson, 1987). Dabei wird die Richtung des elektrischen Felds wiederholt, aber mit steigender Pulsdauer hin- und her geschaltet, sodass man zwei spiegelgleiche Blots erhält.

7.1.5.3 **Elektrophoretisches Blotting von foliengestützten Gelen**

Für Proteinelektrophoresen und IEF werden vermehrt fertige oder auch selbst hergestellte Gele verwendet, die fest an Trägerfolien gebunden sind. Um elektrophoretische Transfers oder auch Kapillar-Blotting durchführen zu können, muss man diese strom- und pufferundurchlässigen Folien vom Gel abtrennen. Zur zer-

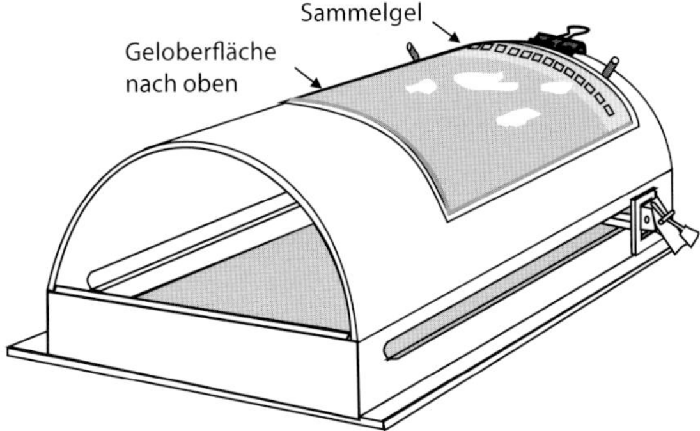

Abb. 7.9 Gerät zur zerstörungsfreien und vollständigen Abtrennung von foliengestützten Gelen für Blotting.

störungsfreien und vollständigen Trennung von Gel und Folie gibt es ein Schneidegerät mit einem straff gespannten, dünnen Stahldraht, der zwischen Gel und Folie durchgezogen wird (siehe Abb. 7.9). Bei der neuesten Entwicklung wird statt Stahldraht das Material für Angelschnüre verwendet, diese sind dünner und reißfester.

7.2 Blotmembranen

Nitrocellulose ist die am häufigsten verwendete Membran. Es gibt sie mit unterschiedlichen Porengrößen. Die Porengröße ist ein Maß für die spezifische Oberfläche: je kleiner die Poren, desto größer die Bindekapazität. Nachteile: limitierte Bindekapazität und schlechte mechanische Stabilität. Auf Nitrocellulose adsorbierte Proteine kann man reversibel anfärben, um vor dem spezifischen Nachweis das Gesamtproteinmuster begutachten zu können (Salinovich und Montelaro, 1986).

Zuweilen setzt man Nitrocellulose auch für präparative Methoden ein, man kann Proteine auch wieder eluieren (Montelaro, 1987). Durch Ligandenvorbeschichtung von Nitrocellulose erhält man bessere Adsorption von Glykoproteinen, Lipiden und Kohlehydraten (Handmann und Jarvis, 1985).

Polyvinylidendifluorid (PVDF)-Membranen auf Teflon-Basis besitzen hohe Bindekapazität und haben, wie Nylonmembranen, hohe mechanische Stabilität. PVDF-Membranen können auch für die direkte Proteinsequenzierung eingesetzt werden (Matsudaira, 1987). Nachteil: Die Färbungen sind nicht reversibel.

Beide Membrantypen sind mit Porengrößen von 0,2 und 0,45 μm erhältlich; die kleineren Porengrößen binden mehr Proteine, die größeren Poren zeigen niedrigeren Hintergrund. Beide Membranen sind auch mit niedriger Eigenfluoreszenz für Fluoreszenz-Blotting (siehe unten) erhältlich.

Diazobenzyloxymethyl- und *Diazophenylthioetherpapiere* (DBM bzw. DPT), die vor Gebrauch chemisch aktiviert werden, ermöglichen eine Zwei-Stufen-Bindung mit den Molekülen: elektrostatisch und kovalent. DBM und DPT werden immer mehr durch Nylonmembranen ersetzt.

Nylonmembranen haben gute mechanische Stabilität und hohe Bindekapazitäten, meist durch elektrostatische Bindung. Dadurch ist aber auch die Anfärbung schwierig, weil auch kleine Moleküle stark gebunden werden. Es gibt positiv und negativ geladene sowie neutrale Nylonmembranen. Zur Erhöhung der Bindung von niedermolekularen Peptiden an Nylonmembranen wird eine Glutaraldehydfixierung nach dem Transfer empfohlen (Karey und Sirbasku, 1989).

Ionenaustauschermembranen, Diethylaminoethyl (DEAE) oder Carboxymethyl (CM), werden wegen der Umkehrbarkeit der Ionenbindung für präparative Zwecke eingesetzt. Nachteil: Diese Membranen sind meist sehr brüchig.

Aktivierte Glasfasermembranen werden dann verwendet, wenn geblottete Proteine direkt sequenziert werden. Es gibt mehrere Methoden zur Aktivierung der Oberfläche: z. B. Bromcyanbehandlung, Derivatisierung mit positiv geladenen Silanen (Aebersold *et al.*, 1986) oder Hydrophobisierung durch Silikonisieren (Eckerskorn *et al.*, 1988).

Leider gibt es noch keine Blotfolie, die 100 % der Moleküle bindet. Beim elektrophoretischen Protein-Blotting beispielsweise tritt häufig das Problem auf, dass niedermolekulare Proteine bereits durch die Folie durchwandern, während hochmolekulare noch nicht vollständig das Gel verlassen haben. Man bemüht sich deshalb um möglichst gleichmäßige Transfers.

7.3
Puffer für elektrophoretische Transfers

7.3.1
Proteine

7.3.1.1 Tank-Blotting

Beim *Tank-Blotting* setzt man beim Blotten aus SDS-Gelen meistens einen Tris-Glycin-Puffer mit pH 8,3 ein (Towbin *et al.*, 1979). Dieser gemäßigte pH-Wert soll die Proteine möglichst wenig schädigen. Meist wird 20 % Methanol in den Puffer gegeben, um die Bindefähigkeit der Blotfolie zu unterstützen und das Quellen des Gels zu verhindern. Bei diesem relativ niedrigen pH-Wert haben die Proteine niedrige Ladung, die Transfers sind deshalb zeitaufwendig, und mit der Zeit erwärmt sich der Puffer. Manchmal setzt man dem Puffer zur Beschleunigung des Transfers, zum Blotten bereits gefärbter Proteine und zur Löslichhaltung hydrophober Proteine 0,02–0,1 % SDS zu, wobei es Probleme mit den Bindungseigenschaften der Folie geben kann.

Weil SDS, Methanol, Wärme und lange Transferzeiten die Proteine auch schädigen, ist es kein großer Fehler, wenn man Puffer mit höheren pH-Werten verwendet und damit erheblich Zeit spart: z. B. 50 mmol/L CAPS mit Natronlauge auf pH 9,9 titriert. Dieser Transfer dauert ca. 50 min, der Puffer erwärmt sich nicht.

Saure Gele mit basischen Proteinen und isoelektrische Fokussierungen blottet man im Tank mit 0,7 %iger Essigsäure (Towbin *et al.*, 1979). Dann wandern die Proteine in Richtung Kathode.

Für Glykoproteine, Polysaccharide und auch bei Lipopolysacchariden ist ein Puffer mit 10 mmol/L Natriumborat pH 9,2 (Reiser und Stark, 1983) zu empfehlen, weil die Borsäure an die Zuckerreste bindet und weil dadurch bei basischem pH-Wert die Moleküle negativ geladen werden.

7.3.1.2 Semidry-Blotting

Für das Horizontalblotten (Semidry-, Grafitplatten-) wird bisweilen ein kontinuierlicher Tris- Glycin-SDS-Puffer vorgeschlagen. Die Praxis hat jedoch gezeigt, dass im Allgemeinen das *diskontinuierliche Puffersystem* zu bevorzugen ist, weil man schärfere Banden, gleichmäßigere und effektivere Transfers erhält.

Um, wenn nötig, auch mit dem Semidry-Verfahren das Doppel-Replica-Elektroblotting durchführen zu können, muss selbstverständlich der kontinuierliche Puffer verwendet werden.

Kontinuierlicher Puffer

48 mmol/L Tris, 39 mmol/L Glycin, 0,0375 % (g/v) SDS, 20 % Methanol.

Diskontinuierliches Puffersystem nach Kyhse-Andersen (1984)

Anode I	0,3 mol/L Tris, 20 % Methanol,
Anode II	25 mmol/L Tris, 20 % Methanol,
Kathode	40 mmol/L ε-Aminocapronsäure, 20 % Methanol, 0,01 % SDS.

Diesen Puffer kann man sowohl für SDS- als auch für native und IEF-Gele verwenden.

In der Originalvorschrift wird zum Kathodenpuffer noch 25 mmol/L Tris zugegeben. Aber nach den Erfahrungen des Autors wird das nicht benötigt, die Transfereffizienz erhöht sich sogar ohne das Tris. Sollte die Transfereffektivität von hochmolekularen Proteinen (> 80 kDa) nicht befriedigend sein, wird das Gel vor dem Blotten 5–10 min in Kathodenpuffer äquilibriert. Dies gilt hauptsächlich für SDS-Gele.

Für Enzymnachweise darf kein Methanol im Puffer enthalten sein, sonst geht die biologische Aktivität verloren. Der kurzzeitige Kontakt mit der geringen SDS-Menge denaturiert die Proteine nicht.

Bei Transfers aus Harnstoff-IEF-Gelen sollte man erst den Harnstoff durch Äquilibrieren des Gels in Kathodenpuffer herausdiffundieren lassen. Die nach der IEF ladungsneutralen Proteine können sonst kein SDS binden, das für einen elektrophoretischen Transfer benötigt wird. Aber Vorsicht: Proteine können aus IEF-Gel schnell herausdiffundieren.

7.3.2 Nukleinsäuren

7.3.2.1 Tank-Blotting

Häufig wird für DNA-Blotting ein saurer Puffer verwendet: 19,6 mmol/L Natriumphosphat, 5,4 mmol/L Natriumcitrat pH 3,0 (Smith *et al.*, 1984).

7.3.2.2 Semidry-Blotting

Für das *Neutral-Blotting* wird 10 mmol/L Tris-HCl, 5 mmol/L Natriumacetat, 0,5 mmol/L EDTA, pH 7,8 verwendet, für *Alkaline-Blotting* 0,4 mol/L NaOH (Fujimura *et al.*, 1988). Beide Techniken sind auch im Tank – bei gleicher Effektivität – durchführbar. Das alkalische Blotten zerstört allerdings das Kunststoffmaterial der Tanks, Grafitplatten sind resistent gegenüber der Natronlauge.

7.4 Allgemeine Anfärbung

Häufig will man das Elektrophorese- oder/und das Transferergebnis insgesamt begutachten können, bevor man die spezifischen Nachweise durchführt.

Nukleinsäuren werden im Allgemeinen durch Ethidiumbromid, das häufig schon dem Elektrophoresegel vor der Trennung zugegeben wird, sichtbar gemacht. Die Nukleinsäurebanden sind dann unter UV-Belichtung sichtbar.

Für *Proteine* gibt es neben den Anfärbungen mit Amidoschwarz oder Coomassie Brilliant Blau auch schonende Färbemethoden, wie die hochempfindliche Indian-Ink-Methode (Hancock und Tsang, 1983) und reversible Färbungen mit Ponceau S (Salinovich und Montelaro, 1986) oder Fast Green FCF (siehe Teil II, Methode 9). Durch Alkalibehandlung der Blotfolie kann die Indian-Ink-Färbung und die Antikörperreaktivität der Proteine erhöht werden (Sutherland und Skerritt, 1986).

In manchen Fällen verwendet man auch

- eine allgemeine Immunfärbung (Kittler *et al.*, 1984),
- kolloidales Gold (Moeremans *et al.*, 1985),
- Autoradiografie,
- oder Fluorografie (Burnette, 1981).

Bei PVDF-Membranen gibt es eine sehr elegante Methode die transferierten Proteine sichtbar zu machen ohne die Membran anzufärben: Nach dem Transfer wird die Membran vollständig getrocknet, kurz in 20 % (v/v) Methanol getaucht und auf einen Leuchttisch gelegt. Die Proteinzonen bleiben trocken und sind als transparentes Muster gegen den nassen, opaken Hintergrund sichtbar.

Nylonmembranen binden anionische Farbstoffe stark, sodass eine normale Färbung kaum möglich ist. Mit kolloidalem Eisen-Cacodylat (FerriDye) kann man auch Nylonmembranen färben) (Moeremans *et al.*, 1986).

Ladekontrolle

Es wurden viele Versuche unternommen, Protein-Blotting für quantitative Messungen zu verwenden (Burnette, 1981; Dennis-Sykes *et al.*, 1985). Für eine quantitative Ladekontrolle der Transfereffektivität wurde meistens Immundetektion von nicht regulierten Haushaltsproteinen angewandt, wie β-Tubulin oder β-Aktin. Es hat sich jedoch herausgestellt, dass dieser Ansatz nicht verlässlich genug ist. Deshalb wurden Alternativen, wie z. B. Coomassie-Blau-Färbung vorgeschlagen (Welinder und Ekblad, 2011). Bedauerlicherweise funktioniert nach solchen Allgemeinfärbungen die Immundetektion nicht mehr. Moritz *et al.* (2014) haben systematisch mehrere Techniken für Ladekontrollen ausprobiert, einschließlich Immundetektion von Haushaltsproteinen und verschiedene Färbemethoden. Die Fluoreszenzfärbung mit dem neuen synthetischen Epicocconon (Peixoto *et al.*, 2014) – erhältlich unter dem Namen *ServaPurple* – hat sich dabei als die verlässlichste Methode erwiesen.

7.5 Blockieren

Zur Abdeckung der unbesetzten Bindungsstellen auf der Folie werden makromolekulare Substanzen verwendet, die an der Nachweisreaktion nicht beteiligt sein dürfen.

Für *Nukleinsäuren* wird *Denhardts Puffer* verwendet (Denhardt, 1966): 0,02 % BSA, 0,02 % Ficoll, 0,02 % Polyvinylpyrrolidon, 1 mmol/L EDTA, 50 mmol/L NaCl, 10 mmol/L Tris-HCl pH 7,0, 10–50 µg heterologe DNA pro mL.

Für *Proteine* gibt es eine Reihe von Möglichkeiten, die meisten verwenden 2–10 % Rinderserumalbumin (Burnette, 1981). Die preisgünstigsten und am wenigsten kreuzreagierenden Blockiersubstrate sind: Magermilch oder 5 % Magermilchpulver (Johnson *et al.*, 1984), 3 % Fischgelatine, 0,05 % Tween 20. Die Hintergrundblockierung ist am schnellsten und effektivsten bei 37 °C.

7.6 Spezialdetektion

7.6.1 Hybridisierung

Radioaktiv markierte Sonden

Mit radioaktiv markierten DNA- oder RNA-Sonden, die an komplementäre DNA oder RNA auf der Blotfolie binden, kann man mit hoher Nachweisempfindlichkeit DNA-Fragmente analysieren (Southern, 1975; Alwine *et al.*, 1977).

Die radioaktive Markierung wird meist zur Auswertung der RFLP-Analyse eingesetzt.

Nichtradioaktive Markierungen
Man tendiert immer mehr zur Vermeidung von Radioaktivität im Labor: Man kann die Sonden auch mit Biotin-Streptavidin oder Digoxigenin markieren. Diese Methode wurde auch häufig für das DNA-Fingerprinting in der Rechtsmedizin angewandt.

7.6.2 Enzym-Blotting

Der Transfer von nativ getrennten Enzymen auf Blotmembranen hat den Vorteil, dass die Proteine ohne Denaturierung fixiert sind und somit auch bei langsamen Enzym-Substrat- und damit gekoppelten Farbreaktionen nicht diffundieren (Olsson *et al.*, 1987).

7.6.3 Immun-Blotting

Nach dem Blockieren wird mit spezifisch bindenden Immunglobulinen (IgG) oder monoklonalen Antikörpern nach einzelnen Proteinzonen sondiert. Zur Sichtbarmachung der Zonen bindet man anschließend ein weiteres, markiertes Protein daran. Hier gibt es wiederum mehrere Möglichkeiten:

Radioiodiertes Protein A
Der Einsatz von radioaktiv markiertem Protein A, welches sich an die spezifisch bindenden Antikörper anlagert, ermöglicht hohe Nachweisempfindlichkeit (Renart *et al.*, 1979). Aber ^{125}I-protein A bindet aber nur an bestimmte IgG-Subklassen; außerdem versucht man radioaktive Isotope im Labor so weit wie möglich zu vermeiden.

Enzymgekoppelte Sekundärantikörper
Hier wird ein gegen den spezifisch bindenden Antikörper gerichteter, mit einem Enzym markierter Antikörper verwendet. Meist wird mit Meerrettichperoxidase (Blake *et al.*, 1984) oder alkalischer Phosphatase (Taketa, 1987) markiert. Die angeschlossenen Enzym-Substrat-Reaktionen haben hohe Nachweisempfindlichkeiten. Bei der Peroxidase hat die Tetrazoliummethode die höchste Empfindlichkeit (Taketa, 1987).

Goldgekoppelte Sekundärantikörper
Sehr empfindlich sind Nachweise durch Kopplung der Antikörper mit *kolloidalem Gold* (Brada und Roth, 1984); dabei kann die Nachweisempfindlichkeit anschließend noch mit einer *Silberverstärkung* erhöht werden: die untere Nachweisgrenze liegt bei ca. 100 pg (Moeremans *et al.*, 1984).

Avidin-Biotin-System

Eine andere Möglichkeit ist die Verwendung eines amplifizierenden Enzymedetektionssystems. Der Nachweis erfolgt über Enzyme, die Teil eines nicht kovalenten Netzwerks von polyvalenten Agentien sind (Antikörper, Avidin): z. B. Biotin-Avidin-Peroxidase-Komplexe (Hsu *et al.*, 1981) oder Komplexe mit alkalischer Phosphatase oder Biotin-Streptavidin-Komplexe mit einem dieser Enzyme.

Fluoreszenz-Western-Blotting

Fradelizi *et al.* (1998) verwendeten als erste fluoreszenzmarkierte Sonden, nämlich Cy5-gekoppelte Sekundärantikörper, in Western Blotting (Abb. 7.10). Mit fluoreszenzfarbenmarkierten Sekundärantikörpern erhält man quantitative Ergebnisse mit breiten dynamischen Bereichen und hoher Empfindlichkeit. Dabei muss man Membranen mit niedriger Eigenfluoreszenz einsetzen. Ein großer Vorteil der Methode ist die Möglichkeit, sie für Multiplexbestimmungen zu verwenden: Nach dem Blockieren des Hintergrunds wird der Blot in einer Mischung aus Primärantikörpern gegen die ausgewählten Zielantigene inkubiert, wobei diese Antikörper von unterschiedlichen Wirtstieren, z. B. Maus und Kaninchen, stammen. Nach Waschen in PBS-Tween folgt eine Inkubation in einer Mischung von Sekundärantikörpern, z. B. Ziege-anti-Maus und Ziege-anti-Kaninchen, einer markiert mit Cy3 (Anregung mit 532 nm, grünes Licht), der zweite mit Cy5 (Anregung mit 633 nm, rotes Licht). Die Fluoreszenzdetektion erfolgt mit einem Multifluoreszenzscanner oder einem fluoreszenzfähigem CCD-Kamerasystem.

Multiplexanalysen mit Fluoreszenzsonden ersetzt Strippen und Zweitanalysen mit zwei Antikörpern (siehe unten). Außerdem spart diese Methode im Vergleich zu anderen Detektionssystemen Zeit und Reagenzienabfall.

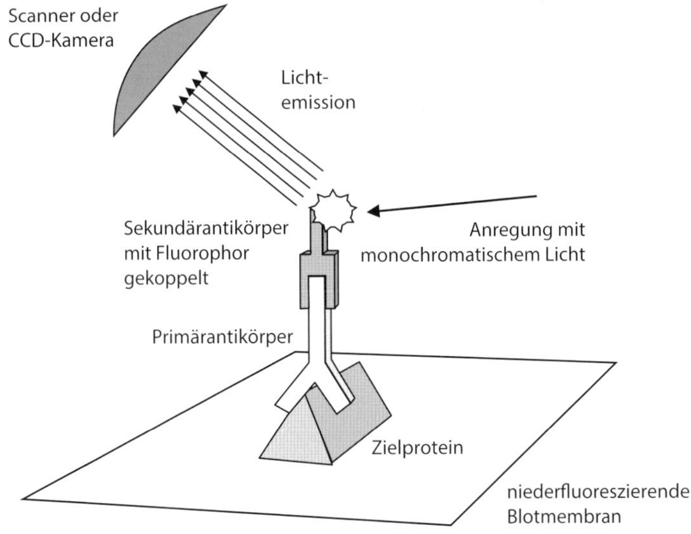

Abb. 7.10 Schematische Darstellung von Fluoreszenz-Blotting.

Chemilumineszenz

Die höchste Nachweisempfindlichkeit ohne Radioaktivität erhält man mit Chemilumineszenz (Laing, 1986). In Abb. 7.11 ist gezeigt, wie ein Signal noch weiter verstärkt wird, indem das Biotin-Streptavidin-Peroxidase-System mit Chemilumineszenz kombiniert.

Zur Aufzeichnung des Signals wird entweder ein Röntgenfilm mit der Membran belichtet oder sie wird für eine längere Zeit in ein geeignetes CCD-Kamerasystem gelegt.

Transfer von geblotteten Proteinen auf Beads („DIGI-West")

„DIGI-West", entwickelt von Templin *et al.* (2011), ist ein automatisches Analysensystem, das viele unterschiedliche Proteine von sehr geringen Probenmengen bestimmen kann. Nach der SDS-PAGE und dem Proteintransfer auf eine Blotmembran wird jede Trennspur in 96 Streifchen geschnitten. Die Proteine werden von diesen kleinen Streifen eluiert, und jede Größenfraktion wird auf eine andere adressierbare Luminex® Bead Population in einer Mikrotiterplatte geladen. Diese adressierbaren Kügelchen werden zusammengemischt; kleine Aliquote, wie z. B. 0,5 % werden dann mit unterschiedlichen Antikörpern inkubiert (das entspräche 200 Bestimmungen). Der Größenbezug jeder Fraktion ermöglicht die digitale Rekonstruktion des Western Blots.

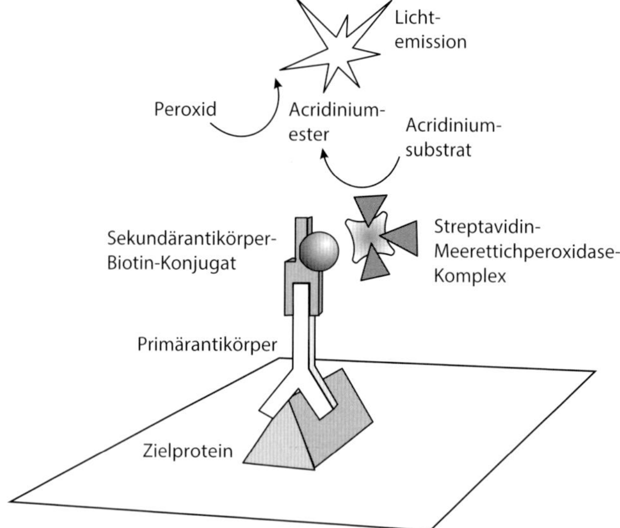

Abb. 7.11 Schematische Darstellung der Kombination der enzymatischen Chemilumineszenzdetektion mit Biotin-Streptavidin-Komplexen, welche die höchste Nachweisempfindlichkeit erreicht.

Immun-Blotting in Kapillaren

Die *Simple-Western*-Technik nach Nguyen *et al.* (2011) basiert auf der Kapillarelektrophorese (CE) und kann mit zwei verschiedenen Verfahren durchgeführt werden: Das Größenverfahren kombiniert CE-SDS-Trennungen mit anschließender Immundetektion, das Ladungsverfahren verwendet CE-IEF für die Trennungen. In beiden Fällen werden die Proteine nach der Trennung mit einer patentrechtlich geschützten, lichtaktivierten chemischen Vernetzungsmethode an der Kapillarwand immobilisiert (siehe Abb. 7.12). Die anschließende Immundetektion erfolgt automatisch durch Inkubieren und Waschen der Kapillare mit Primär- und Sekundärantikörpern, wobei letztere mit Meerrettichperoxidase konjugiert sind und mit Chemilumineszenz detektiert werden. Diese Technik funktioniert vollautomatisch, der Aufwand für die Probenvorbereitung ist minimal.

7.6.4
Lektin-Blotting

Nachweise von Glykoproteinen und von spezifischen Kohlehydratanteilen werden mit Lektinen durchgeführt. Die Visualisierungsmethoden erfolgen über den Aldehydnachweis oder analog zu denen des Immun-Blottings, z. B. mit der Avidin-Biotin-Methode (Bayer *et al.*, 1987).

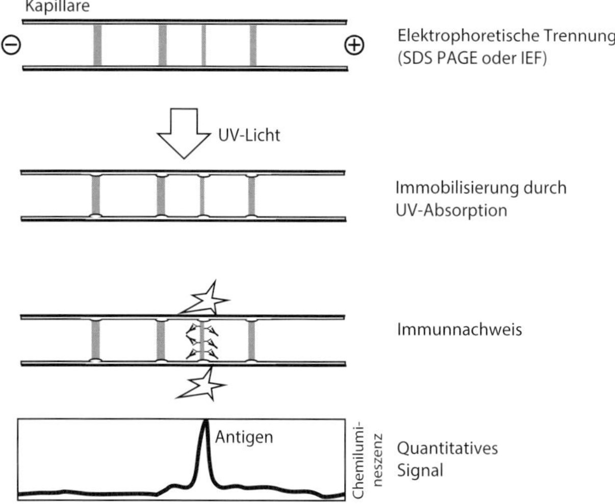

Abb. 7.12 Schematische Darstellung der Simple-Western-Methode (nach Protein Simple, San Jose, CA, USA).

7.6.5 Stripping, Mehrfachanalyse

Blots auf PVDF-Membranen können mehrfach mit verschiedenen Antikörpern detektiert werden (Legocki und Verma, 1981). Die gebundenen Antikörper werden zwischen den Inkubationen mit einem sehr sauren Stripping-Puffer entfernt (25 mmol/L Glycin-HCl pH 2, 1 % (v/v) Tween 20 und 1 % (g/v) SDS). Zwischen jeder Bestimmung muss man die Membran neu blockieren.

7.6.6 Doppel-Blotting

Bei sehr komplexen Proben, wie Humanurin, kann man sehr starke unspezifische Wechselwirkungen von Sekundärantikörpern mit einigen Urinproteinen beobachten. Lasne (2001) hat dieses Problem mit der Doppel-Blotting-Methode gelöst: Der erste Schritt ist Blotting und Inkubation mit einem Antikörper gegen humanes Erythropoietin. Danach wird die Membran kurz in einen sauren Stripping-Puffer getaucht, auf eine zweite Blotmembran gelegt und ein Elektrotransfer in Richtung Kathode durchgeführt. Bei dieser Methode werden die Primärantikörper von den Antigenen desorbiert und auf die zweite Blotmembran übertragen; die Antigene und die störenden Proteine bleiben an der ersten Membran zurück. Jetzt wird die Membran blockiert und mit den Sekundärantikörpern inkubiert.

7.7 Proteinsequenzierung

Einen weiten Schritt nach vorne hatte die Proteinchemie und die Molekularbiologie durch die Verwendung des Blotting für die direkte Proteinsequenzierung gemacht (Vandekerckhove *et al.*, 1985). Sollen die zu sequenzierenden Proteine mit einer Isoelektrischen Fokussierung getrennt werden, muss man immobilisierte pH-Gradienten verwenden, weil Trägerampholyte die Signale bei der Sequenzierung verfälschen würden (Aebersold *et al.*, 1988). Mittlerweile wird der Blotting-Zwischenschritt ausgelassen, und statt mit Gasphasensequenzierung werden Proteine mit massenspektrometrischen Methoden identifiziert und charakterisiert.

7.8 Transferprobleme

- *Niedrige Löslichkeit*, vor allem von hydrophoben Proteinen, kann einen Transfer verhindern. In solchen Fällen muss der Blotpuffer Detergenzien, z. B. SDS, enthalten. Auch eine Zugabe von Harnstoff kann die Löslichkeit erhöhen. Die

Zugabe von 6–8 mol/L Harnstofflösung ist nur bei Semidry-Blotting vernünftig (geringes Puffervolumen).

- Beim *nativen Immun-Blotting* nach Bjerrum *et al.* (1987) enthält das Elektrophoresegel nicht ionische Detergenzien. Bei direktem Kontakt mit der Blotfolie würde deren Bindefähigkeit blockiert werden. Eine 2–3 mm dicke Agarosegelschicht mit Transferpuffer, aber ohne Detergens, zwischen Gel und Blotfolie kann dies verhindern. Man kann auch aktivierte Nitrocellulose mit erhöhter Bindefähigkeit verwenden.
- Hohes Molekulargewicht bewirkt eine langsame Wanderung aus dem Gel. Wenn man aber lange und/oder bei hohen Feldstärken blottet, lösen sich niedermolekulare Proteine wieder von der Membran und gehen verloren. Es gibt eine Reihe von Möglichkeiten, gleichmäßigere Transfers im weiten Molekulargewichtsspektrum zu erhalten:
  - Verwendung von Porengradienten bei der SDS-PAGE; die Proteine befinden sich nach MW im klein- bzw. großporigen Bereich.
  - Diskontinuierliches Puffersystem bei Semidry-Blotting verwenden; der Isotachophoreseeffekt bewirkt eine gleichmäßige Geschwindigkeit.
  - Proteasebehandlung der hochmolaren Proteine nach der Elektrophorese; limitierte Proteolyse schadet meist nicht der Antigenizität.
  - Puffer mit anderem pH-Wert benutzen; dadurch erhält man eine Erhöhung der Mobilitäten.
  - Puffer benutzen, der kein Methanol enthält; wenn das Gel quillt, werden die Poren größer.
  - SDS (0,01–0,1 %) dem Puffer hinzufügen – aber Vorsicht: Zu viel SDS reduziert das Bindungsvermögen.
  - Transferzeit verlängern und zweite Blotfolie dahinterlegen, um niedermolekulare Proteine abzufangen.
  - Agarosegele statt Polyacrylamidgele für die SDS-Elektrophorese verwenden (Ott *et al.*, 2010)

Zu Blotting gibt es eine ganze Reihe von Übersichtsartikel: Gershoni und Palade (1983), Beisiegel (1986), Bjerrum (1987), Baldo und Tovey (1989).

7.9
Elektroelution von Proteinen aus Gelen

Proteine kann man aus Polyacrylamidgelen nur mit einer elektrophoretischen Methode rückgewinnen (Hunkapiller *et al.*, 1983). Das Grundprinzip der Elektroelution ist das gleiche wie das des Elektrotransfers bei Western Blotting. Es gibt eine ganze Reihe von unterschiedlichen Techniken für die Elektroelution von Proteinbanden. Manche Methoden verwenden eine Dialysemembran am Sammelpunkt der Proteinfraktionen. Bedauerlicherweise binden viele Proteine irreversi-

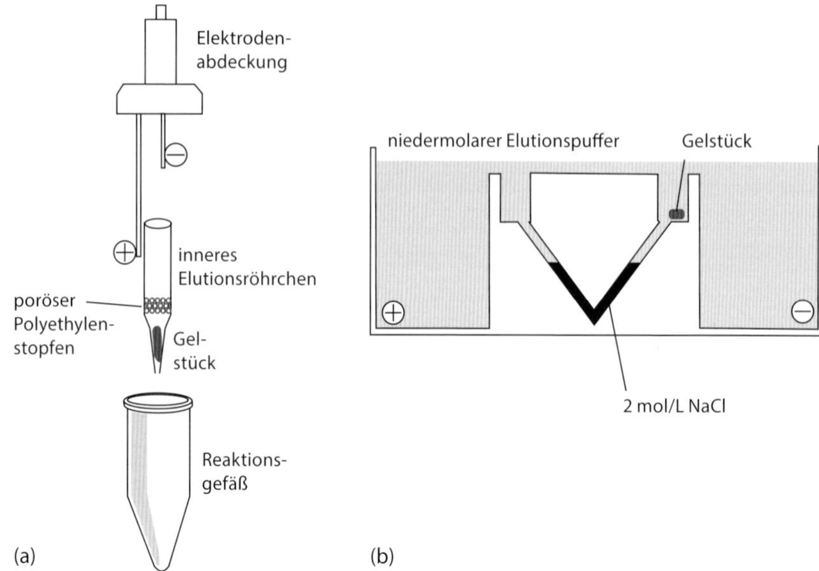

Abb. 7.13 Methoden für Elektroelution von Proteinen ohne Dialysiermembran. (a) Das Gelstückchen wird in ein spezielles konisches Elutionsröhrchen platziert, das in ein Reaktionsgefäß eingesetzt wird. Das Ganze wird mit einer Elektrodenkappe verschlossen. (b) Elektroelution in einem diskontinuierlichen Leitfähigkeitsgradienten.

bel an die Membran. Abbildung 7.13 zeigt zwei membranfreie Techniken:
In Methode a werden die Proteine direkt in 1,5 mL große Reaktionsgefäße überführt: Erst wird das Gelstückchen in ein spezielles konisches Elutionsröhrchen platziert, das mit einem porösen Polyethylenstopfen verschlossen wird. Das Elutionsröhrchen wird in das Reaktionsgefäß eingesetzt, Puffer eingefüllt und die kathodische Elektrodenkappe aufgesetzt, welche eine Kathode für das Elutionsröhrchen und eine Anode für das Reaktionsgefäß enthält. Diese Minivorrichtung wird in eine multiple Elektroelutionskammer eingesetzt. Die isolierte Proteinfraktion kann direkt aus dem Reaktionsgefäß entnommen werden.

Die Methode b hat den Vorteil, dass sie die Elektroelution mit einem Konzentrationsschritt kombiniert, indem eine diskontinuierliche Leitfähigkeitsstufe verwendet wird: Eine Salzschicht mit 2 mol/L Natriumchlorid wird in eine V-Öffnung im Trennblock einer horizontalen Pufferkammer einpipettiert. Der Elutionspuffer enthält 50 mmol/L Tris/150 mmol/L Glycin pH 8,8. Das eluierte Protein sammelt sich an der Grenzschicht zwischen dem Puffer und der Salzschicht.

Obwohl von erfolgreichen Experimenten berichtet wurde, wie z. B. bei der dreidimensionalen Elektrophorese mit Blau-Nativ-PAGE kombiniert mit 2-D-PAGE (Werhahn und Braun, 2002), ist der Wunsch nach einer Elektroelution von quantitativ vollständigen Proteinmengen nie richtig in Erfüllung gegangen.

Literatur

Aebersold, R.H., Teplow, D., Hood, L.E. und Kent, S.B.H. (1986) Electroblotting onto activated glass. High efficiency preparation of proteins from analytical sodium dodecyl sulfate-polyacrylamide gels for direct sequence analysis. *J. Biol. Chem.*, **261** 4229–4238.

Aebersold, R.H., Pipes, G., Hood, L.H. und Kent, S.B.H. (1988) N-terminal and internal sequence determination of microgram amounts of proteins separated by isoelectric focusing in immobilized pH gradients. *Electrophoresis*, **9**, 520–530.

Alwine, J.C., Kemp, D.J. und Stark, J.R. (1977) Method for detection of specific RNAs in agarose gels by transfer to diazobenzyloxymethyl-paper and by hybridization with DNA probes. *Proc. Natl. Acad. Sci. USA*, **74**, 5350–5354.

Baldo, B.A. und Tovey, E.R. (Hrsg.) (1989) *Protein Blotting. Methodology, Research and Diagnostic Applications*, Karger, Basel.

Bayer, E.A., Ben-Hur, H. und Wilchek, M. (1987) Enzyme-based detection of glycoproteins on blot transfers using avidin-biotin technology. *Anal. Biochem.*, **161**, 123–131.

Beisiegel U. (1986) Protein blotting. *Electrophoresis*, **7**, 1–18.

Bjerrum, O.J. (Hrsg.) (1987) Paper symposium protein blotting. *Electrophoresis*, **8**, 377–464.

Bjerrum, O.J., Selmer, J.C. und Lihme, A. (1987) Native immunoblotting: Transfer of membrane proteins in the presence of non-ionic detergent. *Electrophoresis*, **8**, 388–397.

Blake, M.S., Johnston, K.H. und Russell-Jones, G.J. (1984) A rapid, sensitive method for detection of alkaline phosphatase conjugated anti-antibodies on Western blots. *Anal. Biochem.*, **136**, 175–179

Brada, D. und Roth, J. (1984) „Golden blot"-detection of polyclonal and monoclonal antibodies bound to antigens on nitrocellulose by protein A-gold complexes. *Anal. Biochem.*, **142**, 79–83.

Burgess, R. und Arthur, T.M. (2000) Pietz BC mapping protein-protein interaction domains using ordered fragment ladder far-Western analysis of hexahistidine-tagged fusion proteins. *Methods Enzymol.*, **328**, 141–157.

Burnette, W.N. (1981) „Western blotting": Electrophoretic transfer of proteins from sodium dodecyl sulfate–polyacrylamide gels to unmodified nitrocellulose and radiographic detection with antibody and radioiodinated protein A. *Anal. Biochem.*, **112**, 195–203.

Denhardt, D. (1966) A membrane filter technique for the detection of complementary DNA. *Biochem. Biophys. Res. Commun.*, **20**, 641–646.

Dennis-Sykes, C.A., Miller, W.J. und McAleer, W.J. (1985) A quantitative Western Blot method for protein measurement. *J. Biol. Stand.*, **13**, 309–314.

Desvaux, F.X., David, B. und Peltre, G. (1990) Multiple successive immunoprinting: a fast blotting technique of a single agarose isoelectric focusing gel. *Electrophoresis*, **11**, 37–41.

Eckerskorn, C., Mewes, W., Goretzki, H. und Lottspeich, F. (1988) A new siliconized-glass fiber as support for protein-chemical analysis of electroblotted proteins. *Eur. J. Biochem.*, **176**, 509–519.

Fradelizi, J., Friederich, E., Beckerle, M.C. und Golsteyn, R.M. (1998) Quantitative measurement of proteins by Western blotting with Cy5-coupledsecondary antibodies. *BioTechniques*, **26**, 484–494.

Fujimura, R.K., Valdivia, R.P. und Allison, M.A. (1988) A method for alkaline electrotransfer of DNA to nylon membrane and its application to mouse genomic DNA. *DNA Prot. Eng. Technol.*, **1**, 45–60.

Gershoni, J.M. und Palade, G.E. (1983) Protein blotting: Principles and applications. *Anal. Biochem.*, **112**, 1–15.

Hancock, K. und Tsang, V.C.W. (1983) India ink staining of proteins on nitrocellulose-paper. *Anal. Biochem.*, **133**, 157–162.

Handmann, E. und Jarvis, H.M. (1985) Nitrocellulose-based assays for the detection of glycolipids and other antigens: Mechanism of binding to nitrocellulose. *J. Immunol. Methods*, **83**, 113–123.

Hsu, D.-M., Raine, L. und Fanger, H. (1981) Use of avidin-biotin-peroxidase complex

(ABC) in immunoperoxidase technique: A comparison between ABC and unlabeled antibody (PAP) procedures. *J. Histochem. Cytochem.*, **29**, 577–580.

Hunkapiller, M.W., Lujan, E., Ostrander, F. und Hood, L.E. (1983) Isolation of microgram quantities of proteins from polyacrylamide gels for amino acid sequence analysis. *Methods Enzymol.*, **91**, 227–236.

Johansson, K-E. (1987) Double replica electroblotting by oscillating electrotransfer. *Electrophoresis*, **8**, 379–383.

Johnson, D.A., Gautsch, J.W. und Sportsman, J.R. (1984) Improved technique utilizing nonfat dry milk for analysis of proteins and nucleic acids transferred to nitrocellulose. *Gene Anal. Technol.*, **1**, 3–8.

Karey, K.P. und Sirbasku, D.A. (1989) Glutaraldehyde fixation increases retention of low molecular weight proteins (growth factors) transferred to nylon membranes for Western blot analysis. *Anal. Biochem.*, **178**, 255–259.

Kittler, J.M., Meisler, N.T. und Viceps-Madore, D. (1984) A general immunochemical method for detecting proteins on blots. *Anal. Biochem.*, **137**, 210–216.

Kyhse-Andersen, J. (1984) Electroblotting of multiple gels: A simple apparatus without buffer tank for rapid transfer of proteins from polyacrylamide to nitrocellulose. *J. Biochem. Biophys. Methods*, **10**, 203–209.

Laing, P. (1986) Luminescent visualization of antigens on blots. *J. Immunol. Methods*, **92**, 161–165.

Lasne F. (2001) Double-blotting: A solution to the problem of non-specific binding of secondary antibodies in immunoblotting procedures. *J. Immunol. Methods*, **253**, 125–131.

Legocki, R.P. und Verma, D.P.S. (1981) Multiple immunoreplica technique: Screening for specific proteins with a series of different antibodies using one polyacrylamide gel. *Anal. Biochem.*, **111**, 385–392.

Matsudaira, P. (1987) Sequence from picomole quantities of proteins electroblotted onto polyvinylidene fluoride membranes. *J. Biol. Chem.*, **262**, 10035–10038.

Moeremans, M., Daneels, G., Van Dijck, A., Langanger, G. und De Mey, J. (1984) Sensitive visualization of antigen-antibody reactions in dot and blot immune overlay assays with immunogold and immunogold/silver staining. *J. Immunol. Methods*, **74**, 353–360.

Moeremans, M., Daneels, G. und De Mey, J. (1985) Sensitive colloidal metal (gold or silver) staining of proteins blots on nitrocellulose membranes. *Anal. Biochem.*, **145**, 315–321.

Moeremans, M., De Raeymaeker, M., Daneels, G. und De Mey, J. (1986) FerriDye: colloidal iron binding followed by Perls' reaction for the staining of proteins transferred from sodium dodecyl sulfate gels to nitrocellulose and positively charged nylon membranes. *Anal. Biochem.*, **153**, 18–22.

Moeremans, M., Daneels, G., De Raeymaeker, M., De Wever, B. und De Mey, J. (1987) The use of colloidal metal particles in protein blotting. *Electrophoresis*, **8**, 403–409.

Montelaro, R.C. (1987) Protein antigen purification by preparative protein blotting. *Electrophoresis*, **8**, 432–438.

Moritz, C.P., Marz, S.X., Reiss, R., Schulenborg, T. und Friauf, E. (2014) Epicocconone staining: A powerful loading control for Western blots. *Proteomics*, **14**, 162–168.

Nguyen, U., Squaglia, N., Boge, A. und Fung, P.A. (2011) The Simple Western™: A gel-free, blot-free, hands-free Western blotting reinvention. *Nat. Methods*, **8**, V–VI.

Olsson, B.G., Weström, B.R. und Karlsson, B.W. (1987) Enzymoblotting: Visualization of electrophoretically separated enzymes on nitrocellulose membranes using specific substrates. *Electrophoresis*, **8**, 415–420.

Olszewska, E. und Jones, K. (1988) Vacuum blotting enhances nucleic acid transfer. *Trends Gen.*, **4**, 92–94.

Ott, H.W., Griesmacher, A., Schnapka-Koepf, M., Golderer, G., Sieberer, A., Spannagl, M., Scheibe, B., Perkhofer, S., Will, K. und Budde, U. (2010) Analysis of von Willebrand factor multimers by simultaneous high- and low-resolution vertical SDS-agarose gel electrophoresis and Cy5-labeled antibody high-sensitivity fluorescence detection. *Am. J. Clin. Pathol.*, **133**, 322–330.

Peixoto, P.A., Boulange, A., Ball, M., Naudin, B., Alle, T., Cosette, P., Karuso, P. und Franck, X. (2014) Design and synthesis of epicocconone analogues with improved fluorescence properties. *J. Am. Chem. Soc.*, **136**, 15248–15256.

Prieur, B. und Russo-Marie, F. (1988) An automated Western blot analysis using the Phastsystem. *Anal. Biochem.*, **172**, 338–343.

Reiser, J. und Stark, G.R. (1983) Immunologic detection of specific proteins in cell extracts by fractionation in gels and transfer to paper. *Methods Enzymol.*, **96**, 205–215.

Renart, J., Reiser, J. und Stark, G.R. (1979) Transfer of proteins from gels to diazobenzyloxymethyl-paper and detection with antisera: a method for studying antibody specificity and antigen structure. *Proc. Natl. Acad. Sci. USA*, **76**, 3116–3120.

Salinovich, O. und Montelaro, R.C. (1986) Reversible staining and peptide mapping of proteins transferred to nitrocellulose after separation by sodium dodecyl sulfate-polyacrylamide gel electrophoresis. *Anal. Biochem.*, **156**, 341–347.

Smith, M.R., Devine, C.S., Cohn, S.M. und Lieberman, M.W. (1984) Quantitative electrophoretic transfer of DNA from polyacrylamide or agarose gels to nitrocellulose. *Anal. Biochem.*, **137**, 120–124.

Southern, E.M. (1975) Detection of specific sequences among DNA fragments separated by gel electrophoresis. *J. Mol. Biol.*, **98**, 503–517.

Strupat, K., Karas, M., Hillenkamp, F., Eckerskorn, C. und Lottspeich, F. (1994) Matrix-assisted laser desorption ionization mass spectrometry of proteins electroblotted after polyacrylamide gel electrophoresis. *Anal. Chem.*, **66**, 464–470.

Sutherland, M.W. und Skerritt, J.H. (1986) Alkali enhancement of protein staining on nitrocellulose. *Electrophoresis*, **7**, 401–406.

Taketa, K. (1987) A tetrazolium method for peroxidase staining: Application to the antibody-affinity blotting of α-fetoprotein separated by lectin affinity electrophoresis. *Electrophoresis*, **8**, 409–414.

Templin, M., Treindl, F., Doettinger, A. und Poetz, O. (2011) A method to detect biomolecules. Patent WO 2013013922 A1.

Tovey, E.R. und Baldo, B.A. (1987) Comparison of semi-dry and conventional tank-buffer electrotransfer of proteins from polyacrylamide gels to nitrocellulose membranes. *Electrophoresis*, **8**, 384–387.

Towbin, H., Staehlin, T. und Gordon J. (1979) Electrophoretic transfer of proteins from polyacrylamide gels to nitrocellulose sheets: procedure and some applications. *Proc. Natl. Acad. Sci. USA*, **76**, 4350–4354.

Towbin, H., Özbey, Ö. und Zingel, O. (2001) An immunoblotting method for high-resolution isoelectric focusing of protein isoforms on immobilized pH gradients. *Electrophoresis*, **22**, 1887–1893.

Vandekerckhove, J., Bauw, G., Puype, M., Van Damme, J. und Van Montegu, M. (1985) Protein-blotting on polybrene-coated glass-fiber sheets. A basis for acid hydrolysis and gas-phase sequencing of picomole quantities of protein previously separated on sodium dodecyl sulfate/polyacrylamide gel. *Eur. J. Biochem.*, **152**, 9–19.

Welinder, C. und Ekblad, L. (2011) Coomassie staining as loading control in Western blot analysis. *J. Proteome Res.*, **10**, 1416–1419.

Werhahn, W. und Braun, H.-P. (2002) Biochemical dissection of the mitochondrial proteome from *Arabidopsis thaliana* by three-dimensional gel electrophoresis. *Electrophoresis*, **23**, 640–646.

Teil II
Praktische Methodenanleitungen – Ausrüstung und Methoden

Ausrüstung

Die meisten der im Folgenden beschriebenen Methoden wurden im Horizontalsystem mit ähnlich konstruierten Kammern durchgeführt: der Multiphor II (GE Lifescience) und der Blue Horizon Einzelkammer oder dem Tower (Serva Electrophoresis). In den Methoden 8, 9 und 12 werden Techniken in vertikalen Ausrüstungen beschrieben. Die Kleinteile, Verbrauchsmaterialien sowie die wichtigsten Stammlösungen sind fast für alle Methoden einsetzbar. Diese Auflistung sollte auch die Planung eines Praxiselektrophoresekurses erleichtern.

Methoden

Kleine Moleküle

Kapitel 1. PAGE von Farbstoffen
Kapitel 4. Native PAGE in amphoteren Puffern

Proteine

Kapitel 2. Agarose und Immunelektrophoresen
Kapitel 3. Titrationskurvenanalyse
Kapitel 4. Native PAGE in amphoteren Puffern
Kapitel 5. Agarose IEF
Kapitel 6. PAGIEF in rehydratisierten Gelen
Kapitel 7. Horizontale SDS-PAGE
Kapitel 8. Vertikale PAGE
Kapitel 9. Blau-Nativ-PAGE
Kapitel 10. Semidry-Blotting von Proteinen
Kapitel 11. IEF in immobilisierten pH-Gradienten
Kapitel 12. Hochauflösende 2-D-Elektrophorese
Kapitel 13. 2-D-Differenzgelelektrophorese (DIGE)

DNA

Kapitel 8. Vertikale PAGE
Kapitel 14. PAGE von DNA-Fragmenten

Instrumentierung

Ausrüstung	Name	Hersteller
Horizontale Elektrophoresekammer	HPE™ Blue Horizon Multiphor™ II	SERVA GE Healthcare
Universeller Gelgießkit: enthält Glasplatten, Glasplatten mit Dichtungen, Klammern, Gradientenmischer, Schläuche, Schlauchklemmen, Skalpell, Klebeband;	Multiphor™ II Universalgel Kit	GE Healthcare
Rehydratisierwanne für trockene Gele	GelPool	SERVA
Doppelwanne für das Tränken der Elektrodendochte	PaperPool	SERVA
Multiple Horizontalelektrophorese Apparatur	HPE™ BlueTower System	SERVA
Minivertikalelektrophoresekammer	Blue Vertical PRiME™ SE 250, 260, 300 Mini PROTEAN® Mini chambers	SERVA Hoefer/GE Healthcare/SERVA Bio-Rad viele internationale und lokale Hersteller
Mittelgroße Vertikalelektrophoresekammer	SE 600, SE600 CHROMA PROTEAN II® Criterion™	Hoefer/GE Healthcare/SERVA Bio-Rad Bio-Rad
Lange Vertikalelektrophoresekammer	SE 660	Hoefer/GE Healthcare/SERVA
Große multiple Vertikalelektrophoresekammer	Ettan DALT*six* SE 900™ Ettan DALT*twelve* Dodeca™	GE Healthcare Hoefer/SERVA GE Healthcare Bio-Rad
Programmierbare Stromversorger	Blue Power™ EPS 3501 XL Power Pack™	SERVA GE Healthcare Bio-Rad viele internationale und lokale Hersteller

Ausrüstung	Name	Hersteller
Umlaufkryostat	MiniChiller MultiTemp III	SERVA GE Healthcare
IPG-Streifenkit für IPG-IEF	MultiPhor II IPG strip kit	GE Healthcare
IPG-Streifen Fokussierkammer	IEF 100 IPGPhor PROTEAN® i12™	Hoefer/SERVA GE Healthcare Bio-Rad
Orbitalschüttler		viele internationale und lokale Hersteller
Multiple Färbewannenbox für große Gele in DIN-A4-Größe (5 Schubladen)	PROFILINE Art-Nr. 1070	ROTHO, Schweiz
Vertikal-Blotting-Tank	Transphor Trans-Blot® Cell	Hoefer/SERVA/GE Healthcare Bio-Rad
Semidry-Blotter	TE 70X Serie Multiphor II NovaBlot Kit Trans-Blot® SD Semi-Dry Transfer Cell iBlot®	Hoefer/SERVA/GE Healthcare GE Healthcare Bio-Rad life technologies
Vorrichtung zum Entfernen von Trägerfolien	GelRemover FilmRemover	Proteomics Consult GE Healthcare
Vorrichtung für Pressblotting von foliengestützten Gelen	Gravity Blotter	SERVA
A4-Desktopscanner	Bio5000 ImageScanner GS-900™ Calibrated Densitometer	SERVA GE Healthcare Bio-Rad
CCD-Kamerasystem	SERVA Blue Imager Amersham Imager 600 ChemiDoc™ MP imager	SERVA GE Healthcare Bio-Rad
Multifluoreszenzscanner	Typhoon™	GE Healthcare
1-D-Bildauswertung	LabImage 1D Totallab ImageMaster 1D	SERVA Proteomics Consult GE Healthcare
2-D-Bildauswertung	Delta 2D SAMESPOTS ImageMaster 2D, DeCyder PDQuest™	DECODON Proteomics Consult GE Healthcare Bio-Rad
Automatischer Spotpicker Roboter	Ettan Spot Picker EXQuest Spot Cutter	GE Healthcare Bio-Rad
halbautomatischer Spotpicker	ScreenPicker	Proteomics Consult
Stabilisator für Gewebeproben	Stabilizer	Denator, SERVA
Heizrührer, Magnetrührer, Heizblock für Reaktionsgefäße		viele internationale und lokale Hersteller

Tab. II.1 Laborausrüstung.

Methode	1	2	3	4	5	6	7	8	9	10	11	12	13	14
Glasstab		○			○									
Heizblock							□	□						
Wärme- oder Brutschrank		○			○		○				○	○		
Heizrührer			■	■		■	■	■			○	○		□
Laborplattform („Laborboy“)							○	○	○			○		
Mikrowellenofen		○			○						○	○		
Papierschneider „Roll and Cut“												○		
Orbitalschüttler		○	○	○		○					○	○		
Laborschüttler							■	○■	○		○	○		
Kleiner Magnetrührer							○	○			■	○■		○■
Tischzentrifuge		□	□	□	□	□	□				○	○		
Spatel in unterschiedlichen Größen	○	○	○	○	○	○	○	□○			□	□	○	□
Pinzette, gerade und gebogene						○	○			□	○	○		○
Ventilator			■	■		■		■		○	○	○		○
Uhrgläser		○			○						○	■		■
Vakuumpumpe		○	○			○	○		○			○		

□ für Probenvorbereitung, ○ für die Elektrophorese, ■ für die Detektion.

Tab. II.2 Verbrauchsmaterial.

Methode	1	2	3	4	5	6	7	8	9	10	11	12	13	14
Blotmembran, Nitrozellulose oder PVDF										○				
Cellophan								■		○				
DYMO-Band		○	○	○			○							○
Elektrodendochte	○	○					○				■	○		○
Fokussierungsstreifen					○	○						○		
Filterpapier	○	○■		○	○■		○			○		○		○
GelBond- oder GelFix-Folie für Agarose (12,5 × 25 cm)		○			○									
GelBond-PAG oder GelFix für Polyacrylamid (12,5 × 25 cm)	○		○	○		○	○				○	○		○
GelBond-PAG oder GelFix für Polyacrylamid (20,3 × 25 cm)												○		○
Parafilm®	○			○				○			○	○	□	
Pipettenspitzen	□○	□○	□○	□○	□○	□○	□○	□○	□	□○		○	□	○
Reaktionsgefäße	□	□	□	□	□	□	□○	□	□			□○	□	
Plastiktüten	○		○	○		○		○			□○	□○		
Polyesterfolie unbehandelt	○		○	○		○					□	○		□○
Probenaufgabestückchen						○					○	○		□
Probenaufgabestreifen					○	○					○	○		○

□ für Probenvorbereitung, ○ für die Elektrophorese, ■ für die Detektion.

Tab. II.3 Chemikalien.

Methode	1	2	3	4	5	6	7	8	9	10	11	12	13	14
Acid Violet 17			■	■		■						■		
Acrylamid	○		○	○		○	○	○	○		○	○		○
Agarose L		○										○		
Agarose IEF					○									
Ammoniaklösung (25 %), NH_3						■								
Ammoniumnitrat		■	■	■	■	■					■			○
Ammoniumpersulfat	○		○	○		○	○	○	○		○	○		○
Ammoniumsulfat							■					■		
Antikörper		○			■					■				
Atemkalk (CO_2-Falle)						○								
β-Mercaptoethanol							□	□				□		
Benzolsulfonsäure														■
Bind-Silan								○				○		
Bis	○		○	○		○	○	○	○		○	○		○
Borsäure							■	■				■		○
Calciumlaktat		○												
CelloSeal	○			○			○	○	○		○	○		
CAPS										○				
CHAPS	○	○	○	○	○	□○	○				○	□○	○	
Chloroform												□		
Coomassie Brilliant Blau G-250		■	■			■	■	■	□○■		■	■		
Coomassie Brilliant Blau R-350		■	■	■	■		■	■	■			■		
CyDyes													□■	
Digitonin									□					
Dithiothreitol							□	□				□○		

□ für Probenvorbereitung, ○ für die Elektrophorese, ■ für die Detektion.

Tab. II.3 Fortsetzung.

Methode	1	2	3	4	5	6	7	8	9	10	11	12	13	14
Dodecylmaltosid									□					
EDTA-Na_2		□○				□	□	□						○
ε-Aminocapronsäure				○					○	○				
Essigsäure (96 %)		■	■	○■	○■	○■	■	■○		■○	○■	○■		○■
Ethanol							■	■	■	○■	■	■		■
Ethidiumbromid														■
Ethylenglycol						□	□	□						
Farbstoffe für die Frontmarkierung:														
Orange G, Bromphenolblau	□			□			□	□				□		
Xylencyanol														□
Pyronine, Basic Blue (cationic)				□										
Fluoreszenzfarbstoff														
• zum Markieren (Serva Lightning Red)							■	■				■		
• zum Färben (ServaPurple, SyproRuby, RuBP, …)							■	■				■		
Formaldehydlösung 37 %		■	■	■	■	■	■	■		■	■	■		■
Formamid														□
Glutaraldehydlösung 25 %						■	■	■				■		
Glycerin	○■		○■	○■	□	○■	○■	□○		○■	○■	■		■
Glycin		○				□■	○■	○■		○	■	○■		■
Harnstoff						□○					□○	□○		○
HEPES				○					□					
Immobiline II Starterkit											○	○		
Imidazol							■	■				■		
Indian Ink										■				

□ für Probenvorbereitung, ○ für die Elektrophorese, ■ für die Detektion.

Tab. II.3 Fortsetzung.

Methode	1	2	3	4	5	6	7	8	9	10	11	12	13	14
Iodacetamid							□	□				□○		
Markerproteine für Proteinmolekulargewicht							□	□	□			□		
Peptidmarker							□	□						
Markerproteine für pI					□	□								
Methanol		■	■		■	■	■	■		○■	■	□■		
Mischbettionenaustauscher	○		○	○		○	○	○	○		○	○		○
NAP-Säulen für DNA-Aufreinigung, und zur Proteinentsalzung		□	□	□	□	□					□			□
Natriumacetat							■	■				■		
Natriumcarbonat			■	■			■	■				■		
Natriumchlorid		■			■				□	○				
Natriumdihydrogenphosphat	○								■					
Natriumhydrogenphosphat	○													
Natriumthiosulfat							■	■			■	■		■
Natronlauge							■	■	■			■	□	
Nicht ionische Detergenzien: Nonidet NP-40, Triton X-100						□			□		□			
Pefabloc, Proteaseinhibitor							□	□				□		
Phosphorsäure			■	■		■	■	■			■	■		○
PMSF, Proteaseinhibitor							□	□				□		
RepelSilane oder GelSlick	○	○	○	○	○	○	○	○	○		○	○		○
Salzsäure							○	○			○	○		
Schwefelsäure, konz.				■		■					■			
SDS							□○	□○	○	○		□○		

□ für Probenvorbereitung, ○ für die Elektrophorese, ■ für die Detektion.

Tab. II.3 Fortsetzung.

Methode	1	2	3	4	5	6	7	8	9	10	11	12	13	14
Silbernitrat			■	■	■	■	■	■			■	■		■
Sorbit	○	○	○	○	○	○	○				○	○		○
Sulfosalicylsäure						■								
TEMED	○		○	○		○	○	○	○		○	○		○
Thioharnstoff												□○		
Trägerampholyten (Servalyt, Pharmalyte, BioLyte)			○		○	○					○	○		
Trichloressigsäure			■	■	■	■					■	□		
Tricin							○	○	○			○		○
Tris	○	○		○			○	○	○	○		○	○	○
Wolframatokieselsäure			■	■	■	■								
Zinksulfat							■	■				■		
Zitronensäuremonohydrat						■								

□ für Probenvorbereitung, ○ für die Elektrophorese, ■ für die Detektion.

Alle Reagenzien müssen von p. A. Qualität sein. Für alle Lösungen sollte destilliertes Wasser verwendet werden.

Zubehör

Handroller, Silikongummi Probenaufgabestreifen, Plastikmasken für Blotting, Feuchtekammer für Agarosegele, rostfreie Stahlwannen, Glaswannen für Silberfärbung, Schere, Spatel, Glaswarensortiment: Bechergläser, Messzylinder, Erlenmeyerkolben, Reagenzgläser etc., Magnetrührkerne, Messpipetten in verschiedenen Größen, Pipettierhilfe (z. B. Peleusball), verstellbare Mikropipetten von 2–1000 μL.

Verbrauchsmittel

Einmalhandschuhe, Papierhandtücher, Filterpapier, Tesafilm und DYMO-Band, Pipettenspitzen verschiedener Größen, Eppendorfgefäße, Zentrifugenröhrchen mit Schraubverschluss 15 und 50 mL.

Methode 1
PAGE von Farbstoffen

In den allermeisten Labors werden Elektrophoresen für die Trennung von relativ hochmolekularen Substanzen, wie Proteinen und Nukleinsäuren, angewendet. Niedermolekulare Substanzen (< 1 kDa), wie Polyphenole und Farbstoffe, werden chromatografisch in Säulen oder auf Dünnschichtplatten getrennt.

Im Folgenden wird eine einfache Elektrophoresemethode für niedermolekulare Substanzen am Beispiel von Farbstoffen beschrieben: Lebensmittel-, Autolack-, Kosmetikfarben etc.

M1.1
Probenvorbereitung

Je 10 mg Farbstoff werden in 5 mL H_2O_{Bidest} gelöst; hiervon werden 1,5 µL pro Trennspur aufgetragen.

M1.2
Stammlösungen

Acrylamid, Bis ($T = 30\,\%$, $C = 3\,\%$)

29,1 g Acrylamid + 0,9 g Bis mit H_2O_{Bidest} auf 100 mL auffüllen.
Reste umweltfreundlich beseitigen: mit APS-Überschuss auspolymerisieren.

Vorsicht
Acrylamid und Bis sind als Monomere toxisch. Hautkontakt vermeiden, nicht mit dem Mund pipettieren.
Bei Lagerung im Dunkeln bei 4 °C (Kühlschrank) eine Woche haltbar (für die IEF), kann aber bei dieser Methode mehrere Wochen verwendet werden.

Ammoniumpersulfatlösung (APS) 40 % (g/v)

400 mg Ammoniumpersulfat in 1 mL H_2O_{Bidest} auflösen.
(Eine Woche im Kühlschrank (4 °C) haltbar.)

Elektrophorese leicht gemacht, 2. Auflage. Reiner Westermeier.

0,75 mol/L Phosphatpuffer pH 7,0 (kontinuierlicher Puffer)
38,6 g Na_2HPO_4
8,25 g NaH_2PO_4
mit H_2O_{dest} auf 500 mL auffüllen
Kühlkontaktflüssigkeit
12 mL Glycerin (85 %)
15 g Sorbit
100 mg CHAPS
mit H_2O_{dest} auf 100 mL auffüllen

M1.3
Vorbereitung der Gießkassette

Diese Methode funktioniert am besten in ultradünnen (0,25 mm) Gelen,
- weil man hohe Feldstärken anlegen kann; schnelle Trennung → geringe Diffusion.
- weil man die getrennten Substanzen durch schnelles Trocknen fixieren kann; chemische Fixierung ist nicht möglich.

M1.3.1
Dichtung

Zwei Schichten Parafilm® (von der 50 cm breiten Rolle) werden aufeinandergelegt und mit einem Taschenmesser so ausgeschnitten, dass die Kontur der U-förmigen Dichtung entsteht (ein Skalpell ist zu scharf). Mit dem Messer werden die Kanten zusammengedrückt, dann bleiben die Schichten zusammen.

M1.3.2
Slotformer

Die Probenaufgabe erfolgt in schmale Wannen, die in die Geloberfläche einpolymerisiert werden. Zur Erzeugung von Probenaufgabeslots im Gel müssen diese als Negativform auf eine Glasplatte aufgeklebt werden. Eine gereinigte und entfettete Glasplatte wird auf einer Schablone (siehe Abb. M1.1) liegend auf die Arbeitsplatte fixiert.

An der gewünschten späteren Startstelle klebt man zwei Schichten *Tesafilm* (Qualität *kristallklar*, eine Schicht 50 µm) aufeinander und luftblasenfrei auf die Glasfläche. Der Slotformer wird mit dem Skalpell zurechtgeschnitten auf 1 × 7 mm (Abb. M1.1). Nach nochmaligem Andrücken der einzelnen Slotformerkanten auf die Glasplatte werden mit Ethanol die Klebstoffreste entfernt. Die Probenwannen befinden sich in der Mitte, da es anionische und kationische Farbstoffe gibt. Wünscht man längere Trenndistanzen für erhöhte Auflösung, klebt

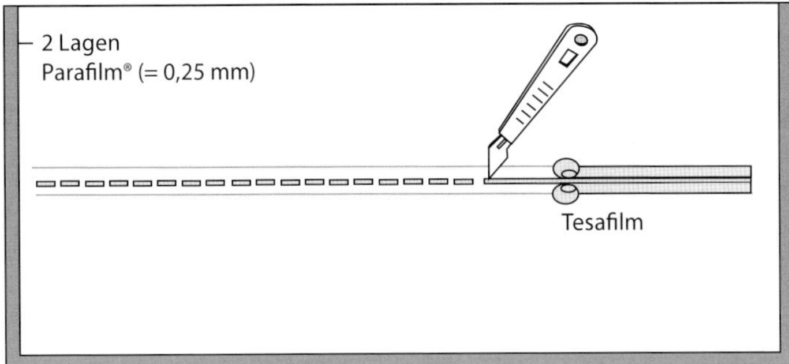

Abb. M1.1 Herstellung des Slotformers.

man die Slotformer näher an den Kanten auf. Anionische Substanzen trägt man in Nähe der Kathode, kationische in Nähe der Anode auf.

Dann wird der Slotformer hydrophob gemacht. Dazu pipettiert man einige Milliliter Repel-Silane oder GelSlick® auf den Slotformer und verteilt sie unter dem Abzug mit einem Kosmetiktuch über den gesamten Slotformer. Wenn die Beschichtung trocken ist, wird der Slotformer mit Wasser abgespült. Diese Behandlung muss nur einmal durchgeführt werden.

Auf diese Slotformerplatte wird die Dichtung entlang den Kanten aufgelegt (Abb. M1.1).

Wenn man die Dichtung auf einer Seite mit etwas CelloSeal® beschichtet, bleibt sie an der Glasplatte kleben.

M1.3.3
Zusammenbau der Gießkassette

Zur mechanischen Stützung und zur besseren Handhabung wird das Gel kovalent auf eine Trägerfolie polymerisiert. Dazu wird eine Glasplatte auf saugfähiges Laborpapier o. Ä. gelegt und mit wenigen Millilitern Wasser benetzt. Der GelFix™- oder GelBond®-PAG-Film wird mit einem Roller, mit der unbehandelten hydrophoben Seite nach unten, auf die Glasplatte gewalzt (Abb. M1.2). Dabei entsteht zwischen Glasplatte und Folie ein dünner Wasserfilm, der durch Adhäsion die Folie festhält. Das austretende überschüssige Wasser wird mit dem Laborpapier abgesaugt. Um das Eingießen der Gellösungen zu erleichtern, lässt man die Folie an einer der Längsseiten der Glasplatte um ca. 1 mm überstehen.

Deckungsgleich mit der Glasplatte wird nun der fertige Slotformer aufgelegt und die so entstandene Kassette zusammengeklammert (Abb. M1.3).

Weil für diese Methode eine sehr dünne Gelschicht erzeugt werden muss, wird die Kassette zum Einpipettieren der Gellösung mit Büroklammern keilförmig aufgespreizt. Die Kassettenklammern werden nur im unteren Bereich auf die Glasplattenkanten geschoben (Abb. M1.4). Damit verhindert man die Entstehung von Luftblasen in der Schicht.

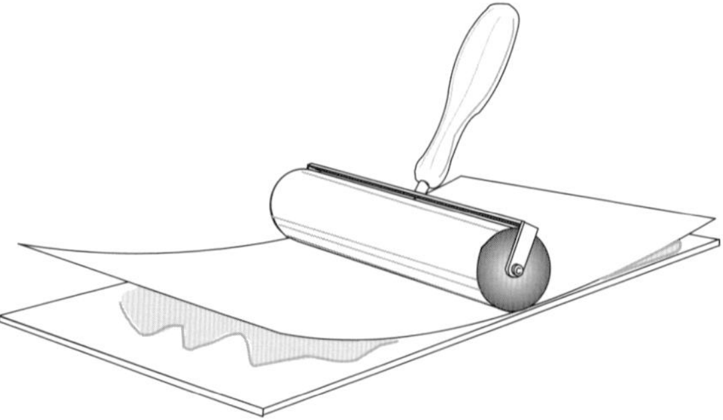

Abb. M1.2 Aufwalzen der Trägerfolie.

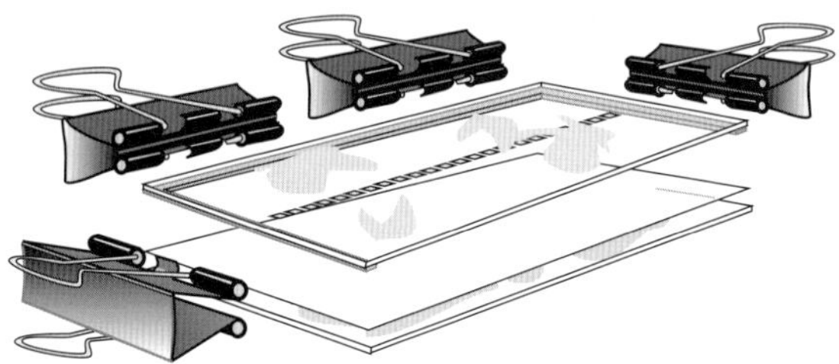

Abb. M1.3 Zusammenbau der Gießkassette.

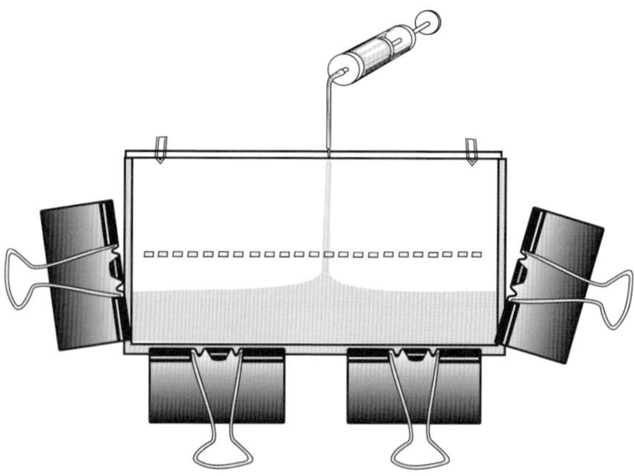

Abb. M1.4 Gießen eines ultradünnen Polyacrylamidgels. Nachdem die vorberechnete Menge der Polymerisationslösung einpipettiert ist: Büroklammern herausziehen und Klammern ganz aufschieben.

M1.4
Gießen der ultradünnen Gele

Gelrezeptur für zwei Gele mit 0,33 mol/L Phosphatpuffer pH 7,0 und $T = 8\,\%$, $C = 3\,\%$

(ein höherer T-Wert ergibt schlechtere Banden)
in Falcon-Röhrchen (15 mL) pipettieren und mischen:
4,0 mL Acrylamid-, Bislösung
2,5 mL Glycerin (87 %)
3,0 mL Phosphatpuffer
mit H_2O_{Bidest} → 15 mL auffüllen
7 µL TEMED (100 %)
15 µL APS
Das Glycerin hat zwei Funktionen:

- es verhindert Diffusion bei Probenaufgabe,
- es hält das Gel elastisch für Trocknung.

- Sofort nach dem Mischen 7,5 mL pro Gel mit der Messpipette einfüllen (Abb. M1.4).
- Die Gelkante mit 100 µL eines 60 %igen (v/v) Isopropanol-Wasser-Gemisches überschichten. Dies verhindert das Eindiffundieren von Luftsauerstoff, der die Polymerisation hemmen würde; das Gel erhält eine glatte und gerade Oberkante.
- Eine Stunde bei Raumtemperatur stehenlassen (Polymerisation).

M1.5
Elektrophoretische Trennung

- Kühlung einschalten: +10 °C.

M1.5.1
Entnahme des Gels aus der Kassette

- Klammern von der Gießkassette abnehmen.
- Kassette mit der Slotformerglasplatte nach unten auf die 10 °C kalte Kühlplatte der Multiphor legen. Durch Kühlung erhält das Gel eine bessere Konsistenz und beginnt sich normalerweise bereits in der Kassette von dem Slotformer zu lösen.
- Kassette senkrecht aufrichten, um die Glasplatte hinter der Trägerfolie mittels eines dünnen Spatels wegzuhebeln.
- Folie mit Gel vom Slotformer ziehen.
- Kühlplatte mit 3 mL Kühlkontaktflüssigkeit beschichten; Wasser und andere Flüssigkeiten eignen sich nicht.

- Das Gel mit der Folie nach unten auf die Kühlplatte legen; Luftblasen müssen vermieden werden.
- Zwei Elektrodendochte in die Wannen des PaperPools einlegen (wenn schmälere Gele für weniger Proben verwendet werden, auf die Größe zuschneiden).
- Je 44 mL Phosphatpuffer auf die Dochte pipettieren (Abb. M1.5).
- Einen Docht auf die anodische Kante, den zweiten Docht auf die kathodische Kante des Gels legen, wobei sie das Gel jeweils um 5 mm überlappen (Abb. M1.6).
- Luftblasen mit einer gekrümmten Pinzette aus den Kontaktkanten der Dochte herausstreichen.
- Proben zügig in Probenwannen pipettieren: je 1,5 µL. Farben einzeln und verschiedenartige Gemische auftragen, aber nur saure unter sich und basische unter sich, weil saure und basische Farben zusammen präzipitieren!
- Die Platinelektrodendrähte vor (und nach) jeder Elektrophorese mit einem nassen Papierhandtuch abwischen.
- Die Elektrodenabstände so einstellen, dass die Elektroden auf den äußeren Kanten der Elektrodendochte liegen.
- Kabel einstecken und die Elektrodenhalterplatte einsetzen (Abb. M1.6).
- Sicherheitsdeckel schließen.
- *Trennbedingungen:*
  Stromversorger einstellen: 400 V_{max}, 60 mA_{max}, 20 W_{max}, ca. 1 h

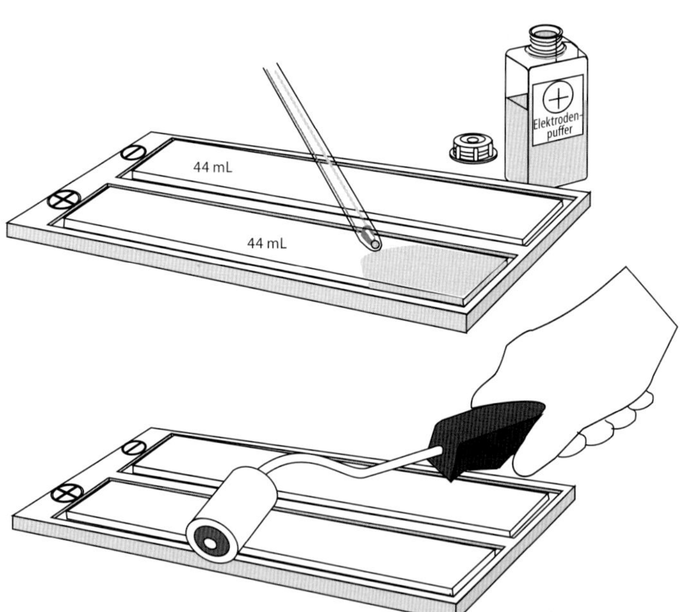

Abb. M1.5 Tränken der Dochte in Elektrodenpuffer im PaperPool und Herausrollen von Luftblasen.

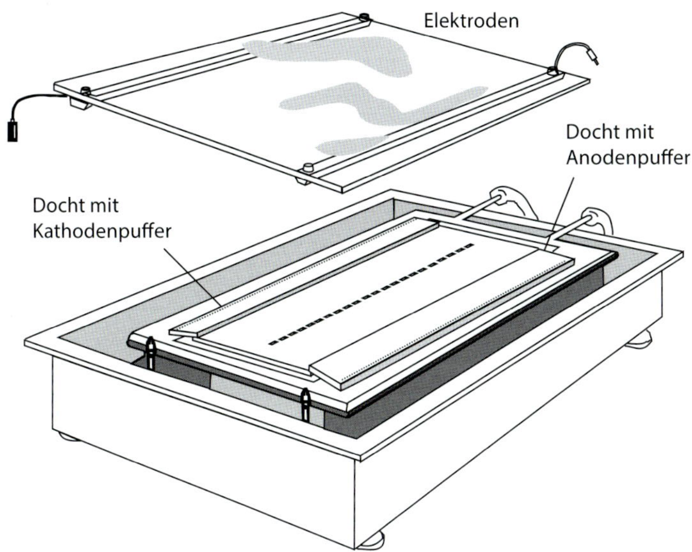

Abb. M1.6 Gel und Elektrodendochte für die Trennung von Farbstoffen. Probenauftrag in der Mitte. Beispiel einer Horizontalkammer: Multiphor II. Die gepunkteten Linien auf den Dochten zeigen die Elektrodenpositionen an.

- *Nach der Trennung:*
  - Stromversorger abschalten
  - Sicherheitsdeckel öffnen
  - Elektrodendochte abnehmen
  - Gel herausnehmen und sofort trocknen

Am besten trocknet man das Gel auf einer warmen Unterlage, z. B. Leuchttisch (eingeschaltet!).

Abbildung M1.7 zeigt eine Trennung verschiedener Farbstoffe. Manche Lebensmittelfarben stellen sich als Gemisch heraus.

Abb. M1.7 Ergebnis einer Ultradünnschichtelektrophorese von Farbstoffen, Anode oben.

Methode 2
Agarose- und Immunelektrophoresen

Prinzip und Anwendungen von Agarosegel-, Immun- und Affinitätselektrophoresen sind in Teil I beschrieben.

Wegen der großen Poren sind Agaroseelektrophoresen zur Trennung von Lipoproteinen und Immunglobulinen sowie zu spezifischen Nachweisen mit Immunfixation besonders geeignet.

Immunelektrophoresen nach Grabar und Williams (1953) und Laurell (1966) werden nicht nur in der klinischen Diagnostik und in der pharmazeutischen Produktion angewendet, sie sind auch offizielle Methoden zum Nachweis von Verfälschungen und Verwendungen unerlaubter Hilfsmittel in der Lebensmittelkontrolle.

Zusätzlich gibt es noch die Methode der Immundiffusion (Ouchterlony, 1949).

Traditionell werden diese Techniken in einem Tris-Barbitursäure-Puffer (Veronal-Puffer) durchgeführt. Seit ein paar Jahren ist die Verwendung von Barbitursäure durch das Arzneimittelgesetz limitiert worden (Susann, 1966). Die im Folgenden beschriebenen Methoden werden deshalb mit einem Tris-Tricin-Puffer durchgeführt.

M2.1
Probenvorbereitung

- Markerproteine pI 5,5–10,7 + 100 μL H_2O_{Bidest}; Auftragung 6,5 μL.
- Fleischsäfte von Schwein, Hase, Kalb, Rind portioniert tiefgefroren lagern. Vor Gebrauch verdünnen: 100 μL Fleischsaft + 300 μL H_2O_{Bidest}; Auftragung 6,5 μL.
- Andere Proben:
  - Proteinkonzentration auf ca. 1–3 mg/mL einstellen, Verdünnung mit H_2O_{Bidest}, die Salzkonzentration soll < 50 mmol/L sein.
  - Eventuelle Entsalzung mit NAP-10-Säule notwendig:
    1 mL Probenlösung aufgeben → 1,5 mL Eluat verwendbar; Auftragung 6,5 μL.

Elektrophorese leicht gemacht, 2. Auflage. Reiner Westermeier.

M2.2
Stammlösungen

Tris-Tricin-Lactat-Puffer pH 8,6

117,6 g Tris
51,6 g Tricin
12,7 g Calciumlactat
2,5 g NaN_3
mit H_2O_{dest} auf 3 L auffüllen

Für die Agaroseelektrophorese kann man auch ein amphoteres Puffersystem, wie z. B. 0,6 mol/L HEPES nach Methode 4, einsetzen. Dabei wird die Agarose mit der Rehydratisierungslösung vermischt, aufgekocht und das Gel gegossen.

Physiologische Kochsalzlösung (0,15 mol/L)

9 g NaCl mit H_2O_{dest} auf 1 L auffüllen

Bromphenolblaulösung

10 mg mit H_2O_{dest} auf 10 mL auffüllen

Agarosegellösung

1 g Agarose L
100 mL Tris-Tricin-Lactat-Puffer

- Die trockene Agarose auf die Oberfläche der Pufferlösung streuen (Verhinderung von Klumpenbildung) und im Mikrowellenherd bei niedrigster Stufe aufkochen bis Agarose geschmolzen ist.
- Lösung in Reagenzgläser portionieren (je 15 mL).

Diese Reagenzgläser können im Kühlschrank bei +4 °C mehrere Monate lang aufbewahrt werden.

Kühlkontaktflüssigkeit

12 mL Glycerin (85 %)
15 g Sorbit
100 mg CHAPS
mit H_2O_{dest} auf 100 mL auffüllen

M2.3
Herstellung der Gele

M2.3.1
Agarosegelelektrophorese

Auch die Agarosegelelektrophorese funktioniert am besten, wenn man die Proben in schmale Wannen einpipettiert. Zur Erzeugung dieser Probenaufgabeslots im Gel müssen diese als Negativform auf eine Glasplatte (Abstandhalter) aufgeklebt werden.

Der Abstandhalter ist eine Glasplatte mit der aufgeklebten, 0,5 mm dünnen, U-förmigen Silikongummidichtung.

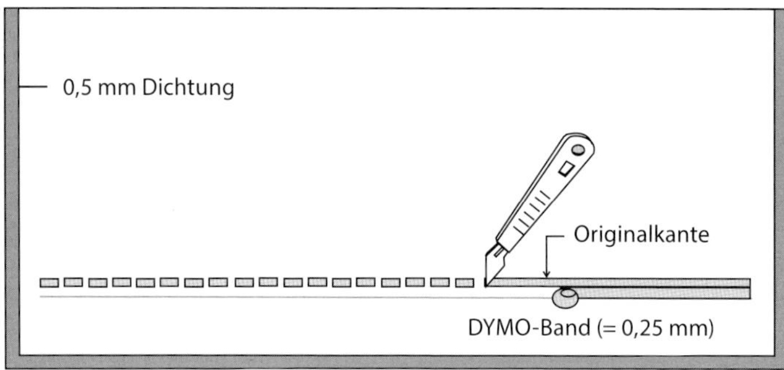

Abb. M2.1 Herstellung des Slotformers.

Herstellung des Slotformers

Die gereinigte und entfettete Glasplatte mit 0,5 mm U-förmigem Abstandhalter wird auf der Schablone (siehe Abb. M2.1) liegend auf die Arbeitsplatte fixiert. An der gewünschten späteren Startstelle klebt man eine Lage *DYMO-Band* (Prägeband, 250 μm dick) luftblasenfrei auf die Glasfläche. Der Slotformer wird mit dem Skalpell zurechtgeschnitten (Abb. M2.1). Nach nochmaligem Andrücken der einzelnen Slotformerstücke auf die Glasplatte werden mit Ethanol die Klebstoffreste entfernt.

Man sollte darauf achten, dass man DYMO-Band mit glatter Klebefläche verwendet: Bei strukturierter (gewebeförmiger) Klebefläche können kleine Luftbläschen eingeschlossen werden, sodass um die Slots herum Löcher entstehen.

Dann wird der Slotformer hydrophob gemacht. Dazu pipettiert man einige Milliliter Repel-Silane oder GelSlick® auf den Slotformer und verteilt sie unter dem Abzug mit einem Kosmetiktuch über den gesamten Slotformer. Wenn die Beschichtung trocken ist, wird der Slotformer mit Wasser abgespült. Diese Behandlung muss nur einmal durchgeführt werden.

Zusammenbau der Gießkassette

Zur mechanischen Stützung und zur besseren Handhabung wird das Gel auf eine Trägerfolie aufgegossen. Dazu wird eine Glasplatte auf saugfähiges Laborpapier o. Ä. gelegt und mit wenigen Millilitern Wasser benetzt. Der GelFix™- oder GelBond®-Film (Polyesterfolie mit trockener Agarose beschichtet) wird mit einem Roller, mit der unbehandelten hydrophoben Seite nach unten, auf die Glasplatte gewalzt (Abb. M2.2). Dabei entsteht zwischen Glasplatte und Folie ein dünner Wasserfilm, der durch Adhäsion die Folie festhält. Das austretende überschüssige Wasser wird mit dem Laborpapier abgesaugt. Um das Eingießen der Gellösungen zu erleichtern, lässt man die Folie an einer der Längsseiten der Glasplatte um ungefähr 1 mm überstehen.

Deckungsgleich mit der Glasplatte wird nun der fertige Slotformer aufgelegt und die so entstandene Kassette zusammengeklammert (Abb. M2.3). Diese Kassette wird vor dem Einfüllen der heißen Agaroselösung zusammen mit einer

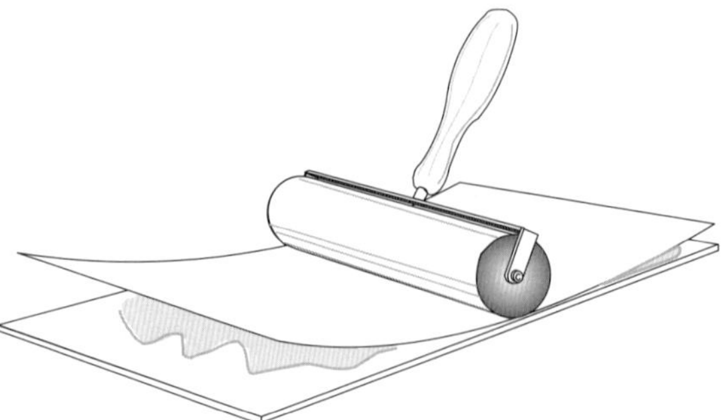

Abb. M2.2 Aufwalzen der Trägerfolie.

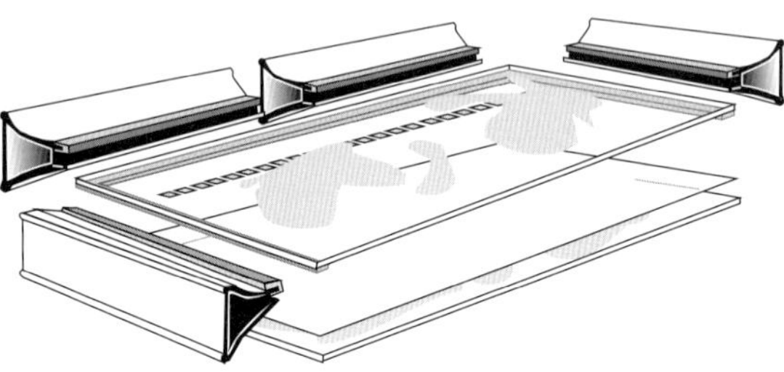

Abb. M2.3 Zusammenbau der Gießkassette.

10 mL-Messpipette aus Glas im Trockenschrank auf 75 °C erwärmt, damit die Lösung nicht sofort am Glas geliert.

- Ein 15 mL-Reagenzglas aus dem Kühlschrank holen und den Inhalt im Mikrowellenherd verflüssigen.
- Jetzt sofort die Kassette aus dem Trockenschrank holen; die heiße Agaroselösung mit Peleusball in vorgewärmte Pipette aufziehen, zügig die Lösung in die Kassette fließen lassen (Abb. M2.4); Luftblasen vermeiden; sollten trotzdem welche eingeschlossen sein, mit schmalem Folienstreifen herausziehen.
- Kassette 1–2 h bei Raumtemperatur stehen lassen; dabei geliert das Gel langsam.
- Klammern von der Gießkassette abnehmen und Gel herausnehmen.
- Gel auf nasses Filterpapier legen und über Nacht in der Feuchtekammer (Abb. M2.5) mit geschlossenem Deckel im Kühlschrank lagern. Erst dabei bildet sich die endgültige Agarosegelstruktur aus. Es kann bis zu einer Woche darin aufbewahrt bleiben.

M2.3.2
Immunelektrophoresegele

Vor allem bei der *Rocket-Technik* werden die Gele meist in kleinen Größen hergestellt, um mit den teuren Antikörpern haushalten zu können. Hier werden die Antikörper in das Gel mit eingegossen.

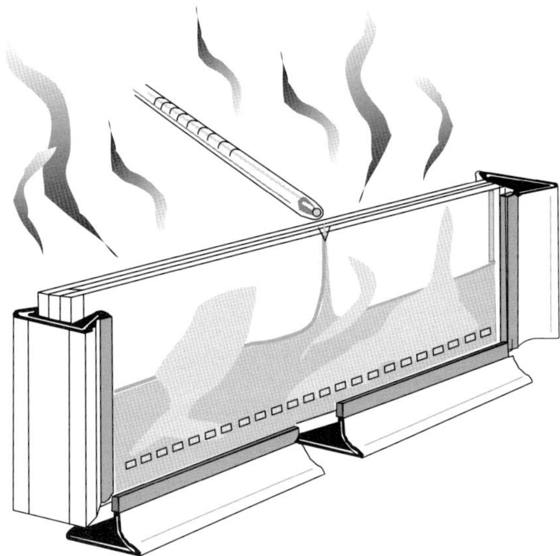

Abb. M2.4 Gießen der heißen Agaroselösung in die vorgewärmte Kassette.

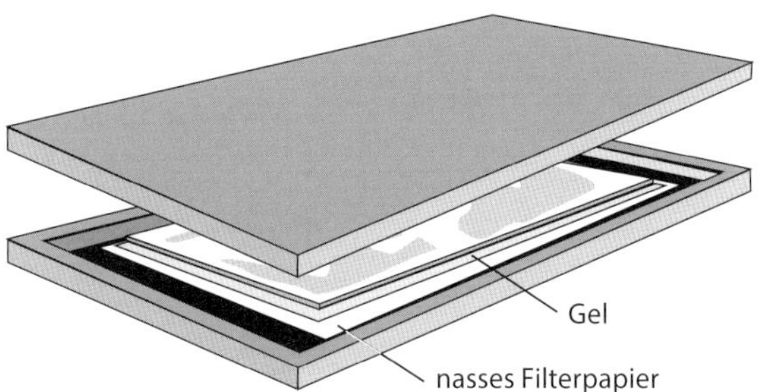

Abb. M2.5 Lagerung des Agarosegels über Nacht in der Feuchtekammer.

Auch die *Grabar-Williams-Technik* wird hier mit kleinen Gelen beschrieben. Abbildung M2.6 zeigt ein Beispiel im großen Gel.

Für diese Techniken verwendet man praktischerweise den Immun-Elektrophorese-Kit, weil er Schablonen und Stanzen für die Löcher und Rinnen in den optimalen Größen und Abständen enthält.

- 8,4 cm breite Stücke vom GelBond-Film abschneiden.
- Nivelliertisch mit Libelle exakt horizontal einstellen.
  Um eine gleichmäßig dicke Gelschicht zu erhalten, wird die Lösung auf einem Nivelliertisch auf die Folie gegossen. Pro Platte werden 12 mL Gellösung verwendet.
- Trägerfolie mit hydrophiler Seite nach oben in die Mitte des Tisches legen.
- Gellösung (im Reagenzglas) durch Erwärmung verflüssigen.

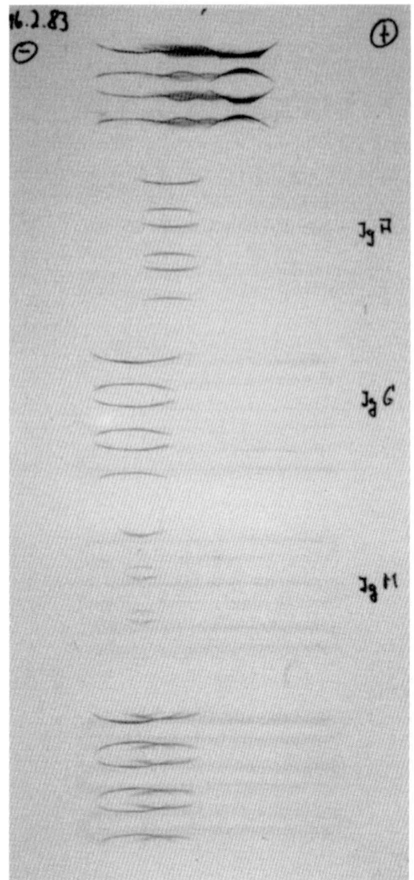

Abb. M2.6 Großes Immunelektrophoresegel mit Grabar-Williams-Technik.

Wenn Antikörper in das Gel gegeben werden müssen (Rocket-Technik): Gellösung auf 55 °C abkühlen, ca. 120 μL Antikörperlösung[1] zugeben, vorsichtig Reagenzglas einige Male auf- und abschwenken (Vermeidung von Luftblasen).

- Gellösung auf dem GelBond-Film ausgießen und gelieren lassen.

Die Gelplatten können in der Feuchtekammer im Kühlschrank aufbewahrt werden.

Ausstanzen der Probeneinfüllstellen und Rinnen

Die Gelstanzen werden mit einem dünnen Vakuumschlauch an eine Wasserstrahlpumpe angeschlossen, so dass die ausgestanzten Gelstückchen sofort abgesaugt werden. Je nach Probenkonzentration und Antikörpertiter Stanze mit geeignetem Durchmesser wählen.

1) Richtwert, hängt vom Antigen-Antikörper-Titer ab.

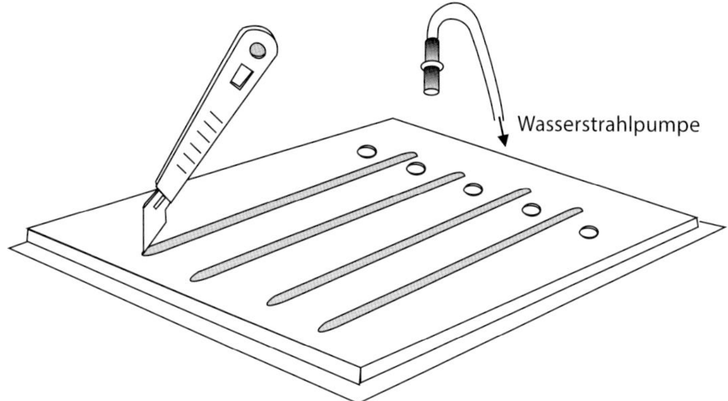

Abb. M2.7 Ausstanzen und Schneiden der Probenlöcher bzw. der Rinnen.

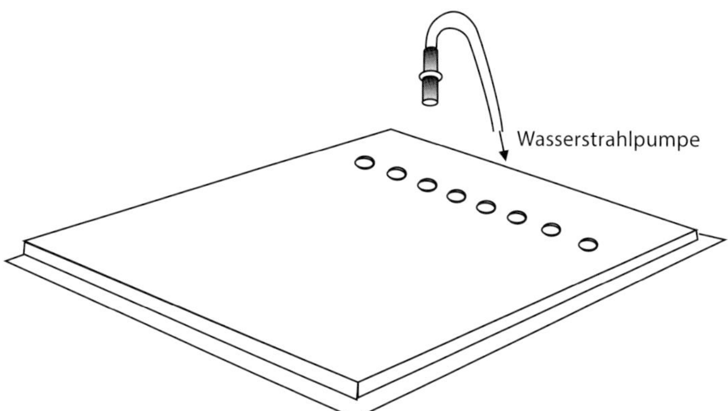

Abb. M2.8 Ausstanzen der Probenlöcher für Rocket-Technik.

Grabar-Williams-Gel (Abb. M2.7)

- Gel (ohne Antikörper) in Gelhalter einsetzen.
- Grabar-Williams-Lochschablone einsetzen.
- Fünf Probenlöcher an den Stellen ausstanzen, welche der späteren Kathodenseite am nächsten sind. (Die anderen Löcher werden bei Agargelen verwendet.)
- Die Rinnen mit dem Skalpell ausschneiden; die Gelstreifen verbleiben während der Elektrophorese noch in der Gelplatte.

Rocket-Gel (Abb. M2.8)

- Gel (mit Antikörper) in Gelhalter einsetzen.
- Laurell-Lochschablone einsetzen.
- Acht Probenlöcher ausstanzen: jedes zweite Loch verwenden.

M2.4
Elektrophoresen

- Kühlgerät einschalten (10 °C).
- Kühlplatte zur Seite (neben Multiphor) legen; mit Umlaufkryostaten verbunden.
- Elektrophoreseelektroden (orange Plastikplatten) in die inneren Abteilungen der Tanks einsetzen und Kabel einstecken.
- Tris-Tricin-Lactat-Puffer einfüllen, je 1 L pro Tank; Kühlplatte wieder einsetzen.
- Kühlplatte mit 3 mL Kühlkontaktflüssigkeit beschichten; kein Wasser verwenden.
- Mit Filterpapier die Geloberfläche abtrocknen (Abb. M2.9), weil Agarosegele einen Flüssigkeitsfilm auf der Oberfläche haben; das gilt auch für die Immunelektrophoresegele.
- Gel auf Kühlplatte legen, Probenwannen bzw. Einfülllöcher auf Kathodenseite (Abb. M2.10).
- Je acht Lagen Elektrodenbrückenpapier in Puffer tränken und Verbindung zwischen Gel und Puffer herstellen; so auf Geloberfläche legen, dass sich Gel und Elektrodenbrücken ca. 1 cm überlappen.
- Je 5 µL Probe möglichst zügig in die Wannen pipettieren; Proben sollen möglichst nicht diffundieren.
- Sicherheitsdeckel schließen.

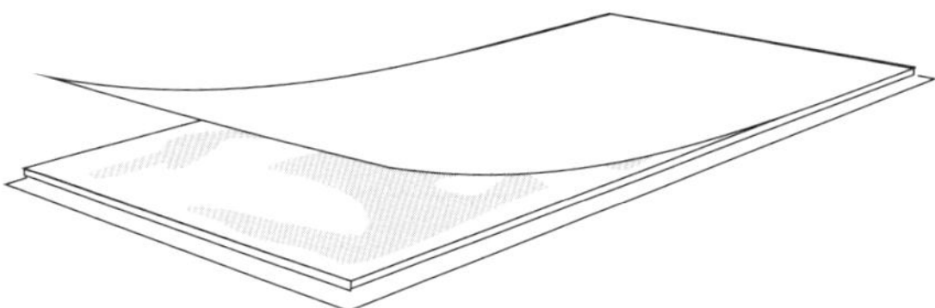

Abb. M2.9 Abtrocknen der Geloberfläche mit Filterpapier.

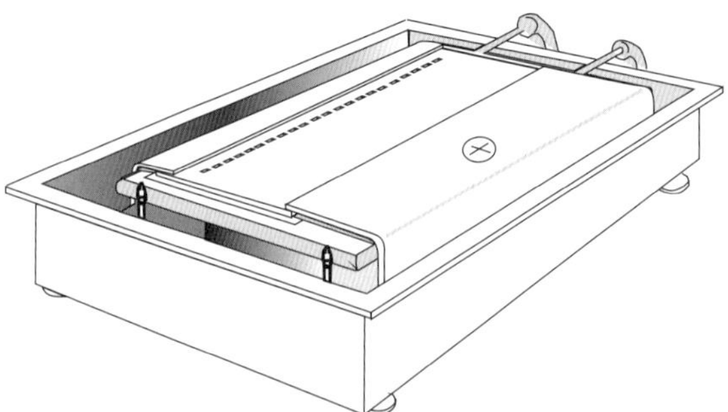

Abb. M2.10 Agarosegelelektrophorese.

- Stromversorger starten.
  Trennbedingungen:
  Stromversorger einstellen: 400 V_{max}, 30 mA_{max}, 30 W_{max}, ca. 1 h.
- Nach der Trennung wird gleich fixiert und gefärbt.

M2.4.1
Grabar-Williams-Technik

Im Allgemeinen erfolgt der Probenauftrag nach dem Muster:
Probe – positive Kontrolle – Probe – positive Kontrolle – Probe

- Proben und Kontrolle in die Löcher pipettieren (5–20 µL).
- Jeweils einen Tropfen Bromphenolblaulösung dazu pipettieren und Elektrophorese starten.
  Laufbedingungen:
  Feldstärke 10 V/cm (Kontrolle mit Voltmeter/Abgreifgabel)
  Temperatur 10 °C
  Zeit ca. 45 min (bis Bromphenolblau Rand erreicht hat)
- Gel in Gelhalter einsetzen und mit der Schaufel an der Rückseite des Skalpells die Gelstreifen aus den Rinnen entfernen.
- Das Gel in die Feuchtekammer legen.
- Je 100 µL Antikörperlösung in die Rinnen pipettieren.
- Bei Raumtemperatur ca. 15 h diffundieren lassen; dabei bilden sich die Präzipitatbögen aus.
- Die Anfärbung erfolgt erst nach Auswaschen der nicht präzipitierten Antigene und Antikörper; die Präzipitate bleiben im Gel.

M2.4.2
Laurell-Technik

- Proben in die Einfülllöcher des antikörperhaltigen Gels möglichst zügig pipettieren, um Diffusion einzuschränken.
  Meist lässt man eine Verdünnungsreihe (vier Proben) einer Antigenstandardlösung mitlaufen, damit man eine Konzentrationseichkurve aufstellen kann.
- Sofort nach Probenauftrag Elektrophorese starten.
  Laufbedingungen:
  Feldstärke 10 V/cm (Kontrolle mit Voltmeter/Abgreifgabel)
  Temperatur 10 °C
  Zeit 3 h
- Die Anfärbung erfolgt erst nach Auswaschen der nicht präzipitierten Antigene und Antikörper.

Der Puffer ist auf pH 8,6 eingestellt, damit die spezifischen Antikörper im Gel minimale Nettoladung haben und somit nicht elektrophoretisch wandern (Vorsicht! je nach Herkunft der Antikörper kann der optimale pH-Wert unterschiedlich sein; bei Kaninchenantikörpern verwendet man meist pH 7,8). Die Probenproteine (Antigene) sind bei pH 8,6 geladen und wandern im Gel.

Ein Problem ist die Bestimmung von Antigenen, wenn diese bei pH 8,6 ebenfalls keine oder niedrige Nettoladung haben (Extrembeispiel: IgG). Man kann jedoch den isoelektrischen Punkt dieser Proteine durch Acetylierung oder Carbamylierung herabsetzen und damit die elektrophoretische Mobilität erhöhen.

Zu Beginn existiert ein Antigenüberschuss, dabei sind die Antigen-Antikörper-Komplexe löslich und wandern in Richtung Anode. An den beiden Rändern der wandernden Antigenspur wird die Äquivalenzkonzentration erreicht: Es bildet sich, kontinuierlich von unten beginnend, eine raketenförmige Präzipitatlinie aus. Die Rocket-Fläche ist direkt proportional zur Antigenkonzentration. Die exakte Konzentrationsbestimmung würde über die Flächenberechnung der Rockets erfolgen. In vielen Fällen ist die Messung der Rocket-Länge ausreichend. Wichtig ist eine gute Qualität der Antikörper, sonst gibt es unscharfe Linien oder mehrere Rockets ineinander.

M2.5 Proteinnachweis

M2.5.1 Coomassie-Färbung (Agaroseelektrophorese)

Lösungen in H_2O_{dest}

Fixieren 30 min in 20 % (g/v) TCA.

Waschen 2 × 15 min in jeweils frischen 200 mL Lösung: 10 % Eisessig, 25 % Methanol.

Trocknen Drei Lagen Filterpapier auf Gel und darauf Glasplatte legen, mit Gewicht (1–2 kg) beschweren (Abb. M2.8). Nach 10 min dies alles abnehmen und im Trockenschrank zu Ende trocknen; das direkt auf der Agarose liegende Filterpapier vorher anfeuchten.

Färben 10 min in 0,5 % (g/v) Coomassie R-350 in 10 % Eisessig, 25 % Methanol:
1 g SERVA Blau in 250 mL auflösen;

Entfärben in 10 % Eisessig, 25 % Methanol bis Hintergrund klar ist.

Trocknen im Trockenschrank.

M2.5.2 Immunfixation der Agaroseelektrophorese

Bei dieser Fixiermethode werden am Ende nur die Proteinbanden angefärbt, die mit dem Antikörper ein unlösliches Immunpräzipitat gebildet haben. Alle anderen Proteine und überschüssige Antikörper werden mit NaCl-Lösung aus dem Gel gewaschen.

Antikörperlösung: 1 : 2 (oder 1 : 3, je nach Antikörpertiter) mit H_2O_{Bidest} verdünnen und mit Glasstab oder Messpipette auf der Geloberfläche ausstreichen: ca. 400–600 µL.

Inkubieren	90 min in Feuchtekammer im Brut- oder Trockenschrank bei 37 °C.
Pressen	20 min mit drei Lagen Filterpapier, Glasplatte und Gewicht (siehe Abb. M2.11); das direkt auf der Agarose liegende Filterpapier vorher anfeuchten.
Waschen	in physiologischer Kochsalzlösung (0,9 % NaCl g/v) über Nacht.
Trocknen	siehe Coomassie-Färbung.
Färben	und Entfärben wie bei Coomassie-Färbung.

Wichtig ist, dass man den Antikörpertiter kennt, da z. B. bei zu hoch konzentrierter Antikörperlösung hohle Banden entstehen können: In der Mitte bindet jeweils ein Antigen einen Antikörper; es entsteht kein Präzipitat.

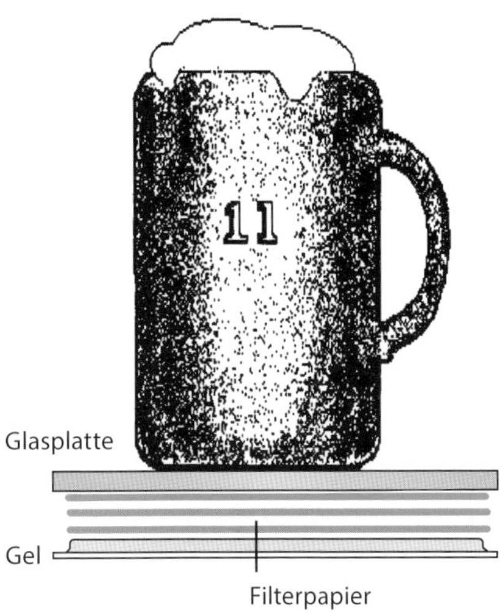

Abb. M2.11 Pressen des Agarosegels.

M2.5.3
Coomassie-Färbung (Immunelektrophoresen)

Sowohl bei der *Rocket-* als auch bei der *Grabar-Williams-Technik* enthält das Gel Antikörper, die erst ausgewaschen werden müssen, bevor gefärbt wird.

Pressen	20 min mit drei Lagen Filterpapier, Glasplatte und Gewicht (siehe Abb. M2.11); das direkt auf der Agarose liegende Filterpapier vorher anfeuchten.
Waschen	in physiologischer Kochsalzlösung (0,9 % NaCl g/v) über Nacht.
Trocknen	siehe Coomassie-Färbung.
Färben	und Entfärben wie bei Coomassie-Färbung.

M2.5.4
Silberfärbung

Sollte die Nachweisempfindlichkeit der Coomassie-Färbung nicht ausreichen, kann man noch eine Silberfärbung des getrockneten Gels anschließen (Willoughby und Lambert, 1983):

Lösung A 25 g Na_2CO_3, 500 mL H_2O_{dest}.

Lösung B 1,0 g NH_4NO_3, 1,0 g $AgNO_3$, 5,0 g Wolframatokieselsäure/7,0 mL Formaldehydlösung (37 %) mit H_2O_{dest} auf 500 mL auffüllen.

Färbung Zum Gebrauch 35 mL Lösung A mit 65 mL Lösung B mischen, Gel sofort in die entstandene weißliche Suspension eintauchen und unter Schütteln inkubieren bis gewünschte Intensität erreicht ist. Kurz mit H_2O_{dest} spülen.

Stoppen mit 0,05 mol/L Glycin. Gel und Trägerfolienrückseite mit Wattebausch von metallischem Silber reinigen.

Trocknen an der Luft.

Literatur

Grabar, P. und Williams, C.A. (1953) Méthode permettant l'etude conjuguée des propriétés électrophorétiques d'un mélange de protéines. *Biochim. Biophys. Acta*, **10**, 193–194.

Laurell, C.B. (1966) Quantitative estimation of proteins by electrophoresis in agarose gel containing antibodies. *Anal. Biochem.*, **15**, 45–52.

Ouchterlony, O. (1949) Antigen-antibody reactions in gels. *Acta Pathol. Microbiol. Scand.*, **26**, 507–515.

Susann, J. (1966) *The Valley of the Dolls*, Corgi Publ., London.

Willoughby, E.W. und Lambert, A. (1983) A sensitive silver stain for proteins in agarose gels. *Anal. Biochem.*, **130**, 353–358.

Methode 3
Titrationskurvenanalyse

Das Prinzip der Titrationskurvenanalyse ist von Rosengren *et al.* (1977) entwickelt worden und ist in Teil I beschrieben.

Im Folgenden wird ihre technische Durchführung mit gewaschenen und rehydratisierten Polyacrylamidgelen beschrieben. Durch diese Variante werden die Einflüsse ionischer Katalysatoren, die sich nach der Polymerisation im Gel befinden, ausgeschlossen. APS und TEMED können den Verlauf des pH-Gradienten beeinflussen.

Wenn es nicht so sehr auf absolut exakte Ergebnisse ankommen sollte, kann man aber auch die Trägerampholyten gleich ins Gel mit einpolymerisieren. Dann spart man sich das Waschen, Trocknen und Rehydratisieren.

M3.1
Probenvorbereitung

- Markerproteine pI 4,7–10,6 oder
- Markerproteine pI 5,5–10,7 + 100 µL H_2O_{Bidest}; Auftragung 50 µL.
- Fleischsäfte von Schwein, Hase, Kalb, Rind, portioniert tiefgefroren lagern. Vor Gebrauch verdünnen: 100 µL Fleischsaft + 300 µL H_2O_{Bidest};
  Auftragung 50 µL.
- Andere Proben:
  Proteinkonzentration auf ca. 1–3 mg/mL einstellen.
  Verdünnung mit H_2O_{Bidest}. Salzkonzentration soll < 50 mmol/L sein; eventuelle Entsalzung mit NAP-10-Säule notwendig: 1 mL Probenlösung aufgeben → 1,5 mL Eluat verwendbar; Auftragung 50 µL.

M3.2
Stammlösungen

Acrylamid, Bis (T = 30 %, C = 3 %)

29,1 g Acrylamid + 0,9 g Bis mit H_2O_{Bidest} auf 100 mL auffüllen.
Reste umweltfreundlich beseitigen: mit APS-Überschuss auspolymerisieren.

Elektrophorese leicht gemacht, 2. Auflage. Reiner Westermeier.

Bei Lagerung im Dunkeln bei 4 °C (Kühlschrank) eine Woche haltbar. Kann dann noch für mehrere Wochen für SDS-Gele verwendet werden.

Vorsicht
Acrylamid und Bis sind als Monomere toxisch. Hautkontakt vermeiden, nicht mit dem Mund pipettieren.

Ammoniumpersulfatlösung (APS) 40 % (g/v)
400 mg Ammoniumpersulfat in 1 mL H_2O_{Bidest} auflösen; eine Woche im Kühlschrank (4 °C) haltbar.

0,25 mol/L Tris-HCl-Puffer pH 8,4
3,03 g Tris + 80 mL H_2O_{Bidest}, mit 4 mol/L HCl auf pH 8,4 titrieren, mit H_2O_{Bidest} auf 100 mL auffüllen.
Dieser Puffer entspricht dem Anodenpuffer der Horizontalelektrophorese nach Methode 7. Er dient zur pH-Wert-Einstellung der Polymerisationslösung, da diese im leicht basischen optimal abläuft. Der Puffer wird beim Waschvorgang wieder entfernt.

Glycerin 85 % (g/v)
Das Glycerin erfüllt mehrere verschiedene Funktionen: In der Polymerisationslösung verbessert es die Fließfähigkeit und beschwert diese Lösung gleichzeitig, damit der abschließende Überschichtungsvorgang erleichtert wird. In der letzten Waschlösung sorgt Glycerin dafür, dass das Gel beim Trocknen sich nicht aufrollt.

Kühlkontaktflüssigkeit
12 mL Glycerin (85 %)
15 g Sorbit
100 mg CHAPS
mit H_2O_{dest} auf 100 mL auffüllen

M3.3
Herstellung der leeren Gele

M3.3.1
Vorbereitung der Gießform

Bei der Titrationskurvenanalyse wird die Probe in eine lange, schmale Gelrinne einpipettiert, welche sich über den gesamten, vorher elektrophoretisch erzeugten pH-Gradienten erstreckt. Zur Erzeugung dieser Probenrinne im Gel muss diese als Negativform auf eine Glasplatte aufgeklebt werden. Weil bei dieser Methode quadratische Gele verwendet werden, werden mit den Glasplatten des Gießkits zwei Titrationsgele in einem Stück gegossen und später rehydratisiert.

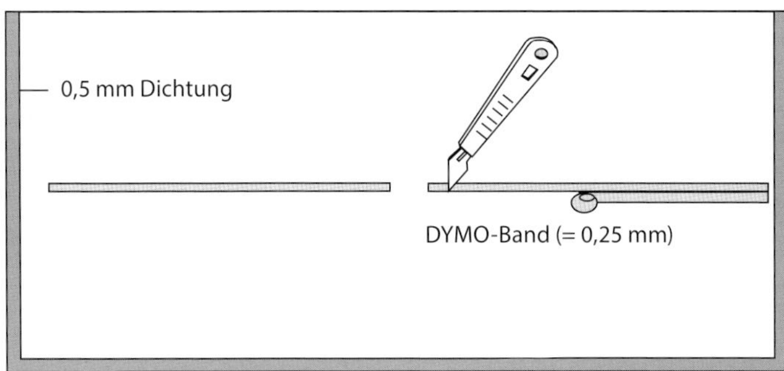

Abb. M3.1 Schneiden der schmalen Klebebandstreifen zur Erzeugung von Probenrinnen im Gel.

Man schneidet das Gel später in zwei Hälften und kann zwei Analysen parallel durchführen. Wenn man nur ein Gel benötigt, lagert man die zweite Hälfte in der Feuchtekammer im Kühlschrank (maximal zwei Wochen).

Man schneidet sich von einem *DYMO-Band* (Prägeband, 250 µm dick) zwei 10 cm lange Streifen ab und klebt sie auf die gereinigte und entfettete Glasplatte mit der 0,5 mm dicken, U-förmigen Dichtung (Abstandhalter). Wie in Abb. M3.1 gezeigt, schneidet man mit dem Skalpell jeweils einen Streifen ab, sodass 1–2 mm DYMO-Band übrigbleiben. Nach nochmaligem Andrücken der Klebebandkanten auf die Glasplatte werden mit Ethanol die Klebstoffreste entfernt. Man sollte darauf achten, dass man DYMO-Band mit glatter Klebefläche verwendet: Bei strukturierter (gewebeförmiger) Klebefläche können kleine Luftbläschen eingeschlossen werden, welche die Polymerisation inhibieren.

Dann wird der Slotformer hydrophob gemacht. Dazu pipettiert man einige Milliliter Repel-Silane oder GelSlick® auf den Slotformer und verteilt sie unter dem Abzug mit einem Kosmetiktuch über den gesamten Slotformer. Wenn die Beschichtung trocken ist, wird der Slotformer mit Wasser abgespült. Diese Behandlung muss nur einmal durchgeführt werden.

M3.3.2
Zusammenbau der Gelkassette

Zur mechanischen Stützung und zur besseren Handhabung wird das Gel kovalent auf eine Trägerfolie polymerisiert. Dazu wird eine Glasplatte auf saugfähiges Laborpapier o. Ä. gelegt und mit wenigen Millilitern Wasser benetzt. Der GelFix™- oder GelBond®-PAG-Film wird mit einem Roller, mit der unbehandelten hydrophoben Seite nach unten, auf die Glasplatte gewalzt (Abb. M3.2). Dabei entsteht zwischen Glasplatte und Folie ein dünner Wasserfilm, der durch Adhäsion die Folie festhält. Das austretende überschüssige Wasser wird mit dem Laborpapier abgesaugt. Um das Eingießen der Gellösungen zu erleichtern, lässt man die Folie an einer der Längsseiten der Glasplatte um ca. 1 mm überstehen.

Tab. M3.1 Zusammensetzung der Polymerisationslösung für ein Gel mit $T = 4{,}2\,\%$.

	Direkt verwendetes Gel	**Rehydratisierbares Gel**
Acrylamid-/Bislösung 30 % *T*/3 % *C*	2,7 mL	2,7 mL
Glycerin (85 %)	–	1 mL
0,25 mol/L Tris-HCl-Puffer	–	0,5 mL
Sorbit	2 g	–
SERVALYT™/Pharmalyte™	1,3 mL	–
TEMED	10 µL	10 µL
mit H_2O_{dest} auffüllen auf	20 mL	20 mL
APS (40 %)	40 µL	20 µL

Danach wird der Slotformer, kongruent zur Glasplatte mit der Gummidichtung nach unten, auf die Folie gelegt und mit den Klammern zusammengeklammert (Abb. M3.3).

Zwei Typen von Gelen können hergestellt werden:

- Gele zur direkten Verwendung
- rehydratisierbare Gele

Abb. M3.2 Aufwalzen der Trägerfolie.

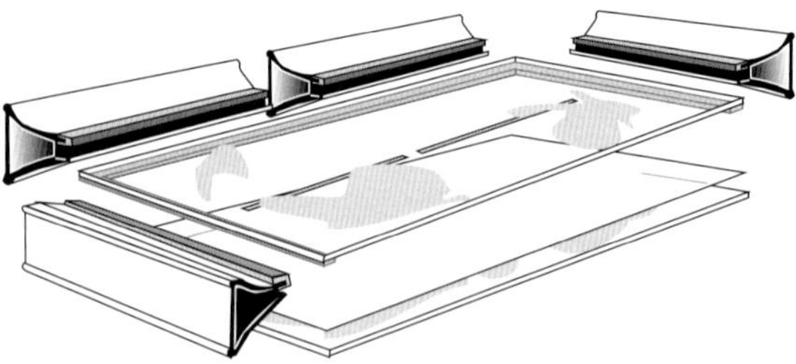

Abb. M3.3 Zusammenbau der Gießkassette.

M3.3.3
Befüllen der Gelgießkassette

Erst wenn alles bereit steht, wird das APS der Polymerisationslösung (siehe Tab. M3.1) zugefügt.

Niemals die toxische Monomerlösung mit dem Mund pipettieren!

- Das Einfüllen (Abb. M3.4) wird mit einer 10 mL-Messpipette und einer Pipettierhilfe ausgeführt Die Pipette wird vollständig gefüllt (10 mL-Skala einschließlich Kopfraum ergeben 18 mL) und dann mit dem Auslass an die Mitte der Kassettenkante angelegt. Dank der oben herausragenden Folie wird die Gellösung direkt in die Kassette gelenkt.
  Eventuell eingeflossene Luftblasen entfernt man mit einem länglich zugeschnittenen Stück Polyesterfolie, mit welchem man die Blasen aus der Kassette ziehen kann.
- Die Gelkante mit 300 µL eines 60 %igen (v/v) Isopropanol-Wasser-Gemisches überschichten. Dies verhindert das Eindiffundieren von Luftsauerstoff, der die Polymerisation hemmen würde; das Gel erhält eine glatte und gerade Oberkante.
- Eine Stunde bei Raumtemperatur stehenlassen (Polymerisation).

M3.3.4
Entnahme des Gels aus der Gießkassette

- Klammern von der Gießkassette abnehmen.
- Kassette mit der Slotformerglasplatte nach unten auf die 10 °C kalte Kühlplatte der Multiphor legen. Durch Kühlung erhält das Gel eine bessere Konsistenz und beginnt sich normalerweise bereits in der Kassette von dem Slotformer zu lösen.

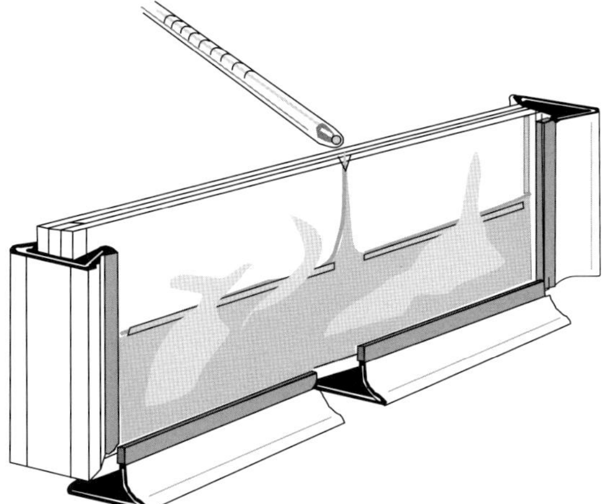

Abb. M3.4 Einfüllen der Polymerisationslösung.

- Kassette senkrecht aufrichten, um die Glasplatte hinter der Trägerfolie mittels eines dünnen Spatels wegzuhebeln.
- Folie mit Gel vom Slotformer ziehen.

Rehydratisierbares Gel

Waschen des Gels

Dreimal 20 min wird das Gel unter Schütteln in H_2O_{dest} gewaschen. Der letzte Waschgang muss 2 % Glycerin enthalten. Dabei werden Reste von Monomeren, APS und TEMED aus dem Gel entfernt.

Trocknen des Gels

Das Gel wird über Nacht bei Raumtemperatur getrocknet. Die Gele werden mit je einer Schutzfolie versehen und in einer geschlossenen Plastiktüte tiefgekühlt ($< -20\,°C$) aufbewahrt. Heißtrocknung schadet dem Quellvermögen, deshalb auch Lagerung bei Tiefkühltemperatur.

Quellen des Gels

- Den GelPool auf einen horizontalen Tisch legen. Die passende Rehydratisierwanne auswählen. Mit destilliertem Wasser und einem Papierhandtuch reinigen. Die Rehydratisierlösung hineinpipettieren (ein Gel):
  400 µL Monoethylenglycol (= 7,5 % v/v)
  390 µL Servalyt™ oder Pharmalyte™ (= 3 % g/v)
  mit H_2O_{dest} auf 5,2 mL auffüllen
  Monoethylenglycol erhöht die Viskosität im Gel, dadurch werden die Kurven glatter.
- Das getrocknete Gel wird – wie in Abb. M3.5a gezeigt – mit der trockenen Geloberfläche nach unten auf die Rehydratisierlösung gelegt. Dabei sollte man das Gel etwas hin- und herbewegen, damit man die Flüssigkeit gleichmäßig verteilt und Luftblasen vermeidet.
- Während der ersten 15 min sollte man die Folienkanten mehrmals mit einer Pinzette etwas anheben und wieder absenken, um zu verhindern, dass die Gel-

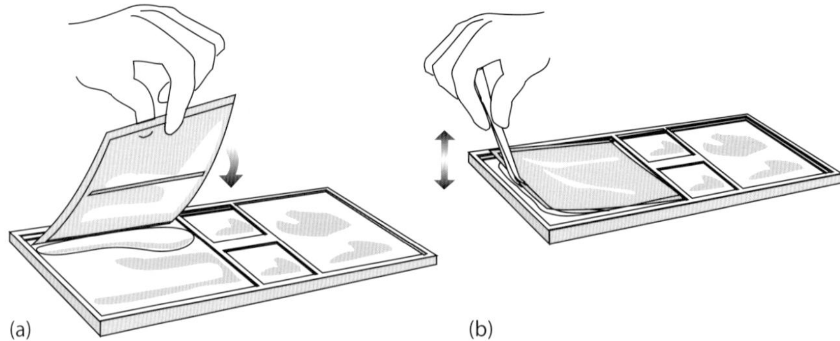

Abb. M3.5 Rehydratisieren eines Titrationskurvengels im GelPool.

oberfläche am Boden des GelPools klebt (Abb. M3.5b), und um etwaige Luftbasen zu entfernen. Außerdem sollte man prüfen, ob sich das Gel auf der Rehydratisierlösung bewegen lässt.
Nach 60 min ist das Gel vollständig gequollen und kann vom GelPool entnommen werden. Eigentlich sollte keine Flüssigkeit mehr übrig sein. Sicherheitshalber wird aber die Oberfläche mit der Kante eines Filterpapiers abgetrocknet.

M3.4 Titrationskurvenelektrophorese

Das Gel wird in zwei Hälften geschnitten. Eine Hälfte wird in einer Feuchtekammer im Kühlschrank aufbewahrt.

- Mit einem Filterpapierstreifen wird die Gelrinne abgesaugt.

M3.4.1 Erzeugung des pH-Gradienten (Lauf ohne Probe)

- Kühlung einschalten: +10 °C.
- 1 mL Kühlkontaktflüssigkeit auf die Mitte der Kühlplatte pipettieren; kein Wasser verwenden!
- Das Gel wird, mit der Folie nach unten, auf die Mitte der Kühlplatte gelegt. Es wird dabei so orientiert, dass die Gelrinne senkrecht zu den Elektroden verläuft (Abb. M3.6).
  Die Methode muss bei definierter Temperatur erfolgen, weil der pH-Gradient und die Nettoladungen der Proteine temperaturabhängig sind.
- Am Stromversorger werden folgende Grenzwerte eingestellt:
  1500 V_{max}, 7 mA_{max}, 7 W_{max}.
  Lässt man zwei Gele parallel laufen, müssen die Strom- und Leistungswerte verdoppelt werden.
  Die Elektroden werden direkt auf die Gelkanten gelegt (Abb. M3.6); bei gewaschenen Gelen kann man auf Elektrodenstreifen verzichten.

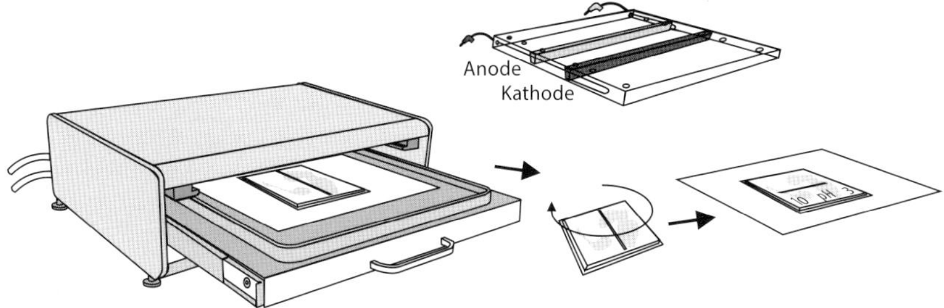

Abb. M3.6 Platzierung des Titrationskurvengels auf die Kühlplatte zur Erzeugung des pH-Gradienten. Beispiel für eine Horizontalkammer: Blue Horizon.

- Die Elektrodenstäbe vor (und nach) jeder Elektrophorese mit einem nassen Papierhandtuch abwischen.
- Die Elektroden an den passenden Positionen befestigen: Sie müssen auf den äußeren Kanten des Gels liegen.
- Den Elektrodendeckel auflegen und die Kabel einstecken.
- Stromversorger starten.
  Nach 60 min hat sich ein kontinuierlicher pH-Gradient von 3,5–9,5 ausgebildet.

M3.4.2
Nativelektrophorese im pH-Spektrum

- Stromversorger abschalten.
- Elektrodendeckel öffnen und in die Parkposition einsetzen.
- Das Gel im Uhrzeigersinn um 90° drehen.
  Es wird zur Erleichterung der Auswertung und Vergleichbarkeit von Ergebnissen empfohlen, bei der Orientierung des Gels – auch bei der Darstellung der Ergebnisse – diesen Standard einzuhalten! Das bedeutet, dass die Proteine links im Gel positiv geladen und zur Kathode – nach oben –wandern werden, rechts im Gel negativ geladen und sich zur Anode bewegen werden (Abb. M3.7).
- 50 µL Probenlösung (1 mg/mL) gleichmäßig in die Rinne pipettieren. Möglichst zügig vorgehen, damit die einsetzende Diffusion nicht den Gradienten auflöst.
- Den Elektrodendeckel wieder auflegen und die Kabel einstecken.
- Sofort die Elektrophorese starten:
  1200 V_{max}, 10 mA_{max}, 5 W_{max}. Jetzt wandern die Proteine mit unterschiedlichen Mobilitäten in Abhängigkeit des jeweiligen pH-Milieus unterschiedlich schnell in Richtung Kathode bzw. Anode. Sie bilden dabei Titrationskurven aus.
- Nach 20 min stoppen und Gel färben.

M3.5
Coomassie- und Silberfärbung

M3.5.1
Kolloidale Coomassie-Färbung

Bei dieser Methode ist das Ergebnis relativ schnell sichtbar. Man benötigt wenig Arbeitsschritte, die Färbelösung ist stabil, es gibt keine Hintergrundfärbung, Oligopeptide (> 10–15 Aminosäuren) werden erfasst, welche bei anderen Färbungen ungenügend fixiert werden. Außerdem ist die Lösung fast geruchlos (Diezel *et al.*, 1972; Blakesley und Boezi, 1977).

Herstellung der Färbelösung
2 g Coomassie G-250 in 1 L H_2O_{dest} lösen und unter Rühren mit 1 L Schwefelsäure (1 mol/L oder 55,5 mL konz. H_2SO_4 pro L) versetzen. Nach dreistündigem Rühren

abfiltrieren (Faltenfilter), das braune Filtrat mit 220 mL Natronlauge (10 mol/L oder 88 g auf 220 mL) versetzen. Zuletzt 310 mL einer 100 %igen (g/v) TCA hinzufügen und gut vermischen, Lösung wird grün.

Fixierung, Färbung 3 h bei 50 °C oder bei Zimmertemperatur über Nacht in der kolloidalen Lösung.

Auswaschen der Säure 1–2 h in Wasser einlegen, dabei werden die grünen Kurven blau und intensiver.

M3.5.2
Acid-Violet-17-Färbung

Nach Patestos *et al.* (1988)

Stammlösungen

3 % (v/v) Phosphorsäure
21 mL einer 85 %igen H_3PO_4
mit H_2O_{dest} auf 1 L auffüllen.

11 % (v/v) Phosphorsäure
76,1 mL einer 85 %igen H_3PO_4
mit H_2O_{dest} auf 1 L auffüllen.

1 % (g/v) Färbestammlösung
1 g Acid Violet 17 in 100 mL H_2O_{dest} auflösen
auf einem Heizrührer auf 50 °C erwärmen.

0,1 % (w/v) Färbelösung
20 mL der 1 % (g/v) Stammlösung
mit 11 % Phosphorsäure auf 1 L auffüllen.

Färbung

Fixieren	für 20 min in 20 % (g/v) TCA.
Waschen	für 1 min in 3 % (v/v) Phosphorsäure.
Färben	für 10 min in 0,1 % (g/v) Acid-Violet-17-Färbelösung.
Entfärben	mit 3 % (v/v) Phosphorsäure bis der Hintergrund klar wird.
Waschen	3 × 1 min mit H_2O_{dest}.
Imprägnieren	mit 5 % (v/v) Glycerin.
Trocknen	an der Luft.

M3.5.3
Fünf-Minuten-Silberfärbung getrockneter Gele

Nach der Silberfärbemethode für Agarosegele (Willoughby und Lambert, 1983).

Diese Methode ist einsetzbar als Nachfärbung von getrockneten Coomassie-gefärbten Gelen (Hintergrund muss vollständig klar sein) zur Erhöhung der Nachweisempfindlichkeit oder als Direktfärbung eines nicht gefärbten Gels nach Vorbehandlung. Ein besonderer Vorteil der Methode liegt auch darin, dass man keine Proteine und Peptide verliert. Bei anderen Silberfärbungsmethoden diffundieren sie häufig aus dem Gel, weil sie in Titrationskurvengelen nicht irreversibel fixiert werden können.

Vorbehandlung von nicht gefärbten Gelen:

- 30 min Fixieren in 20 % TCA,
- 2 × 5 min Waschen in 45 % Methanol, 10 % Eisessig,
- 4 × 2 min Waschen in H_2O_{dest},
- 2 min Imprägnieren in 0,75 % Glycerin,
- Trocknen an der Luft.

Lösung A 25 g Na_2CO_3, 500 mL H_2O_{dest}.

Lösung B 1,0 g NH_4NO_3, 1,0 g $AgNO_3$, 5,0 g Wolframatokieselsäure/7,0 mL Formaldehydlösung (37 %) mit H_2O_{dest} auf 500 mL auffüllen.

Färbung Zum Gebrauch 35 mL Lösung A mit 65 mL Lösung B mischen, Gel sofort in die entstandene weißliche Suspension eintauchen und unter Schütteln inkubieren bis gewünschte Intensität erreicht ist. Kurz mit H_2O_{dest} spülen.

Stoppen mit 0,05 mol/L Glycin. Gel und Trägerfolienrückseite mit Wattebausch von metallischem Silber reinigen.

Trocknen an der Luft.

M3.6
Interpretation der Kurven

In Abb. M3.7 sind schematisch die Kurven von drei Proteinen A, B und C dargestellt.

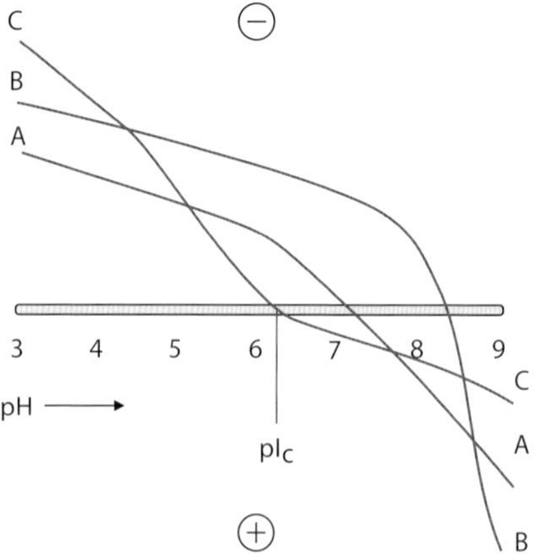

Abb. M3.7 Schematische Darstellung eines Titrationskurvenergebnisses.

Ein solches Ergebnis kann man folgendermaßen interpretieren für:

Ionenaustauschchromatografie

- Flache Kurven weisen auf schlechte Trennbarkeit in Ionenaustauschern hin, weil sich eine pH-Verschiebung im Puffer nur in geringem Maße auf die Höhe der Nettoladungen auswirkt.
- Die Trennleistung ist am besten, wenn man bei einem pH-Wert eluiert, an dem die Kurven in der y-Achse möglichst weit auseinander liegen; in diesem Beispiel bei pH 5,3 aus einem Kationentauscher. Verwendet man einen Anionenaustauscher und eluiert bei pH 7,7, wird Protein B nicht gebunden und kommt gleich mit dem Ausschlussvolumen. Dort unterscheiden sich die Höhen der Nettoladungen – und damit die Bindungen an das Trennmedium – am stärksten.
- Sind die Schnittpunkte mit der x-Achse (pI) weit voneinander abgesetzt, kann man erfolgreich die Chromatofokussierung einsetzen. Hier wird mit einem Gemisch von amphoteren Puffern eluiert und man erhält eine Fraktionierung in der Reihenfolge der pIs.

Zonenelektrophorese

- Wählt man einen Puffer mit einem pH-Wert, an dem sich Kurven kreuzen, können die zugehörigen Proteine nur aufgrund ihrer unterschiedlichen Reibungswiderstände in einem restriktiven Medium getrennt werden. Besser einen anderen Puffer-pH-Wert wählen.
- Dort hat man deutlich unterschiedliche Mobilitäten.
- Bei der trägerfreien Elektrophorese und bei Trennungen in nicht restriktiven Medien wählt man einen Puffer-pH-Wert, an dem sich die Kurven in der y-Achse deutlich voneinander absetzen: pH 5,3 oder 7,7 in diesem Beispiel.

Isoelektrische Fokussierung

- Die Proteine A und C schneiden die x-Achse in flachen Winkeln, d. h., die Mobilitätssteigungen an den pIs sind niedrig. Für A und C benötigt man zur Fokussierung hohe Feldstärken. Außerdem muss die Fokussierzeit verlängert werden.
- Die Kurve von Protein C verläuft oberhalb des pI entlang der x-Achse. Bei der IEF muss die Probe bei einem $pH < pI_C$ aufgetragen werden, sonst würde C sehr langsam bzw. nicht wandern. Das Protein ist hier nur sehr gering geladen.
- Sollten ein oder mehrere Proteine in einem bestimmten Bereich nicht aus der Rinne wandern oder eine breite verschmierte Zone produzieren, ist das Protein bei diesem pH-Bereich instabil oder einige Proteine aggregieren bei diesen pH-Werten (nicht gezeigt). Dann darf die Probe nicht in diesem Bereich aufgegeben werden.

Literatur

Blakesley, R.W. und Boezi, J.A. (1977) A new staining technique for proteins in polyacrylamide gels using Coomassie Brilliant Blue G 250. *Anal. Biochem.*, **82**, 580–582.

Diezel, W., Kopperschläger, G. und Hofmann, E. (1972) An improved procedure for protein staining in polyacrylamide gels with a new type of Coomassie Brilliant Blue. *Anal. Biochem.*, **48**, 617–620.

Kerenyi, L. und Gallyas, F. (1972) A highly sensitive method for demonstrating proteins in electrophoretic, immunoelectrophoretic and immunodiffusion preparations. *Clin. Chim. Acta*, **38**, 465–467.

Patestos, N.P., Fauth, M. und Radola, B.J. (1988) Fast and sensitive protein staining with colloidal Acid Violet 17 following isoelectric focusing in carrier ampholyte generated and immobilized pH gradients. *Electrophoresis*, **9**, 488–496.

Rosengren, A., Bjellqvist, B. und Gasparic, V. (1977) A simple method for choosing optimum pH conditions for electrophoresis, in *Electrofocusing and Isotachophoresis*, (Hrsg. B.J. Radola und D. Graesslin), de Gruyter, Berlin, S. 165–171.

Willoughby, E.W. und Lambert, A. (1983) A sensitive silver stain for proteins in agarose gels. *Anal. Biochem.*, **130**, 353–358.

Methode 4
Native PAGE in amphoteren Puffern

Polyacrylamidgelelektrophoresen von Proteinen unter nativen Bedingungen sind in Teil I an mehreren Stellen beschrieben.

Für die Nativtrennung von Proteinen ist eine Reihe von Puffersystemen entwickelt worden (Jovin, 1973; Ornstein, 1964; Davis, 1964; Maurer, 1968). Das am meisten verwendete ist das Disk-Elektrophoresesystem im basischen Puffer nach *Ornstein und Davis.* Zur Auftrennung basischer Proteine wird ein homogener Glycin-Essigsäure-Puffer pH 3,1 eingesetzt, die Gelherstellung ist relativ kompliziert (Jordan und Raymond, 1969).

Bei der Polymerisation von Acrylamid benötigt man Katalysatoren wie Ammoniumpersulfat und TEMED. Diese Substanzen dissoziieren im Gel und bilden Ionen, welche ein im Voraus berechnetes Puffersystem stark beeinträchtigen können.

Viele Puffersysteme konnten deshalb bisher nur in Agarosegelen verwendet werden, wobei man aber gegen die Elektroendosmose kämpfen muss.

Wenn man Gele auf Trägerfolien polymerisiert und die Katalysatoren auswäscht, kann man die Gele im gewünschten Puffer äquilibrieren und umgeht damit diese Probleme.

Analog zur Titrationskurventechnik kann man eine amphotere Puffersubstanz verwenden, welche einen konstanten pH-Wert in der Nähe seines pI im Gel erzeugt (*steady-state*-pH-Wert). Wenn die Puffersubstanz von anderen Ionen oder Elektroendosmose nicht beeinflusst wird, hat sie keine Eigenladung und kann nicht wandern (siehe auch Prinzip der Rocket-Immunelektrophorese)

Zur Trennung niedermolekularer, nicht amphoterer Substanzen, wie z. B. Farbstoffe, wird ein gewaschenes homogenes Gel einfach in der Pufferlösung äquilibriert, die Elektroden werden direkt an das Gel angeschlossen. Man benötigt keine Pufferreservoirs.

Bei der Auftrennung von Proteinen erhöht eine Diskontinuität im Puffersystem und in der Gelporosität deutlich die Bandenschärfe und das Auflösungsvermögen. Der amphotere Puffer wird nur im Gel benötigt. Die Puffertanks enthalten Leit- bzw. Folgeionen und eine Säure bzw. Base zur Erhöhung der Leitfähigkeit und Ionisierung der Substanzen.

Elektrophorese leicht gemacht, 2. Auflage. Reiner Westermeier.

Abb. M4.1 Elektrophorese von kationischen Farbstoffen in 0,5 mol/L HEPES, Methode 4a.

Für die folgende Anleitung sind zwei Systeme ausgewählt worden:

a) eine Trennmethode für kationische Farbstoffe,
b) eine kationische Elektrophorese für Proteine.

M4.1 Probenvorbereitung

Methode 4a (Farbstoffe)

- Je 10 mg kationischer Farbstoff werden in 5 mL H_2O_{Bidest} gelöst; Auftragung 1,5 µL.

Methode 4b (Proteine)

- Markerproteine pI 5,5–10,7 + 100 µL H_2O_{Bidest}; Auftragung 6,5 µL.
- Fleischsäfte von Schwein, Hase, Kalb, Rind portioniert tiefgefroren lagern. Vor Gebrauch verdünnen: 100 µ Fleischsaft + 300 µL H_2O_{Bidest}; Auftragung 6,5 µL.
- Andere Proben:
  Proteinkonzentration auf ca. 1–3 mg/mL einstellen. Verdünnung mit H_2O_{Bidest}. Salzkonzentration soll $\ll$ 50 mmol/L sein. Eventuelle Entsalzung mit NAP-10-Säule notwendig: 1 mL Probenlösung aufgeben→1,5 mL Eluat verwendbar. Auftragung 6,5 µL.

M4.2 Stammlösungen

Acrylamid, Bislösung ($T = 30\,\%$, $C = 2\,\%$) für das Trenngel
29,4 g Acrylamid + 0,6 g Bis, mit H_2O_{Bidest} auf 100 mL auffüllen.
Mit 2 % *C* im Trenngel verhindert man das Ablösen des Trenngels von der Trägerfolie und das Zersplittern des Gels beim Trocknen.

Acrylamid, Bislösung ($T = 30\,\%$, $C = 3\,\%$) für das Sammelgel
29,1 g Acrylamid + 0,9 g Bis mit H_2O_{Bidest} auf 100 mL auffüllen.
Diese Stammlösung mit 3 % *C* wird für die niedrigkonzentrierten Plateaus verwendet, weil die Probenwannen bei geringerem Vernetzungsgrad instabil wären.
Bei Lagerung im Dunkeln bei 4 °C (Kühlschrank) eine Woche haltbar. Kann dann noch für mehrere Wochen für SDS-Gele verwendet werden.
Reste umweltfreundlich beseitigen: mit APS-Überschuss auspolymerisieren.

Vorsicht
Acrylamid und Bis sind als Monomere toxisch. Hautkontakt vermeiden, nicht mit dem Mund pipettieren.

Ammoniumpersulfatlösung (APS) 40 % (g/v)
400 mg Ammoniumpersulfat in 1 mL H_2O_{Bidest} auflösen; eine Woche im Kühlschrank (4 °C) haltbar.

0,25 mol/L Tris-HCl-Puffer pH 8,4
3,03 g Tris + 80 mL H_2O_{Bidest}, mit 4 mol/L HCl auf pH 8,4 titrieren, mit H_2O_{Bidest} auf 100 mL auffüllen.
Dieser Puffer entspricht dem Anodenpuffer der Horizontalelektrophorese nach Methode 7. Er dient zur pH-Wert-Einstellung der Polymerisationslösung, da diese im leicht basischen optimal abläuft. Der Puffer wird beim Waschvorgang wieder entfernt.

100 mmol/L Argininlösung
174 mg Arginin mit H_2O_{Bidest} auf 10 mL auffüllen; Lagerung bei +4 °C.

300 mmol/L Essigsäure
1,8 mL Essigsäure (96 %) mit H_2O_{Bidest} auf 100 mL auffüllen.

300 mmol/L ε-Aminocapronsäure
18 g ε-Aminocapronsäure mit H_2O_{Bidest} auf 500 mL auffüllen; Lagerung bei + 4 °C.

Pyroninlösung (kationischer Farbmarker) 1 % (g/v)
1 g Pyronin mit H_2O_{Bidest} auf 100 mL auffüllen.

Glycerin 85 %

Das Glycerin erfüllt mehrere verschiedene Funktionen: In der Polymerisationslösung verbessert es die Fließfähigkeit und beschwert diese Lösung gleichzeitig, damit der abschließende Überschichtungsvorgang erleichtert wird. In der letzten Waschlösung sorgt Glycerin dafür, dass sich das Gel beim Trocknen nicht aufrollt.

Kühlkontaktflüssigkeit

12 mL Glycerin (85 %)
15 g Sorbit
100 mg CHAPS
mit H_2O_{dest} auf 100 mL auffüllen

M4.3 Herstellung der leeren Gele

M4.3.1 Slotformer

Die Probenaufgabe erfolgt in schmale Wannen, die in die Geloberfläche einpolymerisiert werden. Zur Erzeugung von Probenaufgabeslots im Gel müssen diese als Negativform auf eine Glasplatte (Abstandhalter) aufgeklebt werden. Der Abstandhalter ist die Glasplatte mit der aufgeklebten, 0,5 mm dünnen, U-förmigen Silikongummidichtung.

- *Methode 4a*: Hier wird die Gießform für ultradünne Gele (0,25 mm) aus Methode 1 verwendet.
- *Methode 4b*: Die gereinigte und entfettete Glasplatte mit 0,5 mm U-förmigem Abstandhalter wird auf der Schablone siehe Abb. M4.2) liegend auf die Arbeitsplatte fixiert. An der gewünschten späteren Startstelle klebt man eine Lage *DYMO-Band* (Prägeband, 250 mm dick) luftblasenfrei auf die Glasfläche. Man kann stattdessen auch mehrere Schichten Tesafilm (Qualität kristallklar, eine Schicht 50 mm) aufeinanderkleben (Abb. M4.2). Der Slotformer wird mit dem

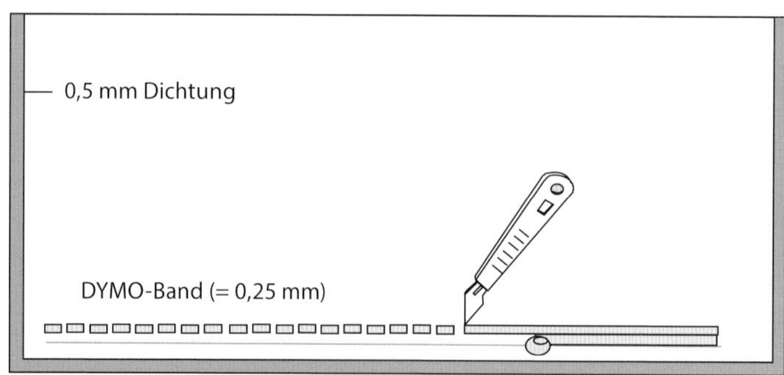

Abb. M4.2 Herstellung des Slotformers.

Skalpell zurechtgeschnitten. Nach nochmaligem Andrücken der einzelnen Slotformerstücke auf die Glasplatte werden mit Methanol die Klebstoffreste entfernt. Man sollte darauf achten, dass man DYMO-Band mit glatter Klebefläche verwendet: Bei strukturierter (gewebeförmiger) Klebefläche können kleine Luftbläschen eingeschlossen werden, welche die Polymerisation inhibieren, sodass um die Slots herum Löcher entstehen.

Dann wird der Slotformer hydrophob gemacht. Dazu pipettiert man einige Milliliter Repel-Silane oder GelSlick® auf den Slotformer und verteilt sie unter dem Abzug mit einem Kosmetiktuch über den gesamten Slotformer. Wenn die Beschichtung trocken ist, wird der Slotformer mit Wasser abgespült. Diese Behandlung muss nur einmal durchgeführt werden.

M4.3.2 Zusammenbau der Gießkassette

Zur mechanischen Stützung und zur besseren Handhabung wird das Gel kovalent auf eine Trägerfolie polymerisiert. Dazu wird eine Glasplatte auf saugfähiges Laborpapier o. Ä. gelegt und mit wenigen Millilitern Wasser benetzt. Der GelFix™- oder GelBond®-PAG-Film wird mit einem Roller, mit der unbehandelten hydrophoben Seite nach unten, auf die Glasplatte gewalzt (Abb. M4.3). Dabei entsteht zwischen Glasplatte und Folie ein dünner Wasserfilm, der durch Adhäsion die

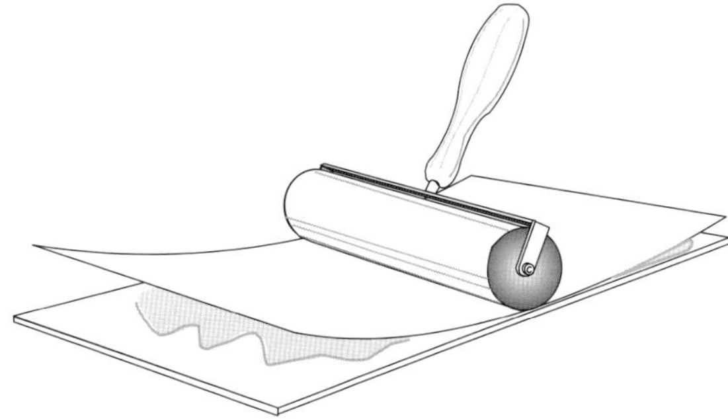

Abb. M4.3 Aufwalzen der Trägerfolie.

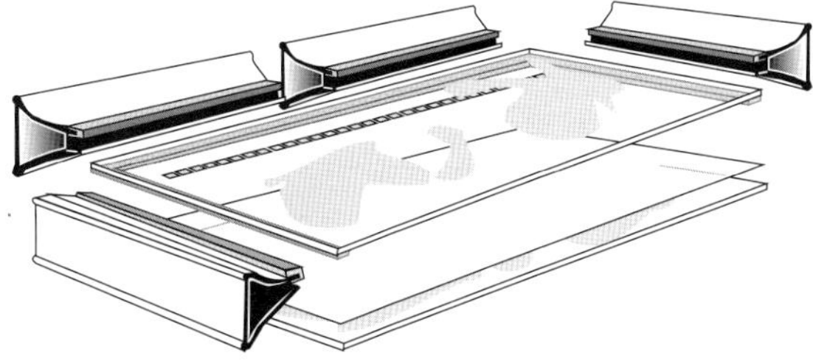

Abb. M4.4 Zusammenbau der Gießkassette.

Folie festhält. Das austretende überschüssige Wasser wird mit dem Laborpapier abgesaugt. Um das Eingießen der Gellösungen zu erleichtern, lässt man die Folie an einer der Längsseiten der Glasplatte um ca. 1 mm überstehen.

Deckungsgleich mit der Glasplatte wird nun der fertige Slotformer aufgelegt und die so entstandene Kassette zusammengeklammert (Abb. M4.4).

M4.3.3
Polymerisationslösungen

Methode 4a: Gelrezeptur für zwei Gele ($T = 8\,\%$, $C = 3\,\%$)
(Erhöhung des T-Gehaltes ergibt schlechtere Banden.)
In Falcon-Röhrchen (15 mL) pipettieren und mischen:
4,0 mL Acrylamid, Bislösung 30 % T, 3 % C
0,5 mL Tris-HCl
mit H_2O_{Bidest} → 15 mL auffüllen
7 µL TEMED (100 %)
15 µL APS

Zur Gießtechnik siehe Methode 1.

Methode 4b: Diskontinuierliches Gel
Die Gießkassette wird im Kühlschrank bei 4 °C etwa 10 min vorgekühlt; dies verzögert den Start der Polymerisation. Letzterer Vorgang ist erforderlich, weil das großporige Sammelgel und das kleinporige Trenngel in einem Stück polymerisiert werden. Die Polymerisationslösungen (siehe Tab. M4.1) mit unterschiedlicher Dichte benötigen etwa 5–10 min, um sich horizontal zu nivellieren.

APS wird erst unmittelbar vor dem Befüllen der Kassette zugegeben.

Tab. M4.1 Zusammensetzung der Polymerisationslösungen.

	Sammelgel (4 % *T*, 3 % *C*)	**Trenngel (10 % *T*, 2 % *C*)**
Acrylamid/Bis 30 % T, 3 % C	1,3 mL	–
Acrylamid/Bis 30 % T, 2 % C	–	5,0 mL
0,25 mol/L Tris-HCl Puffer	0,2 mL	0,3 mL
Glycerin (85 %)	2 mL	0,3 mL
TEMED	5 µL	7 µL
mit H_2O_{dest} auffüllen auf	10 mL	15 mL
APS (40 %)	10 µL	15 µL

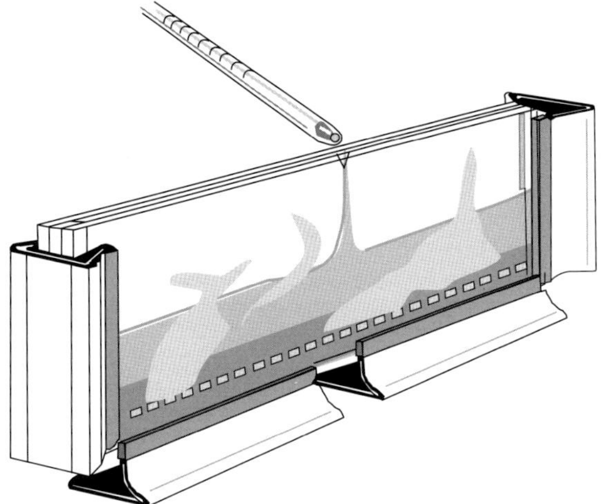

Abb. M4.5 Befüllen der Kassette mit den Polymerisationslösungen.

M4.3.4
Befüllen der gekühlten Gelgießkassette

Erst wenn alles bereit steht, werden der Polymerisationslösung das APS zugefügt.
Niemals die toxische Monomerlösung mit dem Mund pipettieren!

- Das Einfüllen (Abb. M4.5) wird mit einer 10 mL-Messpipette und einer Pipettierhilfe ausgeführt. Erst wird das Sammelgelplateau einpipettiert, direkt darauf die mit weniger Glycerin beschwerte Trenngellösung. Dank der oben herausragenden Folie wird die Gellösung direkt in die Kassette gelenkt. Eventuell eingeflossene Luftblasen entfernt man mit einem länglich zugeschnittenen Stück Polyesterfolie, mit welchem man die Blasen aus der Kassette ziehen kann.
- Die Gelkante mit 300 µL eines 60 %igen (v/v) Isopropanol-Wasser-Gemisches überschichten. Dies verhindert das Eindiffundieren von Luftsauerstoff, der die Polymerisation hemmen würde; das Gel erhält eine glatte und gerade Oberkante.
- Eine Stunde bei Raumtemperatur stehenlassen (Polymerisation).

M4.3.5
Entnahme des Gels aus der Gießkassette

- Klammern von der Gießkassette abnehmen.
- Kassette senkrecht aufrichten, um die Glasplatte hinter der Trägerfolie mittels eines dünnen Spatels wegzuhebeln.
- Folie mit Gel vom Slotformer ziehen.

M4.3.6
Waschen und Trocknen der Gele

Die Gele (0,25 mm Gel für Farbstoffe und 0,5 mm Gel für Proteine) werden dreimal 20 min unter Schütteln in H_2O_{dest} gewaschen. Der letzte Waschgang muss 2 % Glycerin enthalten. Dabei werden Reste von Monomeren, APS und TEMED aus dem Gel entfernt.

- Vor dem Trocknen Gele 15 min in eine 10 %ige Glycerinlösung legen.
- Trocknen an der Luft über Nacht. Danach Aufbewahrung in Folie eingeschweißt im Kühlschrank.

M4.3.7
Quellen des Gels im amphoteren Puffer

Die Gele können in einem Stück, oder – abhängig von der Anzahl der Proben – im trockenen Zustand mit einer Schere in kleinere Portionen zerteilt werden.

- Den GelPool auf einen horizontalen Tisch legen. Die passende Rehydratisierwanne auswählen. Mit destilliertem Wasser und einem Papierhandtuch reinigen. Die Rehydratisierlösung (siehe Tab. M4.2) hineinpipettieren, für
  - ein komplettes Gel: 25 mL
  - ein halbes Gel: 13 mL
- Das getrocknete Gel wird – wie in Abb. M4.6a gezeigt – mit der trockenen Geloberfläche nach unten auf die Rehydratisierlösung gelegt. Dabei sollte man das Gel etwas hin- und herbewegen, damit man die Flüssigkeit gleichmäßig verteilt und Luftblasen vermeidet.
  - Während der ersten 15 min sollte man die Folienkanten mehrmals mit einer Pinzette etwas anheben und wieder absenken, um zu verhindern, dass die Geloberfläche am Boden des GelPools klebt (Abb. M4.6b), und um etwaige Luftbasen zu entfernen. Außerdem sollte man prüfen, ob sich das Gel auf der Rehydratisierlösung bewegen lässt. Man kann das Rehydratisieren auch auf einem Orbitalschüttler durchführen (Abb. M4.6c).
  - Nach 60 min ist das Gel vollständig gequollen und kann vom GelPool entnommen werden. Mit Filterpapierstreifen saugt man den Puffer aus den Probenwannen ab, die Oberfläche wird mit der Kante eines Filterpapiers abgetrocknet (Abb. M4.6d). Wenn die Oberfläche trocken ist, kann man ein „Pfeifen" vernehmen.

Methode 4a (Farbstoffe)

Rehydratisierlösung (0,5 mol/L HEPES)
1,15 g HEPES mit H_2O_{Bidest} auf 10 mL auffüllen und auflösen

- Rehydratisierzeit: ca. 1 h

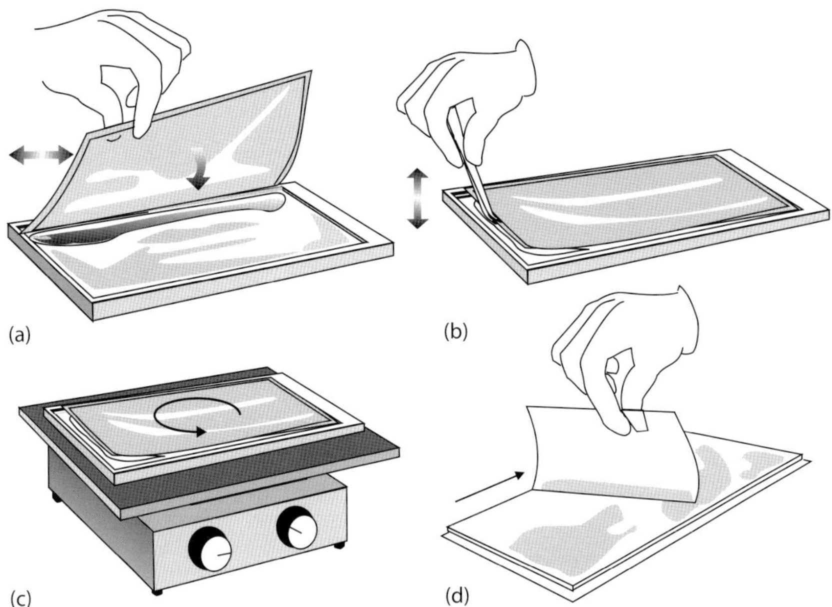

Abb. M4.6 Rehydratisieren eines Gels. (a) Einlegen des trockenen Gels in den GelPool. (b) Anheben der Folienkanten zur gleichmäßigen Verteilung der Flüssigkeit. (c) Rehydratisieren auf einem Orbitalschüttler (nicht zwingend notwendig). (d) Entfernung des überschüssigen Puffers mit einem Filterpapier.

Tab. M4.2 Rehydratisierlösung (0,6 mol/L HEPES).

0,6 mol/L HEPES	3,5 g HEPES
1 mmol/L Essigsäure	83 µL (von der Stammlösung)
10 mmol/L Arginin	2,5 mL (von der Stammlösung)
0,001 % Pyronin[a)]	8 µL (von der Stammlösung)
	mit H_2O_{Bidest} auf 25 mL auffüllen

a) Der Pyroninfarbstoff dient als Frontmarker.

Methode 4b (PAGE von kationischen Proteinen)

Für die Trennung von lipophilen Proteinen, wie z. B. alkohollösliche Fraktionen von Cerealien, wird empfohlen 3 mol/L Harnstoff zum Rehydratisierpuffer zu geben.

- Rehydratisierzeit: ca. 1 h

M4.4
Elektrophorese

- Kühlung einschalten: +10 °C

Methode 4a (Farbstoffe)

- Kühlplatte mit 3 mL Kühlkontaktflüssigkeit beschichten; Wasser und andere Flüssigkeiten eignen sich nicht.
- Das Gel, mit der Folie nach unten, auf die Kühlplatte legen. Luftblasen müssen vermieden werden. Bei dieser Methode werden die Elektroden direkt auf die Gelkanten gelegt; man benötigt keine Puffertanks.
- Proben zügig in Probenwannen pipettieren: je 1,5 µL.
- Stromversorger einstellen: 400 V_{max}, 60 mA_{max}, 20 W_{max}, ca. 1 h.

  Nach der Trennung
- Stromversorger abschalten,
- Sicherheitsdeckel öffnen,
- Farbgele sofort auf warmen Untergrund, z. B. eingeschalteten Leuchttisch, legen und trocknen. In Abb. M4.1 ist ein Ergebnis gezeigt. Sofortige Trocknung ist wichtig für die mechanische Fixierung der Zonen.

Methode 4b (kationische Protein-PAGE)

Elektrodenpuffer

Kathodenpuffer	**Anodenpuffer**
30 mmol/L Essigsäure: 4,4 mL (von der Stammlösung)	*113 mmol/L ε-Aminocapronsäure:* 16,5 mL (von der Stammlösung) *5 mmol/L Essigsäure:* 733 µL (von der Stammlösung)
auf → 44 mL mit H_2O_{dest}	auf → 44 mL mit H_2O_{dest}

- Zwei Elektrodendochte in die Wannen des PaperPools einlegen (wenn schmälere Gele für weniger Proben verwendet werden, auf die Größe zuschneiden).
- Jeweils 44 mL des Anoden- und des Kathodenpuffers auf die entsprechenden Dochte aufgeben (Abb. M4.7).
- Luftblasen herausrollen.
- Kühlplatte mit 3 mL Kühlkontaktflüssigkeit beschichten; Wasser und andere Flüssigkeiten eignen sich nicht.
- Das Gel, mit der Folie nach unten, auf die Kühlplatte legen und dabei so orientieren, dass die Probenwannen auf der anodischen Seite liegen. Luftblasen müssen vermieden werden.
- Erst den anodischen Docht auf die anodische Kante legen, sodass sich Gel und Docht um ca. 5 mm überlappen. Wenn der Anodendocht zuerst aufgelegt wird, vermeidet man die Kontamination der Folgeionen mit Leitionen.

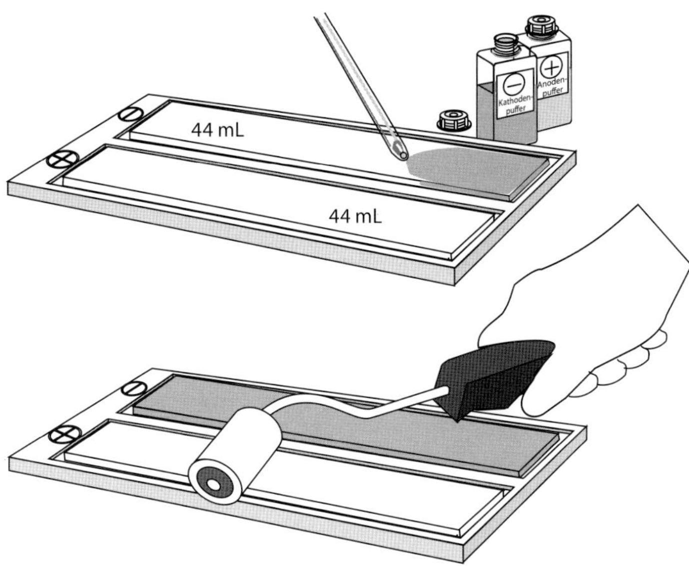

Abb. M4.7 Tränken der Dochte in Elektrodenpuffer im PaperPool und Herausrollen von Luftblasen.

Tab. M4.3 Stromversorgerprogramm für die Nativelektrophorese.

	komplettes Gel			**halbes Gel**			
	U (V)	*I* (mA)	*P* (W)	*U* (V)	*I* (mA)	*P* (W)	*t* (min)
Phase 1	500	10	10	500	5	5	10
Phase 2	1200	28	28	1200	14	14	50

- Den kathodischen Docht auf die kathodische Kante des Gels legen, wobei sich Gel und Docht um ca. 5 mm überlappen (Abb. M4.8).
- Luftblasen mit einer gekrümmten Pinzette aus den Kontaktkanten der Dochte herausstreichen.
- Proben zügig in Probenwannen pipettieren: je 6,5 μL.
- Die Elektrodenstäbe vor (und nach) jeder Elektrophorese mit einem nassen Papierhandtuch abwischen.
- Die Elektroden an den passenden Positionen befestigen: Sie müssen auf den äußeren Kanten der Dochte liegen.
- Den Elektrodendeckel auflegen und die Kabel einstecken.
- Den Stromversorger einschalten und die Elektrophorese mit den in Tab. M4.3 angegebenen Bedingungen durchführen.

Die Phase 1 sorgt für einen langsamen Probeneintritt und ein effektives *Stacking*. Wegen der niedrigen Leitfähigkeit kann man hohe Feldstärken verwenden, deshalb erhält man mit dieser Methode schnellere Trennungen als mit einer kon-

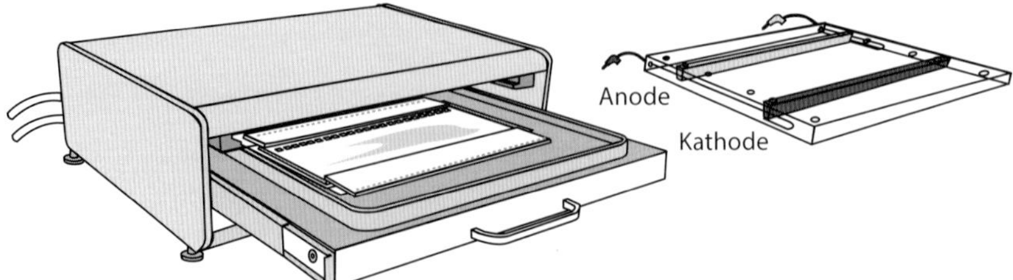

Abb. M4.8 Kationische Nativelektrophorese: Probenaufgabe an der Anode. Beispiel einer Horizontalkammer: Blue Horizon. Die gepunkteten Linien auf den Dochten zeigen die Elektrodenpositionen an.

ventionellen Nativelektrophorese. Wenn man allerdings zusammengesetzte Proteine, z. B. Chloroplastenproteine, auftrennen will, dürfen 300 V nicht überschritten werden. Die Trennung dauert dann entsprechend länger.

Nach der Trennung

- Stromversorger abschalten,
- Elektrodendeckel öffnen und in die Parkposition einsetzen,
- Elektrodendochte abnehmen,
- Proteingele werden gefärbt oder geblottet.

M4.5 Coomassie- und Silberfärbung

M4.5.1 Kolloidale Coomassie-Färbung

Bei dieser Methode ist das Ergebnis relativ schnell sichtbar. Man benötigt wenig Arbeitsschritte, die Färbelösung ist stabil, es gibt keine Hintergrundfärbung, Oligopeptide (> 10–15 Aminosäuren) werden erfasst, welche bei anderen Färbungen ungenügend fixiert werden. Außerdem ist die Lösung fast geruchlos (Diezel *et al.*, 1972; Blakesley und Boezi, 1977).

Herstellung der Färbelösung

2 g Coomassie G-250 in 1 L H_2O_{dest} lösen und unter Rühren mit 1 L Schwefelsäure (1 mol/L oder 55,5 mL konz. H_2SO_4 pro L) versetzen. Nach dreistündigem Rühren abfiltrieren (Faltenfilter), das braune Filtrat mit 220 mL Natronlauge (10 mol/L oder 88 g auf 220 mL) versetzen. Zuletzt 310 mL einer 100 %igen (g/v) TCA hinzufügen und gut vermischen, Lösung wird grün.

Fixierung, Färbung 3 h bei 50 °C oder bei Zimmertemperatur über Nacht in der kolloidalen Lösung.

Auswaschen der Säure 1–2 h in Wasser einlegen, dabei werden die grünen Kurven blau und intensiver.

M4.5.2
Acid-Violet-17-Färbung

Nach Patestos *et al.* (1988)

Stammlösungen

3 % (v/v) Phosphorsäure
21 mL einer 85 %igen H_3PO_4
mit H_2O_{dest} auf 1 L auffüllen.

11 % (v/v) Phosphorsäure
76,1 mL einer 85 %igen H_3PO_4
mit H_2O_{dest} auf 1 L auffüllen.

1 % (g/v) Färbestammlösung
1 g Acid Violet 17 in 100 mL H_2O_{dest} auflösen
auf einem Heizrührer auf 50 °C erwärmen.

0,1 % (w/v) Färbelösung
20 mL der 1 % (w/v) Stammlösung
mit 11 % Phosphorsäure auf 1 L auffüllen.

Färbung

Fixieren	für 20 min in 20 % (g/v) TCA.
Waschen	für 1 min in 3 % (v/v) Phosphorsäure.
Färben	für 10 min in 0,1 % (g/v) Acid-Violet-17-Färbelösung.
Entfärben	mit 3 % (v/v) Phosphorsäure bis der Hintergrund klar wird.
Waschen	3 × 1 min mit H_2O_{dest}.
Imprägnieren	mit 5 % (v/v) Glycerin.
Trocknen	an der Luft.

M4.5.3
Fünf-Minuten Silberfärbung getrockneter Gele

nach der Silberfärbemethode für Agarosegele (Willoughby und Lambert, 1983).

Diese Methode ist einsetzbar als Nachfärbung von getrockneten Coomassie-gefärbten Gelen (Hintergrund muss vollständig klar sein) zur Erhöhung der Nachweisempfindlichkeit oder als Direktfärbung eines nicht gefärbten Gels nach Vorbehandlung. Ein besonderer Vorteil der Methode liegt auch darin, dass man keine Proteine und Peptide verliert. Bei anderen Silberfärbungsmethoden diffundieren sie häufig aus dem Gel, weil sie in Nativgelen nicht irreversibel fixiert werden können.

Vorbehandlung von nicht gefärbten Gelen:

- 30 min Fixieren in 20 % TCA,
- 2 × 5 min Waschen in 45 % Methanol, 10 % Eisessig,
- 4 × 2 min Waschen in H_2O_{dest},

- 2 min Imprägnieren in 0,75 % Glycerin,
- Trocknen an der Luft.

Lösung A	25 g Na_2CO_3, 500 mL H_2O_{dest}.
Lösung B	1,0 g NH_4NO_3, 1,0 g $AgNO_3$, 5,0 g Wolframatokieselsäure/7,0 mL Formaldehydlösung (37 %) mit H_2O_{dest} auf 500 mL auffüllen.
Färbung	Zum Gebrauch 35 mL Lösung A mit 65 mL Lösung B mischen, Gel sofort in die entstandene weißliche Suspension eintauchen und unter Schütteln inkubieren bis gewünschte Intensität erreicht ist. Kurz mit H_2O_{dest} spülen.
Stoppen	mit 0,05 mol/L Glycin. Gel und Trägerfolienrückseite mit Wattebausch von metallischem Silber reinigen.
Trocknen	an der Luft.

Abbildung M4.9 zeigt eine Elektrophorese diverser Proteinproben, die nach der hier beschriebenen Anleitung durchgeführt wurde.

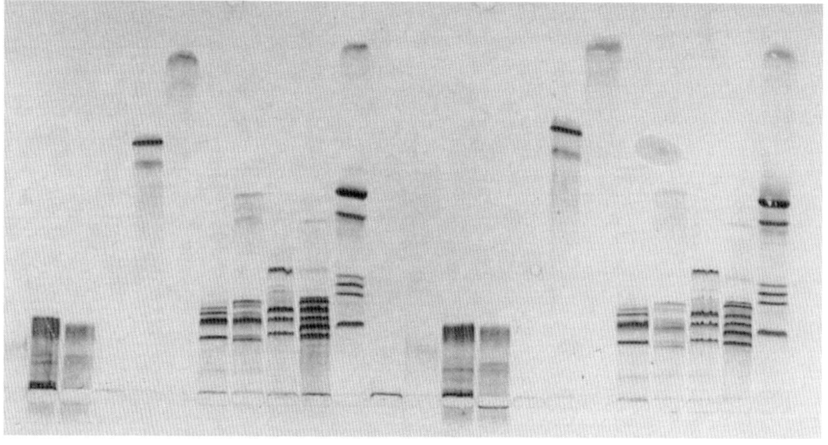

Abb. M4.9 Kationische Nativelektrophorese in 0,6 mol/L HEPES von Markerproteinen und Fleischsäften. Anfärbung mit Coomassie Brilliant Blau R-250 (Kathode oben).

Literatur

Blakesley, R.W. und Boezi, J.A. (1977) A new staining technique for proteins in polyacrylamide gels using Coomassie Brilliant Blue G 250. *Anal. Biochem.*, **82**, 580–582.

Diezel, W., Kopperschläger, G. und Hofmann, E. (1972) An improved procedure for protein staining in polyacrylamide gels with a new type of Coomassie Brilliant Blue. *Anal. Biochem.*, **48**, 617–620.

Davis, B.J. (1964) Disc Electrophoresis. 2, Method and application to human serum proteins. *Ann. NY Acad. Sci.*, **121**, 404–427.

Jordan, E.M. und Raymond, S. (1969) Gel electrophoresis: A new catalyst for acid systems. *Anal. Biochem.*, **207**, 205–211.

Jovin, T.M. (1973) Multiphasic zone electrophoresis, IV. Design and analysis of discontinuous buffer systems with a digital computer. *Ann. NY Acad. Sci.*, **209**, 477–496.

Maurer, R.H. (1968) *Disk-Elektrophorese. Theorie und Praxis der diskontinuierlichen Polyacrylamidgel-Elektrophorese*, de Gruyter, Berlin.

Ornstein, L. (1964) Disc electrophoresis. I. Background and theory. *Ann. NY Acad. Sci.*, **121**, 321–349.

Patestos, N.P., Fauth, M. und Radola, B.J. (1988) Fast and sensitive protein staining with colloidal Acid Violet 17 following isoelectric focusing in carrier ampholyte generated and immobilized pH gradients. *Electrophoresis*, **9**, 488–496.

Willoughby, E.W. und Lambert, A. (1983) A sensitive silver stain for proteins in agarose gels. *Anal. Biochem.*, **130**, 353–358.

Methode 5
Agarosegel-IEF

Das Prinzip der Isoelektrischen Fokussierung in Trägerampholyten pH-Gradienten ist in Teil I beschrieben. Es gibt eine Reihe von Gründen für die Verwendung von Agarosegelen als Trennmedium:

- Man benötigt keine toxische Monomerlösung; kein Acrylamid, Bis.
- Es gibt keine Katalysatoren, die die Trennung stören können; kein TEMED, APS.
- Man muss keine Polymerisationslösungen ansetzen und lagern; weniger Arbeit.
- Die Matrix ist großporig; die Trennung hochmolekularer Proteine ist kein Problem.
- Deshalb ergeben sich kürzere Trennzeiten, wegen des geringeren Reibungswiderstands.
- Die Färbezeiten sind kürzer; man färbt das getrocknete Gel.
- Man kann im Gel die Immunfixation durchführen.

Bei Agarosegelen gibt es allerdings auch einige Probleme:

- Die Gele sind nicht elektroendosmosefrei, weil nicht alle Carboxyl- und Sulfonylgruppen entfernt werden. Dies führt zu Kathodentrift des Gradienten und Wassertransport im Gel.
- Aus diesem Grund kann man auch keine extremen pH-Bereiche (saure oder basische) in Agarosegelen verwenden. Die Agarosegel-IEF funktioniert am besten im mittleren pH-Wert-Bereich.
- Harnstoffgele sind schwierig herzustellen, weil der Harnstoff die Agarosestruktur unterbricht. Rehydratisierbare Agarosegele sind aber möglich (Hoffman *et al.*, 1989).

M5.1
Probenvorbereitung

- Markerproteine pI 4,7–10,6 oder
- Markerproteine pI 5,5–10,7 + 100 µL H_2O_{Bidest}; Auftragung 10 µL.

Elektrophorese leicht gemacht, 2. Auflage. Reiner Westermeier.

- Fleischsäfte von Schwein, Hase, Kalb, Rind portioniert tiefgefroren lagern. Vor Gebrauch verdünnen: 100 µL Fleischsaft + 300 µL H_2O_{Bidest}; Auftragung 10 µL.
- Andere Proben: Proteinkonzentration auf ca. 1–3 mg/mL einstellen. Verdünnung mit H_2O_{Bidest}. Salzkonzentration soll < 50 mmol/L sein. Eventuelle Entsalzung mit NAP-10-Säule notwendig: 1 mL Probenlösung aufgeben → 1,5 mL Eluat verwendbar. Auftragung 10 µL.

M5.2
Herstellung des Agarosegels

Agarosegele werden auf GelFix™ für Agarose oder GelBond® gegossen: mit einer getrockneten Agaroseschicht überzogene Polyesterfilme.

Agarosegele kann man auf verschiedene Arten gießen; das Gelieren der Lösung wird durch Luftsauerstoff nicht inhibiert; im Gegensatz zur Polymerisation von Acrylamid.

In dieser Anleitung wird das Gel in einer vorgewärmten, senkrecht aufgestellten Kassette hergestellt, weil man damit eine gleichmäßige Gelschicht erzeugen kann. Die im Folgenden beschriebene Vorgehensweise stützt sich im Wesentlichen auf die Erfahrungen von Dr. Hans-Jürgen Leifheit, München (Leifheit *et al.*, 1987), dem wir hiermit für seine hilfreichen Auskünfte danken.

M5.2.1
Hydrophobisierung des Abstandhalters

Einige Milliliter Repel-Silane oder GelSlick® werden unter dem Abzug mit einem Papierhandtuch über die Innenfläche des Abstandhalters verteilt. Der Abstandhalter ist eine Glasplatte mit der aufgeklebten, 0,5 mm dünnen, U-förmigen Silikongummidichtung. Wenn die Beschichtung trocken ist, wird der Slotformer mit Wasser abgespült. Diese Behandlung muss nur einmal durchgeführt werden.

M5.2.2
Zusammenbau der Gelkassette

Zur mechanischen Stützung und zur besseren Handhabung wird das Gel auf eine Trägerfolie aufgegossen. Dazu wird eine Glasplatte auf saugfähiges Laborpapier o. Ä. gelegt und mit wenigen Millilitern Wasser benetzt. Der GelFix™- oder GelBond®-Film wird mit einem Roller, mit der unbehandelten hydrophoben Seite nach unten, auf die Glasplatte gewalzt (Abb. M5.1). Dabei entsteht zwischen Glasplatte und Folie ein dünner Wasserfilm, der durch Adhäsion die Folie festhält. Das austretende überschüssige Wasser wird mit dem Laborpapier abgesaugt. Um das Eingießen der Gellösungen zu erleichtern, lässt man die Folie an einer der Längsseiten der Glasplatte um ungefähr 1 mm überstehen.

Deckungsgleich mit der Glasplatte wird nun der Abstandhalter aufgelegt und die so entstandene Kassette zusammengeklammert (Abb. M2.3). Diese Kas-

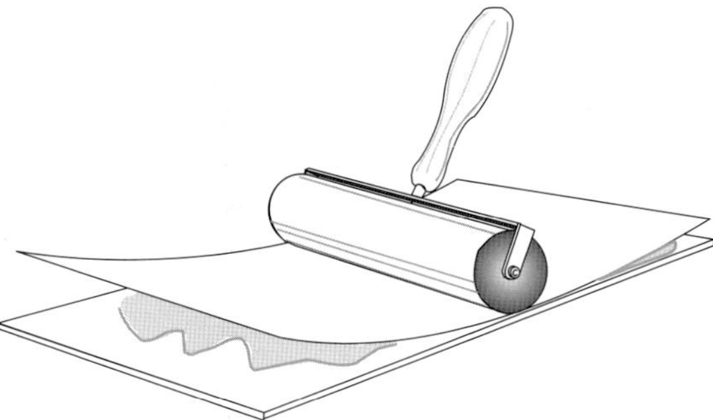

Abb. M5.1 Aufwalzen der Trägerfolie.

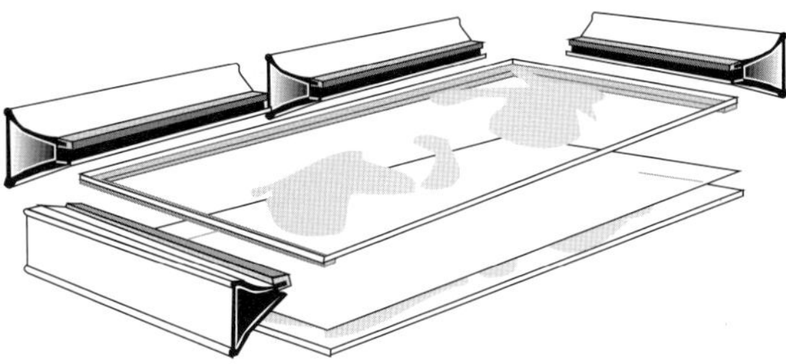

Abb. M5.2 Zusammenbau der Gießkassette.

sette wird vor dem Einfüllen der heißen Agaroselösung zusammen mit einer 10 mL-Messpipette aus Glas im Trockenschrank auf 75 °C erwärmt, damit die Lösung nicht sofort am Glas geliert.

M5.2.3 **Herstellung der Agaroselösung (0,8 % Agarose)**

Wichtig ist, dass die Agarose absolut trocken gelagert wird. Agarose ist hygroskopisch. Es könnte bei feuchter Agarose zu wenig eingewogen werden.

- In 100 mL Becherglas:
  2 g Sorbit
  19 mL H_2O_{Bidest}
  0,16 g Agarose-IEF
  Sorbit verbessert die mechanische Eigenschaft des Gels und wirkt, da es hygroskopisch ist, dem elektroendosmotischem Wasserfluss entgegen.
- vermischen und – mit einem Uhrglas bedeckt – im Mikrowellenofen auf niedrigster Stufe oder auf dem Heizrührer bei langsamen Rühren des Magnetkerns aufkochen, bis sich die Agarose vollständig gelöst hat. Schnelles Rühren schadet den mechanischen Eigenschaften der Agarose. Deshalb ist der Mikrowellenherd zu bevorzugen.
- An der Wasserstrahlpumpe entgasen, damit CO_2 entfernt wird.

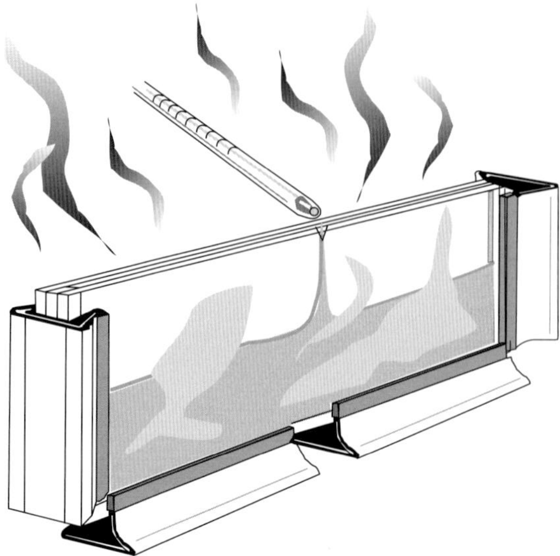

Abb. M5.3 Gießen der heißen Agaroselösung in die vorgewärmte Kassette.

- Becherglas für ein paar Minuten in den Trockenschrank stellen, damit sich die Lösung auf ca. 75 °C abkühlt; sie sollte für die Trägerampholyten nicht zu heiß sein.
- 1,3 mL Servalyt™ oder Pharmalyte™ pH 3–10 zugeben und mit Glasstab verrühren.
- Jetzt sofort die Kassette aus dem Trockenschrank holen; die heiße Agaroselösung mit der Pipettierhilfe in die vorgewärmte Pipette aufziehen, zügig die Lösung in die Kassette fließen lassen (Abb. M5.3). Luftblasen vermeiden. Sollten trotzdem welche eingeschlossen sein, mit schmalem Folienstreifen herausziehen. Anders als bei Polyacrylamidgelen braucht man die Lösung nicht zu überschichten.
- Kassette 1–2 h bei Raumtemperatur stehen lassen. Dabei geliert das Gel langsam.

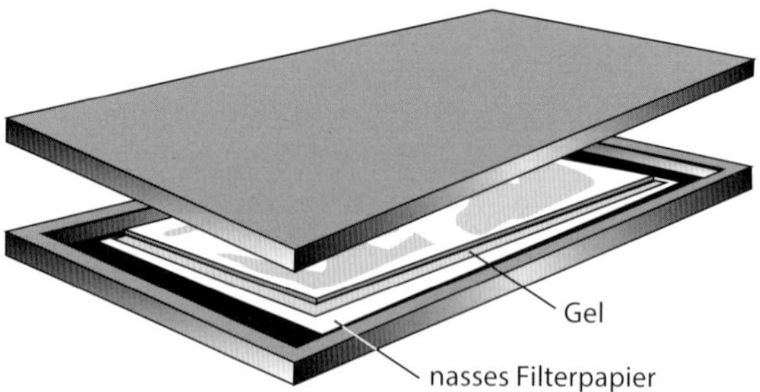

Abb. M5.4 Agarosegel in der Feuchtekammer.

- Klammern von der Gießkassette abnehmen und Gel herausnehmen.
- Gel auf nasses Filterpapier legen und über Nacht in der Feuchtekammer (Abb. M5.4) mit geschlossenem Deckel im Kühlschrank lagern. Erst dabei bildet sich die endgültige Agarosegelstruktur aus. Es kann bis zu einer Woche darin aufbewahrt bleiben.

M5.3
Isoelektrische Fokussierung

M5.3.1
Herstellung der Elektrodenlösungen

Zur Verminderung der Kathodentrift benötigt man Filterkartonstreifen zwischen den Elektroden und den beiden Gelkanten, welche in Elektrodenlösungen getränkt werden. In Tab. M5.1 sind Elektrodenlösungen für verschiedene pH-Intervalle aufgelistet.

Tab. M5.1 Elektrodenlösungen für die IEF in Agarosegelen.

pH-Gradient	Anode	Kathode
3–10	0,25 mol/L Essigsäure	0,25 mol/L NaOH
2,5–4,5	0,25 mol/L Essigsäure	0,40 mol/L HEPES
4–6,5	0,25 mol/L Essigsäure	0,25 mol/L NaOH
5–8	0,04 mol/L Glutaminsäure	0,25 mol/L NaOH

Kühlkontaktflüssigkeit

12 mL Glycerin (85 %)
15 g Sorbit
100 mg CHAPS
mit H_2O_{dest} auf 100 mL auffüllen

- Kühlgerät einschalten (10 °C). Die IEF muss bei definierter, konstanter Temperatur erfolgen, weil der pH-Gradient und die pIs temperaturabhängig sind.
- Kühlplatte mit 3 mL Kühlkontaktflüssigkeit beschichten; kein Wasser verwenden.
- Mit Filterpapier die Geloberfläche abtrocknen (Abb. M5.5), weil Agarosegele einen Flüssigkeitsfilm auf der Oberfläche haben; das gilt auch für die Immunelektrophoresegele.
- Gel auf Kühlplatte legen.
- Fokussierstreifen kürzer zuschneiden als die Gelbreite (< 25 cm); sie dürfen nicht über die seitlichen Kanten hängen.
- Streifen vollständig in der jeweiligen Lösung tränken.

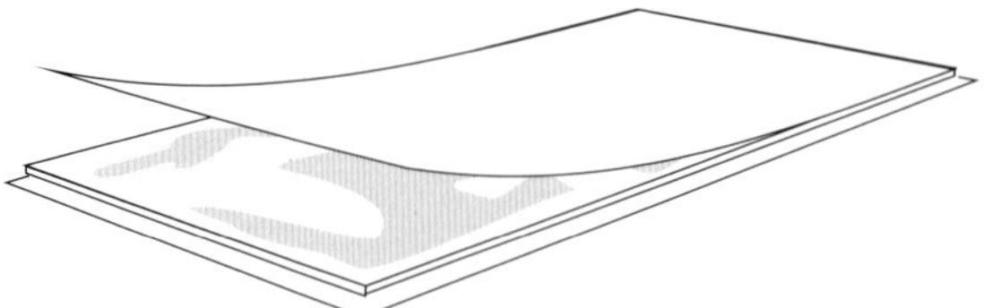

Abb. M5.5 Abtrocknen der Geloberfläche mit Filterpapier.

- 1 min auf trockenes Filterpapier legen, damit überschüssige Lösung abgesaugt wird.
- Elektrodenstreifen entlang der langen Gelkanten auflegen; darauf achten, dass saurer Streifen auf Anodenseite, basischer Streifen auf Kathodenseite liegt.
- Die Elektrodenstäbe vor (und nach) jeder IEF mit einem nassen Papierhandtuch abwischen.
- Die Elektroden an den passenden Positionen befestigen: Sie müssen auf den Elektrodenstreifen an den äußeren Kanten des Gels liegen (siehe Abb. M5.6).
- Den Elektrodendeckel auflegen und die Kabel einstecken.
- Stromversorger starten.

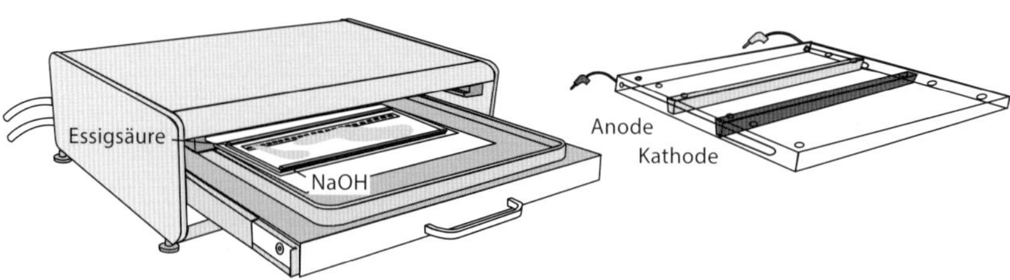

Abb. M5.6 Agarosegel-IEF mit Elektrodenstreifen und Probenaufgabeband.

Trennbedingungen
Die Strom- und Leistungswerte gelten für ein ganzes Gel. Bei der IEF eines halben Gels gelten die halben Werte für mA und W.

- *Vorfokussierung:* ohne Proben: 30 min bei max. 1400 V, 30 mA, 8 W; dabei wird der pH-Gradient aufgebaut.
- *Probenaufgabe:* je 10 µL in Lochband 2 cm von der Anode entfernt.
  Bei Agarose-IEF *keine* Filterpapier- oder Celluloseplättchen verwenden!
  Die optimale Probenaufgabestelle hängt auch bei der Agarose-IEF von den Eigenschaften der Probe ab (siehe Methode 6). Aber die meisten Proteine gehen bei der oben angegebenen Stelle ins Gel. Unter Umständen muss ein Stufentest durchgeführt werden.
- *Salzentfernung:* 30 min bei max. 150 V; die anderen Werte bleiben eingestellt. Dies hilft auch hochmolekularen Proteinen, z. B. IgM, einzuwandern.
- *Trennung:* 60 min bei max. 1500 V, 30 mA, 8 W.

Zwischendurch muss man die Trennung unterbrechen und die Fokussierstreifen mit Filterpapier entwässern:

- Stromversorger abschalten,
- Elektrodendeckel öffnen und in die Parkposition einsetzen,
- überschüssiges Wasser an den Streifen absaugen,
- Trennung fortsetzen.

Die Zeit für die Trennung gilt für den Gradienten von ca. pH 3–10; bei engeren Gradienten, z. B. pH 5–8, dauert die IEF ca. 2 h, weil die Proteine mit niedrigerer Ladung weite Strecken zurücklegen müssen.

Dann werden die Proteine angefärbt, immunfixiert oder geblottet. Sollten Probleme aufgetreten sein, Problemlösungen im Anhang zu Rate ziehen.

M5.4 Proteinnachweis

M5.4.1 Coomassie-Blau-Färbung

Fixieren	30 min in 20 % (g/v) TCA.
Waschen	2 × 15 min in jeweils frischen 200 mL Lösung: 10 % Eisessig, 25 % Methanol.
Trocknen	Drei Lagen Filterpapier auf Gel und darauf Glasplatte legen, mit Gewicht (1–2 kg) beschweren (Abb. M5.7). Nach 10 min dies alles abnehmen und im Trockenschrank zu Ende trocknen; das direkt auf der Agarose liegende Filterpapier vorher anfeuchten.
Färben	10 min in 0,5 % (g/v) Coomassie R-350 in 10 % Eisessig, 25 % Methanol: 1 g Farbstoff SERVA Blau R-250 in 200 mL auflösen.
Entfärben	in 10 % Eisessig, 25 % Methanol bis Hintergrund klar ist.
Trocknen	im Trockenschrank.

M5.4.2 Immunfixation

Bei dieser Fixiermethode werden am Ende nur die Proteinbanden angefärbt, die mit dem Antikörper ein unlösliches Immunpräzipitat gebildet haben. Alle anderen Proteine und überschüssige Antikörper werden mit NaCl-Lösung aus dem Gel gewaschen.

Antikörperlösung: 1 : 2 (oder 1 : 3, je nach Antikörpertiter) mit H_2O_{Bidest} verdünnen und mit Glasstab oder Messpipette auf der Geloberfläche ausstreichen: ca. 400–600 µL.

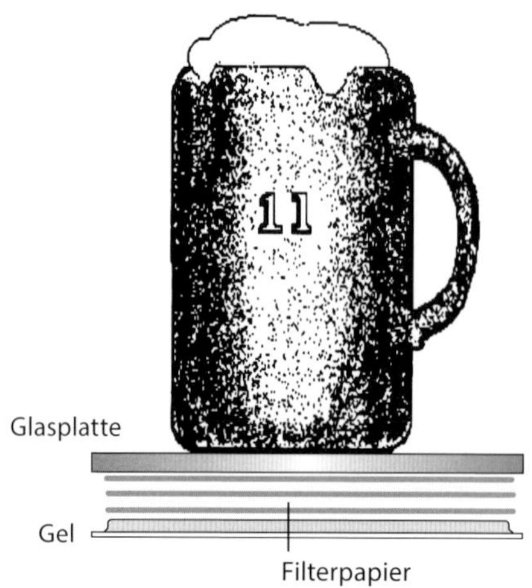

Abb. M5.7 Pressen des Agarosegels.

Inkubieren 90 min in Feuchtekammer im Brut- oder Trockenschrank bei 37 °C.
Pressen 20 min mit drei Lagen Filterpapier, Glasplatte und Gewicht (siehe Abb. M5.7); das direkt auf der Agarose liegende Filterpapier vorher anfeuchten.
Waschen in physiologischer Kochsalzlösung (0,9 % NaCl g/v) über Nacht.
Trocknen siehe Coomassie-Färbung.
Färben und Entfärben wie bei Coomassie-Färbung.

Wichtig ist, dass man den Antikörpertiter kennt, da z. B. bei zu hochkonzentrierter Antikörperlösung hohle Banden entstehen können: in der Mitte bindet jeweils ein Antigen einen Antikörper; es entsteht kein Präzipitat.

M5.4.3
Silberfärbung

Sollte die Nachweisempfindlichkeit der Coomassie-Färbung nicht ausreichen, kann man noch eine Silberfärbung des getrockneten Gels anschließen (Willoughby und Lambert, 1983):

Lösung A 25 g Na_2CO_3, 500 mL H_2O_{dest}.
Lösung B 1,0 g NH_4NO_3, 1,0 g $AgNO_3$, 5,0 g Wolframatokieselsäure/7,0 mL Formaldehydlösung (37 %) mit H_2O_{dest} auf 500 mL auffüllen.
Färbung Zum Gebrauch 35 mL Lösung A mit 65 mL Lösung B mischen, Gel sofort in die entstandene weißliche Suspension eintauchen und unter Schütteln inkubieren bis die gewünschte Intensität erreicht ist. Kurz mit H_2O_{dest} spülen.
Stoppen mit 0,05 mol/L Glycin. Gel und Trägerfolienrückseite mit Wattebausch von metallischem Silber reinigen.
Trocknen an der Luft.

Literatur

Hoffman, W.L., Jump, A.A., Kelly, P.J. und Elanogovan, N. (1989) Rehydratable agarose gels: Application to isoelectric focusing in 9 molar urea. *Electrophoresis*, **10**, 741–747.

Leifheit, H.-J., Howe, J. und Gathof, A.G. (1987) Agarose isoelectric focusing for classification of plasminogen variants. in *Advances in Forensic Haematogenics 2*, (Hrsg. W.R. Mayr), Springer, Berlin, Heidelberg, S. 202–206.

Willoughby, E.W. und Lambert, A. (1983) A sensitive silver stain for proteins in agarose gels. *Anal. Biochem.*, **130**, 353–358.

Methode 6
PAGIEF in rehydratisierten Gelen

Das Prinzip der Isoelektrischen Fokussierung in Trägerampholyten pH-Gradienten und die Vorteile der Verwendung von vorpolymerisierten und rehydratisierten Gelen für die IEF ist in Teil I beschrieben.

M6.1
Probenvorbereitung

- Markerproteine pI 4,7–10,6 oder
- Markerproteine pI 5,5–10,7 + 100 µL H_2O_{Bidest}; Auftragung 10 µL.
- Fleischsäfte von Schwein, Hase, Kalb, Rind portioniert tiefgefroren lagern. Vor Gebrauch verdünnen: 100 µL Fleischsaft + 300 µL H_2O_{Bidest}; Auftragung 10 µL.
- Andere Proben: Proteinkonzentration auf ca. 1–3 mg/mL einstellen. Verdünnung mit H_2O_{Bidest}. Salzkonzentration soll < 50 mmol/L sein. Eventuelle Entsalzung mit NAP-10-Säule notwendig: 1 mL Probenlösung aufgeben → 1,5 mL Eluat verwendbar. Auftragung 10–20 µL.

M6.2
Stammlösungen

Acrylamid, Bis ($T = 30\,\%$, $C = 3\,\%$)

29,1 g Acrylamid + 0,9 g Bis mit H_2O_{Bidest} auf 100 mL auffüllen
Bei Lagerung im Dunkeln bei 4 °C (Kühlschrank) eine Woche haltbar. Kann dann noch für mehrere Wochen für SDS-Gele verwendet werden. Reste umweltfreundlich beseitigen: mit APS-Überschuss auspolymerisieren.

Vorsicht!
Acrylamid und Bis sind als Monomere toxisch. Hautkontakt vermeiden, nicht mit dem Mund pipettieren.
Bei Lagerung im Dunkeln bei 4 °C (Kühlschrank) eine Woche haltbar (für die IEF), kann aber bei dieser Methode mehrere Wochen verwendet werden.

Elektrophorese leicht gemacht, 2. Auflage. Reiner Westermeier.

Ammoniumpersulfatlösung (APS) 40 % (g/v)

400 mg Ammoniumpersulfat in 1 mL H_2O_{Bidest} auflösen; eine Woche im Kühlschrank (4 °C) haltbar.

0,25 mol/L Tris-HCl-Puffer pH 8,4

3,03 g Tris + 80 mL H_2O_{Bidest}, mit 4 mol/L HCl auf pH 8,4 titrieren, mit H_2O_{dest} auf 100 mL auffüllen.

Dieser Puffer entspricht dem Anodenpuffer der Horizontalelektrophorese nach Methode 7. Er dient zur pH-Wert Einstellung der Polymerisationslösung, da diese im leicht basischen optimal abläuft. Puffer wird beim Waschvorgang wieder entfernt.

Glycerin 85 % (g/v)

Das Glycerin erfüllt mehrere verschiedene Funktionen: In der Polymerisationslösung verbessert es die Fließfähigkeit und beschwert diese Lösung gleichzeitig, damit der abschließende Überschichtungsvorgang erleichtert wird. In der letzten Waschlösung sorgt Glycerin dafür, dass sich das Gel beim Trocknen nicht aufrollt.

Kühlkontaktflüssigkeit

12 mL Glycerin (85 %)
15 g Sorbit
100 mg CHAPS
mit H_2O_{dest} auf 100 mL auffüllen.

M6.3 Herstellung der leeren Gele

M6.3.1 Hydrophobisierung des Abstandhalters

Einige Milliliter Repel-Silane oder GelSlick® werden unter dem Abzug mit einem Papierhandtuch über die Innenfläche des Abstandhalters verteilt. Der Abstandhalter ist eine Glasplatte mit der aufgeklebten, 0,5 mm dünnen, U-förmigen Silikongummidichtung. Wenn die Beschichtung trocken ist, wird der Slotformer mit Wasser abgespült. Diese Behandlung muss nur einmal durchgeführt werden.

M6.3.2 Zusammenbau der Gelkassette

Zur mechanischen Stützung und zur besseren Handhabung wird das Gel kovalent auf eine Trägerfolie polymerisiert. Dazu wird eine Glasplatte auf saugfähiges Laborpapier o. Ä. gelegt und mit wenigen Millilitern Wasser benetzt. Der GelFix™- oder GelBond®-PAG-Film wird mit einem Roller, mit der unbehandelten, hydrophoben Seite nach unten, auf die Glasplatte gewalzt (Abb. M6.1). Dabei entsteht zwischen Glasplatte und Folie ein dünner Wasserfilm, der durch Adhäsion die Folie festhält. Das austretende überschüssige Wasser wird mit dem Laborpapier

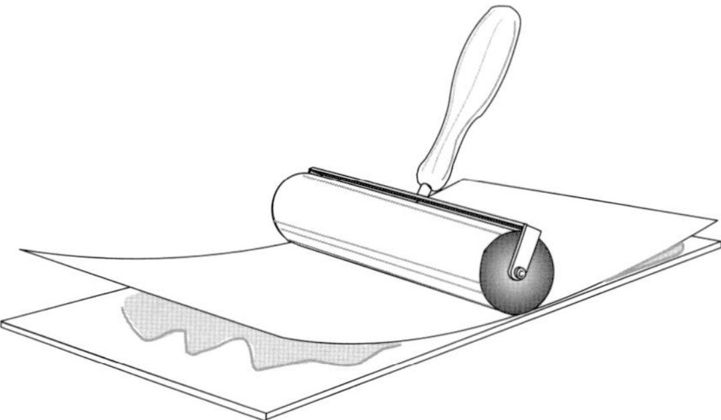

Abb. M6.1 Aufwalzen der Trägerfolie.

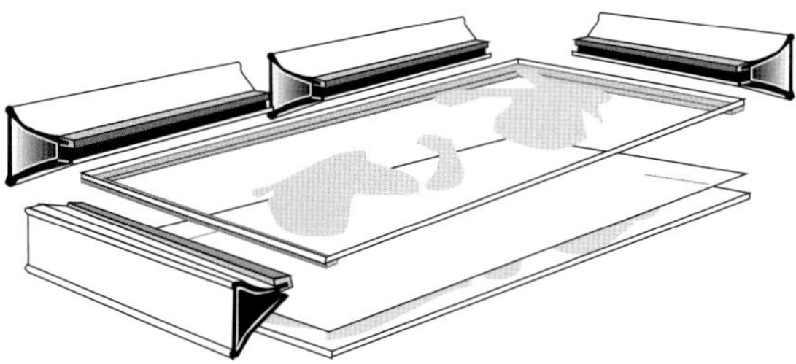

Abb. M6.2 Zusammenbau der Gießkassette.

abgesaugt. Um das Eingießen der Gellösungen zu erleichtern, lässt man die Folie an einer der Längsseiten der Glasplatte um ca. 1 mm überstehen.

Danach wird der Abstandhalter, kongruent zur Glasplatte mit der Gummidichtung nach unten, auf die Folie gelegt und mit den Klammern zusammen geklammert (Abb. M6.2).

Zusammensetzung der Polymerisationslösung für ein Gel mit $T = 4{,}2\,\%$:

2,7 mL Acrylamid/Bislösung
0,5 mL Tris-HCl-Puffer
1 mL Glycerin
10 µL TEMED auf → 20 mL mit H_2O_{dest}.

M6.3.3
Befüllen der Gelgießkassette

Erst wenn alles bereit steht, werden der Polymerisationslösung das APS zugefügt.
Niemals die toxische Monomerlösung mit dem Mund pipettieren!

- Das Einfüllen (Abb. M6.3) wird mit einer 10 mL-Messpipette und einer Pipettierhilfe ausgeführt Die Pipette wird vollständig gefüllt (10 mL-Skala einschließlich Kopfraum ergeben 18 mL) und dann mit dem Auslass an die Mitte der Kassettenkante angelegt. Dank der oben herausragenden Folie wird die Gellösung

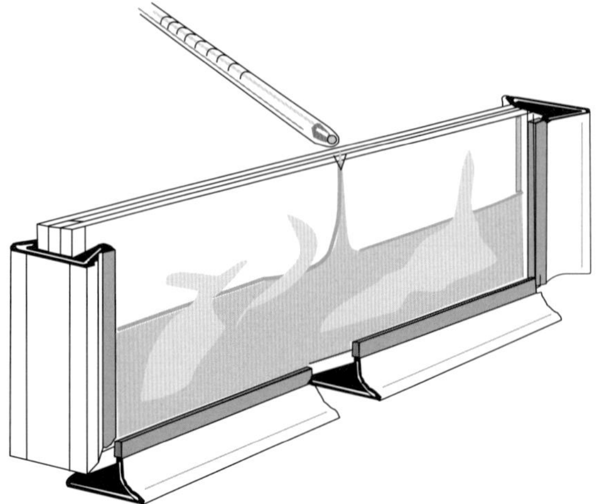

Abb. M6.3 Einfüllen der Polymerisationslösung.

direkt in die Kassette gelenkt. Eventuell eingeflossene Luftblasen entfernt man mit einem länglich zugeschnittenen Stück Polyesterfolie, mit welchem man die Blasen aus der Kassette ziehen kann.

- Die Gelkante mit 300 µL eines 60 %igen (v/v) Isopropanol-Wasser-Gemisches überschichten. Dies verhindert das Eindiffundieren von Luftsauerstoff, der die Polymerisation hemmen würde; das Gel erhält eine glatte und gerade Oberkante.
- Eine Stunde bei Raumtemperatur stehenlassen (Polymerisation).

M6.3.4
Entnahme des Gels aus der Gießkassette

- Klammern von der Gießkassette abnehmen.
- Kassette mit der Slotformerglasplatte nach unten auf die 10 °C kalte Kühlplatte der Multiphor legen. Durch Kühlung erhält das Gel eine bessere Konsistenz und beginnt sich normalerweise bereits in der Kassette von dem Slotformer zu lösen.
- Kassette senkrecht aufrichten, um die Glasplatte hinter der Trägerfolie mittels eines dünnen Spatels wegzuhebeln.
- Folie mit Gel vom Slotformer ziehen.

M6.3.5
Waschen des Gels

Dreimal 20 min wird das Gel unter Schütteln in H_2O_{dest} gewaschen. Der letzte Waschgang muss 2 % Glycerin enthalten. Dabei werden Reste von Monomeren, APS und TEMED aus dem Gel entfernt.

M6.3.6
Trocknen des Gels

Das Gel wird über Nacht bei Raumtemperatur getrocknet. Die Gele werden mit je einer Schutzfolie versehen und in einer geschlossenen Plastiktüte tiefgekühlt (< −20 °C) aufbewahrt. Heißtrocknung schadet dem Quellvermögen, deshalb auch Lagerung bei Tiefkühltemperatur.

M6.4
Isoelektrische Fokussierung

M6.4.1
Rehydratisierlösung (Servalyt™, Pharmalyte™)

Beispiel für einen optimierten weiten pH-Gradienten 3–10:
0,79 mL Monoethylenglycol (= 7,5 % v/v),
580 µL Servalyt + 200 µL Pharmalyte, mit H_2O_{dest} auf 10,5 mL auffüllen.
7,5 % (v/v) Monoethylenglycol im Gel erhöht die Viskosität, dadurch werden die Banden gerader.

Enge pH-Gradienten: Wenn enge Intervalle (z. B. pH 5–7) hergestellt werden sollen, muss man 10 % (v/v) Trägerampholyten mit weitem Gradienten (3–10) zugeben. Siehe auch Abschn. M6.6 am Ende dieses Kapitels. Gele mit engem Gradienten müssen länger fokussiert werden mit Trennphasen bis zu 3 h.

M6.4.2
Quellen des Gels

Die Gele können in einem Stück, oder – abhängig von der Anzahl der Proben – im trockenen Zustand mit einer Schere in kleinere Portionen zerteilt werden.

- Den GelPool auf einen horizontalen Tisch legen. Die passende Rehydratisierwanne auswählen. Mit destilliertem Wasser und einem Papierhandtuch reinigen. Die Rehydratisierlösung hinein pipettieren, für
  - ein komplettes Gel: 10,4 mL
  - ein halbes Gel: 5,2 mL

  Beim Rehydratisieren eines IEF-Gels werden – im Gegensatz zu Elektrophoresegelen – exakte Volumen verwendet, weil die Trägerampholyten ein nicht unwesentlicher Kostenfaktor sind.
- Das getrocknete Gel wird – wie in Abb. M6.4a gezeigt – mit der trockenen Geloberfläche nach unten auf die Rehydratisierlösung gelegt. Dabei sollte man das Gel etwas hin- und herbewegen, damit man die Flüssigkeit gleichmäßig verteilt und Luftblasen vermeidet.
- Während der ersten 15 min sollte man die Folienkanten mehrmals mit einer Pinzette etwas anheben und wieder absenken, um zu verhindern, dass die Gel-

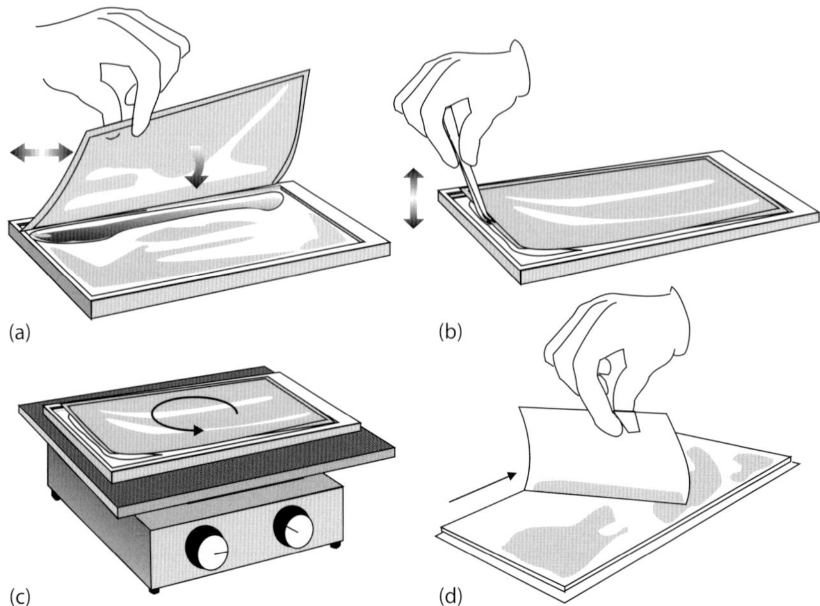

Abb. M6.4 Rehydratisieren eines Gels. (a) Einlegen des trockenen Gels in den GelPool. (b) Anheben der Folienkanten zur gleichmäßigen Verteilung der Flüssigkeit. (c) Rehydratisieren auf einem Orbitalschüttler (nicht zwingend notwendig). (d) Trocknen der Oberfläche mit der Kante eines Filterpapiers.

oberfläche am Boden des GelPools klebt (Abb. M6.4b) und um etwaige Luftblasen zu entfernen. Außerdem sollte man prüfen, ob sich das Gel auf der Rehydratisierlösung bewegen lässt. Man kann das Rehydratisieren auch auf einem Orbitalschüttler durchführen (Abb. M6.4c).

- Nach 60 min ist das Gel vollständig gequollen und kann vom GelPool entnommen werden. Eigentlich sollte keine Flüssigkeit mehr übrig sein. Sicherheitshalber wird aber die Oberfläche mit der Kante eines Filterpapiers abgetrocknet (Abb. M6.4d). Wenn die Oberfläche trocken ist, kann man ein „Pfeifen" vernehmen.

Bei Additiven wie Harnstoff und Triton dauert das Quellen ca. 2 h.

M6.4.3 **Proteintrennung**

- Kühlgerät einschalten (10 °C). Die IEF muss bei definierter, konstanter Temperatur erfolgen, weil der pH-Gradient und die pIs temperaturabhängig sind.
- Kühlplatte mit 3 mL Kühlkontaktflüssigkeit beschichten; kein Wasser verwenden.
- Gel auf Kühlplatte legen.
- Die Elektroden direkt auf die Gelkanten legen (Abb. M6.5).

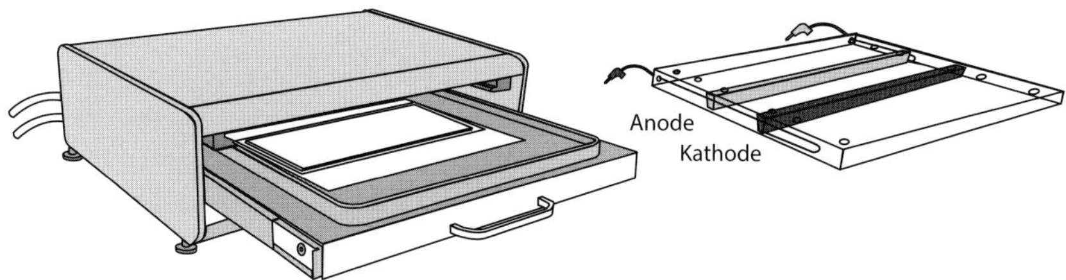

Abb. M6.5 Bei gewaschenen IEF-Gelen werden die Fokussierungselektroden direkt auf die Gelkanten gelegt. Beispiel einer Horizontalkammer: Blue Horizon.

- Die Elektrodenstäbe vor (und nach) jeder IEF mit einem nassen Papierhandtuch abwischen.
- Die Elektroden an den passenden Positionen befestigen: Sie müssen auf den Elektrodenstreifen an den äußeren Kanten des Gels liegen (siehe Abb. M5.6).
- Den Elektrodendeckel auflegen und die Kabel einstecken.
- Stromversorger einschalten; die Werte in Tab. M6.1 sind Optimierungen. Für ein halbes Gel wird 1/2 mA und 1/2 W verwendet!

Tab. M6.1 Stromversorger Programm für die PAGIEF.

Einstellen	***U*** **(V)**	***I*** **(mA)**	***P*** **(W)**	***t*** **(min)**	
komplettes Gel	700	12	8	20	Vor-IEF
	500	8	8	20	Probeneintritt
	2000	14	4	90	Trennung
	2500	14	18	10	Bandenschärfung

- Stromversorger starten,
- zuerst 30 min ohne Probe fokussieren.

Dies richtet die Trägerampholyten schon zum pH-Gradienten aus, ohne dass die Proteine im Gel mitwandern müssen. Außerdem gibt es beispielsweise Proteine, die nur im sauren Milieu oder im basischen stabil sind; ohne Vorfokussierung hat das Gel jedoch überall den pH-Wert von ungefähr 7,0. Die Vorfokussierung ist nicht bei allen Proben notwendig, da ja APS und TEMED bereits ausgewaschen sind und die meisten Proteine nicht pH-empfindlich sind; am besten ausprobieren.

M6.4.4
Probenaufgabe

Bei der Probenaufgabe muss beachtet werden, dass es für die meisten Proteingemische nur eine optimale Auftragsstelle gibt. Diese muss man gegebenenfalls durch Probenaufgabe an verschiedenen Stellen herausfinden (Stufentest,

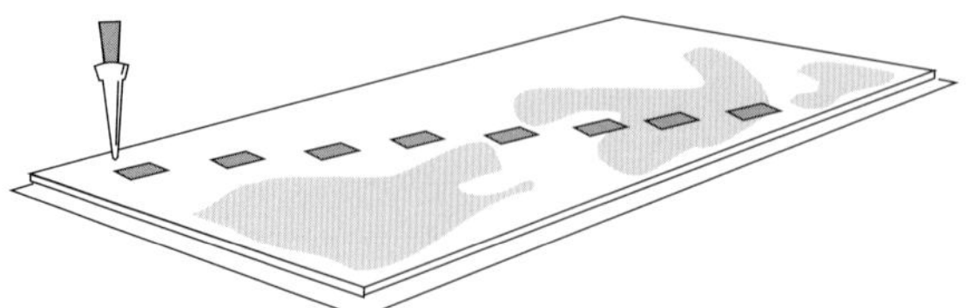

Abb. M6.6 Stufentest zur Ermittlung der optimalen Probenaufgabestelle.

Abb. M6.6). Die Proben werden mit Filterpapierplättchen oder Lochbändern aus Silikongummi aufgegeben.

Normale Fokussierdauer ist 90 min. Hochmolekulare Proteine können etwas länger brauchen, bis sie an ihren pIs angelangt sind. Viskose Gele (mit 20 % Glycerin, oder 8 mol/L Harnstofflösung) benötigen ebenfalls eine längere Fokussierdauer.

Dies gilt für Gradienten von pH 3–10. Bei engeren Gradienten, z. B. pH 5–7, muss ca. 4 h fokussiert werden, da hierbei die Proteine mit niedrigerer Ladung weite Wanderungsstrecken zurücklegen müssen.

- Nach der IEF Stromversorger abschalten, Sicherheitsdeckel öffnen.
- Jetzt werden die Proteine angefärbt oder geblottet. Sollten Probleme aufgetreten sein, Problemlösungen im Anhang zu Rate ziehen.

M6.5 Coomassie- und Silberfärbung

M6.5.1 Kolloidale Coomassie-Färbung

Bei dieser Methode ist das Ergebnis relativ schnell sichtbar. Man benötigt wenig Arbeitsschritte, die Färbelösung ist stabil, es gibt keine Hintergrundfärbung, Oligopeptide (> 10–15 Aminosäuren) werden erfasst, welche bei anderen Färbungen ungenügend fixiert werden. Außerdem ist die Lösung fast geruchlos (Diezel *et al.*, 1972; Blakesley und Boezi, 1977).

Herstellung der Färbelösung

2 g Coomassie G-250 in 1 L H_2O_{dest} lösen und unter Rühren mit 1 L Schwefelsäure (1 mol/L oder 55,5 mL konz. H_2SO_4 pro L) versetzen. Nach dreistündigem Rühren abfiltrieren (Faltenfilter), das braune Filtrat mit 220 mL Natronlauge (10 mol/L oder 88 g auf 220 mL) versetzen. Zuletzt 310 mL einer 100 %igen (g/v) TCA hinzufügen und gut vermischen, Lösung wird grün.

Fixierung, Färbung 3 h bei 50 °C oder bei Zimmertemperatur über Nacht in der kolloidalen Lösung.

Auswaschen der Säure 1–2 h in Wasser einlegen, dabei werden die grünen Kurven blau und intensiver.

M6.5.2
Acid-Violet-17-Färbung

Nach Patestos *et al.* (1988).

Stammlösungen

3 % (v/v) Phosphorsäure
21 mL einer 85 %igen H_3PO_4
mit H_2O_{dest} auf 1 L auffüllen.

11 % (v/v) Phosphorsäure
76,1 mL einer 85 %igen H_3PO_4
mit H_2O_{dest} auf 1 L auffüllen.

1 % (g/v) Färbestammlösung
1 g Acid Violet 17 in 100 mL H_2O_{dest} auflösen
auf einem Heizrührer auf 50 °C erwärmen.

0,1 % (w/v) Färbelösung
20 mL der 1 % (w/v) Stammlösung
mit 11 % Phosphorsäure auf 1 L auffüllen.

Färbung

Fixieren	für 20 min in 20 % (g/v) TCA.
Waschen	für 1 min in 3 % (v/v) Phosphorsäure.
Färben	für 10 min in 0,1 % (g/v) Acid-Violet-17-Färbelösung.
Entfärben	mit 3 % (v/v) Phosphorsäure bis der Hintergrund klar wird.
Waschen	3 × 1 min mit H_2O_{dest}.
Imprägnieren	mit 5 % (v/v) Glycerin.
Trocknen	an der Luft.

M6.5.3
Die empfindlichste Silberfärbung für die IEF

Die höchsten Anforderungen für die Nachweisempfindlichkeit – vor allem für den basischen Teil des pH-Gradienten kommen von den Liquorlabors, wo oligoklonale IgGs in geringen Probenmengen der Rückenmarkflüssigkeit von Patienten untersucht werden. Die ammoniakalische Silberfärbung ist die empfindlichste (Wurster, 1998).

Lösungen

1. *Fixierlösung I:* 20 % TCA.
2. *Fixierlösung II:* 50 % Methanol, 10 % Essigsäure *(Methanol kann durch Ethanol ersetzt werden).*
3. *Fixierlösung III:* 5 % Methanol, 7 % Essigsäure *(Methanol kann durch Ethanol ersetzt werden).*

4. *Fixierlösung IV:* 2,5 % (v/v) Glutaraldehyd *(oft als Sensitizer bezeichnet).*
5. *Ammoniakalisches Silberreagenz:*
   a) 250 mg Silbernitrat in 1 mL H_2O_{dest} lösen.
   b) 40 mL H_2O_{dest} + 4 mL 1 mol/L NaOH + 1,5 mL NH_3 (25 % Stammlösung), auf 200 mL mit H_2O_{dest} kräftig durchmischen.
   c) Mit einer Pipette langsam Lösung a) $AgNO_3$ zu der weiterhin kräftig gerührten Lösung b) der ammoniakalischen Natronlauge zu tropfen. *Jegliche braune Ausfällung (Silberhydroxid) sollte sofort durch Komplexbildung mit den Ammoniumionen verschwinden, anderenfalls fällt die Konzentration der Ammoniaklösung und sollte durch Titration überprüft werden.*
   Mit H_2O_{dest} auf → 200 mL auffüllen.
6. *Entwicklerlösung:* Für die Herstellung von 0,05 % (g/v) Zitronensäure 125 mg Zitronensäure-Monohydrat in 250 mL H_2O_{dest} lösen.
   Unmittelbar vor Gebrauch 20 mL der Zitronensäure Stammlösung auf 200 mL verdünnen, 100 µl Formaldehyd zugeben und gut durchmischen.
7. *Stopplösung:* 10 % Ethanol, 1 % (g/v) Glycin.
8. *Konservierungslösung:* 10 % Glycerin.

Das Färbeprotokoll ist in Tab. M6.2 aufgeführt. Wie bereits in Kapitel 6 im Teil I erwähnt wird empfohlen, für das Stoppen der Entwicklung 1 % Glycin zu verwenden; andere Stopplösungen verursachen Nachdunkeln des Hintergrunds und Verblassen von Banden.

Tab. M6.2 Protokoll der ammoniakalischen Silberfärbung.

Schritte	Lösungen	Zeit
1. Fixierung I	200 mL 20 % (g/v) TCA (*A*)	45 min
2. Waschen	200 mL H_2O_{dest}	5 min
3. Fixierung II	50 % v/v Ethanol/10 % v/v Essigsäure (*B*)	40 min
4. Fixierung III	5 % v/v Ethanol/7 % v/v Essigsäure (*C*)	20 min
5. Spülen	200 mL H_2O_{dest}	kurz spülen
6. Fixierung IV	2,5 % v/v Glutaraldehyd (*D*)	15 min
7.–9. Waschen	200 mL H_2O_{dest} pro Schritt	3 × 20 min
10. Silberschritt	ammoniakalisches Silberreagenz (*E*)	40 min
11.–13. Spülen	200 mL H_2O_{dest} pro Schritt	kurz spülen
14. Entwicklung	Entwickler (*F*)	2–5 min (visuelle Kontrolle)
15. Stoppen	1 % (g/v) Glycin, 10 % Ethanol (*G*)	30 min
16. Konservieren	10 % Glycerin (*H*)	30 min
17. Trocknen	an der Luft	mehrere Stunden

Das Färbeprotokoll kann nach Schritt 7 unterbrochen und am nächsten Morgen mit Schritt 8 fortgesetzt werden.

Die Nachweisempfindlichkeit ist am höchsten, wenn die Silberlösung und der Entwickler frisch angesetzt werden.

Nach der Trocknung wird eine Mylarfolie auf die klebrige Geloberfläche gerollt. So können die Gele ohne Verblassen der Banden aufbewahrt werden.

M6.6 Methodischer Ausblick

Elektrodenlösungen: Für Fokussierungen mit langen Trennzeiten, in basischen Gradienten und/oder Gegenwart von hochmolarem Harnstoff ist es notwendig, Filterkartonstreifen mit Elektrodenlösungen zu verwenden. In Tab. M6.3 sind optimierte Lösungen für 0,5 mm dünne Gele für verschiedene pH-Intervalle aufgelistet.

Rehydratisierte IEF-Gele: Damit ergeben sich eine Reihe von methodischen Möglichkeiten. Im Folgenden sind einige Beispiele von Problemstellungen und zur Trennung notwendige Rehydratisierlösungen aufgeführt. Die Vorteile dieser Gele sind in Kapitel 3 aufgelistet.

Basische, wasserlösliche Proteine: Basische Trägerampholyte inhibieren teilweise die Polymerisation von Polyacrylamidgelen. Außerdem neigen basische Gradienten stärker als andere zur Kathodentrift, nicht zuletzt wegen Acrylsäuremonomeren und APS-Resten im Gel. Bei Verwendung von gewaschenen rehydratisierten Gelen sind diese Probleme minimiert oder tauchen nicht auf. Trotzdem ist es bei sehr basischen Proteinen angebracht, Elektrodenstreifen zu verwenden.

Oxidationsempfindliche Proteine und Enzyme: Manchmal benötigt man β-Mercaptoethanol zur Verhinderung von Oxidationen im Gel. β-Mercaptoethanol inhibiert allerdings die Polymerisation. Außerdem hat Ammoniumpersulfat

Tab. M6.3 Elektrodenlösungen für die IEF in Polyacrylamidgelen.

pH-Gradient	Anode	Kathode
3,5–9,5	0,5 mol/L H_3PO_4	0,5 mol/L NaOH
2,5–4,5	0,5 mol/L H_3PO_4	2 % Servalyt pH 5–7
2,5–4,5	0,5 mol/L H_3PO_4	0,4 mol/L HEPES
3,5–5,0	0,5 mol/L H_3PO_4	2 % Servalyt pH 6–8
4,0–5,0	0,5 mol/L H_3PO_4	1 mol/L Glycin
4,0–6,5	0,5 mol/L Essigsäure	0,5 mol/L NaOH
4,5–7,0	0,5 mol/L Essigsäure	0,5 mol/L NaOH
5,0–6,5	0,5 mol/L Essigsäure	0,5 mol/L NaOH
5,5–7,0	2 % Servalyt pH 4–6	0,5 mol/L NaOH
5,0–8,0	0,5 mol/L Essigsäure	0,5 mol/L NaOH
6,0–8,.5	2 % Servalyt pH 4–6	0,5 mol/L NaOH
7,8–10,0	2 % Servalyt pH 6–8	1 mol/L NaOH
8,5–11,0	0,2 mol/L Histidin	1 mol/L NaOH

im Gel oxidative Eigenschaften (Brewer, 1967). Auch in diesem Fall hat man mit rehydratisierten Gelen keine Probleme.

Wärmeempfindliche Enzyme und Enzym-Substrat-Komplexe: Bei der Kryoisoelektrischen Fokussierung (bei −10 bis −20 °C) wird im allgemeinen 37 % DMSO im Gel verwendet (Perella *et al.*, 1978). Hierzu wird das Gel mit 37 % DMSO (v/v) und 2 % Trägerampholyten pH > 5 (g/v) rekonstituiert. Trägerampholyte < pH5 präzipitieren bei diesen niedrigen Temperaturen.

Hydrophobe Proteine: Zur Erhaltung der Löslichkeit hydrophober Proteine notwendige nicht ionische Detergenzien inhibieren die Kopolymerisation von Gel und Trägerfolie, wenn sie der Polymerisationslösung beigefügt werden. Nicht gestützte Gele mit nicht ionischen Detergenzien verziehen sich während des Laufes und können bei hohen Feldstärken sogar reißen. Diese Probleme gibt es mit rehydratisierten Gelen nicht; sie können mit PEG, Triton X-100, Nonidet NP-40 oder zwitterionischen Detergenzien, wie LDAO oder CHAPS, in jeder beliebigen Konzentration rekonstituiert werden.

Komplexe Proteingemische: Will man Zell-Lysat- oder Gewebe-Extrakt-Proteine in ihrer Gesamtheit auftrennen, muss man das Aggregieren und Komplexieren der Proteine verhindern (Dunn und Burghes, 1983). Man verwendet hierbei meistens eine Harnstofflösung mit 8–9 mol/L, 1–2 % nicht ionisches oder zwitterionisches Detergens, 2,5 % Trägerampholyten, und ca. 1 % β-Mercaptoethanol oder DTT. Bei der Polymerisation treten oben genannte Probleme auf. Außerdem ist gerade bei solch hochviskosen Additiven die Beweglichkeit der Proteine stark reduziert, wodurch die Kathodentrift stärker ins Gewicht fällt. Hier sollte man Elektrodenstreifen verwenden.

Immunfixation: Wenn IEF-Polyacrylamidgele mit einem T-Wert von 5 % oder weniger dünner als 0,5 mm sind, können Antikörper in die Matrix eindiffundieren. Auf diese Weise kann in manchen Fällen das TCA zur Fixierung vermieden werden, und die nicht interessierenden Proteine können aus dem Gel ausgewaschen werden. Die Vorgehensweise ist in Methode 5 für die Agarose-IEF beschrieben. Nachdem die nicht präzipitierten Antikörper und Proteine ausgewaschen sind, kann mit Silber gefärbt werden, um die im Gel verbliebenen Antigen-Antikörper-Komplexe zu visualisieren.

Detektion von Oligopeptiden: Kleine Peptide können nicht mit einer Säure fixiert werden und sind nicht einfach anzufärben. Gianazza *et al.* (1979, 1980) haben eine Methode beschrieben, bei welcher ultradünne IEF-Gele auf Filterpapier getrocknet und die Peptide mit einer spezifischen Aminosäure- oder mit Iodfärbung detektiert werden.

Literatur

Blakesley, R.W. und Boezi, J.A. (1977) A new staining technique for proteins in polyacrylamide gels using Coomassie Brilliant Blue G 250. *Anal. Biochem.*, **82**, 580–582.

Brewer, J.M. (1967) Artifact produced in disc electrophoresis by ammonium persulfate. *Science*, **156**, 256–257.

Diezel, W., Kopperschläger, G. und Hofmann, E. (1972) An improved procedure for protein staining in polyacrylamide gels with a new type of Coomassie Brilliant Blue. *Anal. Biochem*, **48**, 617–620.

Dunn, M.J. und Burghes, A.H.M. (1983) High resolution two-dimensional polyacrylamide gel electrophoresis I. Methodological procedures. *Electrophoresis*, **4**, 97–116.

Gianazza, E., Chillemi, F., Gelfi, C. und Righetti, P.G. (1979) Isoelectric focusing of oligopeptides: Detection by specific stains. *J. Biochem. Biophys. Methods*, **1**, 237–251.

Gianazza, E., Chillemi, F. und Righetti, P.G. (1980) Iodine stain for detection of after isoelectric focusing. *J. Biochem. Biophys. Methods*, **3**, 135–141.

Kerenyi, L. und Gallyas, F. (1972) A highly sensitive method for demonstrating proteins in electrophoretic, immunoelectrophoretic and immunodiffusion preparations. *Clin. Chim. Acta*, **38**, 465–467.

Patestos, N.P., Fauth, M. und Radola, B.J. (1988) Fast and sensitive protein staining with colloidal Acid Violet 17 following isoelectric focusing in carrier ampholyte generated and immobilized pH gradients. *Electrophoresis*, **9**, 488–496.

Perella, M., Heyda, A., Mosca, A. und Rossi-Bernardi, L. (1978) Isoelectric focusing and electrophoresis at subzero temperatures. *Anal. Biochem.*, **88**, 212–224.

Willoughby, E.W. und Lambert, A. (1983) A sensitive silver stain for proteins in agarose gels. *Anal. Biochem.*, **130**, 353–358.

Wurster, U. (1998) Isoelectric focusing of oligoclonal IgG on polyacrylamide gels (PAG plates pH 3.5–9.5) with automated silver staining. Amersham Pharmacia Biotech Application Note, Available from GE Healthcare.

Methode 7
Horizontale SDS-Polyacrylamidelektrophorese

Das Prinzip der SDS-Elektrophorese und die Gesichtspunkte ihrer Anwendung sind im Übersichtsteil beschrieben.

M7.1
Probenvorbereitung

Die Probenvorbereitung für SDS-Elektrophoresen ist in Kapitel 5 bereits ausführlich beschrieben worden.

Stammpuffer (pH 6,8)

6,06 g Tris
0,4 g SDS
mit H_2O_{dest} → 80 mL auffüllen
mit 4 mol/L HCl → pH 6,8 titrieren
mit H_2O_{dest} → 100 mL auffüllen

Dies ist eigentlich der Stammpuffer für das Sammelgel – und auch für den Probenpuffer – in der original Lämmli-Vorschrift. Wir schlagen diesen Puffer vor, weil er mittlerweile ein Standard in der SDS-Elektrophorese geworden ist. Verwendet man einen anderen Puffer, z. B. Tris-HCl pH 8,8, erhält man häufig andere Trennergebnisse.

M7.1.1
Nicht reduzierende SDS-Behandlung

Nicht reduzierender Probenpuffer

1,0 g SDS
3 mg EDTA
10 mg Bromphenolblau
2,5 mL Stammpuffer
mit H_2O_{dest} → 100 mL auffüllen

Elektrophorese leicht gemacht, 2. Auflage. Reiner Westermeier.

Verdünnung der Proben (Beispiele)

Für Coomassie-Färbung (Empfindlichkeit 0,1–0,3 µg pro Bande):
Serum: 10 µL + 1,0 mL Probenpuffer; Auftragung: 7 µL.
Urin: 1 mL + 10 mg SDS (sollen mit Probenpuffer nicht weiter verdünnt werden); Auftragung: 20 µL

Für Silberfärbung (Empfindlichkeit 1–30 ng pro Bande):
Serum: Obige Probe nochmal 1 : 20 mit nicht reduzierendem Probenpuffer verdünnen;
Auftragung: 3 µL.
Urin: 1 mL + 10 mg SDS (bei manchen Proteinurien 1 : 3 verdünnen);
Auftragung: 3 µL

- 30 min bei Raumtemperatur inkubieren, nicht kochen! Kochen von nicht reduzierten Proben kann zur Bildung von Proteinfragmenten führen. Proteasenaktivität!

M7.1.2
Reduzierende SDS-Behandlung

Dithiothreitolstammlösung (2,6 mol/L DTT)

250 mg DTT in 0,5 mL H_2O_{dest} lösen

Reduzierender Probenpuffer 26 mmol/L

10 mL nicht reduzierender Probenpuffer + 100 µL DTT-Lösung

Verdünnung der Proben (Beispiele)

Für Coomassie-Färbung (Empfindlichkeit: 0,1–0,3 µg pro Bande):
LMW-Marker + 415 µL reduzierender Probenpuffer; Auftragung: 5 µL
HMW-Marker + 200 µL H_2O_{dest}, nicht erhitzen; Auftragung: 5 µL
Fleischsäfte: 100 µL + 900 µL H_2O_{dest} portionieren; 50 µL + 237,5 µL reduzierender Probenpuffer; Auftragung: 5 µL

Für Silberfärbung (Empfindlichkeit 1–30 ng pro Bande):
Obige Proben 1 : 20 mit reduzierendem Probenpuffer verdünnen; Auftragung: 3 µL

- Die Proben für 3 min auf 60 °C erhitzen (Heizblock).
- Nach dem Abkühlen:
  1 µL DTT-Lösung pro 100 µL Probenlösung zugeben. Während des Erhitzens kann das Reduktionsmittel oxidiert werden.

Durch die nochmalige Zugabe von Reduktionsmittel werden die SH-Gruppen besser geschützt: Rückfaltungen und das Aggregieren von Untereinheiten werden dadurch verhindert. Durch EDTA im Probenpuffer wird die Oxidation von DTT inhibiert, sodass diese Behandlung nicht bei allen Proben nötig ist. Am besten Vergleichstest machen. In der Praxis wird diese erneute Zugabe von Reduktionsmittel häufig vergessen: Das Resultat sind zusätzliche Banden im hochmolekularen Bereich (Geisterbanden) und Präzipitat an der Probenauftragsstelle.

M7.1.3
Reduzierende SDS-Behandlung mit Alkylierung

Iodacetamidlösung 20 % (g/v) 20 mg Iodacetamid + 100 µL H_2O_{dest}
Probenpuffer für Alkylierung (pH 8,0; 0,4 mol/L):
4,84 g Tris
1,0 g SDS
3 mg EDTA
mit H_2O_{dest} auf → 80 mL auffüllen
mit 4 mol/L HCl auf →pH 8,0 titrieren
mit H_2O_{dest} auf → 100 mL auffüllen
10 mg Bromphenolblau oder Orange G
10 mL Probenpuffer für Alkylierung + 100 µL DTT-Lösung
Die zusätzliche Verdünnung der Probe durch die Alkylierungslösung kann man entweder bei der Probenvorbereitung oder beim Probenauftrag berücksichtigen: 10 % mehr Probenvolumen auftragen.

Nach dem Erhitzen der reduzierten Probe:

- 10 µL Iodacetamidlösung pro 100 µL Probenlösung zugeben und 30 min Inkubation bei Raumtemperatur.

M7.2
Proteinmarkierung mit einem Fluoreszenzfarbstoff

Wie bereits in Kapitel 6 erwähnt, vereinfacht die Vormarkierung von Proteinen mit einem Fluorophor den Arbeitsablauf von Elektrophorese und Detektion erheblich. Für die Markierung mit SERVA LightningRed muss die Probe im denaturierten Zustand vorliegen. Hier werden die Proteins mit SDS-Probenpuffer (pH > 8) denaturiert. Im Gegensatz zu anderen Fluoreszenzfarbstoffen für die Vormarkierung ist SERVA LightningRed kompatibel mit allen Additiven, die normalerweise für die Probenvorbereitung eingesetzt werden, inklusive Trägerampholyten und Reduktionsmitteln wie Dithiothreitol (DTT) und Dithioerythreitol (DTE).

M7.2.1
Markierung

- 1 µg Protein wird mit 80 pmol Farbstoff markiert: z. B. wird 1 µL Farbstofflösung auf 30 µL Proteinprobe pipettiert (10 µg Protein/µL SDS-Probenpuffer).
- Vermischen und für 15 min bei Raumtemperatur inkubieren.
- Markierte Proteinlösung auf SDS-Gel applizieren.

Abbildung M7.1 zeigt zwei Elektropherogramme einer Trennung von nicht konzentrierten Urinproben, die mit SERVA LightningRed markiert wurden, im identischen horizontalen SDS-Gel. Erst wurde ein Fluoreszenzbild mit dem Ser-

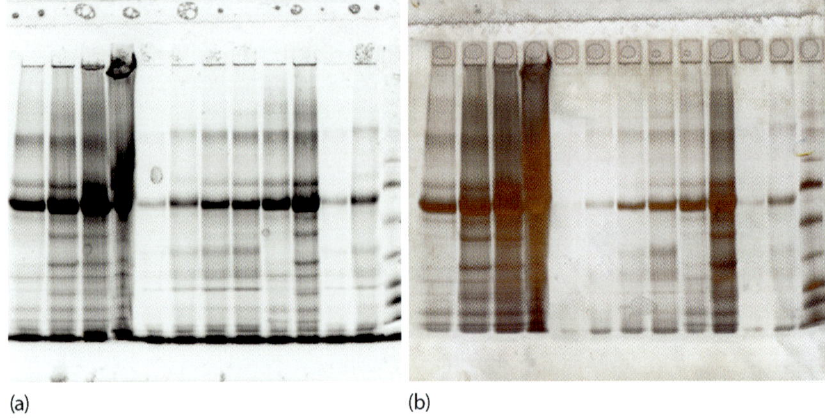

Abb. M7.1 SDS-PAGE von fluoreszenzmarkierten Urinproteinen in einem Horizontalgel. (a) Fluoreszenzbild aufgenommen mit 4 s Anregung mit blauem LED im Serva BlueImager; Emissionsfilter für 595 nm Wellenlänge. (b) Silberfärbung desselben Gels. Vom Serva Entwicklungslabor mit freundlicher Genehmigung.

va BlueImager aufgenommen, dann wurde das Gel mit der unten beschriebenen Methode silbergefärbt und eingescannt. Wie man sieht ist die Nachweisempfindlichkeit vergleichbar; aber die Silberfärbung zeigt in manchen Trennspuren gesättigte Banden.

M7.2.2
Detektion

Entweder ein Fluoreszenzscanner oder ein Fluoreszenz-CCD-Kamerasystem wird benötigt: Anregungswellenlänge mit Laser oder LED 488 nm (blau) oder 532 nm (grün); Emissionsfilter für 610 nm Wellenlänge.

M7.3
Stammlösungen für die Gelherstellung

Acrylamid-, Bislösung ($T = 30\,\%$, $C = 2\,\%$) für das Trenngel
: 29,4 g Acrylamid + 0,6 g Bis, mit H_2O_{Bidest} auf 100 mL auffüllen. Mit 2 % C im Trenngel verhindert man das Ablösen des Trenngels von der Trägerfolie und das Zersplittern des Gels beim Trocknen.

Acrylamid-, Bislösung ($T = 30\,\%$, $C = 3\,\%$) für das Sammelgel
: 29,1 g Acrylamid + 0,9 g Bis mit H_2O_{Bidest} auf 100 mL auffüllen. Diese Stammlösung mit 3 % C wird für die niedrigkonzentrierten Plateaus verwendet, weil die Probenwannen bei geringerem Vernetzungsgrad instabil wären. Bei Lagerung im Dunkeln bei 4 °C (Kühlschrank) mehrere Wochen haltbar. Reste umweltfreundlich beseitigen: mit APS-Überschuss auspolymerisieren.

Vorsicht
Acrylamid und Bis sind als Monomere toxisch. Hautkontakt vermeiden, nicht mit dem Mund pipettieren.

Ammoniumpersulfatlösung (APS) 40 % (g/v)
400 mg Ammoniumpersulfat in 1 mL H_2O_{Bidest} auflösen; eine Woche im Kühlschrank (4 °C) haltbar.

Gelpuffer pH 8,8 (4 × konz.)
18,18 g Tris + 0,4 g SDS + 0,01 g NaN_3, mit H_2O_{dest} → 80 mL. Mit 4 mol/L HCl auf pH 8,8 titrieren; auf 100 mL auffüllen.

Kathodenpuffer (2 × konz.)
7,6 g Tris + 36 g Glycin + 2,5 g SDS mit H_2O_{dest} auf 250 mL auffüllen. Nicht mit HCl titrieren!

Anodenpuffer (2 × konz.)
7,6 g Tris + 200 mL H_2O_{dest}. Mit 4 mol/L HCl auf pH = 8,4 titrieren; mit H_2O_{dest} auf 250 mL auffüllen.
Sparmaßnahme: hier kann auch Kathodenpuffer verwendet werden.

Kühlkontaktflüssigkeit
12 mL Glycerin (85 %)
15 g Sorbit
100 mg CHAPS
mit H_2O_{dest} auf 100 mL auffüllen

M7.4
Vorbereitung der Gießkassette

Bei der horizontalen SDS-Elektrophorese kann man Gele mit durchgehend glatter Oberfläche für Probenaufgabemethoden analog zur IEF verwenden. Wenn man sich die Gele selbst herstellt, hat man aber auch die Möglichkeit, Probenwannen in die Geloberfläche einzupolymerisieren. Hierzu fertigt man sich aus dem Abstandhalter einen Slotformer.

Der Abstandhalter ist die Glasplatte mit der aufgeklebten, 0,5 mm dünnen, U-förmigen Silikongummidichtung.

M7.4.1
Herstellen des Slotformers

Die gereinigte und entfettete Glasplatte mit 0,5 mm U-förmigem Abstandhalter wird auf der Schablone siehe Abb. M7.2) liegend auf die Arbeitsplatte fixiert. An der gewünschten späteren Startstelle klebt man eine Lage *DYMO-Band* (Prägeband, 250 mm dick) luftblasenfrei auf die Glasfläche. Man kann stattdessen auch mehrere Schichten Tesafilm (Qualität kristallklar, eine Schicht 50 mm) aufeinanderkleben (Abb. M1.1). Der Slotformer wird mit dem Skalpell zurechtgeschnitten.

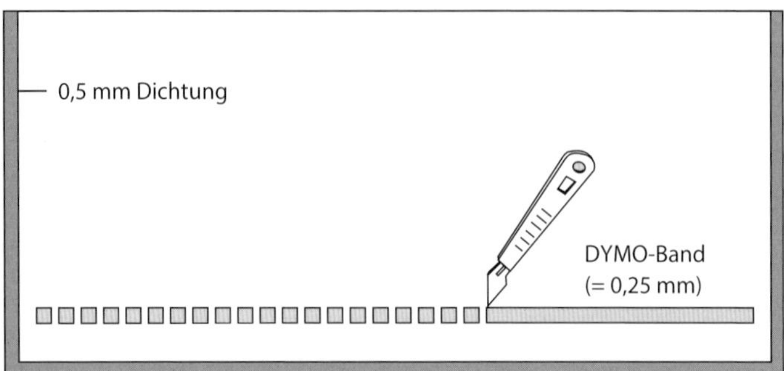

Abb. M7.2 Herstellung des Slotformers.

Nach nochmaligem Andrücken der einzelnen Slotformerstücke auf die Glasplatte werden mit Methanol die Klebstoffreste entfernt. Man sollte darauf achten, dass man DYMO-Band mit glatter Klebefläche verwendet: Bei strukturierter (gewebeförmiger) Klebefläche können kleine Luftbläschen eingeschlossen werden, welche die Polymerisation inhibieren, sodass um die Slots herum Löcher entstehen.

Dann wird der Slotformer hydrophob gemacht. Dazu pipettiert man einige Milliliter Repel-Silane oder GelSlick® auf den Slotformer und verteilt sie unter dem Abzug mit einem Kosmetiktuch über den gesamten Slotformer. Wenn die Beschichtung trocken ist, wird der Slotformer mit Wasser abgespült. Diese Behandlung muss nur einmal durchgeführt werden.

M7.4.2
Zusammenbau der Gießkassette

Zur mechanischen Stützung und zur besseren Handhabung wird das Gel kovalent auf eine Trägerfolie polymerisiert. Dazu wird eine Glasplatte auf saugfähiges Laborpapier o. Ä. gelegt und mit wenigen Millilitern Wasser benetzt. Der GelFix™- oder GelBond®-PAG-Film wird mit einem Roller, mit der unbehandelten hydrophoben Seite nach unten, auf die Glasplatte gewalzt (Abb. M7.3). Dabei entsteht zwischen Glasplatte und Folie ein dünner Wasserfilm, der durch Adhäsion die

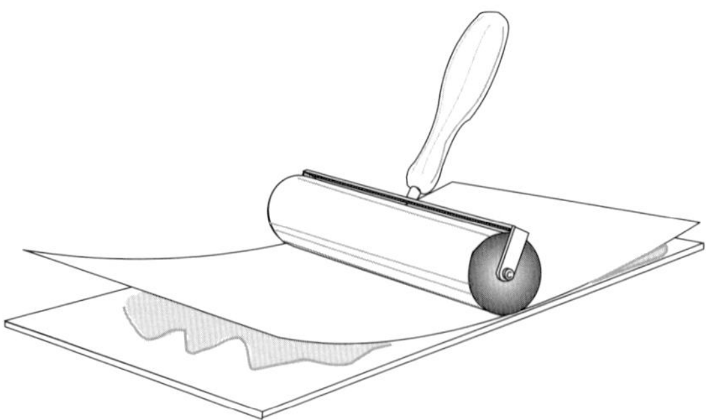

Abb. M7.3 Aufwalzen der Trägerfolie.

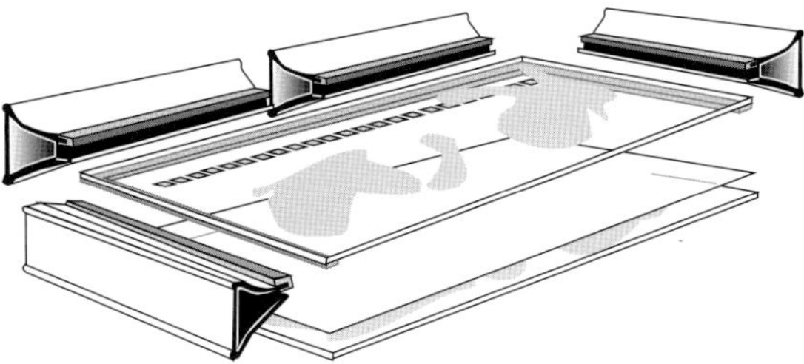

Abb. M7.4 Zusammenbau der Gießkassette.

Folie festhält. Das austretende überschüssige Wasser wird mit dem Laborpapier abgesaugt. Um das Eingießen der Gellösungen zu erleichtern, lässt man die Folie an einer der Längsseiten der Glasplatte um ca. 1 mm überstehen.

Deckungsgleich mit der Glasplatte wird nun der fertige Slotformer aufgelegt und die so entstandene Kassette zusammengeklammert (Abb. M7.4).

Die Gießkassette wird im Kühlschrank bei 4 °C etwa 10 min vorgekühlt; dies verzögert den Start der Polymerisation. Dies ist erforderlich, weil das großporige Sammelgel und das kleinporige Trenngel in einem Stück polymerisiert werden. Die Polymerisationslösungen mit unterschiedlicher Dichte benötigen etwa 5–10 min, um sich horizontal zu nivellieren.

M7.5 Gradienten-Gel

M7.5.1 Gießen des Gradientengels

a) Aufbau der Gießvorrichtung

Der Gradient wird mit einem Gradientenmischer hergestellt. Er besteht aus zwei miteinander kommunizierenden Röhren. Im vorderen Rohr, der Mischkammer, befinden sich die schwere Lösung und ein rotierender Magnetkern. Das hintere Rohr, das Reservoir, enthält die leichte Lösung. „Schwer" und „leicht" zeigen an, dass der Acrylamidgradient an einen Dichtegradienten angehängt wird: Die schwere Lösung enthält ca. 25 % Glycerin, die leichte 0 % Glycerin. Der Dichteunterschied verhindert eine Durchmischung in der Kassette und ermöglicht die horizontale Nivellierung des Gradienten.

Bei ultradünnen Gelen wird von Saccharose abgeraten, weil die Lösung zu viskos wäre.

Der Kanal zwischen die beiden Röhren muss erst mal geschlossen werden. Durch den Dichteunterschied würde sonst schwere Lösung in das Reservoir fließen. Der Kompensationsstab im Reservoir kompensiert den Dichteunterschied durch Volumenverdrängung, wie er auch das Volumen des Magnetrührkerns ausgleicht.

Tab. M7.1 Zusammensetzung der Monomerlösungen für zwei Gradientengele 8–20 % *T* und einem Probenaufgabeplateau mit 5 % *T*.

In drei Falcon-Röhrchen pipettieren	**Plateau (superschwer) 5 % *T*, 3 % *C***	**Schwer 8 % *T*, 2 % *C***	**Leicht 20 % *T*, % *C***
Glycerin (85 %)	3,2 mL	4,3 mL	–
Acrylamid, Bis 30 % *T*, 3 % *C*	1,25 mL	–	–
Acrylamid, Bis 30 % *T*, 2 % *C*	–	4,0 mL	10 mL
Gelpuffer	1,9 mL	3,75 mL	3,75 mL
Bromphenolblau (0,7 % g/v) in H_2O_{dest}	–	–	100 µL
TEMED	4 µL	7,5 µL	7,5 µL
mit H_2O_{dest} auf Endvolumen	7,5 mL	15 mL	15 mL

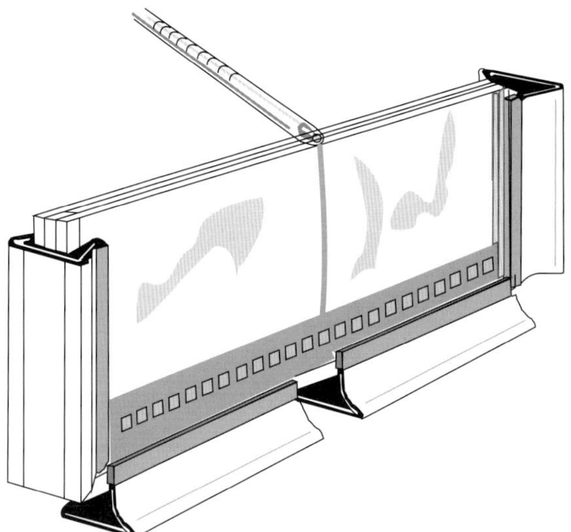

Abb. M7.5 Pipettieren der superschweren Monomerlösung für das Plateau.

Bei dem hier vorgestellten Gradienten enthält die schwere Lösung den niedrigeren Acrylamidanteil, ergibt also den großporigen Teil des Gradienten. Die leichte Lösung enthält den höheren Acrylamidanteil und ergibt den engporigen Teil. Entsprechend befinden sich beim Gießen die Slotformer im unteren Bereich der Kassette (siehe Abb. M7.5 und M7.6).

Dies ist konträr zur konventionellen (Vertikal-)Gradientengießtechnik, hat aber eine Reihe von Vorteilen:

- Ohne Glycerin behält der engporige Teil seine Porengröße bei. Der glycerinhaltige Teil des Gels quillt während der Trennung langsam an, weil Glycerin hygroskopisch ist.

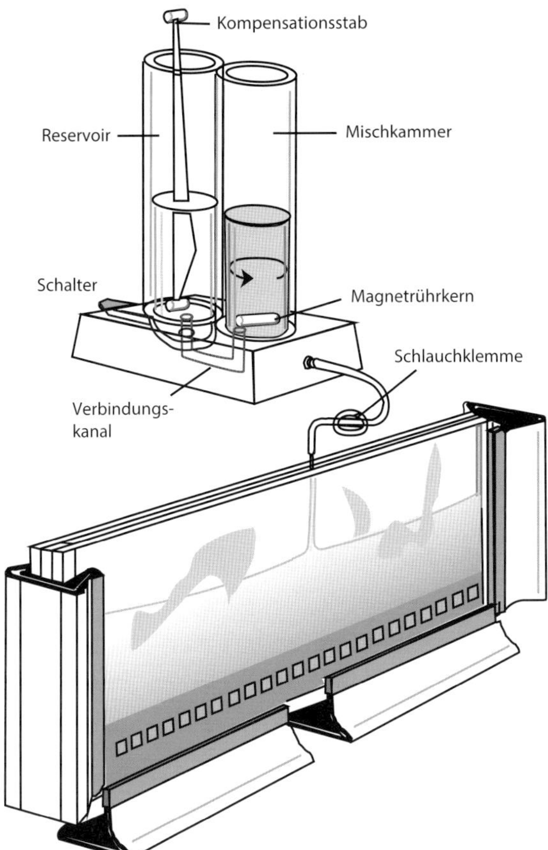

Abb. M7.6 Gießen des linearen Gradienten.

- Eine hohe Glycerinkonzentration im Bereich der Probenaufgabe verhindert das Austrocknen und erhöht die Stabilität der Probeslots, verbessert die Löslichkeit großmolekularer Polypeptide und gleicht die Effekte von Salzen in der Probe aus. Man kann sich in vielen Fällen das Dialysieren der Proben sparen.
- Man braucht nur eine Acrylamidstammlösung, mit der man Gelkonzentrationen bis $T = 10\,\%$ erreichen kann. $T = 30\,\%$ kristallisiert im Kühlschrank nicht aus.
- Weil der hochkonzentrierte Acrylamidanteil oben ist, verhindert man Störungen beim Gießen des Gradienten durch Wärmekonvektion. Je höher die Acrylamidkonzentration, umso mehr Wärme entsteht bei der Polymerisation.
- Im engporigen Teil des Gradienten, wo der Einfluss der Matrix auf die Zonen am stärksten ist, kommt es besonders auf eine perfekte Nivellierung des Gradienten an. Glycerinfreie Lösungen haben deutlich niedrigere Viskosität. Bei ultradünnen Schichten spielt die Viskosität der Lösung eine große Rolle.

Zum Gießen eines linearen Gradienten (Abb. M7.6) wird der Gradientenmischer mit beiden Rohren offen verwendet. Die Laborplattform (Laborboy) wird so eingestellt, dass sich das Auslaufniveau etwa 5 cm oberhalb der Oberkante der Gießkassette befindet.

Vor dem Befüllen muss der Verbindungskanal zwischen Reservoir (hinteres Rohr) und der Mischkammer (vorderes Rohr) sowie auch die Auslaufklemme (Pinchcock) geschlossen werden.

Zum Schluss wird der Magnetrührkern in die Mischkammer gegeben und die optimale Rührstellung des Mischers auf dem Magnetrührer ermittelt.

In Abb. 1.23b in Kapitel 1 ist gezeigt, wie ein exponentieller Gradient gegossen wird.

b) Befüllung

Die leichte und die schwere Lösung (siehe Tab. M7.1) werden direkt in den Gradientenmischer gegeben, und zwar in folgender Reihenfolge der Handgriffe:

- leichte Lösung in das Reservoir,
- Verbindungskanal entlüften (kurz das Ventil öffnen und schließen),
- schwere Lösung in die Mischkammer.
  Erst wenn dies getan ist, wird die Kassette aus dem Kühlschrank geholt und mit der Slotformerseite zum Mischer gestellt. Die Glasplatte mit der Folie zeigt zum Bediener.
- Zugabe von APS zur Plateaulösung (Tab. M7.2).
- Die 3,5 mL superschwere Lösung in die Kassette pipettieren (Abb. M7.5).
- APS in das Reservoir pipettieren.
- APS im Reservoir mit Kompensationsstab verrühren.
- APS in die Mischkammer pipettieren.;
- Kurzes, starkes Aufrühren mit dem Magnetrührer zum Verteilen des Katalysators.
- Ansetzen der Spitze des Auslassschlauchs in die Mitte der Slotformerkante.
- Moderates Rühren des Motors einstellen, damit keine Luftblasen entstehen.
- Öffnen der Auslassschlauchklemme (Pinchcock).
- Öffnen des Verbindungskanals.
  Wenn der Flüssigkeitsspiegel die obere Kassettenkante erreicht hat, sollte der Gradientenmischer leer sein.

Tab. M7.2 Füllvolumen und Katalysatormengen.

Gellösung	Volumen (mL)	APS (40 %) (µl)
superschwer (Plateau)	3,5	5
schwer	7,0	6
leicht	7,0	4

- Sofort danach den Mischer mit H_2O_{dest} spülen.
- Die Gelkante mit 300 µL eines 60 %igen (v/v) Isopropanol-Wasser-Gemisches überschichten. Dies verhindert das Eindiffundieren von Luftsauerstoff, der die Polymerisation hemmen würde. Das Gel erhält eine glatte und gerade Oberkante.

Während der nächsten 10 min muss sich der Gradient nivellieren können, bevor die Polymerisation startet. Nach 20 min sollte das Gel fest sein.

Vor der Elektrophorese muss das Gel vollständig auspolymerisieren; mindestens 3 h, besser über Nacht, bei Zimmertemperatur.

M7.6 Elektrophorese

M7.6.1 Vorbereitung der Trennkammer

- Kühlung einschalten: +15 °C,
- zwei Elektrodendochte in die Wannen des PaperPools einlegen (wenn schmälere Gele für weniger Proben verwendet werden, auf die Größe zuschneiden). Es ist wichtig, dass nur sehr saubere Dochte verwendet werden, weil SDS auch Spuren von Verunreinigungen in Lösung bringt.
- 22 mL des Kathodenpuffers (2 × konz.) mit 22 mL destilliertem Wasser mischen und auf den entsprechenden Docht aufgeben; entsprechend geringeres Volumen für kürzere Dochte.
- 22 mL des Anodenpuffers (2 × konz.) mit 22 mL destilliertem Wasser mischen und auf den entsprechenden Docht aufgeben; entsprechend geringeres Volumen für kürzere Dochte (Abb. M7.7).
- Luftblasen herausrollen.

M7.6.2 Entnahme des Gels aus der Kassette

- Klammern von der Gießkassette abnehmen.
- Kassette senkrecht aufrichten, um die Glasplatte hinter der Trägerfolie mittels eines dünnen Spatels wegzuhebeln.
- Folie mit Gel vom Slotformer ziehen.

M7.6.3 Platzierung auf der Kühlplatte

- Kühlplatte mit 3 mL Kühlkontaktflüssigkeit beschichten; Wasser und andere Flüssigkeiten eignen sich nicht.

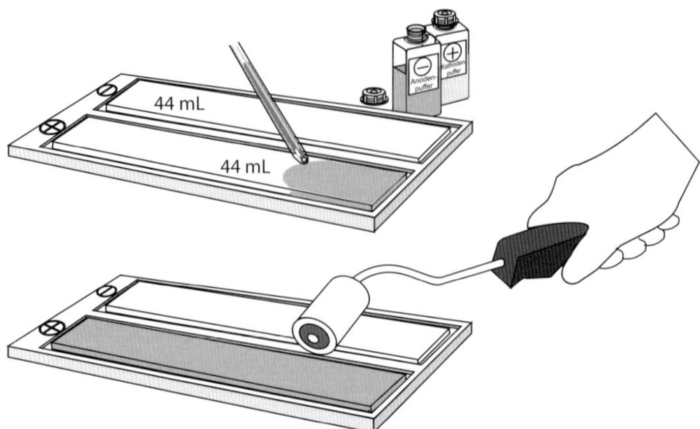

Abb. M7.7 Tränken der Dochte in Elektrodenpuffer im PaperPool und Herausrollen von Luftblasen.

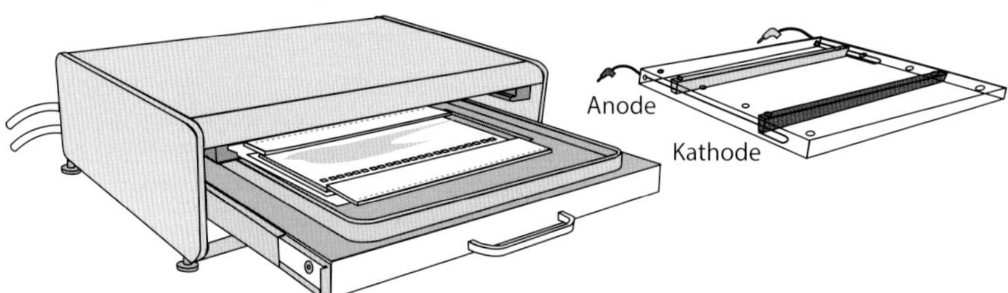

Abb. M7.8 Semidry-SDS-Elektrophorese: Probenaufgabe an der Kathode. Beispiel einer Horizontalkammer: Blue Horizon. Die gepunkteten Linien auf den Dochten zeigen die Elektrodenpositionen an.

- Das Gel, mit der Folie nach unten auf die Kühlplatte legen und dabei so orientieren, dass die Probenwannen auf der kathodischen Seite liegen. Luftblasen müssen vermieden werden.
- Erst den kathodischen Docht auf die kathodische Kante legen, sodass sich Gel und Docht um ca. 5 mm überlappen. Wenn der Kathodendocht zuerst aufgelegt wird, vermeidet man die Kontamination der Folgeionen mit Leitionen.
- Den anodischen Docht auf die anodische Kante des Gels legen, wobei sich Gel und Docht um ca. 5 mm überlappen (Abb. M7.8).
- Luftblasen mit einer gekrümmten Pinzette aus den Kontaktkanten der Dochte herausstreichen.
- Proben zügig in Probenwannen pipettieren.

M7.6.4 Elektrophorese

- Die Elektrodenstäbe vor (und nach) jeder Elektrophorese mit einem nassen Papierhandtuch abwischen.
- Die Elektroden an den passenden Positionen befestigen: Sie müssen auf den äußeren Kanten der Dochte liegen.
- Den Elektrodendeckel auflegen und die Kabel einstecken.
- Den Stromversorger einschalten.
  Trennbedingungen:

Tab. M7.3 Stromversorgerprogramm für die SDS-Elektrophorese.

Phase	*U* (V)	*I* (mA)	*P* (W)	*t* (min)	
1	200	50	30	10	sanfter Probeneintritt
2	600	50	22	80	Trennung

- Stromversorger abschalten.
- Elektrodendeckel öffnen und in die Parkposition einsetzen.
- Elektrodendochte abnehmen.
- Proteingele werden gefärbt oder geblottet.

M7.7 Coomassie- und Silberfärbung

M7.7.1 Heiße Coomassie-Färbung

Unterschiedliche Proteine haben unterschiedliche Affinitäten zu Coomassie Blau. Albumin z. B. lässt sich mit sehr hoher Empfindlichkeit anfärben. Manche Proteine, wie z. B. Collagenhydrolysate, entfärben in Gegenwart von alkoholischen Lösungen schneller als der Gelhintergrund. Um auf der sicheren Seite zu sein ist es eine gute Idee, eine Färbemethode zu verwenden, die ohne Alkohol funktioniert. Die im Folgenden beschriebene Heißfärbung funktioniert hierfür sehr gut:

- 100 mg Coomassie Brilliant Blau R-250 in 800 mL H_2O_{dest} auflösen,
- 3,5 mL Orthophosphorsäure zugeben (85 % H_3PO_4),
- 30 mL Essigsäure zugeben,
- mit H_2O_{dest} auf 1 L auffüllen,
- die Lösung auf 50 °C erhitzen.

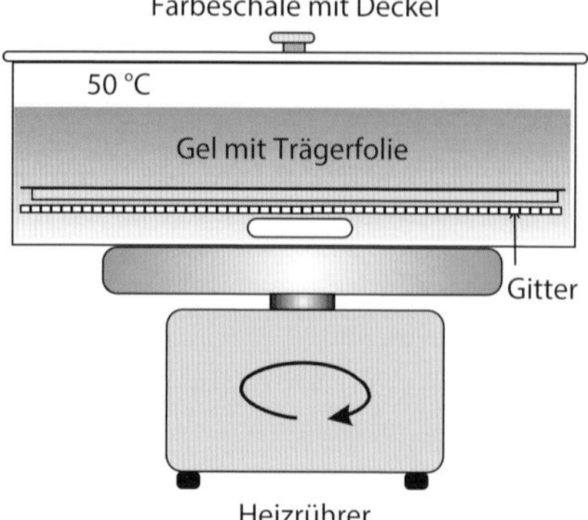

Abb. M7.9 Vorrichtung zum Heißfärben.

- *Färben:* Heißfärbung in einer Wanne aus rostfreiem Stahl mit Gittereinsatz auf einem Heizrührer bei 50 °C (siehe Abb. M7.9). Das Gel liegt mit der Oberfläche nach unten auf dem Gitter.
- *Entfärben:* in einer Wanne auf einem Schüttler in 10 % Essigsäure bei Raumtemperatur.
- *Imprägnieren:* in einer Lösung von 25 mL Glycerin (85 % g/v) + 225 mL destilliertes Wasser für 30 min.
- *Trocknen:* an der Luft bei Raumtemperatur.

Diese Methode fixiert auch Peptide direkt im Gel.

M7.7.2
Kolloidalfärbung

Diese Methode hat eine sehr hohe Nachweisempfindlichkeit (ca. 30 ng pro Bande), dauert aber länger. Hintergrundentfärbung entfällt Neuhoff *et al.* (1988).

Stammlösungen

Lösung A: 10 % (w/v) Ammoniumsulfat, 2 % (g/v) Phosphorsäure

20 mL Orthophosphorsäure (85 % H_3PO_4) zähflüssig!
800 mL H_2O_{dest}
100 g Ammoniumsulfat $(NH_4)_2SO_4$
mit H_2O_{dest} auf 980 mL auffüllen und gut verrühren

Lösung B: 5 % (g/v) Coomassie Brilliant Blau G-250

1 g Coomassie Brilliant Blau G-250
mit H_2O_{dest} auf 20 mL auffüllen und gut verrühren

Fixierlösung
40 % (v/v) Methanol/10 % (v/v) Essigsäure in entionisiertem Wasser.

Färbelösung
20 mL Lösung B mit 980 mL Lösung A; mehrere Stunden rühren, am besten über Nacht. Gut schütteln, dann 20 v/v % Ethanol (oder Methanol) zugeben.

> **Wichtig**
> Die Färbelösung darf nicht filtriert werden, weil die kolloidalen Partikel im Filter stecken bleiben würden.

Färbeprotokoll
- *Fixieren* für 2 h in der Fixierlösung.
- *Waschen* für 5 min in entionisiertem Wasser.
- *Färben* für 3 h, am besten über Nacht mit 80 % (v/v) Färbelösung + 20 % (v/v) Methanol (oder Ethanol) mit mindestens 200 mL.
  Färbung bei 40–45 °C halbiert die Zeit.
- *Entfärben* mit viel Wasser, mehrmals auswechseln.

M7.7.3
Reversible Imidazol-Zink-Negativfärbung

Diese Färbemethode für SDS-Gele nach Hardy *et al.* (1996) resultiert in nicht gefärbten Banden gegen einen weißen Hintergrund mit einer Nachweisempfindlichkeit von ca. 15 ng pro Bande. Mit einem EDTA-Mobilisierungspuffer kann der Zink-Imidazol-Komplex aufgelöst werden, z. B. für elektrophoretisches Blotting.

- *Fixieren* in Imidazol-SDS-Lösung: 2,72 g Imidazol + 0,2 g SDS in 200 mL destilliertem Wasser gelöst. 15 min auf einem Schüttler.
- *Spülen* mit destilliertem Wasser.
- *Färben* (negativ) mit Zinksulfatlösung: 5,74 g $ZnSO_4$ in 200 mL destilliertem Wasser gelöst, 30–60 s schütteln bis sich der weiße Hintergrund entwickelt hat.
- *Spülen* mit destilliertem Wasser.
- *Aufbewahren* in 20 mL neuer Fixierlösung + 180 mL destilliertem Wasser.
- *Mobilisieren* der Proteine mit EDTA-Lösung pH 8,3: 0,61 g Tris + 3,72 g EDTA-Na_2 in 200 mL destilliertem Wasser gelöst, mit ein paar Körnern Tris auf pH 8,3 eingestellt, 6 min 200 mL auf Schüttler.

Wegen dieser Eigenschaft ist diese Technik auch als Dornröschen-Prinz-Färbung bezeichnet worden.

M7.7.4
Silberfärbung

Tab. M7.4 Silberfärbung nach Heukeshoven und Dernick (1985).

Schritt	Lösung	*V* (mL)	*t* (min)
Fixieren	200 mL Ethanol + 50 mL Essigsäure mit H_2O_{dest} → 500 mL	2 × 250	2 × 15
Sensitizer	75 mL Ethanol[a)] 17 g Na-Acetat 1,25 mL Glutaraldehyd (25 % g/v) 0,50 g $Na_2S_2O_3 \times 5H_2O$ mit H_2O_{dest} → 250 mL	250	30 oder über Nacht
Waschen	H_2O_{dest}	3 × 250	3 × 5
Silber	0,625 g $AgNO_3$[b)] 100 μL Formaldehyd (37 %) mit H_2O_{dest} → 250 mL	250	20
Entwickler	7,5 g Na_2CO_3	1 × 100	1
	120 μL Formaldehyd (37 %) mit H_2O_{dest} → 300 mL	1 × 200	3–7
Stopplösung	2,5 g Glycin mit H_2O_{dest} → 250 mL	250	10
Waschen	H_2O_{dest}	3 × 250	3 × 5
Imprägnieren	25 mL Glycerin (85 % g/v) mit H_2O_{dest} → 250 mL	250	30
Trocknen	an der Luft (Raumtemperatur)		

a) NaAc erst in H_2O lösen, dann Ethanol zufügen. Thiosulfat und Glutaraldehyd erst vor Gebrauch zugeben.

b) $AgNO_3$ in H_2O lösen, vor Gebrauch mit Formaldehyd versetzen.

M7.7.5
Fluoreszenzfärbung mit SERVA Purple

Keine Metallwannen verwenden, sondern dunkle oder transparente Plastikwannen. Plastikwannen, die vorher für Sypro®-Produkte, Coomassie Blau oder andere Farbstoffe verwendet wurden, können Sprenkel erzeugen, deshalb sollten für ServaPurple und Silberfärbung eigene Wannen reserviert werden.

Stammlösungen

Lösung 1 (Fixieren und Ansäuern) 10 g Zitronensäure in 850 mL destilliertem Wasser vollständig auflösen und dann 150 mL 100 % Ethanol zugeben und vermischen.

Lösung 2 (Färbepuffer) 6,2 g Borsäure in 1 L destilliertem Wasser vollständig auflösen und dann 3,85 g NaOH darin auflösen.

Lösung 3 (Waschen) 850 mL destilliertes Wasser und 150 mL von 100 %igem Ethanol.

Lösungen 1–3 können bei Raumtemperatur bis zu 6 Monaten aufbewahrt werden.

Färbeprotokoll

- *Fixieren* in Lösung 1 für mindestens 1 h auf Schüttler.
  Der Fixierschritt kann bis über Nacht verlängert werden.
  Das ServaPurple sollte früh genug aus dem Gefrierschrank entnommen werden, damit es Raumtemperatur annehmen kann.
- *Färbelösung* unmittelbar vor Gebrauch herstellen: 1 Raumteil ServaPurple Konzentrat wird mit 200 Raumteilen Lösung 2 vermischt.

Bitte beachten
ServaPurple baut sich in dem basischen Puffer langsam ab. Wenn die Lösung sofort verwendet wird, kann sie ein zweites Mal zum Färben benutzt werden.

- *Vorpuffern* mit einer gebrauchten (alten) Färbelösung oder Lösung 2 minimiert den Übertrag von Fixierlösung auf die Färbelösung.
- *Färben* für 1 h auf dem Schüttler.
  Nicht länger als 2 h färben.
- *Waschen* in *Lösung 3* für 30 min.
- *Ansäuern* auf dem Schüttler für 30 min.
  Dieser Schritt kann wiederholt oder bis über Nacht verlängert werden, um den Hintergrund zu reduzieren. Aber: vor Licht schützen.

Bitte beachten
ServaPurple baut sich in basischem Puffer und starken Licht langsam ab. Für effektives Färben sind basische Bedingungen sehr wichtig.

Detektion

Man benötigt einen Fluoreszenzscanner oder ein Fluoreszenz-CCD-Kamerasystem.

Anregungswellenlängen: 405–543 nm; Emissionswellenlänge: Die maximale Emission ist bei 610 nm unabhängig von der Anregungswellenlänge.

M7.8 Blotting

Spezifische Nachweise von Proteinen kann man nach ihrem elektrophoretischen Transfer aus dem Gel auf einer immobilisierenden Membran (Blotfolie) durchführen. Man kann Proteine unmittelbar nach der Trennung, aber auch nach der Färbung blotten. Bei Blotting aus gefärbten Gelen müssen die Proteine mit SDS-Puffer wieder in Lösung gebracht werden (Einlegen des Gels in SDS-Puffer), für die nachfolgenden Immunnachweise ist, trotz zusätzlicher Denaturierung mit den Färbereagenzien, in den meisten Fällen Antigen-Antikörper-Reaktivität erhalten geblieben (Jackson und Thompson, 1984).

M7.9
Methodischer Ausblick

Mit der hier vorgestellten SDS-Elektrophoresemethode kann man sicherlich die meisten Aufgabenstellungen lösen. Sollten sich trotzdem Probleme ergeben, sei auf Anhang A „Problemlösungen" hingewiesen. Es gibt aber auch einige andere vorhersehbare Probleme, die in Teil I beschrieben sind.

Geleigenschaften: Das hier beschriebene Gel hat einen Acrylamidgradienten von $T = 8–20\,\%$ und ein Probenaufgabeplateau mit $T = 5\,\%$. Wünscht man in einem engeren Molekulargewichtsbereich eine höhere Auflösung, setzt man einen flacheren Gradienten (z. B. $T = 10–15\,\%$) oder ein homogenes Trenngel (z. B. $T = 10\,\%$) ein. Für $T = i\,\%$ berechnen sich die für jeweils 15 mL eingesetzten Acrylamid, Bislösungsvolumina (V in mL) ganz einfach wie folgt:

$$V\,(\text{mL}) = i \times 0{,}5\,\text{mL}$$

Eine andere Gelzusammensetzung hat natürlich Einfluss auf die Laufzeit der Trennung. Bei flacheren Gradienten und homogenen Gelen empfiehlt es sich meistens, die Trennung bereits dann zu stoppen, wenn die Bromphenolblaufront gerade die Anodendochtkante erreicht.

M7.9.1
SDS-Elektrophorese in gewaschenen und rehydratisierten Gelen

Eine Reihe von Experimenten für die Verwendung von gewaschenen und getrockneten Gelen – wie in Methode 4 und 14 in diesem Buch – für die SDS-Elektrophorese haben ergeben, dass das Standard-Tris-HCl/Tris-Glycin-Puffersystem dafür nicht angewandt werden kann: Die Trennqualität war sehr schlecht. Offensichtlich funktioniert diese Rezeptur nur in Gegenwart von APS, TEMED und Acrylamid- und Bismonomeren.

Gute Ergebnisse erhält man aber mit einem Tris-Acetat/Tris-Tricin-Puffersystem (wie in Abb. M7.10a gezeigt):

Rehydratisierpuffer	0,7 mol/L Tris/Acetat pH 8,4, und 0,1 % SDS
Kathodenpuffer	0,8 mol/L Tricin, 0,08 mol/L Tris, und 0,1 % SDS; 44 mL im Docht
Anodenpuffer	0,6 mol/L Tris/Acetat pH 8,4, und 0,1 % SDS; 44 mL im Docht

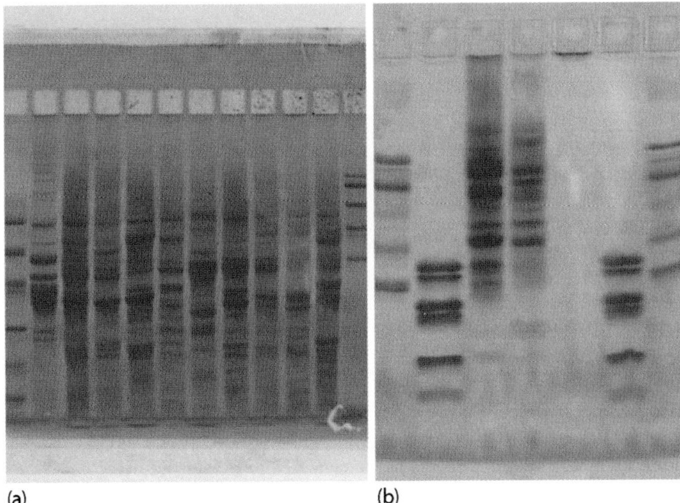

Abb. M7.10 (a) SDS-Elektrophorese von Leguminosensamenextrakten und Molekulargewichtsmarkern in einem rehydratisierten Gel mit 5 % *T* Sammelgelzone und einer homogenen 10 % *T* Trenngelzone. (b) Trennung von Peptid- und Niedermolekulargewichtsmarkern in einem rehydratisierten 15 % *T* Gel mit 30 % (v/v) Monoethylenglycol und dem im Text beschriebenen Puffersystem. Färbung mit Coomassie Brilliant Blau R-350.

M7.9.2 **Trennung von Peptiden**

Wie bereits in Kapitel 1 beschrieben, erhält man mit der SDS-Elektrophoresemodifikation nach Schägger und von Jagow (1987) hervorragende Auftrennung von niedermolekularen Peptiden. Wichtig sind hierfür u. a. das Tris-Tricin-Puffersystem mit pH 8,4 im Gelpuffer, hohe *T*- und *C*-Werte (16/6) und eine hohe Molarität von Tris im Gel (1 mol/L). Die Firma Pharmacia hatte in diesen Jahren ein PhastGel® High Density eingeführt, in welchem 30 % Monoethylenglycol enthalten waren. Mit dem Rehydratisieren eines gewaschenen und getrockneten Gels mit $T = 15\,\%$ in einem SDS-Puffer mit 0,7 mol/L Tris-Acetat pH 8,4 und 30 % Monoethylenglycol kann man ebenfalls eine sehr hohe Trennleistung im Niedermolekularbereich (1–40 kDa) bekommen bei einer relativ kurzen Trennzeit (2 h 45 min).

Das Gel in Abb. M7.10b wurde mit folgendem Puffer rehydratisiert und mit folgenden Elektrodenpuffern laufen gelassen:

Rehydratisierpuffer	0,7 mol/L Tris/Acetat pH 8,4, 30 % (v/v) Monoethylenglycol, und 0,1 % SDS
Kathodenpuffer	0,8 mol/L Tricin, 0,08 mol/L Tris, und 0,1 % SDS; 44 mL im Docht
Anodenpuffer	0,6 mol/L Tris/Acetat pH 8,4, und 0,1 % SDS; 44 mL im Docht

Literatur

Hardy, E., Santana, H., Sosa, A.E., Hernandez, L., Fernandez-Patron, C. und Castellanos-Serra, L. (1996) Imidazole-sodium dodecyl sulphate-zinc (reverse stain) on sodium dodecyl sulphate gels. *Anal. Biochem.*, **240**, 150–152.

Heukeshoven, J. und Dernick, R. (1985) Simplified method for silver staining of proteins in polyacrylamide and the mechanism of silver staining. *Electrophoresis*, **6**, 103–112.

Jackson, P. und Thompson, R.J. (1984) The immunodetection of brain proteins blotted onto nitrocellulose from fixed and stained two-dimensional polyacrylamide gels. *Electrophoresis*, **5**, 35–42.

Neuhoff, V., Arold, N., Taube, D. und Ehrhardt W. (1988) Improved staining of proteins in polyacrylamide gels including isoelectric focusing gels with clear background at nanogram sensitivity using Coomassie Brilliant Blue G-250 and R-250. *Electrophoresis*, **9**, 255–262.

Schägger, H. und von Jagow, G. (1987) Tricine-sodiumdodecyl sulfate-polyacrylamide gel electrophoresis for the separation of proteins in the range from 1 to 100 kDa. *Anal. Biochem.*, **166**, 368–379.

Methode 8
Vertikale PAGE

Polyacrylamidgel Elektrophorese in einer Vertikalapparatur ist in vielen Labors die Standardtechnik. Meistens wird für die Trennung von Proteinen die diskontinuierliche SDS-PAGE nach Lämmli (1970) angewandt. Für die Trennung von DNA-Fragmenten verwendet man fast ausschließlich das kontinuierliche Tris-Borat-EDTA (TBE)-Puffersystem.

Konventionelle Vorgehensweise

Bei der Standardtechnik werden Trenngel und Sammelgel zu unterschiedlichen Zeiten polymerisiert, wobei das Trenngel mindestens einen Tag vor Gebrauch hergestellt werden sollte. Nach dem Einfüllen der Monomerlösung in die Kassette wird die Oberkante mit wassergesättigtem Butanol überschichtet, um eine gerade Gelkante zu bekommen. Nach einer Stunde wird das Butanol entfernt, die Kante wird mehrmals mit einer Gelpufferlösung gespült und man lässt das Gel zur vollständigen Auspolymerisierung mit einem Gelpufferüberstand stehen.

Eine Stunde vor Gebrauch wird der Puffer entfernt, die Kante mit Filterpapier abgesaugt, die Sammelgelmonomerlösung einpipettiert und ein Kamm zum Formen der Probenaufgabetaschen eingesetzt. Nach einer Stunde Polymerisation zieht man den Kamm heraus, mit dem Elektrophoresepuffer werden die Probentaschen kurz ausgespült und dann befüllt.

Modifizierte Methode

Man kann – mit geringen Einbußen im Auflösungsvermögen – die ganze Prozedur vereinfachen: Anstatt Trenn- und Sammelgel separat zu polymerisieren, kann man beide in einem Stück gießen. Man muss die Trenngellösung mit Glycerin beschweren, damit man eine scharfe Kante zwischen Trenn- und Sammelgel erhält. Diese Vorgehensweise hat zudem eine Reihe von Vorteilen: Wegen der Reduzierung der Arbeitsschritte ist sie besser reproduzierbar und es gibt keine Kanten- und Eckeneffekte zwischen den beiden Gelen.

Im folgenden Kapitel wird diese vereinfachte Methode beschrieben, für die Herstellung einzelner und multipler Gele. In Abb. M8.1 ist ein Beispiel einer Trennung in einem 16 × 8 cm Gels gezeigt.

Elektrophorese leicht gemacht, 2. Auflage. Reiner Westermeier.

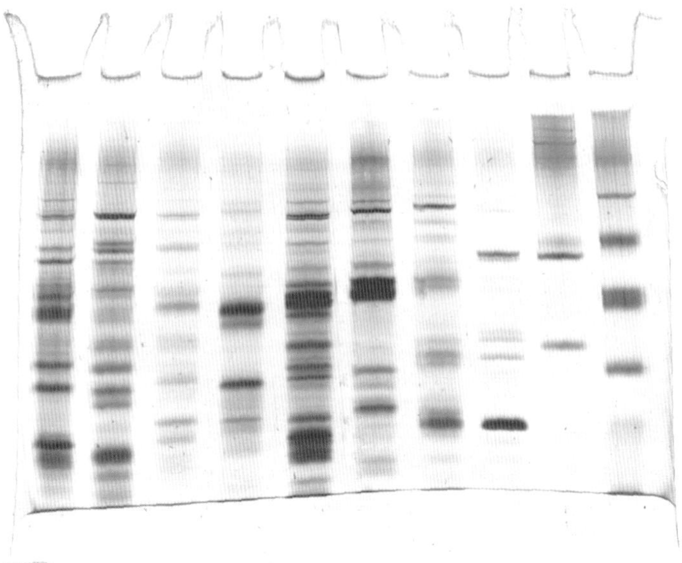

Abb. M8.1 Vertikale SDS-Elektrophorese von Leguminosensamenextrakten und Markerproteinen in einem Minigel, das mit der vereinfachten Methode hergestellt wurde; Silberfärbung.

Wenn Polyacrylamidgele einen Puffer mit einem pH-Wert über 7 enthalten, sind die Gele nur für ein paar Wochen haltbar, weil sie zu hydrolysieren beginnen und ihre Siebeigenschaften verlieren.

M8.1
Probenvorbereitung und Proteinmarkierung

Für die vertikale SDS-PAGE werden die Proben genauso behandelt wie in Methode 7 beschrieben, mit dem Unterschied, dass der Probenpuffer ca. 25 % (v/v) Glycerin enthält, damit sich die Probe mit dem Kathodenpuffer vermischt.

Nicht reduzierender Probenpuffer

1,0 g SDS
3 mg EDTA
10 mg Bromphenolblau
2,5 mL Gelpuffer[1)]
25 mL Glycerin (85 %)
mit H_2O_{dest} → 100 mL auffüllen

1) In der original Lämmli-Vorschrift wird Sammelgelpuffer verwendet; bessere Ergebnisse erhält man aber, wenn der Trenngelpuffer verwendet wird. Der pH-Wert > 8 wird auch für das Markieren mit einem Fluoreszenzfarbstoff benötigt.

Für native Protein-PAGE und DNA-PAGE wird 25 % Glycerin einfach zur Probe zugegeben.

M8.2
Stammlösungen für die SDS-PAGE

Weil für manche Monomerlösungen Glycerin zugesetzt werden muss, benötigt man eine höher konzentrierte Acrylamidstammlösung.

Acrylamid-, Bislösung ($T = 40\,\%$, $C = 3\,\%$)
38,8 g Acrylamid + 1,2 g Bis mit H_2O_{dest} auf 100 mL auffüllen.
Bei Lagerung im Dunkeln bei 4 °C (Kühlschrank) mehrere Wochen haltbar.
Reste umweltfreundlich beseitigen: mit APS-Überschuss auspolymerisieren.

> **Vorsicht**
> Acrylamid und Bis sind als Monomere toxisch. Hautkontakt vermeiden, nicht mit dem Mund pipettieren.

Sammelgelpuffer pH 6,8 (4 × konz.)
6,06 g Tris + 0,4 g SDS, mit H_2O_{dest} auf 80 mL auffüllen. Mit 4 mol/L HCl auf pH 6,8 titrieren, mit H_2O_{dest} auf 100 mL auffüllen.
Der pH 6,8 für das Sammelgel ist wichtig, um optimale Polymerisationsbedingungen für das großporige Gel und die Probentaschen zu erzielen (mit der Zeit diffundieren die Puffer ineinander).

Trenngelpuffer pH 8,8 (4 × konz.)
18,18 g Tris + 0,4 g SDS + 0,01 g NaN3, mit $H_2O_{dest} \rightarrow$ 80 mL. Mit 4 mol/L HCl auf pH 8,8 titrieren; auf 100 mL auffüllen.

Ammoniumpersulfatlösung (APS) 40 % (g/v)
400 mg Ammoniumpersulfat in 1 mL H_2O_{Bidest} auflösen; eine Woche im Kühlschrank (4 °C) haltbar.

Nachschiebelösung
11 mL Glycerin + 3,5 mL Trenngelpuffer + 0,5 mL Orange G Lösung (1 %).
Nur für multiples Gelgießen nötig.

Kathodenpuffer (10 × konz.)
7,6 g Tris + 36 g Glycin + 2,5 g SDS mit H_2O_{dest} auf 250 mL auffüllen. Nicht mit HCl titrieren!

Anodenpuffer (10 × konz.)
7,6 g Tris + 200 mL H_2O_{dest}. Mit 4 mol/L HCl auf pH 8,4 titrieren; mit H_2O_{dest} auf 250 mL auffüllen.
Sparmaßnahme; hier kann auch Kathodenpuffer verwendet werden.

M8.3
Gießen von Einzelgelen

Eine Gelkassette besteht aus einer Glasplatte, einer ausgeschnittenen Glas- oder Aluminiumoxidkeramikplatte, zwei Spacern (Abstandhalter) und einem Kamm (Abb. M8.2). Aluminiumoxidkeramik leitet Wärme deutlich besser als Glas.

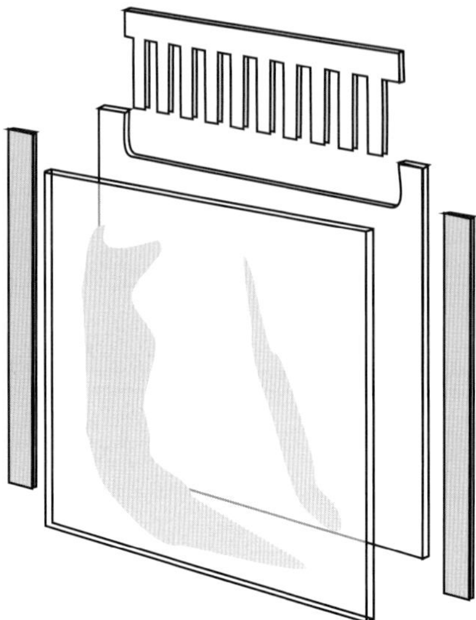

Abb. M8.2 Gelkassette für ein vertikales Gel.

> **Wichtig**
> Um das Austrocknen des Sammelgels zu verhindern, soll man die Kassette 1 h nach dem Gießen aus dem Gießstand nehmen und – zusammen mit ein paar mL Gelpuffer 1 : 4 mit Wasser verdünnt – in einem verschlossenen Plastikbeutel aufbewahren; über Nacht bei Raumtemperatur, bei längerer Lagerung im Kühlschrank.

Für die Herstellung von einem oder zwei Gelen verwendet man einen einfachen Gelgießstand mit einer weichen Gummidichtung zur Abdichtung der Kassetten nach unten. Die Kassetten werden durch Klammern zusammengehalten (Abb. M8.3).

M8.3.1
Diskontinuierliche SDS-Polyacrylamidgele

Die Unterschiede in der Porengröße von Sammel- und Trenngel sowie der Pufferionen sind ausreichend für einen effektiven Stacking-Effekt.

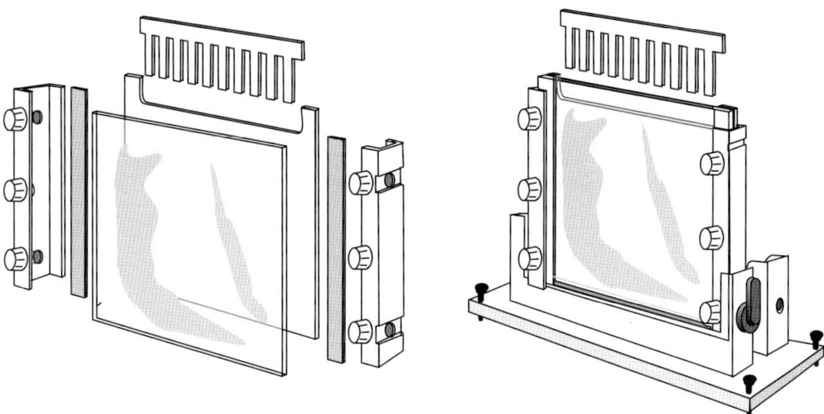

Abb. M8.3 Vorbereitung eines Gießstands für ein oder zwei Gelkassetten.

Die folgende Rezeptur (siehe Tab. M8.1) ist ein Beispiel für zwei 0,75 mm dünne Gele mit 12 % *T* und kann auf einfache Weise für andere Dicken und Gelkonzentrationen umgerechnet werden.

Tab. M8.1 Zusammensetzung der Monomerlösungen für zwei diskontinuierliche Gele.

	Trenngellösung 12 % *T*/3 % *C*	**Sammelgellösung 5 % *T*/3 % *C***
Glycerin (85 %)	2,0 mL	–
Acrylamid, Bis 40 % *T*, 3 % *C*	2,4 mL	0,5 mL
Trenngelpuffer	2,0 mL	–
Sammelgelpuffer	–	1,0 mL
TEMED (100 %)	4 µL	2 µL
mit H_2O_{dest} auffüllen auf	→ 8 mL	→ 4 mL
APS (40 %)	8 µL	4 µL

- 3,4 mL Trenngellösung in die Kassette pipettieren,
- vorsichtig mit 1,2 mL Sammelgellösung überschichten,
- den Kamm einsetzen, ohne Luftblasen einzufangen.

Vor der Elektrophorese muss das Gel vollständig auspolymerisieren; mindestens 3 h, besser über Nacht, bei Zimmertemperatur.

M8.3.2
Gradientengele

Die Gießmethode ist so ähnlich wie bei den Horizontalgelen, mit den Unterschieden, dass die höherkonzentrierte Lösung gleichzeitig mit der mit Glycerin be-

Tab. M8.2 Zusammensetzung der Monomerlösungen für zwei Gradientengele.

In drei Falcon-Röhrchen pipettieren	Schwere Lösung 20 % *T*/3 % *C*	Leichte Lösung 8 % *T*/3 % *C*	Sammelgellösung 5 % *T*/3 % *C*
Glycerin (85 %)	1,0 mL	0,5 mL	–
Acrylamid, Bis 40 % *T*, 3 % *C*	2,0 mL	0,8 mL	0,5 mL
Trenngelpuffer	1,0 mL	1,0 mL	–
Sammelgelpuffer	–	–	1.0 mL
TEMED (100 %)	2 µL	2 µL	2 µL
mit H_2O_{dest} auffüllen auf	→ 4 mL	→ 4 mL	→ 4 mL
APS (40 %)	4 µL	5 µL	4 µL

schwerten Lösung und das Sammelgel zum Schluss gegossen wird. Die schwere Lösung enthält 25 % Glycerin, die leichte Lösung 10 %, die Sammelgellösung 0 %. Der Kompensationsstab im Reservoir kompensiert den Dichteunterschied durch Volumenverdrängung, wie er auch das Volumen des Magnetrührkerns ausgleicht.

Die in Tab. M8.2 zusammengestellte Rezeptur ist ein Beispiel für einen Gradienten von 8 bis 20 % *T* in zwei 0,75 mm dünnen Gelen und kann auf einfache Weise für andere Dicken und Gelkonzentrationen umgerechnet werden.

Zum Gießen eines linearen Gradienten (Abb. M8.4) wird der Gradientenmischer mit beiden Rohren offen verwendet. Für reproduzierbare Gradienten wird die Laborplattform (Laborboy) so eingestellt, dass sich das Auslaufniveau 5 cm oberhalb der Oberkante der Gießkassette befindet. Vor dem Befüllen muss der Verbindungskanal zwischen Reservoir (hinteres Rohr) und der Mischkammer (vorderes Rohr) sowie auch die Auslaufklemme (Pinchcock) geschlossen werden.

Zum Schluss wird der Magnetrührkern in die Mischkammer gegeben und die optimale Rührstellung des Mischers auf dem Magnetrührer ermittelt.

In Abb. 1.23b in Kapitel 1 ist gezeigt, wie ein exponentieller Gradient gegossen wird.

Die schwere Lösung muss weniger APS enthalten, damit die Polymerisation von oben nach unten verläuft. Damit verhindert man eine thermische Konvektion, die den Gradienten verzerren könnte.

- 1,7 mL leichte Lösung in das Reservoir pipettieren,
- Verbindungskanal entlüften (kurz das Ventil öffnen und schließen),
- 1,7 mL schwere Lösung in die Mischkammer pipettieren,
- APS in das Reservoir pipettieren und mit Kompensationsstab verrühren,
- APS in die Mischkammer pipettieren,
- kurzes, starkes Aufrühren mit dem Magnetrührer zum Verteilen des Katalysators,
- Ansetzen der Spitze des Auslassschlauchs in die Mitte der Kassettenkante,
- moderates Rühren des Motors einstellen, damit keine Luftblasen entstehen,

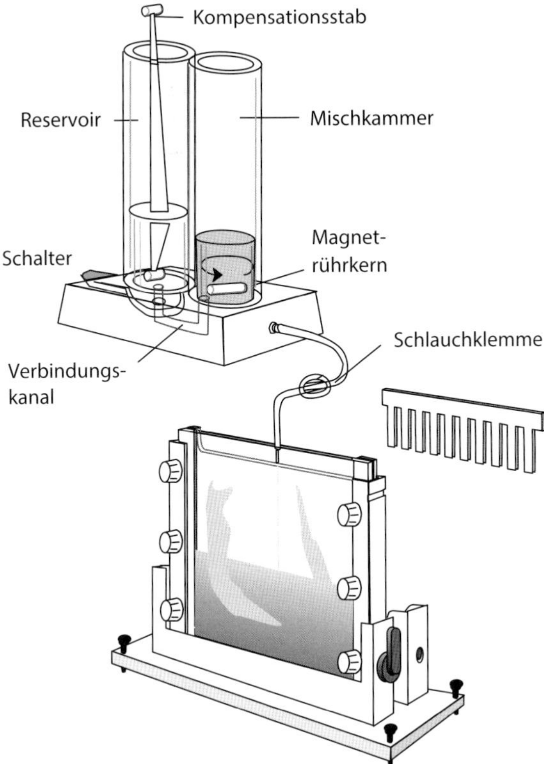

Abb. M8.4 Gießen eines Gradientengels.

- Öffnen der Auslassschlauchklemme (Pinchcock),
- Öffnen des Verbindungskanals,
- wenn der Gradientenmischer leer ist, vorsichtig mit 1,2 mL Sammelgellösung überschichten,
- den Kamm einsetzen, ohne Luftblasen einzufangen,
- sofort danach den Mischer mit H_2O_{dest} spülen.

Vor der Elektrophorese muss das Gel vollständig auspolymerisieren; mindestens 3 h, besser über Nacht, bei Zimmertemperatur.

M8.4 Gießen von Mehrfachgelen

Bei der Verwendung des Mehrfachgießstands in Abb. M8.5 werden für die folgenden Gießmethoden die Silikonstopfen eingesetzt, um möglichst Totvolumen einzusparen. Auch hier werden als Beispiel 0,75 mm dünne Gele hergestellt.

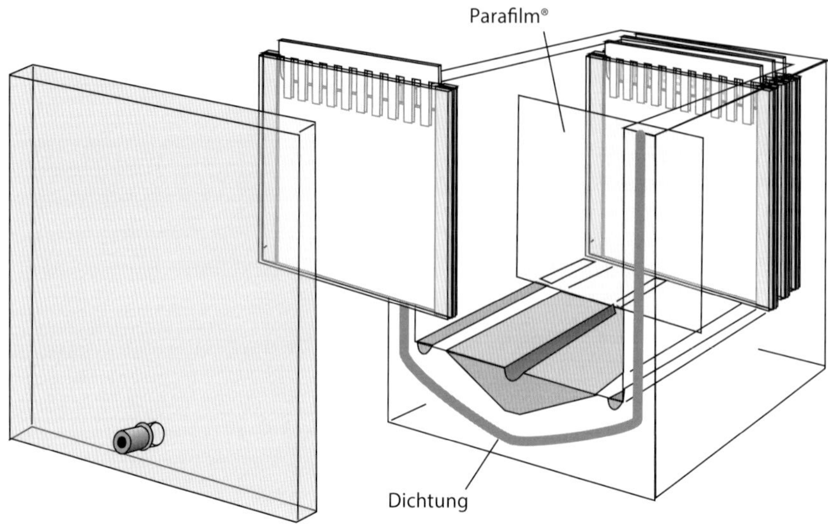

Abb. M8.5 Zusammenbau der Gelkassetten im Mehrfachgelgießstand.

Erst wird eine Plastikfolie in die Gießbox eingelegt, dann die Gelkassetten (siehe Abb. M8.2) – mit den Keramikplatten nach hinten – und die bereits eingesetzten Kämme. Es wird empfohlen, statt der Wachspapiere auf die gleiche Größe zugeschnittene Parafilm®-Blätter zwischen die Gelkassetten zu legen; damit lassen sich die Gelkassetten nach der Polymerisation leichter voneinander ablösen.

Wenn alle zwölf Gelkassetten eingesetzt sind, wird die Gießbox mit Plastikplatten aufgefüllt. Die Dichtung beschichtet man am besten mit einem dünnen Film CelloSeal®. Die Deckplatte wird an die Gießbox geklammert.

Wenn 1 oder 1,5 mm dicke Gele gegossen werden sollen, passen nur zehn bzw. acht Kassetten in den Stand.

Die Lösungen lässt man durch einen 35 cm langen Schlauch aus einem Gradientenmischer von oben in den Gießstand fließen, auch wenn kein Gradient gegossen werden soll.

Die Laborplattform (Laborboy) wird so eingestellt, dass sich das Auslaufniveau 30 cm oberhalb des Einlasses der Gießbox befindet. Vor dem Befüllen muss der Verbindungskanal zwischen Reservoir (hinteres Rohr) und der Mischkammer (vorderes Rohr) sowie auch die Auslaufklemme (Pinchcock) geschlossen werden.

Wenn die Kassetten korrekt gepackt worden sind, kann man das Einlaufen der Flüssigkeit durch die Frontplatte beobachten.

M8.4.1
Multiple diskontinuierliche SDS-Polyacrylamidgele

Die in folgende Rezeptur (siehe Tab. M8.3) ist ein Beispiel für zwölf 0,75 mm dünne Gele mit 12 % *T* und kann auf einfache Weise für andere Dicken und Gelkonzentrationen umgerechnet werden.

Tab. M8.3 Zusammensetzung der Monomerlösungen für zwölf diskontinuierliche Gele.

	Trenngellösung 12 % *T*/3 % *C*	**Sammelgellösung 5 % *T*/3 % *C***
Glycerin (85 %)	15 mL	–
Acrylamid, Bis 40 % *T*, 3 % *C*	18 mL	2,5 mL
Trenngelpuffer	15 mL	–
Sammelgelpuffer	–	5,0 mL
TEMED (100 %)	30 µL	10 µL
mit H_2O_{dest} auffüllen auf	→ 60 mL	→ 20 mL
APS (40 %)	60 µL	20 µL

- 20 mL Sammelgellösung in die Mischkammer des Gradientenmischers einfüllen und in die Gießbox fließen lassen (Öffnen des Pinchcocks).
- Wenn die erste Luftblase am Auslass erscheint, sofort den Pinchcock schließen.
- 25 mL Trenngellösung in die Mischkammer des Gradientenmischers einfüllen und in die Gießbox fließen lassen (Öffnen des Pinchcocks).
  Die Lösung fließt langsam wegen des Glyceringehaltes.
- Wenn die ungefähr die Hälfte der Flüssigkeit ausgeflossen ist, die restlichen 15 mL der Lösung in die Mischkammer einfüllen.
- Wenn der Flüssigkeitsspiegel der Sammelgellösung die Kante der Keramikplatte erreicht hat, den Pinchcock schließen.
- Den Gradientenmischer in ein Becherglas ausleeren.
- Den Schlauch vom Gradientenmischer abziehen, auf die Spitze einer 1000 µL Mikropipette aufstecken, den Pinchcock öffnen, 1 mL Nachschiebelösung in den Schlauch drücken und den Pinchcock schließen.
  Durch diese Maßnahme bleibt der Schlauch frei von Polymerisationslösung.
- Sofort danach den Mischer mit H_2O_{dest} spülen.

Vor der Elektrophorese muss das Gel vollständig auspolymerisieren; mindestens 3 h, besser über Nacht, bei Zimmertemperatur. Nicht vergessen die Kassette eine Stunde nach dem Gießen aus dem Gießstand zu nehmen und – um das Austrocknen des Sammelgels zu verhindern –, zusammen mit ein paar Millilitern Gelpuffer (1 : 4 mit Wasser verdünnt) in einem verschlossenen Plastikbeutel aufbewahren; über Nacht bei Raumtemperatur, bei längerer Lagerung im Kühlschrank.

M8.4.2
Multiple SDS-Polyacrylamidgradientengele

Zum Gießen eines linearen Gradienten (Abb. M8.4) wird der Gradientenmischer mit beiden Rohren offen verwendet. Die Lösungen fließen von unten in die Gießbox, deshalb kommt die leichte Lösung in die Mischkammer und die schwere Lösung in das Reservoir (siehe Abb. M8.7). Hier wird der Kompensationsstab nicht

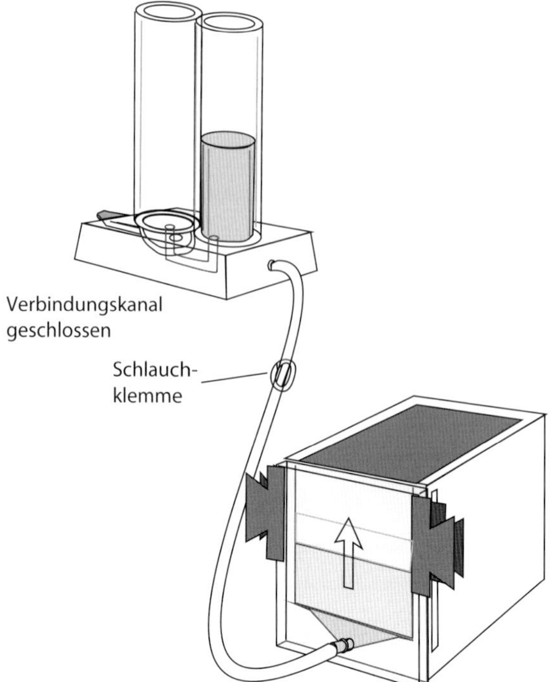

Abb. M8.6 Gießen von multiplen diskontinuierlichen Gelen.

verwendet, weil der Magnetrührkern den Dichteunterschied kompensiert. Außerdem werden mit diesem Gießverfahren keine exponentiellen Gradienten hergestellt.

Vor dem Befüllen muss der Verbindungskanal zwischen Reservoir (hinteres Rohr) und der Mischkammer (vorderes Rohr) sowie auch die Auslaufklemme (Pinchcock) geschlossen werden. Die schwere Lösung muss weniger APS enthalten, damit die Polymerisation von oben nach unten verläuft. Damit verhindert man eine thermische Konvektion, die den Gradienten verzerren könnte.

Die folgende Rezeptur (siehe Tab. M8.4) ist ein Beispiel für zwölf 0,75 mm dünne Gele mit einem Gradienten von 8–20 % *T* und kann auf einfache Weise für andere Dicken und Gelkonzentrationen umgerechnet werden.

- 20 mL Sammelgellösung in die Mischkammer des Gradientenmischers einfüllen und in die Gießbox fließen lassen (Öffnen des Pinchcocks),
- wenn die erste Luftblase am Auslass erscheint, sofort den Pinchcock schließen,
- den Magnetrührkern in die Mischkammer einsetzen,
- 25 mL schwere Lösung in das Reservoir einfüllen,
- Verbindungskanal entlüften (kurz das Ventil öffnen und schließen),
- 25 mL leichte Lösung in die Mischkammer einfüllen,
- APS in das Reservoir pipettieren, mit Kompensationsstab verrühren und den Kompensationsstab wieder entfernen,

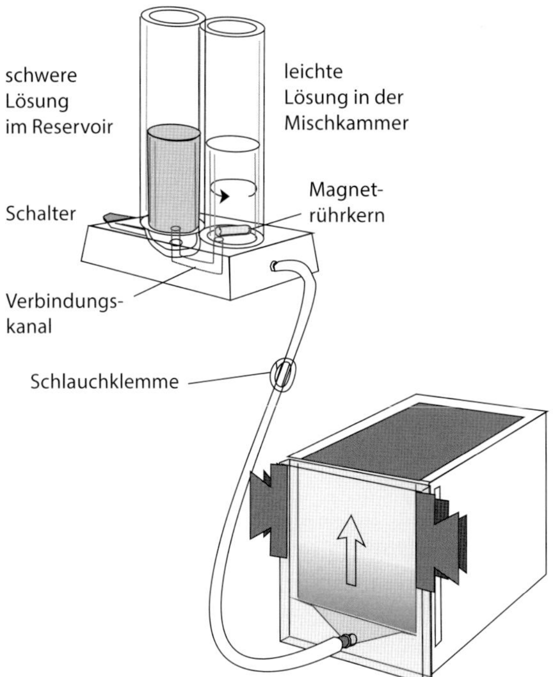

Abb. M8.7 Gießen von multiplen Gradientengelen.

Tab. M8.4 Zusammensetzung der Monomerlösungen für Gradientengele.

In drei Falcon-Röhrchen pipettieren	**Schwere Lösung 20 % *T*/3 % *C***	**Leichte Lösung 8 % *T*/3 % *C***	**Sammelgellösung 5 % *T*/3 % *C***
Glycerin (85 %)	6,25 mL	3,0 mL	–
Acrylamid, Bis 40 % *T*, 3 % *C*	12,5 mL	5,0 mL	2,5 mL
Trenngelpuffer	6,25 mL	6,25 mL	–
Sammelgelpuffer	–	–	5,0 mL
TEMED (100 %)	12,5 µL	12,5 µL	10 µL
mit H_2O_{dest} auffüllen auf	→ 25 mL	→ 25 mL	→ 20 mL
APS (40 %)	20 µL	25 µL	20 µL

- APS in die Mischkammer pipettieren,
- kurzes, starkes Aufrühren mit dem Magnetrührer zum Verteilen des Katalysators,
- Ansetzen der Spitze des Auslassschlauchs in die Mitte der Kassettenkante,
- moderates Rühren des Motors einstellen, damit keine Luftblasen entstehen,
- Öffnen der Auslassschlauchklemme (Pinchcock),
- Öffnen des Verbindungskanals,

- wenn der Gradientenmischer leer ist, den Schlauch vom Gradientenmischer abziehen, auf die Spitze einer 1000 µL Mikropipette aufstecken, den Pinchcock öffnen, 1 mL Nachschiebelösung in den Schlauch drücken und den Pinchcock schließen.
  Durch diese Maßnahme bleibt der Schlauch frei von Polymerisationslösung.
- Sofort danach den Mischer mit H_2O_{dest} spülen.

Vor der Elektrophorese muss das Gel vollständig auspolymerisieren; mindestens 3 h, besser über Nacht, bei Zimmertemperatur. Nicht vergessen die Kassette 1 h nach dem Gießen aus dem Gießstand zu nehmen und zusammen mit ein paar Millilitern Gelpuffer (1 : 4 mit Wasser verdünnt) in einem verschlossenen Plastikbeutel aufbewahren.

M8.5
Elektrophorese

- Die Gelkassetten werden an das Mittelstück der Trennkammer geklammert, mit den ausgeschnittenen Keramikplatten nach innen, den langen Seiten der Klammern auf der Glasplatte.
  Wenn eine Kammer für nur eine Trennung verwendet wird, muss man eine Glasplatte auf der gegenüberliegenden Seite des Mittelstücks festklammern, damit es keinen Kurzschluss zwischen den beiden Puffern gibt.
- Die Kämme herausziehen.
- 15 mL Kathodenpuffer (10 × konz.) mit 135 mL entionisiertem Wasser verdünnen.
- Eine Portion Kathodenpuffer in die Probentaschen der Gele pipettieren.
- Die Proben mit einer Mikropipette in die Probentaschen unterschichten, indem man die Proben langsam aus der Pipettenspitze fließen lässt (siehe Abb. M8.8).

> **Tipp**
> Wenn die Stege zwischen den Probentaschen schlecht zu sehen sind, gibt man vorher zu der Portion Kathodenpuffer etwas Orange G zu (dies ist ein anionischer Farbstoff und stört die Trennung nicht).

- Je 75 mL Kathodenpuffer in die kathodischen Abteilungen einfüllen.
- 15 mL Anodenpuffer (10 × konz.) mit 135 mL entionisiertem Wasser verdünnen und in die Anodenwanne einfüllen.

Den Sicherheitsdeckel anbringen und mit dem Stromversorger verbinden.

Laufbedingungen
Wenn es möglich ist wird empfohlen, die Kammer an einen Umlaufkryostaten anzuschließen und zu kühlen: Man erhält schnellere Trennungen ohne Smiling-

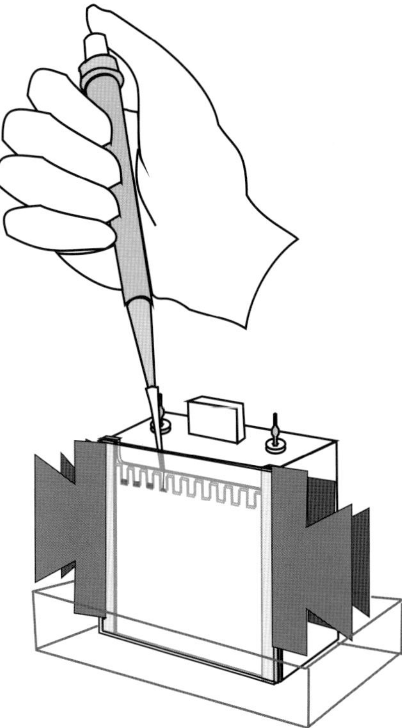

Abb. M8.8 Probenaufgabe auf Vertikalgel.

Effekt, und die Ergebnisse sind besser reproduzierbar. Wenn man die Kammer anstelle dessen in einem Kühlraum laufen lässt, ist die Kühlung weniger effizient.

- Maximaleinstellungen am Stromversorger:
  Direkte Kühlung mit 10 °C:

Gele 0,75 mm	280 V	65 mA	18 W	1 h
ein Gel 0,75 mm	280 V	33 mA	9 W	1 h

Keine direkte Kühlung:

Gele 0,75 mm	280 V	40 mA	12 W	1 h 30 min
ein Gel 0,75 mm	280 V	20 mA	6 W	1 h 30 min

Nach dem Lauf:

- Stromversorger abschalten.
- Den Anodenpuffer aus der Anodenwanne ausschütten bevor die Klammern geöffnet werden, um eine Überschwemmung mit dem Kathodenpuffer zu vermeiden.

- Vorsichtig die Klammern öffnen und langsam die Kassetten vom Mittelstück lösen.
- Die Kassetten mit einem Spacer oder Plastikkeil öffnen; Metallwerkzeuge wie Messer oder Spatel können die Glas- und Keramikplatten beschädigen.
- Die Glas- und Keramikplatten sorgfältig reinigen, am besten mit 0,1 %iger SDS-Lösung.

M8.6
SDS-Elektrophorese von niedermolekularen Peptiden

Mit dem diskontinuierlichen Gel- und Puffersystem nach Schägger und von Jagow (1987) erhält man sehr gute Auflösung von 1–20 kDa großen Peptiden. Indem man eine hohe Konzentration des Gelpuffers (1 mol/L Tris), einen hohen Vernetzungsgrad (6 % *C*), den pH-Wert 8,45 in Sammel- und Trenngel verwendet und Glycin im Kathodenpuffer durch Tricin ersetzt, erreicht man ein effektives Entstapeln der kleinen Peptide beim Übergang in die Trennungsphase.

Im Folgenden wird eine Rezeptur für ein Minigelsystem beschrieben, welche auf der Methode von Schägger und Von Jagow und dem PhastGel® High Density basiert; in der letzteren Modifikation wird 30 % Monoethylenglycol zur Polymerisationslösung zugegeben. Damit kann die Triskonzentration auf 0,75 mol/L verringert werden und man kann schnellere Trennungen ohne Überhitzung des Gels durchführen.

M8.6.1
Stammlösungen

Anodenpuffer 10 × *konz. (2 mol/L Tris/HCl pH 8,9, 1 % SDS)*
48,4 g Tris + 2,0 g SDS; mit H_2O_{dest} auf 160 mL auffüllen; mit 4 mol/L HCl auf pH 8,9 titrieren; mit H_2O_{dest} auf 200 mL auffüllen.
Wegen des relativ geringen Volumens der Anodenpufferkammer (und der hohen Triskonzentration im Gel) benötigt man eine höhere Triskonzentration als bei größeren Vertikalkammern!

Kathodenpuffer 10 × *konz. (0,2 mol/L Tris, 1,6 mol/L Tricin, 1 % SDS)*
4,84 g Tris + 56 g Tricine + 2 g SDS; mit H_2O_{dest} auf 200 mL auffüllen.

Gelpuffer 4 × *konz. (3,0 mol/L Tris/HCl pH 8,45, 0,4 % SDS)*
36,3 g Tris + 0,4 g SDS; mit H_2O_{dest} auf 80 mL auffüllen; mit 4 mol/L HCl auf pH 8,45 titrieren; mit H_2O_{dest} auf 100 mL auffüllen.

Acrylamid, Bislösung (40 % T/3 % C) für das Sammelgel
38,8 g Acrylamid + 1,2 g Bis, mit H_2O_{dest} auf 100 mL auffüllen.

Acrylamid, Bislösung (40 % T/6 % C) für das Trenngel
37,6 g Acrylamid + 2,4 g Bis; mit H_2O_{dest} auf 100 mL auffüllen.
Bei Lagerung im Dunkeln bei 4 °C (Kühlschrank) mehrere Wochen haltbar.
Reste umweltfreundlich beseitigen: mit APS-Überschuss auspolymerisieren.

Tab. M8.5 Monomerlösungen für zwei Gele für die Auftrennung von niedermolekularen Peptiden.

In zwei Falcon-Röhrchen pipettieren	Trenngel 16 % *T*/6 % *C*	Sammelgel 5 % *T*/3 % *C*
Monoethylenglycol	2,4 mL	–
Acrylamid, Bis 40 % *T*, 6 % *C*	3,2 mL	–
Acrylamid, Bis 40 % *T*, 3 % *C*	–	0,5 mL
Gelpuffer	2,0 mL	1,0 mL
TEMED (100 %)	4 µL	2 µL
mit H_2O_{dest} auffüllen auf	→ 8 mL	→ 4 mL
APS (40 %)	8 µL	4 µL

Vorsicht
Acrylamid und Bis sind als Monomere toxisch. Hautkontakt vermeiden, nicht mit dem Mund pipettieren.

Die Rezeptur in Tab. M8.5 ist ein Beispiel für zwei 0,75 mm dünne Gele mit 16 % *T* im Trenngel und kann auf einfache Weise für andere Dicken umgerechnet werden.

- 3,4 mL Trenngellösung in die Kassette pipettieren,
- vorsichtig mit 1,2 mL Sammelgellösung überschichten,
- den Kamm einsetzen, ohne Luftblasen einzufangen.

Laufbedingungen (10 °C) Zwei Gele 0,75 mm: 200 V, 70 mA, 18 W, 2 h 15 min

Abbildung M8.9 zeigt ein typisches Trennergebnis in einem vertikalen Peptidgel.

M8.7 Zweidimensional-Elektrophorese

Die Durchführung von hochauflösenden Zweidimensional-Elektrophoresen in Horizontalgelen wird in Methode 12 beschrieben. Wenn die zweite Dimension in einem Vertikalgel durchgeführt wird, kann man in den allermeisten Fällen ein homogenes Gel mit 12,5 % *T*, in Spezialfällen ein Gradientengel mit 12–14 % *T* verwenden.

Im Allgemeinen werden für die Zweidimensional-Elektrophorese großformatige Gele empfohlen; in manchen Fällen reicht auch ein Minigel: Das Gel muss mindestens 1 mm dick sein, damit man die IPG-Streifen einsetzen kann. Von der Kante der ausgeschnittenen Keramikplatte bis zur Gelkante benötigt man eine mi-

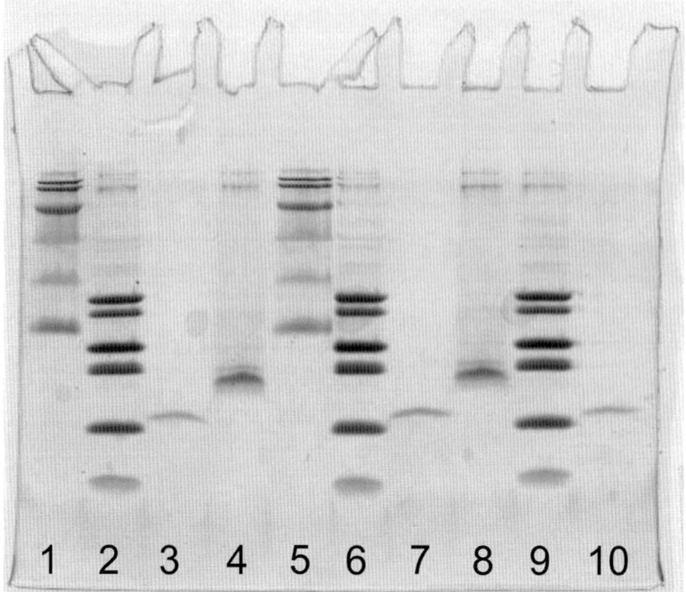

Abb. M8.9 SDS-PAGE von niedermolekularen Peptiden. Proben: Trennspuren 1 und 5: Molekulargewichtsmarker; 2,6 und 9: Peptidmarker 2,5–17 kDa; 3, 7 und 10: Insulin; 4 und 8: Aprotinin. Coomassie-Brilliant-Blau-Heißfärbung.

nimal 0,5 mm tiefe Öffnung. Für ein einzelnes Gradientengel reduziert sich deshalb das Volumen in beiden Gradientenmischerbehältern auf je 3,3 mL; für multiple Gradientengele auf je 35 mL. Für gerade und gut auspolymerisierte Gelkanten werden die Oberflächen der Monomerlösungen in allen Kassetten mit je 300 µL einer 60 %igen Isopropanollösung überschichtet.

Die Herstellung von multiplen großformatigen Vertikalgelen für die Zweidimensional-Elektrophorese ist ausführlich beschrieben in „Proteomics in Practice“ (Westermeier *et al.*, 2008).

M8.8
DNA-Elektrophorese

Für die Trennung von DNA-Fragmenten werden meistens homogene Polyacrylamidgele mit 6 bis zu 15 % *T* und 5 % *C* verwendet, mit einem kontinuierlichen 90 mmol/L Tris-Borat-EDTA Puffer.

Tris-Borat-EDTA-Puffer-Stammlösung (4 × konz.)

0,36 mol/L Tris/0,36 mol/L Borsäure/10 mmol/L EDTA-Na_2 (4 × TBE)

43,6 g Tris + 22,25 g Borsäure + 3,72 g EDTA-Na_2; mit H_2O_{dest} auf 1 L auffüllen.

Für das Gießen der Gele geht man vor wie oben beschrieben, aber ohne Sammelgele.

Wegen des homogenen Puffersystems wird die Trennung bei konstanten 100 V durchgeführt.

Die Gele können mit Silber, Ethidiumbromid oder DNA Stain angefärbt werden.

M8.9 Langzeitstabile Gele

Wenn Gele über einen längeren Zeitraum aufbewahrt werden müssen, z. B. Gele aus dem Mehrfachgießstand, kann man das alternative Tris-Acetate/Tris-Tricin-Puffersystem verwenden. Die Abb. M8.1 in diesem Kapitel zeigt eine Trennung, die mit einem solchen Puffersystem durchgeführt wurde:

Gelpuffer 0,448 mol/L Tris-Acetat pH 6,4 (4 × konz.)
5,43 g Tris + 0,4 g SDS, in 80 mL H_2O_{dest} lösen, in Essigsäure auf pH 6,4 titrieren, mit H_2O_{dest} auf 100 mL auffüllen.

Mit diesem Puffer kann man die Gele sehr lange lagern. Weil der pH-Wert im Gel unter 7 ist, hydrolysiert die Matrix nicht.

Anodenpuffer (10 × konz.)
7,58 g Tris + 2,5 g SDS, in 200 mL H_2O_{dest} lösen, H_2O_{dest}; mit Essigsäure auf pH 8,4 titrieren, mit H_2O_{dest} auf 250 mL auffüllen.

Kathodenpuffer (10 × konz.)
4,84 g Tris + 71,7 g Tricin + 2,5 g SDS, mit H_2O_{dest} auf 250 mL auffüllen.

M8.10 Proteindetektion

Für 0,75 mm dünne Gele können sämtliche Proteinfärbetechniken aus den Methoden 7 und 12 ohne Modifikationen übernommen werden, für DNA die Techniken aus Methode 14.

Für niedermolekulare Peptide kann es notwendig sein, die Diffusion mit einem effizienterem Fixierschritt zu verhindern: 60 min in 0,2 % (g/v) Glutaraldehyd + 0,2 mol/L Natriumacetat in 30 % Ethanol. Mit dieser Maßnahme vernetzt man die Peptide im Polyacrylamidgel. Ansonsten ist die Coomassie-Heißfärbung als Direktfärbung sehr effizient für die Detektion von Peptiden.

Zur Aufbewahrung kann man die Gele entweder auf Filterpapier trocknen – unter Verwendung eines Geltrockners mit Hitze und Vakuum. Einfacher ist die Trocknung zwischen zwei nassen Cellophanfolien wie in Abb. M8.10 gezeigt. Die Cellophanfolien werden mit 10 % Glycerin/Wasser ohne Alkohol getränkt und schrumpfen langsam, wenn sie trocknen, zusammen mit den Gelen. Großforma-

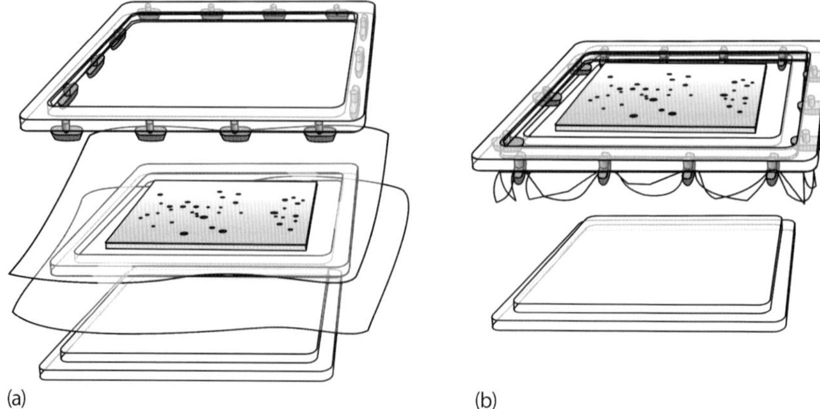

Abb. M8.10 Trocknen eines Polyacrylamidgels zwischen zwei nassen Cellophanfolien mit zwei Plastikrahmen. (a) Von unten nach oben: Ladeplattform – kleinerer Rahmen – Cellophan – Gel – Cellophan – großer Rahmen. (b) Die zwei Rahmen werden von der Plattform abgenommen, die Schrauben um 90° gedreht.

tige Gele quellen manchmal während des Färbens so stark an, dass sie nicht in die Plastikrahmen passen. Dann müssen sie vorher auf die Originalgröße zurück geschrumpft werden, indem man sie in 30 % Ethanol/10 % Glycerin einlegt, bis sie die gewünschte Größe erreicht haben.

M8.11
Präparieren von Glasplatten mit Bind-Silan

Für manche Detektionsmethoden und für das Picken von Proteinspots mit einem automatischen Spotpicker oder einem halbautomatischen ScreenPicker, muss das Gel kovalent an eine Glasplatte gebunden sein (siehe Abschn. 6.5.4.1 in Kapitel 6).

M8.11.1
Beschichten einer Glasplatte mit Bind-Silan

Bind-Silan-Lösung

8 mL Ethanol + 200 μL Essigsäure + 10 μL Bind-Silan + 1,8 mL H_2O_{dest}

> **Wichtig**
> Die Glasplatten müssen absolut sauber sein.

- 4 mL Bind-Silan-Lösung auf die Glasplatte pipettieren und gleichmäßig mit einem fusselfreien Tissuepapier verteilen. Die Glasplatte abdecken, um Staubkontamination zu verhindern und eine Stunde trocknen lassen.

- Die Platte mit einem fusselfreien Tissuepapier polieren, welches mit einer kleinen Menge entionisiertem Wasser oder Ethanol angefeuchtet wurde.

Die Gele bleiben fest auf der Glasplatte haften während der Elektrophorese, den Färbeprozeduren, dem Scannen, dem Spotpicken und – wenn gewünscht – zur Aufbewahrung.

M8.11.2
Entfernen von Gel und Bind-Silan von einer Glasplatte

- Die Glasplatte über Nacht in eine 5 % (v/v) Decon™-90-Lösung legen; aber nicht länger, weil sonst die Oberfläche angeätzt wird. Sollte kein Decon™ 90 verfügbar sein, eine 5 % (g/v) Kaliumhydroxidlösung verwenden.
- Die Platte sorgfältig waschen; alle Gelfragmente müssen entfernt werden.
- Das Decon™ 90 mit entionisiertem Wasser vollständig abspülen.
- Mit einem fusselfreien Tissuepapier trocknen.

Literatur

Lämmli, U.K. (1970) Cleavage of structural proteins during the assembly of the head of bacteriophage T4. *Nature*, **227**, 680–685.

Schägger, H. und von Jagow, G. (1987) Tricine-sodium dodecyl sulfate-polyacrylamide gel electrophoresis for the separation of proteins in the range from 1 to 100 kDa. *Anal. Biochem.*, **166**, 368–379.

Westermeier, R., Naven, T. und Hoepker, H.R. (2008) *Proteomics in Practice. A Guide to successful Experimental Design*, 2. Aufl., Wiley-VCH, Weinheim.

Methode 9
Blau-Nativ-PAGE

Die Blau-Nativ-PAGE (BNE) wird für Analysen von Proteinkomplexen im Größenbereich von 10 kDa–10 MDa angewandt (Schägger und von Jagow, 1991). Zur Solubilisierung von biologischen Membranen oder Chloroplasten werden nicht ionische Detergenzien wie Triton X-100, Dodecylmaltosid oder Digitonin verwendet, wobei letzteres das mildeste Detergens von allen ist.

M9.1
Solubilisierung

Zuerst werden Mitochondrien oder Bakterienmembranen, Chloroplasten, Säugetierzellen oder -gewebe durch Zentrifugieren mit 20 000 g pelletiert. Dann wird Solubilisierungspuffer, bestehend aus einem Salz (NaCl, CH_3COOK oder ε-Aminocapronsäure), einem Puffer (BisTris pH 7,0, Imidazol-HCl oder HEPES pH 7,4) und ein Proteaseinhibitor (EDTA und PMSF) auf das Pellet pipettiert. Mit einem kleinen Spatel homogenisiert man das Pelletmaterial und den Puffer durch Verrühren. Dann gibt man ein Detergens, Triton X-100, Dodecylmaltosid oder Digitonin oder eine Mischung von allen dreien, zur Probe hinzu. In der Literatur sind viele unterschiedliche Zusammensetzungen dieser Verbindungen zu finden, weil man für unterschiedliche Proben die Detergenskonzentration optimieren muss und zudem die kritische Mizellarkonzentration des Detergens vom Salzgehalt abhängt. Ein paar Beispiele findet man in dem Übersichtsartikel von Wittig *et al.* (2006). Die Probenmischung lässt man 10 min zur Solubilisierung ruhen. Nach einer Zentrifugation wird Glycerin für die Probenaufgabe auf Vertikalgele zum Überstand zugegeben. Zum Schluss kommt noch eine wässrige Suspension von 5 % (g/v) Coomassie Brilliant Blau G-250 hinzu, die Menge hängt vom Detergensgehalt ab. Das Probenaufgabevolumen beträgt ca. 20 µL.

Elektrophorese leicht gemacht, 2. Auflage. Reiner Westermeier.

M9.2
Stammlösungen

Es gibt mehrere unterschiedliche Rezepturen für den Puffer. Die folgende Pufferzusammensetzung und Gelrezeptur basiert auf den Anleitungen zu einer Serie von Blau-Nativ-PAGE Kursen, die von den Professoren Hans-Peter Braun (Universität Hannover) und Lutz Eichacker (LMU Universität München, jetzt Universität Stavanger, Norwegen) gehalten wurden.

> **Wichtig**
> Alle pH-Werte müssen bei 4 °C eingestellt werden, der Trenntemperatur.

Anodenpuffer 6 × *konz. (300 mol/L BisTris/HCl pH 7,0 bei 4 °C)*

125,5 g BisTris in 2 L H_2O_{dest} auflösen; auf 4 °C herunterkühlen; mit 4 mol/L HCl auf pH 7,0 titrieren.

Kathodenpuffer 5 × *konz. (0,25 mol/L Tricin, 75 mmol/L BisTris, 0,1 % Coomassie; HCl pH 7,0 bei 4 °C)*

44,8 g Tricin + 15,7 g BisTris + 1 g Coomassie G-250; in 1 L H_2O_{dest} auflösen; auf 4 °C herunterkühlen; mit 4 mol/L HCl auf pH 7,0 titrieren.

Gelpuffer 6 × *konz. (1,5 mol/L; ε-Aminocapronsäure, 150 mmol/L BisTris, HCl pH 7,0 bei 4 °C)*

42,2 g ε-Aminocapronsäure + 7,8 BisTris; in 250 mL H_2O_{dest} auflösen; auf 4 °C herunterkühlen; mit 4 mol/L HCl auf pH 7,0 titrieren.

Acrylamid, Bis Lösung (40 % T/3 % C)

38,8 g Acrylamid + 1,2 g Bis, mit H_2O_{dest} auf 100 mL auffüllen.

Bei Lagerung im Dunkeln bei 4 °C (Kühlschrank) mehrere Wochen haltbar.

Reste umweltfreundlich beseitigen: mit APS-Überschuss auspolymerisieren.

> **Vorsicht**
> Acrylamid und Bis sind als Monomere toxisch. Hautkontakt vermeiden, nicht mit dem Mund pipettieren.

Ammoniumpersulfatlösung (APS) 40 % (g/v)

400 mg Ammoniumpersulfat in 1 mL H_2O_{Bidest} auflösen; eine Woche im Kühlschrank (4 °C) haltbar.

Nachschiebelösung

11 mL Glycerin + 3,5 mL Trenngelpuffer + 0,5 mL Orange-G-Lösung (1 %).

Äquilibrierlösung (1 % SDS, 1 % ß-Mercaptoethanol)

5 g SDS + 5 mL ß-Mercaptoethanol in 500 mL H_2O_{dest} auflösen.

M9.3
Gießen der Gele

Für die BNE kommen sehr steile Porositätsgradienten zum Einsatz, wie z. B. 4–16 % *T*. Von verschiedenen Firmen gibt es Fertiggele im Miniformat, die gut dazu geeignet sind, die Solubilisierungsbedingungen zu optimieren. Aber gute Auflösung erhält man nur mit langen Trenndistanzen > 20 cm. Außerdem können die meisten Minigelapparaturen nicht an einen Umlaufkryostaten angeschlossen werden. Weil die Luft schlechte Wärmeleiteigenschaften besitzt, ist die Kühlung der Gele in einem Kühlraum oder Kühlschrank nicht effizient genug, um mit der BNE gute Ergebnisse zu erzielen. Große und mittelgroße Elektrophoresekammern sind normalerweise mit einem Wärmetauscher ausgestattet und können direkt gekühlt werden.

Die folgende Anleitung (siehe hierzu auch Tab. M9.1) ist auf mittlere bis lange Trenndistanzen zugeschnitten. In diesem Beispiel wird der Gradient gemäß der Vorschrift von Wittig *et al.* (2006) von unten in die Kassette gegossen, wobei man eine lange Kanüle verwendet (Abb. M9.1). Dabei kommt die leichte Lösung in die Mischkammer, die schwere in das Reservoir. Sollte keine Kanüle verfügbar sein oder diese nicht in die Kassette passen, kann man den Gradienten auch von oben gießen, wie in den Methoden 7 und 8 beschrieben (dann befindet sich die leichte Lösung im Reservoir und man verwendet den Kompensationsstab). Am besten stellt man die gesamte Gießausrüstung und die Monomerlösungen – ohne das APS – eine halbe Stunde in den Kühlschrank, um den Start der Polymerisation so weit wie möglich hinauszuzögern.

Tab. M9.1 Monomerlösungen für ein BNE-Gel (18 × 24 cm, 1 mm).

	Leichte Lösung 4.5 % *T*/3 % *C*	**Schwere Lösung 5 % *T*/3 % *C***	**Sammelgellösung 4 % T/3 % *C***
Acrylamid, Bis 40 % *T*, 3 % *C*	1,6 mL	5,75 mL	1,3 mL
Gelpuffer	2,4 mL	2,4 mL	2,8 mL
Glycerin (85 %)	–	2.8 mL	
TEMED (100 %)	7 µL	7 µL	8 µL
mit H_2O_{dest} auffüllen auf	→ 14,5 mL	→ 14,5 mL	→ 16,6 mL
APS (40 %)	14 µL	14 µL	17µL

- Die Gießapparatur aus dem Kühlschrank holen und aufstellen (siehe Abb. M9.1).
- 14,5 mL leichte Lösung in die Mischkammer einfüllen.
- Verbindungskanal entlüften (kurz das Ventil öffnen und schließen).
- 14,5 mL schwere Lösung in das Reservoir einfüllen.
- 3 mL H_2O_{dest} in die Kassette pipettieren als Überschichtung des Gradientengels.

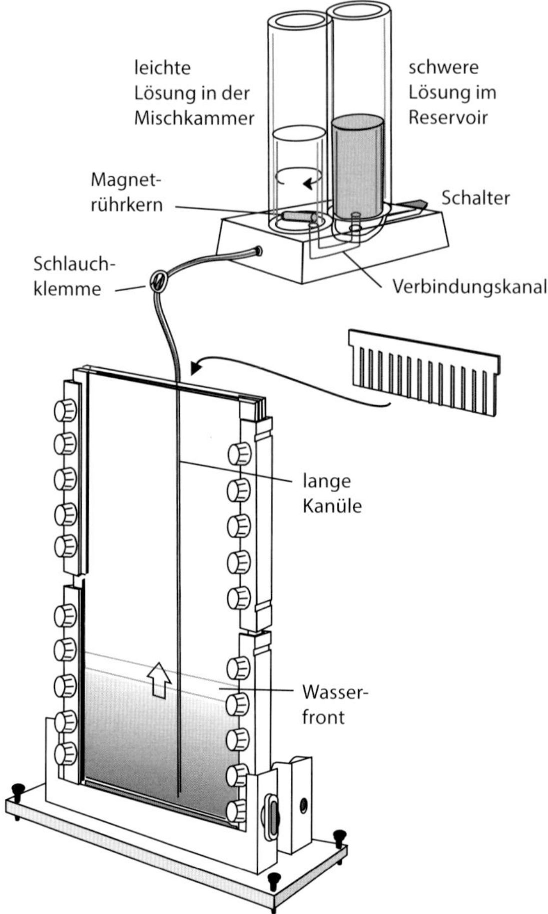

Abb. M9.1 Gießen eines Gradienten für ein Blau-Nativ-Gel von unten.

- APS in beide Kammern pipettieren und sorgfältig mit den Monomerlösungen vermischen – mit dem Magnetrührkern in der Mischkammer und dem Kompensationsstab im Reservoir –, den Kompensationsstab wieder entfernen.
- Moderates Rühren des Motors einstellen, damit keine Luftblasen entstehen.
- Öffnen der Auslassschlauchklemme (Pinchcock).
- Öffnen des Verbindungskanals.
- Wenn der Gradientenmischer leer ist, den Schlauch vom Gradientenmischer abziehen, auf die Spitze einer 1000 μL Mikropipette aufstecken, den Pinchcock öffnen, 1 mL Nachschiebelösung in den Schlauch drücken und den Pinchcock schließen.
  Durch diese Maßnahme bleiben der Schlauch und die Kanüle frei von Polymerisationslösung.
- Sofort danach den Mischer mit H_2O_{dest} spülen.

- Das Gel für 1 h polymerisieren lassen.
- Das Überschichtungswasser entfernen, und die Kante mit einem Filterpapierstreifen trocknen.
- Den Kamm einsetzen.
- APS zur Sammelgellösung zugeben und vermischen.
- Sammelgellösung auf die Gradientengelkante pipettieren – dabei die Kassette schräg halten, um zu verhindern, dass sich zwischen den Zähnen des Kammes Luftblasen bilden.
- Das Sammelgel polymerisieren lassen.

M9.4 Elektrophorese

4 L vorgekühlten Anodenpuffer und 500 mL Kathodenpuffer (enthält Coomassie G-250) verwenden. Den Umlaufkryostaten auf 4 °C stellen.

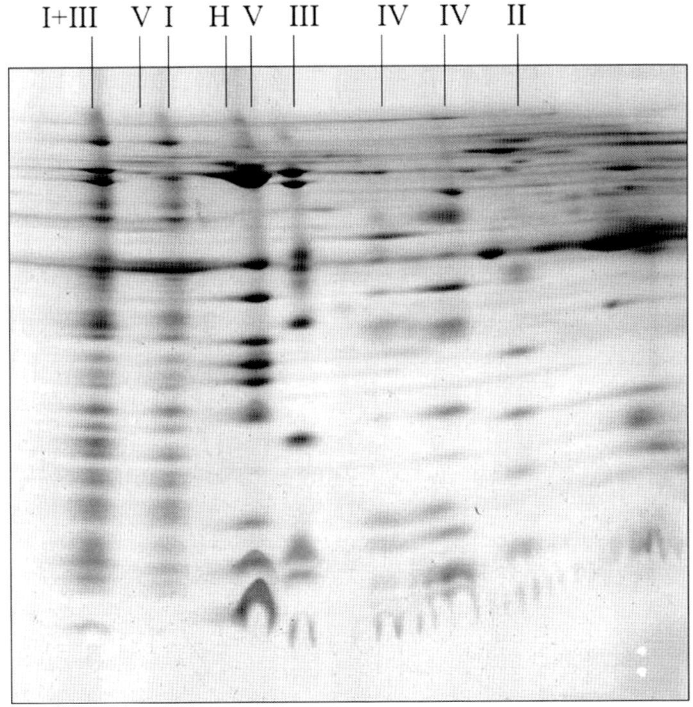

Abb. M9.2 Blau-Nativ-PAGE/SDS-PAGE von mitochondrialen Komplexen von *Arabidopsis thaliana* (Eubel *et al.*, 2003). Die Komplexe wurden mit Digitonin solubilisiert. Sie sind mit römischen Ziffern beschriftet: I+III ist ein Superkomplex, der sich aus den Komplexen I und III zusammensetzt. Nachfärbung des SDS-Gels mit Coomassie Brilliant Blau.

Laufbedingungen (4 °C!)

	Spannung	Stromstärke	Zeit
Phase 1	100 V konstant	6–8 mA	45 min
Phase 2	500 V limitiert	15 mA/Gel konstant	13 h

Die blauen Banden der Komplexe sind gut sichtbar. Deshalb ist es nicht schwierig, einzelne Banden auszuschneiden, um die nativen Proteine mit Elektroelution wieder zu gewinnen. In den allermeisten Fällen werden die Trennspuren in Streifen geschnitten, für 30 min mit SDS-Puffer äquilibriert (siehe Stammlösungen) und auf ein SDS-Polyacrylamidgel für eine zweite Dimension transferiert.

In Abb. M9.2 ist ein Ergebnis einer zweidimensionalen Blau-Nativ-PAGE-Trennung mit einer SDS-PAGE der Untereinheiten in der zweiten Dimension zu sehen.

Literatur

Eubel, H., Jänsch, L. und Braun, H. (2003) New insights into the respiratory chain of plant mitochondria: Supercomplexes and a unique composition of complex II. *Plant Physiol.*, **133**, 274–286.

Schägger, H. und von Jagow G. (1991) Blue native electrophoresis for isolation of membrane protein complexes in enzymatically active form. *Anal. Biochem.*, **199**, 223–231.

Werhahn, W. und Braun, H.-P. (2002) Biochemical dissection of the mitochondrial proteome from *Arabidopsis thaliana* by three-dimensional gel electrophoresis. *Electrophoresis*, **23**, 640–646.

Wittig, I., Braun, H.-P. und Schägger, H. (2006) Blue native PAGE. *Nat. Protoc.*, **1**, 419–428.

Methode 10
Semidry-Blotting von Proteinen

Das Prinzip und eine Auswahl an methodischen Möglichkeiten sind in Kapitel 7 beschrieben. Diese Arbeitsanleitung befasst sich mit der Transfertechnik und ausgewählten Färbemethoden bei Blotting aus SDS-Porengradientengelen nach der Methode 7 und 8 sowie aus IEF-Gelen nach der Methode 6. Die Semidry-Blotting-Methode wird hier mit dem NovaBlot-System für die Multiphor-Kammer beschrieben, andere Systeme funktionieren ähnlich. Für den Elektrotransfer wird die Kühlplatte aus der Kammer genommen, dafür werden die Grafitplatten eingesetzt (Abb. M10.1).

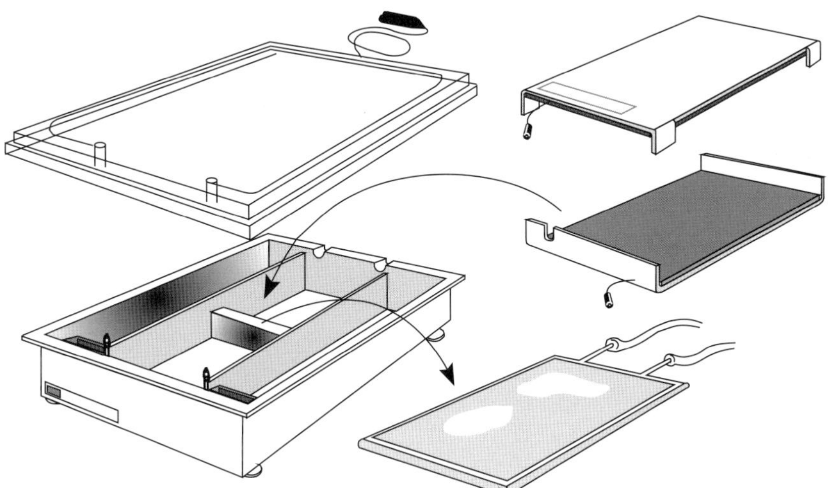

Abb. M10.1 Einsetzen der anodischen Grafitplatte anstelle der Kühlplatte. Beispiel einer Horizontalkammer: Multiphor mit NovaBlot-Bloteinsatz.

Praktische Gesichtspunkte beim Transfer

- Filterpapier und Blotfolie müssen auf die Gelfläche zugeschnitten werden, damit der Strom nicht neben dem eigentlichen Blot-Sandwich vorbeifließt. Kleinere Blot-Sandwiches können nebeneinander gelegt werden. Die maximale Gelgröße beträgt 20 × 27 cm.

Elektrophorese leicht gemacht, 2. Auflage. Reiner Westermeier.

- Man kann aber auch das Filterpapier unzerschnitten verwenden, wenn man sich eine Plastikmaske zuschneidet, in der man Fenster für die Gele und Blotfolien frei lässt. Diese Maske wird auf den anodischen Filterpapierstapel gelegt, bevor der Blot weiter aufgebaut wird (Abb. M10.2).
- Nur Gele gleichen Typs (IEF, SDS) können auf einmal geblottet werden, weil die Transferzeiten in Abhängigkeit der Gelporengrößen und des Proteinzustandes unterschiedlich sind. Aufgefaltete SDS-Polypeptid-Mizellen unterscheiden sich von fokussierten Proteinen in globulärer Form.
- Der Transferpuffer enthält 20 % Methanol, damit die Gele während des Transfers nicht quellen und damit die Bindefähigkeit der Nitrocellulose erhöht wird. Soll die biologische Aktivität von Enzymen erhalten bleiben, muss man das Methanol weglassen.
- Wenn Gele an eine Plastikfolie gebunden sind, werden Gel und Trägerfolie vorher mit einem GelRemover voneinander getrennt. Dabei wird ein dünner Draht zwischen Gel und Trägerfolie hindurchgezogen.
- Wenn mehrere Gel-Blot-Schichten übereinander geblottet werden, wird jeweils eine Dialysiermembran (Cellophan) dazwischengelegt, damit eventuell durchwandernde Proteine nicht in die nächste Trans Unit gelangen können. Beim Blotten mehrerer Trans Units verliert man Transfereffektivität in Richtung Kathode.
- Beim kontinuierlichen Puffersystem wird auf der anodischen und der kathodischen Seite des Blots der gleiche Puffer mit einem pH-Wert von 9,5 verwendet. Zum besseren Transfer hydrophober Proteine und zur Ladung von fokussierten Proteinen (Proteine sind am pI nicht geladen) enthält der Puffer auch SDS.
- Diese Methode ist die einfachste. Der Transfer ist aber nicht so gleichmäßig, und die Banden sind weniger scharf als beim diskontinuierlichen Puffersystem.
- Beim diskontinuierlichen Puffersystem verändert sich durch die unterschiedliche Ionenstärke der beiden Anodenpuffer (0,3 mol/L und 0,025 mol/L Tris) die

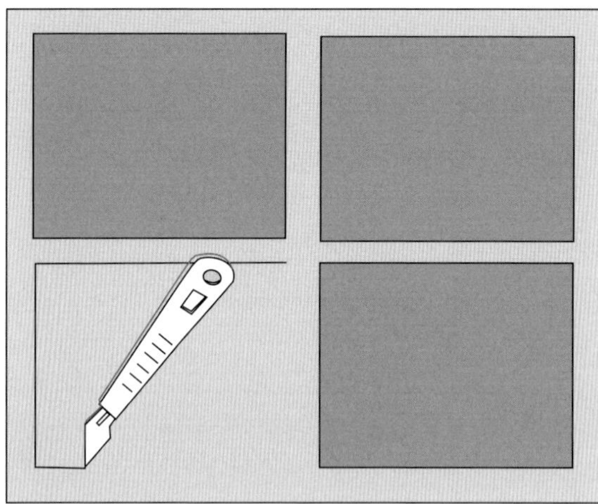

Abb. M10.2 Maske.

Wanderungsgeschwindigkeit der Proteine während des Transfers, sodass weniger *durchgeblottet* wird. Das langsame Folgeion im Kathodenpuffer gleicht die unterschiedlichen Wanderungsgeschwindigkeiten der Leitionen aus (in diesem Fall die Proteine): Man erhält einen gleichmäßigeren Transfer. Hier wird SDS nur in den Kathodenpuffer gegeben. Diese Methode ist auch besonders bei Nativ-Blotting empfehlenswert. Die geringe Menge SDS (0,01 %) im Kathodenpuffer denaturiert die Proteine während des kurzzeitigen Kontakts nicht.

M10.1 Transferpuffer

M10.1.1 Kontinuierliches Puffersystem

39 mmol/L Glycin 2,930 g,
48 mmol/L Tris 5,810 g,
0,0375 % (g/v) SDS 0,375 g,
20 % (v/v) Ethanol[1)] 200 mL
mit H_2O_{dest} auffüllen auf 1000 mL

M10.1.2 Diskontinuierliches Puffersystem

Die hier vorgeschlagene Rezeptur ist eine leicht modifizierte Version der Methode nach Kyhse-Andersen (1984). In der Originalpublikation enthält der Kathodenpuffer zusätzlich 25 mmol/L Tris. Das ist aber nicht notwendig, die Transfereffizienz ist ohne das Tris sogar besser.

Anodenlösung I
0,3 mol/L Tris 36,3 g, 20 % (v/v) Ethanol 200 mL
mit H_2O_{dest} auffüllen auf 1000 mL

Anodenlösung II
25 mmol/L Tris 3,03 g,
20 % (v/v) Ethanol 200 mL
mit H_2O_{dest} auffüllen auf 1000 mL

Kathodenlösung
40 mmol/L ε-Aminocapronsäure 5,2 g
0,01 % SDS (g/v) 0,1 g,
20 % (v/v) Ethanol 200 mL
mit H_2O_{dest} auffüllen auf 1000 mL

1) Ursprünglich wurde Methanol in den Blotting-Puffern verwendet. Da die Dämpfe gesundheitsschädlich sind, kann es ohne Probleme durch Ethanol oder Isopropanol ersetzt werden.

M10.1.3
Transfers aus Agarosegelen

Das diskontinuierliche Puffersystem ohne Alkohol im Puffer verwenden.

M10.2
Technische Durchführung

Diese Anleitung bezieht sich auf das diskontinuierliche Puffersystem. Wenn das kontinuierliche Puffersystem verwendet wird, sind Anodenlösung I, Anodenlösung II und Kathodenlösung identisch.

Während der folgenden Manipulationen sollten Gummihandschuhe getragen werden, um Verunreinigung der Puffer, Blotting-Membranen und Filterpapiere zu vermeiden.

- Kühlplatte aus der Elektrophorese Kammer nehmen mit den daran hängenden Kühlschläuchen.
- Anodenplatte (hat ein rotes Kabel) in die Elektrophoresekammer einsetzen, Kabel einstecken.
- Anodengrafitplatte mit H_2O_{dest} sättigen, überschüssiges Wasser mit saugfähigem Papier entfernen. Dadurch erreicht man einen gleichmäßigen Stromfluss.
- Benötigte Filterpapiere (sechs für die Anode, sechs für die Kathode, sechs pro Trans Unit) und Blotfolie auf Gelgröße zuschneiden; oder nach der eingangs vorgeschlagenen Methode mit der Plastikmaske verfahren.
- 200 mL Anodenlösung I in Färbeschale gießen.
- Sechs Filterpapiere langsam durch Kapillarwirkung vollsaugen lassen und auf die Grafitplatte (Anode) legen (Abb. M10.3); Luftblasen vermeiden.
- Anodenlösung I in Flasche zurückgießen; Puffer kann mehrfach verwendet werden; 200 mL Anodenlösung II in Färbeschale gießen.
- Elektrophorese bzw. die isoelektrische Fokussierung stoppen.
- Kühlkontaktflüssigkeit von der Folienunterseite abwischen.
- Gele in Anodenpuffer II äquilibrieren:
  - SDS-PAGE: 5 min
  - IEF: 2 min

  SDS-Gele nehmen dabei so viel Ethanol auf, dass sie nicht quellen. IEF-Gele lassen sich dann nach dem Blotten leichter von der Blotfolie entfernen. *Trägerfoliengele* lässt man hierzu mit der Geloberfläche nach unten auf der Pufferoberfläche *schwimmen*.
- Die Blotfolie kurz in Anodenpuffer II tränken und auf das Gel legen.
- Drei Filterpapiere im Puffer tränken und auf die Blotfolie legen.

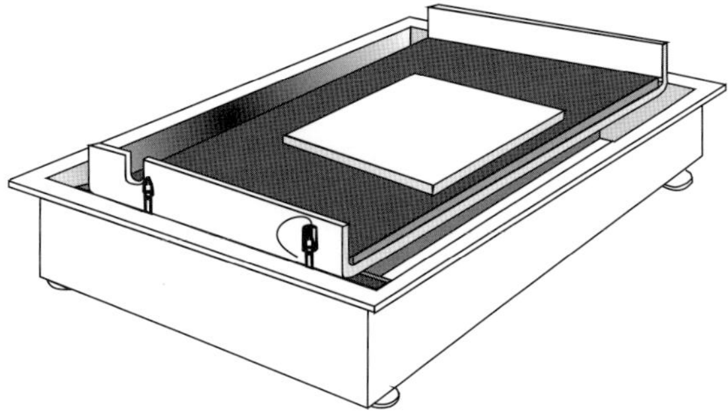

Abb. M10.3 Aufbau des Blotstapels auf der anodischen Grafitplatte.

M10.2.1
Gele ohne Trägerfolie

- Anodenlösung II weggießen (wegen der Äquilibrierung des Gels soll dieser Puffer nur einmal verwendet werden).
- Färbewanne mit destilliertem Wasser ausspülen und mit Papier trocknen (wiederverwendbarer Kathodenpuffer soll nicht mit Anodenpufferresten kontaminiert werden).
- Das Gel auf die Blotfolie legen.
- 200 mL Kathodenlösung in die Färbeschale gießen.
- Neun Filterpapiere in Kathodenpuffer tränken und darauflegen.
  Beim Aufbau des Blotstapels – wie hier beschrieben – lässt sich der Einschluss von Luftblasen nicht vollständig vermeiden. Deshalb müssen diese mit einem Handroller herausgewalzt werden (Abb. M10.5):
- In der Mitte beginnend in alle vier Himmelsrichtungen nach außen walzen.
- Dabei so aufdrücken, dass der im Stapel enthaltene Puffer seitlich *herausblickt*, aber nicht herausgedrückt wird. Beim Abnehmen des Handrollers muss sich der Puffer wieder in den Stapel zurückziehen.
  Walzt man mit zu geringem Druck, können noch Luftblasen im Blot bleiben; an diesen Stellen gibt es keinen Transfer. Walzt man zu stark, wird der Stapel zu trocken und uneben.
- Kathodengrafitplatte (schwarzes Kabel) mit destilliertem Wasser sättigen, überschüssiges Wasser mit saugfähigem Papier entfernen (siehe Anodenplatte).
- Kathodenplatte auf den Stapel aufsetzen, Kabel anstecken.
- Ein Gewicht (1–2 kg) auf die Kathodenplatte legen, um zu verhindern, dass das Elektrolysegas das elektrische Feld unterbricht.
- Sicherheitsdeckel auf Elektrophoresekammer aufsetzen und Kabel an Stromversorger anstecken, auf richtige Polung achten.
- Bei konstanter Stromstärke blotten: 0,8 mA/cm^2. Höhere Stromstärken führen zur Erwärmung des Gels und sind nicht zu empfehlen.

M10.2.2
Trägerfoliengebundene Gele

Das Gel wird mit einem GelRemover von der Folie abgeschnitten.

- Das Gel für 10 min in Anodenpuffer II tränken (enthält Methanol oder Ethanol, um das Anquellen des Gels nach dem Abschneiden von der Folie zu verhindern).

> **Tipp**
> Die Handhabung eines ganzen Gels (25 × 10 cm) beim Abziehen der Trägerfolie wird erheblich erleichtert, wenn man das Gel nach der Äquilibrierung in zwei Hälften schneidet und nach dem Durchziehen des GelRemover-Drahtes beide Hälften wieder aneinanderlegt; man kann dann trotzdem eine Blotfolie für das gesamte Gel verwenden. Beim Abziehen der großflächigen Trägerfolie bilden sich häufig Falten im Gel, deren Entfernung schwierig, wenn nicht unmöglich ist.

- Trägerfoliengebundene Gele mit der Gelseite nach oben auf den GelRemover legen; sodass die breite Kante am Sammelgel mit den beiden Positionierungsstiften in Kontakt kommt.
- Die Trägerfolie mit der Klammer so befestigen, dass das Gel dabei nicht beschädigt wird.
- Den Schneidedraht über die Kante zwischen Sammel- und Trenngel ziehen, an den beiden Verschlüssen befestigen und die Schnappverschlüsse nach unten drücken, dass der Draht gespannt ist.

Wenn nötig kann man die Spannung des Drahtes mit einer Schraube verstellen. Nur mit einer hohen mechanischen Spannung lässt sich das Gel ohne Reste von der Folie abschneiden.

Wegen der unterschiedlichen Eigenschaften von PVDF und Nitrocellulosemembranen werden zwei unterschiedliche Vorgangsweisen vorgeschlagen. Diese sind im Folgenden beschrieben.

M10.2.3
Bei Verwendung von Nitrocellulose (NC)-Membran

- Die trockene NC-Blotmembran auf die Trenngeloberfläche legen (unter Vermeidung von Luftblasen).
- Mit beiden Händen an den Schnappverschlüssen den Draht langsam aber zügig durch das Gel auf sich zu ziehen (Abb. M10.4). Das Sammelgel bleibt auf der Trägerfolie haften.
- Den Schneidedraht entfernen und das gesamte Sandwich (inklusive Trägerfolie) abnehmen, umdrehen und auf den mit Puffer getränkten Filterpapierstapel legen.

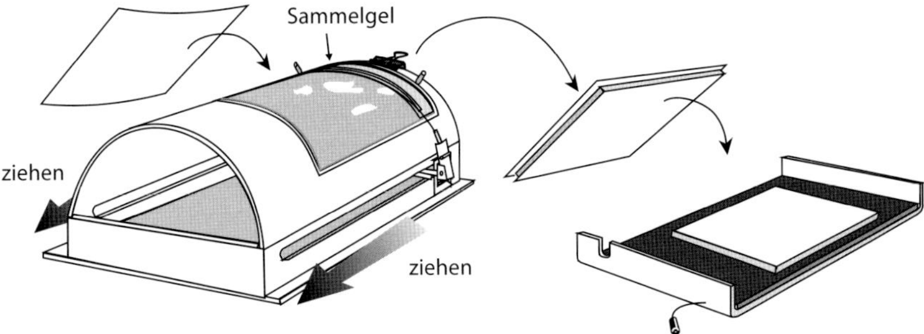

Abb. M10.4 Abschneiden der Trägerfolie und Übertragen des Trägerfoliengel-Nitrocellulosemembran-Stapels auf den Anodenpapierstapel.

- Vorsichtig die Trägerfolie abziehen, indem man an einer Ecke beginnt und Falten vermeidet.

M10.2.4
Bei Verwendung einer PVDF-Membran

Die PVDF-Membran muss vorher mit Alkohol benetzt werden, deshalb ist es nicht praktisch, die nasse Membran vor dem Schneiden auf die Geloberfläche zu legen.

- Mit beiden Händen an den Schnappverschlüssen den Draht langsam aber zügig durch das Gel auf sich zu ziehen. Das Sammelgel bleibt auf der Trägerfolie haften.
- Den Schneidedraht entfernen und das gesamte Sandwich (inklusive Trägerfolie) abnehmen, umdrehen und auf den Labortisch legen.
- Eine PVDF-Membran auf die Größe des Trenngels zuschneiden und kurz mit Methanol, Ethanol oder Isopropanol tränken.
- Die PVDF-Membran auf die Trenngeloberfläche legen (unter Vermeidung von Luftblasen).
- Diesen Stapel umdrehen, die Trägerfolie vorsichtig – an einer Ecke beginnend – abziehen, während man die Ecke des Gels mit einem Spatel nach unten hält.
- PVDF-Membran und Gel für 1 min in die Wanne mit Alkohol legen und etwaige Falten herausziehen.
- Die PVDF-Membran zusammen mit dem Gel auf den mit Puffer getränkten Filterpapierstapel legen.

M10.2.5
Proteintransfer aus den abgeschnittenen Gelen

- Anodenlösung II weggießen; wegen der Äquilibrierung des Gels soll dieser Puffer nur einmal verwendet werden.
- Färbewanne mit destilliertem Wasser ausspülen und mit Papier trocknen. *Wiederverwendbarer Kathodenpuffer soll nicht mit Anodenpufferresten kontaminiert werden.*
- 200 mL Kathodenlösung in Färbeschale gießen.
- Neun Filterpapiere in Kathodenpuffer tränken und darauflegen. *Beim Aufbau des Blotstapels, wie hier beschrieben, lässt sich der Einschluss von Luftblasen nicht vollständig vermeiden. Deshalb müssen diese mit einem Handroller herausgewalzt werden* (Abb. M10.5):
  - In der Mitte beginnend in alle vier Himmelsrichtungen nach außen walzen.
  - Dabei so aufdrücken, dass der im Stapel enthaltene Puffer seitlich *herausblickt*, aber nicht herausgedrückt wird. Beim Abnehmen des Handrollers muss sich der Puffer wieder in den Stapel zurückziehen.
    Walzt man mit zu geringem Druck, können noch Luftblasen im Blot bleiben; an diesen Stellen gibt es keinen Transfer. Walzt man zu stark, wird der Stapel zu trocken und uneben.
- Kathodengrafitplatte (schwarzes Kabel) mit destilliertem Wasser sättigen, überschüssiges Wasser mit saugfähigem Papier entfernen (siehe Anodenplatte).
- Kathodenplatte auf den Stapel aufsetzen, Kabel anstecken.
- Ein Gewicht (1–2 kg) auf die Kathodenplatte legen, um zu verhindern, dass das Elektrolysegas das elektrische Feld unterbricht.
- Sicherheitsdeckel auf Elektrophoresekammer aufsetzen und Kabel an Stromversorger anstecken; auf richtige Polung achten.
- Bei konstanter Stromstärke blotten: 0,8 mA/cm^2. Höhere Stromstärken führen zur Erwärmung des Gels und sind nicht zu empfehlen.

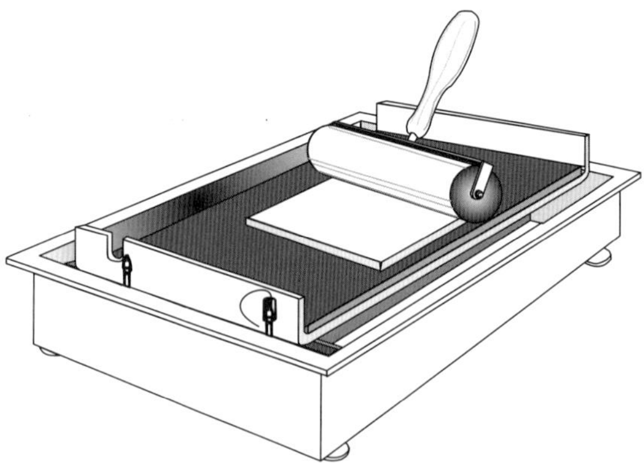

Abb. M10.5 Auswalzen der Luftblasen.

Blottet man aus dickeren oder/und höherprozentigen Gelen, erhöht sich die Blotzeit bis zu 2 h. Blotten aus Nativ- und Fokussierungsgelen geht schneller, weil sich die Proteine in globulärer Form befinden und – bei der IEF – die Gele weitporiger sind. Richtwert: 30 min.

- Stromversorger abschalten, Kabel abziehen,
- Sicherheitsdeckel und Kathodenplatte abnehmen,
- Stapel auseinandernehmen,
- Gele zur Kontrolle mit Coomassie Blau anfärben,
- Blotfolie vor den Nachweismethoden entweder trocken über Nacht liegen lassen oder 3–4 h bei 60 °C in Trockenschrank legen. Dadurch binden die Proteine stärker an die Folie und werden während der Färbung und den spezifischen Nachweisen nicht teilweise abgewaschen.

Vorsicht
Diese Behandlung darf nicht vor Nachweisen biologischer Aktivität (Zymogrammtechniken) angewendet werden. Die meisten Enzyme verlieren hierbei ihre Aktivität.

M10.3 Färbung von Blotfolien

M10.3.1 Amidoschwarzfärbung

- 0,1 g Amidoschwarz in 100 mL Methanol-Eisessig-Wasser (40 : 10 : 50 v/v) lösen,
- 3–4 min in 0,1 %iger Amidoschwarzlösung anfärben,
- Entfärben in Methanol-Eisessig-Wasser (25 : 10 : 65 v/v),
- Nitrocellulose an der Luft trocknen.

M10.3.2 Reversible Färbung

Soll im Anschluss an die Allgemeinfärbung ein spezifischer Immun- oder Glykoproteinnachweis durchgeführt werden, empfiehlt sich stattdessen eine Färbung mit Ponceau S (Salinovich und Montelaro, 1986) oder Fast Green FCF.

Ponceau-S-Färbung

0,1 % (g/v) Ponceau S in 5 %iger Essigsäure lösen,
5 min Färben,
5 min Entfärben des Hintergrunds 5 % Essigsäure,
Waschen mit H_2O_{dest}.

Fast-Green-Färbung

0,1 % (g/v) Fast Green in 1 %iger Essigsäure lösen,
5 min Färben,
5 min Entfärben des Hintergrunds mit H_2O_{dest},
vollständige Entfärbung der Banden durch Inkubation der Folie 5 min in 0,2 mol/L NaOH.
Jetzt kann mit der Blockierung und dem immunologischen oder Lektinnachweis begonnen werden.
Das funktioniert nur bei Nitrocellulose, Alkalibehandlung verstärkt außerdem Antigenreaktivität (Sutherland und Skerritt, 1986).

M10.3.3 Indian-Ink-Färbung

Wird die Indian-Ink-Technik nach Hancock und Tsang (1983) wie folgt modifiziert, ist die Nachweisempfindlichkeit dieser Allgemeinfärbung beinahe so hoch wie die einer Silberfärbung eines Gels (siehe auch Abb. M10.6):

- Baden: 5 min in 0,2 mol/L NaOH.
- Waschen: 4 × 10 min mit PBS-Tween (250 mL je Waschen auf Schüttler).
- PBS-Tween: 48,8 g NaCl + 14,5 g Na_2HPO_4 + 1,17 g NaH_2PO_4 + 2,5 mL Tween 20, auf 5 L mit H_2O_{dest} auffüllen.
- Färben: 2 h bis über Nacht mit 250 mL PBS-Tween + 2,5 mL Essigsäure + 250 µL Pelikan-Füllfederhaltertinte (Fount India); Schüttler! Färbelösung vorher filtrieren.
- Waschen: 2 × 2 min mit Wasser.
- Trocknen: an der Luft.

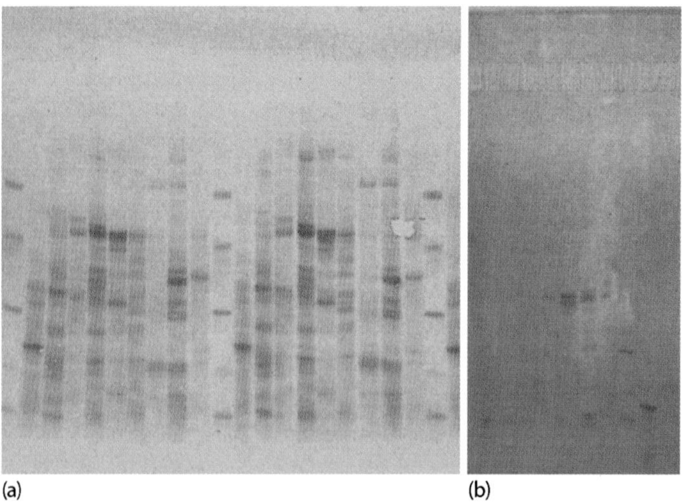

Abb. M10.6 SDS-PAGE von Leguminosenextrakten. (a) Mit Indian Ink gefärbte Nitrocellulosemembran nach Blotting; (b) Coomassie-Blau-gefärbtes Gel – gleiche Proteinkonzentration.

Literatur

Hancock, K. und Tsang, V.C.W. (1983) India ink staining of proteins on nitrocellulose paper. *Anal. Biochem.*, **133**, 157–162.

Kyhse-Andersen, J. (1984) Electroblotting of multiple gels: A simple apparatus without buffer tank for rapid transfer of proteins from polyacrylamide to nitrocellulose. *J. Biochem. Biophys. Methods*, **10**, 203–209.

Salinovich, O. und Montelaro, R.C. (1986) Reversible staining and peptide mapping of proteins transferred to nitrocellulose after separation by sodium dodecyl sulfate-polyacrylamide gel electrophoresis. *Anal. Biochem.*, **156**, 341–347.

Sutherland, M.W. und Skerritt, J.H. (1986) Alkali enhancement of protein staining on nitrocellulose. *Electrophoresis*, **7**, 401–406.

Methode 11
IEF im immobilisierten pH-Gradienten

Das Prinzip der Isoelektrischen Fokussierung in immobilisierten pH-Gradienten ist in Teil I beschrieben. Diese Technik hat eine Reihe von Eigenschaften, welche sie deutlich von der IEF im Trägerampholytengradienten unterscheidet:

Vorteile

- Die Trennungen sind besser reproduzierbar. Der pH-Gradient ist und bleibt absolut linear, wird weder durch Salz- oder Pufferionen noch durch die Proteine der Probe beeinflusst. Es gibt keine welligen Banden, sondern absolut gerade Iso-pH-Linien.
- Der pH-Gradient ist absolut zeitstabil, er kann nicht triften. Feldstärke und Zeit sind nicht limitiert.
- Basische Proteine können besser oder überhaupt erst in immobilisierten pH-Gradienten fokussiert werden, weil der Gradient stabil bleibt. In diesem Bereich gibt es die meisten Probleme bei der Trägerampholyten-IEF.
- Immobilisierte pH-Gradienten sind besser reproduzierbar, weil sie mit maximal sechs verschiedenen, chemisch exakt definierten Substanzen erzeugt werden; im Gegensatz zu mehreren 100 Trägerampholytenhomologen.
- Da man immobilisierte pH-Gradienten maßgeschneidert und mit ultraengen pH-Bereichen erzeugen kann, erreicht man extrem hohe Auflösung: $< \Delta pI = 0{,}001$ pH.
- Da als basische puffernde Gruppen ausschließlich tertiäre Aminogruppen verwendet werden und keine Trägerampholyten vorhanden sind, kann man kleinmolekulare Peptide mit Ninhydrin oder Dansylchlorid direkt im Gel detektieren. Mit diesen Substanzen werden Trägerampholyten ebenfalls angefärbt.
- Immobilisierte pH-Gradienten sind Bestandteil des Gels; dadurch gibt es keine Randeffekte und man kann die Trennungen in schmalen, individuellen Gelstreifen durchführen. Dies ist vor allem vorteilhaft für die erste Dimension bei der 2-D-Elektrophorese.

Nachteile

- Die Gießtechnik für IPG-Gele ist aufwendiger und komplexer: Pipettieren der Immobiline, Gradienten gießen.

Elektrophorese leicht gemacht, 2. Auflage. Reiner Westermeier.

- Bei der Gelherstellung kann man mehr Fehler machen; z. B. Pipettierfehler, Verwechslung der Lösungen.
- Man kann IPGs nur mit Polyacrylamidgelen herstellen, nicht mit Agarosegelen.
- Die Trennungen dauern länger wegen der niedrigen Leitfähigkeit.
- Manche Proteine wandern nicht ohne Weiteres in das Gel ein. Hier sind bisweilen Kunstgriffe nötig.

M11.1 Probenvorbereitung

Die besten Ergebnisse werden erzielt, wenn konzentrierte Proben 1 : 3 oder noch weiter verdünnt aufgetragen werden. Die Beladungskapazität von Immobilinegelen ist höher als bei Trägerampholytgelen. Die Limitierung liegt bei der Konzentration der Probe beim Eintritt der Proteine ins Gel. Wenn eine größere Proteinmenge aufgetrennt werden soll, empfiehlt sich das Verdünnen und mehrmalige Nachladen der Probe. In manchen Fällen hat sich das Versetzen der Probe mit ca. 2 % Nonidet NP-40 oder Monoethylenglycol als vorteilhaft erwiesen.

Bei der Herstellung von Zelllysaten empfiehlt sich die Zugabe von 8 mmol/L PMSF (bei 5×10^8 Zelläquivalenten pro Milliliter Lysatlösung) als Proteaseinhibitor (Strahler *et al.*, 1987).

Da Immobilinegele bei der Herstellung intensiv gewaschen werden, sind toxische Monomere und Katalysatoren nicht mehr vorhanden.

M11.2 Stammlösungen

Immobiline® II 0,2 molare Stammlösungen

p*K* 3,6 (a) 10 mL
p*K* 4,6 (a) 10 mL
p*K* 6,2 (b) 10 mL
p*K* 7,0 (b) 10 mL
p*K* 8,5 (b) 10 mL
p*K* 9,3 (b) 10 mL
(a) = acid, sauer; (b) = basic, basisch.

Die Lösungen sind gegen Autopolymerisation und Hydrolyse stabilisiert und sind mindestens zwölf Monate bei einer Lagerung im Kühlschrank (4–8 °C) haltbar. Immobiline II dürfen nicht eingefroren werden! Saure Immobiline II (a) sind gelöst in H_2O_{Bidest} und stabilisiert mit 5 ppm Polymerisationsinhibitor (Hydrochinon-Monoethylether), basische Immobiline II (b) sind gelöst in *n*-Propanol

Acrylamid, Bis ($T = 30\,\%$, $C = 3\,\%$)

29,1 g Acrylamid + 0,9 g Bis mit H_2O_{Bidest} auf 100 mL auffüllen.
Reste umweltfreundlich beseitigen: mit APS-Überschuss auspolymerisieren.

> **Vorsicht**
> Acrylamid und Bis sind als Monomere toxisch. Hautkontakt vermeiden, nicht mit dem Mund pipettieren, bei Lagerung im Dunkeln bei 4 °C (Kühlschrank) eine Woche haltbar. Kann dann noch für mehrere Wochen für SDS-Gele verwendet werden. Bei SDS-Gelen ist die Qualität der Lösung nicht so kritisch (wie bei IEF-Gelen).

Ammoniumpersulfatlösung (APS) 40 % (g/v)
400 mg APS in 1 mL H_2O_{Bidest} auflösen.
Eine Woche im Kühlschrank (4 °C) haltbar.
4 mol/L HCl
33,0 mL HCl mit H_2O_{Bidest} auf 100 mL auffüllen.
2 mmol/L Essigsäure
11,8 µL Essigsäure mit H_2O_{Bidest} auf 100 mL auffüllen.
2 mmol/L Tris
24,2 mg Tris mit H_2O_{Bidest} auf 100 mL auffüllen.
Kühlkontaktflüssigkeit
12 mL Glycerin (85 %)
15 g Sorbit
100 mg CHAPS
mit H_2O_{dest} auf 100 mL auffüllen.

M11.3 Immobilinerezepturen

Zum Gießen der pH-Gradienten stellt man zwei Lösungen her: eine saure, schwere (mit Glycerin) und eine basische, leichte. Die saure und die basische Lösung haben die pH-Werte der Endpunkte des Gradienten. Die Standardgeldicke ist 0,5 mm; für ein Gel benötigt man je 7,5 mL Starterlösung. Die Rezepturen in Tab. M11.1 und M11.2 sind auf eine optimale Ionenstärke von ca. 5 mmol/L im Gel berechnet, die pH- und p*K*-Werte beziehen sich auf 10 °C.

Durch die Standardisierung, dass die saure Lösung immer die schwere Lösung ist, weiß man stets, wo das saure Ende des Gels ist (die saure Seite ist immer unten und besitzt eine gerade Kante).

M11.3.1 Maßgeschneiderte pH-Gradienten

Benötigt man zur Optimierung der Auflösung (z. B. bei präparativen Anwendungen) einen maßgeschneiderten pH-Gradienten, ermittelt man die Immobilinevolumina für die beiden Starterlösungen auf grafischem Wege (Abb. M11.1):

- Auswahl des *gewünschten* Gradienten am engsten umschließenden Gradienten aus Tab. M11.1 oder M11.1.
  Beispiel:
  gewünscht: pH 5,3–5,6
  gewählt: Gradient pH 5,0–6,0 aus Tab. M11.1
- Auftragen der Immobilinevolumina der sauren und der basischen Starterlösungen (μL) über einer Skala des gewählten Gradienten auf ein Millimeterpapier.
- Verbinden der Mikrolitermengen der zueinander gehörenden Immobiline mit Geraden. Linearer Gradient!
- Markieren des sauren und basischen Endpunkts des gewünschten Gradienten.
- Ablesen der entsprechenden Immobilinevolumina an den Schnittpunkten zwischen den Vertikallinien und den Verbindungsgeraden. Dies ist die Rezeptur für die Starterlösungen des gewünschten Gradienten (Abb. M11.1).

Manchmal hat man die Wahl zwischen verschiedenen Grundrezepturen. Man erhält dann für einen Gradienten verschiedene Rezepturen. Die resultierenden pH-Gradienten sind jedoch identisch.

Die grafische Interpolation wird manchmal auch für empirische pH-Gradientenoptimierung eingesetzt: Man trennt seine Probe in einem gewählten Immobiline-pH-Gradienten auf. Ist man an einer größeren Auflösung einer bestimmten Bandengruppe innerhalb des Gradienten interessiert, zeichnet man sich die pH-Skala des verwendeten Gradienten auf die Länge der Trenndistanz auf Millimeterpapier auf. Man legt das gefärbte Gel so darauf, dass sich Trennspur und Skala decken (auf richtige Orientierung des Gels achten: Saure Seite – Anode und basische Seite – Kathode!). Man zeichnet sich die Endpunkte des neuen, gewünschten

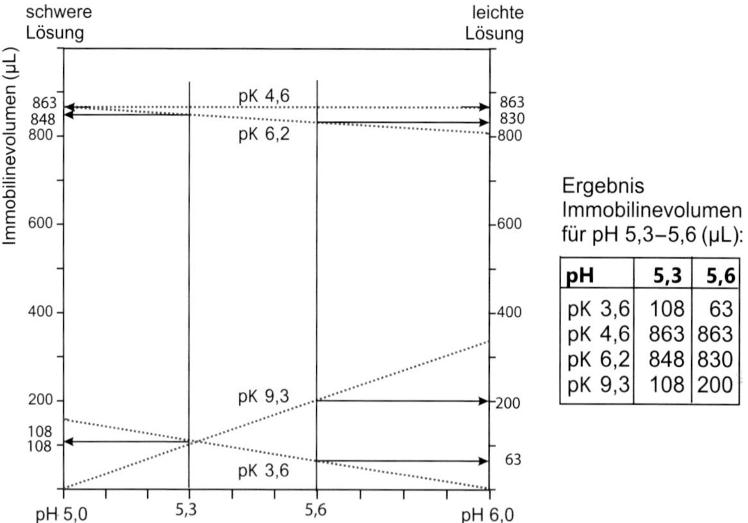

pH	5,3	5,6
pK 3,6	108	63
pK 4,6	863	863
pK 6,2	848	830
pK 9,3	108	200

Abb. M11.1 Grafische Interpolation eines maßgeschneiderten immobilisierten pH-Gradienten pH 5,3–5,6. Ordinaten: Immobilinevolumen.

Tab. M11.1 Enge pH-Gradienten: Immobilinemengen für 15 mL der jeweiligen Starterlösung (zwei Gele), 0,2 mol/L Immobiline in µL.

Saure, schwere Lösungen						**pH-**	**Basische, leichte Lösungen**					
Immobiline pK						**Gradient**	**Immobiline pK**					
3,6	**4,6**	**6,2**	**7,0**	**8,5**	**9,3**		**3,6**	**4,6**	**6,2**	**7,0**	**8,5**	**9,3**
–	904	–	–	–	129	3,8–4,8	–	686	–	–	–	477
–	817	–	–	–	141	3,9–4,9	–	707	–	–	–	525
–	755	–	–	–	157	4,0–5,0	–	745	–	–	–	584
–	713	–	–	–	177	4,1–5,1	–	803	–	–	–	659
–	689	–	–	–	203	4,2–5,2	–	884	–	–	–	753
–	682	–	–	–	235	4,3–5,3	–	992	–	–	–	871
–	691	–	–	–	275	4,4–5,4	–	1133	–	–	–	1021
–	716	–	–	–	325	4,5–5,5	–	1314	–	–	–	1208
562	600	863	–	–	–	4,6–5,6	–	863	863	–	–	105
458	675	863	–	–	–	4,7–5,7	–	863	863	–	–	150
352	750	863	–	–	–	4,8–5,8	–	863	863	–	–	202
218	863	863	–	–	–	4,9–5,9	–	863	863	–	–	248
158	863	863	–	–	–	5,0–6,0	–	863	803	–	–	338
113	863	863	–	–	–	5,1–6,1	–	863	713	–	–	443
1251	–	1355	–	–	–	5,2–6,2	337	–	724	–	–	–
1055	–	1165	–	–	–	5,3–6,3	284	–	694	–	–	–
899	–	1017	–	–	–	5,4–6,4	242	–	682	–	–	–
775	–	903	–	–	–	5,5–6,5	209	–	686	–	–	–
676	–	817	–	–	–	5,6–6,6	182	–	707	–	–	–
598	–	755	–	–	–	5,7–6,7	161	–	745	–	–	–
536	–	713	–	–	–	5,8–6,8	144	–	803	–	–	–
486	–	689	–	–	–	5,9–6,9	131	–	884	–	–	–
447	–	682	–	–	–	6,0–7,0	120	–	992	–	–	–
416	–	691	–	–	–	6,1–7,1	112	–	1133	–	–	–
972	–	–	1086	–	–	6,2–7,2	262	–	–	686	–	–
833	–	–	956	–	–	6,3–7,3	224	–	–	682	–	–
722	–	–	857	–	–	6,4–7,4	195	–	–	694	–	–
635	–	–	783	–	–	6,5–7,5	171	–	–	724	–	–
565	–	–	732	–	–	6,6–7,6	152	–	–	771	–	–
509	–	–	699	–	–	6,7–7,7	137	–	–	840	–	–
465	–	–	683	–	–	6,8–7,8	125	–	–	934	–	–
430	–	–	684	–	–	6,9–7,9	116	–	–	1058	–	–
403	–	–	701	–	–	7,0–8,0	108	–	–	1217	–	–
381	–	–	736	–	–	7,1–8,1	103	–	–	1422	–	–
1028	–	–	750	750	–	7,2–8,2	548	–	–	750	750	–
983	–	–	750	750	–	7,3–8,3	503	–	–	750	750	–
938	–	–	750	750	–	7,4–8,4	458	–	–	750	750	–

Tab. M11.1 Fortsetzung.

Saure, schwere Lösungen Immobiline p*K*						pH-Gradient	Basische, leichte Lösungen Immobiline p*K*					
3,6	4,6	6,2	7,0	8,5	9,3		3,6	4,6	6,2	7,0	8,5	9,3
1230	–	–	–	1334	–	7,5–8,5	331	–	–	–	720	–
1037	–	–	–	1149	–	7,6–8,6	279	–	–	–	692	–
885	–	–	–	1004	–	7,7–8,7	238	–	–	–	682	–
764	–	–	–	893	–	7,8–8,8	206	–	–	–	687	–
667	–	–	–	810	–	7,9–8,9	180	–	–	–	710	–
591	–	–	–	750	–	8,0–9,0	159	–	–	–	750	–
530	–	–	–	710	–	8,1–9,1	143	–	–	–	810	–
482	–	–	–	687	–	8,2–9,2	130	–	–	–	893	–
443	–	–	–	682	–	8,3–9,3	119	–	–	–	1004	–
413	–	–	–	692	–	8,4–9,4	111	–	–	–	1149	–
389	–	–	–	720	–	8,5–9,5	105	–	–	–	1334	–
1208	–	–	–	–	1314	8,6–9,6	325	–	–	–	–	716
1021	–	–	–	–	1133	8,7–9,7	275	–	–	–	–	691
871	–	–	–	–	992	8,8–9,8	235	–	–	–	–	682
753	–	–	–	–	884	8,9–9,9	203	–	–	–	–	689
659	–	–	–	–	803	9,0–10,0	177	–	–	–	–	713
584	–	–	–	–	745	9,1–10,1	157	–	–	–	–	755
525	–	–	–	–	707	9,2–10,2	141	–	–	–	–	817
478	–	–	–	–	686	9,3–10,3	129	–	–	–	–	903
440	–	–	–	–	682	9,4–10,4	119	–	–	–	–	1017
410	–	–	–	–	694	9,5–10,5	111	–	–	–	–	1165

Gradienten (ober- und unterhalb der Bandengruppe) auf die Skala und verfährt wie oben beschrieben.

Die Rezeptur für einen sehr weiten pH-Gradienten 4–12 findet man in der Publikation von Görg *et al.* (1998). Man benötigt aber zwei zusätzliche puffernde Acrylamidderivate (Immobiline): p*K* 10,3 und ein quaternäres Acrylamidreagenz mit einem p*K* > 13.

M11.4
Vorbereitung der Gießkassette

M11.4.1
Hydrophobisierung des Abstandhalters

Einige Milliliter Repel-Silane oder GelSlick® werden unter dem Abzug mit einem Papierhandtuch über die Innenfläche des Abstandhalters verteilt. Der Abstand-

Tab. M11.2 Weite pH-Gradienten: Immobilinemengen für 15 mL der jeweiligen Starterlösung (zwei Gele), 0,2 mol/L Immobiline in µL.

Saure, schwere Lösungen						**pH-**	**Basische, leichte Lösungen**					
Immobiline pK						**Gradient**	**Immobiline pK**					
3,6	**4,6**	**6,2**	**7,0**	**8,5**	**9,3**		**3,6**	**4,6**	**6,2**	**7,0**	**8,5**	**9,3**
299	223	157	–	–	–	3,5–5,0	212	310	465	–	–	–
569	99	439	–	–	–	4,0–6,0	390	521	276	–	–	722
415	240	499	–	–	–	4,5–6,5	–	570	244	235	–	297
69	428	414	–	–	–	5,0–7,0	–	474	270	219	–	320
–	450	354	113	–	–	5,5–7,5	347	–	236	287	284	–
435	–	323	208	44	–	6,0–8,0	286	–	174	325	329	–
771	–	276	185	538	–	6,5–8,5	192	–	153	278	362	–
1349	–	–	272	372	845	7,0–9,0	484	–	–	232	189	546
668	–	–	445	226	348	7,5–9,5	207	–	–	925	139	346
399	–	–	364	355	94	8,0–10,0	91	–	–	329	366	289
578	110	450	–	–	–	4,0–7,0	302	738	151	269	–	876
702	254	416	133	346	–	5,0–8,0	175	123	131	345	346	–
779	–	402	93	364	80	6,0–9,0	241	–	161	449	237	225
542	–	–	378	351	–	7,0–10,0	90	–	–	324	350	280
588	254	235	117	170	–	4,0–8,0	–	554	360	142	334	288
830	582	218	138	795	122	5,0–9,0	–	249	263	212	292	230
941	–	273	243	260	282	6,0–10,0	100	–	333	361	239	326
829	235	232	22	250	221	4,0–9,0	147	424	360	296	71	663
563	463	298	273	227	127	5,0–10,0	21	59	34	420	310	273
1102	–	455	89	334	–	4,0–10,0	–	114	50	488	157	357

halter ist eine Glasplatte mit der aufgeklebten, 0,5 mm dünnen, U-förmigen Silikongummidichtung. Wenn die Beschichtung trocken ist, wird der Slotformer mit Wasser abgespült. Diese Behandlung muss nur einmal durchgeführt werden.

M11.4.2
Zusammenbau der Gelkassette

Zur mechanischen Stützung und zur besseren Handhabung wird das Gel kovalent auf eine Trägerfolie polymerisiert. Dazu wird eine Glasplatte auf saugfähiges Laborpapier o. ä. gelegt und mit wenigen Millilitern Wasser benetzt. Der GelFix™-oder GelBond®-PAG-Film wird mit einem Roller, mit der unbehandelten hydrophoben Seite nach unten, auf die Glasplatte gewalzt (Abb. M11.2). Dabei entsteht zwischen Glasplatte und Folie ein dünner Wasserfilm, der durch Adhäsion die Folie festhält. Das austretende überschüssige Wasser wird mit dem Laborpapier abgesaugt. Um das Eingießen der Gellösungen zu erleichtern, lässt man die Folie an einer der Längsseiten der Glasplatte um ca. 1 mm überstehen. Nützlich ist es,

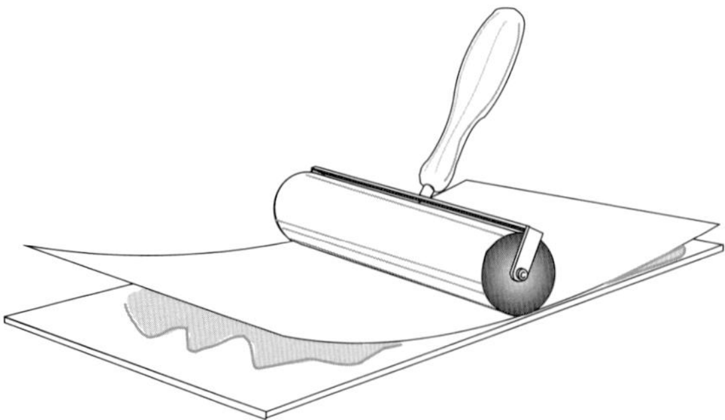

Abb. M11.2 Aufwalzen der Trägerfolie.

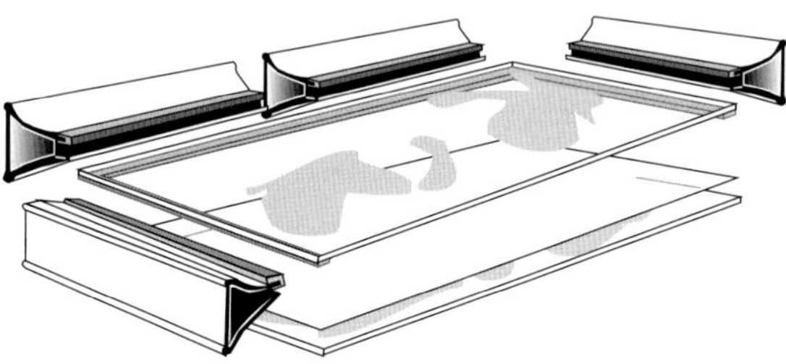

Abb. M11.3 Zusammenbau der Gießkassette.

die Folien vorher mit einem wasserfesten, schwarzen Edding-3000-Stift auf der hydrophoben Rückseite zu beschriften: *Gradient pH … bis …, saure (+) oder basische (–) Seite.*

Deckungsgleich mit der Glasplatte wird nun der Abstandhalter aufgelegt und die so entstandene Kassette zusammengeklammert (Abb. M11.3).

Die Gießkassette wird im Kühlschrank bei 4 °C etwa 10 min vorgekühlt; dies verzögert den Start der Polymerisation. Letzterer Vorgang ist unbedingt erforderlich, da der eingefüllte Gradient in der 0,5 mm dünnen Schicht etwa 5–10 min benötigt, um sich horizontal auszugleichen.

M11.5
Herstellung der pH-Gradientengele

Wie man in der Rezeptur in Tab. M11.3 erkennen kann, werden beide Starterlösungen mit HCl bzw. TEMED auf einen gemeinsamen, optimalen pH-Wert von 7 eingestellt. Dies ist vor allem bei weiten und bei relativ hohen bzw. relativ niedrigen pH-Bereichen notwendig. Die Effektivität der Polymerisation ist pH-Wert-abhängig; d. h., dass beim Gießen von pH-Gradienten innerhalb der Gellösungsschicht unterschiedliche oder extreme pH-Werte unterschiedliche Polymerisationsraten der Immobiline bewirken würden. Dann entsprächen die resultierenden

Tab. M11.3 Herstellung der Starterlösungen für zwei 0,5 mm dicke IPG-Gele pH 4–10, $T = 4\,\%$, $C = 3\,\%$.

Lösungen	**pH 4,0**	**pH 10,0**	
Glycerin (85 %)	4,3 mL	0,8 mL	
Immobiline pK 3,6	1,102 µL	–	
Immobiline pK 4,6	–	114 µL	
Immobiline pK 6,2	455 µL	50 µL	
Immobiline pK 7,0	89 µL	488 µL	
Immobiline pK 8,5	334 µL	157 µL	
Immobiline pK 9,3	–	357 µL	
Acrylamid, Bis 30 % T, 3 % C	2 mL	2 mL	
TEMED	7,5 µL	7,5 µL	
mit H_2O_{Bidest} auffüllen auf	→ 15 mL	→ 15 mL	
sorgfältig mischen und pH-Wert messen			
mit 4 mol/L HCl → pH 7		20 µL	(Erfahrungswert)
mit TEMED (100 %) → pH 7[a)]	15 µL		(Erfahrungswert)
APS (40 %)	(15 µL)	(15 µL)	später zugeben: je 7,5 µL

a) Kann bereits bei der TEMED-Zugabe oben berücksichtigt werden: $\sum V = 22{,}5\,\mu L$.

pH-Gradienten in den polymerisierten Gelen nicht den berechneten. Beim Messen des pH-Werts ist die Genauigkeit von pH-Papier ausreichend.

Anstelle von TEMED kann man auch NaOH verwenden, die Verwendung von TEMED ist aber einfacher und schadet nicht. Die zur Titration verwendeten Substanzen werden nicht mit einpolymerisiert und beim Waschen der Gele entfernt.

Die in Tab. M11.3 angegebenen HCl- und TEMED-Mengen gelten nur für die Rezeptur in diesem Beispiel. Für andere Gradienten muss man sich vorsichtig in 5 µL-Schritten an pH 7 herantasten.

Die APS-Lösung wird erst im Mischer zugegeben, damit der Gradient mehr Zeit zur horizontalen Nivellierung hat.

Der Gradient pH 4–10 ist als Beispiel aufzufassen, für andere Gradienten sind die entsprechenden Immobilinemengen aus Tab. M11.1 oder M11.2 einzusetzen. $T = 4\,\%$ und $C = 3\,\%$ Gele sind für die meisten Anwendungen ideal.

M11.5.1
Gießen des Gradienten

a) Aufbau der Gießvorrichtung

Der Gradient wird mit einem Gradientenmischer hergestellt. Dieser besteht aus zwei miteinander kommunizierenden Röhren (Abb. M11.4). Im vorderen Rohr, der Mischkammer, befinden sich die saure, schwere Lösung und ein rotierender Magnetkern. Das hintere Rohr, das Reservoir, enthält die leichte, basische Lösung. Die schwere Lösung wird mit 25 % Glycerin versetzt, die leichte mit ca. 5 % Glyce-

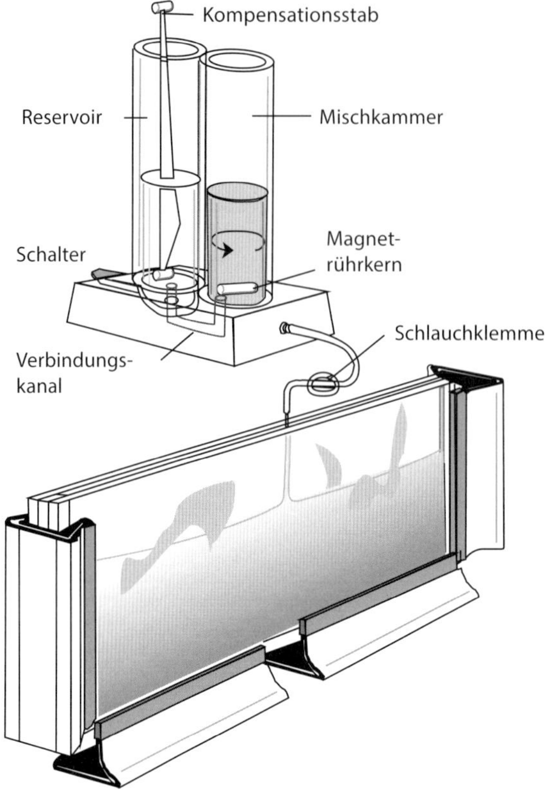

Abb. M11.4 Gießen des linearen pH-Gradienten.

rin, damit man die Gellösung in der Kassette vor der Polymerisation mit H_2O_{dest} überschichten kann. Bei dünnen Gelen wird von Saccharose für den Dichtegradienten abgeraten, weil die Lösung zu viskos wäre.

Die optimale Flussrate erhält man, wenn der Laborboy, auf den der Mischer gestellt wird, so weit hochgedreht wird, dass sich der Boden der Mischkammer ca. 5 cm oberhalb der Kassettenoberkante befindet (Schlauch entsprechend zuschneiden).

Durch den Dichteunterschied würde natürlich beim Öffnen des Verbindungskanals im Gradientenmischer ein Zurückfließen von schwerer Lösung in das Reservoir verursacht: Dieser Dichteunterschied wird mit dem Kompensationsstab durch Volumenverdrängung im Reservoir kompensiert. Zusätzlich verdrängt er das Volumen des Magnetkerns und dient zum Einrühren der APS-Lösung in die leichte Lösung.

Die leichte und die schwere Lösung werden direkt in den Gradientenmischer gegeben und zwar in folgender Reihenfolge der Handgriffe:

- 7,5 mL leichte Lösung in das Reservoir,
- Verbindungskanal entlüften (kurzes Ventilöffnen),
- 7,5 mL schwere Lösung in die Mischkammer.

Erst wenn dies alles beendet ist, wird die Gießkassette aus dem Kühlschrank geholt und zum Mischer hingestellt. Die Glasplatte mit der aufgewalzten Folie zeigt zum Bediener.

- Zugabe von APS (40 %) zu den Starterlösungen:
  zur schweren Lösung (7,5 mL): 7,5 µL
  zur leichten Lösung (7,5 mL): 7,5 µL

b) Befüllen der Kassette

Jetzt entsteht beim Gießen der lineare Dichtegradient durch kontinuierliche Überschichtung der immer leichter werdenden Gellösung.

- Zugabe von APS zu den Starterlösungen:
  Gutes Vermischen in der Mischkammer durch kurzes Hochregeln des Magnetrührers, im Reservoir durch Umrühren mit Multifunktionsstab,
- Ansetzen der Spitze des Auslassschlauchs in die Mitte der Slotformerkante,
- moderates Rühren des Motors einstellen,
- Öffnen der Auslassschlauchklemme (Pinchcock),
- Öffnen des Verbindungskanals.
  Wenn – nach ein paar Minuten – der Flüssigkeitsspiegel eine Höhe von ca. 1 cm unterhalb der Kassettenkante erreicht hat, sollte der Gradientenmischer leer sein.
- Sofort danach den Mischer mit H_2O_{dest} spülen.

> **Wichtig**
> Kante mit ca. 0,5 mL H_2O_{dest} überschichten, damit das basische Ende glatt wird und vor Eindiffundieren von Luftsauerstoff geschützt wird.

H_2O ist optimal; alles andere, wie Butanol o. ä., hat sich nicht bewährt.

- 10 min bei Raumtemperatur stehen lassen, damit sich der Dichtegradient ausgleichen kann.
- 1 h aufrecht stehend im Brut- oder auf 37 °C eingestellten Trockenschrank polymerisieren lassen, dabei auf horizontale Ausrichtung der Kassette achten.
- Kassette unter fließendem Leitungswasser abkühlen und Gel aus der Kassette nehmen.

c) Waschen des Gels

Da die puffernden Gruppen des pH-Gradienten fest im Gel verankert sind und sich deshalb nicht – wie Trägerampholyte – frei bewegen können, haben Immobilinegele niedrige Leitfähigkeit. Nicht mit einpolymerisierte Ionen, wie z. B. TEMED und APS, können auf elektrophoretischem Wege nicht vollständig während der IEF aus dem Gel transportiert werden. Immobilinegele werden deshalb nach der Polymerisation mit H_2O_{dest} gewaschen. Beim Waschen quellen die Gele an. Manchmal bekommen sie dabei in bestimmten pH-Bereichen ein eigenartige Oberflächenstruktur (Schlangenhaut). Beim Trocknen wird die Oberfläche wieder glatt.

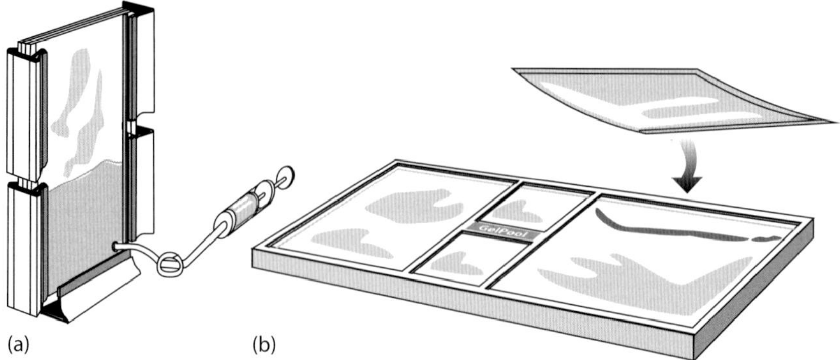

Abb. M11.5 Rehydratisieren eines IPG-Gels in: (a) einer vertikalen Kassette oder (b) einer Rehydratisierwanne (Gelpool).

Anschließend werden sie getrocknet und zum Gebrauch mit Volumenkontrolle rehydratisiert. Würde man die Gele direkt nach dem Waschen verwenden, würde bei der IEF das überschüssige Wasser in Tropfenform aus der Geloberfläche austreten (Schwitzen). Die Gele werden vollständig getrocknet, da das Anquellen und Zurücktrocknen über Gewichtskontrolle eine ungleichmäßige Geldicke erzeugt. Es wird in einer Kassette oder einer Wanne rehydratisiert (Abb. M11.5). Die Verwendung einer Kassette hat zusätzlich den Vorteil, dass man eine quantitative Kontrolle über die Additivkonzentration im Gel hat.

- Das Gel in H_2O_{dest} waschen: 4 × 15 min in je 300 mL auf dem Schüttler.
- Das Gel 15 min in 1,5 % (v/v) Glycerin äquilibrieren, damit es sich beim Trocknen nicht einrollt.
- Trocknen des Gels bei Raumtemperatur mit einem Gebläse oder Ventilator, am besten in einem staubfreien Unterschrank.
- Möglichst sofort, wenn das Gel trocken ist, Geloberfläche mit Mylar-Konservierungsfolie abdecken und, in Kunststoffbeutel verpackt, in Tiefkühltruhe lagern (Rossmann und Altland, 1987).

d) Lagerung

Die Lagerung der trockenen Gele sollte bei ≤ −20 °C erfolgen, damit die Quelleigenschaften erhalten bleiben.

e) Rehydratisieren

Die Trockengele werden in einer Quellkassette (Abb. M11.5) oder einer Rehydratisierwanne in einem definierten Flüssigkeitsvolumen rekonstituiert (Loessner und Scherer, 1992), damit die Gelschicht gleichmäßig an quillt und um eine quantitative Kontrolle über die Additivkonzentration im Gel zu gewährleisten.

In Tab. M11.4 sind einige Beispiele für das Rehydratisieren von Immobilinegelen aufgeführt.

Sollen nur wenige Proben aufgetrennt werden, lässt man nur einen Teil des IPG-Gels anquellen. Der nicht verwendete Teil wird wasserdicht verpackt bei −20 °C weiter aufbewahrt.

Tab. M11.4 Rehydratisieren von Immobilinegelen.

Rehydratisierlösung	Zeit	Proben	Referenz
H_2O_{dest}	1 h	wasserlösliche Proteine, Enzyme	
2 mmol/L Essigsäure (anodischer Probenauftrag – Verhinderung von Bandenverbreiterung)	1 h	wasserlösliche Proteine, Enzyme	
2 mmol/L Tris (kathodischer Probenauftrag – Verhinderung von Bandenverbreiterung)	1 h	wasserlösliche Proteine, Enzyme	Bjellqvist *et al.* (1988)
25 % (v/v) Glycerin	1 h	Serum bei Bestimmung von PI, GC, TF	
8 mol/L Harnstoff	2 h	schwer lösliche Proteine, Proteinkomplexe Plasma: Prealbumin	Altland *et al.* (1984)
8 mol/L Harnstoff, 0,5 % (g/v) Servalyt, 2 % (v/v) β-Mercaptoethanol oder 50 mmol/L DTT	über Nacht	getrocknetes Vollblut, Plasma, Erythrozytenlysat, Globine	Rossmann und Altland (1987)
8 mol/L Harnstoff, 0,5 % (g/v) Servalyt, 30 % (v/v) Glycerin	über Nacht	Serum VLDL für die Bestimmung von Apolipoprotein E	Baumstark *et al.* (1988)
5 mol/L Harnstoff, 20 % (v/v) Glycerin	2 h	alkohollösliche Proteine	Günther *et al.* (1986)
0,5 % (g/v) Servalyt	1 h	PGM, zeitsensible Enzyme	
4 % (g/v) Servalyt, 2 % (v/v) Nonidet NP-40	über Nacht	Membranproteine	Rimpilainen und Righetti (1985)
4 % (g/v) Servalyt	über Nacht	alkalische Phosphatase	Sinha *et al.* (1986)
bis zu 9 mol/L Harnstoff, 0,5 % (v/v) Nonidet NP-40	über Nacht	hydrophobe Proteine, komplexe Protein- gemische, 2-D-Elektrophorese	Görg *et al.* (1987)
8 mol/L Harnstoff, 2 % (v/v) Nonidet NP-40, 10 mmol/L DTE	16–18 h	2-D-Elektrophorese von Myeloblastenlysaten	Hanash *et al.* (1987)

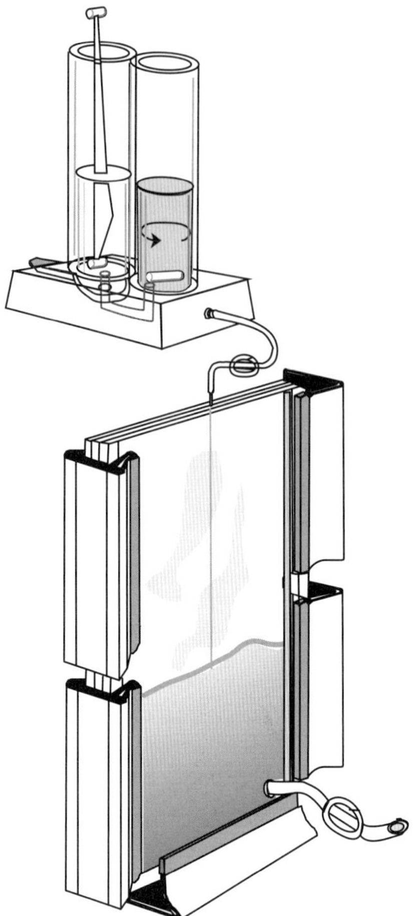

Abb. M11.6 Rehydratisieren in einem Additivgradienten.

Für 2-D-Elektrophoresen wird das Gel bereits vor dem Quellen mit einer Papierschneidemaschine in individuelle Probenstreifen geschnitten (siehe Methode 12).

Zur Optimierung von Additivkonzentrationen oder zur Untersuchung von Konformationsänderungen und Ligandenbindungen bestimmter Proteine in Abhängigkeit von Additivkonzentrationen kann ein Additivgradient senkrecht zum immobilisierten pH-Gradienten (siehe Abb. M11.6) erzeugt werden (Altland *et al.*, 1984). Diese Quellkassette kann auch zur Herstellung von immobilisierten pH-Gradienten mit langen Trenndistanzen (bis zu 24 cm) verwendet werden.

Um das Festkleben der Geloberfläche am Glas zu verhindern, wird die Glasplatte (mit der U-förmigen Dichtung) vorher mit Repel-Silane oder GelSlick beschichtet. Nach dem Rehydratisieren muss die Geloberfläche trocken sein, d. h., die gesamte Lösung muss ins Gel aufgenommen worden sein. Enthält die Quelllösung eine höhere Konzentration eines nicht ionischen Detergens (z. B. > 1 % No-

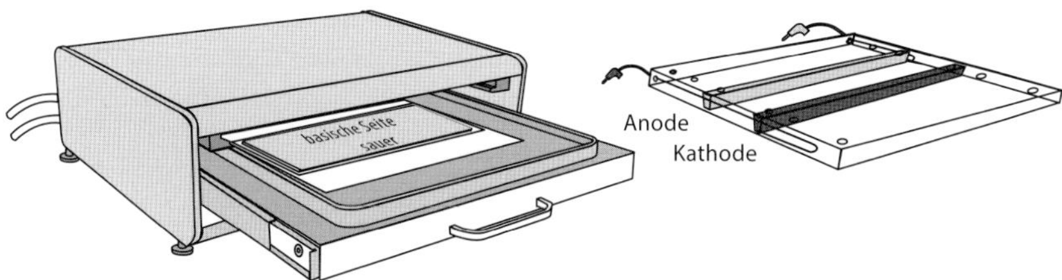

Abb. M11.7 Auflegen des Immobilinegels auf die Kühlplatte der Elektrophoresekammer. Beispiel einer Horizontalkammer: Blue Horizon.

nidet NP-40, Triton X-100), kann es vorkommen, dass auch nach Quellung über Nacht die Oberfläche etwas schmierig ist. In diesem Fall wird die Oberfläche mit fusselfreiem Filterpapier abgetrocknet.

M11.6 Isoelektrische Fokussierung

- Kühlplatte mit 3 mL Kühlkontaktflüssigkeit beschichten; kein Wasser verwenden.
- Das Gel (Oberfläche nach oben) auf die Mitte der Kühlplatte auflegen (Abb. M11.7).

Vorsicht
Die richtige Orientierung – saure Seite zur Anode – basische Seite zur Kathode – ist bei Immobilinegelen unbedingt wichtig (Abb. M11.7).

Die *basische* Seite des Gels ist leicht erkennbar durch:

1. die Wellenform der Gelkante (anodische Kante ist gerade),
2. den breiteren Folienrand (ca. 1,5 cm).

M11.6.1 Probenaufgabe

Bei Immobilinegelen wird nicht vorfokussiert, die Proben können als Tropfen (10–20 µL) direkt auf die Oberfläche aufgetragen werden. Es hat sich jedoch auch gezeigt – besonders wenn Gel und/oder Proben nicht ionische Detergenzien enthalten –, dass die Kontaktfläche Gel/Probe so klein wie möglich sein sollte (Strahler *et al.*, 1987). Größere Probenvolumina kann man mit ausgeschnittenen Silikongummirähmchen (z. B. 2 mm dick Hanash *et al.*, 1987), abgeschnittenen Probenauftragebänder oder Silikonschläuchen auf das Gel aufgeben (Abb. M11.8). Auch bei IPGs ist ein Stufentest zur Ermittlung der optimalen Probenaufgabestelle zu empfehlen (siehe Methode 6).

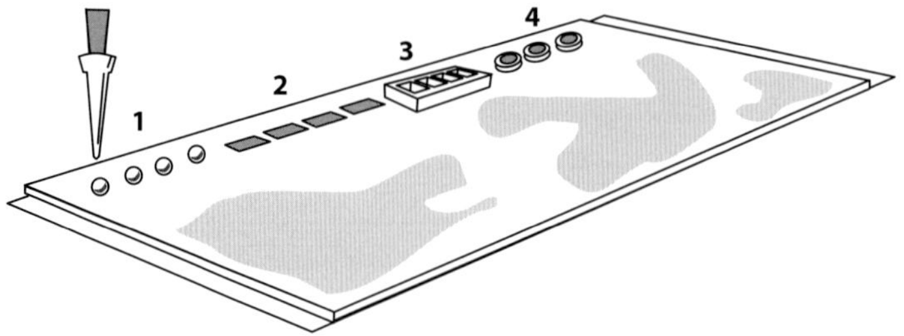

Abb. M11.8 Verschiedene Möglichkeiten der Probenaufgabe bei IPG-Gelen: (1) Tröpfchen, (2) Zellulosestückchen, (3) Probenaufgabeband, (4) abgeschnittener Silikonschlauch.

Die niedrige Leitfähigkeit von IPGs ist dabei zu berücksichtigen (siehe Ende dieser Anleitung). Besonders geeignet, u. a. wenn viele Proben nebeneinander fokussiert werden sollen, sind die Silikongummiauftragebänder mit trichterförmigen Löchern und Rillen an der Unterseite (Pflug und Laczko, 1987).

M11.6.2
Elektrodenlösungen

Bei immobilisierten pH-Gradienten brauchen beide Fokussierungsstreifen nur in destilliertem Wasser getränkt zu werden. Dies spart Arbeit, schließt Fehler aus, erhöht die Aufnahmekapazität der Kartonstreifen für Salzionen und reduziert zu Beginn der Trennung die Feldstärke im Gel (besserer Probeneintritt!).

M11.6.3
Fokussierungsbedingungen

Normalerweise fokussiert man bei einer Temperatur von 10 °C, bei speziellen Applikationen verwendet man tiefere (empfindliche Enzyme) oder höhere Temperaturen (z. B. bei 8 mol/L Harnstoff im Gel). Die auf der Packung angegebenen pH-Werte sind nur bei 10 °C gültig. Manche Additive, wie z. B. Harnstoff, verschieben die pH-Werte. Siehe hierzu auch „Strategie der IPG-Fokussierung" am Ende dieser Anleitung.

Die Trennzeiten sind abhängig von der Steigung des pH-Gradienten, Additiven und Molekülgrößen.

Stromversorgereinstellung
Die Stromwerte werden so eingestellt, dass die Feldstärke im Gel zu Beginn möglichst niedrig ist (< 40 V/cm); bei zu hoher Anfangsfeldstärke würde ein Teil der Proteine präzipitieren.

Beispiel

Ganzes IPG-Gel, pH 4,0 – 7,0, mit H_2O_{dest} gequollen, 10 °C:
Stromversorgermaximalwerte: 3000 V, 1,0 mA, 5,0 W
Fokussierzeit: 5 h

- Nach der IEF Stromversorger abschalten, Sicherheitsdeckel öffnen.
- Jetzt werden die Proteine angefärbt oder geblottet. Sollten Probleme auftreten, Problemlösungen im Anhang zurate ziehen. Strategiegrafik am Ende der Anleitung beachten.

M11.6.4
Messung des pH-Gradienten

Aufgrund der niedrigen Leitfähigkeit können die pH-Werte nicht mit Elektroden gemessen werden. Der pH-Gradient kann auf einfache Weise mit pI-Markerproteinen ermittelt werden.

M11.7
Coomassie- und Silberfärbung

M11.7.1
Kolloidale Coomassie-Färbung

Bei dieser Methode ist das Ergebnis relativ schnell sichtbar. Man benötigt wenig Arbeitsschritte, die Färbelösung ist stabil, es gibt keine Hintergrundfärbung, Oligopeptide (> 10–15 Aminosäuren) werden erfasst, welche bei anderen Färbungen ungenügend fixiert werden. Außerdem ist die Lösung fast geruchlos (Diezel *et al.*, 1972; Blakesley und Boezi, 1977).

Herstellung der Färbelösung

2 g Coomassie G-250 in 1 L H_2O_{dest} lösen und unter Rühren mit 1 L Schwefelsäure (1 mol/L oder 55,5 mL konz. H_2SO_4 pro L) versetzen. Nach dreistündigem Rühren abfiltrieren (Faltenfilter), das braune Filtrat mit 220 mL Natronlauge (10 mol/L oder 88 g auf 220 mL) versetzen. Zuletzt 310 mL einer 100 %igen (g/v) TCA hinzufügen und gut vermischen, Lösung wird grün.

Fixierung, Färbung 3 h bei 50 °C oder bei Zimmertemperatur über Nacht in der kolloidalen Lösung.

Auswaschen der Säure 1–2 h in Wasser einlegen, dabei werden die grünen Kurven blau und intensiver.

M11.7.2
Acid-Violet-17-Färbung

Nach Patestos *et al.* (1988).

Stammlösungen

3 % (v/v) Phosphorsäure
21 mL einer 85 %igen H_3PO_4
mit H_2O_{dest} auf 1 L auffüllen.

11 % (v/v) Phosphorsäure
76,1 mL einer 85 %igen H_3PO_4
mit H_2O_{dest} auf 1 L auffüllen.

1 % (g/v) Färbestammlösung
1 g Acid Violet 17 in 100 mL H_2O_{dest} auflösen
auf einem Heizrührer auf 50 °C erwärmen.

0,1 % (w/v) Färbelösung
20 mL der 1 % (g/v) Stammlösung
mit 11 % Phosphorsäure auf 1 L auffüllen.

Färbung

Fixieren	für 20 min in 20 % (g/v) TCA.
Waschen	für 1 min in 3 % (v/v) Phosphorsäure.
Färben	für 10 min in 0,1 % (g/v) Acid-Violet-17-Färbelösung.
Entfärben	mit 3 % (v/v) Phosphorsäure bis der Hintergrund klar wird.
Waschen	3 × 1 min mit H_2O_{dest}.
Imprägnieren	mit 5 % (v/v) Glycerin.
Trocknen	an der Luft.

Praktischer Hinweis

Im nächsten Abschnitt (Strategie der IPG-Fokussierung) wird bei bestimmten Situationen das Herausschneiden von Gelstreifen zwischen den Trennspuren empfohlen. Man legt zwei Glasplatten mit U-förmiger Dichtung auf die beiden langen Kanten der Trägerfolie und darauf eine einfache Glasplatte. Mit einem 4 oder 5 mm breiten Spatel schabt man die Gelstreifen heraus.

M11.8
Strategien der IPG-Fokussierung

Probenaufgabe: Stufentest

Brennende Linie zwischen den Probenaufgabestellen

Stufentest

Probe hat höhere Leitfähigkeit als Gel

Zwischen Trennspuren 5 mm breite Gelstreifen herausschneiden und dann Proben aufgeben

Laterale Bandenverbreiterung

auch das hilft:

anodische kathodische Probenaufgabe

auch ein Leitfähigkeitsproblem

Gel rehydratisieren in
2 mmol/L Essigsäure 2 mmol/L Tris

Proteine schmieren an der Oberfläche

Wegen der niedrigen Leitfähigkeit tendiert ein Teil der Proteine zum aggregieren und geht nicht in das Gel

in Harnstoff rehydratisieren

falls > 6 mol/L Harnstoff im Gel 0,1–0,5 % zwitterionisches Detergenz zugeben

Oxidation sauerstoffempfindlicher Proteine z.B. Globine

Gel wird zweimal oxidiert:
1. während der Polymerisation (durch APS)
2. während des Trocknens

Die Proteine werden während des Laufes oxidiert

1. Gel erst 30 min waschen in 0,1 mol/L Ascorbinsäure, mit 1 mol/L Tris → pH 4,5 titrieren
bzw. in 2 mmol/L DTT-Lös. und dann in H_2O_{Bidest} oder
2. Gel in 10 mmol/L DTT oder 2 % β-Mercaptoethanol rehydratisieren.

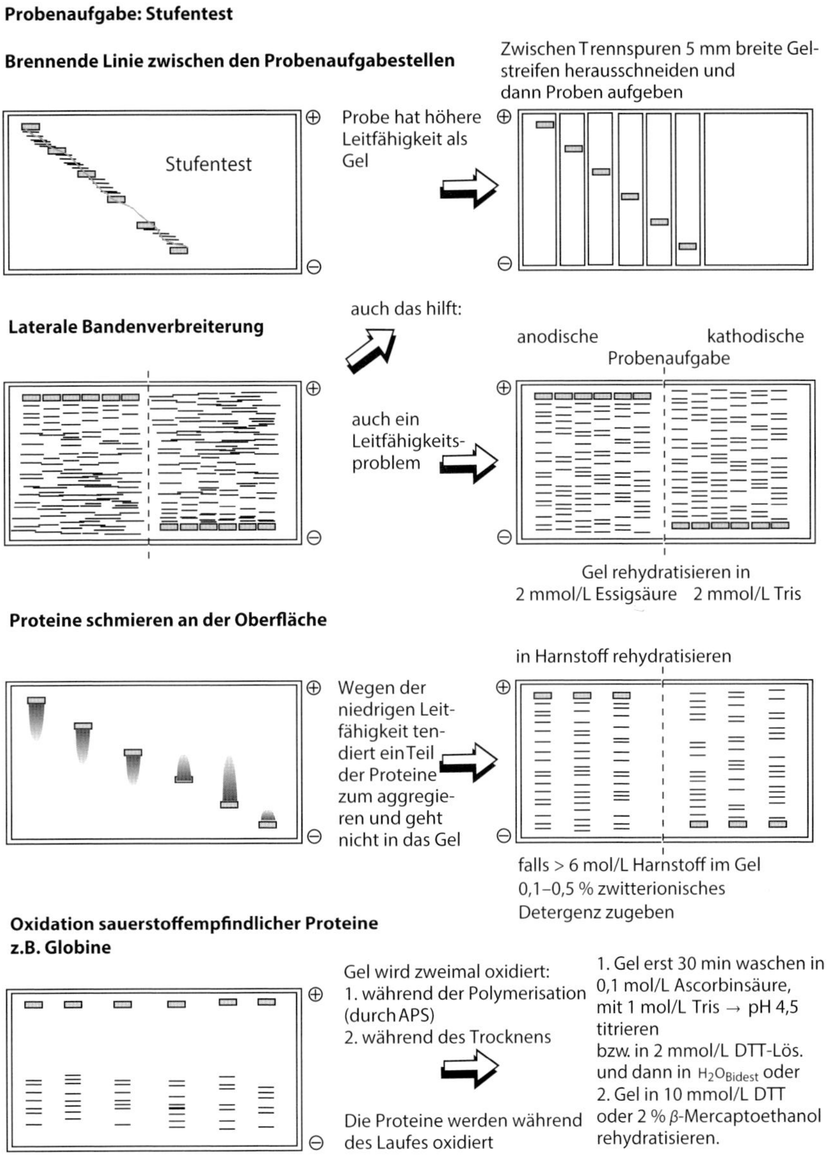

Abb. M11.9 Strategien der IPG-Fokussierung.

Literatur

Altland K. (1990) A program for IBM-compatible personal computers to create and test recipes for immobilized pH gradients. *Electrophoresis*, **11**, 140–147.

Altland, K., Banzhoff, A., Hackler, R. und Rossmann, U. (1984) Improved rehydration procedure for polyacrylamide gels in presence of urea: Demonstration of inherited human prealbumin variants by isoelectric focusing in an immobilized pH gradient. *Electrophoresis*, **5**, 379–381.

Baumstark, M., Berg, A., Halle, M. und Keul, J. (1988) Isoelectric focusing of apolipoproteins in immobilized pH gradients: Improved determination of apolipoprotein E phenotypes. *Electrophoresis*, **9**, 576–579.

Bjellqvist, B., Linderholm, M., Östergren, K. und Strahler, J.R. (1988) Moving and stationary boundaries in immobilized pH gradients. *Electrophoresis*, **9**, 453–462.

Blakesley, R.W. und Boezi, J.A. (1977) A new staining technique for proteins in polyacrylamide gels using Coomassie Brilliant Blue G 250. *Anal. Biochem.*, **82** 580–582.

Diezel, W., Kopperschläger, G. und Hofmann, E. (1972) An improved procedure for protein staining in polyacrylamide gels with a new type of Coomassie Brilliant Blue. *Anal. Biochem.*, **48**, 617–620.

Giaffreda, E., Tonani, C. und Righetti, P.G. (1993) A pH gradient simulator for electrophoretic techniques in a windows environment. *J. Chromatogr.*, **630**, 313–327.

Görg, A., Postel, W., Günther, S. und Weser, J. (1986) in *Electrophoresis '86* (Hrsg. M.J. Dunn), VCH, Weinheim, S. 435–449.

Görg, A., Postel, W., Weser, J., Günther, S., Strahler, J.R., Hanash, S.M. und Somerlot L. (1987) Horizontal two-dimensional electrophoresis with immobilized pH gradients in the first dimension in the presence of nonionic detergent. *Electrophoresis*, **8**, 45–51.

Görg, A., Boguth, G., Obermaier, C. und Weiss, W. (1998) Two-dimensional electrophoresis of proteins in an immobilized pH 4–12 gradient. *Electrophoresis*, **19**, 1516–1519.

Günther, S., Postel, W., Weser, J. und Görg A. (1986) in *Electrophoresis '86*, (Hrsg. M.J. Dunn), VCH, Weinheim, S. 485–488.

Hanash, S.M., Strahler, J.R., Somerlot, L., Postel, W. und Görg, A. (1987) Protein focusing as a function of time. *Electrophoresis*, **8**, 229–234.

Loessner, M.J. und Scherer, S. (1992) Elimination of sample diffusion and lateral band spreading in isoelectric focusing employing ready-made immobilized pH gradient gels. *Electrophoresis*, **13**, 461–463.

Patestos, N.P., Fauth, M. und Radola BJ. (1988) Fast and sensitive protein staining with colloidal Acid Violet 17 following isoelectric focusing in carrier ampholyte generated and immobilized pH gradients. *Electrophoresis*, **9**, 488–496.

Pflug, W. und Laczko, B. (1987) A modified applicator strip for improved focusing on immobilized pH gradient gels. *Electrophoresis*, **8**, 247–248.

Rimpilainen, M. und Righetti, P.G. (1985) Membrane protein analysis by isoelectric focusing in immobilized pH gradients. *Electrophoresis*, **6**, 419–422.

Rossmann, U. und Altland, K. (1987) Improved rehydration by controlled drying of polyacrylamide gels for hybrid isoelectric focusing. *Electrophoresis*, **8**, 584–585.

Sinha, P.K., Bianchi-Bosisio, A., Meyer-Sabellek, W. und Righetti, P.G. (1986) Resolution of alkaline phosphatase isoenzymes in serum by isoelectric focusing in immobilized pH gradients. *Clin. Chem.*, **32**, 1264–1268.

Strahler, J.R., Hanash, S.M., Somerlot, L., Weser, J., Postel, W. und Görg, A. (1987) High resolution two-dimensional polyacrylamide gel electrophoresis of basic myeloid polypeptides: Use of immobilized pH gradients in the first dimension. *Electrophoresis*, **8**, 165–173.

Vuillard, L., Marret, N. und Rabilloud, T. (1995) Enhancing protein solubilization with nondetergent sulfobetains. *Electrophoresis*, **16**, 295–297.

Methode 12
Hochauflösende Zweidimensional-Elektrophorese

Durch die Einführung der Proteomanalyse hat die Zweidimensional-Elektrophorese wieder an Bedeutung gewonnen:

- Sie ist eine wichtige Trenntechnik um interessierende Proteine im Umfeld von Tausenden anderen Genprodukten in Zelllysaten und Gewebeextrakten zu finden.
- Wegen ihres hohen Auflösungsvermögens erhält man Proteinisolierungen mit hohem Reinheitsgrad für deren Identifizierung und weiteren Charakterisierung mit der Massenspektrometrie.
- Posttranslationale Modifikationen und Isoformen von Proteinen werden im Fleckenmuster angezeigt.
- Die aufgetrennten Proteine werden in der Polyacrylamidgelmatrix konserviert und können zum gewünschten Zeitpunkt weiter analysiert werden.

Das Ziel der Zweidimensional-Elektrophorese ist, ein klares und reproduzierbares Fleckenmuster zu erhalten, welches den aktuellen Zustand einer Zelle zum Zeitpunkt der Probennahme repräsentiert. Allerdings ist die Zweidimensional-Elektrophorese eine relative komplexe Technik mit vielen Schritten, bei welchen Proteine verloren gehen oder modifiziert werden können. In Kapitel 4 sind die methodischen Gesichtspunkte beschrieben. Die Erfahrung zeigt aber, dass falsche Probenvorbereitung und Überladungseffekte die Gründe für über 95 % der fehlerhaften Gele sind.

Für die Auswahl der optimalen Trenntechnik sollte man folgende Punkte berücksichtigen:

Gelformat

- Für die komplexen Proteingemische, die meistens mit der Zweidimensional-Elektrophorese untersucht werden, können hohe Auflösung und hohe Proteinreinheit nur mit genügend großen Gelen erreicht werden. Vorfraktionierungen können unkontrollierbare Proteinverluste verursachen.
- Trennungen von weniger komplexen Proteinpopulationen oder Proteinidentifizierungen mit Antikörpern (durch Blotting) können mit mittelgroßen oder Minigelen durchgeführt werden.

Elektrophorese leicht gemacht, 2. Auflage. Reiner Westermeier.

- Auch die Optimierung der Probenvorbereitung und Probenauftragsmenge erfolgt mit Miniformatgelen.

M12.1 Probenvorbereitung

Die wichtigsten Gesichtspunkte der Probenvorbereitung sind in Kapitel 5 beschrieben.

Waschen von Zellen Anstelle von PBS sollte man beim letzten Waschen Tris-gepufferte Saccharoselösung verwenden (siehe Abschn. 5.4.1, Waschen von Zellen): 1,21 g Tris, 85,6 g Saccharose, mit H_2O_{dest} auf 1 L auffüllen und mit 4 mol/L HCl auf pH 7 titrieren.

Zellaufschluss Die Auswahl der Methode hängt von der Art der Probe ab. Meistens werden Zellen oder Gewebe mit flüssigem Stickstoff gefroren und mit Mörser und Pistill zerrieben. Ultraschall wird ebenfalls sehr häufig eingesetzt.

Standard Solubilisierungsmix (10 mL)

9 mol/L Harnstoff	5,4 g	
4 % (g/v) CHAPS	400 mg	
1 % (g/v) DTT	100 mg	
1 mmol/L EDTA	4 mg	
4 mmol AEBSF	10 mg	= Pefabloc®
0,8 % (g/v) Servalyt pH –10	200 µL	
0,002 % Bromphenolblau	20 µL	enthält 0,6 % Tris
mit H_2O_{dest} auf Endvolumen	10 mL	

Die Lösung muss frisch hergestellt werden; gut schütteln, um den Harnstoff vollständig aufzulösen (an der Sättigungsgrenze!); nicht höher als auf 30 °C erwärmen, um Carbamylierungen zu vermeiden.

EDTA und AEBSF inhibieren Proteasenaktivität. Probentypspezifische Protease- und Phosphataseinhibitorcocktails werden von verschiedenen Firmen angeboten.

Proteinbeladung

Radiomarkiert: 1 ng oder weniger

Coomassie-Blau-Färbung: 500 µg–2 mg

Silberfärbung:

20–100 µg

Fluoreszenzfärbung oder Markierung: 20–100 µg

Die maximale Beladungsmenge hängt von der Länge des IPG-Streifens und dem pH-Intervall ab: Je flacher der Gradient, umso höher ist die Beladungskapazität.

Um Proteinlösungen wie Serum, Plasma etc. mit einem hochabundanten Protein (Albumin) zu trennen, muss man die Auftragsmenge entsprechend reduzieren. Die Proteinkonzentration sollte im Bereich zwischen 1und 10 mg/mL liegen.

> **Vorsicht**
> Wegen des Gehalts an Harnstoff, Detergens und Trägerampholyten führen die Standardproteinmessmethoden meist zur Unterschätzung des Proteingehaltes.

M12.1.1
Probenaufreinigung

Wenn die Probe von Salzionen, Lipiden, Polysacchariden und anderen störenden Kontaminationen gereinigt werden muss, geschieht das am besten mit einer Präzipitation. Die folgende Methode nach Wessel und Flügge (1984) ist in vielen Proteomikzentrallabors, wo viele unterschiedliche Probentypen analysiert werden müssen, zur Standardmethode geworden.

- 1,5 mL Reaktionsgefäße verwenden.
- Den Proteinextrakt mit H_2O_{dest} auf 100 µL verdünnen.
- 300 µL H_2O_{dest} zugeben.
- 400 µL Methanol zugeben.
- 100 µL Chloroform zugeben.
- Verwirbeln mit einem Vortexer und zentrifugieren.
  Das Proteinpräzipitat erscheint in der Trennschicht.
- Das Wasser/Methanol oberhalb der Trennschicht abziehen; vorsichtig, damit die Trennschicht nicht zerstört wird.
- Nochmals 400 µL Methanol zugeben, um das Präzipitat zu waschen.
- Verwirbeln mit einem Vortexer und zentrifugieren.
  Das Proteinpräzipitat bildet ein Pellet am Boden des Gefäßes.
- Den Überstand entfernen und das Pellet kurz in einer Vakuumzentrifuge antrocknen.
- Das Pellet mit einer geeigneten Menge Solubilisierungsmix auflösen.

M12.1.2
Wichtige Hinweise zur kompletten Resolubilisierung der Pellets

- Pellet darf nie komplett trocknen, Vorsicht beim Vakuumzentrifugieren!
- Den Solubilisierungsmix wiederholt auf das Pellet pipettieren (nicht den Vortexer verwenden, das würde die Probe zum Schäumen bringen!).
- Die Resolubilisierung kann mehrere Stunden dauern (oder über Nacht) bei Raumtemperatur (nicht den Vortexer verwenden!).
- Vorsichtige Ultraschallbehandlung (Erhitzen der Probe muss vermieden werden).

- Durch Vermahlen des Pellets die Oberfläche vergrößern.
- Das Pellet mit dem Solubilisierungsmix bei –20 °C einfrieren.
- Wenn keine dieser Maßnahmen hilft: SDS-Lösung verwenden (2 % SDS, heiß) und dann verdünnen mit 9 mol/L Harnstoff/4 % CHAPS (< 0,1 % SDS/CHAPS: SDS > 8 : 1).

Beispiel 1: Hefezelllysat

- 600 mg lyophilisierte Hefe (*Saccharomyces cerevisiae*) mit 2,5 mL Solubilisierungsmix mischen,
- 10 min Ultraschallbehandlung bei 0 °C,
- 10 min zentrifugieren bei 10 °C mit 42 000 *g*.

Probenkonzentration für Silberfärbung
10 µL des Überstandes vermischen mit

- 340 µL Rehydratisierlösung für Rehydratisierbeladung und in einen 18 cm IPG-Streifen einquellen lassen,
- 30 µL Solubilisierungsmix für Cup-Loading und 20 µL am sauren Ende des IPG-Streifen applizieren.

Probenkonzentration für Coomassie-Blue-Färbung
200 µL des Überstandes vermischen mit

- 150 µL Rehydratisierlösung für Rehydratisierbeladung und in einen 18 cm IPG-Streifen einquellen lassen,
- 100 µL Solubilisierungsmix für Cup-Loading und 20 µL am sauren Ende des IPG-Streifen applizieren.

Beispiel 2: *Escherichia coli*-Extrakt

- 400 mg lyophilisierte *Escherichia coli* mit 10 mL Solubilisierungsmix mischen,
- 10 min Ultraschallbehandlung bei 0 °C,
- 10 min zentrifugieren bei 10 °C mit 42 000 *g*.

Probenkonzentration für Silberfärbung
20 µL des Überstandes vermischen mit

- 330 µL Rehydratisierlösung für Rehydratisierbeladung und in einen 18 cm IPG-Streifen einquellen lassen,
- für Cup-Loading 20 µL am sauren Ende des IPG-Streifen applizieren.

Probenkonzentration für Coomassie-Blue-Färbung
100 µL des Überstandes vermischen mit

- 250 µL Rehydratisierlösung für Rehydratisierbeladung und in einen 18 cm IPG-Streifen einquellen lassen,
- für Cup-Loading 100 µL am sauren Ende des IPG-Streifen applizieren.

Ein *Rohextrakt* kann Phospholipide und Nukleinsäuren enthalten, welche mit Silberfärbung als horizontale Streifen im sauren Bereich des Gels angefärbt wer-

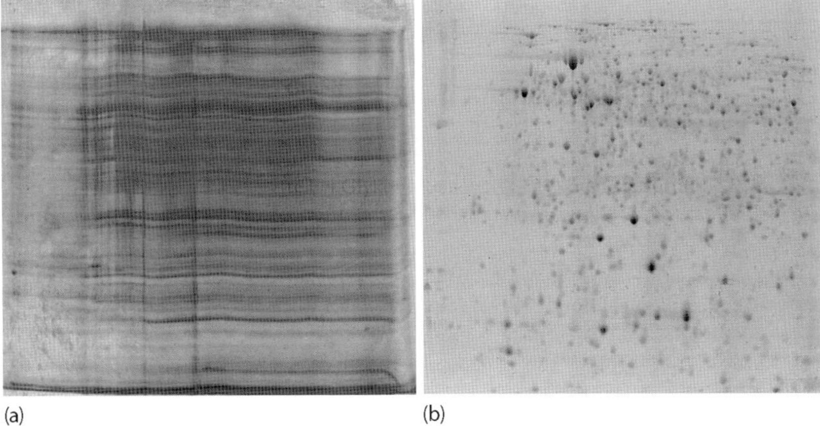

(a) (b)

Abb. M12.1 Zwei 2-D-Trennungen derselben Probe mit Rehydratisierbeladung: (a) unbearbeitete Probe; (b) nach Präzipitation. Silberfärbung.

den. Diese Störungen kann man mit TCA-Aceton-Präzipitation und Resolubilisierung mit Solubilisierungspuffer entfernen (siehe unten). Abbildung M12.1 zeigt zwei silbergefärbte 2-D-Pherogramme von derselben Probe, und zwar ohne (Abb. M12.1a) und nach einem Reinigungsschritt (Abb. M12.1b).

Nukleinsäuren können mit DNAse- und RNAse-Behandlung entfernt werden; die einfachste Technik ist aber die Ultraschallbehandlung, welche die Nukleinsäuren in kleine Fragmente zerbricht. Auch die beiden beschriebenen Präzipitationsmethoden entfernen die Nukleinsäuren und die Salze.

Entsalzung mit Mikrodialyseröhrchen verursacht weniger Proteinverlust als Gelfiltration. In Spezialfällen hilft nur elektrophoretische Entsalzung bei niedrigen Feldstärken (Görg *et al.*, 1995).

Präzipitation von niederkonzentrierten Proteinen (z. B. Pflanzengewebe) nach der Methode von Damerval *et al.* (1986)

- Pflanzenmaterial mit flüssigem Stickstoff schockgefrieren und in einem vorgefrorenen Mörser zerreiben.
- Das Pulver mit 10 % TCA in Aceton (−20 °C) mit 1 % β-Mercaptoethanol (oder 0,2 % DTT) vermischen.
- Über Nacht im Gefrierschrank präzipitieren.
- 10 min bei + 20 °C zentrifugieren mit 13 000 UpM.
- Waschen mit 90 % Aceton/10 % Wasser (−20 °C) mit 1 % β-Mercaptoethanol (oder 0,2 % DTT) und nochmals zentrifugieren.
- Das Pellet in Solubilisierungsmix auflösen mit vorsichtiger Ultraschallbehandlung, Erhitzen vermeiden!
- 10 min bei + 20 °C zentrifugieren mit 13 000 UpM.

Für die Solubilisierung von *Membranproteinen* und anderen *sehr hydrophoben* Proteinen empfiehlt sich eine Kombination aus Harnstoff/Thioharnstoff (Rabilloud, 1998). Der modifizierte Solubilisierungsmix setzt sich wie folgt zusammen: 7 mol/L Harnstoff, 2 mol/L Thioharnstoff, 4 % (g/v) CHAPS, 1 % (g/v) DTT, 4 mmol/L AEBSF und 0,8 % (g/v) Servalyt pH 3–10.

Für manche Proben kommt SDS zum Einsatz (Sanchez *et al.*, 1995): 10 µL Humanplasma mit 6,25 µL 10 % (g/v) SDS und 2,3 % (g/v) DTT vermischen; 5 min auf 95 °C erhitzen. Mit 500 µL 8 mol/L Harnstoff, 4 % (g/v) CHAPS, 40 mmol/L Tris und 65 mmol/L DTT versetzen.

M12.2
Proteinmarkierung mit einem Fluoreszenzfarbstoff

Bei der Zweidimensional-Elektrophorese gibt es zwei Gründe für die Markierung der Proteine vor der Trennung mit einem Fluoreszenzfarbstoff:

1. Dieser Ansatz vereinfacht den Arbeitsablauf für Elektrophorese und Detektion erheblich. Für die Markierung mit Serva LightningRed muss die Probe in denaturierter Form vorliegen; das geschieht bei der 2-D-PAGE mit hochmolarem Harnstoff. Im Gegensatz zu anderen Vormarkierungsfarbstoffen ist Serva LightningRed kompatibel mit allen Additiven, die normalerweise für die Proteinsolubilisierung und -extraktion verwendet werden, inklusive der Trägerampholyten und der Reduktionsmittel DTT und DTE. Für die Markierungsreaktion muss der pH-Wert der Probenlösung höher als 8 sein.
2. Multiplexanalysen funktionieren nur mit Fluoreszenzmarkierung: Die Differenzgelelektrophorese (DIGE) verbessert die Zuverlässigkeit von quantitativen und qualitativen Ergebnissen deutlich (siehe Methode 13, DIGE).

M12.2.1
Markierung einer Probe

- Proteine mit Solubilisierungsmix denaturieren.
- 250 µg Serva HPE™ LightningRed in 25 µL wasserfreiem Dimethylformamid (DMF) auflösen.
- 1 µg Protein mit 80 pmol Farbstoff markieren, z. B. 1 µL Farbstofflösung zu 30 µL Proteinlösung zugeben (10 µg Protein/µL Solubilisierungsmix).
- Behutsam mischen und für 15 min bei 0 °C stehen lassen.
- Die markierte Proteinlösung kann auf den IPG-Streifen mit Rehydratisierbeladung oder Cup-Loading aufgegeben werden.

M12.2.2
Detektion

Man benötigt einen Fluoreszenzscanner oder eine fluoreszenzfähiges CCD-Kamerasystem:

- Anregungswellenlänge: blau 488 nm oder grün 532 nm (mit Laser oder LED)
- Emissionswellenlänge: 610 nm Filter

M12.3
Stammlösungen für die Gelherstellung

Acrylamid-, Bislösung ($T = 30\,\%$, $C = 2\,\%$) für das Trenngel
29,4 g Acrylamid + 0,6 g Bis, mit H_2O_{Bidest} auf 100 mL auffüllen.
Mit 2 % *C* im Trenngel verhindert man das Ablösen des Trenngels von der Trägerfolie und das Zersplittern des Gels beim Trocknen.

Acrylamid-, Bislösung ($T = 30\,\%$, $C = 3\,\%$) für das Sammelgel
29,1 g Acrylamid + 0,9 g Bis mit H_2O_{Bidest} auf 100 mL auffüllen.
Diese Stammlösung mit 3 % *C* wird für die niedrigkonzentrierten Plateaus verwendet, weil die Geloberfläche und die -rinnen bei geringerem Vernetzungsgrad instabil wären.
Bei Lagerung im Dunkeln bei 4 °C (Kühlschrank) mehrere Wochen haltbar.
Reste umweltfreundlich beseitigen: mit APS-Überschuss auspolymerisieren.

> **Vorsicht**
> Acrylamid und Bis sind als Monomere toxisch. Hautkontakt vermeiden, nicht mit dem Mund pipettieren.

Ammoniumpersulfatlösung (APS) 40 % (g/v)
400 mg Ammoniumpersulfat in 1 mL H_2O_{Bidest} auflösen; eine Woche im Kühlschrank (4 °C) haltbar.

Gelpuffer pH 8,8 (4 × konz.)
18,18 g Tris + 0,4 g SDS + 0,01 g NaN_3, mit H_2O_{dest} → 80 mL. Mit 4 mol/L HCl auf pH 8,8 titrieren; auf 100 mL auffüllen.

Kathodenpuffer (2 × konz.)
7,6 g Tris + 36 g Glycin + 2,5 g SDS, mit H_2O_{dest} auf 250 mL auffüllen. Nicht mit HCl titrieren!

Anodenpuffer (2 × konz.)
7,6 g Tris + 200 mL H_2O_{dest}, mit 4 mol/L HCl auf pH = 8,4 titrieren; mit H_2O_{dest} auf 250 mL auffüllen.
Sparmaßnahme: hier kann auch Kathodenpuffer verwendet werden.

Äquilibrierungsstammlösung

2 % SDS	2,0 g
6 mol/L Harnstoff	36 g
0,01 % Bromphenolblau	10 mg
50 mmol/L Tris-HCl pH 8,8	3,5 mL der Stammlösung
30 % Glycerin (v/v)	35 mL der 85 %igen Glycerinlösung
mit H_2O_{dest} auf 100 mL auffüllen.	

Harnstoff und Glycerin reduzieren die Elektroendosmoseeffekte.

Agaroseeinbettungslösung

0,5 % Agarose	0,5 g
0,01 % Bromphenolblau	10 mg
SDS-Kathodenpuffer (1 × konz.)	100 mL

Auf einem Heizrührer erhitzen bis die Agarose komplett gelöst ist. 2 mL Aliquote in Reaktionsgefäße pipettieren und bei Raumtemperatur aufbewahren. Man kann auch einen Mikrowellenofen benützen.
Wird für horizontale SDS-Gele nicht benötigt! Nur für die vertikale zweite Dimension!

Kühlkontaktflüssigkeit

12 mL Glycerin (85 %)
15 g Sorbit
100 mg CHAPS
mit H_2O_{dest} auf 100 mL auffüllen

M12.4 Gelherstellung

M12.4.1 IPG-Streifen

Weil industriell fabrizierte fertige IPG-Streifen garantierte Eigenschaften und Reproduzierbarkeit aufweisen, und die Herstellung solcher Streifen im Labor relativ aufwendig ist, verwenden mittlerweile fast alle Labors Fertigprodukte.

Trotzdem wird die Herstellung von IPG-Streifen im Folgenden beschrieben (siehe hierzu auch Tab. M9.1 und Tab. M12.2). Gele für die kurzen Trenndistanzen von 7 oder 11 cm werden mit dem Gradientenmischer in der Standardgießkassette gegossen; für lange Trenndistanzen von 18 oder 24 cm wird als Gießkassette die Reswelling-Kassette mit geschlossenem Einfüllschlauch (Abb. M12.2) verwendet.

Die Lösungen vorsichtig mischen, mit pH-Papier den pH-Wert messen, mit TEMED bzw. 4 mol/L HCl auf pH 7 titrieren.

Vor dem Gießen

- Kassette im Kühlschrank vorkühlen um den Start der Polymerisation zu verzögern.

Nach dem Gießen

- Überschichtung mit H_2O_{dest} für Sauerstoffabschluss (deshalb kommt etwas Glycerin in die leichte Lösung).
- Kassette 10 min stehen lassen, damit sich der Gradient horizontal ausgleichen kann.
- Polymerisation: 1 h bei 37 °C (Trockenschrank).

Tab. M12.1 Zusammensetzungen der Polymerisationslösungen von IPG-Gelen.

IPG-Gradient	**pH 4–10**		**pH 4–7**		**pH 7–10**	
Stammlösungen	**schwer**	**leicht**	**schwer**	**leicht**	**schwer**	**leicht**
Immobiline p*K* 3,6	551 µL	–	289 µL	151 µL	271 µL	45 µL
Immobiline p*K* 4,6	–	57µL	55 µL	369 µL	–	–
Immobiline p*K* 6,2	227 µL	25 µL	225 µL	75 µL	–	–
Immobiline p*K* 7,0	45 µL	244 µL	–	135 µL	189 µL	162 µL
Immobiline p*K* 8,5	167 µL	78 µL	–	–	175 µL	175 µL
Immobiline p*K* 9,3	–	179 µL	–	438 µL	–	140 µL
Acrylamid, Bis (30 % *T*, 3 % *C*)	1,0 mL	1,0 mL	1,0 mL	1,0 mL	1,0 mL	1,0 mL
Glycerin (85 %)	2,0 mL	0,3 mL	2,0 mL	0,3 mL	2,0 mL	0,3 mL
TEMED (100 %)	3,5 µL	3,5 µL	3,5 µL	3,5 µL	3,5 µL	3,5 µL
mit H_2O_{dest} →	7,5 mL	7,5 mL	7,5 mL	7,5 mL	7,5 mL	7,5 mL

Tab. M12.2 Pipettiervolumen für den Gradientenmischer.

IPG-Streifen	**7 cm**		**11 cm**		**18 cm**		**24 cm**	
	Misch. schwer	**Res. leicht**	**Misch. schwer**	**Res. leicht**	**Misch. schwer**	**Res. leicht**	**Misch. schwer**	**Res. leicht**
Monomerlösung (mL)	4,8	4,8	7,5	7,5	5,2	5,2	7	7
APS (40 %) (µL)	5	5	7	7	5	5	7	7

Misch. = Mischkammer; Res. = Reservoir.

Waschen, Trocknen, Schneiden

- Gel aus der Kassette nehmen,
- 3 × waschen in je 300 mL H_2O_{dest} für je 20 min,
- 1 × waschen in 300 mL 2 % Glycerin für 30 min, damit sich das Gel nicht einrollt,
- bei Zimmertemperatur trocknen lassen (Ventilator in einem staubfreien Unterschrank),
- Aufbewahrung: in Folie verpackt bei –20 °C (tiefgekühlt).

Die trockenen IPG-Gele werden mit einer Papierschneidemaschine in 3 mm breite Streifen (siehe Abb. M12.3) geschnitten.

- Streifen mit schwarzem Edding-3000-Stift auf der hydrophoben Rückseite markieren: nummerieren, Anode oder Kathode kennzeichnen.

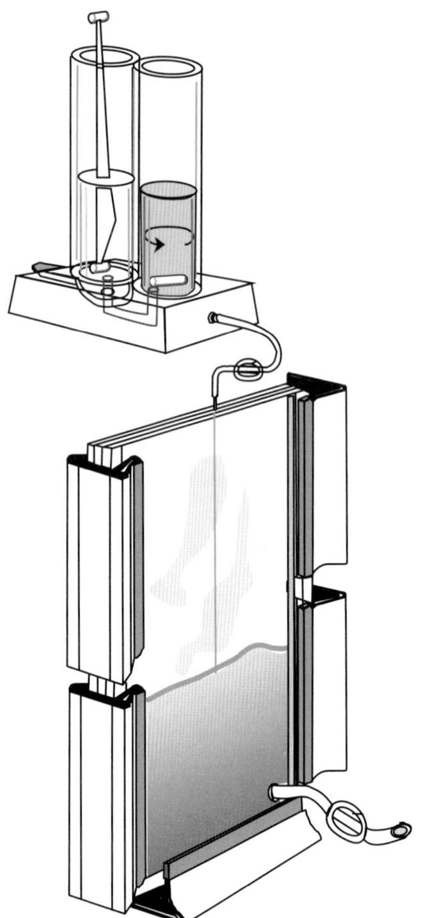

Abb. M12.2 Gießen eines IPG-Gels für lange Trenndistanzen.

Rehydratisieren

- Es gibt zwei Möglichkeiten:
  a) Der IPG-Streifen wird ohne Probe rehydratisiert; die Probe wird an einem Ende des rekonstituierten Streifens aufgegeben: Cup-Loading.
  b) Die Probe wir mit Rehydratisierlösung vermischt und in das Gel eingequollen (Rabilloud *et al.*, 1994): Rehydratisierbeladung.
- In beiden Fällen ist es wichtig, die korrekten Volumen zu verwenden:

7 cm Streifen	125 µL
11 cm Streifen	200 µL
18 cm Streifen	350 µL
24 cm Streifen	450 µL

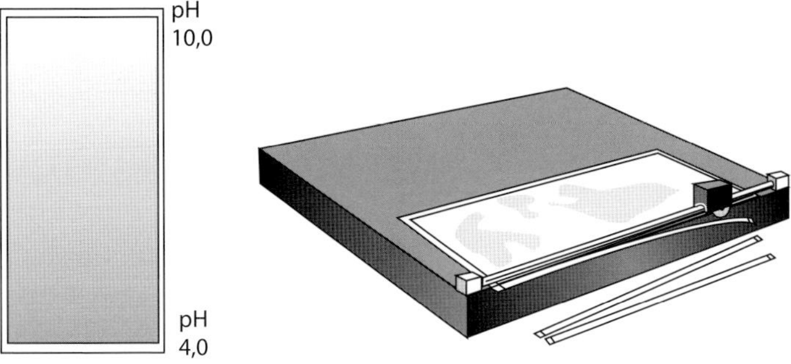

Abb. M12.3 Präzises Schneiden der trockenen IPG-Streifen mit einem Rotationspapierschneider.

Rehydratisierlösung

8 mol/L Harnstoff	24 g
0,5 % CHAPS	250 mg
0,2 % (g/v) DTT	100 mg
0,5 (v/v) Servalyt pH 3–10	310 µL
0,01 % Bromphenolblau	5 mg

mit H_2O_{dest} auf 50 mL auffüllen.

Abbildung M12.4 zeigt eine Rehydratisierwanne, die für unterschiedliche Streifenlängen bis zu 24 cm verwendet werden kann. Die IPG-Streifen und die Lösun-

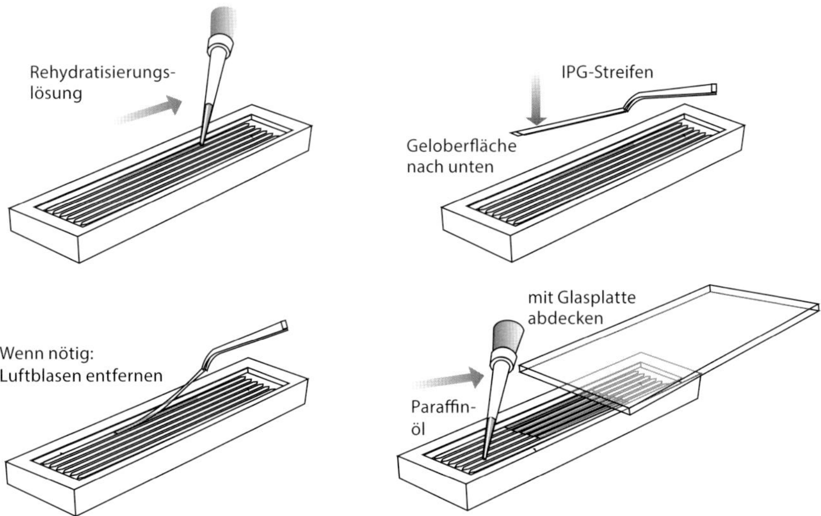

Abb. M12.4 Rehydratisierwanne für das Anquellen von IPG-Streifen in Rinnen: entweder in Rehydratisierlösung (für Cup-Loading) oder in der Probenlösung (Rehydratisierbeladung).

gen müssen mit 1–2 mL Paraffinöl abgedeckt werden, um das Kristallisieren des Harnstoffs und den Sauerstoffkontakt zu verhindern. In manchen Anleitungen wird die Verwendung von Silikonöl vorgeschlagen. Aber Silikonöl hat zwei Nachteile:

- Es kann zu vertikalen Streifen in der zweiten Dimension führen.
- Es ist noch unangenehmer in der Handhabung als Paraffinöl und noch schwerer zu entfernen.

Rehydratisierzeit

- > 6 h für Rehydratisieren ohne Probe,
- > 12 h oder über Nacht für Rehydratisierbeladung mit Probe.

Die großen Proteinmoleküle brauchen eine längere Zeit, um in den Streifen einzudiffundieren.

Nach der Rehydratisierung

- Die Oberfläche der Streifen mit H_2O_{dest} kurz abspritzen und dann für einige Sekunden zwischen zwei Blätter nasses Filterpapier legen, damit der Harnstoff auf der Oberfläche nicht auskristallisiert

M12.5
SDS-Porengradientengele

In *Vertikalsystemen* werden meistens homogene Gele mit 12 oder 13 % *T*, 2,5 oder 3 % *C* ohne Sammelgel verwendet. Nur in Spezialfällen wird eine modifizierte Gelkonzentration verwendet, um die Auflösung in bestimmten Größenbereichen zu erhöhen, wie z. B. bei Langen *et al.* (1997). Auch Gradientengele kommen nur in Spezialfällen zum Einsatz. Für Hochdurchsatzsysteme gibt es Gießboxen für bis zu 14 Gelkassetten, die gleichzeitig befüllt werden. Für einen Satz von 14 Gelen mit 1 mm Dicke in der Größe 25 × 20 cm wird 1 L Monomerlösung benötigt. Das Gießen solcher Gele ist ausführlich in „Proteomics in Practice, Second Edition" (Westermeier *et al.*, 2008) beschrieben. Mehrere Anleitungen zum Gießen von Gelen im Miniformat sind in Methode 8 zu finden.

Im Folgenden wird die Herstellung eines *horizontalen* Gels auf Trägerfolie mit einem Porengradienten beschrieben.

Die hier vorgeschlagenen Acrylamidkonzentrationen für den linearen Porengradienten sind für das Beispiel der Auftrennung von Hefezelllysat optimiert worden. Der Porengradient kann durch Verändern der Acrylamid, Bislösungsvolumina an das jeweilige, von der Zusammensetzung der Probe abhängige, Trennproblem angepasst werden. Das Probenaufgabeplateau enthält $T = 6\,\%$, damit es etwaigen elektroendosmotischen Einflüssen des IPG-Streifens besser standhält (siehe Tab. M12.3). Auch hier wird, wie bei Methode 7, die Gießkassette vorgekühlt, um den Start der Polymerisation hinauszuzögern, und APS kurz vor dem Gießen zugegeben.

Tab. M12.3 Herstellung der drei Gelgießlösungen für einen Gradienten $T = 12–15\,\%$ und ein Plateau mit $T = 6\,\%$. Das superschwere Plateau vermischt sich nicht mit dem Gradienten.

Stammlösungen	Monomerlösungen		
	superschwer 6 % *T*, 3 % *C*	schwer 12 % *T*, 2 % *C*	leicht 15 % *T*, 2 % *C*
Glycerin (85 %)	6,5 mL	4,3 mL	–
Acrylamid, Bis 30 % *T*, 3 % *C*	3,0 mL	–	–
Acrylamid, Bis 30 % *T*, 2 % *C*	–	6,0 mL	7,5 mL
Gelpuffer	3,75 mL	3,75 mL	3,75 mL
TEMED (100 %)	10 µL	10 µL	10 µL
mit H_2O_{dest} →	→ 15 mL	→ 15 mL	→ 15 mL

Tab. M12.4 Volumen der Gießlösungen für Standard- und Large-Scale-Gelformate.

SDS-Gel	Standardgel			Large-Scale-Gel		
	Kassette superschwer	Misch. schwer	Res. leicht	Kassette superschwer	Misch. schwer	Res. leicht
Monomerlösung (mL)	3,5	7,0	7,0	3,5	13,5	13,5
APS(40 %) (µL)	4	7	7	4	14	14

Misch. = Mischkammer; Res. = Reservoir.

Gießmengen

Die Volumina der Gelgießlösungen hängen – wie in Tab. M12.4 gezeigt – vom gewünschten Gelformat ab. Hier gibt es zwei Möglichkeiten:

- Verwendung des Standardgelformates wie in Methode 7 beschrieben; 250 × 110 × 0,5 mm.
- Einsatz längerer Trenndistanzen, um eine höhere Auflösung für hochkomplexe Proteingemische zu erhalten:
  Geldimension: 250 × 190 × 0,5 mm (Large Scale) Hierfür werden Gießkassetten mit 4 mm dicken Glasplatten verwendet, die so groß sind wie die Kühlplatte.

Vor dem Gießen

- Die Gießkassette im Kühlschrank bei 4 °C etwa 10 min vorkühlen; dies verzögert den Start der Polymerisation.
- Plateaugellösung (superschwer) mit Pipette in die Kassette pipettieren.
- Der Gradient wird ohne Zwischenpolymerisation auf das Plateaugel gegossen: siehe Methode 7.
- Die Gelkante mit 300 µL eines 60 %igen (v/v) Isopropanol-Wasser-Gemisches überschichten. Dies verhindert das Eindiffundieren von Luftsauerstoff, der die

Polymerisation hemmen würde; das Gel erhält eine glatte und gerade Oberkante.

Während der nächsten 10 min muss sich der Gradient nivellieren können, bevor die Polymerisation startet. Nach 20 min sollte das Gel fest sein. Vor der Elektrophorese muss das Gel vollständig auspolymerisieren; mindestens 3 h, besser über Nacht, bei Zimmertemperatur.

M12.6 Trennbedingungen

M12.6.1 Erste Dimension (IPG-IEF)

Die IPG-Fokussierung in individuellen Streifen kann man mit herkömmlicher Ausrüstung direkt auf den Kühlblock laufen lassen (Abb. M12.5). Zur verbesserten Probenaufgabe, vereinfachten Platzierung der IPG-Streifen und effektiveren Schutz vor CO_2-Einflüssen – vor allem auf den basischen Teil des Gradienten – empfiehlt sich die Verwendung eines IPG-Streifen-Kits (Abb. M12.6). In der IPG-Streifenwanne kann man die Gele auch unter Paraffinöl laufen lassen.

IPG-Streifen-IEF mit herkömmlicher Ausrüstung

- Rekonstituierte IPG-Streifen nebeneinander – mit der Gel-Seite nach oben – auf die mit Kühlkontaktflüssigkeit beschichtete Kühlplatte legen. Elektrodenstreifen, in H_2O_{dest} getränkt, über die Enden der IPG-Streifen legen (Abb. M12.5); dabei auf richtige Orientierung achten (siehe Methode 11).
- Die Streifen mit Parafilm® abdecken.
- Fokussierungselektroden aufsetzen und Kabel anschließen (Abb. M12.5).

Wenn Rehydratisierbeladung angewandt wurde, jetzt die Trennung starten.

Für Cup-Loading:

- Probenaufgabelochband aus Silikongummi in Stücke schneiden,
- Silikongummirahmen auf anodische Seite (oder manchmal kathodische Seite) der Streifen auflegen,
- jeweils 20 µL Probe einpipettieren,
- die restliche Oberfläche der Streifen mit Parafilm® abdecken,
- Fokussierungselektroden aufsetzen und Kabel anschließen (Abb. M12.5),
- die Trennung starten.

IEF mit IPG-Streifen-Kit (Abb. 4.6a und M12.6)

- IPG-Streifen-Wanne auf die mit Kühlkontaktflüssigkeit beschichtete Kühlplatte der Multiphor-Kammer legen und Kabel anschließen.
- 1 mL Paraffinöl in die Wanne pipettieren; hier keine Kühlkontaktflüssigkeit verwenden.

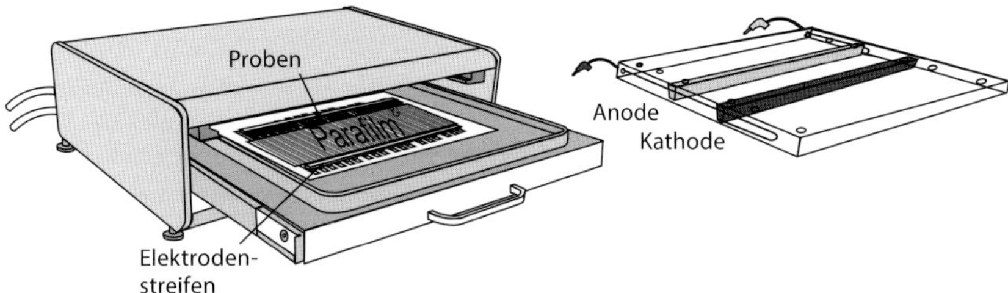

Abb. M12.5 IEF in individuellen IPG-Streifen direkt auf der Kühlplatte. Die offenen Geloberflächen werden mit Parafilm® abgedeckt. Beispiel für eine Horizontalkammer: Blue Horizon.

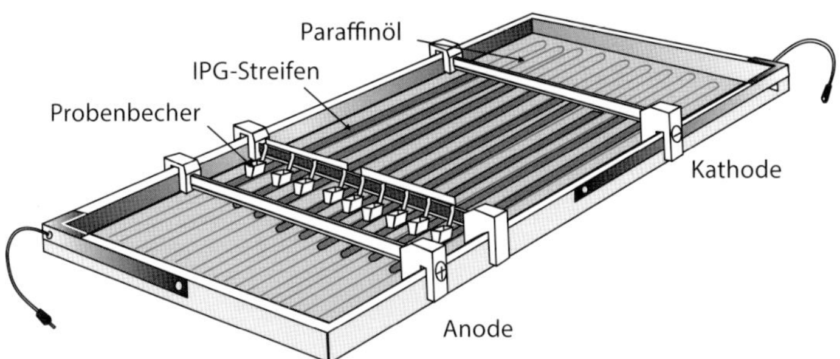

Abb. M12.6 IEF in individuellen IPG-Streifen im IPG-Streifen-Kit, einem Zubehör der Multiphor-Kammer.

- Rekonstituierte IPG-Streifen – mit der Gelseite nach oben – in die Rillen legen; dabei auf richtige Orientierung achten! Siehe Methode 11.
- 11 cm lange Elektrodenstreifen, in H_2O_{dest} getränkt, über die Enden der IPG-Streifen legen.
- Spezialelektroden auf die Kontaktschienen aufsetzen.

Für Cup-Loading:

- Probenaufgabebecherhalteschiene an der anodischen (oder kathodischen) Seite aufsetzen; Probenaufgabebecher so auf die Halteschiene setzen, dass die Becher gleichmäßig auf die IPG-Streifen gedrückt werden.
  Guter Kontakt verhindert das Auslaufen der Proben und Einfließen des Öls. Hier können Probenvolumina bis zu 100 µL einpipettiert werden.
- 50 mL Paraffinöl über die Streifen pipettieren; kein Silikonöl verwenden!

Trennbedingungen

- Temperatur auf +20 °C einstellen.
- Wenn Proteine mit Fluoreszenzfarbstoff markiert worden sind, sicherheitshalber den durchsichtigen Sicherheitsdeckel mit einem dunklen Tuch oder einer dunklen Plastikfolie abdecken, da manche dieser Farbstoffe lichtempfindlich sind.
- Strombedingungen einstellen (Tab. M12.5). Bei der IEF in IPG-Streifen muss über die Spannung reguliert werden.

Tab. M12.5 Strombedingungen für die IPG-IEF in *herkömmlicher Ausrüstung.*

Stromstärke: maximal 50 µA pro Streifen, Leistung: 5 W									
Rehydratisierbeladung					**Cup-Loading**				
	7 cm	7 cm	18 cm	18 cm		7 cm	7 cm	18 cm	18 cm
pH	4–10	4–7	4–10	4–7	pH	4–10	4–7	4–10	4–7
		7–10		7–10			7–10		7–10
					Phase 1: 150 V	30 min	30 min	30 min	30 min
Phase 1: 500 V	1 h	1 h	1 h	1 h	Phase 2: 300 V	1 h	1 h	1 h	1 h
Phase 2: 3,5 kV	1,5 h	1,5 h	1,5 h	1,5 h	Phase 3: 3,5 kV	1,5 h	2,5 h	7 h	über Nacht
Phase 3: 3,5 kV	5 kVh	7 kVh	20 kVh	42 kVh	Phase 4: 3,5 kV	5 kVh	7 kVh	20 kVh	42 kVh

IPG-IEF in individuellen Keramikschiffchen

In einem speziell für die IPG-Streifen konstruierten Instrument kann Rehydratisierbeladung und IEF kombiniert werden. Hierzu werden die Proben in individuelle Keramikschiffchen mit eingebauten Platinkontakten pipettiert. Die IPG-Streifen werden darin rehydratisiert und fokussiert, mit der Geloberfläche nach unten (siehe Abb. M12.7). Diese Schiffchen werden auf die gekühlte Elektrodenkontaktfläche des Stromversorgers aufgelegt (siehe Abb. 4.6b). Es konnte gezeigt werden, dass Rehydratisieren bei niedriger Spannung (30–60 V) für 10 h die Einwanderung von hochmolekularen Proteinen (> 150 kDa) erleichtert (Görg *et al.*, 1998). Das Keramikmaterial entfernt die joulesche Wärme sehr effizient. Das ist besonders vorteilhaft bei einer hohen Probenbeladung von mehreren Milligramm Protein pro Streifen. Außerdem kann lokale Überhitzung zu Carbamylierungen und manchmal sogar zum Brennen von IPG-Streifen führen. Die Keramikoberfläche ist speziell behandelt, um Proteinabsorption zu verhindern. Kleine Pressblöckchen an den Deckeln erhöhen den Kontakt der Streifenenden zu den Platinkontakten; das ist wichtig, weil bei der IEF Elektrolysegas entsteht. Weil die Trennung in einem geschlossenen System stattfindet, in welches Stromversorger, Peltier-Kühlung und Trennkammer integriert sind, kann man bis zu 10 kV Hochspannung anlegen. Das führt zu kürzeren Trennzeiten und schärferen Spots.

Rehydratisieren und IEF werden beide bei 20 °C durchgeführt.

- Wenn Proteine mit Fluoreszenzfarbstoff markiert worden sind, sicherheitshalber den durchsichtigen Sicherheitsdeckel mit einem dunklen Tuch oder einer dunklen Plastikfolie abdecken, da manche dieser Farbstoffe lichtempfindlich sind.
- Rehydratisieren (ohne Spannung oder bei 30–60 V) für 10 h.
- Strombedingungen einstellen (Tab. M12.6). Bei der IEF in IPG-Streifen muss über die Spannung reguliert werden.

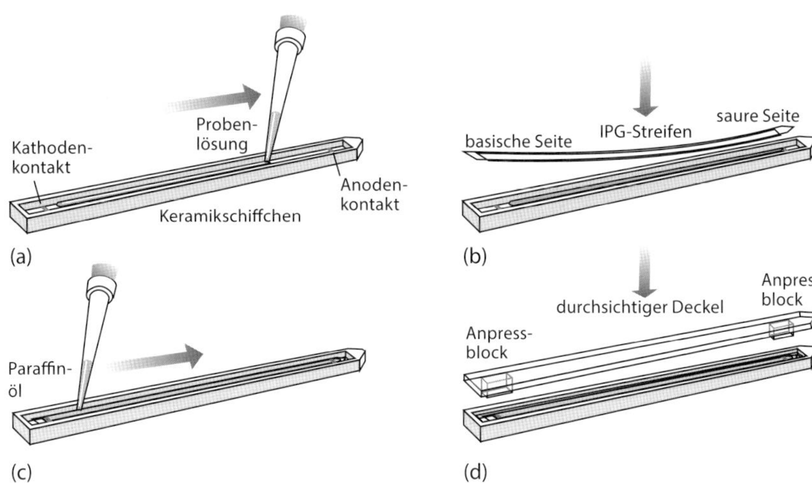

Abb. M12.7 Rehydratisierbeladung in individuellen Keramikschiffchen. (a) Pipettieren des Probenrehydratisierlösunggemisches in das Schiffchen; (b) Einlegen des IPG-Streifens mit der trocknen Gelseite nach unten auf die Flüssigkeit; (c) Pipettieren von ein paar Millilitern Paraffinöl auf die Trägerfolie des IPG-Streifens; (d) Abdecken des Schiffchens mit dem Deckel. Diese Keramikschiffchen sind Zubehör der IPGphor.

Wegen der effizienten Kühlung kann hier ein Maximum von 75 μA pro Streifen verwendet werden; Spannungs- und Zeitbedingungen sind abhängig vom pH-Intervall, Länge der Streifen und der Probenbeladung.

Instrumente und Wannen für Cup-Loading

Sehr basische und sehr saure pH-Bereiche werden meistens besser getrennt, wenn Cup-Loading angewandt wird. Proben mit hochabundanten Proteinen und/oder hohen Salzgehalten müssen in IPG-Streifen mit der Geloberfläche nach oben aufgetrennt werden. Dabei ist es wichtig, in Wasser getränkte Filterpapierplättchen zwischen den Elektroden und den IPG-Streifen einzulegen, welche Proteine mit pIs außerhalb des pH-Intervalls und Salzionen aufnehmen können. Hierfür muss das Rehydratisieren in einer externen Rehydratisierwanne (Abb. M12.4) stattfinden. Die IPG-Streifen werden dann in Instrumenten oder Wannen fokussiert, die für beides – Rehydratisierbeladung und Cup-Loading – verwendet werden können (siehe Abb. 4.6c und d, Abb. M12.8).

Die Vorgehensweise wird hier für die IEF 100 (Abb. 4.6c) beschrieben; sie ist aber für andere Systeme sehr ähnlich:

- Den Sicherheitsdeckel öffnen und die Fokussierwanne einschieben.
- Die IPG-Streifen mit der Geloberfläche nach oben einlegen, niedriger pH-Wert (+) nach links (die Positionen sind nummeriert: (1) ist vorne, (6) ist hinten).
- Die Filterpapierplättchen (zwei pro Streifen) mit entionisiertem Wasser tränken; kurz auf ein Papierhandtuch legen (sie sollten feucht, nicht nass sein), und auf beide Enden der Streifen auflegen.

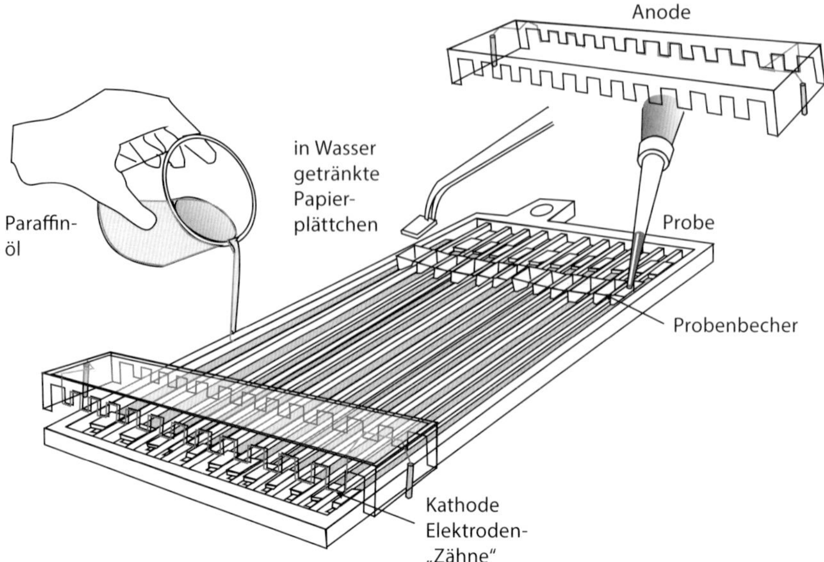

Abb. M12.8 Wanne für Cup-Loading und die IPG-IEF mit der Geloberfläche nach oben. Diese Wanne ist ein Zubehör für die IPGphor.

- Die Elektroden auf die Plättchen aufsetzen.
- Die Probenbecher möglichst nahe an den Anodenplättchen aufsetzen; man kann bis zu 240 µL Probe aufgeben.
- 50 mL Paraffinöl über die Streifen in die Rinnen einfüllen – aber nicht in die Probenbecher (das ist ein Test für die Dichtigkeit der Probenbecher).
- Die Proben aufgeben; 30 µL Paraffinöl auf jede Probe pipettieren, um Austrocknen und Kristallisieren von Harnstoff zu verhindern.
- Sicherheitsdeckel schließen.
- Wenn Proteine mit Fluoreszenzfarbstoff markiert worden sind, sicherheitshalber den durchsichtigen Sicherheitsdeckel mit einem dunklen Tuch oder einer dunklen Plastikfolie abdecken, da manche dieser Farbstoffe lichtempfindlich sind.
- Die IEF starten.

Wichtig

Wenn Streifen mit sehr weiten pH-Gradienten verwendet und/oder wenn hochkomplexe Proben wie Gewebeextrakte analysiert werden, müssen während der ersten paar Stunden die Elektrodenplättchen mehrmals gegen neue ausgetauscht werden.

Programmieren der Laufbedingungen

Dies ist ein „vorsichtiges" Programm für alle Fälle, auch für schwierige Proben (Worst Case) (Tab. M12.6).

Sollte die Laufzeit während der Nacht enden, vor der zweiten Dimension nochmals 15 min bei 10 kV fokussieren, damit die Banden wieder scharf werden.

Tab. M12.6 Laufbedingungen für 11 und 24 cm IPG-Streifen (20 °C).

IPG-Streifenlänge: **20 °C** **75 µA pro IPG-Streifen**			**11 cm**	**24 cm**
Phase	pH-Gradient		3–10 linear	3–10 linear
1	step & hold	250 V	3 h	3 h
2	step & hold	500 V	3 h	3 h
3	Gradient	1 kV	6 h	6 h
4	Gradient	10 kV	1 h	1 h
5	step & hold	10 kV	11 kVh	24 kVh
			1 h	3 h
Gesamtzeit:			13 h	15 h

Nach der IEF

Entweder werden die Streifen sofort in SDS-Puffer äquilibriert auf die zweite Dimension übertragen, oder sie werden bei –60 bis –80 °C tiefgefroren. Für manche Proben sind –20 bis –40 °C ausreichend.

Manchmal könnte es hilfreich sein zu überprüfen, ob die IEF gut funktioniert hat. Wenn die Proteine fluoreszenzmarkiert worden sind, kann man die Streifen einscannen oder in ein Kamerasystem einlegen und dann mit der Äquilibrierung und der zweiten Dimension fortfahren. Andernfalls empfiehlt sich eine Anfärbung mit Acid Violet 17 nach Patestos *et al.* (1988), die u. a. in Methode 11 beschrieben ist. Aber Vorsicht: Mit den so gefärbten IPG-Streifen kann man keine zweite Dimension mehr durchführen.

M12.6.2 **Äquilibrieren**

Vor der SDS-PAGE müssen die IPG-Streifen in SDS-Puffer äquilibriert werden. Weil dabei die Carboxylgruppen des immobilisierten pH-Gradienten negativ geladen werden und Elektroendosmoseeffekte im SDS-Gel bewirken (Westermeier *et al.*, 1983), muss man bei IPG-Streifen besondere Maßnahmen ergreifen: Görg *et al.* (1985) haben die Zusammensetzung des Äquilibrierpuffers modifiziert: Durch Zugabe von Glycerin und Harnstoff wird der elektroosmotische Wasserfluss reduziert, welcher den teilweisen Verlust von Proteinen verursachen kann.

- 15 min mit 10 mL Äquilibrierlösung plus 100 mg DTT pro Streifen auf einem Orbitalschüttler äquilibrieren,
- 15 min mit 10 mL Äquilibrierlösung plus 250 mg Iodacetamid pro Streifen auf einem Orbitalschüttler äquilibrieren.

Die Äquilibrierzeit erscheint ziemlich lang; aber die geladenen Carboxylgruppen des immobilisierten pH-Gradienten wirken wie ein schwacher Ionenaustauscher und verhindern so die Diffusion der Proteine. Die lange Äquilibrierzeit wird benötigt, weil auch das SDS negativ geladen ist und nur langsam in die Streifen eindiffundiert.

M12.6.3
Zweite Dimension (SDS-Elektrophorese)

Vertikalgele
Die vertikalen SDS-Gele sind 1 oder 1,5 mm dick. Bei 1 mm dicken Gelen sollte die Einbettung des IPG-Streifens mit Agarose eigentlich überflüssig sein, weil die Streifen beim Äquilibrieren leicht anquellen und zusammen mit der 0,2 mm dicken Trägerfolie eine Dicke von 1 mm erreichen. Aber die Agaroseeinbettung hat ein paar Vorteile:

Der IPG-Streifen liegt Kante-auf-Kante auf dem SDS-Gel. Die Geloberflächen von IPG-Streifen mit hohen Probenbeladungen sind nicht glatt: hochabundante Proteine bilden Erhöhungen. Die Streifen gleiten besser in die Kassette, wenn sie vorher kurz in SDS-Elektrophoresepuffer eingetaucht wurden. Luftblasen zwischen den Gelen werden am besten dadurch vermieden, indem man erst die Agaroselösung einpipettiert und dann erst den Streifen einsetzt (Abb. M12.9). Diese Maßnahme hilft etwaige ungleichmäßige Oberkanten des SDS-Gels auszugleichen. Die Agarose dichtet auch die seitlichen Kanten und Spacer von trägerfoliengestützten Fertiggelen ab, welche vor der Elektrophorese in spezielle Kassetten eingelegt werden. Molekulargewichtsmarker werden auf Probenaufgabeplättchen pipettiert; diese werden vor dem Pipettieren der Agaroselösung auf die SDS-Gelkante aufgesetzt.

Die Laufzeiten hängen von der Gelgröße und der Bauart der Apparatur ab und können sich von einer Stunde bis über Nacht erstrecken. Kurze Laufzeiten haben den Vorteil, dass die Proteinspots weniger diffundiert sind; dadurch erhält man höhere Auflösung und höhere Proteinkonzentrationen in den Spots.

Horizontalgele
Hier gibt es zwei Größen: Standard (15 × 11 cm) und Large Scale (25 × 20 cm). Die Standardgröße eignet sich für den gleichzeitigen Lauf von zwei 11 cm langen IPG-Streifen (siehe Abb. M12.12), ein Large-Scale-Gel für einen 18 oder 24 cm langen IPG-Streifen (siehe Abb. M12.13). Die Elektrodenpositionen müssen für die jeweilige Gelgröße umgesetzt werden.

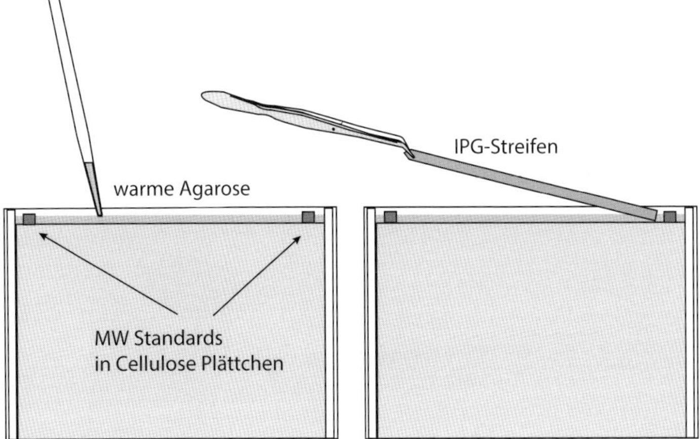

Abb. M12.9 Probenauftrageplättchen mit Markerproteinen werden auf die Gelkante aufgesetzt, dann erfolgt das Pipettieren der Agaroselösung und Einsetzen des IPG-Streifens in die SDS-Gelkassette.

Abb. M12.10 Erzeugung einer gleichmäßigen Schicht von Kühlkontaktflüssigkeit auf der Kühlplatte.

- Die Kühlplatte wird für Standardgele mit 3 mL, für Large-Scale-Gele mit 6 mL Kühlkontaktflüssigkeit beschichtet; Wasser und andere Flüssigkeiten eignen sich nicht.
  Bei den großen Gelen ist die gleichmäßige Verteilung der Kühlkontaktflüssigkeit besonders kritisch. In Abb. M12.10 ist deshalb gezeigt, wie die Flüssigkeit am besten auf der Kühlplatte verteilt wird, ohne Luftblasen zu generieren.
- Gel – Trägerfolie nach unten – auf die Mitte der Kühlplatte platzieren; die Seite mit dem Sammelgel muss zur Kathode (–) orientiert sein.

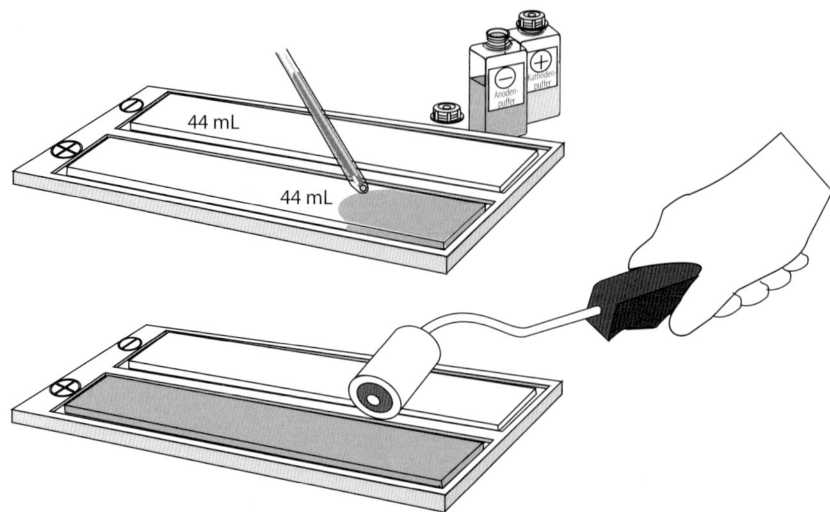

Abb. M12.11 Tränken der Dochte in Elektrodenpuffer im PaperPool und herausrollen von Luftblasen.

- Kühlung einschalten: +15 °C.
- Zwei Elektrodendochte in die Wannen des PaperPools einlegen.
  Es ist wichtig, dass nur sehr sauberer Dochte verwendet werden, weil SDS auch Spuren von Verunreinigungen in Lösung bringt.
- 22 mL des Kathodenpuffers (2 × konz.) mit 22 mL destilliertem Wasser mischen und auf den entsprechenden Docht aufgeben.
- 22 mL des Anodenpuffers (2 × konz.) mit 22 mL destilliertem Wasser mischen und auf den entsprechenden Docht aufgeben.
- Luftblasen herausrollen (Abb. M12.11).
- Erst den kathodischen Docht auf die kathodische Kante legen, sodass sich Gel und Docht um ca. 5 mm überlappen. Wenn der Kathodendocht zuerst aufgelegt wird, vermeidet man die Kontamination der Folgeionen mit Leitionen; den anodischen Docht auf die anodische Kante des Gels legen, wobei sich Gel und Docht um ca. 5 mm überlappen (Abb. M12.12).
- Luftblasen mit einer gekrümmten Pinzette aus den Kontaktkanten der Dochte herausstreichen.
- Die äquilibrierten IPG-Streifen mit den Oberflächen nach unten 1 cm von der Kathodendochtkante auf das SDS-Gel auflegen (Abb. M12.12).

Elektrophorese 15 °C, max. 30 mA, max. 30 W

- Nach 70 min bei max. 200 V Elektrophorese die IPG-Streifen entfernen, den Kathodendocht über die Kontaktbereich IPG-Streifen/SDS-Gel legen und die kathodische Elektrode entsprechend verschieben.

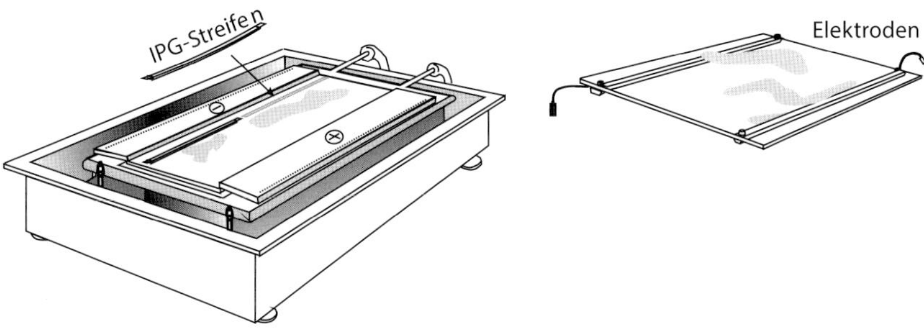

Abb. M12.12 Auflegen von zwei äquilibrierten IPG-Streifen auf ein SDS-Gel mit Standardgröße. Beispiel einer Horizontalkammer: Multiphor mit kontinuierlich variablen Elektrodenpositionen. Die gepunkteten Linien auf den Dochten zeigen die Elektrodenpositionen an.

Tipp
Die IPG-Streifen sollten dann mit Acid Violet 17 gefärbt werden, um zu überprüfen, ob alle Proteine herausgewandert sind.

- Die Trennung bei max. 800 V fortsetzen, bis die Bromphenolblaufront das anodische Ende des Gels erreicht hat.
  Lämmli-Puffersystem: Standard Gel: 90 min Large-Scale-Gel: 5 h

Gele mit einem Tris-Acetat/Tricin-Puffersystem benötigen nur die halbe Trennzeit, weil der Puffer eine niedrigere Molarität hat (0,12 mol/L Tris-Acetat pH 6,6):

Erste Phase: 40 min
Zweite Phase: Standardgröße: 40 min Large Scale: 2 h 40 min

Bei HPE™-Fertiggelen ist ein saurer Acrylamidpuffer Bestandteil der Matrix, welcher die elektroosmotischen Effekte der äquilibrierten IPG-Streifen kompensiert. Deshalb wird der Kathodendocht nach der Entfernung des Streifens nicht versetzt und die Elektrode bleibt an Ort und Stelle (Abb. M12.13). Diese Gele enthalten vorgeformte Rinnen in welche die IPG-Streifen eingelegt werden. Damit erreicht man einen vollständigen Transfer der Proteine von der ersten in die zweite Dimension. Mehr Eigenschaften dieser Gele findet man in der Publikation von Moche *et al.* (2013) beschrieben.

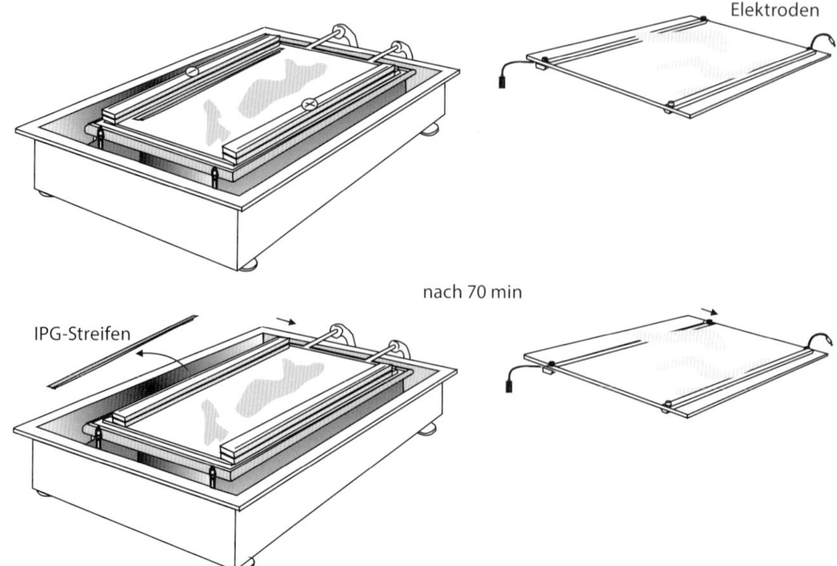

Abb. M12.13 Auflegen von einem äquilibrierten langen IPG-Streifen auf ein SDS-Large-Scale-Gel. Die Gelfläche hat die Größe der Kühlplatte. Elektrodendochte in 2,5 cm breite Streifen schneiden, Stapel von je zwei Streifen auf beiden Gelseiten verwenden. Beispiel einer Horizontalkammer: Multiphor mit kontinuierlich variablen Elektrodenpositionen. Die gepunkteten Linien auf den Dochten zeigen die Elektrodenpositionen an.

M12.7 Proteindetektion

M12.7.1 Färben von multiplen Gelen

Das Elektrophoresesystem in Abb. M12.14 ermöglicht den simultanen Lauf von bis zu vier Gelen, einige Vertikal-Zweidimensional-Elektrophoresesysteme haben eine Kapazität von bis zu zwölf Gelen. Die Färbung von vielen großformatigen Gelen kann zum Engpass werden. In Abb. M12.15 ist eine praktische Vorrichtung gezeigt, die das Färben von bis zu fünf großen Gelen auf einmal ermöglicht. Die Schubladen in der Box sind Wannen im DIN-A4-Format und bestehen aus einem Kunststoffmaterial, das kompatibel mit allen Färbungen ist, inklusive Silber- und Fluoreszenzfärbung. Diese Box ist erhältlich bei der Schweizer Firma Rotho und kann über das Internet bestellt werden.

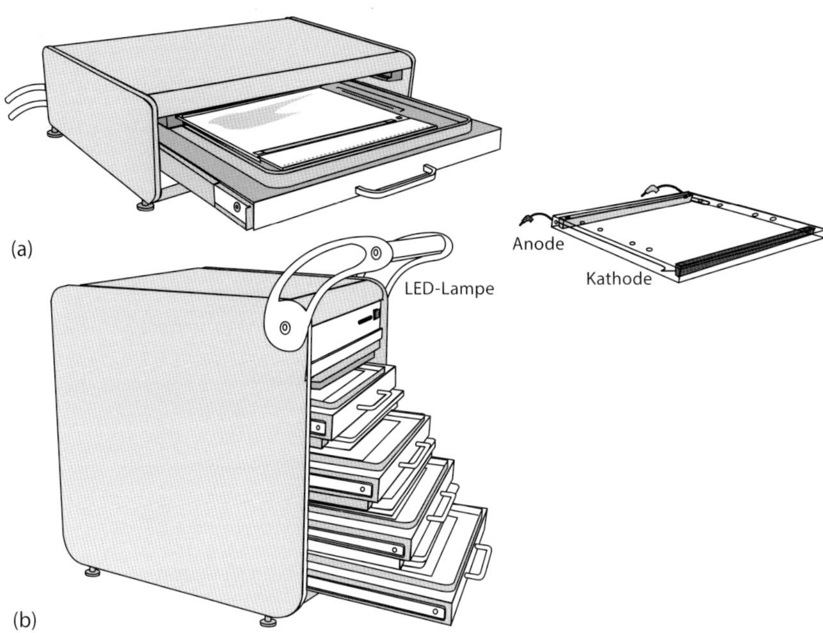

Abb. M12.14 Ausrüstung für HPE™-Fertiggele: (a) Einzelkammer Blue Horizon; (b) Mehrfachkammer Blue Tower für bis zu vier Gele. Die Elektroden können auf drei unterschiedliche Distanzen versetzt werden.

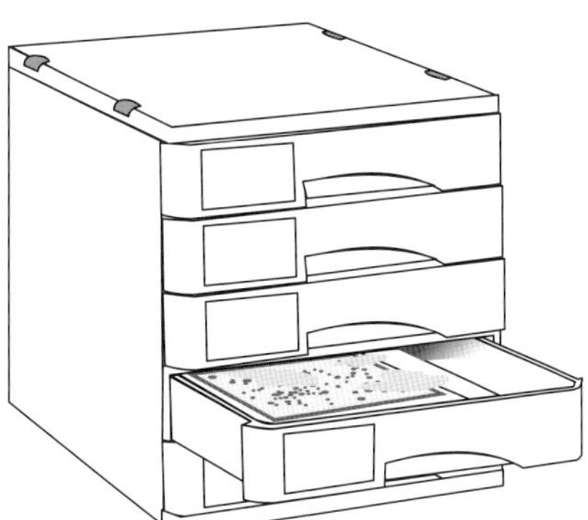

Abb. M12.15 Kunststoffbox mit fünf Wannen zum Färben von großen Gelen.

M12.7.2
Kolloidalfärbung

Diese Methode hat eine sehr hohe Nachweisempfindlichkeit (ca. 30 ng pro Bande), dauert aber länger. Hintergrundentfärbung entfällt Neuhoff *et al.* (1988).

Stammlösungen

Lösung A: 10 % (w/v) Ammoniumsulfat, 2 % (g/v) Phosphorsäure
20 mL Orthophosphorsäure (85 % H_3PO_4) zähflüssig!
800 mL H_2O_{dest}
100 g Ammoniumsulfat $(NH_4)_2SO_4$
mit H_2O_{dest} auf 980 mL auffüllen und gut verrühren.

Lösung B: 5 % (g/v) Coomassie Brilliant Blau G-250
1 g Coomassie Brilliant Blau G-250
mit H_2O_{dest} auf 20 mL auffüllen und gut verrühren.

Fixierlösung

40 % (v/v) Methanol/10 % (v/v) Essigsäure in entionisiertem Wasser.

Färbelösung

20 mL Lösung B mit 980 mL Lösung A; mehrere Stunden rühren, am besten über Nacht.
Gut schütteln, dann 20 % (v/v) Ethanol (oder Methanol) zugeben.

> **Wichtig**
> Die Färbelösung darf nicht filtriert werden, weil die kolloidalen Partikel im Filter stecken bleiben würden.

Färbeprotokoll

- *Fixieren* für 2 h in der Fixierlösung.
- *Waschen* für 5 min in entionisiertem Wasser.
- *Färben* für 3 h, am besten über Nacht mit 80 % (v/v) Färbelösung + 20 % (v/v) Methanol (oder Ethanol) mit mindestens 200 mL.
  Färbung bei 40–45 °C halbiert die Zeit.
- *Entfärben* mit viel Wasser, mehrmals auswechseln.

M12.7.3
Reversible Imidazol-Zink-Negativfärbung

Diese Färbemethode für SDS-Gele nach Hardy *et al.* (1996) resultiert in nicht gefärbten Banden gegen einen weißen Hintergrund mit einer Nachweisempfindlichkeit von ca. 15 ng pro Bande. Mit einem EDTA-Mobilisierungspuffer kann der Zink-Imidazol-Komplex aufgelöst werden, z. B. für elektrophoretisches Blotting.

- *Fixieren* in Imidazol/SDS-Lösung: 2,72 g Imidazol + 0,2 g SDS in 200 mL destilliertem Wasser gelöst; 15 min auf einem Schüttler.
- *Spülen* mit destilliertem Wasser.
- *Färben* (negativ) mit Zinksulfatlösung: 5,74 g $ZnSO_4$ in 200 mL destilliertem Wasser gelöst, 30–60 s Schütteln bis sich der weiße Hintergrund entwickelt hat.
- *Spülen* mit destilliertem Wasser.
- *Aufbewahren* in 20 mL neuer Fixierlösung + 180 mL destilliertem Wasser.
- *Mobilisieren* der Proteine mit EDTA-Lösung pH 8,3: 0,61 g Tris + 3,72 g EDTA-Na_2 in 200 mL destilliertem Wasser gelöst, mit ein paar Körnern Tris auf pH 8,3 eingestellt, 6 min 200 mL auf Schüttler.

Wegen dieser Eigenschaft wird diese Technik auch als Dornröschen-Prinz-Färbung bezeichnet.

M12.7.4
Silberfärbung

Tab. M12.7 Silberfärbung nach Heukeshoven und Dernick (1985).

Schritt	Lösung	*V* (mL)	*t* (min)
Fixieren	200 mL Ethanol + 50 mL Essigsäure mit H_2O_{dest} → 500 mL	2 × 250	2 × 15
Sensitizer	75 mL Ethanol[a)] 17 g Na-Acetat 1,25 mL Glutaraldehyd (25 % g/v) 0,50 g $Na_2S_2O_3 \times 5H_2O$ mit H_2O_{dest} → 250 mL	250	30 oder über Nacht
Waschen	H_2O_{dest}	3 × 250	3 × 5
Silber	0,625 g $AgNO_3$[b)] 100 µL Formaldehyd (37 %) mit H_2O_{dest} → 250 mL	250	20
Entwickler	7,5 g Na_2CO_3 120 µL Formaldehyd (37 %) mit H_2O_{dest} → 300 mL	1 × 100 1 × 200	1 3–7
Stopplösung	2,5 g Glycin mit H_2O_{dest} → 250 mL	250	10
Waschen	H_2O_{dest}	3 × 250	3 × 5
Imprägnieren	25 mL Glycerin (85 % g/v) mit H_2O_{dest} → 250 mL	250	30
Trocknen	an der Luft (Raumtemperatur)		

a) Na-Acetat erst in H_2O lösen, dann Ethanol zufügen. Thiosulfat und Glutaraldehyd erst vor Gebrauch zugeben.

b) $AgNO_3$ in H_2O lösen, vor Gebrauch mit Formaldehyd versetzen.

M12.7.5
Fluoreszenzfärbung mit SERVA Purple

Keine Metallwannen verwenden, sondern dunkle oder transparente Plastikwannen. Plastikwannen, die vorher für Sypro®-Produkte, Coomassie Blau oder andere Farbstoffe verwendet wurden, können Sprenkel erzeugen, deshalb sollten für ServaPurple und Silberfärbung eigene Wannen reserviert werden.

Stammlösungen

Lösung 1 (Fixieren und Ansäuern)
10 g Zitronensäure in 850 mL destilliertem Wasser vollständig auflösen und dann 150 mL 100 % Ethanol zugeben und vermischen.

Lösung 2 (Färbepuffer)
6,2 g Borsäure in 1 L destilliertem Wasser vollständig auflösen und dann 3,85 g NaOH darin auflösen.

Lösung 3 (Waschen)
850 mL destilliertes Wasser und 150 mL von 100 % Ethanol.

Lösungen 1–3 können bei Raumtemperatur bis zu sechs Monate aufbewahrt werden.

Färbeprotokoll

- *Fixieren* in Lösung 1 für mindestens 1 h auf dem Schüttler.
  Der Fixierschritt kann bis über Nacht verlängert werden.
  Das ServaPurple Konzentrat sollte früh genug aus dem Gefrierschrank entnommen werden, damit es Raumtemperatur annehmen kann.
- *Färbelösung* unmittelbar vor Gebrauch herstellen: 1 Raumteil ServaPurple Konzentrat wird mit 200 Raumteilen Lösung 2 vermischt.

> **Bitte beachten**
> ServaPurple baut sich in dem basischen Puffer langsam ab. Wenn die Lösung sofort verwendet wird, kann sie ein zweites Mal zum Färben benutzt werden.

- *Vorpuffern* mit einer gebrauchten (alten) Färbelösung, oder Lösung 2 minimiert den Übertrag von Fixierlösung auf die Färbelösung.
- *Färben* für 1 h auf Schüttler.
  Nicht länger als 2 h färben.
- *Waschen* in *Lösung 3* für 30 min.
- *Ansäuern* auf Schüttler für 30 min.
  Dieser Schritt kann wiederholt oder bis über Nacht verlängert werden, um den Hintergrund zu reduzieren. Aber: vor Licht schützen.

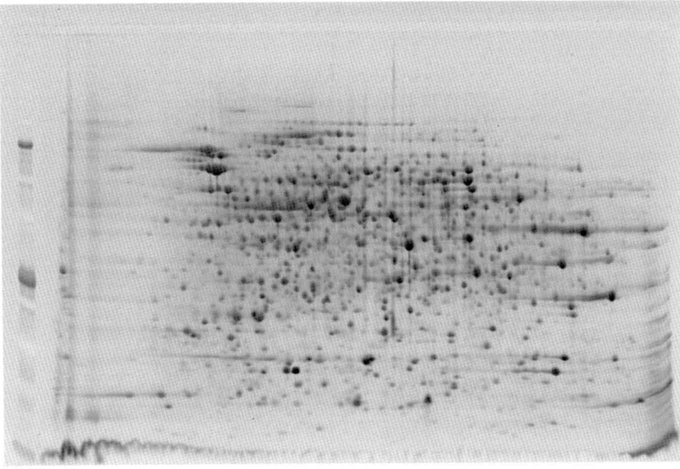

Abb. M12.16 Zweidimensional-Elektrophorese von 150 µg E. coli Extrakt. IEF im 24 cm IPG-Streifen pH 4–7, Cup-Loading am anodischen Ende. SDS-PAGE im 0,65 mm dünnen homogenen Polyacrylamidgel mit 12,5 % T auf nicht-fluoreszierender Trägerfolie. Fluoreszenzfärbung mit ServaPurple. Gescanned mit Typhoon Multifluoreszenzimager mit einem grünen Laser bei 532 nm, Emissionsfilter 610 nm Bandpass 30.

Bitte beachten
ServaPurple baut sich in basischem Puffer und starken Licht langsam ab. Für effektives Färben sind basische Bedingungen sehr wichtig.

Detektion
Man benötigt einen Fluoreszenzscanner oder ein Fluoreszenz-CCD-Kamerasystem.

Anregungswellenlängen:	405–543 nm
Emissionswellenlänge:	Die maximale Emission ist bei 610 nm, unabhängig von der Anregungswellenlänge.

Literatur

Altland, K. (1990) A program for IBM-compatible personal computers to create and test recipes for immobilized pH gradients. *Electrophoresis*, **11**, 140–147.

Damerval, C., DeVienne, D., Zivy, M. und Thiellement, H. (1986) Technical improvements in two-dimensional electrophoresis increase the level of genetic variation detected in wheat-seedling protein. *Electrophoresis*, **7**, 53–54.

Gharahdaghi, F., Weinberg, C.R., Meagher, D., Imai, B.S. und Mische. S.M. (1999) Mass spectrometric identification of proteins from silver-stained polyacrylamide gel: A method for the removal of silver ions to enhance sensitivity. *Electrophoresis*, **20**, 601–605.

Giaffreda, E., Tonani, C. und Righetti, P.G. (1993) A pH gradient simulator for electrophoretic techniques in a windows environment. *J. Chromatogr.*, **630**, 313–327.

Görg, A., Postel, W., Günther, S. und Weser, J. (1985) Improved horizontal two-dimensional electrophoresis with hybrid isoelectric focusing in immobilized pH gradients in the first dimension and laying-on transfer to the second dimension. *Electrophoresis*, **6**, 599–604.

Görg, A., Boguth, G., Obermaier, C., Posch, A. und Weiss, W. (1995) Two-dimensional polyacrylamide gel electrophoresis with immobilized pH gradients in the first dimension (IPG-Dalt): The state of the art and the controversy of vertical versus horizontal systems. *Electrophoresis*, **16**, 1079–1086.

Görg, A., Boguth, G., Obermaier, C., Harder, A. und Weiss, W. (1998) 2-D electrophoresis with immobilized pH gradients using IPGphor isoelectric focusing system. *Life Sci. News*, **1**, 4–6.

Hardy, E., Santana, H., Sosa, A.E., Hernandez, L., Fernandez-Patron, C. und Castellanos-Serra, L. (1996) Imidazole-sodium dodecyl sulphate-zinc (reverse stain) on sodium dodecyl sulphate gels. *Anal Biochem.*, **240**, 150–152.

Heukeshoven, J. und Dernick, R. (1985) Simplified method for silver staining of proteins in polyacrylamide and the mechanism of silver staining. *Electrophoresis*, **6**, 103–112.

Langen, H. und Röder, D. (1999) Separation of human embryonic kidney cells on narrow range pH strips. *Life Sci. News*, **3**, 6–8.

Langen, H., Röder, D. und Juranville, J.-F., Fountoulakis, M. (1997) Effect of protein application mode and acrylamide concentration on the resolution of protein spots separated by two-dimensional gel electrophoresis. *Electrophoresis*, **18**, 2085–2090.

Moche, M., Albrecht, D., Maaß, S., Hecker, M., Westermeier, R. und Büttner, K. (2013) The new horizon in 2D electrophoresis – New technology to increase resolution and sensitivity. *Electrophoresis*, **34**, 1510–1518.

Neuhoff, V., Arold, N., Taube, D und Ehrhardt, W. (1988) Improved staining of proteins in polyacrylamide gels including isoelectric focusing gels with clear background at nanogram sensitivity using Coomassie Brilliant Blue G-250 and R-250. *Electrophoresis*, **9**, 255–262.

Patestos, N.P., Fauth, M. und Radola, B.J. (1988) Fast and sensitive protein staining with colloidal Acid Violet 17 following isoelectric focusing in carrier ampholyte generated and immobilized pH gradients. *Electrophoresis*, **9**, 488–496.

Rabilloud T. (1998) Use of thiourea to increase the solubility of membrane proteins in two-dimensional electrophoresis. *Electrophoresis*, **19**, 758–760.

Rabilloud, T. und Charmont, S. (2000) Detection of proteins on two-dimensional electrophoresis gels, in *Proteome Research: Two-Dimensional Gel Electrophoresis and Identification Methods*, (Hrsg. T. Rabilloud), Springer, Berlin, Heidelberg, New York, S. 107–126.

Rabilloud, T., Valette, C. und Lawrence, J.J. (1994) Sample application by in-gel rehydration improves the resolution of two-dimensional electrophoresis with immobilized pH gradients in the first dimension. *Electrophoresis*, **15**, 1552–1558.

Sanchez, J.-C., Appel, R.D., Golaz, O., Pasquali, C., Ravier, F., Bairoch, A. und Hochstrasser, D.F. (1995) Inside SWISS-2DPAGE database. *Electrophoresis*, **16**, 1131–1151.

Shevchenko, A., Wilm, M., Vorm O. und Mann, M. (1996) Mass spectrometric sequencing of proteins from silver stained polyacrylamide gels. *Anal. Chem.*, **68**, 850–858.

Wessel, D. und Flügge, U.I. (1984) A method for the quantitative recovery of protein in dilute solution in the presence of detergents and lipids. *Anal. Biochem.*, **138**, 141–143.

Westermeier, R., Postel, W., Weser, J. und Görg, A. (1983) High-resolution two-dimensional electrophoresis with isoelectric focusing in immobilized pH gradients. *J. Biochem. Biophys. Methods*, **8**, 321–330.

Westermeier, R., Naven, T. und Hoepker, H.R. (2008) *Proteomics in Practice. A Guide to Successful Experimental Design*, 2. Aufl., Wiley-VCH, Weinheim.

Wildgruber, R., Harder, A., Obermaier, C., Boguth, G., Weiss, W., Fey, S.J., Larsen, P.M. und Görg, A. (2000) Towards higher resolution: Two-dimensional electrophoresis of *Saccharamyces cerevisiae* proteins using overlapping narrow immobilized pH gradients. *Electrophoresis*, **21**, 2610–2616.

Yan, J.X., Wait, R., Berkelman, T., Harry, R.A., Westbrook, J.A., Wheeler, C.H. und Dunn, M.J. (2000) A modified silver staining protocol for visualization of proteins compatible with matrix-assisted laser desorption/ionization and electrospray ionization-mass spectrometry. *Electrophoresis*, **21**, 3666–3672.

Methode 13
Zweidimensional-Differenzgelelektrophorese (DIGE)

Multiplexanalysen mit Differenzgelelektrophorese nach Ünlü *et al.* (1997) verbessern die Zuverlässigkeit der qualitativen und quantitativen Ergebnisse von 2-D-Gelen erheblich (Timms und Cramer, 2008; Cramer und Westermeier, 2012). Hierzu werden die Proteine von verschiedenen Proben mit unterschiedlichen Fluorophoren markiert. Die Proben werden zusammengemischt und im selben Gel aufgetrennt: erst mit einer IEF unter denaturierenden Bedingungen und dann mit einer SDS-PAGE. Die Trennmuster werden bei unterschiedlichen Wellenlängen mit einem Fluoreszenzscanner oder einem CCD-Kamerasystem aufgezeichnet und können auf einfache Weise miteinander verglichen werden, weil die Proteine unter identischen Bedingungen getrennt worden sind. Durch die Verwendung eines internen Standards, der durch Mischen (Poolen) von Aliquoten aus allen Proben eines Experiments erzeugt und in jedem Gel mit aufgetrennt wird, werden Gel-zu-Gel-Variationen ausgeglichen (Alban *et al.*, 2003). Mit der Sättigungsmarkierung von Cysteinen erreicht man extrem hohe Nachweisempfindlichkeit (Berendt *et al.*, 2009).

Generell sind alle Fluoreszenzfarbstoffe für die DIGE-Technik ladungskorrigiert; d. h., beim Markieren der Lysine ändert sich der pI nicht. Folgende Fluorophore sind so beschaffen, dass sie den Proteinen ähnliche Molekulargewichte hinzufügen: CyDyes™, SERVA Lightning SciDyes und FluoProbes®. Refraction-2D™-Farben erzeugen unterschiedliche Wanderungsstrecken in der zweiten Dimension, sodass die Spotpositionen mithilfe der Auswertesoftware korrigiert werden müssen.

M13.1
Planung eines Experiments

Der experimentelle Ansatz sollte sorgfältig geplant werden: Wiederholungsläufe sind nur dann nötig, wenn nur wenige Proben analysiert werden. Dabei sollen die Wiederholungsgele Proben mit inversen Markierungen enthalten. Experimente mit höheren Probenzahlen benötigen keine Wiederholungsläufe.

Elektrophorese leicht gemacht, 2. Auflage. Reiner Westermeier.

M13.2
Probenvorbereitung

Die Fluoreszenzeigenschaften von Cy2, Cy3 und Cy5 können durch Lichteinwirkung beeinträchtigt werden: Deshalb sollten mit CyDyes markierte Proteine so gut wie möglich vor hellem Licht geschützt werden.

> **Wichtig**
> Bei der Markierung dürfen die Proben keine primären Amine (IPG-Puffer, Trägerampholyten) und keine Reduktionsmittel enthalten. Diese Reagenzien werden nach der Markierung mittels einer 2 × Solubilisierungslösung hinzugefügt.

M13.2.1
Solubilisierung von DIGE-Proben

Solubilisierungsmix von DIGE-Proben		
9 mol/L Harnstoff	5,4 g	
4 % (g/v) CHAPS	400 mg	
30 mmol/L Tris	36 mg	
1 mmol/L EDTA	4 mg	
4 mmol AEBSF	10 mg	= Pefabloc®
mit H_2O_{dest} auf Endvolumen	10 mL	

Die Lösung muss frisch hergestellt werden; gut schütteln, um den Harnstoff vollständig aufzulösen (an der Sättigungsgrenze!); nicht höher als auf 30 °C erwärmen, um Carbamylierungen zu vermeiden.

EDTA und AEBSF inhibieren Proteasenaktivität. Probentypspezifische Protease- und Phosphataseinhibitorcocktails werden von verschiedenen Firmen angeboten.

50 mmol/L NaOH Lösung für die pH-Wert-Einstellung
0,2 g NaOH in 100 mL H_2O_{dest} lösen.

- Die Proteine werden im Solubilisierungsmix für DIGE in Lösung gebracht.
- Die Proteinkonzentration in der Probe sollte optimaler Weise 5 und 10 mg/mL sein. Aber 1 bis 20 mg/mL sind noch tolerierbar.
- Den pH-Wert ermitteln: 2 µL Probe auf ein pH-Papier pipettieren und sofort ablesen.
- Wenn nötig, den pH-Wert mit 50 mmol/L NaOH Lösung auf pH 8,5 einstellen.

M13.2.2
Rekonstituierung der CyDyes

Nur mindestens 99,8 % wasserfreies Dimethylformamid (DMF) benutzen! Die Flasche sollte nicht vor länger als drei Monaten geöffnet worden sein. Die Qualität des DMF ist kritisch für eine erfolgreiche Markierung. Die Zugabe eines 4 Å Molekularsiebs zum DMF während der Lagerung verlängert die Gebrauchsperiode des DMF.

Mangelnde Qualität des DMF ist der Hauptgrund für schlechte Markiereffizienz.

M13.2.3
Für Minimalmarkierung der Lysine

CyDye DIGE-Fluor-Minimalfarbstoffe werden mit DMF zu einer Konzentration von 1 nmol/µL (z. B. 25 µL DMF für 25 nmol/L Farbstoff) rekonstituiert. Die Stammlösung von Cy2 ist gelb, die von Cy3 ist rot und die von Cy5 ist blau. Die Lösungen sind bei –20 °C mehrere Monate lang haltbar.

- Eine kleine Menge DMF aus der Originalflasche entnehmen und in ein Reaktionsgefäß pipettieren (dann braucht die Flasche nur einmal geöffnet werden).
- Die CyDyes aus dem –20 °C-Gefrierschrank nehmen und 5 min bei Raumtemperatur erwärmen lassen.
- Zu jedem neuen CyDye Gefäß 25 µL DMF pipettieren.
- Das Farbgefäß verschließen und 30 s stark schütteln.
- 30 s bei 12 000 *g* zentrifugieren.
- Jetzt ist der Farbstoff gebrauchsfertig.

Bitte beachten
Die nicht verwendeten Farben sollen sofort in den Gefrierschrank (–20 °C) zurückgebracht werden.

Farbstoffarbeitslösung

- 1 Volumenanteil der Stammlösung CyDye in 1,5fachen Volumenanteilen wasserfreiem DMF verdünnen.
- Die neue Farbstoffstammlösung kurz in einer Mikrozentrifuge herunterzentrifugieren.
- 7,5 µL DMF in ein steriles Reaktionsgefäß pipettieren.
- 5 µL Farbstoffstammlösung zugeben.
- Nun enthalten 12,5 µL Lösung 5000 pmol CyDye (1 µL enthält 400 pmol).

Bitte beachten
Die verdünnte CyDye-Lösung ist bei –20 °C maximal 2 Wochen haltbar.

M13.2.4
Für Sättigungsmarkierung der Cysteine

Im Prinzip ist das Vorgehen das gleiche wie bei den Minimalfarbstoffen, nur die Mengen unterscheiden sich:

- Die CyDye-DIGE-Fluor-Sättigungsfarbstoffe werden in DMF auf eine Konzentration von 2 mmol/L (50 µL DMF pro 100 nmol Farbstoff) rekonstituiert. Die Cy3-Stammlösung hat eine rote und die von Cy5 eine blaue Farbe. Die Stammlösungen sind bei –20 °C maximal zwei Monate haltbar. Diese Lösungen werden für das Markieren nicht weiter verdünnt; die Stammlösung wird als Arbeitslösung eingesetzt.

M13.3
DIGE-Markierung

M13.3.1
Minimalmarkierung der Lysine

Für eine effiziente Markierung der Proteine muss der pH-Wert höher als 8 sein, optimalerweise pH 8,5. Die Proteinkonzentration sollte zwischen 5 und 10 mg/mL; sie *muss* zwischen 1 und 20 mg/mL sein. Die Temperatur soll beim Markieren 0 °C betragen.

Proben und Farbstoffe müssen gut gemischt werden, am besten durch Auf- und Abpipettieren. Unzureichendes Vermischen kann zu bevorzugter Markierung einiger Proteine führen. Während der Markierung darf die Probe nicht gefrieren; auch das würde bevorzugte Markierung einiger Proteine verursachen. Da Zelllysate meistens zähflüssig sind, muss man auf gleichmäßiges Mischen besonders achten; aber Verwirbelung mit einem Vortexer ist nicht empfohlen.

Herstellung des gepoolten internen Standards

- Von jeder Probe die gleiche Menge abzweigen und zusammenmischen.
- Internen Standard (entsprechend $n \times 50$ µg Proteingehalt) in ein Reaktionsgefäß pipettieren (n ist die Anzahl von Gelen in dem Experiment).
- n µL des verdünnten Cy2-Farbstoffs in das Reaktionsgefäß mit dem gepoolten Standard pipettieren (300 µg Protein werden mit 2400 pmol Farbstoff versetzt).
- Mischen und kurz in einer Mikrozentrifuge zentrifugieren.
- 30 min auf Eis im Dunkeln stehen lassen.
- Jetzt ist die Markierung beendet.

Der markierte Standard kann für mindestens drei Monate bei –70 °C im Dunkeln aufbewahrt werden.

Probenmarkierung mit Cy3 und Cy5

- Probe mit 50 µg Proteingehalt in ein Reaktionsgefäß pipettieren.
- 1 µL des verdünnten CyDye-Farbstoffs in das Reaktionsgefäß mit der Proteinprobe pipettieren (50 µg Protein wird mit 400 pmol Farbstoff versetzt).
- Mischen und kurz in einer Mikrozentrifuge zentrifugieren.
- 30 min auf Eis im Dunkeln stehen lassen.
- Jetzt ist die Markierung beendet.

Die markierten Proben können für mindestens drei Monate bei –70 °C im Dunkeln aufbewahrt werden.

Das Quenchen der Reaktion mit Lysinlösung, wie in den Originalanleitungen vorgeschlagen, ist nicht notwendig.

M13.3.2
Sättigungsmarkierung der Cysteine

Für eine effiziente Markierung der Proteine muss das Zelllysat einen pH-Wert von 8,0 haben. Das Verhältnis Reduzierreagenz TCEP/Farbstoffkonzentration muss immer 1 : 2 betragen. Die Proteinkonzentration sollte 0,55–10 mg/mL sein. Für Proben mit Proteinen mit hohen Cysteingehalten benötigt man mehr TCEP und Farbstoff; dies muss mit einem vorangehenden Experiment optimiert werden (siehe unten). Markierungstemperatur ist 37 °C.

Reduktionsmittellösung 2 mmol/L TCEP (Triscarboxyethylphosphin)
  5,7 mg TCEP in 10 mL H_2O_{dest} lösen.

2 × *Solubilisierungslösung*
  9 mol/L Harnstoff, 2 % (g/v) CHAPS, 1 % (v/v) Servalyt pH 3–10 (oder IPG-Puffer passend zum pH-Gradienten), 2 % (g/v) Dithiothreitol (DTT), 0,01 % (g/v) Bromphenolblau.

Herstellung des gepoolten internen Standards

- Von jeder Probe die gleiche Menge abzweigen und zusammenmischen.
  Für die Cysteinmarkierung wird meistens ein interner Standard mit 5 µg Proteingehalt benutzt. Hier wird der Farbstoff Cy3 gegenüber dem Cy5 bevorzugt, weil Cy3 niedrigere Selbstauslöschungseffekte im hochmolekularen Bereich zeigt als Cy5.
- Internen Standard (entsprechend $n \times 5$ µg Proteingehalt) in ein Reaktionsgefäß pipettieren (n ist die Anzahl von Gelen in dem Experiment).
- Mit Solubilisierungslösung auf $n \times 9$ µL auffüllen.
- $n \times 1$ µL des 2 mmol/L TCEP (bei einem geschätzten Cysteingehalt von 2 %) zugeben.
- Mischen durch Auf- und Abpipettieren und kurz in einer Mikrozentrifuge zentrifugieren.
- 1 h bei 37 °C im Dunkeln inkubieren.

- $n \times 2$ µL der 2 mmol/L Cy3 Sättigungsfarbstofflösung zugeben (das entspricht $n \times 4$ nmol/L).
- Mischen durch Auf- und Abpipettieren und kurz zentrifugieren.
- 30 min bei 37 °C im Dunkeln inkubieren.
- Die Reaktion stoppen durch Zugabe des gleichen Volumens der 2 × Solubilisierungslösung.
- Mischen durch Auf- und Abpipettieren und kurz in einer Mikrozentrifuge zentrifugieren.
- Jetzt ist die Markierung beendet.

Der markierte Standard kann für mindestens drei Monate bei –70 °C im Dunkeln aufbewahrt werden.

Probenmarkierung mit Cy5

- Probe mit 5 µg Proteingehalt in ein Reaktionsgefäß pipettieren.
- Mit Solubilisierungslösung auf 9 µL auffüllen.
- 1 µL des 2 mmol/L TCEP (bei einem geschätzten Cysteingehalt von 2 %) zugeben.
- Mischen durch Auf- und Abpipettieren und kurz in einer Mikrozentrifuge zentrifugieren.
- 1 h bei 37 °C im Dunkeln inkubieren.
- 2 µL der 2 mmol/L Cy3-Sättigungsfarbstofflösung zugeben (das entspricht 4 nmol/L).
- Mischen durch Auf- und Abpipettieren und kurz zentrifugieren.
- 30 min bei 37 °C im Dunkeln inkubieren.
- Die Reaktion stoppen durch Zugabe des gleichen Volumens der 2 × Solubilisierungslösung.
- Mischen durch Auf- und Abpipettieren und kurz in einer Mikrozentrifuge zentrifugieren.
- Jetzt ist die Markierung beendet.

Die markierten Proben können für mindestens drei Monate bei –70 °C im Dunkeln aufbewahrt werden.

Optimierung der Sättigungsmarkierung

Da es unmöglich ist, den Cysteingehalt der Proteinmischung eines Probentyps vorauszusagen, kann es nötig sein, die Menge an Reduktionsmittelfarbstoff pro Proteingehalt zu optimieren. In einem Gleich-Gleich-Experiment werden Aliquote von gepoolten Proben, die mit den gleichen Mengen der verschiedenen CyDyes markiert wurden, zusammengemischt und in einem 2-D-Gel getrennt. Nach dem Aufzeichnen der Trennmuster des Cy3- und Cy5-Kanals werden die Falschfarbenmuster mithilfe einer Software übereinandergelegt, z. B. ImageQuant™ oder PaintShop Pro. Wenn die Probenmenge sehr knapp ist, verwendet man für die Optimierung ein Referenzproteom einer ähnlichen biologischen Probe.

- Wenn die Spots perfekt übereinanderliegen, ist die Menge an Reduktionsmittelfarbstoff für diesen Probentyp korrekt.
- Wenn rote Spots horizontal von einigen grünen Spots verschoben sind, ist übermarkiert worden: Das verursacht unspezifische Markierungen von Lysinen mit Veränderungen von isoelektrischen Punkten.
- Wenn sich vertikale Serien von Spots und/oder Streifen bilden, sind einige Proteine untermarkiert worden: Unvollständig markierte Proteine wandern in der SDS-Elektrophorese schneller als höher oder komplett markierte Proteine.

Die Menge an Reduktionsmittelfarbstoff muss entsprechend korrigiert werden. Wenn genug gepooltes Probenmaterial verfügbar ist, kann man ein Experiment mit einer Verdünnungsserie durchführen, üblicherweise im Bereich 1 nmol Reduktionsmittel für 2 nmol Farbstoff bis zu 4 nmol Reduktionsmittel für 8 nmol Farbstoff.

M13.4
Vorbereitung für die Probenaufgabe auf die IPG-Streifen

2 × *Solubilisierungslösung*
9 mol/L Harnstoff, 2 % (g/v) CHAPS, 1 % (v/v) Servalyt pH 3–10 (oder IPG-Puffer passend zum pH-Gradienten), 2 % (g/v) Dithiothreitol (DTT), 0,01 % (g/v) Bromphenolblau.

Trägerampholyten pH 3–10 sind gut geeignet für weite pH-Gradienten und für den pH-Gradienten 4–7. Für basische Gradienten oder enge pH-Intervalle ist es besser, Trägerampholyten mit korrespondierenden pH-Intervallen (oder IPG-Puffer) zu verwenden.

- Nach der Markierung von Proteinen das gleiche Volumen der 2 × Solubilisierungslösung zugeben und 10 min auf Eis stehen lassen.
- Die markierten Proben und internen Standards nach der systematischen Experimentenplanung mischen.
- Auf den IPG-Streifen applizieren.

M13.5
Detektion der DIGE-Spots

Man verwendet einen Fluoreszenzscanner oder ein Fluoreszenz-CCD-Kamerasystem. Es ist sehr wichtig, etwaiges Übersprechen zwischen den Farbkanälen zu verhindern. Deshalb müssen die Schmalbandemissionsfilter von hoher Qualität sein. 2-D-Gele sollen mit einer definierten Orientierung aufgezeichnet werden: Die niedrigen isoelektrischen Punkte auf der linken Seite und die niedrigen Molekulargewichte unten, entsprechend einem kartesischen Koordinatensystem.

Die optimalen Aufzeichnungsbedingungen werden in Tab. M13.1 aufgeführt:

Tab. M13.1 Beispiele von Anregungswellenlängen und die Auswahl der entsprechenden Emissionsfilter für die Aufzeichnung von DIGE-Gelen.

Farbstoff	Laser oder LED		Emissionsfilter (nm)
Cy2	blau	488 nm	520/40 Bandpass
Cy3	grün	532 nm	580/30 Bandpass
Cy5	rot	633 nm	670/30 Bandpass

Literatur

Alban, A., David, S., Bjorkesten, L., Andersson, C., Sloge, E., Lewis, S. und Currie, I. (2003) A novel experimental design for comparative two-dimensional gel analysis: Two-dimensional difference gel electrophoresis incorporating a pooled internal standard. *Proteomics*, **3**, 36–44.

Berendt, F.J., Fröhlich, T., Bolbrinker, P., Boelhauve, M., Gungor, T., Habermann, F.A., Wolf, E. und Arnold, G.J. (2009) Highly sensitive saturation labeling reveals changes in abundance of cell cycle-associated proteins and redox enzyme variants during oocyte maturation in vitro. *Proteomics*, **9**, 550–564.

Cramer, R. und Westermeier, R. (Hrsg.) (2012) *Difference Gel Electrophoresis (DIGE): Methods and Protocols.* Springer Protocols Bd. 854, Springer, Heidelberg.

Timms, J.F. und Cramer, R. (2008) Difference gel electrophoresis. *Proteomics*, **8**, 4886–4897.

Ünlü, M., Morgan, M.E. und Minden, J.S. (1997) Difference gel electrophoresis: A single gel method for detecting changes in protein extracts. *Electrophoresis*, **18**, 2071–2077.

Methode 14
PAGE von DNA-Fragmenten

Mit der PCR-Technik werden DNA-Fragmente in der Größenordnung von 50–1500 bp amplifiziert. Für die elektrophoretische Analyse dieser Fragmente haben dünne horizontale Polyacrylamidgele auf Trägerfolie mit anschließender Silberfärbung mehrere Vorteile im Vergleich zu den konventionellen Agarosegelen:

- Polyacrylamidgele haben für diese DNA-Fragmente höhere Auflösung als Agarosegele, und es können diskontinuierliche Puffersysteme verwendet werden.
- Silberfärbung besitzt eine höhere Nachweisempfindlichkeit (15 pg/Bande) und ist weniger giftig als Ethidiumbromid. Silberfärbung ist besonders nützlich für die Detektion von kleinen Fragmenten, da seine Empfindlichkeit unabhängig von der Molekülgröße ist.
- Die Banden sind ohne UV-Licht sichtbar, für die permanente Aufzeichnung sind keine Fotos notwendig, weil man Polyacrylamidgele trocknen und so archivieren kann.
- Wegen der hohen Nachweisempfindlichkeit der Silberfärbung kann in vielen Fällen die Radioaktivität ersetzt werden.

Man sollte allerdings nicht vergessen, dass die elektrophoretische Mobilität von Nukleinsäuren in nativen Polyacrylamidgelen nicht allein von der Größe, sondern auch von der Sequenz abhängt. A- und T-reiche DNA-Fragmente wandern langsamer als sie aufgrund ihrer Größe sollen. Ein Beispiel: Der *Spike* der 100 bp-Leiter ist bei Agarosegelen bei 800 bp, findet sich aber in nativen Polyacrylamidgelen bei 1200 bp.

Die meisten DNA-Typisierungsmethoden werden in Gelen mit kurzen Trenndistanzen durchgeführt: Screening von PCR-Produkten, Trennungen von RNA, *Random Amplified Polymorphic DNA* (RAPD) und DNA-Amplifizierungs-Fingerprinting (DAF), Heteroduplex-Analyse, SSCP-Analysen und ein Teil der Minisatellitenanalysen. Die Gelkonzentrationen variieren von 5–15 % *T*.

In manchen Fällen kann eine höhere Auflösung und mehr Platz für multiple Banden nur mit längeren Trenndistanzen erreicht werden: *Differential Display Reverse Transcription* (DDRT) und Minisatellitenproben mit kürzeren Wiederholungen (*repeats*), wie manche Proben mit *Variable Number of Tandem Repeats* (VNTR).

Elektrophorese leicht gemacht, 2. Auflage. Reiner Westermeier.

Die besten Ergebnisse erhält man mit diskontinuierlichen 0,5 mm dünnen Gelen und diskontinuierlichen Puffersystemen. In der folgenden Anleitung werden zwei Puffersysteme beschrieben: Tris-Acetat/Tris-Tricin und Tris-Phosphat/Tris-Borat-EDTA. Beide Puffersysteme können für direkt eingesetzte oder gewaschene Gele verwendet werden.

M14.1
Stammlösungen

Acrylamid, Bislösung (T = 30 %, C = 2 %) für das Trenngel

29,4 g Acrylamid + 0,6 g Bis, mit H_2O_{Bidest} auf 100 mL auffüllen.

Mit 2 % C im Trenngel verhindert man das Ablösen des Trenngels von der Trägerfolie und das Zersplittern des Gels beim Trocknen.

Acrylamid, Bislösung (T = 30 %, C = 3 %) für das Sammelgel

29,1 g Acrylamid + 0,9 g Bis mit H_2O_{Bidest} auf 100 mL auffüllen.

Diese Stammlösung mit 3 % C wird für die niedrigkonzentrierten Plateaus verwendet, weil die Probenwannen bei geringerem Vernetzungsgrad instabil wären.

Bei Lagerung im Dunkeln bei 4 °C (Kühlschrank) mehrere Wochen haltbar. Reste umweltfreundlich beseitigen: mit APS-Überschuss auspolymerisieren.

> **Vorsicht**
> Acrylamid und Bis sind als Monomere toxisch. Hautkontakt vermeiden, nicht mit dem Mund pipettieren.

Ammoniumpersulfatlösung (APS) 40 % (g/v)

400 mg Ammoniumpersulfat in 1 mL H_2O_{Bidest} auflösen; eine Woche im Kühlschrank (4 °C) haltbar.

M14.1.1
Puffersystem I (Tris-Acetat/Tris-Tricin)

Gelpuffer 0,448 mol/L Tris-Acetat pH 6,4 (4× konz.)

5,43 g Tris in 80 mL H_2O_{dest} lösen, mit Essigsäure auf pH 6,4 titrieren; mit H_2O_{dest} auf 100 mL auffüllen.

Mit diesem Puffer ist die Lagerfähigkeit des Gels nicht limitiert. Weil der pH-Wert im Gel niedriger als 7 ist, hydrolysiert die Matrix nicht.

Anodenpuffer 0,45 mol/L Tris-Acetat pH 8,4

27,3 g Tris in 400 mL H_2O_{dest} lösen, mit Essigsäure auf pH 8,4 titrieren; mit H_2O_{dest} auf 500 mL auffüllen.

Kathodenpuffer 0,08 mol/L Tris/0,8 mol/L Tricin:

4,85 g Tris + 71,7 g Tricin, mit H_2O_{dest} auf 500 mL auffüllen.

Elektrodenpuffer für gewaschene und rehydratisierte Kurzdistanzgele 0,2 mol/L Tris – 0,2 mol/L Tricin – 0,55 % SDS

24,2 g Tris + 35,84 g Tricin + 5,5 g SDS, mit H_2O_{dest} auf 1 L auffüllen. Für gewaschene Gels können Elektrodenlösungen mit niedrigeren Konzentrationen verwendet werden.

M14.1.2
Puffersystem II (Tris-Phosphat/TBE)

Gelpuffer 0,36 mol/L Tris-Phosphat pH 8,4 (4 × konz.)

4,36 g Tris in 80 mL H_2O_{dest} lösen; mit Phosphorsäure auf pH 8,4 titrieren; mit H_2O_{dest} auf 100 mL auffüllen.

Elektrodenpuffer 450 mmol/L Tris/75 mmol/L Borsäure/12,5 mmol/L EDTA-Na_2 (5 × TBE)

54,5 g Tris + 23,1 g Borsäure + 4,65 g EDTA-Na_2, mit H_2O_{dest} auf 1 L auffüllen. Der Tris-Phosphatpuffer eignet sich viel besser für die Gelpolymerisation als TBE, weil die Borsäure die Kopolymerisation der Trägerfolie mit dem Gel inhibiert.

Bromphenolblaulösung (1 %)

100 mg Bromphenolblau, mit H_2O_{dest} auf 10 mL auffüllen.

Xylencyanollösung (1 %)

100 mg Xylencyanol, mit H_2O_{dest} auf 10 mL auffüllen.

0,2 mol/L EDTA-Na_2-Lösung

7,44 g EDTA-Na_2, mit H_2O_{dest} auf 10 mL auffüllen.

Probenpuffer

22 mL H_2O_{dest} + 3 mL Gelpuffer + 60 µL Bromphenolblaulösung (1 %) + 40 µL Xylencyanollösung (1 %) + 250 µL 0,2 mol/L EDTA-Na_2-Lösung.

Kühlkontaktflüssigkeit

12 mL Glycerin (85 %)
15 g Sorbit
100 mg CHAPS
mit H_2O_{dest} auf 100 mL auffüllen.

M14.2
Herstellung der Gele

M14.2.1
Vorbereitung der Gießkassette

Bei der horizontalen SDS-Elektrophorese kann man Gele mit durchgehend glatter Oberfläche für Probenaufgabemethoden analog zur IEF verwenden. Wenn man sich die Gele selbst herstellt, hat man aber auch die Möglichkeit, Probenwannen in die Geloberfläche ein zu polymerisieren. Hierzu fertigt man sich aus dem Abstandhalter einen Slotformer.

Der Abstandhalter ist die Glasplatte mit der aufgeklebten, 0,5 mm dünnen, U-förmigen Silikongummidichtung.

M14.2.2
Herstellen des Slotformers

Die gereinigte und entfettete Glasplatte mit 0,5 mm U-förmigem Abstandhalter wird auf der Schablone siehe Abb. M14.1) liegend auf die Arbeitsplatte fixiert. An der gewünschten späteren Startstelle klebt man eine Lage *DYMO-Band* (Prägeband, 250 mm dick) luftblasenfrei auf die Glasfläche. Man kann stattdessen auch mehrere Schichten Tesafilm (Qualität kristallklar, eine Schicht 50 mm) aufeinanderkleben (Abb. M4.2). Der Slotformer wird mit dem Skalpell zurechtgeschnitten. Nach nochmaligem Andrücken der einzelnen Slotformerstücke auf die Glasplatte werden mit Methanol die Klebstoffreste entfernt. Man sollte darauf achten, dass man DYMO-Band mit glatter Klebefläche verwendet: Bei strukturierter (gewebeförmiger) Klebefläche können kleine Luftbläschen eingeschlossen werden, welche die Polymerisation inhibieren, sodass um die Slots herum Löcher entstehen.

Dann wird der Slotformer hydrophob gemacht. Dazu pipettiert man einige Milliliter Repel-Silane oder GelSlick® auf den Slotformer und verteilt sie unter dem Abzug mit einem Kosmetiktuch über den gesamten Slotformer. Wenn die Beschichtung trocken ist, wird der Slotformer mit Wasser abgespült. Diese Behandlung muss nur einmal durchgeführt werden.

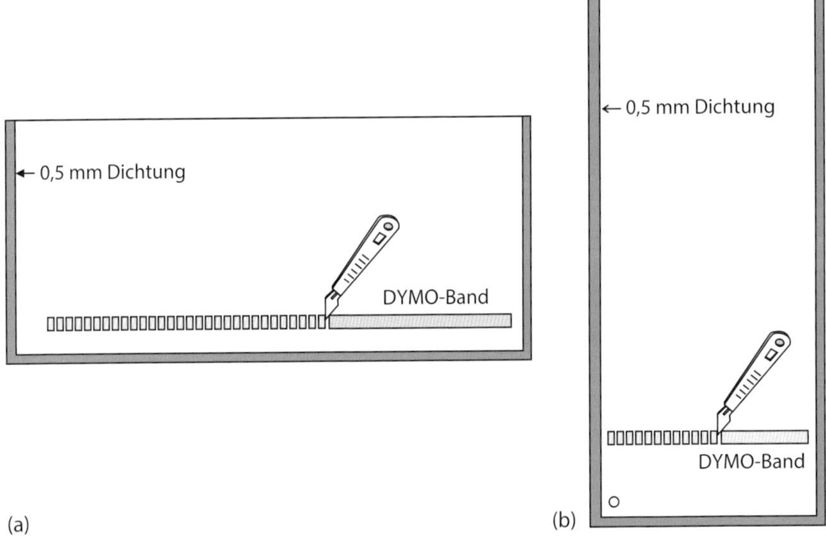

Abb. M14.1 Herstellung eines Slotformers für kurze (a) und lange (b) Trenndistanzen.

M14.2.3
Zusammenbau der Gießkassette

Zur mechanischen Stützung und zur besseren Handhabung wird das Gel kovalent auf eine Trägerfolie polymerisiert. Dazu wird eine Glasplatte auf saugfähiges Laborpapier o. ä. gelegt und mit wenigen Millilitern Wasser benetzt. Der GelFix™- oder GelBond®-PAG-Film wird mit einem Roller, mit der unbehandelten hydrophoben Seite nach unten, auf die Glasplatte gewalzt (Abb. M14.2). Dabei entsteht zwischen Glasplatte und Folie ein dünner Wasserfilm, der durch Adhäsion die Folie festhält. Das austretende überschüssige Wasser wird mit dem Laborpapier abgesaugt. Um das Eingießen der Gellösungen zu erleichtern, lässt man die Folie an einer der Längsseiten der Glasplatte um ca. 1 mm überstehen.

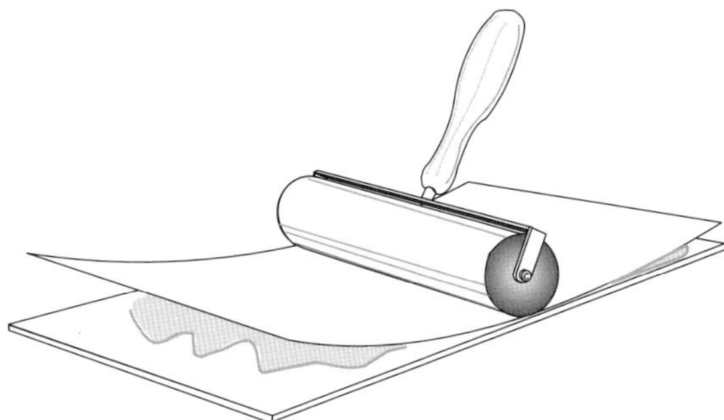

Abb. M14.2 Aufwalzen der Trägerfolie.

Deckungsgleich mit der Glasplatte wird nun der fertige Slotformer aufgelegt und die so entstandene Kassette zusammengeklammert (Abb. M14.3). Die Kassette für die langen Trenndistanzen wird an den langen Seiten zusammengeklammert.

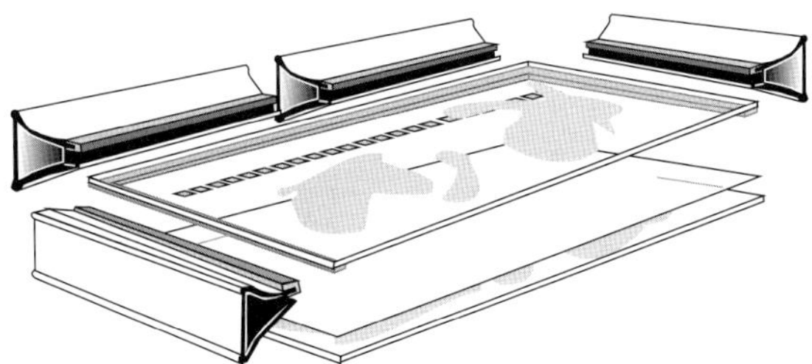

Abb. M14.3 Zusammenbau der Gießkassette.

M14.2.4
Befüllen der Gelgießkassetten

Die Gießkassette wird im Kühlschrank bei 4 °C etwa 10 min vorgekühlt; dies verzögert den Start der Polymerisation. Dies ist erforderlich, weil das großporige Sammelgel und das kleinporige Trenngel in einem Stück polymerisiert werden. Die Polymerisationslösungen mit unterschiedlicher Dichte benötigen etwa 5–10 min, um sich horizontal zu nivellieren.

Tab. M14.1 Zusammensetzung der Gellösungen für ein Gel.

	Sammelgel	**Trenngel**	
	4 % T/3 % C	**10 % *T*/2 % *C***	**15 % *T*/2 % *C***
Glycerin (85 %)	1,0 mL	0,3 mL	0,3 mL
Acrylamid, Bis 30 % *T*, 3 % *C*	0,65 mL	–	–
Acrylamid, Bis 30 % *T*, 2 % *C*	–	5,0 mL	7,5 mL
Gelpuffer	1,25 mL	3,75 mL	3,75 mL
TEMED	3 µL	8 µL	8 µL
mit H_2O_{dest} auffüllen	→ 5 mL	→ 4 mL	→ 4 mL
APS (40 %)[a)]	5 µL	15 µL	15 µL
in die Kassette pipettieren	3 mL	13 mL	13 mL

a) APS wird erst kurz vor dem Befüllen der Kassette zugegeben.

Niemals die toxische Monomerlösung mit dem Mund pipettieren!

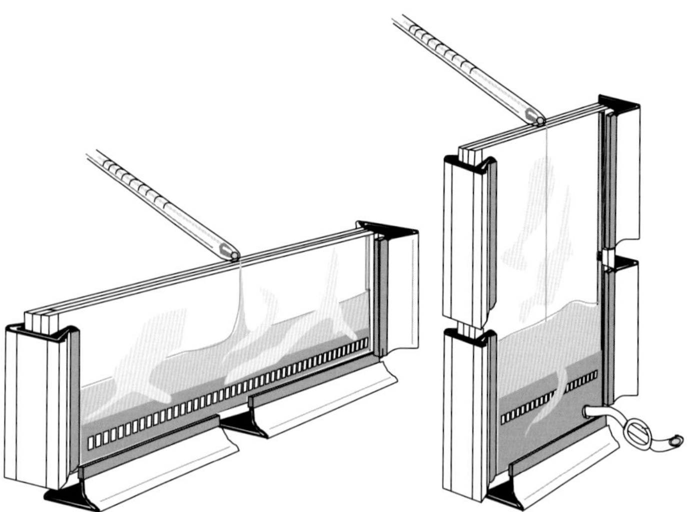

Abb. M14.4 Befüllen der Kassetten mit den Polymerisationslösungen.

- Das Einfüllen der Polymerisationslösungen (siehe Tab. M14.1) wird – wie in Abb. M14.4) gezeigt – mit einer 10 mL-Messpipette und einer Pipettierhilfe ausgeführt. Erst wird das Sammelgelplateau einpipettiert, direkt darauf die mit weniger Glycerin beschwerte Trenngellösung. Dank der oben herausragenden Folie wird die Gellösung direkt in die Kassette gelenkt.
  Eventuell eingeflossene Luftblasen entfernt man mit einem länglich zugeschnittenen Stück Polyesterfolie, mit welchem man die Blasen aus der Kassette ziehen kann.
- Die Gelkante mit 300 µL eines 60 %igen (v/v) Isopropanol-Wasser-Gemisches überschichten. Dies verhindert das Eindiffundieren von Luftsauerstoff, der die Polymerisation hemmen würde; das Gel erhält eine glatte und gerade Oberkante.
- Eine Stunde bei Raumtemperatur stehenlassen (Polymerisation).
  Vor der Elektrophorese muss das Gel vollständig auspolymerisieren; mindestens 3 h, besser über Nacht, bei Zimmertemperatur.

M14.2.5
Entnahme des Gels aus der Gießkassette

- Klammern von der Gießkassette abnehmen.
- Kassette senkrecht aufrichten, um die Glasplatte hinter der Trägerfolie mittels eines dünnen Spatels wegzuhebeln.
- Folie mit Gel vom Slotformer ziehen.

M14.2.6
Waschen und Trocknen der Gele

- Die Gele werden dreimal 20 min unter Schütteln in H_2O_{dest} gewaschen. Der letzte Waschgang muss 2 % Glycerin enthalten.
  Dabei werden Reste von Monomeren, APS und TEMED aus dem Gel entfernt.
- Vor dem Trocknen Gele 15 min in eine 10 %ige Glycerinlösung legen.
- Trocknen an der Luft über Nacht. Danach Aufbewahrung in Folie eingeschweißt im Kühlschrank.

M14.3
Probenvorbereitung

M14.3.1
PCR-Produkte generell

PCR-Produkte, die gut mit Ethidiumbromid visualisiert werden können, müssen verdünnt werden: 1 + 3 Volumenanteile Probenpuffer. 6 µL werden auf das Gel aufgegeben. Wenn sie unverdünnt appliziert werden, ist die Auflösung ungenügend.

RAPD- und DAF-Proben

Hier werden PCR-Bedingungen geringer Stringenz angewandt, um dem Primer zu ermöglichen, an multiplen Stellen der DNA zu hybridisieren. Dadurch wird ein breites Spektrum von DNA-Fragmenten amplifiziert. In der Praxis hat sich gezeigt, dass RAPD-Proben stärker verdünnt werden müssen (bis zu 1 + 9 Volumenanteile Probenpuffer). 6 µL werden auf das Gel aufgegeben. Ein typisches Ergebnis ist in Abb. 1.21 gezeigt.

Typische PCR-Bedingungen geringer Stringenz für RAPD: 45 Zyklen, 94 °C, 1 min; 36 °C, 1 min; 72 °C, 2 min.

Heteroduplex-Proben

Hier muss erst die Konzentration für Ethidiumbromidfärbung verwendet werden (50 ng/µL), um Heteroduplexes anstatt Mischungen von Einzelsträngen und Heteroduplexen zu erzeugen.

Die PCR-Amplifikate des Wildtyps und der Mutanten werden 1 : 1 gemischt und für 2 min auf 95 °C erhitzt, ohne Formamid oder Harnstoff. Für die Hybridisierung werden die Proben sofort in einem Eisbad für 10 min gekühlt. Für die Trennung werden die Proben dann mit 1 + 9 Volumenanteile Probenpuffer verdünnt. 6 µL werden auf das Gel aufgegeben.

M14.3.2 SSCP-Proben

Fragmentgröße

Die Fragmente sollen nicht länger 200 bp sein. Die Mutation sollte sich mehr im Zentrum als an den Enden der amplifizierten Sequenz befinden.

Denaturierung

Die Art und Weise der Denaturierung hat großen Einfluss auf die Konformationen der Einzelstränge. Auch die Effizienz des Abkühlens und die Zeit für das Applizieren der Proben spielen eine wichtige Rolle. Die Formamidlösung sollte immer 0,05 % Bromphenolblau und 0,05 % Xylencyanol für erleichterten Probenauftrag und Wanderungskontrolle enthalten.

Beispiel:

- 10 µL Formamid zu 10 µL PCR-Produktlösung zugeben und für 3 min auf 95 °C erhitzen.
- Die Probe in Eiswasser abkühlen (die Kühleffizienz von zerstoßenem Eis genügt nicht).
- So schnell wie möglich die Proben in die Probenwannen pipettieren und die Elektrophorese starten.

Temperaturen von 5, 15 oder 25 °C bewirken unterschiedliche Mobilitätsverschiebungen für DNA-Einzelstränge. Manche Labors lassen dieselbe Probe dreimal bei diesen verschiedenen Temperaturen laufen, um sicher zu gehen, keine Mutation zu übersehen. Deshalb muss die Geltemperatur exakt kontrollierbar sein.

Minisatelliten (VNTR)-Proben
PCR-Amplifikate werden 1 + 3 Volumenanteile Probenpuffer verdünnt. 6 µL werden auf das Gel aufgegeben. Systeme mit Allelen mit Wiederholungen von 70 bp (z. B. YNZ 22) können in 10 % *T* Gelen mit kurzen Trenndistanzen gut aufgelöst werden. 16 bp Wiederholungen (z. B. D1S80) benötigen Gele mit langen Trenndistanzen.

Mikrosatelliten und AFLP-Proben
Die Proben werden durch Erhitzen für 3 min auf 95 °C mit 50 % Formamid (1 Volumenanteil PCR-Produkt + 1 Volumenanteil Formamid) denaturiert und während der Probenaufgabe in Eiswasser platziert.

M14.4 Elektrophorese

In den meisten Fällen erhält man hinreichende Auflösung mit direkt verwendeten Gelen, wenn doppelsträngige DNA in kurzen Trenndistanzen aufgetrennt werden soll. Für lange Trenndistanzen und sehr hohe Auflösung wird empfohlen, gewaschene und rehydratisierte Gele zu verwenden.

M14.4.1 Anquellen von gewaschenen und getrockneten Gelen

Rehydratisierlösung
6,25 mL Gelpuffer (I oder II) + 1 mL Glycerin + 1 mL Monoethylenglycol + 0,5 mL Bromphenolblaulösung, mit H_2O_{dest} auf 25 mL auffüllen.
Denaturierende Rehydratisierlösung
10,5 g Harnstoff + 6,25 mL Gelpuffer II + 1 mL Glycerin + 1 mL Monoethylenglycol + 0,5 mL Bromphenolblaulösung, mit H_2O_{dest} auf 25 mL auffüllen.

Das Gel für kurze Trenndistanz kann in einem Stück, oder – abhängig von der Anzahl der Proben – im trockenen Zustand mit einer Schere in kleinere Portionen zerteilt werden.

- Den GelPool auf einen horizontalen Tisch legen. Die passende Rehydratisierwanne auswählen. Mit destilliertem Wasser und einem Papierhandtuch reinigen. Die Rehydratisierlösung hineinpipettieren, für
  - ein komplettes Gel: 25 mL
  - ein halbes Gel: 13 mL
- Das getrocknete Gel wird – wie in Abb. M14.5a gezeigt – mit der trockenen Geloberfläche nach unten auf die Rehydratisierlösung gelegt. Dabei sollte man

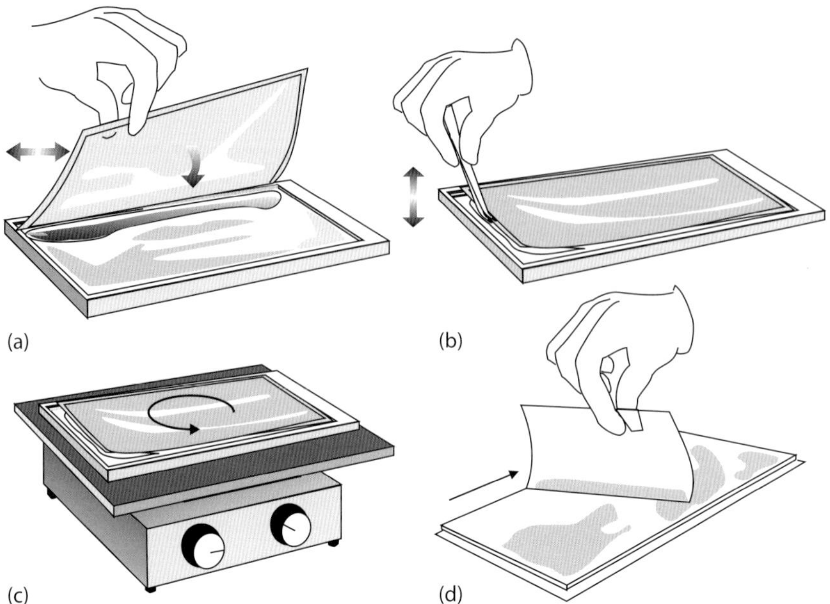

Abb. M14.5 Rehydratisieren eines Gels. (a) Einlegen des trockenen Gels in den Gel-Pool. (b) Anheben der Folienkanten zur gleichmäßigen Verteilung der Flüssigkeit. (c) Rehydratisieren auf einem Orbitalschüttler (nicht zwingend notwendig). (d) Entfernung des überschüssigen Puffers mit einem Filterpapier.

das Gel etwas hin- und herbewegen, damit man die Flüssigkeit gleichmäßig verteilt und Luftblasen vermeidet.

- Während der ersten 15 min sollte man die Folienkanten mehrmals mit einer Pinzette etwas anheben und wieder absenken, um zu verhindern, dass die Geloberfläche am Boden des GelPools klebt (Abb. M14.5b) und um etwaige Luftbasen zu entfernen. Außerdem sollte man prüfen, ob sich das Gel auf der Rehydratisierlösung bewegen lässt. Man kann das Rehydratisieren auch auf einem Orbitalschüttler durchführen (Abb. M14.5c).
- Nach 60 min (90 min bei denaturierenden Gelen) ist das Gel vollständig gequollen und kann vom GelPool entnommen werden. Mit Filterpapierstreifen saugt man den Puffer aus den Probenwannen ab, die Oberfläche wird mit der Kante eines Filterpapiers abgetrocknet (Abb. M14.5d). Wenn die Oberfläche trocken ist, kann man ein „Pfeifen“ vernehmen.

M14.4.2
Vorbereitung der Elektrodendochte

Gele für kurze Trenndistanzen

- Zwei Elektrodendochte (25 × 5 cm) in die Wannen des PaperPools einlegen (wenn schmälere Gele für weniger Proben verwendet werden, auf die Größe zuschneiden).
- 44 mL des jeweiligen Elektrodenpuffers auf die Dochte aufgeben (Abb. M14.6); entsprechend geringeres Volumen für kürzere Dochte.
- Luftblasen herausrollen.

Nicht vergessen, dass für eines der Puffersysteme unterschiedliche Anoden- und Kathodenpuffer verwendet werden.

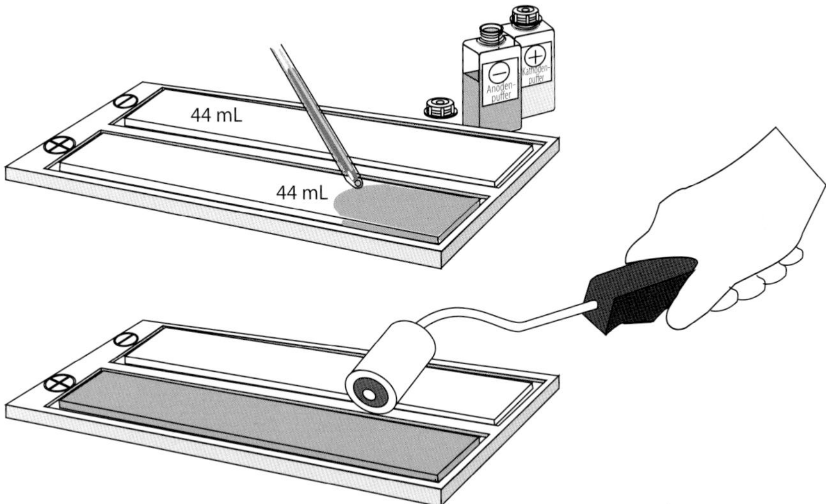

Abb. M14.6 Tränken der Dochte in Elektrodenpuffer im PaperPool und Herausrollen von Luftblasen.

Gele für lange Trenndistanzen

- Vier Elektrodendochte in der Größe 11,7 × 1,8 cm zuschneiden. Jeweils zwei aufeinanderlegen und in die Abteilungen des PaperPools legen. 20 mL des jeweiligen Puffers auf jeden Stapel aufgeben.
- Luftblasen herausrollen.
- Kühlung einschalten: +15 °C (für denaturierende Gele 25 °C).

M14.4.3
Entnahme des Gels aus der Kassette

- Klammern von der Gießkassette abnehmen.

- Kassette senkrecht aufrichten, um die Glasplatte hinter der Trägerfolie mittels eines dünnen Spatels wegzuhebeln.
- Folie mit Gel vom Slotformer ziehen.

M14.4.4
Platzierung auf der Kühlplatte

- Kühlplatte mit 3 mL Kühlkontaktflüssigkeit beschichten; Wasser und andere Flüssigkeiten eignen sich nicht.
- Das Gel, mit der Folie nach unten, auf die Kühlplatte legen und dabei so orientieren, dass die Probenwannen auf der kathodischen Seite liegen. Luftblasen müssen vermieden werden (Abb. M14.7).

Kurze Trenndistanz
- Erst den kathodischen Docht auf die kathodische Kante legen. Die Kante des Dochtes muss mindestens 4 mm von den Kanten der Probenwannen entfernt sein (sonst sind die Banden der kleinen DNA-Fragmente unscharf).
- Den anodischen Docht auf die anodische Kante des Gels legen, wobei sich Gel und Docht um ca. 5 mm überlappen.
- Luftblasen mit einer gekrümmten Pinzette aus den Kontaktkanten der Dochte herausstreichen.

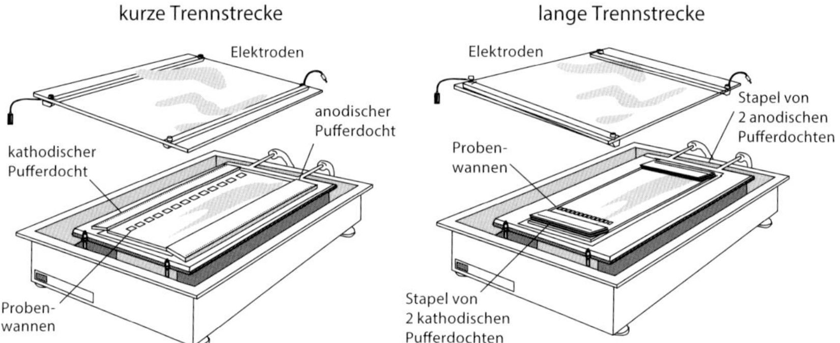

Abb. M14.7 Trennung von DNA-Fragmenten in kurzen und langen Trenndistanzen. Probenaufgabe an der Kathode. Beispiel einer Horizontalkammer: Multiphor. Die gepunkteten Linien auf den Dochten zeigen die Elektrodenpositionen an.

Lange Trenndistanzen
- Erst den Stapel mit den kathodischen Dochten auf die kathodische Kante legen.
- Den anodischen Docht auf die anodische Kante des Gels legen, wobei sich Gel und Docht um ca. 5 mm überlappen.
- Luftblasen mit einer gekrümmten Pinzette aus den Kontaktkanten der Dochte herausstreichen.

M14.4.5
Probenaufgabe und Elektrophorese

- Proben zügig in Probenwannen pipettieren.
- Die Elektrodenstäbe vor (und nach) jeder Elektrophorese mit einem nassen Papierhandtuch abwischen.
- Die Elektroden an den passenden Positionen befestigen: sie müssen auf den äußeren Kanten der Dochte liegen.
- Den Elektrodendeckel auflegen und die Kabel einstecken.
- Den Stromversorger einschalten.

Trennbedingungen
Die vorgeschlagenen Laufbedingungen müssen für manche Applikationen modifiziert werden, z. B. wenn Proben im Größenbereich 700–900 bp gut getrennt werden sollen, benötigt man mindestens 2 h Laufzeit. Die Farbstoffe in den Probenlösungen sind für die Abschätzung der Laufzeiten sehr hilfreich.

In einem 10 % *T* Gel wandert das Xylencyanol mit derselben Mobilität wie 200 bp Fragmente, in einem 15 % *T* wie 100 bp Fragmente.

Tris-Acetat/Tris-Tricin-Puffer, 15 °C, ganzes Gel

Stromversorgerwerte für kurze Trenndistanz in einem 10 % *T* Gel			
600 V	25 mA	15 W	80 min

Tris-Phosphat/Tris-Borat-Puffer, 15 °C, ganzes Gel

Stromversorgerwerte für kurze Trenndistanz in einem 10 % *T* Gel			
100 V	10 mA	5 W	20 min
600 V	30 mA	10 W	45 min

Denaturierender Lauf: Tris-Phosphat/TBE-Puffer pH 8,4, 7 mol/L Harnstoff 25 °C				
Phase 1:	400 V	17 mA	6 W	15 min
Phase 2:	1000 V	22 mA	25 W	80 min

Lange Trenndistanz
Beachten: Bei langen Elektrophoresegelen werden hohe Spannungen und relative niedrige Stromstärken verwendet. Das heißt, dass bei einer Einstellung von konstanter Stromstärke leichte Veränderungen in der Leitfähigkeit (z. B. von 25 auf 28 mA) größere Auswirkungen auf die Spannungswerte haben: z. B. von 250 auf 360 V.

Das Elektrophoresemuster in langen Gelen ist stark abhängig von der Temperatur und den Laufbedingungen. Auch die Leitfähigkeiten der Kabel und der Elektroden haben starke Einflüsse auf die Trennung. Unterschiedliche Trennkammern variieren in Kabellängen und -durchmesser und haben deshalb unterschiedliche Leitfähigkeiten.

Die folgenden Stromversorgerwerte sind für einen bestimmten Typ von Trennkammer gültig; sie müssen für andere Kammern angepasst werden. Wichtig für die optimierten Trennmuster sind die *aktuellen* Spannungswerte.

Deshalb ist es am besten die Elektrophorese über die Spannung zu steuern:

Tab. M14.2 Stromversorgereinstellungen für eine lange Trenndistanz.

Phase	Spannung (V)	Stromstärke (mA)	Leistung (W)	Zeit (min)
1	150	30	20	30
2	400	50	30	30
3	500	50	30	45
4	800	50	30	140
Gesamt:				245

M14.5 Silberfärbung

In Tab. M14.3 ist die Rezeptur für eine sehr empfindliche Silberfärbung der DNA-Fragmente zusammengestellt. Benzolsulfonsäure in der Fixier- und der Silberni-

Tab. M14.3 Empfindliche Silberfärbung für Nukleinsäuren (20–50 pg pro Bande).

Schritt	Lösung	Volumen (mL)	Zeit (min)	
			native Gele	denaturierende Gele
Fixieren	0,6 % (g/v) Benzolsulfonsäure in 24 % (v/v) Ethanol	200	30	40
Waschen	H_2O_{dest}	200	–	3 × 10
Färben	0,2 % $AgNO_3$ (g/v) + 0.07 % (g/v) Benzolsulfonsäure	200	30	40
Waschen	H_2O_{dest}	200	1	2
Entwickeln	2,5 % Na_2CO_3 + 150 µL Formaldehyd + 150 µL Na-Thiosulfat (2 %)	200	6 (visuelle Kontrolle)	7 (visuelle Kontrolle)
Stoppen/ Inkubieren	1 % (g/v) Glycin + 10 % (v/v) Glycerin	200	30	30

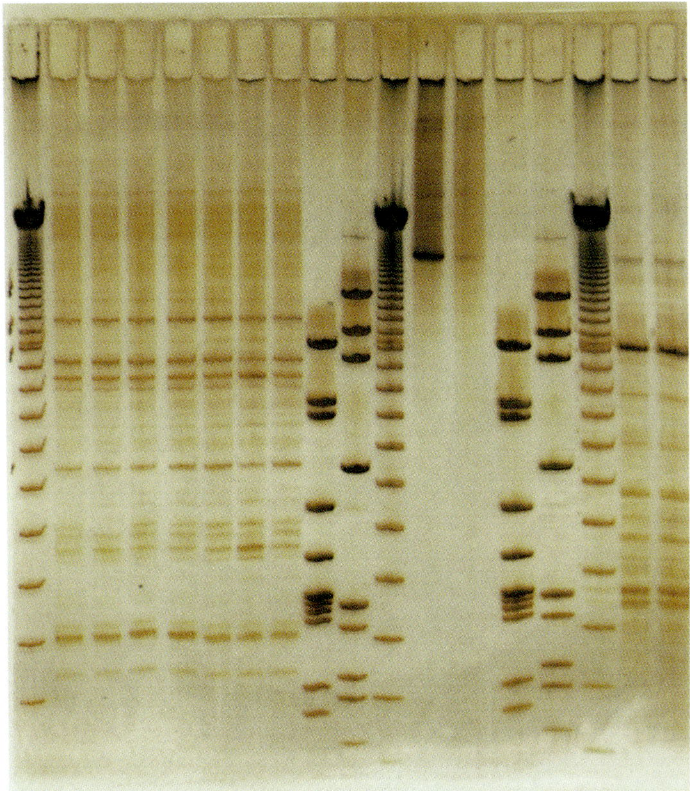

Abb. M14.8 Trennung von DNA-Fragmenten in einem rehydratisierten Polyacrylamidgel mit diskontinuierlichem Puffersystem. Silberfärbung.

tratlösung fixiert auch niedermolekulare Oligonukleotide < 150 bp sehr effizient (siehe Abb. M14.8).

- Trocknen an der Luft.

Ethidiumbromidfärbung kann nur dann angewendet werden, wenn eine nicht fluoreszierende Trägerfolie verwendet wird. Fluoreszenzmarkierungen mit Anregungswellenlängen bei rotem Licht, wie bei Cy5, kann auch bei Verwendung von herkömmlichen Polyesterfolien durchgeführt werden.

Anhang A
Problemlösungen

A.1
Häufige Fehler

1. *Falschberechnung des Vernetzungsgrads für ein Polyacrylamidgel*
   Die Porengröße eines Polyacrylamidgels hängt von zwei Faktoren ab: der Gesamtacrylamidkonzentration T und dem Vernetzungsgrad C. Die am meisten verwendete Definition ist:
   $$T = \frac{(a+b) \times 100}{V}\ (\%)\,, \quad C = \frac{b \times 100}{a+b}\ (\%) \quad \text{(siehe Kapitel 1)}$$
   Fehler Manchmal wird angenommen, der Vernetzungsgrad C sei die prozentuale Menge von Methylenbisacrylamid (Bis) pro Volumen. Dies resultiert in einem zu hohen Vernetzergehalt im Gel; die Gele werden weiß-opak, brüchig und sehr hydrophob.
   Korrekte Vorgehensweise Die Stammlösungen müssen nach der Formel oben zusammengesetzt sein, oder man verwendet fertige Acrylamid-/Bislösungen.
2. *Polymerisationstemperatur und -zeit für ein Polyacrylamidgel*
   Ein Polyacrylamidgel polymerisiert innerhalb 30 min bis zu 1 h. Allerdings ist die Matrix in dieser Zeit noch nicht vollständig ausgebildet. Es folgt noch eine stille Polymerisation zum vollständigen Einbau aller Monomere und Vernetzer. Dies dauert mehrere Stunden und ist nur dann effizient, wenn es bei Zimmertemperatur geschieht (20–25 °C).
   Fehler Manchmal werden Gele in einem Kühlschrank oder Kühlraum polymerisiert, oder die Gele werden bereits nach ein paar Stunden verwendet. Dies kann zu Störungen bei der Trennung führen, besonders bei Nativelektrophoresen. Außerdem können Acrylamidmono- und -oligomere starke Hintergrundsignale im Massenspektrogramm verursachen.
   Korrekte Vorgehensweise Das Gel sollte über Nacht bei Zimmertemperatur oder bei einer erhöhten Temperatur auspolymerisieren. Wenn gewünscht, kann es dann in einem Kühlschrank oder Kühlraum aufbewahrt werden.

Elektrophorese leicht gemacht, 2. Auflage. Reiner Westermeier.

3. *Entstehung von Proteinaggregaten in SDS-Proben* Proben für die eindimensionale SDS-Polyacrylamidgelelektrophorese werden normalerweise für ein paar Minuten in Gegenwart von 1–2 % SDS und 1 % (g/v) DTT ($\approx$ 65 mmol/L) oder 2 % (v/v) β-Mercaptoethanol ($\approx$ 350 mmol/L) erhitzt, um eine komplette Denaturierung und Auffaltung der Polypeptidketten zu erzielen.

   Fehler Wenn die Proben direkt nach der Abkühlung auf das SDS-Gel appliziert werden, kommt es häufig zu einer teilweisen Oxidation des Reduktionsmittels. Einige der Cysteine sind nicht mehr geschützt, dies führt zu Rückfaltungen und Entstehung von Interpolypeptidaggregaten. Die Rückfaltungen verursachen unscharfe Banden und Doppelbanden. Die Aggregate bilden artifizielle Banden im hochmolekularen Bereich oder wandern erst gar nicht in das Gel ein, sondern präzipitieren an der Auftragsstelle. Ein Überschuss an Reduktionsmittel kann bei der Silberfärbung zur Bildung von zwei oder drei horizontalen Linien quer durch das ganze Gel im Größenbereich zwischen 40 und 60 kDa führen.

   Korrekte Vorgehensweise Nach der Erhitzung der Probe sollte sie während der Abkühlung bei ca. 60 °C, mit Iodacetamidlösung alkyliert werden: mit 10 μL einer 20 %igen (g/v) Iodacetamidlösung zu 100 μL Probe mit einer Inkubation für 30 min bei Zimmertemperatur. Mit diesem Schritt verhindert man alle oben aufgeführten Artefakte.

4. *Titration des Laufpuffers für die SDS-Elektrophorese* Die meisten ein- und zweidimensionalen SDS-Polyacrylamidgelelektrophoresen werden mit einem diskontinuierlichem Puffersystem durchgeführt. Bei dem hauptsächlich angewandten Puffersystem nach Lämmli (1970) enthalten die Sammel- und Trenngelpuffer Tris-Chlorid mit pH 6,8 bzw. 8,8. Der Laufpuffer enthält SDS, Tris und Glycin. Die Diskontinuität zwischen dem Chlorid als Leition und dem Glycin als Folgeion bei pH 6,8 ermöglicht den langsamen, kontrollierten Eintritt der Proteine in die Polyacrylamidgelmatrix und einen Stacking-Effekt, der scharfe und gut aufgelöste Banden erzeugt.

   Fehler Bedauernswerterweise existieren Vorschriften, nach welchen der pH-Wert des Tris-Glycin-Puffers mit Salzsäure auf 8,3 oder 8,4 eingestellt werden sollte. Dies führt zu einer hohen Chloridbelastung in der oberen Pufferkammer: Weil die Chloridionen sehr hohe elektrophoretische Mobilität besitzen, wandern zu Beginn ausschließlich diese Chloridionen durch das Gel so lange, bis keine Chloridionen mehr im oberen Puffertank vorhanden sind. Dadurch verlängern sich die Laufzeiten beträchtlich und manche Banden sind schlecht aufgelöst, weil der Stacking-Effekt nicht mehr funktionieren kann.

   Korrekte Vorgehensweise Ausschließlich Trisbase, Glycin und SDS für den Laufpuffer verwenden. Den Puffer niemals titrieren, auch wenn er einen pH-Wert von 9 oder höher hat. Man sollte unbedingt gute Reagenzienqualität verwenden. Das Messen des pH-Wertes des Laufpuffers ist nicht nötig.

5. *Unvollständiges Entfernen von PBS von Zellen* Bevor Zellen für die zweidimensionale Auftrennung der Proteine aufgeschlossen werden, müssen sie mit einer isoosmotischen Lösung ausgiebig gewaschen werden. Häufig wird hierzu PBS (phosphatgepufferte Salzlösung) verwendet.
   Fehler Es ist nicht ganz einfach, das PBS komplett von den Zelloberflächen zu entfernen. Durch die Salzbelastung von PBS-Überbleibseln entstehen viele lange horizontale Streifen im 2-D-Muster.
   Empfehlenswerte Vorgehensweise Nach dem letzten Waschschritt muss die PBS-Lösung mit einer Pipette komplett entfernt werden, nicht einmal ein winziges Tröpfchen darf übrig bleiben. Um auf der sicheren Seite zu sein, wird empfohlen, eine oder mehr zusätzliche Spülungen mit 250 mmol/L Saccharose und 10 mmol/L Tris pH 7,0 durchzuführen.
6. *Überfokussierung von IPG-Streifen in der 2-D-PAGE* Manchmal werden Spots in bestimmten Bereichen unscharf oder es bilden sich horizontale oder vertikale Streifen statt runder Flecken. Solche Störungen können unterschiedliche Ursachen haben: eine davon ist Überfokussierung. Weil der pH-Gradient in der Polyacrylamidgelmatrix fixiert ist, kann er nicht wegtriften. Aber Überfokussierung kann andere Störungen im 2-D-Muster hervorrufen:
   a) *Proteinabbau in basischen pH-Gradienten* Einige Proteine werden instabil, wenn sie sich für zu lange Zeit an ihrem isoelektrischen Punkt befinden. Basische Proteine sind empfindlich gegen alkalische Hydrolyse am isoelektrischen Punkt. Dies kann zur Bildung von horizontalen Streifen führen. Deshalb sollte die Fokussierzeit für basische IPG-Streifen auf ein Minimum beschränkt werden.
   b) *Der Thioharnstoff-Effekt* Zugabe von Thioharnstoff zum Solubilisierungsmix und beim Rehydratisieren von IPG-Streifen verbessert die Löslichkeit von hydrophoben Proteinen. Das resultierende 2-D-Muster enthält mehr Spots. Aber manchmal entwickelt sich ein deutlicher vertikaler Streifen im Bereich von pH 5,5, und die Spots auf der sauren Seite des Streifens sind unscharf. Dieses Phänomenon tritt nicht bei allen Chargen von Thioharnstoff auf. Die Intensität des Effekts korreliert mit dem Voltstundenintegral. Wenn dieses Phänomen auftritt, sollte man die Voltstunden reduzieren und eine andere Charge Thioharnstoff ausprobieren.

A.2
Isoelektrische Fokussierung

A.2.1
PAGIEF mit Trägerampholyten

Tab. A.1 Geleigenschaften.

Symptom	Grund	Abhilfe
Gel bleibt an Glasplatte hängen	Glasplatte zu hydrophil	Glasplatte reinigen und mit Repel-Silane oder GelSlick beschichten
	unvollständige Polymerisation	s. u.
kein oder klebriges Gel, schlechte mechanische Stabilität	keine oder unvollständige Polymerisation	
	Wasserqualität schlecht	immer H_2O_{Bidest} verwenden!
	zu viel Sauerstoff in der Gellösung (Radikalfänger)	entlüften an der Wasserstrahlpumpe (verlängern)
	Acrylamid, Bis- oder APS-Lösung überlagert	maximale Lagerdauer im Kühlschrank: Acrylamid, Bislösung 1 Woche; APS-Lösung 40 % 1 Woche
	schlechte Chemikalienqualität	nur Chemikalien mit p. A. Qualität verwenden
	fotochemische Polymerisation mit Riboflavin	chemische Polymerisation mit APS ist erheblich effektiver
	pH-Wert zu basisch (enger alkalischer pH-Bereich)	vorpolymerisiertes und getrocknetes Gel in Trägerampholytenlösung anquellen lassen
Gel löst sich von Trägerfolie	falsche Trägerfolie verwendet	für Polyacrylamidgele nur GelBond PAG-Film oder GelFix verwenden, nicht die Folien für Agarose
	falsche Seite der Trägerfolie verwendet	Gel nur auf die hydrophile Seite der Trägerfolie gießen, mit Wassertropfen testen

Tab. A.1 Fortsetzung.

Symptom	Grund	Abhilfe
	Trägerfolie falsch oder zu lange gelagert	GelBond-PAG-Film oder GelFix immer kühl (< 25 °C), trocken und im Dunkeln aufbewahren; Verfallsdatum beachten
	unvollständige Polymerisation	s. o.
	Gellösung enthält nicht ionisches Detergens (Nonidet NP-40, Triton X-100)	vorpolymerisiertes und getrocknetes Gel in Trägerampholyt-/Detergenslösung anquellen lassen (Methode 6)

Tab. A.2 Effekte beim IEF-Lauf.

Symptom	Grund	Abhilfe
kein Strom	Sicherheitsabschaltung „Ground Leakage" wegen Massekurzschluss	Stromversorger abschalten; Trennkammer und Kabel überprüfen; Unterseite der Trennkammer, Kühlschläuche und Labortisch abtrocknen, wieder einschalten
zu wenig oder kein Strom	schlechter oder kein Kontakt zwischen Elektroden und Elektrodenstreifen	gleichmäßige Auflage der Elektroden überprüfen; wird ein kleines Gel oder Teil eines Gels benutzt, dieses in die Mitte legen
	Verbindungskabel nicht eingesteckt	Stecker überprüfen; Stecker fester in Stromversorger drücken
Stromstärke steigt während der IEF an	Elektrodenstreifen oder Elektrodenlösungen vertauscht	saure Lösung zur Anode, basische Lösung zur Kathode
Kondensation überall	Leistung zu hoch	Stromversorgereinstellung überprüfen: Richtwert: maximal 1 W pro mL Gel

Tab. A.2 Fortsetzung.

Symptom	Grund	Abhilfe
	Kühlung ungenügend	Kühltemperatur überprüfen; wenn bei höherer Temperatur, z. B. 15 °C fokussiert wird, Leistung reduzieren; Kühlwasserfluss überprüfen (Schlauchknick?); Kühlkontaktflüssigkeit zwischen Kühlblock und Trägerfolie geben
Kondensation über den Probenauftragsstellen	Salzkonzentration in Probe zu hoch ($\gg$ 50 mmol/L), dadurch lokale Überhitzung	Probe entsalzen mit Gelfiltration (NAP-Säulen) oder Dialyse gegen 1 % Glycin oder 1 % Trägerampholyten (g/v)
Gel quillt unter den Elektrodenstreifen	Elektroendosmose transportiert Wasser in Richtung der Elektroden (besonders Kathode)	normale Erscheinung; kein Problem, wenn es den Lauf nicht stört; u. U. Elektrodenstreifen zwischendurch abtrocknen
	zu viel Elektrodenlösung in den Streifen	Streifen nach dem Tränken mit Filterpapier abtrocknen
	Elektrodenlösungen zu hochkonzentriert	empfohlene Elektrodenlösungen in korrekter Konzentration verwenden; u. U. etwas verdünnen
Kondensation über den Elektrodenstreifen	Elektrodenstreifen vertauscht	saure Lösung zur Anode, basische Lösung zur Kathode
Kondensation an bestimmten Stellen	lokale Überhitzung wegen Luftblasen in der Kontaktflüssigkeit	Luftblasen entfernen bzw. von Anfang an vermeiden
Kondensation über der basischen Gelhälfte	Wassertransport in Richtung Kathode wegen Elektroendosmose	besseres Acrylamid verwenden oder frische Lösung ansetzen; Fokussierzeit so kurz wie möglich; bei engen pH-Bereichen > pH 7 zwischendurch ausgetretene Flüssigkeit abtupfen
Kondensation linienförmig über gesamte Gelbreite	*Hot Spots*, Leitfähigkeitslücken verursacht durch Plateauphänomen; meist bei zu langer Fokussierdauer, besonders bei engen pH-Bereichen	Leitfähigkeitslücken durch Zugabe von Trägerampholyten mit engen pH-Bereichen auffüllen; Fokussierzeit so kurz wie nötig halten oder IPG verwenden

Tab. A.2 Fortsetzung.

Symptom	Grund	Abhilfe
Funkenbildung auf dem Gel	Gründe wie bei Kondensation, nächstes Stadium (Gel ausgetrocknet)	Abhilfe wie bei Kondensation; Maßnahmen möglichst bereits bei Auftreten von Kondensation ergreifen
Funkenbildung entlang der Folienkante	Elektrodenstreifen reichen über Gelkanten hinaus	Elektrodenstreifen exakt auf Gelbreite zuschneiden oder etwas kürzer
	hohe Spannung plus Ionen in der Kontaktflüssigkeit	Kühlkontaktflüssigkeit oder Kerosin verwenden, kein Wasser

Tab. A.3 Trennergebnisse.

Symptom	Grund	Abhilfe
pH-Gradient gegenüber dem erwarteten verschoben	Gradiententrift („Plateauphänomen“)	
	Acrylsäure ins Gel einpolymerisiert	nur Chemikalien mit p. A. Qualität verwenden
	Acrylsäure ins Gel einpolymerisiert durch Überlagerung der Acrylamid, Bisstammlösung	maximale Lagerdauer im Kühlschrank, im Dunkeln: 1 Woche; Verlängerung durch Abfangen von Acrylsäureionen mit Mischbettionentauscher kurz vor Gebrauch
	Temperaturabhängigkeit des pH-Gradienten (p*K*-Werte!)	Fokussiertemperatur überprüfen
	Fokussierzeit zu lange	Fokussierzeit so weit wie möglich verkürzen, besonders bei engen alkalischen pH-Bereichen oder IPG verwenden
	Gel zu lange gelagert	Gele mit engen alkalischen pH-Bereichen haben begrenzte Lagerfähigkeit; rehydratisierbares Gel verwenden

Tab. A.3 Fortsetzung.

Symptom	Grund	Abhilfe
	Gel enthält Kohlensäureionen	Rehydratisierungslösung entlüften (CO_2 entfernen); während der IEF Einflüsse von CO_2 vermeiden (besonders bei alkalischen pH-Bereichen); Trennkammer abdichten, N_2-Atmosphäre erzeugen, CO_2 abfangen: Atemkalk oder 1 mol/L NaOH in Puffertanks geben
teilweiser Verlust des alkalischen Teil des Gradienten	Oxidation von Trägerampholyten während des Laufs	O_2-Einfluss so niedrig wie möglich halten, s. o.
	Oxidation der Elektrodenlösungen	s. o.
gewellte Iso-pH-Linien 1. ohne Einfluss der Probe	Verwendung von zu viel APS zur Polymerisation	vorpolymerisiertes, gewaschenes und getrocknetes Gel in Trägerampholytenlösung anquellen lassen; Erhöhung der Viskosität im Gel durch Zugabe von 10 % (g/v) Sorbit zur Quelllösung oder Harnstoff (< 4 mol/L in den meisten Fällen nicht denaturierend)
	Harnstoffgel überlagert, Harnstoff zu Isocyanat zerfallen	Harnstoffgele sofort nach Herstellung verwenden bzw. Gele kurz vor Gebrauch rehydratisieren
	schlechter Elektrodenkontakt	gleichmäßige Auflage und Andruck der Elektroden überprüfen, vor allem der Anode; u. U. Elektrodenhalter zusätzlich beschweren
	ungleichmäßiges oder zu starkes Tränken der Elektrodenstreifen	Elektrodenstreifen vollständig mit Elektrodenlösung tränken und dann mit Filterpapier abtrocknen
	falsche Elektrodenlösungen	die für den jeweiligen pH-Bereich vorgeschlagenen Elektrodenlösungen in korrekten Konzentrationen verwenden

Tab. A.3 Fortsetzung.

Symptom	Grund	Abhilfe
	Gel zu dünn	ultradünne IEF-Gele < 200 µm sind anfällig gegen Proteinüberladungen, variierende Probenkonzentrationen, Puffer- und Salzionen, Eindiffundieren der Elektrodenlösungen (→ Gradientenstauchung)
gewellte Iso-pH-Linien 2. mit Einfluss der Probe		
(A) Proteinkonzentration	stark variierende Proteinkonzentrationen der Probe	möglichst gleichkonzentrierte Proben nebeneinander auftragen: entweder höherkonzentrierte Proben verdünnen oder in steigender bzw. fallender Konzentration nebeneinander auftragen; Vorfokussierung durchführen; Feldstärke am Anfang reduzieren: < 40 V/cm
	Proben zu weit voneinander entfernt aufgetragen	Proben enger nebeneinander auftragen (1–2 mm)
	hochkonzentrierte Proben an unterschiedlichen Stellen im pH-Gradienten aufgetragen	bei Stufen-Auftrag-Test nicht anders möglich; aber sonst Proben möglichst nebeneinander im pH-Gradienten auftragen; Vorfokussierung durchführen; Anfangsfeldstärke < 40 V/cm
	Überladung: Proteinkonzentrationen zu hoch	Proben verdünnen (2–15 µg/Bande) oder dickeres Gel verwenden; Ultradünnschicht-IEF: Geldicken > 250 µm; oder IPG verwenden
(B) Puffer-, Salzkonzentration	Puffer- bzw. Salzkonzentrationen in den Proben variieren stark	wie (A); wenn nötig, hochkonzentrierte Proben entsalzen

Tab. A.3 Fortsetzung.

Symptom	Grund	Abhilfe
	Puffer- bzw. Salzkonzentrationen in den Proben hoch	wie bei (A) darauf achten, dass Proben nahe nebeneinander, auf gleicher Höhe im Gradienten aufgetragen werden; Vorfokussierung durchführen; Anfangsfeldstärke < 40 V/cm; anfangs 30 min bei < 20 V/cm Salzionen aus Proben auswandern lassen oder IPG verwenden
	Puffer- u. Salzkonzentrationen in den Proben zu hoch: Entsalzung wegen etwaiger Proteinverluste zu riskant oder unmöglich	Probenaufgabeband (Lochband) aus Polyacrylamid (ca. $T = 10\,\%$) oder Agarose (ca. 2 %) mit den in den Proben enthaltenen Salzen in der gleichen Konzentration gießen und über gesamte Gelbreite auflegen; Proben in die Löcher pipettieren; 30 min bei $E \leq 20\,\mathrm{V/cm}$ Salzionen auswandern lassen; dadurch ist Salzbelastung aus der Probe über die ganze Breite des Gels gleich, sodass punktuelle Verschiebungen des pH-Gradienten ausgeglichen werden oder IPG verwenden
Banden ziehen Streifen nach	Präzipitat und/oder Partikeln in der Probe	Proben abzentrifugieren
	Probenauftragsmaterial hält Protein zurück und gibt es später an Gel ab	Probenauftragsmaterial nach ca. 30 min IEF wieder abnehmen oder Lochband verwenden
	Probe alt oder denaturiert	Probenvorbereitung überprüfen, möglichst kurz vor IEF durchführen; Probenaufbewahrung bei < −20°
	hochmolekulare Proteine haben pI noch nicht erreicht	länger fokussieren oder Agarosegele verwenden

Tab. A.3 Fortsetzung.

Symptom	Grund	Abhilfe
	schlecht lösliche Proteine in der Probe	in Harnstoff (u. U. plus Detergens, zwitter- oder nicht ionisch) oder 30 % DMSO fokussieren
	Proteinüberladung	Probe verdünnen oder weniger auftragen
unscharfe Banden	Diffusion während der IEF, niedermolekulare Peptide	Oligopeptide < 2 kDa, am besten mit immobilisierten pH-Gradienten fokussieren, da ist Diffusion erheblich geringer
	Diffusion nach der IEF, ungenügende oder reversible Fixierung	Fixier- und Färbemethode überprüfen, s. u.
	Fokussierzeit zu kurz	Fokussierzeit verlängern
	starke Gradiententrift	s. o.
	CO_2-Einfluss auf basische Banden	s. o.
einzelne Banden unscharf	s. o.	s. o.
	Fokussierzeit für einzelne Proteine zu kurz (großes Molekül und/oder niedrige Nettoladung)	Optimierung der Probenaufgabeposition durch Stufentest, Titrationskurvenanalyse; Probe auf der Seite vom pI aufgeben, wo die Nettoladungskurve steiler ist
Banden fehlen	Konzentration zu niedrig oder Nachweisempfindlichkeit der Färbemethode zu gering	mehr Probe auftragen oder Probe konzentrieren oder andere Nachweismethode verwenden (z. B. nachträgliche Silberfärbung des getrockneten Gels, Blotting)
	Proteine bleiben an Probenauftragsmaterial hängen	Probenaufgabeband verwenden
Proteine präzipitieren an der Probenaufgabestelle	Aufgabe zu nahe am pI	Probe weiter vom pI entfernt auftragen (Stufentest, Titrationskurvenanalyse)
	Feldstärke beim Probeneintritt zu hoch	Anfangsspannung reduzieren ($E < 40$ V/cm)

Tab. A.3 Fortsetzung.

Symptom	Grund	Abhilfe
	Moleküle zu groß für Gelporen	Agarose anstelle von Polyacrylamid verwenden
	Proteine bilden Komplexe	Harnstoff (> 7 mol/L) in Probe geben (u. U. Harnstoff auch im Gel verwenden); EDTA in die Probe geben; nicht ionisches Detergens (Triton, Nonidet NP-40) in die Probe geben
	Protein instabil bei dem Aufgabe-pH-Wert	Probe an anderer Stelle auftragen (Stufentest, Titrationskurvenanalyse)
	Protein instabil bei der verwendeten Temperatur	Fokussierungstemperatur ändern
einzelne Banden fokussieren an der falschen Stelle	Proteine bilden Komplexe	s. o. wenn Verdacht auf Adukte mit Trägerampholyten besteht, mit IPG überprüfen
	Proteine haben Liganden verloren	Überprüfung mit Titrationskurvenanalyse
„ein" Protein fokussiert in mehreren Banden	unterschiedliche Oxidationsstadien des Proteins	Probenvorbereitung überprüfen; u. U. in N_2-Atmosphäre fokussieren
	Protein in Untereinheiten zerfallen	nicht in Gegenwart von Harnstoff fokussieren
	Carbamylierung durch Isocyanat	Probenvorbereitung und Gelherstellung mit Harnstoff überprüfen
	verschiedene Konformationen eines Moleküls	Protein in Gegenwart von Harnstoff (> 7 mol/L) fokussieren
	verschiedene Kombinationen von Oligomeren eines Proteins oder von Untereinheiten	natürliche Erscheinung
	unterschiedliche Grade enzymatischer Phosphorylierung, Methylierung oder Acetylierung	Probenvorbereitung überprüfen

Tab. A.3 Fortsetzung.

Symptom	Grund	Abhilfe
	unterschiedliche Zuckerreste bei Glykoproteinen	natürliche Erscheinung; zur Überprüfung Probe mit z. B. Neuraminidase behandeln
	teilweise proteolytische Verdauung eines Proteins	Probenvorbereitung überprüfen; Inhibitor (z. B. 8 mmol/L PMSF) hinzufügen
	Komplexbildungen	bei Verdacht auf Aduktbildung mit Trägerampholyten Überprüfung mit immobilisierten pH-Gradienten
Silberfärbung: Der Hintergrund wird mit der Zeit gelb und die Banden werden schwächer	Die Entwicklung wurde mit Essigsäure oder EDTA gestoppt	1 % (g/v) Glycinlösung zum Stoppen verwenden

A.2.2
Agarosegel-IEF mit Trägerampholyten

Hier sind nur Agarosegel-IEF-spezifische Problemlösungen aufgelistet. Allgemeine, mit der Isoelektrischen Fokussierung oder mit Trägerampholyten zusammenhängende Probleme bitten wir Sie unter Abschn. A.2.1 bei der PAGIEF nachzuschlagen. Bei Anwendung der Agarosegel-IEF sollte man sich bewusst sein, dass die Matrix elektrisch weniger inert ist als Polyacrylamid, da an der aus der Natur gewonnenem Agarose noch Reste von Sulfationen und Carboxylgruppen hängen, welche elektroosmotische Erscheinungen verursachen können.

Tab. A.4 Geleigenschaften.

Symptom	Grund	Abhilfe
Gelkonsistenz ungenügend	Gelierung nicht ausreichend	Gelierung > 1 h; besser: nach einer Stunde aus Kassette entnehmen und über Nacht bei 4 °C in Feuchtekammer aufbewahren (maximale Lagerzeit: 1 Woche)

Tab. A.4 Fortsetzung.

Symptom	Grund	Abhilfe
	Agarosekonzentration trotz exakter Einwaage zu niedrig; Agarose hat Wasser gezogen	Agarose trocken und außerhalb des Kühlschranks aufbewahren; Packung gut verschließen
	Harnstoffgel: Harnstoff unterbricht die Agarosestruktur	höhere Agarosekonzentration verwenden (2 %); längere Zeit gelieren lassen oder rehydratisierbares Agarosegel verwenden
Gel löst sich von Trägerfolie	falsche Trägerfolie verwendet	für Agarosegele nur GelBond-Film oder GelFix für Agarose verwenden, nicht GelBond-PAG-Film (für Polyacrylamidgele)
	falsche Seite der Trägerfolie verwendet	Gel auf hydrophile Seite der Trägerfolie gießen
	Gel ist bei zu hoher Temperatur gegossen worden	auf Gießtemperatur zwischen 60 und 70 °C achten
	Gelierzeit zu kurz	s. o.

Tab. A.5 Effekte beim IEF-Lauf.

Symptom	Grund	Abhilfe
Wasser auf Geloberfläche	Geloberfläche nicht abgetrocknet	Geloberfläche stets vor IEF mit Filterpapier abtrocknen
	Gelierzeit zu kurz	s. o
	falsche Elektrodenlösungen verwendet	generell empfohlen: Anode: 0,25 mol/L Essigsäure; Kathode: 0,25 mol/L NaOH
	Elektrodenstreifen zu nass	Flüssigkeitsüberschuss entfernen; Elektrodenstreifen gut abtrocknen, sodass sie beinahe trocken erscheinen
	Elektroendosmose	natürliche Erscheinung; alle 30 min Elektrodenstreifen erneut abtrocknen oder durch neue ersetzen

Tab. A.5 Fortsetzung.

Symptom	Grund	Abhilfe
	starke Elektroendosmose	immer H_2O_{Bidest} verwenden; ideale Chemikalienkombination verwenden: 0,8 % Agarose IEF zusammen mit 2,7 % (g/v) Servalyt
	keine wasserbindenden Additive im Gel	10 % Sorbit in die Gellösung geben
Wasserbildung an der Kathode	Elektroendosmose, Kathodentrift	Kathodenstreifen öfter und besonders sorgfältig abtrocknen; nur solange wie unbedingt notwendig fokussieren
Wasserbildung an den Probenauftragsstellen	Elektroendosmose wegen Probenauftragsmaterial	bei Agarose-IEF nur mit Probenauftragsbändern oder Probenmasken auftragen, nicht mit Papier, Cellulose o ä.
	Protein-, Salzgehalt in Probe zu hoch	s. Polyacrylamidgel
Bildung einer Mulde im Gel	fortgeschrittene Kathodentrift wegen Elektroendosmose	s. o. Bei 10–15 °C fokussieren
	ungenügende Gelkonsistenz	s. o.
Bildung kleiner Mulden in Nähe der Probenauftragsstellen	Leistung bei Probeneinwanderung zu hoch	In den ersten 5–10 min maximal 5–10 W anlegen (gilt für 1 mm dickes Gel, 25 cm Breite × 10 cm Trenndistanz, bei kleineren Gelen entsprechend weniger einstellen)
	Probenüberladung	siehe Polyacrylamidgel
Gel trocknet aus	fortgeschrittene Elektroendosmose	s. o.
	Gel ungleichmäßig gegossen	bei horizontalem Gießen Nivelliertisch exakt einstellen; oder Vertikalgießtechnik (Klammer-Technik in vorgewärmter Küvette) anwenden
	Wärmequelle in der Nähe	Trennkammer bei der Agarose-IEF nicht neben Umlaufkryostaten stellen

Tab. A.5 Fortsetzung.

Symptom	Grund	Abhilfe
	Luft zu trocken	bei niedriger Luftfeuchtigkeit (besonders im Winter) etwas Wasser in die Elektrodentanks geben
Funkenbildung	fortgeschrittene Stadien der oben aufgelisteten Effekte	s. o. (Maßnahmen möglichst vorher ergreifen)

Tab. A.6 Trennergebnisse.

Symptom	Grund	Abhilfe
Gelkonsistenz ungenügend	Gelierung nicht ausreichend	Gelierung > 1 h; besser: nach 1 h aus Kassette entnehmen und über Nacht bei 4 °C in Feuchtekammer aufbewahren (maximale Lagerzeit: 1 Woche)
	Agarosekonzentration trotz exakter Einwaage zu niedrig; Agarose hat Wasser gezogen	Agarose trocken und außerhalb des Kühlschranks aufbewahren; Packung gut verschließen
	Harnstoffgel: Harnstoff unterbricht die Agarosestruktur	höhere Agarosekonzentration verwenden (2 %); längere Zeit gelieren lassen oder rehydratisierbares Agarosegel verwenden
Gel löst sich von Trägerfolie	falsche Trägerfolie verwendet	für Agarosegele nur Gel-Bond-Film oder GelFix für Agarose verwenden, nicht GelBond-PAG-Film (für Polyacrylamidgele)
	falsche Seite der Trägerfolie verwendet	Gel auf hydrophile Seite der Trägerfolie gießen
	Gel ist bei zu hoher Temperatur gegossen worden	auf Gießtemperatur zwischen 60 und 70 °C achten
	Gelierzeit zu kurz	s. o.
Banden seitlich verbreitert	zu viel Probenflüssigkeit aufgetragen	Probenvolumen reduzieren

Tab. A.6 Fortsetzung.

Symptom	Grund	Abhilfe
unscharfe Banden	Fokussierungszeit zu lange (Gradiententrift) oder zu kurz (Proteine haben pI noch nicht erreicht)	s. o. und Polyacrylamidgel
	Diffusion bei Agarose wegen der größeren Poren stärker als bei Polyacrylamidgelen	Fixier- und Färbemethoden überprüfen; Gel nach der Fixierung trocknen und dann erst anfärben (gilt auch für Silberfärbung)
fehlende Banden	s. o.	s. o.
fehlende Banden im basischen pH-Bereich	Verlust eines Teils des Gradienten durch Kathodentrift (bei Agarose stärker als bei Polyacrylamid)	Trägerampholyten mit engem basischen pH-Bereich zusetzen; kürzer fokussieren
Banden am Gelrand stark verzogen	Flüssigkeitsaustritt aus Gel oder Elektrodenstreifen; Flüssigkeit fließt entlang der Gelränder und bildet L-förmige Elektrode	bei Flüssigkeitsaustritt rechtzeitig Gel oder Elektrodenstreifen abtrocknen
	Proben zu nahe am Rand aufgetragen	beim Probenauftrag an den Rändern ca. 1 cm frei lassen
Banden im Gel stark verzogen	wie bei Polyacrylamidgelen	siehe Polyacrylamidgele
	Unregelmäßigkeiten in der Geloberfläche	Gellösung gut entlüften; bei Aufbewahrung Feuchtekammer verwenden

Tab. A.7 Agarosegel-IEF-spezifische Färbeprobleme.

Symptom	Grund	Abhilfe
Banden unscharf, verschwinden, fehlen	Diffusion	Agarosegele immer nach Fixierung trocknen, bevor sie gefärbt werden
Gel löst sich beim Färben von Trägerfolie	Fixierlösung vor Trocknen des Gels nicht vollständig ausgewaschen	Gel vor Trocknen 2 × je 20 min in Entfärbelösung plus 5 % Glycerin waschen
	Fehler beim Gelgießen	s. o.

A.2.3
Immobilisierte pH-Gradienten

Tab. A.8 Geleigenschaften.

Symptom	Grund	Abhilfe
Gel bleibt an Glasplatte hängen	Glasplatte zu hydrophil	Glasplatte reinigen und mit Repel-Silane oder GelSlick beschichten
	Gel zu lange in der Gießküvette	Gel 1 h nach Polymerisationsstart aus der Küvette entnehmen
	Gelkonzentration zu niedrig	unter $T = 4\,\%$ kann kein Glas verwendet werden; in diesem Fall Acrylglas (Plexiglas) verwenden
	unvollständige Polymerisation	s. u.
kein bzw. klebriges Gel	schlechte Wasserqualität	immer H_2O_{Bidest} verwenden!
	Acrylamid, Bis- oder APS-Lösung überlagert	maximale Lagerdauer im Dunkeln im Kühlschrank: Acrylamid, Bislösung 1 Woche, APS-Lösung 40 % 1 Woche
	schlechte Chemikalienqualität	nur Chemikalien mit p. A. Qualität verwenden
	Zu wenig APS und/oder zu wenig TEMED verwendet	immer 1 µL APS-Lösung (40 % g/v) pro 1 mL Gellösung und mindestens 0,5 µL TEMED (100 %) pro 1 mL Gellösung verwenden
	pH-Wert nicht optimal für die Polymerisation	weite (> 1 pH-Einheit) und alkalische (über pH 7,5) pH-Bereiche: beide Gellösungen mit 4 mol/L HCl bzw. 4 mol/L NaOH (oder 100 % TEMED) auf ca. pH 7 titrieren, nachdem TEMED zugegeben worden ist (Genauigkeit von pH-Papier ist ausreichend)

Tab. A.8 Fortsetzung.

Symptom	Grund	Abhilfe
	Temperatur zu niedrig für Polymerisation	Gel für 1 h im Trocken- oder Brutschrank bei 50 bzw. 37 °C polymerisieren
eine Hälfte des Gels nicht oder unvollständig polymerisiert	APS-Lösung hat sich nicht mit Gellösung vermischt (meist schwere Lösung: wegen des Glyceringehaltes Überschichtung mit APS-Lösung)	Magnetrührer nach APS-Zugabe kurzzeitig hochdrehen, dass Kegel entsteht; darauf achten, dass APS-Lösungstropfen in die Gellösung einpipettiert werden
	eine der Lösungen ist nicht auf pH 7 titriert worden	s. o.
Geloberkante klebrig, quillt beim Waschen, löst sich von Folie	Luftsauerstoff hat Polymerisation der Oberkante inhibiert	sofort nach Gießen des Gels mit ca. 300 µL H_2O_{Bidest} überschichten; kein Butanol o. ä. verwenden
Gel löst sich von Trägerfolie	falsche Trägerfolie oder falsche Seite der Trägerfolie verwendet, Trägerfolie falsch gelagert	siehe Polyacrylamidgele

Tab. A.9 Effekte beim Waschen.

Symptom	Grund	Abhilfe
Geloberfläche hat in bestimmten Bereichen oder überall Schlangenhaut-Struktur	normal; Gel besitzt aufgrund der fixierten Puffer leichte Ionenaustauschereigenschaften und quillt an	Trocknen: die Geloberfläche wird wieder normal
Gelschicht wird keilförmig	normal; die Konzentrationen und Eigenschaften der Puffer sind unterschiedlich; dadurch Quelleigenschaften innerhalb des Gradienten unterschiedlich	nach dem Waschen das Gel trocknen; vor Gebrauch in Quellkassette anquellen lassen (Kassette verhindert keilförmiges Quellen)

Tab. A.10 Effekte beim Trocknen.

Symptom	Grund	Abhilfe
Trägerfolie rollt sich ein	Gel zieht sich in alle Richtungen zusammen	1–2 % Glycerin in das letzte Waschwasser geben, dadurch wird Gel elastischer

Tab. A.11 Effekte beim Rehydratisieren.

Symptom	Grund	Abhilfe
Gel quillt nicht mehr oder nur teilweise an	Quellzeit zu kurz	Quellzeit jeweils dem Additiv und der Additivkonzentration anpassen; wenn Gel längere Zeit bei Zimmertemperatur gelagert wurde oder Verfallsdatum überschritten ist, Quellzeit verlängern
	Gel zu lange und/oder zu heiß getrocknet	Gel mit Ventilator bei Zimmertemperatur trocknen, Luftstrom parallel zu den Geloberflächen, am besten in staubfreiem Kabinett
	Gel zu lange bei Zimmertemperatur oder noch wärmer gelagert	Gel sofort nachdem es trocken ist verwenden oder wasserdicht verpackt bei $< -20\,°C$ lagern
Gel bleibt an der Quellkassette hängen	Glasoberfläche zu hydrophil	Glasoberfläche innerhalb der Dichtung mit Repel-Silane oder GelSlick beschichten
Gel hängt an Trägerglasplatte	Gel aus Versehen mit der Geloberfläche auf die nasse Glasplatte gewalzt	in einer Wanne unter Wasser langsam und vorsichtig herunterziehen

Tab. A.12 Effekte beim IEF-Lauf.

Symptom	Grund	Abhilfe
kein Strom	Verbindungskabel nicht eingesteckt	Stecker überprüfen; Stecker fester in Stromversorger drücken
wenig Strom	normal bei IPG; Gele haben sehr niedrige Leitfähigkeit	Standardeinstellung bei ganzem IPG-Gel: 3000 V, 1,0 mA, 5,0 W; IPG-Streifen: über Spannung regeln
Kondensation über bestimmten Stellen	Salzgehalt in Proben hoch; Salzionen verlassen Probenauftragsstelle halbkreisförmig, beim Zusammentreffen zweier Ionenfronten ergeben sich Punkte mit sehr hohen Salzkonzentrationen	Proben mit hohen Salzgehalten möglichst nahe nebeneinander auftragen; wenn an verschiedenen Stellen innerhalb des pH-Gradienten aufgetragen werden muss: Trennspuren durch Streifenschneiden oder Herauskratzen von Rinnen voneinander trennen
Funkenbildung auf dem Gel an bestimmten Stellen	s. o., nächstes Stadium	s. o. wenn über Nacht fokussiert wird, nicht mehr als 2500 V anlegen, am nächsten Tag auf 3000 V hochregeln
Funkenbildung entlang der Folienkante	hohe Spannung und Ionen in der Kühlkontaktflüssigkeit	korrekte Kühlkontaktflüssigkeit oder Kerosin zwischen Kühlplatte und Folie verwenden
Funkenbildung an einer Elektrode	Gel ausgetrocknet wegen Elektroosmose; tritt bei engen pH-Gradienten in extremen pH-Bereichen (pH < 4,5 bzw. pH > 9) auf	entweder Glycerin (25 %) oder 0,5 % nicht ionisches Detergens zur Quelllösung zugeben
	Elektrodenlösungen zu konzentriert	beide Elektrodenstreifen in H_2O_{dest} tränken; Leitfähigkeit reicht aus; zudem wird zu Beginn der IEF dadurch die Feldstärke im Gel herabgesetzt, was den Probeneintritt erleichtert
	Gel unvollständig polymerisiert	s. o.

Tab. A.12 Fortsetzung.

Symptom	Grund	Abhilfe
schmaler Gelwulst entwickelt sich über gesamte Gelbreite und wandert langsam in die Richtung einer Elektrode	normale Erscheinung bei IPG: Ionenfront, an der ein Feldstärkensprung und eine Umkehr des elektroosmotischen Flusses erfolgt	Gel gut waschen; Proben so auftragen, dass ihnen die Front von der weiter entfernten Elektrode her entgegenkommt; anodischer Probenauftrag: 2 mmol/L Essigsäure zur Quelllösung geben; kathodischer Auftrag: 2 mmol/L Tris zugeben
der Gelwulst wandert nicht mehr weiter	das Gel enthält zu viele freie Ionen, Leitfähigkeitsunterschied innerhalb der Trenndistanz ist so groß, dass die Spannung nicht ausreicht, die Ionen weiterzutransportieren	Gele gut waschen; Stromversorger mit hohen Spannungen verwenden (3000 V sind ausreichend); lange fokussieren, u. U. über Nacht
durchgehende Linie mit veränderter Lichtbrechung am Ende der Fokussierung bei pH 6,2	freie Polymere	Gel nach der Polymerisation ausgiebiger waschen (s. o.); u. U. über Nacht; Elektrodenstreifen (Filterkarton) weglassen

Tab. A.13 Trennergebnisse.

Symptom	Grund	Abhilfe
Banden und Iso-pH-Linien bilden einen Bogen im Gel	Gel ist polymerisiert bevor horizontaler Ausgleich des Dichtegradienten abgeschlossen war	Gießküvetten im Kühlschrank vorkühlen (Verzögerung des Polymerisationsstarts); zur Beschwerung der sauren Lösung Glycerin verwenden, nicht Saccharose o. ä. (Viskosität zu hoch für Gradientenausgleich)
	Katalysatoren ungenügend ausgewaschen	s. o
Banden unscharf	Fokussierzeit zu kurz	länger fokussieren, u. U. über Nacht

Tab. A.13 Fortsetzung.

Symptom	**Grund**	**Abhilfe**
	bei engen pH-Bereichen oder langen Trenndistanzen (> 10 cm): Feldstärke nicht ausreichend	bei engen pH-Bereichen und langen Trenndistanzen sind hohe Spannungen unbedingt notwendig: 3000 V Stromversorger verwenden
	Polymerisationsprobleme, z. B. alte Acrylamid, Bislösung; s. o.	frische Stammlösungen verwenden
Banden unscharf im basischen Bereich	CO_2-Einfluss	CO_2 während der IEF abfangen: Kammer abdichten, Atemkalk oder 1 mol/L NaOH in Puffertanks geben
keine Banden zu sehen	falsche Orientierung des pH-Gradienten	Gel mit saurer Seite zur Anode und basischer Seite zur Kathode auf die Kühlplatte legen; die basische Seite hat unregelmäßige Kante, die Trägerfolie steht weiter über
Proteine an Auftragsstelle liegen geblieben	Feldstärke war am Anfang zu hoch	keine Vorfokussierung durchführen (pH-Gradient existiert bereits); Anfangsfeldstärke gering halten
	Proteine haben an der Auftragsstelle aggregiert, weil die Konzentration zu hoch war	Probenlösung mit Wasser, Wasser/nicht ionischem Detergens verdünnen; lieber größeres Probenvolumen als konzentrierte Lösung aufgeben
	Komplexbildung von bestimmten Proteinen; dadurch Verstopfung der Poren	EDTA zur Probe geben; Harnstoff in Probe und Rehydratisierungslösung verwenden; durch Harnstoffkonzentrationen < 4 mol/L werden Komplexbildungen verhindert, die meisten Enzyme noch nicht denaturiert
	Leitfähigkeitsproblem	Probe auf gegenüberliegender Seite auftragen oder Ionenfrontrichtung, wie oben beschrieben, steuern

Tab. A.13 Fortsetzung.

Symptom	Grund	Abhilfe
	Salzkonzentration in der Probe zu hoch	Probe mit Wasser verdünnen und größeres Probenvolumen auftragen
	hochmolekulares Protein in Umgebung niedriger Ionenstärke instabil	großporigere Gelmatrix herstellen, damit Protein in die Matrix einwandern kann, bevor es von kleinmolekularen Begleitsubstanzen vollständig verlassen worden ist
		als Notmaßnahme wird vorgeschlagen, zur Probe 0,8 % (g/v) Trägerampholyte und zur Rehydratisierlösung 0,5 % (g/v) Trägerampholyte des korrespondierenden pH-Bereiches zu geben
pI des Proteins außerhalb des immobilisierten pH-Gradienten	enger pH-Bereich: bei falscher Temperatur fokussiert	bei 10 °C fokussieren und/oder pH-Bereich erweitern
	der mit Trägerampholyten-IEF ermittelte pI ist gegenüber dem pI im IPG verschoben	etwas weiteren oder anderen pH-Bereich verwenden
	immobilisierter pH-Gradient stimmt nicht oder ist nicht vorhanden; Immobiline falsch aufbewahrt; Acrylamid, Bislösung zu alt; Fehler beim Pipettieren der Immobiline	exakt den Immobilinerezepturen und den Gießvorschriften folgen; ansonsten: s. o.
	Fokussierungszeit nicht ausreichend	Fokussierzeit verlängern, u. U. über Nacht
einzelne Banden fehlen, sind unscharf oder befinden sich an der falschen Stelle	sauerstoffsensitive Proteine im Gel oxidiert (Immobilinegele nehmen beim Trocknen Luftsauerstoff auf)	im Falle sauerstoffsensitiver Proteine (z. B. Hämoglobin) Reduktionsmittel zur Rehydratisierungslösung zugeben
Trennspuren laufen auseinander und/oder in Kurven	Leitfähigkeit des Gels deutlich niedriger als Leitfähigkeit der Probe (Proteine, Puffer, Salze)	Ionenfront, wie oben beschrieben, steuern; Proben nebeneinander aufgeben; Trennspuren durch Schneiden des Gels oder Auskratzen von Rinnen trennen

Tab. A.14 IPG-spezifische Färbeprobleme.

Symptom	Grund	Abhilfe
bei Coomassie-Blau-Färbung blauer Hintergrund	basische Immobilinegruppen binden etwas Coomassie Blau	Färbelösung mit < 0,5 % Coomassie Blau verwenden; oder besser: kolloidale Färbemethode anwenden; keine Hintergrundfärbung!

A.3 SDS-Elektrophorese

A.3.1 Horizontale SDS PAGE

Tab. A.15 Gelgießen.

Symptom	Grund	Abhilfe
unvollständige Polymerisation	schlechte Chemikalienqualität	nur Chemikalien mit p. A. Qualität verwenden
	Acrylamidlösung und/oder APS-Lösung überlagert	Stammlösungen immer im Kühlschrank im Dunkeln aufbewahren; 40 %ige APS-Lösung ist eine Woche haltbar, niedriger prozentige APS-Lösungen täglich frisch ansetzen; im Zweifelsfall alle Stammlösungen frisch ansetzen
	Wasserqualität schlecht	immer H_2O_{Bidest} verwenden
Gel bleibt an Glasplatte hängen	Glasplatte zu hydrophil	Glasplatte reinigen und mit Repel-Silane oder GelSlick beschichten
Gradientenmischer undicht	Gummidichtungsring trocken	Gradientenmischer öffnen, Gummidichtung mit einem dünnen Film CelloSeal® überziehen
Gradientengel: Gellösung polymerisiert bereits im Mischer	zu viel APS verwendet	APS-Menge reduzieren; Gradientenmischer aufmachen und reinigen

Tab. A.15 Fortsetzung.

Symptom	Grund	Abhilfe
einzelne Luftblasen in der Gellösung	lässt sich nicht immer vermeiden	mit schmalem Folienstreifen vorsichtig herausziehen
Gradientengel: eine Hälfte des Gels nicht oder unvollständig polymerisiert	APS-Lösung hat sich nicht mit Gellösung vermischt (an der Wand hängengeblieben, auf der schweren Lösung)	sorgfältig pipettieren; Magnetrührer kurz soweit hochregeln, dass ein Kegel entsteht, damit APS-Lösung in die schwere Lösung gezogen wird
Gel löst sich von der Trägerfolie	falsche Trägerfolie verwendet	für Polyacrylamidgele nur GelBond-PAG-Film oder GelFix Folie verwenden, nicht GelBond-Film (für Agarose)
	falsche Seite der Trägerfolie verwendet	Gel auf die hydrophile Seite gießen; mit Wassertropfen testen
	Trägerfolie falsch oder zu lange gelagert	GelBond-PAG-Film oder GelFix Folie immer kühl (< 25 °C), trocken und dunkel aufbewahren; Verfallsdatum beachten
Flüssigkeitsfilm auf der Oberfläche	Hydrolyse der Polyacrylamidmatrix, weil der Puffer alkalisch ist (pH 8,8)	alkalische Polyacrylamidgele max. 10 Tage im Kühlschrank lagern
Löcher an den Probenslots	beim Gießen sind Luftblasen hängen geblieben	Slotformer exakt mit scharfem Skalpell schneiden. Schneidekanten mit gebogener Pinzette nach unten drücken; Tesafilm kristallklar oder DYMO-Band mit glatter Klebefläche verwenden, sonst können sich kleine Luftblasen bilden, die Polymerisation in ihrer Umgebung inhibieren
Löcher im Gel (Emmentaler-Effekt)	viele kleine Luftblasen in der Gellösung	Gellösungen entlüften; beim Gradientengelgießen den Magnetrührer nicht zu schnell laufen lassen, weil SDS-Lösungen leicht schäumen
Gelkanten ungenügend auspolymerisiert	Gellösung nicht überschichtet	Gellösung überschichten

Tab. A.15 Fortsetzung.

Symptom	Grund	Abhilfe
	Luftsauerstoff durch die Dichtung diffundiert	Gel bei erhöhter Temperatur polymerisieren (37–50 °C, ca. 30 min)
	Polymerisation zu langsam	Gellösung entlüften; etwas mehr TEMED und APS zugeben

Tab. A.16 Effekte bei der Elektrophorese.

Symptom	Grund	Abhilfe
Einzelne Flüssigkeitstropfen auf der Oberfläche	beim Auflegen der in Puffer getränkten Elektrodendochte ist Puffer auf die Oberfläche getropft	darauf achten, dass Elektrodendochte nie über die Geloberfläche gehalten werden; ist trotzdem etwas passiert, Tropfen mit einem Filterpapier sorgfältig entfernen
	hohe Zimmertemperatur und hohe Luftfeuchtigkeit, Wasserkondensation an der gekühlten Geloberfläche (Sommer!)	Gel und Proben aufgeben, bevor der Umlaufkryostat eingeschaltet wurde; erst einschalten, wenn der Elektrodendeckel aufliegt!
Probenaufgabeband: Proben laufen ineinander	Probenaufgabeband liegt nicht gut genug auf	Probenaufgabeband gut andrücken, nicht mehr berühren, beim Einpipettieren das Band nicht mit der Pipettenspitze berühren oder Probenaufgabestückchen verwenden
Probenwannen: die Proben laufen aus und verteilen sich über die Geloberfläche	Glycerin oder Saccharose in der Probe, osmotische Verteilung	Glycerin oder Saccharose weglassen; diese werden nur für die vertikale PAGE in der Probe verwendet
	hoher Proteingehalt, Probe enthält Proteine mit niedriger Oberflächenspannung	8 mol/L Harnstoff zu jeder Probe zugeben (nach der Erhitzung!), der Harnstoff beeinflusst das Elektrophoresemuster nicht

Tab. A.16 Fortsetzung.

Symptom	Grund	Abhilfe
kein Strom	Elektrodenkabel nicht eingesteckt	überprüfen, ob alle Kabelverbindungen richtig eingesteckt sind
Stromversorger schaltet ab und zeigt Massekurzschluss an (*Ground Leakage*)	Strom fließt außerhalb der Kammer ab	überprüfen, ob Labortisch trocken ist; bei hohen Zimmertemperaturen und hoher Luftfeuchtigkeit von Zeit zu Zeit Kondenswasser von den Zuführungsschläuchen abwischen; am besten: Moosgummiüberschläuche (Isolierschläuche) verwenden
Strom fällt schnell ab, Spannung steigt schnell an	dem System gehen die Pufferionen aus, weil die Elektroden zu nahe beieinander angeordnet sind 	die Elektroden so weit wie möglich auf die äußeren Kanten der Pufferdochte platzieren, sodass sich der komplette Puffer zwischen den Elektroden befindet
Front wandert in die falsche Richtung	falsche Steckerpolung; Gel falsch herum aufgelegt	überprüfen, ab Kabelstecker richtig eingesteckt wurden; Gel so auflegen, dass die Probenauftragseite kathodisch liegt
Front wandert zu langsam; Trennung dauert zu lange	Strom fließt teilweise unter der Trägerfolie	korrekte Kühlkontaktflüssigkeit zwischen Kühlplatte und Folie verwenden
Elektrophorese dauert zu lange	Chloridionen im Kathodenpuffer	auf keinen Fall Kathodenpuffer (Tris-Glycin) mit HCl nachtitrieren, auch wenn der in Rezepten angegebene pH-Wert (meist pH 8,3) mit den 0,19 mol/L Glycin nicht erreicht wird; meist stellt sich ein pH von 8,9 ein, das ist in Ordnung
Stromstärke ist zu hoch, die Wanderung zu langsam, im Ergebnis zeigen sich unscharfe Banden	Elektroendosmose! Die Monomerlösung enthält Acrylsäure, die in das Gel mit einpolymerisiert wurde	nur gute Qualität von Acrylamid verwenden; Acrylamidstammlösung nicht zu lange lagern; wenn nötig, Acrylsäure mit Mischbettionenaustauscher entfernen

Tab. A.16 Fortsetzung.

Symptom	Grund	Abhilfe
Kondensation	Leistung zu hoch	Stromversorgereinstellung überprüfen – Richtwert: maximal 2,5 W/mL Gel
	Kühlung ungenügend	Kühltemperatur überprüfen (10–15 °C empfohlen); Kühlwasserfluss überprüfen (Schlauchknick?); Kontaktflüssigkeit zwischen Kühlplatte und Trägerfolie geben
schräge Front	ungleichmäßiger Elektrodenkontakt	s. o.
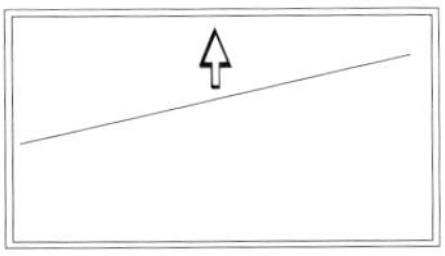	unterschiedliche Pufferkonzentration in den Elektrodendochten, weil sie beim Tränken oder Aufgabe auf die Gelkanten nicht horizontal gehalten wurden	darauf achten, dass die Elektrodendochte beim Transfer an die Gelkanten immer gerade gehalten werden
	die Gießkassette war nicht horizontal ausgerichtet als das diskontinuierliche oder Gradientengel gegossen wurde	die Gießkassette mithilfe einer Wasserwaage horizontal ausrichten
die Front ist gekrümmt 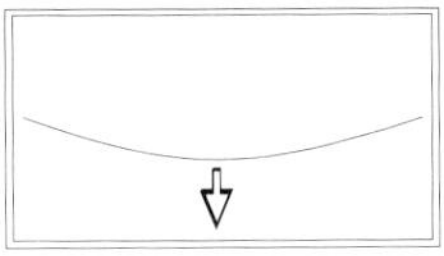	das Gel hat polymerisiert, bevor sich der Dichtegradient oder die Diskontinuität in der Dichte ausgeglichen haben	den Start der Polymerisation hinauszögern: entweder durch Reduzierung der APS-Menge und/oder durch Vorkühlen der Gießkassette
Front wandert mäanderförmig	punktuelle Austrocknung der Geloberfläche unter den Löchern des Deckels der Multiphor I	Glasplatte oder Elektrodenhalterplatte über die Elektrodendochte und das Gel legen
Bildung weißer Präzipitate und unregelmäßiger Oberfläche im Gel	Schmutz im Elektrodendochtmaterial bildet mit SDS Präzipitate	nur Elektrodendochte reinster Qualität verwenden; nur mit Gummihandschuhen berühren
Gel trocknet an einer Papierkante entlang aus und brennt nach gewisser Zeit an dieser Stelle durch	elektroosmotischer Effekt durch schlechte Chemikalienqualität und/oder alte Acrylamidlösung	nur Chemikalien mit p. A. Qualität verwenden; Acrylamidstammlösung im Kühlschrank dunkel und nicht zu lange aufbewahren (für SDS-Gele maximal 2 Wochen)

Tab. A.16 Fortsetzung.

Symptom	Grund	Abhilfe
Slots trocknen aus und brennen nach gewisser Zeit durch; zugleich Wasserbildung an der kathodischen Seite der Slots	Fehler bei der Probenvorbereitung; freie SH-Gruppen nicht geschützt, dadurch Bildung von Schwefelbrücken zwischen verschiedenen Polypeptiden; diese Aggregate sind zu groß für die Gelporen und stark negativ geladen (SDS), → elektroosmotischer Wasserfluss in Richtung Kathode	DTT mit EDTA vor Oxidierung schützen; nach Reduzierung, Erhitzung, und Wiederabkühlung der Proben nochmals gleiche Menge an DTT zugeben wie zur Reduzierung; oder Alkylierung mit z. B. Iodacetamid

Tab. A.17 Trennergebnisse.

Symptom	Grund	Abhilfe
Banden nicht gerade, sondern gekurvt	Verschiebung eines Teils des Gradienten durch Wärmekonvektion bei der Polymerisation	in die leichte Lösung etwas mehr APS geben als in die schwere, sodass die Polymerisation oben startet und nach unten verläuft
Banden hängen eng aneinander an der Pufferfront	Trenngelkonzentration zu niedrig	Trenngelkonzentration erhöhen
	niedermolekulare Peptide schlecht aufgelöst	Gradientengele (u. U. konkave exponentielle Porengradienten) verwenden; Schägger, von Jagow-Puffersystem (Schägger und von Jagow, 1987) verwenden
	Nachpolymerisation nicht abgeschlossen	Gel mindestens einen Tag vor Gebrauch polymerisieren
niedermolekulare Proteine fehlen	Nachpolymerisation nicht abgeschlossen	Trenngel mindestens 1 Tag vor Lauf polymerisieren
Banden sind „zittrig“ und unscharf	unvollständige Polymerisation des Trenngels	Trenngel immer mindestens 1 Tag vor der Elektrophorese herstellen, weil in der Gelmatrix eine langsame Nachpolymerisation stattfindet, oder bei höherer Temperatur (37 °C) polymerisieren

Tab. A.17 Fortsetzung.

Symptom	Grund	Abhilfe
unscharfe Banden	Probe zu nahe an der Kathode aufgetragen	Proben mindestens 1 cm von der Kante des Kathodendochts entfernt auftragen
	alte Proben	Proben frisch ansetzen; manchmal hilft auch nochmaliges Aufkochen (mit vorheriger und nachheriger Zugabe von Reduktionsmittel); oder Alkylierung
	homogenes Gelsystem verwendet, Puffersystem für die Proben nicht optimal	Disk-PAGE und/oder Gradientengel-PAGE ausprobieren; anderes Puffersystem ausprobieren
	Gelpolymerisation unvollständig	s. o.
artifizielle Doppelbanden	teilweise Rückfaltung von Molekülen durch ungenügenden Schutz der SH-Gruppen	Probe nach der Reduktion alkylieren oder – wenn Alkylierung nicht erwünscht ist – nochmals DTT zugeben
Proteinkonzentration in Banden ungleichmäßig verteilt	sehr kleine Probenvolumina aufgetragen, dadurch Befüllung in Probenslots oder Lochband ungleichmäßig	Proben mit Probenpuffer verdünnen und entsprechend mehr auftragen oder direkt auf Geloberfläche pipettieren (bei $< 5\,\mu L$)
krumme Banden	zu viel Salz in der Probe, dadurch starke Leitfähigkeitsunterschiede beim Start	Proben durch Gelfiltration (NAP-Säulen) oder Dialysieren gegen Probenpuffer entsalzen
Präzipitat an der Slotkante	Gradientengel: Gradient falsch herum gegossen und Proben im engporigeren Teil aufgetragen	darauf achten, dass die Slots sich im Bereich der niedriger konzentrierten Acrylamidlösung befinden
	Elektrodekantation, Slots zu tief	Slottiefe (Anzahl der Tesafilm-Schichten) verringern (soll maximal 1/3 der Gelschicht betragen); wenn größere Probenvolumina aufgegeben werden sollen, lieber Fläche der Slots vergrößern; Lochband verwenden

Tab. A.17 Fortsetzung.

Symptom	Grund	Abhilfe
	einige Proteine sind zu groß, um in die Gelporen einzudringen	Gradientengel verwenden, weil damit größeres Molekulargewichtsspektrum aufgetrennt werden kann; oder Agarose-SDS-Elektrophorese anwenden
	Fehler bei der Probenvorbereitung; freie SH-Gruppen nicht geschützt, dadurch Bildung von Schwefelbrücken zwischen Polypeptiden, die zu groß für die Gelporen sind	DTT mit EDTA vor Oxidierung schützen; nach Reduzierung, Erhitzung und Wiederabkühlung der Proben nochmals gleiche Menge an DTT zugeben wie zur Reduzierung oder Alkylierung mit z. B. Iodacetamid
Hochmolekulare Geisterbanden	Fehler bei der Probenvorbereitung, s. o.	s. o.
Proteinpräzipitat an der Slotkante; unterhalb der Slotkante zieht ein sich erst verengender und dann wieder verbreiternder Längsstreifen durch die Trennspur	Überladung; Polypeptide komplexieren und aggregieren beim Eintritt in die Gelmatrix; nach und nach geht wieder Protein in Lösung und wandert in Richtung Anode	Probe verdünnen, weniger auftragen
Banden ziehen Streifen nach	Feststoffpartikel in der Probe	Proben zentrifugieren oder filtrieren
vereinzelte Längsstreifen, die teilweise mitten im Gel beginnen	Staubpartikel, Haarschuppen etc. auf die Oberfläche gefallen	Kammerdeckel nicht zu lange offen stehen lassen; beim Probenauftrag möglichst zügig vorgehen; nicht über das Gel beugen
verschmierte Banden; Banden ziehen Schweif nach	Fettsubstanzen in der Probe	bei der Probenvorbereitung lipophile Substanzen vollständig entfernen
	ungenügende Beladung mit SDS	der Probenpuffer muss mindestens 1 % SDS enthalten; das Verhältnis SDS/Probe muss höher als 1,4 : 1 sein
	stark saure, stark basische Proteine, Nukleoproteine verhalten sich im SDS-System nicht optimal	CTAB- oder 16-BAC-Elektrophorese (kationisches Detergens in saurem Puffersystem) versuchen

Tab. A.17 Fortsetzung.

Symptom	Grund	Abhilfe
Molekulargewichte stimmen nicht mit anderen Messergebnissen überein	Molekulargewichte nicht reduzierter Proben mit reduzierten Markerproteinen ermittelt	eine näherungsweise Abschätzung der Molekulargewichte ist durch den Vergleich von nicht reduzierten globulären Polypeptiden möglich
	Glykoproteine wandern bei verwendetem SDS-Puffersystem langsamer als Polypeptide gleichen Molekulargewichts, weil Zuckerreste nicht mit SDS beladen werden	für Glykoproteine Tris-Borat-EDTA-Puffersystem verwenden; Borat hängt sich an die Zuckerreste, dadurch Erhöhung der Mobilität durch zusätzliche negative Ladungen
Hintergrund in den Trennspuren	Proteasen Aktivität in der Probe	Proteasen sind auch in Gegenwart von SDS aktiv; gegebenenfalls Inhibitoren zusetzen (z. B. PMSF)

Tab. A.18 SDS-PAGE-spezifische Färbeprobleme.

Symptom	Grund	Abhilfe
Coomassie Blau: ungenügende Färbeeffektivität	SDS wurde nicht ausreichend von Proteinbanden entfernt	nur reines SDS verwenden, geringe Anteile von 14-C- und 16-C-Sulfat binden stärker an Proteine; SDS mit 20 % TCA auswaschen; länger färben als Nativelektrophoresen
	Alkoholgehalt der Entfärbelösung zu hoch	Ethanol- oder Methanolkonzentration in der Entfärbelösung reduzieren, besonders bei hohen Zimmertemperaturen; alkoholische Färbelösungen vermeiden oder Kolloidalfärbung verwenden
Silberfärbung: negative Banden	unsauberes SDS	s. o.
Silberfärbung: der Hintergrund wird mit der Zeit gelb und die Banden werden schwächer	die Entwicklung wurde mit Essigsäure oder EDTA gestoppt	1 % (g/v) Glycinlösung zum Stoppen verwenden

Tab. A.19 Trocknen.

Symptom	Grund	Abhilfe
Gel löst sich beim Färben von der Trägerfolie, reißt während des Trocknens, das trockene Gel rollt sich ein	die Bindung zwischen Trägerfolie und Gel wird von starken Säuren (TCA, H_3PO_4), die in manchen Färbelösungen enthalten sind, teilweise hydrolysiert, sodass sie dem hohen mechanischen Zug hochkonzentrierter Gele nicht mehr standhält	hochkonzentrierte Gele ($T > 10\,\%$) mit einem Vernetzungsgrad von $C = 2\,\%$ anstelle von normalerweise $C = 3\,\%$ herstellen; niederkonzentriertes Plateau- oder Sammelgel muss jedoch mit 3 % vernetzt werden, sonst mangelnde Stabilität; 10 % (v/v) Glycerin in das letzte Entfärbebad geben, $t > 15$ min

A.3.2 Vertikale PAGE

Nur die Effekte, welche spezifisch für vertikale Gele sind, werden hier aufgeführt. Siehe die Abschn. A.2 und A.5 für generell in SDS und zweidimensionalen Elektrophorese vorkommende Probleme.

Tab. A.20 Gelherstellung.

Symptom	Grund	Abhilfe
Durchsichtige Linien in unterschiedliche Richtungen verlaufend im Gel sichtbar	Schmutz auf den Glas- oder Keramikplatten	die Glas- und Keramikplatten vor Gebrauch sorgfältig waschen und trocknen
	CelloSeal® auf der Keramikplatte	die Dichtungen nicht mit CelloSeal behandeln
die Zähne der Probentaschen sind zu kurz	schlechte Polymerisationseffektivität	für den niederkonzentrierten Bereich den Sammelgelpuffer pH 6,8 verwenden; die Monomerlösung entgasen, mehr APS-Lösung zugeben

Tab. A.20 Fortsetzung.

Symptom	Grund	Abhilfe
	Sauerstoff ist in Monomerlösung eindiffundiert	nach dem Einsetzen des Kamms die Monomerlösung mit ein paar 100 µL Wasser gesättigtem Butanol oder 60 % (v/v) Isopropanol überschichten
das Sammelgel und die Zähne der Probentaschen sind ausgetrocknet	die Gele sind zu trocken aufbewahrt worden	die Gelkassetten 1 h nach dem Gießen aus dem Gießstand nehmen und sofort in gut verschlossene Plastikbeutel mit Gelpuffer legen

Tab. A.21 Effekte bei der Elektrophorese.

Symptom	Grund	Abhilfe
Kathodenpuffer läuft aus	Knick in der Dichtung	die Dichtung herausnehmen und vorsichtig wieder in die Vertiefung drücken; nicht mit CelloSeal beschichten
die Probe (sichtbar durch das Bromphenolblau) sammelt sich nicht am Boden der Probentasche	Dichteunterschied fehlt, weil Probe ist kein Glycerin enthält	25 % (v/v) Glycerin in den Probenpuffer geben
Bromphenolblau wandert nicht los	unvollständige Befüllung des Kathodenpuffertanks	ausreichend Puffer einfüllen, Niveau überprüfen; Dichtung auf Undichtigkeit inspizieren
Stromstärke ist zu hoch, die Wanderung zu langsam, im Ergebnis zeigen sich unscharfe Banden	Elektroendosmose! Die Monomerlösung enthält Acrylsäure, die in das Gel mit einpolymerisiert wurde	nur gute Qualität von Acrylamid verwenden; Acrylamidstammlösung nicht zu lange lagern; wenn nötig, Acrylsäure mit Mischbettionenaustauscher entfernen
	falscher Puffer im Kathodenpuffertank	Tris-Glycin(-SDS)-Puffer in den Kathodenpuffertank gießen
	wenn nur ein Gel verwendet wird: Kurzschluss mit Anodenpuffer	eine Glas oder Keramikplatte an die andere Seite des Mittelstücks klammern

Tab. A.21 Fortsetzung.

Symptom	Grund	Abhilfe
Smiling-Effekt	ungenügende Abführung der jouleschen Wärme	Stromstärkenbegrenzung verringern. Bei direkter Kühlung: überprüfen ob der Parafilm® aus dem Multicaster entfernt worden ist

Tab. A.22 Trennergebnisse.

Symptom	Grund	Abhilfe
Die Banden sind an der Front schlecht aufgelöst	unzureichende Siebeigenschaften des Gels. Das Gel ist teilweise hydrolysiert, wegen: • zu langer Lagerung. • zu warmer Lagerung	Gele im Kühlschrank lagern, aber nicht länger als zwei Monate
Doppelmuster	kann durch ungenügende Polymerisation mit einem Gelverstärker verursacht werden	das Gel ohne Gelverstärker polymerisieren
Doppelmuster nach Silberfärbung	Jalousieneffekt: wenn an den beiden Geloberflächen unterschiedliche Temperaturen herrschen, wandern die Proteine dort mit unterschiedlichen Mobilitäten, die Silberfärbung färbt nur an den Oberflächen	Stromstärke verringern bei Elektrophorese Kammer mit Kühlung über den Anodenpuffertank: ausreichend Anodenpuffer einfüllen
unscharfe Banden	Elektroendosmose! Die Monomerlösung hat Acrylsäure enthalten	s. o.

Tab. A.23 Trocknen.

Symptom	Grund	Abhilfe
beim Trocknen in Cellophan zwischen zwei Plastikrahmen: Gele zersplittern	Luftblaseneinschluss zwischen Gel und Cellophan	sorgfältig alle Luftblasen entfernen
	das Cellophan trocknet zu schnell, weil es nur mit Wasser getränkt wurde	das Cellophan mit der gleichen Glycerinlösung tränken wie das Gel

A.4 Zweidimensional-Elektrophorese

Sehr umfassende Problemlösungen findet man auf der Webseite von Professor Görg: http://proteomik.wzw.tum.de/index.php?id=16.

Ein paar wichtige Punkte sind auch hier aufgeführt:

Tab. A.24 1. Dimension: IEF im immobilisierten pH-Gradienten.

Symptom	Grund	Abhilfe
Harnstoff in den IPG-Streifen kristallisiert aus	IEF-Temperatur zu niedrig	bei 20 °C fokussieren
	Oberfläche trocknet aus	0,5 % Glycerin zur Rehydratisierungslösung geben
Funkenbildung	hohe Spannung plus Ionen in der Kühlkontaktflüssigkeit	Kühlkontaktflüssigkeit oder Paraffinöl verwenden
starke Präzipitatbildung an der Probenauftragsstelle	Aggregate und Komplexe in der Probe	Probenvorbereitung überprüfen: s. o. Zugabe von maximal 0,8 % (g/v) Trägerampholyten zur Probe erhöht Löslichkeit
	Protein- und/oder Salzkonzentration in der Probe zu hoch	Probe verdünnen, lieber größeres Probenvolumen; Kontaktfläche Probe zur Geloberfläche so klein wie möglich halten; Probenaufgabe in Schlauch- oder Lochbandstückchen

Tab. A.24 Fortsetzung.

Symptom	Grund	Abhilfe
	Feldstärke zu Beginn zu hoch	keine Vorfokussierung durchführen (pH-Gradient existiert bereits); bei IEF in Einzelstreifen Feldstärke über Spannung regeln: 1 h bei max. $E = 40\,V/cm$, dann hochregeln
Banden im basischen Bereich unscharf	CO_2-Einfluss	CO_2 während der Fokussierung abfangen: Trennkammer abdichten, Atemkalk oder 1 mol/L NaOH in Puffertanks geben
horizontale Streifen	einige Proteine haben nicht fokussiert	Fokussierzeit verlängern, s. o.
	IEF-Temperatur zu niedrig	bei 20 °C fokussieren
	einige Proteine sind an der Oberfläche präzipitiert und sind nach einer Weile wieder in Lösung gegangen	die Ausbildung von Präzipitat verhindern. s. o.
horizontale Steifen auf der basischen Seite	Deprotonierung des Reduktionsmittels	DeStreak (Disulfid) in der Rehydratisierlösung statt DTT oder DTE verwenden; Probe mit Cup-Loading am anodischen Ende des pH-Gradienten aufgeben
Präzipitat auf der Oberfläche	Proteine nicht ausreichend solubilisiert	höhere Harnstoffkonzentration (bis 9 mol/L) oder 2 mol/L Thioharnstoff/7 mol/L Harnstoff verwenden; verschiedene zwitterionische Detergenzien ausprobieren; Trägerampholyten und β-Mercaptoethanol in Solubilisierungslösung; wenn das nicht hilft, nicht detergente Sulfobetaine probieren
	Proteine konzentrieren sich vor Eintritt ins Gel plötzlich auf und aggregieren	zu Beginn niedrige Feldstärke verwenden
	Nukleinsäuren in der Probe sind mit basischen Trägerampholyten präzipitiert	Proben an der Anode auftragen

Tab. A.24 Fortsetzung.

Symptom	Grund	Abhilfe
	hochmolekulare Nukleinsäuren formen stark ionisches Präzipitat, an das Proteine gebunden werden	Proben mit RNAse oder DNAse behandeln oder Aufreinigung mit Präzipitation durchführen
	basischer Teil des pH-Gradienten durch β-Mercaptoethanol aus der Probe überpuffert (pK 9,5)	Proben an der Anode auftragen, DTT statt β-Mercaptoethanol verwenden

Tab. A.25 2. Dimension: Horizontale SDS-Elektrophorese.

Symptom	Grund	Abhilfe
IPG-Streifen wird an anodischer Kante dünner und quillt an kathodischer an, klappt dann vertikal hoch, Gel brennt durch	Elektroendosmose: durch SDS-Äquilibrierung wird IPG-Gel negativ geladen, dadurch Wassertransport in Richtung Kathode *Bemerkung:* dieses Phänomen ist bei fertigen HPE-Gelen erheblich gemindert, weil diese fixierte negative Ladungen zur Kompensation der punktuellen Elektroendosmose enthalten	2 × 15 min Äquilibrieren unter ständigem Schütteln in modifiziertem Äquilibrierpuffer (+6 mol/L Harnstoff, 30 % Glycerin) kompensiert Elektroendosmoseeffekte; nach 75 min IPG-Streifen abnehmen, kathodischen Elektrodendocht versetzen
Fehlen von Spots, Proteinverlust in der 2. Dimension	Elektroendosmose (s. o.); elektroosmotischer Fluss transportiert Teil der Proteine (bis zu 2/3) in Richtung Kathode	modifizierte Äquilibrierung, wie oben beschrieben, sowohl bei Horizontal- als auch Vertikalsystem anwenden
lokale Verzerrungen	Luftblase in der Kühlkontaktflüssigkeitsschicht	genügend Kühlkontaktflüssigkeit verwenden: > 6 mL für große Gele; darauf achten, dass die Flüssigkeit gleichmäßig auf der Kühlplatte verteilt ist

Tab. A.25 Fortsetzung.

Symptom	Grund	Abhilfe
horizontale Streifen über das Gel	Proteine nicht vollständig fokussiert	länger fokussieren; bei IPG kein Problem, weil der Gradient nicht triften kann
	Äquilibrieren nicht effektiv genug	modifizierte Äquilibrierung wie oben beschrieben durchführen; Zeiten (2 × 15 min) unbedingt einhalten
horizontale Streifen	Luftblasen zwischen Gelen der 1. und 2. Dimension	für exakten und luftblasenfreien Kontakt zwischen Gel der 1. und der 2. Dimension sorgen
drei Streifen über die gesamte Breite des Gels hinweg	Artefakte im Zusammenhang mit Reduktionsmittel	Äquilibrieren in 2 Schritten durchführen; beim 2. Schritt überschüssiges Reduktionsmittel mit Iodacetamid abfangen
Wolken an der Front	zwischen dem zwitterionischen Detergens im IEF-Gel und dem anionischen Detergens SDS haben sich gemischte Mizellen gebildet	nur 0,5 % zwitterionisches Detergens statt 2 % verwenden, schmälere IPG-Streifen in der ersten Dimension verwenden
vertikale Streifen	Probleme mit Proteinlöslichkeit	Harnstofflösungen frisch ansetzen, um Isocyanatbildung zu verhindern; Harnstoff beim Äquilibrieren (6 mol/L) verwenden; SDS-Gehalt auf 2 % erhöhen
	Artefakte durch Reduktionsmittel	s. o.
	Präzipitieren von Harnstoff in der ersten Dimension	IPG-Streifen unter Paraffinöl laufen lassen; darauf achten, dass sich die IPG-Streifen während des Laufs nicht aufbiegen
	Silikonöl wurde zur Abdeckung der IPG-Streifen verwendet	Paraffinöl verwenden, kein Silikonöl
	nicht genügend Äquilibrierlösung verwendet	mindestens 6 mL für lange Streifen (17, 18, 24 cm) und 3 mL für kurze Streifen (7, 11, 13 cm) verwenden

Tab. A.25 Fortsetzung.

Symptom	Grund	Abhilfe
vertikale Streifen im hochmolekularen Bereich	Äquilibrierung für manche Proteine nicht ausreichend	Äquilibrierzeit verlängern, SDS-Konzentration im Äquilibrierpuffer erhöhen (bis zu 6 %)
	Proteinkonzentrierungseffekt (Stacking) nicht ausreichend	diskontinuierliches Gelsystem verwenden
vertikale Streifen im niedermolekularen Bereich	Proteinkonzentrierungseffekt (Stacking) nicht ausreichend	Methode nach Schägger und von Jagow (1987) für die zweite Dimension verwenden
Spots sind in vertikaler Richtung gestreckt, nicht rund	schlechte Qualität des Tris	andere Charge von Tris verwenden oder Lieferanten wechseln
	Nebeneffekt eines Gelverstärkers	Gel ohne Gelverstärker herstellen
	SDS-Verarmung; dem System gehen die Pufferionen aus, weil die Elektroden zu nahe beieinander angeordnet sind	die Elektroden so weit wie möglich auf die äußeren Kanten der Pufferdochte platzieren, sodass sich der komplette Puffer zwischen den Elektroden befindet
dunkler Hintergrund in verschiedenen Bereichen des Gels	Proteasenaktivität in der Probe	Probenvorbereitung überprüfen; u. U. Proteaseinhibitor (z. B. 8 mmol/L PMSF) hinzufügen oder Aufreinigung durch Präzipitieren durchführen
dunkler Hintergrund im basischen niedermolekularem Bereich 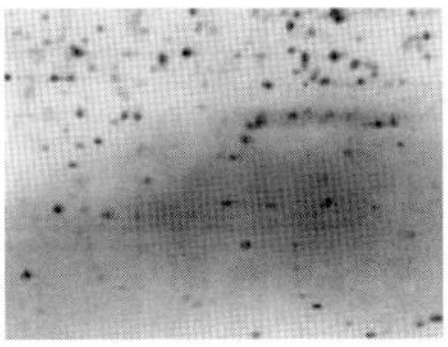	Trägerampholyte sind mit angefärbt worden	Trägerampholyte mit niedrigeren Molekulargewichten verwenden, z. B. Servalyt
dunkler Hintergrund im gesamten Gel bei Fluoreszenzdetektion	Eigenfluoreszenz der Trägerfolie	Fertiggele auf nicht fluoreszierender Trägerfolie verwenden

Tab. A.25 Fortsetzung.

Symptom	Grund	Abhilfe
auffällige Kette von Spots gleichen Molekulargewichts	Carbamylierung einiger Proteine durch Isocyanat	Probenvorbereitung überprüfen; Harnstofflösungen frisch ansetzen, hohe Temperaturen vermeiden; nur hochreinen Harnstoff verwenden
Fehlen von Spots	IPG-Streifen der 1. Dimension zu lange oder falsch zwischengelagert	sofort nach der 1. Dimension Äquilibrierung und 2. Dimension durchführen oder IPG-Streifen in flüssigem Stickstoff oder bei < −20 °C
	der IPG-Streifen wurde direkt nach der IEF äquilibriert und ist bis zur zweiten Dimension im Gefrierschrank gelagert worden	den IPG-Streifen immer unmittelbar vor dem Lauf der 2. Dimension äquilibrieren, den IPG-Streifen nicht nach dem Äquilibrieren lagern
Silberfärbung: der Hintergrund wird mit der Zeit gelb und die Banden werden schwächer	die Entwicklung wurde mit Essigsäure oder EDTA gestoppt	1 % (g/v) Glycinlösung zum Stoppen verwenden

Tab. A.26 DIGE-Fluoreszenzmarkierung.

Symptom	Grund	Abhilfe
der pH-Wert des Proteinlysats ist unter 8	der Zellaufschluss hat eine Abfall des pH-Wertes verursacht	den pH-Wert des Solubilisierungsmix erhöhen durch Zugabe einer kleinen Menge 50 mmol/L NaOH oder die gleiche Menge von Solubilisierungsmix mit pH 9,5 zugeben
	PBS vom Zellwaschen wurde unvollständig entfernt vor Zugabe des Solubilisierungsmix	zusätzlichen Waschschritt einführen mit Tris-gepufferter Saccharoselösung: 10 mmol/L Tris, 250 mmol/L Saccharose, pH 7

Tab. A.26 Fortsetzung.

Symptom	Grund	Abhilfe
	Die Proben sind auf Trockeneis gelagert oder transportiert worden, CO_2 ist in die Proben eindiffundiert und hat Kohlensäure erzeugt	Reagenzröhrchen vollständig mit Parafilm® verschließen und in mehreren Lagen von Plastikbeuteln verpackt auf Trockeneis legen
schwaches Fluoreszenzsignal	der pH-Wert des Proteinlysats war unter pH 8	den pH-Wert durch Zugabe einer kleinen Menge 50 mmol/L NaOH erhöhen oder die gleiche Menge von Solubilisierungsmix mit pH 9,5 zugeben
	Haltbarkeitsdauer der CyDyes nach ihrer Rekonstituierung ist abgelaufen	das Haltbarkeitsdatum der CyDyes überprüfen
	das DMF für das Rekonstituieren der CyDyes war von schlechter Qualität oder wurde vor länger als 3 Monaten geöffnet; die Abbauprodukte des DMF enthalten Amine die mit den Proteinen um den Farbstoff konkurrieren	immer 99,8 % wasserfreies DMF zum Rekonstituieren der CyDyes verwenden; die Zugabe eines 4 Å Molekularsiebs zu DMF verlängert die Haltbarkeit deutlich
	die CyDyes sind für zu lange hellem Licht ausgesetzt gewesen	CyDyes immer im Dunklen lagern
	die CyDyes sind für zu lange außerhalb des −20 °C Gefrierschranks gelegen	CyDyes immer bei −20 °C lagern; nur für kurze Zeit der Zimmertemperatur aussetzen, um Aliquote für den Gebrauch zu entnehmen
	ungenügende Vermischung von Farbstoff und Proteinprobe	während der Markierung mit dem Finger gegen das Reaktionsgefäß schnippen
starker Fluoreszenzhintergrund	zu viel Bind-Silan auf der Glasplatte	exakt nach der Vorschrift arbeiten und überschüssiges Bind-Silan mit fusselfreiem Tuch entfernen
Staubsprenkel	Puder von den Laborhandschuhen	nur puderfreie Laborhandschuhe verwenden

Tab. A.26 Fortsetzung.

Symptom	Grund	Abhilfe
Fluoreszenzstreifen und/oder -bereiche, die nicht mit der Front korrelieren	Kontamination von Markierungsstift	Gießkassetten und Gießstände nicht mit Markierungsstifte beschriften, auch nicht mit einem wasserfesten
spezifische Probleme bei Minimalmarkierung (Lysinmarkierung)		
schwaches Fluoreszenzsignal	primäre Amine wie Trägerampholyten sind in der Markierungsreaktion dabei und konkurrieren mit den Proteinen um den Farbstoff	alle externen primären Amine bei der Markierung weglassen
	DTT oder andere Reduktionsmittel sind bei der Markierung anwesend	diese Substanzen weglassen
	die Konzentration des Proteinlysats ist zu niedrig: < 2 mg/mL	Proteinlysat neu herstellen mit einem geringeren Volumen Solubilisierungsmix oder die Proteine präzipitieren und in einem kleineren Volumen Solubilisierungsmix wieder aufnehmen; vor dem Markieren der neuen Probe den pH-Wert überprüfen
vertikale Streifen und/oder vertikale Spotserien hauptsächlich im basischen Bereich	multiple Lysinmarkierungen verursacht durch Übermarkierung mit einem zu hohen Farbstoff-Protein-Verhältnis	die Menge an CyDye reduzieren, die Proteinmenge erhöhen
spezifische Probleme bei Sättigungsmarkierung (Cysteinmarkierung)		
Spots in horizontaler Richtung verschoben	Übermarkierung mit einem zu hohen Farbstoff-Cystein-Verhältnis	die Menge an Reduktionsmittel und CyDye für diesen Probentyp reduzieren. Optimierung mit einem Gleich-Gleich-Experiment
Spots vertikaler Richtung verlängert und vertikale Streifen	Untermarkierung mit einem zu niedrigen Farbstoff-Cystein-Verhältnis	die Menge an Reduktionsmittel und CyDye für diesen Probentyp erhöhen; Optimierung mit einem Gleich-Gleich-Experiment

A.5 Semidry-Blotting

Tab. A.27 Aufbau des Blot-Sandwiches.

Symptom	Grund	Abhilfe
Luftblasen zwischen den Filterpapieren	weil das Sandwich nicht unter Puffer zusammengebaut wird, kommen Luftblasen zwischen die Filterpapiere	nach dem Aufbau des Sandwiches mit Handroller langsam und vorsichtig Luftblasen herauswalzen, sodass möglichst kein Puffer herausgedrückt wird
auf Trägerfolie polymerisierte Gele schwierig zu handhaben	entfernen der Trägerfolie schwierig: Gele reißen beim Abziehen der Trägerfolie oder verziehen sich	GelRemover verwenden
Gelreste auf der Trägerfolie	das Durchziehen des Gel-Remover-Drahtes nicht gleichmäßig durchgeführt, ein paarmal gestoppt	Draht mit gleichmäßiger Geschwindigkeit und auf einmal durchziehen
Gel verzieht sich beim Abziehen der Trägerfolie	besonders die großporigen und sehr dünnen Gele sowie solche, die Glycerin etc. enthalten, kleben oft an der Folie	mit einer Pasteurpipette etwas Transferpuffer zwischen Gel und Folie spritzen

Tab. A.28 Effekte während des Blottens.

Symptom	Grund	Abhilfe
Stromversorger benimmt sich eigenartig (springt zwischen verschiedenen Stromstärken hin und her) oder schaltet ab	manche Stromversorger arbeiten nicht bei den sehr niedrigen Spannungen, wie sie beim Grafitplatten-Blotten auftreten: 3–6 V	Stromversorger mit niedrigem Innenwiderstand verwenden
hohe Leistung (ca. 20 W)	Filterpapierfläche zu groß gewählt, Strom fließt um Blot herum	Filterpapier auf gleiche Größe wie Gel und Blotfolie zuschneiden oder Maske aus Plastik zuschneiden und unter Blotfolie einlegen (Fenster ist so groß wie Gel und Blotfolie)

Tab. A.28 Fortsetzung.

Symptom	Grund	Abhilfe
Spannung steigt während des Blottens an	zwischen Grafitplatten und Filterpapier sind Elektrolysegaspolster entstanden, dadurch wird Leitfähigkeit reduziert	Kathodenplatte mit einem 1 kg-Gewicht beschweren, damit Gas seitlich entweicht
Leistung steigt während des Blottens stark an, Blotter wird heiß	Puffer zu konzentriert, Stromstärke zu hoch	nur die empfohlenen Puffer in korrekter Konzentration verwenden, möglichst nicht mehr als 0,8 mA/cm^2 Blotfläche einstellen

Tab. A.29 Nach dem Blotten.

Symptom	Grund	Abhilfe
Schwierigkeiten beim Entfernen der Blotfolie	Geloberfläche klebrig	bei großporigen Gelen (Fokussiergelen, Agarosegelen) Blotfolien mit 0,45 mm Porengröße verwenden, nicht kleinporigere; Gele vor Aufbau des Sandwiches kurz (3–4 min) in Transferpuffer baden; bei IEF-Gelen die ursprünglich der Trägerfolie zugewandte Seite des Gels mit Blotfolie in Kontakt bringen (nicht die Oberfläche).

Tab. A.30 Ergebnisse.

Symptom	Grund	Abhilfe
Kein Transfer, nichts auf der Blotfolie	falsche Strompolung	überprüfen: bei basischem Puffersystem in Richtung Anode, bei saurem Puffersystem in Richtung Kathode blotten
	Sandwich falsch zusammengebaut, Blotfolie auf der falschen Seite	Reihenfolge der Sandwich-Schichten überprüfen, s. o. bei Strompolung

Tab. A.30 Fortsetzung.

Symptom	Grund	Abhilfe
	Filterpapierfläche zu groß gewählt, Strom ist um Blot herumgeflossen	Filterpapier und Blotfolie auf Größe des Gels zuschneiden oder Plastikmaske verwenden, s. o.
	IEF-Gel mit hoher Harnstoffkonzentration: SDS bindet nicht an Proteine, dadurch wegen fehlenden Ladungen kein elektrophoretischer Transfer möglich	harnstoffhaltige Fokussierungsgele für ein paar Minuten in Kathodenpuffer tränken, damit Harnstoff herausdiffundiert, dann Blot zusammenbauen oder Press-Blotting verwenden
	IEF-Gel enthält nicht ionisches Detergens, welches SDS-Beladung der isoelektrischen Proteine verhindert	Press-Blotting verwenden
	die Proteine befinden sich innerhalb der Blotmembran und sind nicht sichtbar	eine empfindliche Ladekontrolle anwenden, z. B. mit dem synthetischen Epicocconon (ServaPurple)
Transfer nicht komplett (Moleküle bleiben im Gel)	Gelkonzentration zu hoch	niedrigere Gelkonzentration verwenden, wenn nötig Agarosegele
	die Transfergeschwindigkeiten der Proteine sind zu unterschiedlich: die hochmolekulare bleiben im Gel, während die niedermolekularen bereits durchgeblottet sind	Porengradientengele verwenden
	Molekulargewichte einiger Proteine zu groß	SDS-Elektrophorese in Agarosegelen durchführen
	Methanol (Ethanol, Isopropanol) im Transferpuffer lässt Gel zu stark schrumpfen	Alkohol weglassen oder Konzentration reduzieren
unregelmäßiger Transfer	Stromfluss unregelmäßig, weil die Grafitplatten trocken waren	Grafitplatten immer vor dem Zusammenbauen mit H_2O_{dest} gleichmäßig befeuchten

Tab. A.30 Fortsetzung.

Symptom	Grund	Abhilfe
unvollständiger Transfer	Transferzeit zu kurz	bei dickeren Gelen, z. B. 3 mm, und/oder sehr engporigen Gelen muss empfohlene Blotzeit (1 h) verlängert werden (z. B. um 30 min)
	Ladungs-Masse-Verhältnis einiger Proteine ungünstig	Gel vor dem Blotten 5–10 min in Kathodenpuffer äquilibrieren
	Teil des Stroms ist neben Gel und Blotfolie vorbeigeflossen	Filterpapiere und Blotfolie immer exakt auf Gelgröße zuschneiden oder Plastikmasken mit Fenstern verwenden, welche die Flächen um das Gel herum isolieren
	beim gleichzeitigen Transfer mehrerer Trans Units ist es möglich, dass die Transfereffektivität in Richtung Kathode abnimmt	in einem solchen Falle nur eine Trans Unit auf einmal blotten
	kontinuierliches Puffersystem verwendet; für manche Proteine nicht so effektiv wie diskontinuierliches Puffersystem	diskontinuierliches Puffersystem verwenden
	bei diskontinuierlichem Puffersystem bei zu kalten Temperaturen geblottet, dadurch verändert sich der pK-Wert des Folgeions und es wird schneller als die Proteine	wird als Folgeion ε-Aminocapronsäure verwendet, bei Zimmertemperatur (20–25 °C) blotten; wenn temperatursensible Enzyme bei niedrigerer Temperatur geblottet werden müssen, anderes Puffersystem auswählen
	der Grund kann nicht beim Transfer gefunden werden	die Empfindlichkeit der Immundetektion durch Optimierung der Primär- und Sekundärantikörperkonzentrationen erhöhen
schlechter Transfer (Muster gestört)	Kontaktproblem: Luftblasen im Sandwich	darauf achten, dass Luftblasen vermieden werden; vorsichtig mit Handroller die Luftblasen herauswalzen

Tab. A.30 Fortsetzung.

Symptom	Grund	Abhilfe
	Polyacrylamidgel quillt während des Blottens	20 % Methanol (Ethanol, Isopropanol) zum Transferpuffer geben; Gel im Transferpuffer vorquellen lassen (5 min)
	Diffusion	Zeit für den Sandwich-Aufbau und die Äquilibrierzeit reduzieren; großporige Gele und Blotfolien nicht mehr verschieben, wenn sie in Kontakt gekommen sind
	mit der Zeit hat sich eine große Menge an Puffersubstanzen in den Grafitplatten angesammelt	die Grafitplatten vor dem Blotten immer mit H_2O_{dest} tränken; von Zeit zu Zeit die Puffersubstanzen eluieren: einen Stapel Filterpapiere in Blotpuffer tränken und 30 min Elektrophorese mit umgekehrter Polarität durchführen (2 × wiederholen); Papierhandtücher mit H_2O_{dest} tränken und ein paar Minuten auf die Grafitplatten legen (2 × wiederholen)
Transfer nicht effektiv (Moleküle wandern aus dem Gel, aber zu wenig auf der Blotfolie zu finden)	Bindung zu wenig effektiv	nach Transfer den Blot über Nacht liegen lassen oder für 3 h bei 60 °C in Trockenschrank legen, damit Bindung verstärkt wird; dann erst anfärben oder blockieren
	niedermolekulare Peptide beim Nachweis ausgewaschen	andere Blotfolie verwenden, z. B. Nitrocellulose mit geringerer Porengröße, PVDF, Nylonfolien, oder mehrere Blotfolien hintereinanderlegen, damit durchgeblottete Moleküle abgefangen werden
	Reduzierung der Bindungskapazität durch Detergenzien	Detergenzien weglassen oder Agarosezwischengel verwenden (Bjerrum *et al.*, 1987)

Tab. A.30 Fortsetzung.

Symptom	Grund	Abhilfe
	pH-Wert zu hoch oder zu niedrig	pH-Wert entsprechend ändern
	Transferzeit zu lange	Transferzeit verkürzen
zusätzliche Banden auf der Blotfolie	beim Blotten mehrerer Trans Units sind einige Proteine durchgeblottet und auf die nächste Blotfolie gewandert	beim Blotten mehrerer Trans Units auf einmal, jeweils eine Dialysiermembran dazwischen legen
Transfer nicht effektiv – Proteine sind aus dem Gel gewandert, aber nicht auf der Blotfolie zu finden	Transferzeit zu lang; Proteine sind durchgeblottet	Transferzeit verkürzen; Richtwert 1 h gilt für SDS-Gele, bei Nativgelen müssen kürzere Zeiten verwendet werden

Tab. A.31 Nachweis.

Symptom	Grund	Abhilfe
Fast Green lässt sich nicht abwaschen	zu lange gefärbt	kürzer anfärben; Folie für 5 min in 0,2 mol/L NaOH legen
zu wenig Protein detektiert	Detergens (z. B. Tween, NP-40) im Blockierpuffer hat einen Teil der Proteine ausgewaschen	Detergenzienkonzentration reduzieren oder Detergenzien ganz weglassen
	Nachweisempfindlichkeit zu gering	Steigerung der Nachweisempfindlichkeit für Immundetektion durch Alkalibehandlung (nach dem Transfer 5 min Inkubieren der Folie in 0,2 mol/L NaOH); Immunreaktionen und Enzymreaktionen bei 37 °C durchführen
	Nachweisempfindlichkeit der Peroxidasereaktion zu gering	anderes Peroxidasesubstrat verwenden, z. B. Tetrazolium-Methode; Immungold-Methode verwenden
	Nachweisempfindlichkeit der Immungold-Methode zu gering	anschließende Silberverstärkung durchführen

Tab. A.31 Fortsetzung.

Symptom	Grund	Abhilfe
	Nachweisempfindlichkeit sehr gering, weil Antigenkonzentration extrem niedrig ist	amplifizierendes Enzymsystem: Avidin-Biotin-Alkalische Phosphatase-Methode anwenden oder Autoradiografie verwenden
starker Hintergrund	uneffektives Blockieren	länger blockieren, höhere Temperatur anwenden, (37 °C)
	Kreuzreaktionen mit Blockierungsreagenz	anderes Blockierungsreagenz verwenden, z. B. Fischgelatine, Magermilchpulver
Immunnachweis unspezifisch	SDS zu wenig ausgewaschen, Antikörper bindet auch an SDS-Proteine	länger waschen
	schlechte Antikörperqualität	anderen Antikörper verwenden
	falschen Sekundärantikörper verwendet; Beispiel: Untersuchung von Antigenen pflanzlichen Ursprungs; Sekundärantikörpertier ernährt sich von Pflanzen	anderen Sekundärantikörper verwenden
Indian-Ink-Färbung: Nachweisempfindlichkeit zu gering, manche Banden in der Mitte nicht angefärbt	Indian-Ink-Lösung zu alkalisch	1 % Essigsäure zur Indian-Ink-Lösung geben
Hintergrund nicht vollkommen weiß	Partikel in der Indian-Ink-Lösung	Indian-Ink-Lösung filtrieren, nicht mit bloßen Händen berühren
keine Banden	anderen Farbstoff verwendet	TBS-Tween statt PBS-Tween versuchen

A.6
PAGE von DNA-Fragmenten

Tab. A.32 Probenvorbereitung.

Symptom	Grund	Abhilfe
ungenügende Auflösung	Probe zu konzentriert	Faustregel: Wenn eine Probe mit Ethidiumbromid detektiert werden kann, muss sie 1 : 5 mit Probenpuffer verdünnt werden
SSCP-Analyse: nur Doppelbanden im Gel	die Abkühlung der Probe war nicht effizient	Eiswasser statt zerstoßenes Eis verwenden. Proben sofort und schnell auftragen und die Trennung so schnell wie möglich starten
Heteroduplex-Analyse: nur Homoduplexbanden und Einzelstränge im Gel	die Probe war zu verdünnt um Heteroduplexes bilden zu können	Die Proben müssen während der Erhitzung und dem Abkühlen eine so hohe Konzentration haben, dass sie mit Ethidiumbromid detektierbar sind; sie werden erst vor der Elektrophorese auf Silberfärbungskonzentration herunterverdünnt
Denaturierender Lauf: unscharfe Banden und ungenügende Auflösung	die Probe ist nicht denaturiert worden, bevor sie auf das Gel appliziert wurde	die Probe mit Formamid erhitzen

Tab. A.33 Effekte bei der Elektrophorese.

Symptom	Grund	Abhilfe
schlechte Trennung, ungenügende Auflösung kein Polymorphismus wird angezeigt	falsches Puffersystem verwendet: verschiedene Puffersysteme können unterschiedliche Muster erzeugen	Test für das optimale Puffersystem: Tris-Acetat/Tricine; Tris-Phosphat/Borat oder anderen Puffer ausprobieren
	falsche Temperatur: verschiedene Temperaturen können unterschiedliche Muster erzeugen	Test für die optimale Temperatur: das Gel bei unterschiedlichen Temperaturen laufen lassen: 5, 15 und 25 °C

Tab. A.33 Fortsetzung.

Symptom	Grund	Abhilfe
	die Elektrodenlösungen wurden vertauscht	Bromphenolblau in den anodischen Puffer mischen, um diesen Fehler zu vermeiden
	die Elektroden sind zu nahe zusammen; das führt zu einer Ionenverarmung	die Elektroden so weit wie möglich auf die äußeren Kanten der Pufferdochte platzieren, sodass sich der komplette Puffer zwischen den Elektroden befindet
	Geloberfläche zu nass	die Geloberfläche mit der Kante eines Filterpapiers abtrocknen bis man ein Pfeifen hört
krumme Front und Bandenverteilung	ungleichmäßiges Rehydratisieren des Gels	die Folienkanten des Gels mehrfach anheben oder auf einem Orbitalschüttler rehydratisieren; ausreichend Puffervolumen verwenden
Smiling-Effekt	zu viel Kühlkontaktflüssigkeit verwendet	nur eine sehr dünne Schicht Kühlkontaktflüssigkeit mit einem Papierhandtuch auf die Kühlplatte auftragen
ungleichmäßige Front und Bandenverteilung	Luftblasen unter dem Elektrodendocht, ungleichmäßiger Kontakt zwischen Gelkante und Elektrodendocht	mit einer Pinzette mit gebogenen Spitzen entlang der Dochtkanten streichen
schräge Front und Bandenverteilung	unterschiedliche Pufferkonzentration in den Elektrodendochten, weil sie beim Tränken oder Aufgabe auf die Gelkanten nicht horizontal gehalten wurden	darauf achten, dass die Elektrodendochte beim Transfer an die Gelkanten immer gerade gehalten werden
Probenwannen: die Proben laufen aus und verteilen sich über die Oberfläche des Sammelgels	Glycerin oder Saccharose in der Probe, osmotische Verteilung	Glycerin oder Saccharose weglassen; diese werden nur für die vertikale PAGE in der Probe verwendet
	hohe Zimmertemperatur und hohe Luftfeuchtigkeit, Wasserkondensation an der gekühlten Geloberfläche (Sommer!)	Gel und Proben aufgeben, bevor der Umlaufkryostat eingeschaltet wurde; erst einschalten, wenn der Elektrodendeckel aufliegt!

Tab. A.33 Fortsetzung.

Symptom	Grund	Abhilfe
weniger als 6 µL Probe passen in die Probenwanne	s. o.	s. o.
	Puffer in den Probenwannen, weil sie nach dem Rehydratisieren unzureichend getrocknet wurden	auch die Probenwannen mit Filterpapier austrocknen
	Puffer in den Probenwannen, weil er vom Kathodendocht ausgelaufen ist	nach dem Tränken der Dochte: entlang der langen Kante hochklappen und überschüssigen Puffer ablaufen lassen

Tab. A.34 Silberfärbung.

Symptom	Grund	Abhilfe
keine Banden detektiert	Formaldehyd ist präzipitiert	Formaldehyd bei Zimmertemperatur aufbewahren, niemals im Kühlschrank
das Gel hat dunklen Hintergrund und keine oder schwache Banden	die Zusammensetzung und/oder Qualität der Reagenzien und/oder des Wassers war ungenügend	nur hochqualitative Reagenzien verwenden; einen anderen Lieferanten für das $AgNO_3$ ausprobieren
	Plastikwannen verwendet, welche Weichmacher enthalten, die Silber reduzieren	nur Glas oder rostfreien Stahl verwenden; diese Wannen müssen nach jeder Färbung sorgfältig gereinigt werden
dunkelbrauner Hintergrund	die Temperatur der Lösungen ist zu hoch	Silberfärbung mit Lösungen durchführen die unter +15 °C gekühlt werden
Gele zeigen unterschiedliche dunklere und helle Bereiche	ungleichmäßiges Rehydratisieren des Gels	die Folienkanten des Gels mehrfach anheben oder auf einem Orbitalschüttler rehydratisieren; ausreichend Puffervolumen verwenden
silbergefärbtes DNA-Fragment kann nicht reamplifiziert werden	falsches Färbeprotokoll verwendet: TCA und/oder Glutaraldehyd hat alle DNA-Moleküle in einer Bande zerstört	nur DNA-Färbevorschriften verwenden, keine für Proteine

Literatur

Bjerrum, O.J., Selmer, J.C. und Lihme, A. (1987) Native immunoblotting: Transfer of membrane proteins in the presence of non-ionic detergent. *Electrophoresis*, **8**, 388–397.

Lämmli, U.K. (1970) Cleavage of structural proteins during the assembly of the head of bacteriophage T4. *Nature*, **227**, 680–685.

Schägger, H. und von Jagow, G. (1987) Tricine-sodium dodecyl sulfate-polyacrylamide gel electrophoresis for the separation of proteins in the range from 1 to 100 kDa. *Anal. Biochem.*, **166**, 368–379.

Stichwortverzeichnis

Elektrophorese leicht gemacht, 2. Auflage. Reiner Westermeier.